UNITEXT – La Matematica per il 3+2

Volume 77

T0253850

http://www.springer.com/series/5418

Alfio Quarteroni
Riccardo Sacco
Fausto Saleri
Paola Gervasio

Matematica Numerica

4ª edizione

Springer

Alfio Quarteroni
CMCS-MATHICSE
École Polytechnique Fédérale de Lausanne
Lausanne, Switzerland

Fausto Saleri †
MOX, Dipartimento di Matematica
"F. Brioschi"
Politecnico di Milano
Milano, Italia

Riccardo Sacco
Dipartimento di Matematica
"F. Brioschi"
Politecnico di Milano
Milano, Italia

Paola Gervasio
DICATAM
Università degli Studi di Brescia
Brescia, Italia

UNITEXT – La Matematica per il 3+2
ISSN versione cartacea: 2038-5722 ISSN versione elettronica: 2038-5757

ISBN 978-88-470-5643-5 ISBN 978-88-470-5644-2 (eBook)
DOI 10.1007/978-88-470-5644-2
Springer Milan Heidelberg New York Dordrecht London

© Springer-Verlag Italia 2014
Quest'opera è protetta dalla legge sul diritto d'autore e la sua riproduzione è ammessa solo ed esclusivamente nei limiti stabiliti dalla stessa. Le fotocopie per uso personale possono essere effettuate nei limiti del 15% di ciascun volume dietro pagamento alla SIAE del compenso previsto dall'art. 68. Le riproduzioni per uso non personale e/o oltre il limite del 15% potranno avvenire solo a seguito di specifica autorizzazione rilasciata da AIDRO, Corso di Porta Romana n. 108, Milano 20122, e-mail segreteria@aidro.org e sito web www.aidro.org.
Tutti i diritti, in particolare quelli relativi alla traduzione, alla ristampa, all'utilizzo di illustrazioni e tabelle, alla citazione orale, alla trasmissione radiofonica o televisiva, alla registrazione su microfilm o in database, o alla riproduzione in qualsiasi altra forma (stampata o elettronica) rimangono riservati anche nel caso di utilizzo parziale. La violazione delle norme comporta le sanzioni previste dalla legge.
L'utilizzo in questa pubblicazione di denominazioni generiche, nomi commerciali, marchi registrati, ecc. anche se non specificatamente identificati, non implica che tali denominazioni o marchi non siano protetti dalle relative leggi e regolamenti.

9 8 7 6 5 4 3 2 1

Immagine di copertina: Ricostruzione dei fogli di collagene nel tessuto cardiaco ottenuta tramite un algoritmo di Laplace–Dirichlet. A cura di Simone Rossi, CMCS-EPFL
Layout di copertina: Beatrice Ꭵ., Milano
Impaginazione: PTP-Berlin, Protago TEX-Production GmbH, Germany (www.ptp-berlin.eu)

Springer fa parte di Springer Science+Business Media (www.springer.com)

À Fausto

Prefazione

La matematica numerica è quel ramo della matematica che propone, sviluppa, analizza ed applica metodi per il calcolo scientifico nel contesto di vari campi della matematica, quali l'analisi, l'algebra lineare, la geometria, la teoria dell'approssimazione, la teoria delle equazioni funzionali, l'ottimizzazione, le equazioni differenziali. Anche altre discipline, come la fisica, le scienze naturali e biologiche, l'ingegneria, l'economia e la finanza, frequentemente originano problemi che richiedono di essere risolti ricorrendo al calcolo scientifico.

La matematica numerica è pertanto situata alla confluenza di diverse discipline di grande rilievo nelle moderne scienze applicate, e ne diventa strumento essenziale di indagine qualitativa e quantitativa. Tale ruolo decisivo è pure accentuato dallo sviluppo impetuoso ed inarrestabile di computer ed algoritmi, che rendono oggi possibile affrontare con il calcolo scientifico problemi di dimensioni tanto elevate da consentire la simulazione di fenomeni reali, fornendo risposte accurate con tempi di calcolo accettabili. La corrispondente proliferazione di software numerico, se per un verso rappresenta una ricchezza, per l'altro pone spesso l'utilizzatore nella condizione di doversi orientare correttamente nella scelta del metodo (o dell'algoritmo) più efficace per affrontare il problema di suo specifico interesse. È infatti evidente che non esistono metodi o algoritmi efficaci ed accurati per ogni tipo di problema.

Scopo principale del testo è chiarire i fondamenti matematici alla base dei diversi metodi, analizzarne le proprietà di stabilità, accuratezza e complessità algoritmica ed illustrare, attraverso esempi e controesempi, i vantaggi ed i punti deboli di ogni metodo.

Per tali verifiche viene utilizzato il programma MATLAB®. Tale scelta risponde a due primarie esigenze: la semplicità di approccio e la diffusione ormai universale di tale linguaggio che lo rende oggi accessibile virtualmente su ogni piattaforma di calcolo. Ogni capitolo è integrato da esempi ed esercizi che pongono il lettore nella condizione ideale per acquisire le conoscenze teoriche necessarie per decidere quali metodologie numeriche adottare.

Questo volume è indirizzato in primo luogo agli studenti delle facoltà scientifiche, con particolare attenzione ai corsi di laurea in Ingegneria, Matematica, Fisica e Scienze dell'Informazione. L'enfasi data ai metodi moderni per il calcolo scientifico e al relativo sviluppo di software, lo rende interessante anche per ricercatori e utilizzatori nei campi professionali più disparati.

Il contenuto del testo è organizzato in undici capitoli. I primi due di essi sono dedicati a richiami di algebra lineare e all'introduzione dei concetti generali di consistenza, stabilità e convergenza di un metodo numerico e degli elementi di base dell'aritmetica discreta. I successivi capitoli sono dedicati alla risoluzione di sistemi lineari (Capitoli 3 e 4), al calcolo di autovalori (Capitolo 5), alla risoluzione di equazioni e sistemi non lineari (Capitolo 6), all'approssimazione polinomiale (Capitolo 7), all'integrazione numerica (Capitolo 8), all'approssimazione ed integrazione mediante polinomi ortogonali (Capitolo 9) e alla risoluzione di equazioni differenziali ordinarie e di problemi ai limiti (Capitoli 10 e 11). Segue infine l'indice per la consultazione dei programmi MATLAB sviluppati all'interno del volume. Questi programmi sono anche disponibili all'indirizzo *http://www1.mate.polimi.it/~calnum/programs.html.*

Si è ritenuto utile per il lettore evidenziare le formule principali in un riquadro e le intestazioni dei programmi MATLAB mediante una striscia grigia, che ne racchiude il titolo e una sintetica descrizione.

Con vivo piacere, ringraziamo la Dr.ssa Francesca Bonadei, di Springer-Verlag Italia, per il suo costante stimolo ed incessante sostegno durante l'intera fase di preparazione del volume.

Un ringraziamento speciale a Stefano Micheletti, per la straordinaria disponibilità e il validissimo aiuto.

Vogliamo inoltre riconoscere il prezioso contributo di Alessandro, Edie, Elena, Francesco, Lorella, Luca, Paola^2, Simona, che si sono lasciati "trascinare" in questa avventura.

Milano, 24 giugno 1998

Alfio Quarteroni
Riccardo Sacco
Fausto Saleri

Prefazione alla seconda edizione

Questa seconda edizione del volume si differenzia dalla prima soprattutto in quanto contiene un capitolo dedicato all'approssimazione di problemi ai limiti, con metodi alle differenze finite e agli elementi finiti.

Inoltre, rispetto alla prima edizione, il capitolo relativo all'ottimizzazione è stato ridotto alla sola analisi dei sistemi non lineari, e per questo fatto confluire nell'attuale Capitolo 6.

MATLAB è un *trademark* di The MathWorks, Inc. Per ulteriori informazioni su MATLAB e altri prodotti MathWorks, inclusi i MATLAB Application Toolboxes per la matematica, la visualizzazione e l'analisi, contattare: TheMathWorks, 24 Prime Park Way, Natick, MA 01760, Tel: 001+508-647-7000, Fax: 001+508-647-7001, e-mail: info@mathworks.com, www:http://www.mathworks.com.

Naturalmente, col senno del poi, tutti i capitoli del libro sono stati ampiamente riveduti e corretti.

Con vivo piacere, ringraziamo la Dr.ssa Francesca Bonadei e la Dr.ssa Carlotta D'Imporzano, di Springer-Verlag Italia, per il loro costante stimolo ed incessante sostegno durante l'intera fase di preparazione del volume, nonché Jean-Frédéric Gerbeau, Paola Gervasio e Stefano Micheletti per il loro validissimo aiuto. Infine, vogliamo riconoscere il prezioso contributo di Alessandro, Edie, Elena, Francesco, Lorella, Luca, Paola e Simona.

Milano, gennaio 2000

Alfio Quarteroni
Riccardo Sacco
Fausto Saleri

Prefazione alla terza edizione

Questa terza edizione del volume si differenzia dalle due precedenti per una revisione generale dei programmi e per l'aggiunta di un capitolo, il dodicesimo, dedicato all'approssimazione di problemi ai valori iniziali ed ai limiti con metodi alle differenze finite e agli elementi finiti.

Nella memoria e nel ricordo di un Amico, dedichiamo il libro a Fausto.

Milano, gennaio 2008

Alfio Quarteroni
Riccardo Sacco

Prefazione alla quarta edizione

Questa quarta edizione contiene numerose integrazioni in quasi tutti i Capitoli. Diverse sezioni sono inoltre state rivisitate con lo scopo di rendere più chiari concetti ed argomenti di considerevole complessità.

Per la risoluzione di alcuni esercizi proposti in questo testo (e di numerosi altri) il lettore interessato può consultare Quarteroni A. (2013) Matematica Numerica. Esercizi, Laboratori e Progetti, 2a Ed. Springer-Verlag Italia, Milano.

Ricordiamo infine ai lettori che tutti i programmi presentati in questo volume possono essere scaricati dalla pagina web

`http://mox.polimi.it/it/progetti/pubblicazioni/qss`

Milano e Brescia, dicembre 2013

Alfio Quarteroni
Riccardo Sacco
Paola Gervasio

Indice

1
Elementi di analisi delle matrici

In questo capitolo richiamiamo alcuni elementi di algebra lineare propedeutici alla trattazione svolta nel resto del volume. Rimandiamo per le dimostrazioni e gli approfondimenti a [Bra75, Nob69, Hal58]. Per altri risultati relativi agli autovalori si vedano inoltre [Hou75, Wil65].

1.1 Spazi vettoriali

Definizione 1.1 Uno *spazio vettoriale* rispetto al campo numerico K ($K = \mathbb{R}$ o $K = \mathbb{C}$) è un insieme non vuoto V per i cui elementi, detti *vettori*, sono definite due operazioni, l'addizione fra vettori e la moltiplicazione di uno scalare per un vettore, tali che:

1. l'addizione tra vettori è commutativa ed associativa;
2. esiste un elemento $\mathbf{0} \in V$ detto *vettore zero* o *vettore nullo* tale che $\mathbf{v}+\mathbf{0} = \mathbf{v}$ per ogni $\mathbf{v} \in V$;
3. $0 \cdot \mathbf{v} = \mathbf{0}$, $1 \cdot \mathbf{v} = \mathbf{v}$, essendo 0 e 1 rispettivamente lo zero e l'unità di K;
4. per ogni elemento $\mathbf{v} \in V$ esiste il suo opposto, $-\mathbf{v}$, in V tale che $\mathbf{v} + (-\mathbf{v}) = \mathbf{0}$;
5. valgono le seguenti proprietà distributive:
$$\forall \alpha \in K,\ \forall \mathbf{v}, \mathbf{w} \in V,\ \alpha(\mathbf{v} + \mathbf{w}) = \alpha\mathbf{v} + \alpha\mathbf{w},$$
$$\forall \alpha, \beta \in K,\ \forall \mathbf{v} \in V,\ (\alpha + \beta)\mathbf{v} = \alpha\mathbf{v} + \beta\mathbf{v};$$
6. vale la seguente proprietà associativa:
$$\forall \alpha, \beta \in K,\ \forall \mathbf{v} \in V,\ (\alpha\beta)\mathbf{v} = \alpha(\beta\mathbf{v}).$$

■

A. Quarteroni, R. Sacco, F. Saleri, P. Gervasio, *Matematica Numerica*, 4ª edizione, UNITEXT – La Matematica per il 3+2 77, DOI: 10.1007/978-88-470-5644-2_1,
© Springer-Verlag Italia 2014

Esempio 1.1 Spazi vettoriali particolarmente importanti sono:

- $V = \mathbb{R}^n$ (rispettivamente $V = \mathbb{C}^n$): l'insieme delle n-ple formate da numeri reali (rispettivamente complessi), $n \geq 1$;
- $V = \mathbb{P}_n$: l'insieme dei polinomi $p_n(x) = \sum_{k=0}^{n} a_k x^k$ a coefficienti a_k reali (o complessi) di grado minore o uguale a n, $n \geq 0$;
- $V = C^p([a,b])$: l'insieme delle funzioni a valori reali (o complessi) continue su $[a,b]$ fino alla derivata p-esima, $0 \leq p < \infty$. •

Definizione 1.2 Diciamo che una parte non vuota W di V è un *sottospazio vettoriale* di V se e solo se è spazio vettoriale su K. ■

In particolare, l'insieme W delle combinazioni lineari di un sistema di p vettori di V, $\{\mathbf{v}_1, \ldots, \mathbf{v}_p\}$, è un sottospazio vettoriale di V chiamato *sottospazio generato* o *span* del sistema di vettori e denotato con

$$\begin{aligned} W &= \text{span}\{\mathbf{v}_1, \ldots, \mathbf{v}_p\} \\ &= \{\mathbf{v} = \alpha_1\mathbf{v}_1 + \ldots + \alpha_p\mathbf{v}_p \quad \text{con } \alpha_i \in K,\ i = 1, \ldots, p\}. \end{aligned}$$

Il sistema $\{\mathbf{v}_1, \ldots, \mathbf{v}_p\}$ è detto sistema di *generatori* per W.
Se $W_1, \ldots, W_m$ sono sottospazi vettoriali di V, anche

$$S = \{\mathbf{w} : \ \mathbf{w} = \mathbf{v}_1 + \ldots + \mathbf{v}_m \text{ con } \mathbf{v}_i \in W_i,\ i = 1, \ldots, m\}$$

è un sottospazio vettoriale di V. Diciamo che S è la *somma diretta* dei sottospazi W_i se ogni elemento $\mathbf{s} \in S$ ammette un'unica rappresentazione della forma $\mathbf{s} = \mathbf{v}_1 + \ldots + \mathbf{v}_m$ con $\mathbf{v}_i \in W_i$ ed $i = 1, \ldots, m$. In tal caso scriveremo $S = W_1 \oplus \ldots \oplus W_m$.

Definizione 1.3 Un sistema di vettori $\{\mathbf{v}_1, \ldots, \mathbf{v}_m\}$ di uno spazio vettoriale V si dice *linearmente indipendente* se la relazione

$$\alpha_1\mathbf{v}_1 + \alpha_2\mathbf{v}_2 + \ldots + \alpha_m\mathbf{v}_m = \mathbf{0}$$

con $\alpha_1, \alpha_2, \ldots, \alpha_m \in K$ implica $\alpha_1 = \alpha_2 = \ldots = \alpha_m = 0$. In caso contrario il sistema si dirà *linearmente dipendente*. ■

Chiamiamo *base* di V un qualunque sistema di vettori generatori di V linearmente indipendenti. Se $\{\mathbf{u}_1, \ldots, \mathbf{u}_n\}$ è una base di V, l'espressione $\mathbf{v} = v_1\mathbf{u}_1 + \ldots + v_n\mathbf{u}_n$ è detta *decomposizione* di $\mathbf{v}$ rispetto alla base e gli scalari $v_1, \ldots, v_n \in K$ sono detti le *componenti* di $\mathbf{v}$ rispetto alla base data. Vale inoltre la seguente proprietà:

Proprietà 1.1 (Teorema della dimensione) *Sia V uno spazio vettoriale per il quale esiste una base formata da n vettori. Allora ogni sistema di vettori* *linearmente indipendenti di V ha al più n elementi ed ogni altra base di V ha n elementi. Il numero n è detto dimensione di V e si scrive $dim(V) = n$. Se invece per qualsiasi n esistono sempre n vettori linearmente indipendenti di V, lo spazio vettoriale si dice a dimensione infinita.*

Esempio 1.2 Per ogni p lo spazio $C^p([a,b])$ ha dimensione infinita. Lo spazio $\mathbb{R}^n$ ha dimensione pari a n. La base tradizionale per $\mathbb{R}^n$ è quella costituita dai *vettori unitari* (o *versori*) $\{\mathbf{e}_1, \ldots, \mathbf{e}_n\}$ in cui $(\mathbf{e}_i)_j = \delta_{ij}$ con $i, j = 1, \ldots n$, ed avendo indicato con δ_{ij} il *simbolo di Kronecker* pari a 0 se $i \neq j$ ed 1 se $i = j$. Ovviamente questa non è l'unica base possibile (si veda l'Esercizio 2). •

1.2 Matrici

Siano m e n due numeri interi positivi. Diciamo *matrice* ad m righe ed n colonne o matrice $m \times n$ o matrice (m, n) ad elementi in K, un insieme di mn scalari a_{ij} con $i = 1, \ldots, m$ e $j = 1, \ldots n$, rappresentato dalla tabella rettangolare seguente

$$\mathrm{A} = \begin{bmatrix} a_{11} & a_{12} & \ldots & a_{1n} \\ a_{21} & a_{22} & \ldots & a_{2n} \\ \vdots & \vdots & & \vdots \\ a_{m1} & a_{m2} & \ldots & a_{mn} \end{bmatrix}. \tag{1.1}$$

Nei casi in cui $K = \mathbb{R}$ o $K = \mathbb{C}$ scriveremo rispettivamente $\mathrm{A} \in \mathbb{R}^{m\times n}$ o $\mathrm{A} \in \mathbb{C}^{m\times n}$, per intendere l'appartenenza degli elementi di A agli insiemi indicati. Le matrici verranno denotate con lettere maiuscole, mentre con lettere minuscole, corrispondenti al nome della matrice, ne verranno indicati i coefficienti.

Abbrevieremo la scrittura (1.1) scrivendo $\mathrm{A} = (a_{ij})$ con $i = 1, \ldots, m$ e $j = 1, \ldots n$. L'indice i è detto indice di riga, mentre l'indice j è detto indice di colonna. L'insieme $(a_{i1}, a_{i2}, \ldots, a_{in})$ è detto la *i-esima riga* di A, così come l'insieme $(a_{1j}, a_{2j}, \ldots, a_{mj})$ è detto la *j-esima colonna* di A.

Nel caso in cui $n = m$ la matrice si dice *quadrata* o di ordine n e l'insieme degli elementi $(a_{11}, a_{22}, \ldots, a_{nn})$ ne costituisce la *diagonale principale.*

Una matrice ad una riga o ad una colonna si dice *vettore riga* o, rispettivamente, *vettore colonna.* Dove non diversamente specificato, intenderemo un vettore sempre come vettore colonna. Nel caso in cui $n = m = 1$, la matrice rappresenterà semplicemente uno scalare di K.

Può essere talora utile distinguere all'interno di una matrice l'insieme formato da determinate righe e colonne. Per questo motivo introduciamo la seguente definizione:

Definizione 1.4 Sia A una matrice $m \times n$. Siano $1 \leq i_1 < i_2 < \ldots < i_k \leq m$ e $1 \leq j_1 < j_2 < \ldots < j_l \leq n$ due insiemi di indici contigui. La matrice $\mathrm{S}(k \times l)$

di elementi $s_{pq} = a_{i_p j_q}$ con $p = 1, \ldots, k$, $q = 1, \ldots, l$ è detta *sottomatrice* di A. Se $k = l$ e $i_r = j_r$ per $r = 1, \ldots, k$, S è detta *sottomatrice principale* di A. ∎

Definizione 1.5 Una matrice $\mathrm{A}(m \times n)$ si dice *partizionata in blocchi* o *partizionata in sottomatrici* se

$$\mathrm{A} = \begin{bmatrix} \mathrm{A}_{11} & \mathrm{A}_{12} & \ldots & \mathrm{A}_{1l} \\ \mathrm{A}_{21} & \mathrm{A}_{22} & \ldots & \mathrm{A}_{2l} \\ \vdots & \vdots & \ddots & \vdots \\ \mathrm{A}_{k1} & \mathrm{A}_{k2} & \ldots & \mathrm{A}_{kl} \end{bmatrix},$$

essendo A_{ij} sottomatrici di A. ∎

Tra le possibili partizioni di A, ricordiamo in particolare quella per colonne in cui

$$\mathrm{A} = (\mathbf{a}_1, \mathbf{a}_2, \ldots, \mathbf{a}_n),$$

essendo $\mathbf{a}_i$ l'i-esimo vettore colonna di A. In maniera analoga si definisce la partizione di A per righe. Se A è una matrice $m \times n$, indicheremo con

$$\mathrm{A}(i_1 : i_2, j_1 : j_2) = (a_{ij}) \quad i_1 \le i \le i_2,\ j_1 \le j \le j_2$$

la sottomatrice di A di dimensioni $(i_2 - i_1 + 1) \times (j_2 - j_1 + 1)$ compresa tra le righe i_1 e i_2 e le colonne j_1 e j_2 con $i_2 > i_1$ e $j_2 > j_1$. In maniera del tutto analoga se $\mathbf{v}$ è un vettore di dimensione n, intenderemo con $\mathbf{v}(i_1 : i_2)$ il vettore di dimensione $i_2 - i_1 + 1$ costituito dalle componenti di $\mathbf{v}$ dalla i_1-esima alla i_2-esima. Queste convenzioni sono state scelte in vista della programmazione in linguaggio MATLAB degli algoritmi presentati nel volume.

1.3 Operazioni su matrici

Siano $\mathrm{A} = (a_{ij})$ e $\mathrm{B} = (b_{ij})$ due matrici $m \times n$ su K. Diciamo che A è *uguale* a B, se $a_{ij} = b_{ij}$ per $i = 1, \ldots, m$, $j = 1, \ldots, n$. Definiamo inoltre le seguenti operazioni:

- *somma di matrici*: la matrice somma è la matrice $\mathrm{A} + \mathrm{B} = (a_{ij} + b_{ij})$. L'elemento neutro della somma di matrici è la *matrice zero*, denotata ancora con 0 e costituita soltanto da elementi nulli;
- *prodotto di una matrice per uno scalare*: il prodotto di A per $\lambda \in K$, è la matrice $\lambda\mathrm{A} = (\lambda a_{ij})$;
- *prodotto di due matrici*: il prodotto di due matrici A e B, rispettivamente di dimensioni (m, p) e (p, n), è una matrice $\mathrm{C}(m, n)$ di elementi $c_{ij} = \sum_{k=1}^{p} a_{ik} b_{kj}$, per $i = 1, \ldots, m$, $j = 1, \ldots, n$.

Il prodotto di matrici è associativo e distributivo rispetto alla somma di matrici, ma non è in generale commutativo. Le matrici quadrate per le quali $\mathrm{AB} = \mathrm{BA}$ verranno dette *commutative.*

Per matrici quadrate l'elemento neutro del prodotto fra matrici è una matrice quadrata di ordine n, detta matrice unità di ordine n o, più comunemente, *matrice identità*, data da $\mathrm{I}_n = (\delta_{ij})$. Essa è per definizione l'unica matrice $n \times n$ tale per cui $\mathrm{AI}_n = \mathrm{I}_n\mathrm{A} = \mathrm{A}$. Sottintenderemo nel seguito, a meno che non sia strettamente necessario, il pedice n, indicante la dimensione di I. La matrice identità è una particolare *matrice diagonale* di ordine n, ossia una matrice quadrata del tipo $\mathrm{D} = (d_{ii}\delta_{ij})$ avente l'elemento d_{ii} come elemento diagonale i-esimo ed elementi extra-diagonali nulli. Si userà la notazione $\mathrm{D} = \mathrm{diag}(d_{11}, d_{22}, \ldots, d_{nn})$.
Se infine A è una matrice quadrata di ordine n, A^p, con p intero, denota il prodotto di A per se stessa p volte. Poniamo $\mathrm{A}^0 = \mathrm{I}$.

Vanno anche ricordate le cosiddette *operazioni elementari per riga* che possono essere compiute su una matrice. Esse sono:

1. moltiplicare la riga i-esima di una matrice per uno scalare α; questa operazione è equivalente a premoltiplicare A per la matrice $\mathrm{D} = \mathrm{diag}(1, \ldots, 1, \alpha, 1, \ldots, 1)$, con α in posizione i-esima;

2. permutare (ossia scambiare) fra loro le righe i e j di una matrice; ciò si realizza premoltiplicando A per la matrice $\mathrm{P}^{(i,j)}$ di elementi

$$p_{rs}^{(i,j)} = \begin{cases} 1 & \text{se } r = s = 1, \ldots, i-1, i+1, \ldots, j-1, j+1, \ldots, n, \\ 1 & \text{se } r = j, s = i \text{ o } r = i, s = j, \\ 0 & \text{altrimenti.} \end{cases} \tag{1.2}$$

   Matrici del tipo (1.2) prendono il nome di *matrici di permutazione elementari.* Il prodotto di matrici di permutazione elementari è una matrice, che chiameremo *matrice di permutazione*, la quale realizza tutti gli scambi fra righe associati a ciascuna matrice di permutazione elementare. Le matrici di permutazione sono di fatto riordinamenti per righe della matrice identità;

3. aggiungere la riga j-esima moltiplicata per α alla riga i-esima. Anche quest'ultima operazione può essere realizzata premoltiplicando A per la matrice $\mathrm{I} + \mathrm{N}_\alpha^{(i,j)}$, essendo $\mathrm{N}_\alpha^{(i,j)}$ una matrice che ha tutti elementi nulli tranne quello in posizione i, j che vale α.

1.3.1 Inversa di una matrice

Definizione 1.6 Una matrice A quadrata di ordine n, si dice *invertibile* (o *regolare* o *non singolare*) se esiste una matrice B quadrata di ordine n tale che $\mathrm{A}\,\mathrm{B} = \mathrm{B}\,\mathrm{A} = \mathrm{I}$. B viene chiamata *matrice inversa* di A e viene indicata con A^{-1}. Una matrice non invertibile verrà detta *singolare*. ■

Se A è invertibile anche la sua inversa lo è e $(\mathrm{A}^{-1})^{-1} = \mathrm{A}$. Inoltre, se A e B sono due matrici invertibili di ordine n anche AB è invertibile e si ha $(\mathrm{A}\,\mathrm{B})^{-1} = \mathrm{B}^{-1}\mathrm{A}^{-1}$. Vale la seguente proprietà:

Proprietà 1.2 *Una matrice quadrata è invertibile se e solo se i suoi vettori colonna sono linearmente indipendenti.*

Definizione 1.7 Chiamiamo *trasposta* di una matrice $\mathrm{A} \in \mathbb{R}^{m\times n}$ la matrice $n \times m$, denotata con A^T, ottenuta scambiando tra di loro le righe e le colonne di A. ■

Evidentemente $(\mathrm{A}^T)^T = \mathrm{A}$, $(\mathrm{A}+\mathrm{B})^T = \mathrm{A}^T + \mathrm{B}^T$, $(\mathrm{AB})^T = \mathrm{B}^T\mathrm{A}^T$ e $(\alpha\mathrm{A})^T = \alpha\mathrm{A}^T\ \forall\alpha \in \mathbb{R}$. Supponendo A invertibile, si ha inoltre che $(\mathrm{A}^T)^{-1} = (\mathrm{A}^{-1})^T = \mathrm{A}^{-T}$.

Definizione 1.8 Sia $\mathrm{A} \in \mathbb{C}^{m\times n}$; la matrice $\mathrm{B} = \mathrm{A}^H \in \mathbb{C}^{n\times m}$ è detta la *matrice coniugata trasposta* (o *aggiunta*) di A se $b_{ij} = \bar{a}_{ji}$, essendo $\bar{a}_{ji}$ il numero complesso coniugato di a_{ji}. ■

In analogia con il caso di matrici reali, si ha che $(\mathrm{A}+\mathrm{B})^H = \mathrm{A}^H + \mathrm{B}^H$, $(\mathrm{AB})^H = \mathrm{B}^H\mathrm{A}^H$ e $(\alpha\mathrm{A})^H = \bar{\alpha}\mathrm{A}^H\ \forall\alpha \in \mathbb{C}$.

Definizione 1.9 Una matrice $\mathrm{A} \in \mathbb{R}^{n\times n}$ si dice *simmetrica* se $\mathrm{A} = \mathrm{A}^T$, mentre si dice *antisimmetrica* se $\mathrm{A} = -\mathrm{A}^T$. Si dice infine *ortogonale* se $\mathrm{A}^T\mathrm{A} = \mathrm{A}\mathrm{A}^T = \mathrm{I}$ ossia se $\mathrm{A}^{-1} = \mathrm{A}^T$. ■

Le matrici di permutazione sono ortogonali e lo stesso vale per il loro prodotto.

Definizione 1.10 Una matrice $\mathrm{A} \in \mathbb{C}^{n\times n}$ si dice *hermitiana* o *autoaggiunta* se $\mathrm{A}^T = \bar{\mathrm{A}}$ ossia se $\mathrm{A}^H = \mathrm{A}$, mentre si dice *unitaria* se $\mathrm{A}^H\mathrm{A} = \mathrm{A}\mathrm{A}^H = \mathrm{I}$. Se infine $\mathrm{A}\mathrm{A}^H = \mathrm{A}^H\mathrm{A}$, A è detta *matrice normale*. ■

Di conseguenza, per una matrice unitaria si ha che $\mathrm{A}^{-1} = \mathrm{A}^H$. Ovviamente una matrice unitaria è anche normale, ma non è in generale hermitiana. Osserviamo infine che gli elementi diagonali di una matrice hermitiana sono necessariamente reali (si veda anche l'Esercizio 5).

1.3.2 Matrici e trasformazioni lineari

Definizione 1.11 Una *trasformazione lineare* da $\mathbb{C}^n$ in $\mathbb{C}^m$ è una funzione $f : \mathbb{C}^n \longrightarrow \mathbb{C}^m$ tale che $f(\alpha\mathbf{x} + \beta\mathbf{y}) = \alpha f(\mathbf{x}) + \beta f(\mathbf{y})$, $\forall \alpha, \beta \in K$ e $\forall \mathbf{x}, \mathbf{y} \in \mathbb{C}^n$. ■

Il seguente risultato collega matrici e trasformazioni lineari.

Proprietà 1.3 *Sia $f : \mathbb{C}^n \longrightarrow \mathbb{C}^m$ una trasformazione lineare. Allora esiste un'unica matrice $\mathrm{A}_f \in \mathbb{C}^{m\times n}$ tale che*

$$f(\mathbf{x}) = \mathrm{A}_f \mathbf{x} \qquad \forall \mathbf{x} \in \mathbb{C}^n. \tag{1.3}$$

Viceversa, se $\mathrm{A}_f \in \mathbb{C}^{m\times n}$, la funzione definita attraverso la (1.3) *è una trasformazione lineare da $\mathbb{C}^n$ in $\mathbb{C}^m$.*

Esempio 1.3 Un'importante trasformazione lineare è la *rotazione* in senso antiorario di un angolo ϑ nel piano (x_1, x_2). La matrice associata a tale trasformazione lineare è data da

$$\mathrm{G}(\vartheta) = \begin{bmatrix} c & -s \\ s & c \end{bmatrix}, \qquad c = \cos(\vartheta),\ s = \sin(\vartheta)$$

ed è detta *matrice di rotazione*. Notiamo come $\mathrm{G}(\vartheta)$ fornisca un esempio di matrice unitaria, non simmetrica (se $s \neq 0$). •

Osservazione 1.1 (Operazioni sulle matrici partizionate a blocchi) Tutte le operazioni precedentemente introdotte possono essere estese anche al caso in cui A sia una matrice partizionata a blocchi, a patto ovviamente che le dimensioni dei singoli sottoblocchi siano tali da garantire una corretta definizione delle singole operazioni. ■

1.4 Traccia e determinante

Consideriamo una matrice A quadrata di ordine n. La *traccia* di una matrice è la somma degli elementi diagonali di A, ossia $\mathrm{tr}(\mathrm{A}) = \sum_{i=1}^{n} a_{ii}$.
Si dice *determinante* di A lo scalare definito dalla seguente formula

$$\det(\mathrm{A}) = \sum_{\boldsymbol{\pi}\in P} \mathrm{sign}(\boldsymbol{\pi}) a_{1\pi_1} a_{2\pi_2} \ldots a_{n\pi_n},$$

essendo $P = \{\boldsymbol{\pi} = (\pi_1, \ldots, \pi_n)^T\}$ l'insieme degli $n!$ vettori ottenuti permutando il vettore degli indici $\mathbf{i} = (1, \ldots, n)^T$ e $\mathrm{sign}(\boldsymbol{\pi})$ uguale a 1 (rispettivamente -1) se serve un numero pari (rispettivamente dispari) di scambi per ottenere $\boldsymbol{\pi}$ da $\mathbf{i}$.

Valgono le seguenti proprietà:

$$\det(A) = \det(A^T), \qquad \det(AB) = \det(A)\det(B), \qquad \det(A^{-1}) = 1/\det(A),$$
$$\det(A^H) = \overline{\det(A)}, \qquad \det(\alpha A) = \alpha^n \det(A), \qquad \forall \alpha \in K.$$

Se inoltre due righe o due colonne di una matrice sono uguali, il determinante è nullo, mentre lo scambio di due righe (o di due colonne) in una matrice provoca un cambiamento nel segno del determinante della stessa. Ovviamente il determinante di una matrice diagonale è dato semplicemente dal prodotto degli elementi diagonali.

Denotando con A_{ij} la matrice di ordine $n-1$ ottenuta da A per la soppressione della i-esima riga e della j-esima colonna, diciamo *minore complementare* associato all'elemento a_{ij} il determinante della matrice A_{ij}. Chiamiamo *minore principale (dominante) k-esimo* di A, d_k, il determinante della sottomatrice principale di ordine k, $A_k = A(1:k, 1:k)$. Se indichiamo con $\Delta_{ij} = (-1)^{i+j}\det(A_{ij})$ il *cofattore* dell'elemento a_{ij}, per il calcolo effettivo del determinante di A si può usare la seguente relazione ricorsiva

$$\det(A) = \begin{cases} a_{11} & \text{se } n = 1, \\ \displaystyle\sum_{j=1}^{n} \Delta_{ij} a_{ij}, & \text{per } n > 1, \end{cases} \tag{1.4}$$

detta *formula di sviluppo del determinante secondo la riga i-esima* o *regola di Laplace*. Se A è una matrice quadrata di ordine n invertibile allora

$$A^{-1} = \frac{1}{\det(A)} C,$$

essendo C la matrice di elementi Δ_{ji}, $i = 1, \ldots, n$, $j = 1, \ldots, n$.
Di conseguenza una matrice quadrata è invertibile se e solo se ha determinante non nullo. Nel caso di matrici diagonali non singolari l'inversa è ancora una matrice diagonale con elementi dati dagli inversi degli elementi diagonali.

Notiamo infine come una matrice A *ortogonale* sia invertibile con inversa data da A^T e $\det(A) = \pm 1$.

1.5 Rango e nucleo di una matrice

Sia A una matrice rettangolare $m \times n$. Chiamiamo determinante di ordine q (con $q \geq 1$) estratto dalla matrice A, il determinante di ogni matrice quadrata di ordine q ottenuta da A per la soppressione di $m - q$ righe e $n - q$ colonne.

Definizione 1.12 Si dice *rango* di A (e lo si denota con rank(A)), l'ordine massimo dei determinanti non nulli estratti da A. Una matrice si dice di *rango completo* o *pieno* se rank(A) = min(m,n). ■

Osserviamo come il rango di A esprima il massimo numero di vettori colonna di A linearmente indipendenti ossia la dimensione del *range* o *immagine* di A, definito come

$$\mathrm{range}(\mathrm{A}) = \{\mathbf{y} \in \mathbb{R}^m : \ \mathbf{y} = \mathrm{A}\mathbf{x} \text{ per } \mathbf{x} \in \mathbb{R}^n\}. \tag{1.5}$$

A rigore si dovrebbe parlare di rango di A per colonne, per distinguerlo dal rango di A per righe dato dal massimo numero di vettori riga di A linearmente indipendenti. Si può però dimostrare che il rango per righe ed il rango per colonne sono uguali. Si definisce *nucleo* di A il sottospazio

$$\ker(\mathrm{A}) = \{\mathbf{x} \in \mathbb{R}^n : \ \mathrm{A}\mathbf{x} = \mathbf{0}\}.$$

Valgono le seguenti relazioni:

1. $\mathrm{rank}(\mathrm{A}) = \mathrm{rank}(\mathrm{A}^T)$ (se $\mathrm{A} \in \mathbb{C}^{m\times n}$, $\mathrm{rank}(\mathrm{A}) = \mathrm{rank}(\mathrm{A}^H)$);
2. $\mathrm{rank}\ (\mathrm{A}) + \dim(\ker\ (\mathrm{A})) = n$.

In generale, $\dim(\ker(\mathrm{A})) \neq \dim(\ker(\mathrm{A}^T))$. Se A è una matrice quadrata non singolare, allora $\mathrm{rank}(\mathrm{A}) = n$ e $\dim(\ker(\mathrm{A})) = 0$.

Esempio 1.4 Consideriamo la matrice

$$\mathrm{A} = \begin{bmatrix} 1 & 1 & 0 \\ 1 & -1 & 1 \end{bmatrix}.$$

Essa ha rango 2, $\dim(\ker(\mathrm{A})) = 1$ e $\dim(\ker(\mathrm{A}^T)) = 0$. •

Osserviamo infine che per una matrice $\mathrm{A} \in \mathbb{C}^{n\times n}$ le seguenti proprietà sono equivalenti:

1. A non è singolare;
2. $\det(\mathrm{A}) \neq 0$;
3. $\ker(\mathrm{A}) = \{\mathbf{0}\}$;
4. $\mathrm{rank}(\mathrm{A}) = n$;
5. A ha righe e colonne linearmente indipendenti.

1.6 Matrici di forma particolare

1.6.1 Matrici diagonali a blocchi

Sono matrici della forma $\mathrm{D} = \mathrm{diag}(\mathrm{D}_1, \ldots, \mathrm{D}_n)$, essendo D_i matrici quadrate con $i = 1, \ldots, n$. Ovviamente i singoli blocchi diagonali possono avere dimensione diversa. Diremo che una matrice a blocchi ha dimensione n se n è il numero di blocchi diagonali che la compongono. Il determinante di una matrice diagonale a blocchi è dato dal prodotto dei determinanti dei singoli blocchi diagonali.

1.6.2 Matrici trapezoidali e triangolari

Una matrice $\mathrm{A}(m \times n)$ è *trapezoidale superiore* se per $i > j$, $a_{ij} = 0$, *trapezoidale inferiore* se per $i < j$, $a_{ij} = 0$. Il nome deriva dal fatto che, per le matrici trapezoidali superiori, gli elementi non nulli della matrice formano un trapezio nel caso in cui $m < n$.

Una *matrice triangolare* è una matrice trapezoidale quadrata di ordine n della forma

$$\mathrm{L} = \begin{bmatrix} l_{11} & 0 & \ldots & 0 \\ l_{21} & l_{22} & \ldots & 0 \\ \vdots & \vdots & & \vdots \\ l_{n1} & l_{n2} & \ldots & l_{nn} \end{bmatrix} \quad \text{oppure} \quad \mathrm{U} = \begin{bmatrix} u_{11} & u_{12} & \ldots & u_{1n} \\ 0 & u_{22} & \ldots & u_{2n} \\ \vdots & \vdots & & \vdots \\ 0 & 0 & \ldots & u_{nn} \end{bmatrix}.$$

La matrice L viene detta *triangolare inferiore* ed U *triangolare superiore*. Ricordiamo alcune proprietà di facile verifica:

- il determinante di una matrice triangolare è dato dal prodotto degli elementi diagonali;
- l'inversa di una matrice triangolare inferiore (rispettivamente superiore) è ancora una matrice triangolare inferiore (rispettivamente superiore);
- il prodotto di due matrici triangolari (trapezoidali) inferiori (rispettivamente superiori) è ancora una matrice triangolare (trapezoidale) inferiore (rispettivamente superiore);
- se chiamiamo *matrice triangolare unitaria* una matrice triangolare che abbia elementi diagonali pari a 1, allora il prodotto di matrici triangolari unitarie inferiori (rispettivamente superiori) è ancora una matrice triangolare unitaria inferiore (rispettivamente superiore).

1.6.3 Matrici a banda

Le matrici introdotte nella sezione precedente sono un caso particolare di matrici a banda. Diciamo infatti che una matrice $\mathrm{A} \in \mathbb{R}^{m\times n}$ (o in $\mathbb{C}^{m\times n}$) ha *banda inferiore* p se $a_{ij} = 0$ quando $i > j + p$ e *banda superiore* q se $a_{ij} = 0$ quando $j > i + q$. Le matrici diagonali sono matrici a banda per le quali $p = q = 0$, mentre quelle trapezoidali hanno $p = m - 1$, $q = 0$ se inferiori, $p = 0$, $q = n - 1$ se superiori.

Altre matrici a banda di rilevante interesse sono quelle *tridiagonali*, per le quali $p = q = 1$, e quelle *bidiagonali superiori* ($p = 0$, $q = 1$) o *inferiori* ($p = 1$, $q = 0$). Nel seguito indicheremo con $\mathrm{tridiag}_n(\mathbf{b}, \mathbf{d}, \mathbf{c})$ la matrice tridiagonale di dimensione n avente rispettivamente sulle sotto e sopra diagonali principali i vettori $\mathbf{b} = (b_1, \ldots, b_{n-1})^T$ e $\mathbf{c} = (c_1, \ldots, c_{n-1})^T$, e sulla diagonale principale il vettore $\mathbf{d} = (d_1, \ldots, d_n)^T$. Nel caso in cui si abbia $b_i = \beta$, $d_i = \delta$ e $c_i = \gamma$, per assegnate costanti β, δ e γ, indicheremo la matrice con $\mathrm{tridiag}_n(\beta, \delta, \gamma)$.

Meritano un cenno a parte le cosiddette *matrici di Hessenberg inferiori* ($p = m - 1$, $q = 1$) o *superiori* ($p = 1$, $q = n - 1$). Ad esempio, se $m > n$, esse hanno la seguente struttura

$$\mathrm{H} = \begin{bmatrix} h_{11} & h_{12} & & 0 \\ h_{21} & h_{22} & \ddots & \\ \vdots & & \ddots & h_{n-1n} \\ h_{n1} & \dots & \dots & h_{nn} \\ \vdots & & & \vdots \\ h_{m1} & \dots & \dots & h_{mn} \end{bmatrix} \text{ o } \mathrm{H} = \begin{bmatrix} h_{11} & h_{12} & \dots & h_{1n} \\ h_{21} & h_{22} & & h_{2n} \\ & \ddots & \ddots & \vdots \\ 0 & & h_{nn-1} & h_{nn} \\ & & 0 & h_{mn} \\ \vdots & & & \vdots \\ 0 & \dots & \dots & 0 \end{bmatrix}.$$

Ovviamente si potranno costruire matrici analoghe nel caso a blocchi.

1.7 Autovalori e autovettori

Sia A una matrice quadrata di ordine n a coefficienti reali o complessi; il numero $\lambda \in \mathbb{C}$ è detto *autovalore* di A se esiste un vettore $\mathbf{x} \in \mathbb{C}^n$, diverso da zero, tale che $\mathrm{A}\mathbf{x} = \lambda\mathbf{x}$. Il vettore $\mathbf{x}$ è detto *autovettore* associato all'autovalore λ e l'insieme degli autovalori di A è detto lo *spettro* di A, denotato con $\sigma(\mathrm{A})$. Diciamo che $\mathbf{x}$ e $\mathbf{y}$ sono rispettivamente un *autovettore destro* e *sinistro* di A, associati all'autovalore λ, se

$$\mathrm{A}\mathbf{x} = \lambda\mathbf{x}, \quad \mathbf{y}^H\mathrm{A} = \lambda\mathbf{y}^H.$$

L'autovalore λ, corrispondente all'autovettore $\mathbf{x}$, si ottiene calcolando il *quoziente di Rayleigh* $\lambda = \mathbf{x}^H\mathrm{A}\mathbf{x}/(\mathbf{x}^H\mathbf{x})$. Il numero λ è soluzione dell'*equazione caratteristica*

$$p_{\mathrm{A}}(\lambda) = \det(\mathrm{A} - \lambda\mathrm{I}) = 0,$$

dove $p_{\mathrm{A}}(\lambda)$ è il *polinomio caratteristico*. Essendo quest'ultimo un polinomio di grado n rispetto a λ, esistono al più n autovalori di A, non necessariamente distinti. Si può dimostrare che

$$\det(\mathrm{A}) = \prod_{i=1}^{n} \lambda_i, \quad \mathrm{tr}(\mathrm{A}) = \sum_{i=1}^{n} \lambda_i. \tag{1.6}$$

Di conseguenza, essendo $\det(\mathrm{A}^T - \lambda\mathrm{I}) = \det((\mathrm{A} - \lambda\mathrm{I})^T) = \det(\mathrm{A} - \lambda\mathrm{I})$, si deduce che $\sigma(\mathrm{A}) = \sigma(\mathrm{A}^T)$ ed analogamente che $\sigma(\mathrm{A}^H) = \sigma(\bar{\mathrm{A}})$.

Dalla prima delle (1.6) si deduce che una matrice è singolare se e solo se ha almeno un autovalore λ nullo, essendo $p_{\mathrm{A}}(0) = \det(\mathrm{A}) = \Pi_{i=1}^{n}\lambda_i$.

In secondo luogo, se A è a coefficienti reali, $p_{\mathrm{A}}(\lambda)$ è un polinomio a coefficienti reali e dunque gli autovalori complessi dovranno essere necessariamente complessi coniugati.

Infine, per il Teorema di Cayley-Hamilton se $p_{\mathrm{A}}(\lambda)$ è il polinomio caratteristico di A, allora $p_{\mathrm{A}}(\mathrm{A}) = 0$ (per la dimostrazione si veda ad esempio [Axe94], pag. 51), dove $p_{\mathrm{A}}(\mathrm{A})$ denota un polinomio di matrici.

Il massimo dei moduli degli autovalori di A si chiama *raggio spettrale* e viene denotato con

$$\rho(\mathrm{A}) = \max_{\lambda \in \sigma(\mathrm{A})} |\lambda|$$

Avere caratterizzato gli autovalori come le radici di un polinomio comporta in particolare che λ è un autovalore di $\mathrm{A} \in \mathbb{C}^{n\times n}$ se e solo se $\bar{\lambda}$ è un autovalore di A^H. Un'immediata conseguenza è che $\rho(\mathrm{A}) = \rho(\mathrm{A}^H)$. Inoltre $\forall \mathrm{A} \in \mathbb{C}^{n\times n}$, $\forall \alpha \in \mathbb{C}$, $\rho(\alpha\mathrm{A}) = |\alpha|\rho(\mathrm{A})$, e $\rho(\mathrm{A}^k) = [\rho(\mathrm{A})]^k \ \forall k \in \mathbb{N}$.

Infine, se A è una matrice triangolare a blocchi

$$\mathrm{A} = \begin{bmatrix} \mathrm{A}_{11} & \mathrm{A}_{12} & \dots & \mathrm{A}_{1k} \\ 0 & \mathrm{A}_{22} & \dots & \mathrm{A}_{2k} \\ \vdots & & \ddots & \vdots \\ 0 & \dots & 0 & \mathrm{A}_{kk} \end{bmatrix},$$

per il fatto che $p_{\mathrm{A}}(\lambda) = p_{\mathrm{A}_{11}}(\lambda) p_{\mathrm{A}_{22}}(\lambda) \cdots p_{\mathrm{A}_{kk}}(\lambda)$, si deduce che lo spettro di A è l'unione degli spettri dei singoli blocchi diagonali, e, di conseguenza, se A è triangolare, gli autovalori di A sono i coefficienti diagonali stessi.

Per ogni autovalore λ di una matrice A l'insieme degli autovettori associati a λ, assieme al vettore nullo, costituisce un sottospazio di $\mathbb{C}^n$, noto come l'*autospazio* associato a λ, che per definizione è $\ker(\mathrm{A}-\lambda\mathrm{I})$. La sua dimensione, pari a

$$\dim\left[\ker(\mathrm{A} - \lambda\mathrm{I})\right] = n - \mathrm{rank}(\mathrm{A} - \lambda\mathrm{I}),$$

è detta *molteplicità geometrica* dell'autovalore λ. Essa non può mai essere maggiore della *molteplicità algebrica* di λ ossia della molteplicità che ha λ quale radice del polinomio caratteristico. Autovalori con molteplicità geometrica strettamente minore di quella algebrica si diranno *difettivi*. Una matrice con almeno un autovalore difettivo si dice *difettiva*.

L'autospazio associato ad un autovalore di una matrice A, è invariante rispetto ad A nel senso della definizione seguente:

Definizione 1.13 Un sottospazio S in $\mathbb{C}^n$ si dice *invariante* rispetto ad una matrice quadrata A se $\mathrm{A}S \subset S$, essendo $\mathrm{A}S$ il trasformato di S tramite A. ■

1.8 Trasformazioni per similitudine

Definizione 1.14 Sia C una matrice quadrata non singolare dello stesso ordine della matrice A. Diciamo che le matrici A e $C^{-1}AC$ sono *simili* e chiamiamo la trasformazione da A a $C^{-1}AC$ una *trasformazione per similitudine.* Diciamo inoltre che le due matrici sono *unitariamente simili* se C è unitaria. ∎

Due matrici simili hanno lo stesso spettro e lo stesso polinomio caratteristico. In effetti, è facile verificare che se $(\lambda, \mathbf{x})$ è una coppia autovalore-autovettore di A, $(\lambda, C^{-1}\mathbf{x})$ lo è di $C^{-1}AC$ in quanto

$$(C^{-1}AC)C^{-1}\mathbf{x} = C^{-1}A\mathbf{x} = \lambda C^{-1}\mathbf{x}.$$

Notiamo in particolare che le matrici prodotto AB e BA con $A \in \mathbb{C}^{n\times m}$ e $B \in \mathbb{C}^{m\times n}$ non sono simili, ma godono della seguente proprietà (si veda [Hac94], pag.18, Teorema 2.4.6)

$$\sigma(AB)\backslash\{0\} = \sigma(BA)\backslash\{0\}$$

ossia AB e BA hanno lo stesso spettro a meno di autovalori nulli, e dunque, $\rho(AB) = \rho(BA)$.

L'utilizzo delle trasformazioni per similitudine mira a ridurre la complessità del problema del calcolo degli autovalori di una matrice. Se infatti si riuscisse a trasformare una matrice qualunque in una simile di forma triangolare o diagonale, il calcolo degli autovalori risulterebbe immediato. Il principale risultato in questa direzione è dato dalla seguente proprietà (per la cui dimostrazione rimandiamo a [Dem97], Teorema 4.2):

Proprietà 1.4 (Decomposizione di Schur) *Data* $A \in \mathbb{C}^{n\times n}$ *esiste una matrice* U *unitaria tale che*

$$U^{-1}AU = U^{H}AU = \begin{bmatrix} \lambda_1 & b_{12} & \dots & b_{1n} \\ 0 & \lambda_2 & & b_{2n} \\ \vdots & & \ddots & \vdots \\ 0 & \dots & 0 & \lambda_n \end{bmatrix} = T,$$

avendo indicato con λ_i *gli autovalori di* A.

Di conseguenza, ogni matrice A è unitariamente simile ad una matrice triangolare superiore. Le matrici T ed U non sono necessariamente uniche [Hac94]. Dalla decomposizione di Schur discendono molti importanti risultati. Tra questi ricordiamo:

1. ogni matrice hermitiana è *unitariamente simile* ad una matrice diagonale reale ossia se A è hermitiana ogni decomposizione di Schur di A è diagonale. In tal caso, siccome

$$U^{-1}AU = \Lambda = \mathrm{diag}(\lambda_1, \dots, \lambda_n),$$

si ha $AU = U\Lambda$ ossia $A\mathbf{u}_i = \lambda_i \mathbf{u}_i$ per $i = 1, \ldots, n$, di modo che i vettori colonna di U sono gli autovettori di A. Inoltre, essendo gli autovettori a due a due ortogonali, discende che una matrice hermitiana ha un sistema di autovettori ortonormali che genera l'intero spazio $\mathbb{C}^n$;

2. ogni matrice $A \in \mathbb{C}^{n\times n}$ simile ad una matrice diagonale è detta *diagonalizzabile*. Di conseguenza, ogni matrice A diagonalizzabile ammette la seguente decomposizione spettrale

$$P^{-1}AP = \Lambda,$$

essendo le colonne di P gli autovettori di A e gli elementi Λ_{ii} gli autovalori. Gli autovettori di A formano una base di $\mathbb{C}^n$ [Axe94];

3. una matrice $A \in \mathbb{C}^{n\times n}$ è normale se e solo se è unitariamente simile ad una matrice diagonale. Di conseguenza, una matrice normale $A \in \mathbb{C}^{n\times n}$ ammette la seguente *decomposizione spettrale*: $A = U\Lambda U^H = \sum_{i=1}^n \lambda_i \mathbf{u}_i \mathbf{u}_i^H$ con U unitaria e Λ diagonale [SS90];

4. se A e B sono due matrici normali e commutative, allora il generico autovalore μ_i di A+B è dato dalla somma $\lambda_i + \xi_i$, essendo λ_i e ξ_i gli autovalori di A e di B associati al medesimo autovettore.

Ovviamente esistono anche matrici non simmetriche simili a matrici diagonali, ma non unitariamente simili (si veda ad esempio l'Esercizio 7).

È possibile migliorare il risultato fornito dalla decomposizione di Schur come segue (per la dimostrazione si vedano ad esempio [Str80], [God66]):

Proprietà 1.5 (Forma canonica di Jordan) *Sia* A *una qualunque matrice quadrata non singolare di dimensione n. Allora esiste una matrice non singolare* X *che trasforma* A *in una matrice diagonale a blocchi* J *tale che*

$$X^{-1}AX = J = \mathrm{diag}\left(J_{k_1}(\lambda_1), J_{k_2}(\lambda_2), \ldots, J_{k_l}(\lambda_l)\right),$$

detta forma canonica di Jordan, essendo λ_j gli autovalori di A *e $J_k(\lambda) \in \mathbb{C}^{k\times k}$ un blocco di Jordan della forma $J_1(\lambda) = \lambda$ se $k = 1$ e*

$$J_k(\lambda) = \begin{bmatrix} \lambda & 1 & 0 & \ldots & 0 \\ 0 & \lambda & 1 & \cdots & \vdots \\ \vdots & \ddots & \ddots & 1 & 0 \\ \vdots & & \ddots & \lambda & 1 \\ 0 & \ldots & \ldots & 0 & \lambda \end{bmatrix}, \qquad \textit{per } k > 1.$$

Se un autovalore è difettivo, allora la dimensione del corrispondente blocco di Jordan è maggiore di uno. Dalla forma canonica di Jordan si deduce allora che una matrice può essere diagonalizzata tramite una trasformazione per similitudine se e solo se essa è non difettiva. Per questo motivo le matrici non difettive vengono dette *diagonalizzabili*. In particolare, le matrici normali sono diagonalizzabili.

Se partizioniamo X per colonne, $X = (\mathbf{x}_1, \ldots, \mathbf{x}_n)$, allora i k_i vettori associati al blocco di Jordan $J_{k_i}(\lambda_i)$, verificano la seguente relazione ricorsiva:

$$\begin{aligned} A\mathbf{x}_l &= \lambda_i \mathbf{x}_l, & l &= \sum_{j=1}^{i-1} k_j + 1, \\ A\mathbf{x}_j &= \lambda_i \mathbf{x}_j + \mathbf{x}_{j-1}, & j &= l+1, \ldots, l-1+k_i, \text{ se } k_i \neq 1. \end{aligned} \tag{1.7}$$

I vettori $\mathbf{x}_i$ sono detti i *vettori principali* o gli *autovettori generalizzati* di A.

Esempio 1.5 Consideriamo la seguente matrice:

$$A = \begin{bmatrix} 7/4 & 3/4 & -1/4 & -1/4 & -1/4 & 1/4 \\ 0 & 2 & 0 & 0 & 0 & 0 \\ -1/2 & -1/2 & 5/2 & 1/2 & -1/2 & 1/2 \\ -1/2 & -1/2 & -1/2 & 5/2 & 1/2 & 1/2 \\ -1/4 & -1/4 & -1/4 & -1/4 & 11/4 & 1/4 \\ -3/2 & -1/2 & -1/2 & 1/2 & 1/2 & 7/2 \end{bmatrix}.$$

La forma canonica di Jordan di questa matrice e la relativa matrice X sono date da

$$J = \begin{bmatrix} 2 & 1 & 0 & 0 & 0 & 0 \\ 0 & 2 & 0 & 0 & 0 & 0 \\ 0 & 0 & 3 & 1 & 0 & 0 \\ 0 & 0 & 0 & 3 & 1 & 0 \\ 0 & 0 & 0 & 0 & 3 & 0 \\ 0 & 0 & 0 & 0 & 0 & 2 \end{bmatrix}, \quad X = \begin{bmatrix} 1 & 0 & 0 & 0 & 0 & 1 \\ 0 & 1 & 0 & 0 & 0 & 1 \\ 0 & 0 & 1 & 0 & 0 & 1 \\ 0 & 0 & 0 & 1 & 0 & 1 \\ 0 & 0 & 0 & 0 & 1 & 1 \\ 1 & 1 & 1 & 1 & 1 & 1 \end{bmatrix}.$$

Si noti che due blocchi di Jordan differenti sono riferiti allo stesso autovalore ($\lambda = 2$). È di semplice verifica a questo punto la proprietà (1.7). Se ad esempio consideriamo il blocco relativo all'autovalore $\lambda_2 = 3$, abbiamo che

$$\begin{aligned} A\mathbf{x}_3 &= [0\ 0\ 3\ 0\ 0\ 3]^T = 3\,[0\ 0\ 1\ 0\ 0\ 1]^T = \lambda_2 \mathbf{x}_3, \\ A\mathbf{x}_4 &= [0\ 0\ 1\ 3\ 0\ 4]^T = 3\,[0\ 0\ 0\ 1\ 0\ 1]^T + [0\ 0\ 1\ 0\ 0\ 1]^T = \lambda_2 \mathbf{x}_4 + \mathbf{x}_3, \\ A\mathbf{x}_5 &= [0\ 0\ 0\ 1\ 3\ 4]^T = 3\,[0\ 0\ 0\ 0\ 1\ 1]^T + [0\ 0\ 0\ 1\ 0\ 1]^T = \lambda_2 \mathbf{x}_5 + \mathbf{x}_4. \end{aligned}$$ •

1.9 La decomposizione in valori singolari (SVD)

Una qualunque matrice può essere ridotta in forma diagonale tramite pre e post-moltiplicazione per matrici unitarie. Precisamente, vale il seguente risultato:

Proprietà 1.6 *Sia* A$\in \mathbb{C}^{m\times n}$. *Esistono due matrici unitarie* U$\in \mathbb{C}^{m\times m}$ *e* V$\in \mathbb{C}^{n\times n}$ *tali che*

$$\mathrm{U}^H\mathrm{AV} = \Sigma = \mathrm{diag}(\sigma_1, \ldots, \sigma_p) \in \mathbb{R}^{m\times n} \qquad \text{con } p = \min(m,n) \qquad (1.8)$$

e $\sigma_1 \geq \ldots \geq \sigma_p \geq 0$. *La* (1.8) *è detta decomposizione in valori singolari (o Singular Value Decomposition da cui, in breve, SVD) di* A *ed i* σ_i *(o* $\sigma_i(\mathrm{A})$*) sono detti i valori singolari di* A.

Nel caso in cui A sia reale, anche U e V lo saranno e nella (1.8) U^H andrà sostituita con U^T. In generale, si ha la seguente caratterizzazione dei valori singolari di A

$$\sigma_i(\mathrm{A}) = \sqrt{\lambda_i(\mathrm{A}^H\mathrm{A})}, \quad i = 1, \ldots, p \qquad (1.9)$$

In effetti dalla (1.8) si ha che $\mathrm{A} = \mathrm{U}\Sigma\mathrm{V}^H$, $\mathrm{A}^H = \mathrm{V}\Sigma^H\mathrm{U}^H$ e quindi, essendo U e V unitarie, $\mathrm{A}^H\mathrm{A} = \mathrm{V}\Sigma^H\Sigma\mathrm{V}^H$ ovvero $\lambda_i(\mathrm{A}^H\mathrm{A}) = \lambda_i(\Sigma^H\Sigma) = (\sigma_i(\mathrm{A}))^2$. Essendo AA^H e $\mathrm{A}^H\mathrm{A}$ matrici hermitiane, per quanto riportato nella Sezione 1.8, le colonne di U (rispettivamente di V), dette *vettori singolari sinistri* di A (rispettivamente *destri*), sono gli autovettori di AA^H (rispettivamente di $\mathrm{A}^H\mathrm{A}$) e, di conseguenza, non sono definiti in modo univoco.
Dalla (1.9) si ricava che se $\mathrm{A} \in \mathbb{C}^{n\times n}$ è hermitiana con autovalori dati da λ_1, $\lambda_2, \ldots, \lambda_n$, allora i valori singolari di A sono dati dai moduli degli autovalori di A. Infatti, essendo $\mathrm{AA}^H = \mathrm{A}^2$, si ha che $\sigma_i = \sqrt{\lambda_i^2} = |\lambda_i|$ per $i = 1, \ldots, n$. Per quanto riguarda il rango, se risulta

$$\sigma_1 \geq \ldots \geq \sigma_r > \sigma_{r+1} = \ldots = \sigma_p = 0,$$

allora il rango di A è pari a r, il nucleo di A è lo spazio generato dai vettori colonna di V, $\{\mathbf{v}_{r+1}, \ldots, \mathbf{v}_n\}$, ed il range di A è lo spazio generato dai vettori colonna di U, $\{\mathbf{u}_1, \ldots, \mathbf{u}_r\}$.

Definizione 1.15 Supponiamo che il rango di $\mathrm{A} \in \mathbb{C}^{m\times n}$ sia pari a r e che A ammetta una SVD del tipo $\mathrm{U}^H\mathrm{AV} = \Sigma$. La matrice $\mathrm{A}^\dagger = \mathrm{V}\Sigma^\dagger\mathrm{U}^H$ è detta *pseudo-inversa di Moore-Penrose*, essendo

$$\Sigma^\dagger = \mathrm{diag}\left(\frac{1}{\sigma_1}, \ldots, \frac{1}{\sigma_r}, 0, \ldots, 0\right). \qquad (1.10)$$

■

$A^\dagger$ viene detta anche *inversa generalizzata* di A (si veda l'Esercizio 13). Se $A\in \mathbb{R}^{m\times n}$ e rank(A) $= n < m$, allora $A^\dagger = (A^TA)^{-1}A^T$, mentre se $n = m = \text{rank}(A)$, $A^\dagger = A^{-1}$. Si veda l'Esercizio 12 per ulteriori proprietà di tale matrice.

1.10 Prodotto scalare e norme in spazi vettoriali

Spesso per quantificare degli errori o misurare delle distanze è necessario misurare la grandezza di vettori e di matrici. Per questo motivo introdurremo in questa sezione il concetto di norma vettoriale e, nella seguente, quello di norma matriciale. Rimandiamo a [Ste73], [SS90] e [Axe94] per le dimostrazioni delle proprietà riportate.

Definizione 1.16 Un *prodotto scalare* in uno spazio vettoriale V definito su K è una qualsiasi applicazione $(\cdot,\cdot)$ da $V \times V$ in K che gode delle seguenti proprietà:

1. è lineare rispetto ai vettori di V ossia

$$(\gamma\mathbf{x} + \lambda\mathbf{z}, \mathbf{y}) = \gamma(\mathbf{x}, \mathbf{y}) + \lambda(\mathbf{z}, \mathbf{y}), \ \forall \mathbf{x}, \mathbf{z} \in V, \ \forall \gamma, \lambda \in K;$$

2. è *hermitiana* ossia $(\mathbf{y}, \mathbf{x}) = \overline{(\mathbf{x}, \mathbf{y})}$, $\forall \mathbf{x}, \mathbf{y} \in V$;

3. è *definita positiva* ossia $(\mathbf{x}, \mathbf{x}) > 0$, $\forall \mathbf{x} \neq \mathbf{0}$ (ovvero $(\mathbf{x}, \mathbf{x}) \geq 0$, e $(\mathbf{x}, \mathbf{x}) = 0$ se e solo se $\mathbf{x} = \mathbf{0}$).

■

Nel caso in cui $V = \mathbb{C}^n$ (o $\mathbb{R}^n$), un esempio è fornito dal classico prodotto scalare euclideo dato da

$$(\mathbf{x}, \mathbf{y}) = \mathbf{y}^H\mathbf{x} = \sum_{i=1}^{n} x_i \bar{y}_i,$$

avendo indicato con $\bar{z}$ il numero complesso coniugato di z.

Inoltre, per ogni matrice A quadrata di ordine n e per ogni $\mathbf{x}$, $\mathbf{y}\in \mathbb{C}^n$ vale la seguente relazione

$$(A\mathbf{x}, \mathbf{y}) = (\mathbf{x}, A^H\mathbf{y}). \tag{1.11}$$

In particolare, siccome per ogni matrice $Q \in \mathbb{C}^{n\times n}$ si ha $(Q\mathbf{x}, Q\mathbf{y}) = (\mathbf{x}, Q^HQ\mathbf{y})$, vale il seguente risultato:

Proprietà 1.7 *Le matrici unitarie preservano il prodotto scalare euclideo ossia* $(Q\mathbf{x}, Q\mathbf{y}) = (\mathbf{x}, \mathbf{y})$ *per ogni matrice* Q *unitaria e per ogni coppia di vettori* $\mathbf{x}$ *e* $\mathbf{y}$.

Definizione 1.17 Sia V uno spazio vettoriale su K. Diciamo che l'applicazione $\|\cdot\|: V \to \mathbb{R}$ è una *norma* su V se sono soddisfatte le seguenti proprietà:

1. (i) $\|\mathbf{v}\| \geq 0$ $\forall \mathbf{v} \in V$ e (ii) $\|\mathbf{v}\| = 0$ se e solo se $\mathbf{v} = \mathbf{0}$;
2. $\|\alpha\mathbf{v}\| = |\alpha|\|\mathbf{v}\|$ $\forall \alpha \in K, \forall \mathbf{v} \in V$ (proprietà di omogeneità);
3. $\|\mathbf{v}+\mathbf{w}\| \leq \|\mathbf{v}\| + \|\mathbf{w}\|$ $\forall \mathbf{v}, \mathbf{w} \in V$ (disuguaglianza triangolare),

essendo $|\alpha|$ il valore assoluto di α se $K = \mathbb{R}$, il suo modulo se $K = \mathbb{C}$. ■

La coppia $(V, \|\cdot\|)$ si dice *spazio normato*. Distingueremo le varie norme tramite opportuni pedici affiancati al simbolo della doppia barra. Nel caso in cui una applicazione $|\cdot|$ da V in $\mathbb{R}$ verifichi le proprietà $1(i)$, 2 e 3 diremo tale applicazione una *seminorma*. Chiameremo infine *vettore unitario* un vettore con norma pari ad uno.
Esempi di spazi normati sono $\mathbb{R}^n$ e $\mathbb{C}^n$, muniti ad esempio della *norma p* (o *norma di Hölder*), definita per un vettore $\mathbf{x}$ di componenti $\{x_i\}$ come

$$\|\mathbf{x}\|_p = \left(\sum_{i=1}^{n} |x_i|^p\right)^{1/p}, \qquad \text{per } 1 \leq p < \infty. \tag{1.12}$$

Notiamo che il limite per p tendente all'infinito di $\|\mathbf{x}\|_p$ esiste finito ed è uguale al massimo modulo delle componenti di $\mathbf{x}$. Questo limite definisce a sua volta una norma detta *norma infinito* (o *norma del massimo*) data da

$$\|\mathbf{x}\|_\infty = \max_{1 \leq i \leq n} |x_i|.$$

Per $p = 2$ dalla (1.12) si ottiene la tradizionale definizione della *norma euclidea*

$$\|\mathbf{x}\|_2 = (\mathbf{x}, \mathbf{x})^{1/2} = \left(\sum_{i=1}^{n} |x_i|^2\right)^{1/2} = \left(\mathbf{x}^T\mathbf{x}\right)^{1/2},$$

per la quale vale la seguente proprietà:

Proprietà 1.8 (Disuguaglianza di Cauchy-Schwarz) *Per ogni coppia* $\mathbf{x}, \mathbf{y} \in \mathbb{C}^n$ *si ha*

$$|(\mathbf{x}, \mathbf{y})| = |\mathbf{x}^T\mathbf{y}| \leq \|\mathbf{x}\|_2 \, \|\mathbf{y}\|_2, \tag{1.13}$$

valendo l'uguaglianza se e solo se $\mathbf{y} = \alpha\mathbf{x}$ *per qualche* $\alpha \in \mathbb{R}$.

Ricordiamo che il prodotto scalare in $\mathbb{C}^n$ può essere messo in relazione con le norme p introdotte su $\mathbb{C}^n$ nella (1.12), tramite la *disuguaglianza di Hölder*

$$|(\mathbf{x}, \mathbf{y})| \leq \|\mathbf{x}\|_p \|\mathbf{y}\|_q, \qquad \text{purché } \frac{1}{p} + \frac{1}{q} = 1.$$

Nel caso in cui V sia uno spazio a dimensione finita vale la seguente proprietà (della cui dimostrazione è data una traccia nell'Esercizio 14):

Tabella 1.1 Costanti di equivalenza fra le principali norme di $\mathbb{R}^n$

c_{pq}	$q=1$	$q=2$	$q=\infty$
$p=1$	1	1	1
$p=2$	$n^{-1/2}$	1	1
$p=\infty$	n^{-1}	$n^{-1/2}$	1

C_{pq}	$q=1$	$q=2$	$q=\infty$
$p=1$	1	$n^{1/2}$	n
$p=2$	1	1	$n^{1/2}$
$p=\infty$	1	1	1

Proprietà 1.9 *Ogni norma di vettore $\|\cdot\|$ definita su V, è una funzione continua del suo argomento nel senso che $\forall\varepsilon > 0$, $\exists C > 0$ tale che se $\|\mathbf{x}-\widehat{\mathbf{x}}\| \leq \varepsilon$ allora $|\ \|\mathbf{x}\| - \|\widehat{\mathbf{x}}\|\ | \leq C\varepsilon$, per ogni $\mathbf{x}$, $\widehat{\mathbf{x}} \in V$.*

Possiamo costruire agevolmente alcune nuove norme su $\mathbb{R}^n$ utilizzando il seguente risultato:

Proprietà 1.10 *Sia $\|\cdot\|$ una norma di $\mathbb{R}^n$ ed $\mathrm{A} \in \mathbb{R}^{n\times n}$ con n colonne linearmente indipendenti. Allora la funzione $\|\cdot\|_{\mathrm{A}^2}$ da $\mathbb{R}^n$ in $\mathbb{R}$ definita come*

$$\|\mathbf{x}\|_{\mathrm{A}^2} = \|\mathrm{A}\mathbf{x}\| \qquad \forall\mathbf{x} \in \mathbb{R}^n,$$

è una norma di $\mathbb{R}^n$.

Diciamo che due vettori $\mathbf{x}$, $\mathbf{y}$ in V sono *ortogonali* se $(\mathbf{x},\mathbf{y}) = 0$. Questo fatto nel caso in cui $V = \mathbb{R}^2$ ha una immediata interpretazione geometrica, in quanto in $\mathbb{R}^2$

$$(\mathbf{x},\mathbf{y}) = \|\mathbf{x}\|_2\|\mathbf{y}\|_2\cos(\vartheta),$$

essendo ϑ l'angolo compreso tra i vettori $\mathbf{x}$ e $\mathbf{y}$. Di conseguenza, se $(\mathbf{x},\mathbf{y}) = 0$ allora ϑ è un angolo retto ed i due vettori sono ortogonali in senso geometrico.

Definizione 1.18 Due norme $\|\cdot\|_p$ e $\|\cdot\|_q$ su V sono *equivalenti* se esistono due costanti positive c_{pq} e C_{pq} tali che

$$c_{pq}\|\mathbf{x}\|_q \leq \|\mathbf{x}\|_p \leq C_{pq}\|\mathbf{x}\|_q \quad \forall\mathbf{x} \in V.$$

■

In uno spazio normato a dimensione finita tutte le norme sono equivalenti. In particolare, se $V = \mathbb{R}^n$ si può dimostrare che per le norme p con $p = 1$, 2, e ∞ le costanti c_{pq} e C_{pq} assumono i valori riportati nella Tabella 1.1.

Nel seguito avremo spesso a che fare con successioni di vettori. Ricordiamo che una successione di vettori $\{\mathbf{x}^{(k)}\}$ in uno spazio vettoriale V di dimensione finita n *converge* ad un vettore $\mathbf{x}$ (e scriveremo in tal caso $\lim_{k\to\infty} \mathbf{x}^{(k)} = \mathbf{x}$) se

$$\lim_{k\to\infty} x_i^{(k)} = x_i, \quad i = 1,\ldots,n \tag{1.14}$$

essendo $x_i^{(k)}$ e x_i le componenti dei corrispondenti vettori rispetto ad una base di V. Se $V = \mathbb{R}^n$, per l'unicità del limite di una successione di numeri reali, la (1.14) implica anche l'unicità del limite, se esistente, di una successione di vettori.
Osserviamo inoltre che in uno spazio V a dimensione finita tutte le norme sono topologicamente equivalenti nel senso della convergenza, ovvero, data una successione di vettori $\mathbf{x}^{(k)}$, si ha che

$$|||\mathbf{x}^{(k)}||| \to 0 \ \Leftrightarrow \|\mathbf{x}^{(k)}\| \to 0 \text{ per } k \to \infty,$$

essendo $||| \cdot |||$ e $\| \cdot \|$ due norme qualsiasi su V. Di conseguenza, possiamo stabilire il seguente legame tra norme e limiti:

Proprietà 1.11 *Sia* $\| \cdot \|$ *una norma in uno spazio* V *di dimensione finita. Allora*

$$\lim_{k\to\infty} \mathbf{x}^{(k)} = \mathbf{x} \quad \Leftrightarrow \quad \lim_{k\to\infty} \|\mathbf{x} - \mathbf{x}^{(k)}\| = 0,$$

dove $\mathbf{x} \in V$ *e* $\left\{\mathbf{x}^{(k)}\right\}$ *è una successione di elementi di* V.

1.11 Norme matriciali

Definizione 1.19 Una *norma matriciale* è una applicazione $\|\cdot\| : \mathbb{C}^{m\times n} \to \mathbb{R}$ tale che:

1. $\|\mathrm{A}\| \geq 0 \ \forall \mathrm{A} \in \mathbb{C}^{m\times n}$ e $\|\mathrm{A}\| = 0$ se e solo se $\mathrm{A} = 0$;
2. $\|\alpha \mathrm{A}\| = |\alpha| \|\mathrm{A}\| \quad \forall \alpha \in \mathbb{C}, \forall \mathrm{A} \in \mathbb{C}^{m\times n}$ (omogeneità);
3. $\|\mathrm{A} + \mathrm{B}\| \leq \|\mathrm{A}\| + \|\mathrm{B}\| \quad \forall \mathrm{A}, \mathrm{B} \in \mathbb{C}^{m\times n}$ (disuguaglianza triangolare). ■

Qui e nel seguito utilizzeremo (a meno di indicazioni contrarie) lo stesso simbolo, $\| \cdot \|$, per indicare la norma matriciale e quella vettoriale.

Possiamo caratterizzare meglio le norme matriciali introducendo i concetti di norma compatibile e di norma indotta da una norma vettoriale.

Definizione 1.20 Diciamo che una norma matriciale $\| \cdot \|$ è *compatibile* o *consistente* con una norma vettoriale $\| \cdot \|$ se

$$\|\mathrm{A}\mathbf{x}\| \leq \|\mathrm{A}\| \ \|\mathbf{x}\|, \qquad \forall \mathbf{x} \in \mathbb{C}^n. \tag{1.15}$$

Più in generale, date tre norme, tutte denotate con $\|\cdot\|$, ma definite su $\mathbb{C}^m$, $\mathbb{C}^n$ e $\mathbb{C}^{m\times n}$ rispettivamente, diciamo che esse sono tra loro consistenti se $\forall \mathbf{x} \in \mathbb{C}^n$, $\mathrm{A}\mathbf{x} = \mathbf{y} \in \mathbb{C}^m$, $\mathrm{A} \in \mathbb{C}^{m\times n}$ si ha che $\|\mathbf{y}\| \leq \|\mathrm{A}\| \ \|\mathbf{x}\|$. ■

Per caratterizzare norme matriciali di interesse pratico, si richiede in generale la seguente proprietà:

Definizione 1.21 Diciamo che una norma matriciale $\|\cdot\|$ è *sub-moltiplicativa* se $\forall \mathrm{A} \in \mathbb{C}^{n\times m}$, $\forall \mathrm{B} \in \mathbb{C}^{m\times q}$

$$\|\mathrm{AB}\| \leq \|\mathrm{A}\| \, \|\mathrm{B}\|. \tag{1.16}$$

■

Questa proprietà non risulta verificata da tutte le norme matriciali. Ad esempio (da [GL89]) la norma $\|\mathrm{A}\|_\Delta = \max|a_{ij}|$ per $i = 1,\ldots,n$, $j = 1,\ldots,m$ non verifica la (1.16) se applicata alle matrici

$$\mathrm{A} = \mathrm{B} = \begin{bmatrix} 1 & 1 \\ 1 & 1 \end{bmatrix},$$

in quanto $2 = \|\mathrm{AB}\|_\Delta > \|\mathrm{A}\|_\Delta \|\mathrm{B}\|_\Delta = 1$.
Notiamo che data una certa norma matriciale sub-moltiplicativa $\|\cdot\|_\alpha$, esiste sempre una norma vettoriale consistente. Ad esempio, per un qualsiasi vettore fissato $\mathbf{y} \neq \mathbf{0}$ di $\mathbb{C}^n$, basterà definire la norma vettoriale consistente come

$$\|\mathbf{x}\| = \|\mathbf{x}\mathbf{y}^H\|_\alpha \qquad \mathbf{x} \in \mathbb{C}^n.$$

Di conseguenza, nel caso delle norme matriciali sub-moltiplicative non è necessario specificare rispetto a quale norma vettoriale una norma matriciale è consistente.

Esempio 1.6 Sia $\mathrm{A} \in \mathbb{C}^{m\times n}$. La norma

$$\|\mathrm{A}\|_F = \sqrt{\sum_{i=1}^{m}\sum_{j=1}^{n}|a_{ij}|^2} = \sqrt{\mathrm{tr}(\mathrm{AA}^H)} \tag{1.17}$$

è una norma matriciale detta *norma di Frobenius* (o *norma euclidea* in $\mathbb{C}^{n\times n}$) compatibile con la norma vettoriale euclidea $\|\cdot\|_2$. Si ha infatti

$$\|\mathrm{A}\mathbf{x}\|_2^2 = \sum_{i=1}^{m}\left|\sum_{j=1}^{n}a_{ij}x_j\right|^2 \leq \sum_{i=1}^{m}\left(\sum_{j=1}^{n}|a_{ij}|^2\sum_{j=1}^{n}|x_j|^2\right) = \|\mathrm{A}\|_F^2\|\mathbf{x}\|_2^2 \qquad \forall \mathbf{x} \in \mathbb{C}^n.$$

Osserviamo che per tale norma $\|\mathrm{I}_n\|_F = \sqrt{n}$. •

In vista della definizione di norma naturale ricordiamo il seguente teorema:

Teorema 1.1 *Sia $\|\cdot\|$ una norma vettoriale su $\mathbb{C}^n$. La funzione*

$$|||\mathrm{A}||| = \sup_{\mathbf{x}\neq\mathbf{0}}\frac{\|\mathrm{A}\mathbf{x}\|}{\|\mathbf{x}\|} \tag{1.18}$$

è una norma matriciale su $\mathbb{C}^{m\times n}$*, che viene detta norma matriciale indotta (o subordinata) o norma matriciale naturale. (Per semplicità di esposizione, in assenza di ambiguità, la norma matriciale* $|||\cdot|||$ *indotta dalla norma vettoriale* $\|\cdot\|$ *verrà indicata ancora con* $\|\cdot\|$*.)*

Dimostrazione. Cominciamo con l'osservare che la (1.18) è equivalente a

$$\|\mathrm{A}\| = \sup_{\|\mathbf{x}\|=1} \|\mathrm{A}\mathbf{x}\|. \tag{1.19}$$

Infatti, possiamo definire per ogni $\mathbf{x} \neq \mathbf{0}$, il vettore unitario $\mathbf{u} = \mathbf{x}/\|\mathbf{x}\|$, tale che la (1.18) divenga

$$\|\mathrm{A}\| = \sup_{\|\mathbf{u}\|=1} \|\mathrm{A}\mathbf{u}\|.$$

Verifichiamo che la (1.18) (o equivalentemente la (1.19)) sia effettivamente una norma, utilizzando direttamente la Definizione 1.19.

1. Poichè $\|\mathrm{A}\mathbf{x}\| \geq 0$, allora anche $\|\mathrm{A}\| = \sup_{\|\mathbf{x}\|=1} \|\mathrm{A}\mathbf{x}\| \geq 0$. Inoltre,

$$\|\mathrm{A}\| = \sup_{\mathbf{x}\neq\mathbf{0}} \frac{\|\mathrm{A}\mathbf{x}\|}{\|\mathbf{x}\|} = 0 \Leftrightarrow \|\mathrm{A}\mathbf{x}\| = 0 \ \forall \mathbf{x} \neq \mathbf{0}$$

   e $\mathrm{A}\mathbf{x} = \mathbf{0}\ \forall \mathbf{x} \neq \mathbf{0}$ se e solo se A=0, di modo che $\|\mathrm{A}\| = 0$ se e solo se $\mathrm{A} = 0$;

2. dato uno scalare α, si ha

$$\|\alpha\mathrm{A}\| = \sup_{\|\mathbf{x}\|=1} \|\alpha\mathrm{A}\mathbf{x}\| = |\alpha| \sup_{\|\mathbf{x}\|=1} \|\mathrm{A}\mathbf{x}\| = |\alpha|\ \|\mathrm{A}\|;$$

3. infine vale la disuguaglianza triangolare. Infatti, per la definizione di estremo superiore, se $\mathbf{x} \neq \mathbf{0}$ si ha

$$\frac{\|\mathrm{A}\mathbf{x}\|}{\|\mathbf{x}\|} \leq \|\mathrm{A}\| \quad \Rightarrow \quad \|\mathrm{A}\mathbf{x}\| \leq \|\mathrm{A}\|\|\mathbf{x}\|$$

   e quindi si ha

$$\|(\mathrm{A}+\mathrm{B})\mathbf{x}\| \leq \|\mathrm{A}\mathbf{x}\| + \|\mathrm{B}\mathbf{x}\| \leq \|\mathrm{A}\| + \|\mathrm{B}\| \qquad \forall \mathbf{x}:\ \|\mathbf{x}\| = 1,$$

   da cui segue $\|\mathrm{A}+\mathrm{B}\| = \sup_{\|\mathbf{x}\|=1} \|(\mathrm{A}+\mathrm{B})\mathbf{x}\| \leq \|\mathrm{A}\| + \|\mathrm{B}\|$. ◇

Importanti esempi di norme matriciali indotte sono le cosiddette *norme p* definite come

$$\|\mathrm{A}\|_p = \sup_{\mathbf{x}\neq\mathbf{0}} \frac{\|\mathrm{A}\mathbf{x}\|_p}{\|\mathbf{x}\|_p}.$$

La norma 1 e la norma infinito sono semplici da calcolare, essendo

$$\|A\|_1 = \max_{j=1,\ldots,n} \sum_{i=1}^{m} |a_{ij}|,$$

$$\|A\|_\infty = \max_{i=1,\ldots,m} \sum_{j=1}^{n} |a_{ij}|$$

e sono perciò dette rispettivamente *norma delle somme per colonna* e *norma delle somme per riga.*

Inoltre, avremo che $\|A\|_1 = \|A^T\|_\infty$ e nel caso in cui A sia autoaggiunta o reale simmetrica, $\|A\|_1 = \|A\|_\infty$.

Un discorso a parte merita la *norma 2* o *norma spettrale* per la quale vale il seguente teorema:

Teorema 1.2 *Sia $\sigma_1(A)$ il più grande valore singolare di $A \in \mathbb{C}^{m\times n}$. Allora*

$$\|A\|_2 = \sqrt{\rho(A^H A)} = \sqrt{\rho(AA^H)} = \sigma_1(A). \tag{1.20}$$

In particolare se $A \in \mathbb{C}^{n\times n}$ è hermitiana (o, se reale, simmetrica) allora

$$\|A\|_2 = \rho(A), \tag{1.21}$$

mentre se A è unitaria, $\|A\|_2 = 1$.

Dimostrazione. Essendo $A^H A$ hermitiana, esiste una matrice unitaria U tale che

$$U^H A^H A U = \mathrm{diag}(\mu_1, \ldots, \mu_n),$$

dove μ_i sono gli autovalori (positivi) di $A^H A$. Preso $\mathbf{y} = U^H \mathbf{x}$, allora

$$\|A\|_2 = \sup_{\mathbf{x}\neq\mathbf{0}} \sqrt{\frac{(A^H A\mathbf{x}, \mathbf{x})}{(\mathbf{x}, \mathbf{x})}} = \sup_{\mathbf{y}\neq\mathbf{0}} \sqrt{\frac{(U^H A^H A U\mathbf{y}, \mathbf{y})}{(\mathbf{y}, \mathbf{y})}}$$

$$= \sup_{\mathbf{y}\neq\mathbf{0}} \sqrt{\sum_{i=1}^{n} \mu_i |y_i|^2 / \sum_{i=1}^{n} |y_i|^2} = \sqrt{\max_{i=1,\ldots,n} |\mu_i|},$$

da cui segue la (1.20), avendo ricordato la (1.9).

Se A è hermitiana si applicano le stesse considerazioni direttamente ad A. Infine, se A è unitaria

$$\|A\mathbf{x}\|_2^2 = (A\mathbf{x}, A\mathbf{x}) = (\mathbf{x}, A^H A\mathbf{x}) = \|\mathbf{x}\|_2^2$$

e quindi $\|A\|_2 = 1$. ◇

Di conseguenza, il calcolo di $\|A\|_2$ è più oneroso di quello di $\|A\|_\infty$ o di $\|A\|_1$. Tuttavia, se ne viene richiesta solo una stima, possono essere utilizzate nel caso di matrici $A \in \mathbb{R}^{n\times n}$ le seguenti relazioni

$$\max_{i,j}|a_{ij}| \leq \|A\|_2 \leq n \max_{i,j}|a_{ij}|,$$

$$\frac{1}{\sqrt{n}}\|A\|_\infty \leq \|A\|_2 \leq \sqrt{n}\|A\|_\infty,$$

$$\frac{1}{\sqrt{n}}\|A\|_1 \leq \|A\|_2 \leq \sqrt{n}\|A\|_1,$$

$$\|A\|_2 \leq \sqrt{\|A\|_1 \, \|A\|_\infty},$$

o quelle analoghe proposte nell'Esercizio 17. Inoltre, se A è normale, $\|A\|_2 \leq \|A\|_p$ per ogni n e per ogni $p \geq 2$.

Teorema 1.3 *Se* $|||\cdot|||$ *è una norma matriciale naturale indotta dalla norma vettoriale* $\|\cdot\|$, *allora*

1. $\|A\mathbf{x}\| \leq |||A||| \, \|\mathbf{x}\|$, *ossia* $|||\cdot|||$ *è una norma compatibile (o consistente) con* $\|\cdot\|$;
2. $|||I||| = 1$;
3. $|||AB||| \leq |||A||| \, |||B|||$, *ossia* $|||\cdot|||$ *è sub-moltiplicativa,* $\forall A \in \mathbb{C}^{m\times n}$ *e* $\forall B \in \mathbb{C}^{n\times p}$.

Dimostrazione. Il punto 1 del teorema è già contenuto nella dimostrazione del Teorema 1.1, mentre 2 discende dal fatto che $|||I||| = \sup_{\mathbf{x}\neq\mathbf{0}}\|I\mathbf{x}\|/\|\mathbf{x}\| = 1$. Il punto 3 è di immediata verifica. ◇

Le norme p sono sub-moltiplicative. Inoltre, la proprietà di sub-moltiplicatività di per sé consentirebbe soltanto di dimostrare che $|||I||| \geq 1$. Infatti: $|||I||| = |||I \cdot I||| \leq |||I|||^2$. Si noti che la norma di Frobenius, definita nella (1.17), non verifica la seconda proprietà del Teorema 1.3 e non può dunque essere indotta da alcuna norma vettoriale.

1.11.1 Relazione tra norme e raggio spettrale di una matrice

Ricordiamo ora alcuni risultati che correlano il raggio spettrale di una matrice alle norme matriciali e che verranno spesso impiegati nel Capitolo 4.

Teorema 1.4 *Sia* $\|\cdot\|$ *una norma matriciale compatibile (o consistente) con una norma vettoriale che indichiamo con lo stesso simbolo, allora*

$$\rho(A) \leq \|A\| \qquad \forall A \in \mathbb{C}^{n\times n}.$$

Dimostrazione. Sia λ un arbitrario autovalore di A e $\mathbf{v} \neq \mathbf{0}$ un autovettore ad esso associato. Si ha

$$|\lambda| \, \|\mathbf{v}\| = \|\lambda \mathbf{v}\| = \|\mathrm{A}\mathbf{v}\| \leq \|\mathrm{A}\| \, \|\mathbf{v}\|$$

e quindi $|\lambda| \leq \|\mathrm{A}\|$. ◇

Più precisamente si ha la seguente proprietà (si veda per la dimostrazione [IK66], pag. 12, Teorema 3):

Proprietà 1.12 *Sia* $\mathrm{A} \in \mathbb{C}^{n\times n}$ *e* $\varepsilon > 0$. *Allora esiste una norma matriciale naturale* $\| \cdot \|_{\rho,\varepsilon}$ *(dipendente da* ε*) tale che*

$$\|\mathrm{A}\|_{\rho,\varepsilon} \leq \rho(\mathrm{A}) + \varepsilon.$$

Di conseguenza, fissata una tolleranza piccola a piacere, esiste sempre una norma matriciale che è arbitrariamente vicina al raggio spettrale di A, ossia

$$\rho(\mathrm{A}) = \inf_{\|\cdot\|} \|\mathrm{A}\| \tag{1.22}$$

l'estremo inferiore essendo preso sull'insieme di tutte le norme matriciali naturali.

Osserviamo che il raggio spettrale è una *seminorma* sub-moltiplicativa in quanto non è vero che $\rho(\mathrm{A}) = 0$ se e solo se $\mathrm{A} = 0$. Ad esempio, una qualunque matrice triangolare con elementi tutti nulli sulla diagonale principale ha raggio spettrale nullo, pur non essendo la matrice nulla. Inoltre:

Proprietà 1.13 *Sia* A *una matrice quadrata e sia* $\| \cdot \|$ *una norma naturale. Allora*

$$\lim_{m\to\infty} \|\mathrm{A}^m\|^{1/m} = \rho(\mathrm{A}).$$

1.11.2 Successioni e serie di matrici

Una successione di matrici $\left\{\mathrm{A}^{(k)} \in \mathbb{R}^{n\times n}\right\}$ è detta *convergente* ad una matrice $\mathrm{A} \in \mathbb{R}^{n\times n}$ se

$$\lim_{k\to\infty} \|\mathrm{A}^{(k)} - \mathrm{A}\| = 0.$$

La scelta della norma è ininfluente essendo in $\mathbb{R}^{n\times n}$ tutte le norme equivalenti.

Nello studio della convergenza dei metodi iterativi per la risoluzione di sistemi lineari (si veda il Capitolo 4), si è interessati alle cosiddette *matrici convergenti*. Ricordiamo che A si dice convergente se

$$\lim_{k\to\infty} \mathrm{A}^k = 0,$$

essendo 0 la matrice nulla. Vale il seguente teorema.

Teorema 1.5 *Sia* A *una matrice quadrata.*
Allora:

$$\lim_{k\to\infty} \mathrm{A}^k = 0 \Leftrightarrow \rho(\mathrm{A}) < 1. \tag{1.23}$$

Inoltre, se $\rho(\mathrm{A}) < 1$*, allora la matrice* $\mathrm{I} - \mathrm{A}$ *è invertibile.*
La serie geometrica $\sum_{k=0}^{\infty} \mathrm{A}^k$ *è convergente se e solo se* $\rho(\mathrm{A}) < 1$ *e, in tal caso,*

$$\sum_{k=0}^{\infty} \mathrm{A}^k = (\mathrm{I} - \mathrm{A})^{-1}. \tag{1.24}$$

Infine, sia $\|\cdot\|$ *una norma matriciale naturale tale che* $\|\mathrm{A}\| < 1$*. Allora, se* $\mathrm{I} - \mathrm{A}$ *è invertibile, valgono le seguenti disuguaglianze*

$$\frac{1}{1 + \|\mathrm{A}\|} \leq \|(\mathrm{I} - \mathrm{A})^{-1}\| \leq \frac{1}{1 - \|\mathrm{A}\|}. \tag{1.25}$$

Dimostrazione. Dimostriamo la (1.23). Sia $\rho(\mathrm{A}) < 1$, allora $\exists\varepsilon > 0$ tale che $\rho(\mathrm{A}) < 1 - \varepsilon$ e quindi, per la Proprietà 1.12, esiste una norma matriciale $\|\cdot\|_{\rho,\varepsilon}$ naturale tale che $\|\mathrm{A}\|_{\rho,\varepsilon} \leq \rho(\mathrm{A}) + \varepsilon < 1$. Dal fatto che $\|\mathrm{A}^k\|_{\rho,\varepsilon} \leq \|\mathrm{A}\|^k_{\rho,\varepsilon} < 1$ e dalla definizione di convergenza, si deduce che per $k \to \infty$ la successione $\{\mathrm{A}^k\}$ tende alla matrice nulla. Viceversa, sia $\lim_{k\to\infty} \mathrm{A}^k = 0$ e sia λ un autovalore di A. Allora, $\mathrm{A}^k\mathbf{x} = \lambda^k\mathbf{x}$, essendo $\mathbf{x}$ ($\neq\mathbf{0}$) un autovettore associato a λ, di modo che $\lim_{k\to\infty} \lambda^k = 0$. Di conseguenza $|\lambda| < 1$ ed essendo λ un generico autovalore, si avrà $\rho(\mathrm{A}) < 1$.

Se $\rho(\mathrm{A}) < 1$, denotando con $\lambda(\mathrm{I} - \mathrm{A})$ gli autovalori di $\mathrm{I} - \mathrm{A}$ e con $\lambda(\mathrm{A})$ quelli di A, si ha $|\lambda(\mathrm{I} - \mathrm{A})| = |1 - \lambda(\mathrm{A})| > 0$, ovvero $\mathrm{I} - \mathrm{A}$ è non singolare.

Se la serie geometrica converge, allora A è una matrice convergente e per il punto precedente si ha $\rho(\mathrm{A}) < 1$. Viceversa, se $\rho(\mathrm{A}) < 1$, allora $\mathrm{I} - \mathrm{A}$ è non singolare e vale

$$(\mathrm{I} + \mathrm{A} + \ldots + \mathrm{A}^n) = (\mathrm{I} - \mathrm{A})^{-1}(\mathrm{I} - \mathrm{A}^{n+1}) \qquad \forall n \geq 0. \tag{1.26}$$

Prendendo il limite per n che tende all'infinito della (1.26) e sfruttando la (1.23) si ottiene la (1.24), da cui si deduce che la serie al primo membro della (1.23) è convergente.

Poichè $\|\mathrm{I}\| = 1$ per ogni norma naturale, si ha

$$1 = \|\mathrm{I}\| \leq \|\mathrm{I} - \mathrm{A}\| \; \|(\mathrm{I} - \mathrm{A})^{-1}\| \leq (1 + \|\mathrm{A}\|) \, \|(\mathrm{I} - \mathrm{A})^{-1}\|,$$

ovvero la prima disuguaglianza della (1.25). Per la seconda parte, dal fatto che $\mathrm{I} = \mathrm{I} - \mathrm{A} + \mathrm{A}$, moltiplicando a destra ambo i membri per $(\mathrm{I} - \mathrm{A})^{-1}$ si ricava $(\mathrm{I} - \mathrm{A})^{-1} = \mathrm{I} + \mathrm{A}(\mathrm{I} - \mathrm{A})^{-1}$. Passando alle norme, si ottiene

$$\|(\mathrm{I} - \mathrm{A})^{-1}\| \leq 1 + \|\mathrm{A}\| \; \|(\mathrm{I} - \mathrm{A})^{-1}\|,$$

e dunque la seconda disuguaglianza, essendo $\|\mathrm{A}\| < 1$. ◇

Osservazione 1.2 L'esistenza di una norma matriciale naturale tale che $\|A\| < 1$ è giustificata dalla Proprietà 1.12, tenendo conto del fatto che $I - A$ è invertibile e, quindi, che $\rho(A) < 1$. ■

Si noti che la (1.24) suggerisce un modo per approssimare l'inversa di una matrice tramite uno sviluppo in serie troncato.

Una conseguenza del Teorema 1.5 e della proprietà di sub-moltiplicatività della norma di matrici è la seguente proprietà.

Proprietà 1.14 *Siano* A *e* B *due matrici in* $\mathbb{C}^{n\times n}$ *con* A *non singolare e* $\|A - B\| \leq 1/\|A^{-1}\|$. *Allora* B *è non singolare e*

$$\|B^{-1}\| \leq \frac{\|A^{-1}\|}{1 - \|A^{-1}\|\ \|A - B\|}.$$

1.12 Matrici definite positive, matrici a dominanza diagonale e M-matrici

Definizione 1.22 Una matrice $A \in \mathbb{C}^{n\times n}$ è detta *definita positiva* su $\mathbb{C}^n$ se il numero $(A\mathbf{x}, \mathbf{x})$ è reale e positivo $\forall \mathbf{x} \in \mathbb{C}^n$, $\mathbf{x} \neq \mathbf{0}$. Una matrice $A \in \mathbb{R}^{n\times n}$ è *definita positiva* su $\mathbb{R}^n$ se $(A\mathbf{x}, \mathbf{x}) > 0$ $\forall \mathbf{x} \in \mathbb{R}^n$, $\mathbf{x} \neq \mathbf{0}$. Se alla disuguaglianza stretta viene sostituita quella debole ($\geq$) la matrice è detta *semidefinita positiva.* ■

Esempio 1.7 Esistono matrici reali definite positive su $\mathbb{R}^n$, ma non simmetriche, come ad esempio tutte le matrici della forma seguente

$$A = \begin{bmatrix} 2 & \alpha \\ -2-\alpha & 2 \end{bmatrix} \tag{1.27}$$

per $\alpha \neq -1$. In effetti, per ogni vettore $\mathbf{x} = (x_1, x_2)^T$ non nullo di $\mathbb{R}^2$

$$(A\mathbf{x}, \mathbf{x}) = 2(x_1^2 + x_2^2 - x_1 x_2) > 0.$$

È altrettanto facile verificare che A non è definita positiva su $\mathbb{C}^2$. Infatti il numero $(A\mathbf{x}, \mathbf{x})$ non è in generale reale per ogni $\mathbf{x} \in \mathbb{C}^2$. •

Definizione 1.23 Sia $A \in \mathbb{R}^{n\times n}$. Le matrici

$$A_S = \frac{1}{2}(A + A^T), \quad A_{SS} = \frac{1}{2}(A - A^T)$$

sono dette rispettivamente la *parte simmetrica* e la *parte anti-simmetrica* di A. Ovviamente $A = A_S + A_{SS}$. Nel caso in cui $A \in \mathbb{C}^{n\times n}$, la definizione si modifica nel modo seguente: $A_S = \frac{1}{2}(A + A^H)$ e $A_{SS} = \frac{1}{2}(A - A^H)$. ■

Vale la seguente proprietà:

Proprietà 1.15 *Una matrice* $\mathrm{A} \in \mathbb{R}^{n\times n}$ *è definita positiva se e solo se lo è la sua parte simmetrica* A_S.

Basta infatti osservare che per la (1.11) e per la definizione di A_{SS}, si ha $\mathbf{x}^T\mathrm{A}_{SS}\mathbf{x} = 0\ \forall \mathbf{x} \in \mathbb{R}^n$. Ad esempio, la matrice (1.27) ha parte simmetrica definita positiva, avendosi

$$\mathrm{A}_S = \frac{1}{2}(\mathrm{A} + \mathrm{A}^T) = \begin{bmatrix} 2 & -1 \\ -1 & 2 \end{bmatrix}.$$

Più in generale si ha (si veda per la dimostrazione [Axe94]):

Proprietà 1.16 *Sia* $\mathrm{A} \in \mathbb{C}^{n\times n}$, *se* $(\mathrm{A}\mathbf{x}, \mathbf{x})$ *è reale* $\forall \mathbf{x} \in \mathbb{C}^n$, *allora* A *è hermitiana.*

Una immediata conseguenza dei risultati appena ricordati è che le matrici definite positive su $\mathbb{C}^n$ soddisfano a ben precise proprietà come la seguente.

Proprietà 1.17 *Una matrice* $\mathrm{A} \in \mathbb{C}^{n\times n}$ *è definita positiva su* $\mathbb{C}^n$ *se e solo se è hermitiana ed ha autovalori positivi. Quindi una matrice definita positiva è non singolare.*

Nel caso di matrici reali definite positive su $\mathbb{R}^n$, valgono risultati più specifici di quelli presentati solo se la matrice è anche simmetrica (matrici di questo tipo verranno dette simmetriche definite positive o, in breve, s.d.p.). In particolare, vale il seguente risultato:

Proprietà 1.18 *Sia* $\mathrm{A} \in \mathbb{R}^{n\times n}$ *simmetrica.* A *è definita positiva se e solo se è soddisfatta una delle seguenti proprietà:*

1. $(\mathrm{A}\mathbf{x}, \mathbf{x}) > 0\ \forall \mathbf{x} \neq \mathbf{0}$ *con* $\mathbf{x} \in \mathbb{R}^n$;
2. *gli autovalori delle sottomatrici principali di* A *sono tutti positivi;*
3. *i minori principali dominanti sono tutti positivi (Criterio di Sylvester);*
4. *esiste una matrice non singolare* H *tale che* $\mathrm{A} = \mathrm{H}^T\mathrm{H}$.

Tutti gli elementi diagonali di una matrice definita positiva sono positivi. Infatti si ha $\mathbf{e}_i^T\mathrm{A}\mathbf{e}_i = a_{ii} > 0$, essendo $\mathbf{e}_i$ l'i-esimo vettore della base canonica di $\mathbb{R}^n$.

Si può inoltre dimostrare che se A è simmetrica definita positiva il più grande elemento in modulo della matrice deve essere un elemento diagonale (queste ultime proprietà costituiscono pertanto delle condizioni necessarie affinché una matrice sia definita positiva).

Osserviamo infine che se A è simmetrica definita positiva e $A^{1/2}$ è l'unica matrice definita positiva soluzione dell'equazione matriciale $X^2 = A$, allora

$$\|\mathbf{x}\|_A = \|A^{1/2}\mathbf{x}\|_2 = (A\mathbf{x}, \mathbf{x})^{1/2} \tag{1.28}$$

definisce una norma vettoriale, detta *norma dell'energia* del vettore $\mathbf{x}$. Alla norma dell'energia è associato il *prodotto scalare in energia* dato da $(\mathbf{x}, \mathbf{y})_A = (A\mathbf{x}, \mathbf{y})$.

Definizione 1.24 A$\in \mathbb{R}^{n\times n}$ si dice *a dominanza diagonale per righe* se

$$|a_{ii}| \geq \sum_{j=1, j\neq i}^{n} |a_{ij}| \quad \text{per ogni } i = 1, \ldots, n,$$

mentre è detta *a dominanza diagonale per colonne* se

$$|a_{ii}| \geq \sum_{j=1, j\neq i}^{n} |a_{ji}| \quad \text{per ogni } i = 1, \ldots, n.$$

Se le disuguaglianze precedenti sono verificate in senso stretto, A si dice *a dominanza diagonale stretta* (per righe o per colonne, rispettivamente). ■

Una matrice simmetrica a dominanza diagonale stretta con elementi diagonali positivi, è anche definita positiva.

Definizione 1.25 Una matrice $A \in \mathbb{R}^{n\times n}$ non singolare è una *M-matrice* se $a_{ij} \leq 0$ per $i \neq j$ e se gli elementi dell'inversa sono tutti positivi o al più nulli. ■

Per le M-matrici vale il cosiddetto *principio del massimo discreto*: se A è una M-matrice e $A\mathbf{x} \leq \mathbf{0}$ si ha che $\mathbf{x} \leq \mathbf{0}$ (intendendo queste disuguaglianze fra vettori vere se sono soddisfatte componente per componente).

Le M-matrici sono infine legate alle matrici a dominanza diagonale stretta dalla seguente proprietà:

Proprietà 1.19 *Una matrice* $A \in \mathbb{R}^{n\times n}$ *a dominanza diagonale stretta per righe i cui elementi soddisfino* $a_{ij} \leq 0$ *per* $i \neq j$ *e* $a_{ii} > 0$ *è una M-matrice.*

Per altri risultati sulle M-matrici si vedano, ad esempio, [Axe94] e [Var62].

1.13 Esercizi

1. Siano W_1 e W_2 due generici sottospazi di $\mathbb{R}^n$. Si dimostri che se $V = W_1 \oplus W_2$, allora $\dim(V) = \dim(W_1) + \dim(W_2)$, mentre in generale

$$\dim(W_1 + W_2) = \dim(W_1) + \dim(W_2) - \dim(W_1 \cap W_2).$$

[*Suggerimento*: si consideri una base per $W_1 \cap W_2$ e la si estenda prima a W_1 e poi a W_2, verificando che la base costituita dall'insieme dei vettori trovati è una base per lo spazio somma.]

2. Verificare che il seguente insieme di vettori

$$\mathbf{v}_i = \left(x_1^{i-1}, x_2^{i-1}, \ldots, x_n^{i-1}\right), \quad i = 1, 2, \ldots, n,$$

forma una base per $\mathbb{R}^n$, avendo indicato con $x_1, \ldots, x_n$ n punti distinti di $\mathbb{R}$.

3. Si mostri con un esempio che il prodotto di due matrici simmetriche può non essere una matrice simmetrica.

4. Sia B una matrice *antisimmetrica* ossia tale che $\mathrm{B}^T = -\mathrm{B}$. Posto $\mathrm{A} = (\mathrm{I} + \mathrm{B})(\mathrm{I} - \mathrm{B})^{-1}$, si dimostri che $\mathrm{A}^{-1} = \mathrm{A}^T$.

   [*Suggerimento*: si osservi che $(\mathrm{I} + \mathrm{B}) = 2\mathrm{I} - (\mathrm{I} - \mathrm{B})$.]

5. Una matrice $\mathrm{A} \in \mathbb{C}^{n \times n}$ è detta *anti-hermitiana* se $\mathrm{A}^H = -\mathrm{A}$. Mostrare che gli elementi diagonali di A devono essere numeri immaginari puri.

6. Siano A, B e A+B matrici invertibili di ordine n. Si dimostri che anche $\mathrm{A}^{-1} + \mathrm{B}^{-1}$ è invertibile e risulta

$$\left(\mathrm{A}^{-1} + \mathrm{B}^{-1}\right)^{-1} = \mathrm{A}\,(\mathrm{A} + \mathrm{B})^{-1}\,\mathrm{B} = \mathrm{B}\,(\mathrm{A} + \mathrm{B})^{-1}\,\mathrm{A}.$$

7. Data la matrice reale non simmetrica

$$\mathrm{A} = \begin{bmatrix} 0 & 1 & 1 \\ 1 & 0 & -1 \\ -1 & -1 & 0 \end{bmatrix},$$

   si verifichi che è simile alla matrice diagonale $\mathrm{D} = \mathrm{diag}(1, 0, -1)$ e se ne trovino gli autovettori. Questa matrice è normale ?

   [*Soluzione*: A non è normale.]

8. Sia A una matrice quadrata di ordine n. Si verifichi che se $P(\mathrm{A}) = \sum_{k=0}^{n} c_k \mathrm{A}^k$ e $\lambda(\mathrm{A})$ sono gli autovalori di A, allora gli autovalori di $P(\mathrm{A})$ sono dati da $\lambda(P(\mathrm{A})) = P(\lambda(\mathrm{A}))$. In particolare, si provi che $\rho(\mathrm{A}^2) = [\rho(\mathrm{A})]^2$.

9. Si dimostri che una matrice di ordine n con n autovalori distinti non può essere difettiva. Si dimostri inoltre che una matrice normale non può essere difettiva.

10. *Commutatività del prodotto di due matrici.* Si dimostri che se A e B sono matrici quadrate che hanno lo stesso insieme di autovettori, allora AB = BA. Si provi, fornendo un controesempio, che il viceversa è falso.

11. Sia A una matrice normale di autovalori $\lambda_1, \ldots, \lambda_n$. Dimostrare che i valori singolari di A sono $|\lambda_1|, \ldots, |\lambda_n|$.

12. Sia $\mathrm{A} \in \mathbb{R}^{m \times n}$ con $\mathrm{rank}(\mathrm{A}) = n$. Si dimostri che la pseudo-inversa di Moore-Penrose $\mathrm{A}^\dagger = (\mathrm{A}^T\mathrm{A})^{-1}\mathrm{A}^T$ gode delle seguenti proprietà:

$$(1)\ \mathrm{A}^\dagger\mathrm{A} = \mathrm{I}_n; \quad (2)\ \mathrm{A}^\dagger\mathrm{A}\mathrm{A}^\dagger = \mathrm{A}^\dagger,\ \mathrm{A}\mathrm{A}^\dagger\mathrm{A} = \mathrm{A}; \quad (3)\ \text{se } m = n,\ \mathrm{A}^\dagger = \mathrm{A}^{-1}.$$

13. Si dimostri che $A^\dagger$ è l'unica matrice che rende minimo il funzionale

$$\|AX - I_m\|_F \quad \text{con } X \in \mathbb{C}^{n\times m},$$

essendo $\|\cdot\|_F$ la norma di Frobenius.

14. Si dimostri la Proprietà 1.9.

[*Soluzione*: per ogni $\mathbf{x}, \widehat{\mathbf{x}} \in V$ si dimostri che $|\,\|\mathbf{x}\| - \|\widehat{\mathbf{x}}\|\,| \leq \|\mathbf{x} - \widehat{\mathbf{x}}\|$. Supponendo che $\dim(V) = n$ e sviluppando su una base di V il vettore $\mathbf{w} = \mathbf{x} - \widehat{\mathbf{x}}$ si dimostri che $\|\mathbf{w}\| \leq C\|\mathbf{w}\|_\infty$, da cui la tesi imponendo, nella prima disuguaglianza trovata, che $\|\mathbf{w}\|_\infty \leq \varepsilon$.]

15. Si dimostri la Proprietà 1.10 nel caso in cui $A \in \mathbb{R}^{n\times m}$ con m colonne linearmente indipendenti.

[*Suggerimento*: si deve verificare che $\|\cdot\|_{A^2}$ soddisfa tutte le proprietà che caratterizzano una norma: positività (A ha colonne linearmente indipendenti, di conseguenza se $\mathbf{x} \neq \mathbf{0}$, allora $A\mathbf{x} \neq \mathbf{0}$ e quindi la tesi), omogeneità e disuguaglianza triangolare.]

16. Si dimostri che per una matrice rettangolare $A \in \mathbb{R}^{m\times n}$ si ha

$$\|A\|_F^2 = \sigma_1^2 + \ldots + \sigma_p^2,$$

essendo p il minimo fra m e n, σ_i i valori singolari di A e $\|\cdot\|_F$ la norma di Frobenius.

17. Per $p, q = 1, 2, \infty, F$ si ricavi la seguente tabella di costanti di equivalenza c_{pq} tali che $\forall A \in \mathbb{R}^{n\times n}$ si abbia $\|A\|_p \leq c_{pq}\|A\|_q$.

c_{pq}	$q = 1$	$q = 2$	$q = \infty$	$q = F$
$p = 1$	1	$\sqrt{n}$	n	$\sqrt{n}$
$p = 2$	$\sqrt{n}$	1	$\sqrt{n}$	1
$p = \infty$	n	$\sqrt{n}$	1	$\sqrt{n}$
$p = F$	$\sqrt{n}$	$\sqrt{n}$	$\sqrt{n}$	1

18. Una norma matriciale per la quale $\|A\| = \|\,|A|\,\|$ si dice *norma assoluta*, avendo indicato con $|A|$ la matrice costituita dai valori assoluti degli elementi di A. Si dimostri che le norme $\|\cdot\|_1$, $\|\cdot\|_\infty$ e $\|\cdot\|_F$ sono assolute, mentre non lo è $\|\cdot\|_2$. Per essa vale invece

$$\frac{1}{\sqrt{n}}\|A\|_2 \leq \|\,|A|\,\|_2 \leq \sqrt{n}\|A\|_2.$$

2
I fondamenti della matematica numerica

I concetti di consistenza, stabilità e convergenza di un metodo numerico, elementi comuni nell'analisi di tutti i metodi trattati in questo volume, verranno introdotti in un contesto assai generale nella prima parte del capitolo, mentre la seconda parte tratta la rappresentazione finita dei numeri reali sul calcolatore e sviluppa l'analisi della propagazione degli errori nelle principali operazioni-macchina.

2.1 Buona posizione e numero di condizionamento di un problema

Si consideri il seguente problema astratto: trovare x tale che

$$F(x, d) = 0 \tag{2.1}$$

dove d è l'insieme dei dati da cui dipende la soluzione, ed F esprime la relazione funzionale tra x e d. A seconda del tipo di problema rappresentato nella (2.1), le variabili x e d potranno esprimere numeri reali, vettori o funzioni. Tipicamente (2.1) viene detto problema *diretto* se F e d sono dati e x è incognito, *inverso* se F ed x sono noti e d è incognito, di *identificazione* nel caso in cui x e d sono dati, mentre la relazione funzionale F è incognita (problemi di quest'ultimo tipo esulano dagli interessi di questo volume).

Il problema (2.1) è *ben posto* se ammette un'*unica* soluzione x la quale *dipende con continuità dai dati*. Useremo i termini *ben posto* e *stabile* in maniera intercambiabile e ci occuperemo in questa sede solo di problemi ben posti. Un problema che non goda della proprietà precedente si dice *mal posto* o *instabile* e prima di affrontarne la risoluzione numerica è bene, quando ha senso, regolarizzarlo ovvero trasformarlo in modo opportuno in un problema ben posto (si veda ad esempio [Mor84]). Non è infatti appropriato pretende-

A. Quarteroni, R. Sacco, F. Saleri, P. Gervasio, *Matematica Numerica*, 4ª edizione,
UNITEXT – La Matematica per il 3+2 77, DOI: 10.1007/978-88-470-5644-2_2,
© Springer-Verlag Italia 2014

re che sia il metodo numerico a porre rimedio alle patologie di un problema intrinsecamente mal posto.

Esempio 2.1 Un semplice esempio di problema mal posto è quello della determinazione del numero di radici reali di un polinomio. Ad esempio, il polinomio $p(x) = x^4 - x^2(2a-1) + a(a-1)$ presenta, al variare con continuità di a nei numeri reali, una variazione discontinua del numero di radici reali. Si hanno infatti 4 radici reali se $a \geq 1$, 2 se $a \in [0,1)$ e nessuna se $a < 0$. •

Da ora in poi, x denoterà sempre la quantità incognita e d il dato del problema in esame. Sia D l'insieme dei dati ammissibili, ovvero, l'insieme dei valori di d in corrispondenza dei quali il problema (2.1) ammette soluzione unica. La dipendenza continua dai dati significa che piccole perturbazioni sui dati d debbano riflettersi in "piccole" variazioni nella soluzione x. Precisamente, sia d un fissato elemento di D e δd una perturbazione ammissibile sui dati tale che $d + \delta d \in D$, e sia δx la conseguente variazione nella soluzione in modo che si abbia

$$F(x + \delta x, d + \delta d) = 0. \tag{2.2}$$

Allora, richiediamo che valga la seguente proprietà:

$$\exists K_0 = K_0(d) \text{ tale che } \forall \delta d : \; d + \delta d \in D, \quad \|\delta x\| \leq K_0 \|\delta d\|. \tag{2.3}$$

La norma usata per i dati e quella per le soluzioni possono non coincidere qualora d e x denotino diversi tipi di variabile (ad esempio una matrice ed un vettore).

Osservazione 2.1 La proprietà di dipendenza continua dai dati avrebbe potuto essere formulata nel seguente modo alternativo, che risulta più coerente con lo stile dell'Analisi classica:

$$\forall \varepsilon > 0 \; \exists \delta = \delta(\varepsilon) \text{ tale che se } \|\delta d\| \leq \delta \text{ allora } \|\delta x\| \leq \varepsilon.$$

La forma (2.3) è più restrittiva (essendo una dipendenza continua di tipo Lipschitz) ed è più adatta ad esprimere nel seguito il concetto di *stabilità numerica*, ovvero, la proprietà che piccole perturbazioni sui dati diano luogo a perturbazioni dello stesso ordine di grandezza sulla soluzione. ■

Al fine di esprimere la misura della dipendenza continua dai dati, introduciamo la seguente definizione.

Definizione 2.1 Per il problema (2.1), definiamo il *numero di condizionamento relativo* come

$$K(d) = \sup \left\{ \frac{\|\delta x\| / \|x\|}{\|\delta d\| / \|d\|}, \; \delta d \neq 0, \; d + \delta d \in D \right\}. \tag{2.4}$$

Nel caso in cui $d = 0$ o $x = 0$, sarà più sensato introdurre il *numero di condizionamento assoluto*, dato da

$$K_{abs}(d) = \sup\left\{\frac{\|\delta x\|}{\|\delta d\|},\ \delta d \neq 0,\ d + \delta d \in D\right\}. \tag{2.5}$$

■

Il problema (2.1) si dirà *mal condizionato in d* se $K(d)$ è "grande"; *mal condizionato* in generale se lo è in corrispondenza di ogni dato d ammissibile (il significato preciso da attribuire a piccolo e grande varierà da problema a problema).

La proprietà di buon condizionamento di un problema prescinde dal metodo numerico che verrà usato per risolverlo. In effetti, è possibile costruire metodi numerici sia stabili, sia instabili per risolvere problemi ben condizionati. Il concetto di stabilità per un algoritmo o per un metodo numerico è analogo a quello usato per il problema (2.1) e verrà introdotto nella prossima sezione.

Osservazione 2.2 (Problemi mal posti) Nel caso in cui il numero di condizionamento sia infinito, il problema è mal posto. Potrebbe tuttavia esistere una formulazione del tipo (2.1) alternativa ma equivalente a quella data (ovvero con la stessa soluzione) che sia ben posta. Si veda a tale proposito l'Esempio 2.2. ■

Se il problema (2.1) ammette una ed una sola soluzione, allora necessariamente deve esistere una applicazione G, che chiameremo *risolvente*, fra l'insieme dei dati e quello delle soluzioni, tale che

$$x = G(d) \quad \text{ovvero} \quad F(G(d), d) = 0. \tag{2.6}$$

In accordo con questa definizione, la (2.2) diventa $x + \delta x = G(d + \delta d)$. Supponendo G derivabile in d ed indicando formalmente con $G'(d)$ la sua derivata rispetto a d (se $G : \mathbb{R}^n \to \mathbb{R}^m$, $G'(d)$ sarà la matrice Jacobiana di G valutata in corrispondenza del vettore d), lo sviluppo in serie di Taylor arrestato al prim'ordine assicura che

$$G(d + \delta d) - G(d) = G'(d)\delta d + o(\|\delta d\|) \qquad \text{per } \delta d \to 0,$$

dove $\|\cdot\|$ è una norma opportuna per δd e $o(\cdot)$ è il classico simbolo di infinitesimo ("o piccolo"), che sta ad indicare un infinitesimo di ordine superiore rispetto all'argomento. Trascurando gli infinitesimi di ordine superiore a $\|\delta d\|$, dalla (2.4) e dalla (2.5) deduciamo rispettivamente che

$$K(d) \simeq \|G'(d)\| \frac{\|d\|}{\|G(d)\|}, \qquad K_{abs}(d) \simeq \|G'(d)\| \tag{2.7}$$

avendo indicato ancora con $\|\cdot\|$ la norma matriciale associata alla norma vettoriale (definita nella (1.18)). Le stime nella (2.7) sono di grande utilità pratica nell'analisi dei problemi della forma (2.6), come risulta dagli esempi che seguono.

Esempio 2.2 (Equazioni algebriche di secondo grado) Le soluzioni dell'equazione algebrica $x^2 - 2px + 1 = 0$, con $p \geq 1$, sono $x_\pm = p \pm \sqrt{p^2-1}$. In questo caso, $F(x,p) = x^2 - 2px + 1$, il dato d è espresso dal coefficiente p, mentre x è il vettore di componenti $\{x_+, x_-\}$. Per quanto riguarda il calcolo del condizionamento, osserviamo che la (2.6) è verificata prendendo $G : \mathbb{R} \to \mathbb{R}^2$, $G(p) = \{x_+, x_-\}$. Posto $G_\pm(p) = x_\pm$, abbiamo $G'_\pm(p) = 1 \pm p/\sqrt{p^2-1}$. Usando la (2.7) con $\|\cdot\| = \|\cdot\|_2$, si ottiene

$$K(p) \simeq \frac{|p|}{\sqrt{p^2-1}}, \qquad p > 1. \tag{2.8}$$

Dalla (2.8) si ricava che nel caso di radici ben separate (corrispondenti ad esempio ad un coefficiente $p \geq \sqrt{2}$) il problema $F(x,p) = 0$ è ben condizionato. Il comportamento è drasticamente diverso nel caso di radici doppie, ovvero per $p = 1$. Si osserva anzitutto come, per $p = 1$, la funzione $G_\pm(p) = p \pm \sqrt{p^2-1}$ non sia più derivabile, facendo perdere di significato la (2.8). Peraltro, quest'ultima evidenzia come, per p prossimo ad 1, il problema in esame sia *mal condizionato*. Seguendo quanto puntualizzato nell'Osservazione 2.2, è possibile riformulare il problema $F(x,p) = 0$ in modo equivalente come $\tilde{F}(x,t) = x^2 - ((1+t^2)/t)x + 1 = 0$, con $t = p + \sqrt{p^2-1}$, le cui radici $x_- = t$ e $x_+ = 1/t$ risultano coincidenti per $t = 1$. Il cambio di problema (da $F(x,p) = 0$ a $\tilde{F}(x,t) = 0$) rimuove dunque la singolarità presente nella prima formulazione. In $\tilde{F}(x,t) = 0$, le due radici $x_- = x_-(t)$ e $x_+ = x_+(t)$ sono infatti funzioni regolari di t nell'intorno di $t = 1$ ed il calcolo del condizionamento tramite la (2.7) restituisce $K(t) \simeq 1$ per ogni valore di t. Il problema trasformato ha pertanto un buon condizionamento ed è ben posto anche per $t = 1$ (corrispondente a $p = 1$). •

Esempio 2.3 (Sistemi di equazioni lineari) Si consideri il sistema lineare $\mathrm{A}\mathbf{x} = \mathbf{b}$, dove $\mathbf{x}$ e $\mathbf{b}$ sono due vettori di $\mathbb{R}^n$, mentre A è la matrice $(n \times n)$ dei coefficienti reali del sistema. Supponiamo A non singolare; in tal caso x è la soluzione incognita $\mathbf{x}$, mentre i dati d sono espressi dal termine noto $\mathbf{b}$ e dalla matrice A, ovvero $d = \{b_i,\ a_{ij}, 1 \leq i,j \leq n\}$.

Supponiamo ora di perturbare il solo termine noto $\mathbf{b}$. Avremo $d = \mathbf{b}$, $\mathbf{x} = G(\mathbf{b}) = \mathrm{A}^{-1}\mathbf{b}$ e pertanto, $G'(\mathbf{b}) = \mathrm{A}^{-1}$, di modo che dalla (2.7) si ottiene

$$K(d) \simeq \frac{\|\mathrm{A}^{-1}\|\ \|\mathbf{b}\|}{\|\mathrm{A}^{-1}\mathbf{b}\|} = \frac{\|\mathrm{A}\mathbf{x}\|}{\|\mathbf{x}\|}\|\mathrm{A}^{-1}\| \leq \|\mathrm{A}\|\ \|\mathrm{A}^{-1}\| = K(\mathrm{A}), \tag{2.9}$$

ove $K(\mathrm{A})$ indica il numero di condizionamento della matrice A introdotto nella Sezione 3.1.1 (abbiamo supposto di utilizzare una norma matriciale consistente). Pertanto se A è ben condizionata, il problema della risoluzione del sistema lineare $\mathrm{A}\mathbf{x}=\mathbf{b}$ è stabile rispetto alla perturbazione del termine noto $\mathbf{b}$. La stabilità rispetto a perturbazioni sui coefficienti di A verrà analizzata nella Sezione 3.9. •

Esempio 2.4 (Equazioni non lineari) Sia $f : \mathbb{R} \to \mathbb{R}$ una funzione di classe C^1 e si consideri l'equazione non lineare

$$F(x,d) = f(x) = \varphi(x) - d = 0,$$

essendo $\varphi : \mathbb{R} \to \mathbb{R}$ una funzione opportuna e $d \in \mathbb{R}$ un dato (eventualmente anche nullo). Vogliamo determinare una radice semplice dell'equazione $f(x) = 0$. Il problema è ben definito solo se φ è invertibile in un intorno di x: in tal caso infatti $x = \varphi^{-1}(d)$ e quindi il risolvente è dato da $G = \varphi^{-1}$. Essendo allora $(\varphi^{-1})'(d) = 1/\varphi'(x)$, la prima nella (2.7) fornisce, per $d, x \neq 0$

$$K(d) \simeq \frac{|d|}{|x|}|[\varphi'(x)]^{-1}|, \tag{2.10}$$

mentre se $d = 0$ o $x = 0$ si ha

$$K_{abs}(d) \simeq |[\varphi'(x)]^{-1}|. \tag{2.11}$$

Nel caso di radice semplice, il problema è dunque malcondizionato quando $\varphi'(x)$ è "piccola", ben condizionato quando $\varphi'(x)$ è "grande". Nel caso di radice multipla, il numero di condizionamento assoluto verrà definito nella Sezione 6.1. •

In accordo con la (2.7), la quantità $\|G'(d)\|$ esprime solo una approssimazione di $K_{abs}(d)$ e viene talvolta chiamata *numero di condizionamento assoluto al prim'ordine.* Quest'ultimo rappresenta il limite raggiunto dalla costante di Lipschitz di G (si veda la Sezione 10.1) quando la perturbazione sui dati tende a zero.
Tale numero non è sempre un buon indicatore del numero di condizionamento $K_{abs}(d)$. Questo accade, ad esempio, quando G' si annulla in un punto, senza che in un intorno dello stesso si annulli anche G. Ad esempio, se $x = G(d) = \cos(d) - 1$ per $d \in (-\pi/2, \pi/2)$, si ha $G'(0) = 0$, mentre $K_{abs}(0) = 2/\pi$.

2.2 Stabilità di metodi numerici

Supporremo nel seguito che il problema (2.1) sia ben posto. Un metodo numerico per la risoluzione approssimata di (2.1) consisterà, in generale, nel costruire una successione di problemi approssimati

$$F_n(x_n, d_n) = 0, \qquad n \geq 1 \tag{2.12}$$

dipendenti da un certo parametro n (che definiremo caso per caso), con la sottintesa speranza che $x_n \to x$ per $n \to \infty$, ovvero che la soluzione numerica converga alla soluzione esatta. Affinché questo avvenga, è necessario che $d_n \to d$ e che F_n "approssimi" F quando $n \to \infty$. Precisamente, se il dato d del problema (2.1) è ammissibile per F_n, si dice che (2.12) è *consistente* se

$$F_n(x,d) = F_n(x,d) - F(x,d) \to 0 \text{ per } n \to \infty \tag{2.13}$$

essendo x la soluzione di (2.1) corrispondente al dato d. Il senso di questa definizione verrà precisato nei capitoli seguenti per ogni singola classe di problemi.

Un metodo è detto *fortemente consistente* se $F_n(x, d) = 0$ per *ogni* valore di n e non solo per $n \to \infty$. In alcuni casi (ad esempio quando si usano metodi iterativi) il problema (2.12) può essere scritto come

$$F_n(x_n, x_{n-1}, \ldots, x_{n-q}, d_n) = 0 \qquad n \geq q, \tag{2.14}$$

dove x_0, x_1, ..., x_{q-1} sono quantità assegnate. In tal caso la proprietà di forte consistenza diventa $F_n(x, x, \ldots, x, d) = 0$ per ogni $n \geq q$.

Esempio 2.5 Il seguente metodo iterativo (detto metodo di Newton, si veda la Sezione 6.2.2) per il calcolo approssimato di una radice semplice di una funzione $f : \mathbb{R} \to \mathbb{R}$

$$x_0 \text{ dato}, \quad x_n = x_{n-1} - f(x_{n-1})/f'(x_{n-1}), \qquad n \geq 1 \tag{2.15}$$

può essere scritto nella forma (2.14) ponendo

$$F_n(x_n, x_{n-1}, f) = x_n - x_{n-1} + f(x_{n-1})/f'(x_{n-1})$$

ed è fortemente consistente in quanto $F_n(\alpha, \alpha, f) = 0 \; \forall n \geq 1$.

Un esempio di metodo consistente per l'approssimazione di $x = \int_a^b f(t)dt$ è dato dalla formula del punto medio (si veda la Sezione 8.1.1)

$$x_n = H \sum_{k=1}^{n} f\left(\frac{t_k + t_{k+1}}{2}\right), \qquad n \geq 1,$$

dove $H = (b - a)/n$ e $t_k = a + (k - 1)H$, $k = 1, \ldots, n + 1$. Questo metodo è fortemente consistente se f è un polinomio lineare a tratti. •

In generale *non* saranno fortemente consistenti i metodi numerici ottenuti dal modello matematico per troncamento di operazioni di passaggio al limite.

In analogia a quanto detto per il problema (2.1), affinché il metodo numerico sia a sua volta *ben posto* (o *stabile*) richiederemo che per ogni n fissato, esista la soluzione x_n in corrispondenza del dato d_n, che il calcolo di x_n in funzione di d_n sia unico (o riproducibile, ovvero se ripetuto più volte con lo stesso dato, il calcolo deve dare la stessa soluzione) ed, infine, che x_n dipenda con continuità dai dati. Più precisamente, sia d_n un elemento arbitrario di D_n, essendo D_n l'insieme di tutti i dati ammissibili per (2.12). Sia δd_n una perturbazione ammissibile, ovvero tale che $d_n + \delta d_n \in D_n$, e sia δx_n la corrispondente perturbazione sulla soluzione, in modo tale che si abbia

$$F_n(x_n + \delta x_n, d_n + \delta d_n) = 0.$$

Allora, richiediamo che

$$\exists K_0 = K_0(d_n) \text{ tale che } \forall \delta d_n : d_n + \delta d_n \in D_n, \quad \|\delta x_n\| \leq K_0 \|\delta d_n\|. \tag{2.16}$$

Come per la (2.4), introduciamo per ognuno dei problemi (2.12) le quantità

$$\begin{aligned} K_n(d_n) &= \sup \left\{ \frac{\|\delta x_n\|/\|x_n\|}{\|\delta d_n\|/\|d_n\|}, \delta d_n \neq 0, \ d_n + \delta d_n \in D_n \right\}, \\ K_{abs,n}(d_n) &= \sup \left\{ \frac{\|\delta x_n\|}{\|\delta d_n\|}, \ \delta d_n \neq 0, \ d_n + \delta d_n \in D_n \right\}. \end{aligned} \tag{2.17}$$

Il metodo numerico è detto ben condizionato se $K_n(d_n)$ è "piccolo" in corrispondenza di ogni dato d_n ammissibile, mal condizionato in caso contrario. In analogia alla (2.6), consideriamo il caso in cui, per ogni n fissato, la relazione funzionale (2.12) definisca una applicazione G_n fra l'insieme dei dati numerici e le soluzioni

$$x_n = G_n(d_n), \qquad \text{ovvero } F_n(G_n(d_n), d_n) = 0. \tag{2.18}$$

Supponendo G_n derivabile, si può ottenere dalla (2.17)

$$K_n(d_n) \simeq \|G_n'(d_n)\| \frac{\|d_n\|}{\|G_n(d_n)\|}, \qquad K_{abs,n}(d_n) \simeq \|G_n'(d_n)\| \tag{2.19}$$

Osserviamo che, nel caso in cui l'insieme dei dati ammissibili dei problemi (2.1) e (2.12) coincidano, in (2.16) e (2.17) possiamo usare d al posto di d_n. In tal caso possiamo definire i numeri di condizionamento asintotico relativo ed assoluto, in corrispondenza del dato d, rispettivamente come segue:

$$K^{num}(d) = \lim_{k \to \infty} \sup_{n \geq k} K_n(d), \quad K_{abs}^{num}(d) = \lim_{k \to \infty} \sup_{n \geq k} K_{abs,n}(d).$$

Esempio 2.6 (Somma e sottrazione) La funzione $f : \mathbb{R}^2 \to \mathbb{R}$, $f(a,b) = a + b$ è una trasformazione lineare il cui gradiente è $f'(a,b) = (1,1)^T$. Usando la norma vettoriale $\|\cdot\|_1$, definita nella (1.12), si ottiene $K(a,b) \simeq (|a| + |b|)/(|a+b|)$, da cui segue che l'addizione di due numeri dello stesso segno è ben condizionata, essendo $K(a,b) \simeq 1$. Invece la sottrazione di due numeri circa uguali è mal condizionata, essendo in tal caso $|a-b| \ll |a| + |b|$. Questo fenomeno conduce alla *cancellazione di cifre significative* nel caso in cui i numeri vengano rappresentati solo con un numero finito di cifre (come avviene nell'aritmetica *floating-point*, si veda la Sezione 2.5.2). •

Esempio 2.7 Consideriamo di nuovo il problema del calcolo delle radici di un polinomio di secondo grado analizzato nell'Esempio 2.2. Quando $p > 1$ (caso di radici ben separate), tale problema è ben condizionato; tuttavia, valutando la radice x_- con la formula $x_- = p - \sqrt{p^2 - 1}$ generiamo un algoritmo di calcolo *instabile*. Essa infatti è soggetta a errori dovuti alla *cancellazione numerica* di cifre significative (si veda la Sezione 2.4) dovuti all'aritmetica finita *floating-point* con cui opera il calcolatore. Un modo per evitare l'insorgere di tali problemi consiste nel calcolare prima $x_+ = p + \sqrt{p^2 - 1}$ e poi $x_- = 1/x_+$. In alternativa, si può risolvere $F(x,p) = x^2 - 2px + 1 = 0$ utilizzando il metodo di Newton (si veda la Sezione 6.2.2)

$$x_n = x_{n-1} - (x_{n-1}^2 - 2px_{n-1} + 1)/(2x_{n-1} - 2p) = f_n(p), \quad n \geq 1, \quad x_0\,\text{dato}.$$

Applicando la (2.19) per $p > 1$ si trova $K_n(p) \simeq |p|/|x_n - p|$. Osserviamo inoltre che, nel caso l'algoritmo converga, si avrebbe x_n convergente ad una delle radici x_+ o x_-; pertanto, $|x_n - p| \to \sqrt{p^2 - 1}$ e dunque $K_n(p) \to K^{num}(p)$. Pertanto il metodo di Newton per la ricerca di radici semplici dell'equazione di secondo grado è mal condizionato se $|p|$ è molto vicino ad 1, diversamente è ben condizionato. •

L'obiettivo ultimo dell'approssimazione numerica è, naturalmente, quello di costruire, attraverso problemi numerici di tipo (2.12), soluzioni x_n che "si avvicinino" tanto più alla soluzione del problema dato (2.1) quanto più n diventa grande. Tale concetto è formalizzato nella definizione che segue.

Definizione 2.2 Il metodo numerico (2.12) è *convergente* se e solo se

$$\begin{aligned} &\forall \varepsilon > 0\ \exists n_0(\varepsilon),\ \exists \delta = \delta(n_0, \varepsilon) > 0 \text{ tale che} \\ &\forall n > n_0(\varepsilon),\ \forall \delta d_n : \|\delta d_n\| \leq \delta \Rightarrow \|x(d) - x_n(d + \delta d_n)\| \leq \varepsilon, \end{aligned} \tag{2.20}$$

dove d è un dato ammissibile per il problema (2.1), $x(d)$ la soluzione ad esso corrispondente e $x_n(d + \delta d_n)$ la soluzione del problema numerico (2.12) con dato $d + \delta d_n$. ■

Osserviamo che una condizione sufficiente affinché valga la (2.20) è che nelle stesse ipotesi si abbia

$$\|x(d + \delta d_n) - x_n(d + \delta d_n)\| \leq \frac{\varepsilon}{2}. \tag{2.21}$$

Infatti, grazie alla (2.3) si ha

$$\begin{aligned} \|x(d) - x_n(d + \delta d_n)\| &\leq \|x(d) - x(d + \delta d_n)\| \\ &\quad + \|x(d + \delta d_n) - x_n(d + \delta d_n)\| \leq K_0\|\delta d_n\| + \frac{\varepsilon}{2}. \end{aligned}$$

Scegliendo $\delta = \min\{\eta_0, \varepsilon/(2K_0)\}$, segue allora la (2.20).

Misure della convergenza di x_n ad x sono fornite dall'*errore assoluto* o da quello *relativo*

$$E(x_n) = |x - x_n|, \qquad E_{rel}(x_n) = \frac{|x - x_n|}{|x|} \quad (\text{se}\, x \neq 0). \tag{2.22}$$

Nel caso in cui x e x_n siano quantità matriciali o vettoriali, accanto alle definizioni nella (2.22) (dove i valori assoluti sono sostituiti da opportune norme) si introduce talvolta anche l'*errore relativo per componente* definito come

$$E_{rel}^c(x_n) = \max_{i,j} \frac{|(x - x_n)_{ij}|}{|x_{ij}|}. \tag{2.23}$$

2.2.1 Le relazioni tra stabilità e convergenza

I concetti di stabilità e convergenza sono fortemente interconnessi. Innanzitutto, se il problema (2.1) è ben posto, una condizione *necessaria* affinché il problema numerico (2.12) sia convergente è che esso sia stabile.

Per verificarlo, supponiamo che il metodo sia convergente e proviamone la stabilità. A questo scopo confrontiamo le soluzioni numeriche corrispondenti al dato d e a quello perturbato $d + \delta d_n$, ovvero stimiamo $\|\delta x_n\| = \|x_n(d) - x_n(d + \delta d_n)\|$. Abbiamo

$$\begin{aligned} \|\delta x_n\| &\leq \|x_n(d) - x(d)\| \\ &\quad + \|x(d) - x(d + \delta d_n)\| + \|x(d + \delta d_n) - x_n(d + \delta d_n)\| \\ &\leq K(\delta(n_0, \varepsilon), d)\|\delta d_n\| + \varepsilon, \end{aligned} \tag{2.24}$$

avendo usato la (2.3) e due volte la (2.21). Scegliendo ora δd_n in modo tale che $\|\delta d_n\| \leq \eta_0$, deduciamo che il rapporto $\|\delta x_n\|/\|\delta d_n\|$ può essere controllato da $K_0 = K(\delta(n_0, \varepsilon), d) + 1$ purché sia $\varepsilon \leq \|\delta d_n\|$, e quindi che il metodo è stabile. Siamo pertanto interessati a metodi numerici stabili perché solo tali metodi possono essere convergenti.

La stabilità di un metodo numerico diventa condizione *sufficiente* per la convergenza se il problema numerico (2.12) è anche consistente con il problema (2.1). Infatti in tal caso si ha

$$\begin{aligned} \|x(d + \delta d_n) - x_n(d + \delta d_n)\| &\leq \|x(d + \delta d_n) - x(d)\| + \|x(d) - x_n(d)\| \\ &\quad + \|x_n(d) - x_n(d + \delta d_n)\|. \end{aligned}$$

Grazie alla (2.3), il primo termine a secondo membro si può maggiorare con $\|\delta d_n\|$, a meno di una costante moltiplicativa (indipendente da δd_n). Analoga maggiorazione vale per il terzo termine, grazie alla proprietà di stabilità (2.16). Infine, per il termine restante, se F_n è derivabile rispetto alla variabile x, sviluppando in serie di Taylor, abbiamo

$$F_n(x(d), d) - F_n(x_n(d), d) = \frac{\partial F_n}{\partial x}|_{(\overline{x},d)}(x(d) - x_n(d)),$$

per un opportuno $\overline{x}$ "compreso" tra $x(d)$ e $x_n(d)$. Supponendo inoltre che $\partial F_n/\partial x$ sia invertibile, otteniamo

$$x(d) - x_n(d) = \left(\frac{\partial F_n}{\partial x}\right)^{-1}_{|(\overline{x},d)} [F_n(x(d),d) - F_n(x_n(d),d)]. \qquad (2.25)$$

D'altra parte, siccome $F_n(x_n(d),d) = F(x(d),d)\,(= 0)$, si ricava

$$F_n(x(d),d) - F_n(x_n(d),d) = F_n(x(d),d) - F(x(d),d)$$

e quindi, dalla (2.25), passando alle norme, si trova

$$\|x(d) - x_n(d)\| \leq \left\| \left(\frac{\partial F_n}{\partial x}\right)^{-1}_{|(\overline{x},d)} \right\| \|F_n(x(d),d) - F(x(d),d)\|.$$

Grazie alla (2.13) possiamo infine concludere che $\|x(d) - x_n(d)\| \to 0$ per $n \to \infty$.
Il risultato sopra dimostrato, seppur formulato in modo qualitativo, è un teorema fondamentale dell'analisi numerica, noto come *teorema di equivalenza* (o teorema di Lax-Richtmyer): "*per un metodo numerico consistente, la stabilità è equivalente alla convergenza*". Una dimostrazione rigorosa di questo teorema è disponibile in [Dah56] per il caso dei problemi di Cauchy lineari, o in [Lax65] e in [RM67] per problemi ai valori iniziali lineari ben posti.

2.3 Analisi a priori e a posteriori

L'analisi di stabilità di un metodo numerico si può effettuare seguendo strategie alternative:

1. l'*analisi in avanti* (*forward analysis*), secondo la quale si stimano le variazioni $\|\delta x_n\|$ sulla soluzione dovute sia a perturbazioni nei dati, sia ad errori intrinseci al metodo numerico;
2. l'*analisi all'indietro* (*backward analysis*), in cui ci si chiede quali siano le perturbazioni che si dovrebbero "imprimere" ai dati di un determinato problema al fine di riottenere i risultati effettivamente calcolati nell'ipotesi in cui si operi in aritmetica esatta. Equivalentemente, in corrispondenza di una calcolata soluzione $\widehat{x}_n$, si cerca di valutare l'entità delle perturbazioni δd_n sui dati per le quali si abbia $F_n(\widehat{x}_n, d_n + \delta d_n) = 0$. Nell'effettuare questa stima *non* si tiene conto in alcun modo di *come* si sia ottenuto $\widehat{x}_n$ (ovvero di quale metodo si sia impiegato per generarlo).

L'analisi in avanti e quella all'indietro sono due diverse modalità della cosiddetta *analisi a priori*. Essa può essere applicata per indagare non solo la stabilità di un metodo numerico, ma anche la convergenza di quest'ultimo alla soluzione del problema esatto (2.1). Si parlerà in questo caso di *analisi a priori dell'errore*, e potrà essere ancora realizzata con la tecnica in avanti o con quella all'indietro.

Essa si distingue dalla cosiddetta *analisi a posteriori dell'errore*, la quale mira a fornire una stima dell'errore sulla base di quantità effettivamente calcolate usando uno specifico metodo numerico. Tipicamente, indicando con $\widehat{x}_n$ la soluzione numerica effettivamente ottenuta per l'approssimazione della soluzione x del problema (2.1), nell'analisi a posteriori si stima l'errore $x - \widehat{x}_n$ in funzione del residuo $r = F(\widehat{x}_n, d)$ attraverso costanti che vengono dette indicatori o *fattori di stabilità* (si veda [EEHJ96]).

Esempio 2.8 Consideriamo il problema di trovare gli zeri $\alpha_1, \dots, \alpha_n$ di un polinomio di grado n, $p_n(x) = \sum_{k=0}^{n} a_k x^k$.

Indicando con $\tilde{p}_n(x) = \sum_{k=0}^{n} \tilde{a}_k x^k$ un polinomio perturbato i cui zeri sono $\{\tilde{\alpha}_i\}$, l'analisi in avanti mira a stimare l'errore fra due zeri corrispondenti, α_i e $\tilde{\alpha}_i$, di p_n e $\tilde{p}_n$ in termini delle variazioni sui coefficienti $a_k - \tilde{a}_k$, per $k = 0, \dots, n$.

Supponiamo ora che $\{\widehat{\alpha}_i\}$ siano delle approssimazioni degli zeri di p_n, ottenute tramite un qualsivoglia procedimento. L'analisi all'indietro stima le perturbazioni δa_k che dovrebbero essere impresse ai coefficienti a_k di p_n in modo che $\sum_{k=0}^{n}(a_k + \delta a_k)\widehat{\alpha}_i^k = 0$, per un fissato $\widehat{\alpha}_i$. Per contro, l'obiettivo dell'analisi a posteriori è quello di fornire una stima dell'errore $\alpha_i - \widehat{\alpha}_i$ in funzione del residuo $p_n(\widehat{\alpha}_i)$.

Queste analisi verranno condotte nella Sezione 6.1. •

Esempio 2.9 Consideriamo il sistema lineare $\mathrm{A}\mathbf{x} = \mathbf{b}$, essendo A una matrice quadrata non singolare.

Per il sistema perturbato $\tilde{\mathrm{A}}\tilde{\mathbf{x}} = \tilde{\mathbf{b}}$, l'analisi in avanti fornisce una stima dell'errore $\mathbf{x} - \tilde{\mathbf{x}}$ in funzione di $\mathrm{A} - \tilde{\mathrm{A}}$ e di $\mathbf{b} - \tilde{\mathbf{b}}$, mentre l'analisi all'indietro stima le perturbazioni $\delta\mathrm{A} = (a_{ij})$ e $\boldsymbol{\delta}\mathbf{b} = (\delta b_i)$ che dovrebbero essere imposte sui coefficienti di A e di $\mathbf{b}$ in modo che risulti $(\mathrm{A} + \delta\mathrm{A})\widehat{\mathbf{x}} = \mathbf{b} + \boldsymbol{\delta}\mathbf{b}$, essendo $\widehat{\mathbf{x}}$ una soluzione calcolata del sistema lineare originario con un metodo qualsiasi. Nell'analisi a posteriori si cerca infine una stima dell'errore $\mathbf{x} - \widehat{\mathbf{x}}$ in funzione del residuo $\mathbf{r} = \mathbf{b} - \mathrm{A}\widehat{\mathbf{x}}$.

Queste analisi verranno sviluppate nella Sezione 3.1. •

È importante sottolineare il ruolo dell'analisi a posteriori nella progettazione di strategie di *controllo adattivo dell'errore*. Queste ultime, attraverso variazioni opportune dei parametri di discretizzazione (ad esempio la spaziatura dei nodi per integrare una funzione od una equazione differenziale) utilizzano l'analisi a posteriori per garantire che l'errore si mantenga minore di una tolleranza prestabilita.

Un metodo numerico che faccia uso di un controllo adattivo dell'errore viene detto *metodo numerico adattivo*. Nella pratica, un tale metodo sfrutta all'interno del processo computazionale l'idea della retroazione (in inglese *feedback*), attivando sulla base di una soluzione calcolata un criterio di arresto che garantisca il controllo dell'errore entro una tolleranza prefissata. In caso di insuccesso si adotta una strategia per modificare i parametri della discretizzazione in modo da migliorare l'accuratezza della nuova soluzione, e si itera il procedimento sino al superamento del test d'arresto.

2.4 Sorgenti di errore nei modelli computazionali

Se il problema numerico (2.12) costituisce l'approssimazione del problema matematico (2.1) e quest'ultimo a sua volta modella un problema fisico (che indicheremo per brevità con PF), diremo che (2.12) è un *modello computazionale* per PF. In questo processo l'errore globale, indicato con e, è espresso dalla differenza fra la soluzione effettivamente calcolata, $\widehat{x}_n$, e la soluzione fisica, x_f, di cui x fornisce un modello. In tale prospettiva, e può essere visto come la somma dell'errore e_m del modello matematico, espresso da $x - x_f$, con l'errore e_c del modello computazionale, $\widehat{x}_n - x$, ovvero $e = e_m + e_c$ (si veda la Figura 2.1).

A sua volta, e_m terrà conto dell'errore del modello matematico in senso stretto (quanto realisticamente l'equazione funzionale (2.1) descrive il problema PF?) e dell'errore sui dati (quanto accuratamente d fornisce una misura dei dati fisici reali?). Allo stesso modo, e_c risulta essere la combinazione dell'errore di discretizzazione numerica $e_n = x_n - x$ e dell'errore di arrotondamento e_a (o di *roundoff*) introdotto dal calcolatore nella fase di risoluzione effettiva del problema (2.12) mediante un algoritmo numerico (si veda la Sezione 2.5).

Il processo di quantificazione dell'errore di un modello matematico e_m prende il nome di *validazione* e coinvolge necessariamente il confronto con misure sperimentali (osservazioni della realtà fisica). Richiamando una frase da [BO04], possiamo dire che la validazione risponde alla domanda "*Are we solving the right equations?*".

Analogamente, il processo di quantificazione dell'errore computazionale prende il nome di *verificazione* e risponde alla domanda "*Are we solving*

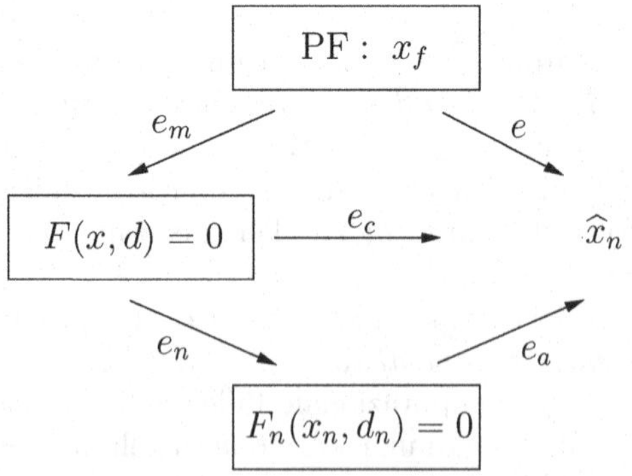

Fig. 2.1 Errori nei modelli computazionali

the equations right?". Esso è da considerarsi, invece, un processo puramente matematico.

I processi di validazione e verificazione coinvolgono in generale diversi passi (si veda, ad esempio, [BNT07]).

In generale, possiamo quindi pensare di individuare i seguenti tipi di errore:

1. errori dovuti al modello, controllabili curando la costruzione del modello matematico;
2. errori nei dati, riducibili aumentando l'accuratezza nelle misurazioni dei dati stessi;
3. errori di troncamento, dovuti al fatto che nel modello numerico le operazioni di passaggio al limite vengono approssimate con operazioni che richiedono un numero finito di passi;
4. errori di arrotondamento.

Gli errori dei punti 3. e 4. costituiscono l'*errore computazionale*. Un metodo numerico sarà dunque convergente se questo errore può essere arbitrariamente ridotto aumentando lo sforzo computazionale. Ovviamente, seppur primario, la convergenza non è l'unico obiettivo di un metodo numerico, dovendosi coniugare all'*accuratezza*, all'*affidabilità* e all'*efficienza*.

L'accuratezza esprime il fatto che gli errori siano piccoli rispetto ad una tolleranza fissata. Essa in genere si quantifica attraverso l'ordine di infinitesimo dell'errore e_n rispetto al parametro caratteristico della discretizzazione (ad esempio la massima distanza fra nodi consecutivi di discretizzazione). A questo proposito notiamo che la *precisione* del sistema utilizzato per la rappresentazione dei numeri su un calcolatore nel modello numerico non limita, da un punto di vista teorico, l'accuratezza.

Un modello numerico si considera affidabile quando, se applicato ad un numero significativo di casi test di interesse pratico, l'errore totale da esso generato può essere tenuto al di sotto di una certa tolleranza con un margine di probabilità superiore ad una percentuale prestabilita.

Efficienza significa infine che la complessità computazionale necessaria per controllare tale errore (ovvero la quantità di operazioni impiegate e la dimensione della memoria richiesta) sia la più bassa possibile.

In questa sezione abbiamo evocato il termine *algoritmo*; ci sembra pertanto di non poterci esimere dal fornirne una descrizione intuitiva. Per *algoritmo* intendiamo una direttiva che indichi, tramite operazioni elementari, tutti i passaggi necessari per la risoluzione di uno specifico problema. Un algoritmo può essere costituito a sua volta da sottoalgoritmi e dovrà avere la caratteristica di terminare sicuramente dopo un numero finito di operazioni elementari. Di conseguenza l'esecutore dell'algoritmo (macchina o essere umano che sia) deve trovare nell'algoritmo stesso tutte le istruzioni necessarie per risolvere completamente il problema in esame (a patto ovviamente di poter disporre delle risorse necessarie per la sua esecuzione). Ad esempio, affermare che un polinomio di secondo grado ammette sicuramente due radici nel piano complesso non caratterizza un algoritmo, mentre la formula risolutiva per le radici *è* un algoritmo (a patto evidentemente che i sottoalgoritmi necessari per eseguire correttamente tutte le operazioni richieste siano stati a loro volta definiti).

Chiamiamo infine *complessità di un algoritmo* una misura del suo tempo di esecuzione. Per quanto sopra precisato, la complessità di un algoritmo è parte integrante dell'analisi dell'efficienza di un metodo numerico. Dato che per risolvere un medesimo problema P si possono utilizzare algoritmi con una complessità diversa, si introduce spesso il concetto di *complessità di un problema*, intendendo la minima complessità tra tutti gli algoritmi che risolvono P. Essa è tipicamente misurata da un parametro associato direttamente a P. Ad esempio, per il prodotto di due matrici quadrate, la complessità computazionale si può esprimere in funzione di una potenza della dimensione n delle matrici.

2.5 Rappresentazione dei numeri sul calcolatore

Ogni operazione effettuata su calcolatore risulta affetta da *errori di arrotondamento* o *di roundoff*. Essi sono dovuti al fatto che su un calcolatore può essere rappresentato solo un sottoinsieme finito dell'insieme dei numeri reali. In questa sezione, dopo aver richiamato la notazione posizionale dei numeri reali, ne introduciamo la rappresentazione al calcolatore.

2.5.1 Il sistema posizionale

Fissata una base $\beta \in \mathbb{N}$ con $\beta \geq 2$, sia x un numero reale con un numero finito di cifre x_k con $0 \leq x_k < \beta$ per $k = -m, \ldots, n$. La notazione (convenzionalmente adottata)

$$x_\beta = (-1)^s \left[x_n x_{n-1} \ldots x_1 x_0 . x_{-1} x_{-2} \ldots x_{-m}\right], \quad x_n \neq 0 \qquad (2.26)$$

è detta *rappresentazione posizionale* di x in base β. Il punto che compare fra x_0 e x_{-1} è detto punto decimale se la base è 10, punto binario se la base è 2, mentre s è individuato dal segno di x ($s = 0$ se x è positivo, 1 se negativo). La (2.26) sta in effetti a significare che

$$x_\beta = (-1)^s \left(\sum_{k=-m}^{n} x_k \beta^k \right).$$

Esempio 2.10 La scrittura convenzionale $x_{10} = 425.33$ indica il numero $x = 4 \cdot 10^2 + 2 \cdot 10 + 5 + 3 \cdot 10^{-1} + 3 \cdot 10^{-2}$, mentre $x_6 = 425.33$, denoterebbe il numero reale $x = 4 \cdot 6^2 + 2 \cdot 6 + 5 + 3 \cdot 6^{-1} + 3 \cdot 6^{-2}$. Un numero razionale può ovviamente avere un numero di cifre finito in una base ed infinito in un'altra. Ad esempio la frazione

1/3 ha infinite cifre in base 10, avendosi $x_{10} = 0.\bar{3}$, mentre ne ha una sola in base 3, essendo $x_3 = 0.1$. •

Tutti i numeri reali si possono ben approssimare con numeri aventi una rappresentazione finita. Fissata infatti la base β, vale la seguente proprietà

$$\forall \varepsilon > 0,\ \forall x_\beta \in \mathbb{R},\ \exists y_\beta \text{ t.c. } |y_\beta - x_\beta| < \varepsilon \tag{2.27}$$

dove y_β ha rappresentazione posizionale finita.
In effetti, dato il numero positivo $x_\beta = x_n x_{n-1} \dots x_0 . x_{-1} \dots x_{-m} \dots$ con un numero finito od infinito di cifre, per ogni $r \geq 1$ si possono costruire due numeri

$$x_\beta^{(l)} = \sum_{k=0}^{r-1} x_{n-k} \beta^{n-k}, \quad x_\beta^{(u)} = x_\beta^{(l)} + \beta^{n-r+1},$$

con r cifre, tali che $x_\beta^{(l)} < x_\beta < x_\beta^{(u)}$ e $x_\beta^{(u)} - x_\beta^{(l)} = \beta^{n-r+1}$. Se r è scelto in modo tale che $\beta^{n-r+1} < \epsilon$, prendendo y_β pari a $x_\beta^{(l)}$ o pari a $x_\beta^{(u)}$ si giunge alla disuguaglianza cercata. Questo risultato legittima la rappresentazione dei numeri reali su calcolatore (e dunque con un numero finito di cifre).

Anche se da un punto di vista astratto le basi sono tutte tra loro equivalenti, nella pratica computazionale tre sono le basi generalmente impiegate: base 2 o binaria, base 10 o decimale (la più intuitiva) e base 16 o esadecimale. Quasi tutti i moderni calcolatori impiegano la base 2, a parte quelli tradizionalmente legati alla base 16. Nel seguito, assumeremo che β sia un *numero pari.*

Nella rappresentazione binaria le cifre si riducono ai due simboli `0` e `1`, dette anche *bits* (*binary digits*), mentre in quella esadecimale i simboli usati per la rappresentazione delle cifre sono `0,1,...,9,A,B,C,D,E,F`. Naturalmente, più è piccola la base adottata, più lunga è la stringa di caratteri necessari per rappresentare lo stesso numero.

Per semplicità di notazioni, scriveremo d'ora in poi x invece di x_β, sottintendendo la base β.

2.5.2 Il sistema dei numeri floating-point

Il modo più intuitivo per utilizzare N posizioni di memoria per la rappresentazione di un numero reale x diverso da zero è quello di fissarne una per il segno, $N-k-1$ per le cifre intere e k per le cifre oltre il punto, in modo che si abbia

$$x = (-1)^s \cdot [a_{N-2} a_{N-3} \dots a_k . a_{k-1} \dots a_0] \tag{2.28}$$

essendo s uguale a 1 o a 0. Si noti che solo se $\beta = 2$ una posizione di memoria equivale ad un *bit*. Un insieme di numeri di questo tipo è detto *sistema dei numeri a virgola fissa* o *fixed-point*. La (2.28) sta per

$$x = (-1)^s \cdot \beta^{-k} \sum_{j=0}^{N-2} a_j \beta^j \tag{2.29}$$

e quindi questa rappresentazione corrisponde ad aver fissato un fattore di scalatura uguale per tutti i numeri rappresentabili.

L'uso della virgola fissa limita notevolmente il valore dei numeri massimo e minimo rappresentabili su un calcolatore, a meno di non impiegare un numero N di posizioni di memoria molto grande. Questo svantaggio può essere superato se si suppone che la scalatura che compare nella (2.29) possa variare. Dato allora un numero reale x non nullo, la sua rappresentazione a *virgola mobile* o *floating-point* è data da

$$\boxed{x = (-1)^s \cdot (0.a_1 a_2 \ldots a_t) \cdot \beta^e = (-1)^s \cdot m \cdot \beta^{e-t}} \tag{2.30}$$

essendo $t \in \mathbb{N}$ il numero di cifre significative a_i consentito (con $0 \leq a_i \leq \beta - 1$), $m = a_1 a_2 \ldots a_t$ un numero intero detto *mantissa* tale che $0 \leq m \leq \beta^t - 1$ ed e un numero intero detto *esponente*. Evidentemente l'esponente potrà variare in un intervallo finito di valori ammissibili: porremo $L \leq e \leq U$ (tipicamente $L < 0$ e $U > 0$). Le N posizioni di memoria sono ora distribuite tra il segno (una posizione), le cifre significative (t posizioni) e le cifre dell'esponente (le restanti $N - t - 1$ posizioni). Il numero zero ha una rappresentazione a se stante.

Tipicamente sui calcolatori sono disponibili due formati per la rappresentazione *floating-point* dei numeri: la *singola* e la *doppia precisione*. Nel caso di rappresentazione binaria, questi formati corrispondono nella versione standard alla rappresentazione con $N = 32$ *bits* (singola precisione)

1	8 *bits*	23 *bits*
s	e	m

e con $N = 64$ *bits* (doppia precisione)

1	11 *bits*	52 *bits*
s	e	m

Denotiamo con

$$\mathbb{F}(\beta, t, L, U) = \{0\} \cup \left\{ x \in \mathbb{R} : \; x = (-1)^s \beta^e \sum_{i=1}^{t} a_i \beta^{-i} \right\}$$

l'*insieme dei numeri-macchina* (o *numeri floating-point*) con t cifre significative, base $\beta \geq 2$, $0 \leq a_i \leq \beta - 1$, e range dell'esponente (L, U) tale che $L \leq e \leq U$.

Per avere *unicità nella rappresentazione di un numero* si suppone che $a_1 \neq 0$ e che $m \geq \beta^{t-1}$. In tal caso a_1 è detta la cifra significativa principale, mentre a_t è detta l'ultima cifra significativa e la rappresentazione di x verrà detta *normalizzata*. La mantissa varia ora tra β^{t-1} e $\beta^t - 1$.
Ad esempio, nel caso in cui $\beta = 10$, $t = 4$, $L = -1$ e $U = 4$, senza l'ipotesi che $a_1 \neq 0$, il numero 1 ammetterebbe le seguenti rappresentazioni

$$0.1000 \cdot 10^1, \quad 0.0100 \cdot 10^2, \quad 0.0010 \cdot 10^3, \quad 0.0001 \cdot 10^4.$$

Sempre per l'unicità della rappresentazione si suppone che anche lo zero abbia un segno (tipicamente si sceglie $s = 0$).
È immediato osservare che se $x \in \mathbb{F}(\beta, t, L, U)$ allora anche $-x \in \mathbb{F}(\beta, t, L, U)$.
Valgono inoltre le seguenti maggiorazioni per il valore assoluto di x:

$$x_{min} = \beta^{L-1} \leq |x| \leq \beta^U(1 - \beta^{-t}) = x_{max}, \tag{2.31}$$

e definiamo

$$range\,\mathbb{F} = [-x_{max}, -x_{min}] \cup [x_{min}, x_{max}].$$

La cardinalità di $\mathbb{F}(\beta, t, L, U)$ (d'ora in poi indicato per semplicità con $\mathbb{F}$) è data da

$$card\,\mathbb{F} = 2(\beta - 1)\beta^{t-1}(U - L + 1) + 1.$$

Dalla (2.31) si deduce che non è quindi possibile rappresentare alcun numero (a parte lo zero) minore in valore assoluto di x_{min}. Si può tuttavia aggirare questa limitazione completando $\mathbb{F}$ con l'insieme $\mathbb{F}_D$ dei cosiddetti numeri *floating-point denormalizzati* ottenuti rinunciando all'ipotesi che a_1 sia diverso da zero, solo per i numeri riferiti al minimo esponente L. In tal modo non si perde l'unicità di rappresentazione e si generano dei numeri che hanno mantissa compresa tra 1 e $\beta^{t-1} - 1$ e appartengono all'intervallo $(-\beta^{L-1}, \beta^{L-1})$. Il minore tra tali numeri ha modulo pari a β^{L-t}.

Esempio 2.11 I numeri positivi di $\mathbb{F}(2, 3, -1, 2)$ sono

$$(0.111)\cdot 2^2 = \frac{7}{2}, \quad (0.110)\cdot 2^2 = 3, \quad (0.101)\cdot 2^2 = \frac{5}{2}, \quad (0.100)\cdot 2^2 = 2,$$

$$(0.111)\cdot 2 = \frac{7}{4}, \quad (0.110)\cdot 2 = \frac{3}{2}, \quad (0.101)\cdot 2 = \frac{5}{4}, \quad (0.100)\cdot 2 = 1,$$

$$(0.111) = \frac{7}{8}, \quad (0.110) = \frac{3}{4}, \quad (0.101) = \frac{5}{8}, \quad (0.100) = \frac{1}{2},$$

$$(0.111)\cdot 2^{-1} = \frac{7}{16}, \quad (0.110)\cdot 2^{-1} = \frac{3}{8}, \quad (0.101)\cdot 2^{-1} = \frac{5}{16}, \quad (0.100)\cdot 2^{-1} = \frac{1}{4}.$$

Essi sono tutti compresi fra $x_{min} = \beta^{L-1} = 2^{-2} = 1/4$ e $x_{max} = \beta^U(1 - \beta^{-t}) = 2^2(1 - 2^{-3}) = 7/2$. In totale abbiamo dunque $(\beta - 1)\beta^{t-1}(U - L + 1) = (2 -$

$1)2^{3-1}(2+1+1) = 16$ numeri strettamente positivi. Ad essi vanno aggiunti i loro opposti più lo zero. Osserviamo che quando $\beta = 2$, la prima cifra significativa nella rappresentazione normalizzata è necessariamente pari ad 1 e può quindi non essere memorizzata sul calcolatore (si parla in tal caso di *hidden bit*).

Se ora includessimo anche i numeri denormalizzati positivi, dovremmo completare l'insieme precedente con i numeri seguenti:

$$(0.011) \cdot 2^{-1} = \frac{3}{16}, \quad (0.010) \cdot 2^{-1} = \frac{1}{8}, \quad (0.001) \cdot 2^{-1} = \frac{1}{16}.$$

Coerentemente con quanto osservato in precedenza, il più piccolo numero denormalizzato è proprio dato da $\beta^{L-t} = 2^{-1-3} = 1/16$. •

2.5.3 Distribuzione dei numeri floating-point

I numeri *floating-point* non sono equispaziati, ma si addensano in prossimità del più piccolo numero rappresentabile. Si può verificare che la spaziatura fra un numero $x \in \mathbb{F}$ ed il successivo più vicino (purchè entrambi assunti diversi dallo zero) è pari ad almeno $\beta^{-1}\epsilon_M|x|$ ed al più vale $\epsilon_M|x|$, essendo $\epsilon_M = \beta^{1-t}$ l'*epsilon macchina*. Quest'ultimo rappresenta la distanza fra il numero 1 ed il successivo numero *floating-point*, ed è dunque il più piccolo numero di $\mathbb{F}$ per cui $1 + \epsilon_M > 1$.
Fissato invece un intervallo della forma $[\beta^e, \beta^{e+1}]$, i numeri di $\mathbb{F}$ appartenenti a tale intervallo sono equispaziati ed hanno distanza pari a β^{e-t}. Il decremento (o l'incremento) di un'unità dell'esponente comporta quindi una diminuzione (od un aumento) di un fattore β della distanza fra due numeri consecutivi.

Contrariamente alla distanza assoluta, la distanza relativa fra un numero ed il suo successivo più grande ha un andamento periodico che dipende solo dalla mantissa m. Se indichiamo infatti con $(-1)^s m(x)\beta^{e-t}$ uno dei due numeri, la distanza Δx dal successivo sarà pari a $(-1)^s\beta^{e-t}$, di modo che la distanza relativa risulterà

$$\frac{\Delta x}{x} = \frac{(-1)^s\beta^{e-t}}{(-1)^s m(x)\beta^{e-t}} = \frac{1}{m(x)}. \tag{2.32}$$

All'interno dell'intervallo $[\beta^e, \beta^{e+1}]$, la (2.32) decresce al crescere di x in quanto nella rappresentazione normalizzata la mantissa varia da β^{t-1} a $\beta^t - 1$. Tuttavia, non appena $x = \beta^{e+1}$, la distanza relativa ritorna pari a β^{-t+1} e riprende a decrescere sull'intervallo successivo, come mostrato in Figura 2.2. Questo fenomeno oscillatorio è noto come *wobbling precision* ed è tanto più pronunciato quanto più grande è la base β. Anche per questo motivo si prediligono generalmente nei calcolatori basi piccole.

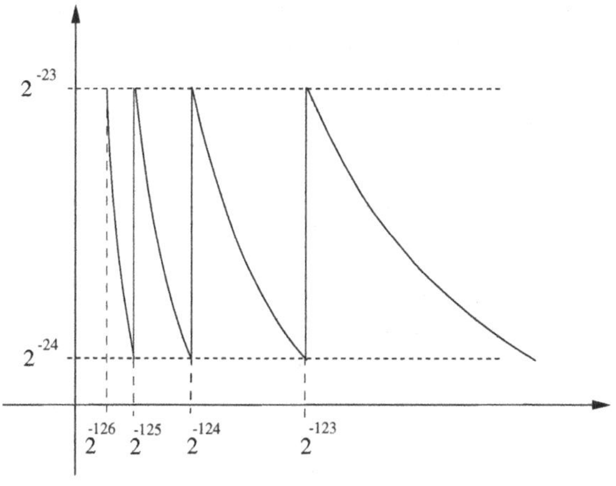

Fig. 2.2 Variazione della distanza relativa per l'insieme dei numeri $\mathbb{F}(2, 24, -125, 128)$ IEC/IEEE a singola precisione

2.5.4 Aritmetica IEC/IEEE

La possibilità di costruire insiemi di numeri *floating-point* diversi fra loro per base, numero di cifre significative e *range* dell'esponente, ha dato luogo in passato ad una proliferazione di sistemi numerici. Per porvi rimedio è stato fissato uno standard che oggi viene quasi universalmente riconosciuto. Esso è stato sviluppato nel 1985 dall'Institute of Electrical and Electronics Engineers (in breve, IEEE) ed è stato approvato nel 1989 dall'International Electronical Commission (IEC) come standard internazionale IEC559 (o IEEE 754 e con tale denominazione è attualmente conosciuto). (L'IEC è una organizzazione analoga all'International Standardization Organization (ISO) per i campi dell'elettronica.) Lo standard IEEE 754 prevede due *formati di base* per i numeri *floating-point*: il sistema $\mathbb{F}(2, 24, -125, 128)$ per la singola precisione, e $\mathbb{F}(2, 53, -1021, 1024)$ per la doppia, entrambi comprendenti anche i numeri denormalizzati. Esistono poi dei *formati estesi*, per i quali vengono solo fissati dei limiti (riportati in Tabella 2.1).

Tabella 2.1 Limiti inferiori o superiori previsti dallo standard IEEE 754 per i formati estesi dei numeri *floating-point*

	Formati IEEE estesi semplice	 doppia
N	≥ 43 *bits*	≥ 79 *bits*
t	≥ 32	≥ 64
L	≤ -1021	≤ -16381
U	≥ 1024	≥ 16384

Tabella 2.2 Codifiche IEEE 754 di alcuni valori eccezionali

valore	*esponente*	*mantissa*
± 0	$L-1$	0
$\pm\infty$	$U+1$	0
NaN	$U+1$	$\neq 0$

Quasi tutti i calcolatori attuali soddisfano ampiamente a questi requisiti. Per concludere, notiamo che nello standard IEEE 754 non tutte le sequenze di *bit* corrispondono ad un numero reale. Nella Tabella 2.2 riportiamo alcune codifiche particolari che corrispondono ai valori ± 0, $\pm\infty$ ed ai cosiddetti *non numeri* (brevemente NaN dall'inglese *not a number*), corrispondenti ad esempio a 0/0 o ad altre quantità generate da operazioni eccezionali.

2.5.5 Arrotondamento di un numero reale nella sua rappresentazione di macchina

Su un calcolatore è disponibile soltanto un sottoinsieme $\mathbb{F}(\beta, t, L, U)$ di $\mathbb{R}$ e ciò pone alcuni problemi pratici, primo fra tutti quello relativo alla rappresentazione in $\mathbb{F}$ di un numero reale x qualsiasi. D'altra parte, anche se x e y fossero due numeri di $\mathbb{F}$, il risultato di un'operazione su di essi potrebbe non appartenere a $\mathbb{F}$. Bisognerà dunque definire un'aritmetica anche su $\mathbb{F}$.

L'approccio più semplice per risolvere il primo problema consiste nell'arrotondare $x \in \mathbb{R}$ in modo che il numero arrotondato appartenga ad $\mathbb{F}$. Tra tutte le possibili operazioni di arrotondamento, consideriamo la seguente. Dato $x \in \mathbb{R}$ in notazione posizionale normalizzata, sostituiamo ad x il rappresentante $fl(x)$ in $\mathbb{F}$, definito come

$$fl(x) = (-1)^s (0.a_1 a_2 \ldots \widetilde{a}_t) \cdot \beta^e, \quad \tilde{a}_t = \begin{cases} a_t & \text{se } a_{t+1} < \beta/2 \\ a_t + 1 & \text{se } a_{t+1} \geq \beta/2 \end{cases} \tag{2.33}$$

L'applicazione $fl : \mathbb{R} \to \mathbb{F}$ è la più comunemente utilizzata ed è detta *rounding* (nel *chopping* si prenderebbe più banalmente $\widetilde{a}_t = a_t$). Evidentemente $fl(x) = x$ se $x \in \mathbb{F}$ ed inoltre $fl(x) \leq fl(y)$ se $x \leq y$ $\forall x, y \in \mathbb{R}$ (proprietà di monotonia).

Osservazione 2.3 (Overflow e underflow) Quanto finora scritto vale soltanto per i numeri che appartengono al *range* di $\mathbb{F}$. Se infatti $x \in (-\infty, -x_{max}) \cup (x_{max}, \infty)$, il valore $fl(x)$ non sarebbe definito, mentre se $x \in (-x_{min}, x_{min})$ l'operazione di *rounding* è comunque definita (anche in assenza di numeri denormalizzati). Nel primo caso, qualora x sia il risultato di un'operazione su numeri di $\mathbb{F}$, si parla di situazione di *overflow*, nel secondo caso di *underflow* (o di *graceful underflow* se sono presenti i numeri denormalizzati). L'*overflow* viene gestito dal sistema con una interruzione delle operazioni in esecuzione. ■

A parte le situazioni eccezionali, possiamo quantificare facilmente l'errore, assoluto e relativo, commesso sostituendo $fl(x)$ ad x. Si dimostra infatti la seguente proprietà (si veda ad esempio [Hig96], Teorema 2.2):

Proprietà 2.1 *Se* $x \in \mathbb{R}$ *appartiene al range di* $\mathbb{F}$*, allora*

$$fl(x) = x(1+\delta) \text{ con } |\delta| \leq \mathtt{u} \tag{2.34}$$

essendo

$$\boxed{\mathtt{u} = \frac{1}{2}\beta^{1-t} = \frac{1}{2}\epsilon_M} \tag{2.35}$$

la cosiddetta unità di roundoff.

Dalla (2.34) discende immediatamente la maggiorazione seguente per l'errore relativo

$$E_{rel}(x) = \frac{|x - fl(x)|}{|x|} \leq \mathtt{u}. \tag{2.36}$$

Per quanto riguarda l'errore assoluto abbiamo

$$E(x) = |x - fl(x)| \leq \beta^{e-t}|(a_1 \ldots a_t.a_{t+1} \ldots) - (a_1 \ldots \tilde{a}_t)|.$$

Per la (2.33) si ricava che

$$|(a_1 \ldots a_t.a_{t+1} \ldots) - (a_1 \ldots \tilde{a}_t)| \leq \beta^{-1}\frac{\beta}{2},$$

da cui segue

$$E(x) \leq \frac{1}{2}\beta^{-t+e}.$$

Osservazione 2.4 In ambiente MATLAB è possibile ottenere il valore di ϵ_M attraverso la variabile di sistema `eps`. ■

2.5.6 Operazioni di macchina effettuate in virgola mobile

Sull'insieme dei numeri macchina è definita un'aritmetica analoga, per quanto possibile, all'aritmetica su $\mathbb{R}$. Data una qualsiasi operazione aritmetica $\circ : \mathbb{R} \times \mathbb{R} \to \mathbb{R}$ a due operandi in $\mathbb{R}$ (dove il simbolo $\circ$ può denotare la somma, la sottrazione, la moltiplicazione o la divisione) indicheremo con $\boxed{\circ}$ la corrispondente operazione macchina

$$\boxed{\circ} : \mathbb{R} \times \mathbb{R} \to \mathbb{F}, \qquad x \boxed{\circ} y = fl(fl(x) \circ fl(y)).$$

Dalle proprietà dei numeri *floating-point* ci si può aspettare che per le operazioni aritmetiche a due operandi, quando ben definite, valga la seguente proprietà

$$\forall x, y \in \mathbb{F}, \ \exists \delta \in \mathbb{R}: \quad x \boxed{\circ} y = (x \circ y)(1+\delta) \quad \text{con } |\delta| \leq \mathtt{u}. \tag{2.37}$$

Di fatto, per poter soddisfare la (2.37) nel caso in cui $\circ$ sia l'operatore di sottrazione, si richiederà un'ipotesi addizionale sulla struttura dei numeri di $\mathbb{F}$, vale a dire la presenza della cosiddetta cifra di guardia (trattata alla fine di questa sezione). In particolare, se $\circ$ è l'operatore di somma, si trova che $\forall x, y \in \mathbb{R}$, (si veda l'Esercizio 11)

$$\frac{|\, x \boxed{+} y - (x+y)|}{|x+y|} \leq \mathtt{u}(1+\mathtt{u})\frac{|x|+|y|}{|x+y|} + \mathtt{u}, \tag{2.38}$$

e quindi l'errore relativo associato alla somma sarà piccolo, a meno che $x+y$ non lo sia a sua volta. Un cenno a parte merita perciò il caso della somma fra due numeri vicini in modulo, ma opposti in segno: in tal caso infatti $x+y$ può essere molto piccolo senza che i due numeri lo siano, generando i cosiddetti *errori di cancellazione* (come evidenziato nell'Esempio 2.6).

È importante osservare che, accanto a proprietà dell'aritmetica classica che si conservano nell'aritmetica *floating-point* (come ad esempio, la commutatività della somma di due addendi o del prodotto di due fattori), altre vanno perse. Un esempio è dato dalla associatività dell'addizione: si dimostra infatti (si veda l'Esercizio 12) che in generale

$$x \boxed{+} (y \boxed{+} z) \neq (x \boxed{+} y) \boxed{+} z.$$

Indicheremo con *flop* la singola operazione elementare *floating-point*, somma, sottrazione, moltiplicazione o divisione (il lettore sappia tuttavia che in alcuni testi *flop* identifica una operazione della forma $a + b \cdot c$). Con la convenzione precedentemente adottata, un prodotto scalare tra due vettori di lunghezza n richiederà $2n-1$ *flops*, un prodotto matrice-vettore $(2m-1)n$ *flops* se la matrice è $n \times m$ ed infine, un prodotto matrice-matrice necessiterà di $(2r-1)mn$ *flops* se le due matrici sono $m \times r$ e $r \times n$ rispettivamente.

Osservazione 2.5 (Aritmetica IEEE 754) Lo standard IEEE 754 provvede anche a definire un'aritmetica chiusa su $\mathbb{F}$, nel senso che ogni operazione in essa produce un risultato rappresentabile all'interno del sistema stesso, non necessariamente coincidente con quello matematicamente atteso. A titolo d'esempio, in Tabella 2.3 vengono riportati i risultati che si ottengono in situazioni eccezionali.
La presenza di un NaN (*Not a Number*) in una sequenza di operazioni comporta automaticamente che il risultato sia un NaN. L'accettazione di questo standard è attualmente ancora in fase di attuazione. ■

Tabella 2.3 Risultati per alcune operazioni eccezionali

Eccezione	*Esempi*	*Risultato*
operazione non valida	$0/0,\ 0\cdot\infty$	NaN
overflow		$\pm\infty$
divisione per zero	$1/0$	$\pm\infty$
underflow		numeri sottonormali

Segnaliamo che non tutti i sistemi *floating-point* soddisfano la (2.37). Uno dei motivi principali è legato all'assenza della *cifra di guardia* (o *round digit*) nella sottrazione, ovvero di un extra-bit che si attivi a livello di mantissa quando si esegue la sottrazione fra due numeri *floating-point*. Per rendere evidente l'importanza di tale cifra, consideriamo ad esempio un sistema $\mathbb{F}$ con $\beta = 10$ e $t = 2$. Eseguiamo la sottrazione fra 1 e 0.99. Abbiamo

$$\begin{array}{llll} 10^1\cdot 0.1 & & 10^1\cdot 0.10 & \\ 10^0\cdot 0.99 & \Rightarrow & \underline{10^1\cdot 0.09} & \\ & & 10^1\cdot 0.01 & \longrightarrow \quad \boxed{10^0\cdot 0.10} \end{array}$$

ossia un risultato che differisce da quello esatto per un fattore 10. Se ora eseguiamo la stessa sottrazione con la cifra di guardia, otteniamo invece il risultato esatto. Infatti:

$$\begin{array}{llll} 10^1\cdot 0.1 & & 10^1\cdot 0.10 & \\ 10^0\cdot 0.99 & \Rightarrow & \underline{10^1\cdot 0.09\boxed{9}} & \\ & & 10^1\cdot 0.00\boxed{1} & \longrightarrow \quad \boxed{10^0\cdot 0.01} \end{array}$$

Si può in effetti dimostrare che per la somma e la sottrazione eseguite *senza* cifra di guardia non vale l'uguaglianza

$$fl(x \pm y) = (x \pm y)(1 + \delta) \quad \text{con} \quad |\delta| \leq \mathrm{u},$$

bensì

$$fl(x \pm y) = x(1 + \alpha) \pm y(1 + \beta) \quad \text{con} \quad |\alpha| + |\beta| \leq \mathrm{u}.$$

Un'aritmetica per la quale accade questo è detta *aberrante*. In alcuni calcolatori non esiste la cifra di guardia (si preferisce infatti privilegiare la velocità di calcolo), anche se la tendenza attuale è di adottare addirittura due cifre di guardia (si veda [HP94]).

2.6 Esercizi

1. Si calcoli tramite la (2.7) il numero di condizionamento $K(d)$ delle seguenti espressioni

$$(1) \quad x - a^d = 0, \ a > 0, \quad (2) \quad d - x + 1 = 0,$$

essendo d il dato, a un parametro ed x l'"incognita".
[*Soluzione*: (1) $K(d) \simeq |d||\ln a|$, (2) $K(d) = |d|/|d+1|$.]

2. Si studi la buona posizione ed il condizionamento in norma infinito del seguente problema al variare del dato d: trovare x e y tali che

$$\begin{cases} x + dy = 1 \\ dx + y = 0 \end{cases}$$

[*Soluzione*: si tratta di un sistema lineare la cui matrice è $\mathrm{A} = \begin{bmatrix} 1 & d \\ d & 1 \end{bmatrix}$. Esso è ben posto se A è non singolare ovvero se $d \neq \pm 1$. Si trova in tal caso che $K_\infty(\mathrm{A}) = |(|d|+1)/(|d|-1)|$.]

3. Si studi il condizionamento della formula risolutiva $x_\pm = -p \pm \sqrt{p^2+q}$ dell'equazione di 2° grado $x^2 + 2px - q = 0$ rispetto alla variazione dei parametri p e q separatamente.
[*Soluzione*: $K(p) = |p|/\sqrt{p^2+q}$, $K(q) = |q|/(2|x_\pm|\sqrt{p^2+q})$.]

4. Si consideri il problema di Cauchy seguente con $a \in \mathbb{R}$ assegnato

$$\begin{cases} x'(t) = x_0 e^{at}\left(a\cos(t) - \sin(t)\right) & t > 0, \\ x(0) = x_0, \end{cases} \tag{2.39}$$

la cui soluzione è $x(t) = x_0 e^{at}\cos(t)$ (con $a \in \mathbb{R}$ dato). Si studi il condizionamento di (2.39) rispetto alla scelta del dato iniziale e si verifichi che su intervalli illimitati esso è ben condizionato se $a < 0$, mentre è mal condizionato se $a > 0$.
[*Suggerimento*: si consideri la definizione di $K_{abs}(a)$.]

5. Sia $\widehat{x} \neq 0$ una approssimazione di una quantità x a sua volta non nulla. Si forniscano delle relazioni fra l'errore relativo $\epsilon = |x - \widehat{x}|/|x|$ e $\tilde{E} = |x - \widehat{x}|/|\widehat{x}|$.

6. Si trovi una formula stabile per il calcolo della radice quadrata di un numero complesso.

7. Si trovino tutti gli elementi dell'insieme $\mathbb{F} = (10, 6, -9, 9)$ sia nel caso normalizzato che denormalizzato.

8. Si consideri l'insieme dei numeri denormalizzati $\mathbb{F}_D$ e si studi l'andamento della distanza assoluta e della distanza relativa fra due di questi numeri. Si ritrova il fenomeno della *wobbling precision*?
[*Suggerimento*: per questi numeri si perde l'uniformità della densità relativa. Di conseguenza la distanza assoluta rimane costante (pari a β^{L-t}), mentre quella relativa cresce rapidamente per x che tende a zero.]

9. Quanto vale 0^0 in aritmetica IEEE ?
[*Soluzione*: rigorosamente si dovrebbe ottenere NaN. In pratica, i sistemi IEEE restituiscono il valore 1. Una giustificazione di tale risultato può essere trovata in [Gol91].]

10. Si dimostri che la seguente successione

$$I_0 = \log\frac{6}{5}, \quad I_k + 5I_{k-1} = \frac{1}{k}, \quad k = 1, 2, \ldots, n, \tag{2.40}$$

a causa degli errori di cancellazione non è adatta in aritmetica finita al calcolo dell'integrale $I_n = \int_0^1 \frac{x^n}{x+5}dx$ quando n è sufficientemente grande, pur essendolo in aritmetica esatta.

[*Suggerimento*: si supponga di considerare il dato iniziale perturbato $\tilde{I}_0 = I_0 + \mu_0$ e si studi la propagazione dell'errore μ_0 nella (2.40).]

11. Si dimostri la (2.38).

[*Soluzione*: si osservi che

$$\frac{|\, x \boxed{+} y - (x+y)|}{|x+y|} \leq \frac{|\, x \boxed{+} y - (fl(x) + fl(y))|}{|x+y|} + \frac{|\, fl(x) - x + fl(y) - y|}{|x+y|},$$

e si applichino la (2.37) e la (2.36).]

12. Dati $x, y, z \in \mathbb{F}$ con $x+y$, $y+z$, $x+y+z$ che cadono nel *range* di $\mathbb{F}$, si dimostri che

$$|(x \boxed{+} y) \boxed{+} z - (x+y+z)| \leq C_1 \simeq (2|x+y| + |z|)\mathbf{u}$$
$$|x \boxed{+} (y \boxed{+} z) - (x+y+z)| \leq C_2 \simeq (|x| + 2|y+z|)\mathbf{u}.$$

13. Quali tra le seguenti approssimazioni di π,

$$\begin{aligned} \pi &= 4\left(1 - \frac{1}{3} + \frac{1}{5} - \frac{1}{7} + \frac{1}{9} - \ldots\right), \\ \pi &= 6\left(0.5 + \frac{1}{2}\frac{1}{3}\left(\frac{1}{2}\right)^3 + \frac{1\cdot 3}{2\cdot 2}\frac{1}{2!}\frac{1}{5}\left(\frac{1}{2}\right)^5 + \frac{1\cdot 3\cdot 5}{2\cdot 2\cdot 2}\frac{1}{3!}\frac{1}{7}\left(\frac{1}{2}\right)^7 + \ldots\right) \end{aligned} \tag{2.41}$$

minimizza la propagazione degli errori di arrotondamento? Si confrontino in MATLAB i risultati ottenuti al variare del numero di addendi.

14. In una aritmetica binaria si può dimostrare [Dek71] che l'errore di arrotondamento per la somma fra due numeri a e b, con $a \geq b$, può essere calcolato come $((a \boxed{+} b) \boxed{-} a) \boxed{-} b$. Sulla base di questa proprietà è stato proposto un metodo, detto *somma compensata di Kahan*, per eseguire le somme di n addendi a_i in modo da compensare gli errori di arrotondamento. In pratica, posto l'errore iniziale di arrotondamento $e_1 = 0$ e $s_1 = a_1$, al passo i-esimo, con $i \geq 2$, si valuta $y_i = x_i - e_{i-1}$, si aggiorna la somma ponendo $s_i = s_{i-1} + y_i$ e si valuta il nuovo errore di arrotondamento come $e_i = (s_i - s_{i-1}) - y_i$. Si implementi questo algoritmo in MATLAB e se ne valuti l'accuratezza calcolando nuovamente la seconda delle (2.41).

15. Per il calcolo dell'area $A(T)$ di un triangolo T di lati a, b e c, si può utilizzare la *formula di Erone*

$$A(T) = \sqrt{p(p-a)(p-b)(p-c)},$$

essendo p il semiperimetro di T. Si dimostri che nel caso di triangoli molto deformati ($a \simeq b + c$), questa formula è poco accurata e lo si verifichi sperimentalmente.

16. Analizzare la stabilità, rispetto alla propagazione degli errori di arrotondamento, dei seguenti due programmi MATLAB per il calcolo di $f(x) = (e^x - 1)/x$ per $|x| \ll 1$:

```
% Algoritmo 1
if x == 0
  f = 1;
else
  f = (exp(x) - 1) / x;
end
```

```
% Algoritmo 2
y = exp (x);
if y == 1
  f = 1;
else
  f = (y - 1) / log (y);
end
```

[*Soluzione*: il primo algoritmo risulta inaccurato a causa degli errori di cancellazione, mentre il secondo algoritmo (in presenza della cifra di guardia) è stabile ed accurato.]

3
Risoluzione di sistemi lineari con metodi diretti

Un sistema di m equazioni lineari in n incognite è un insieme di relazioni algebriche della forma

$$\sum_{j=1}^{n} a_{ij}x_j = b_i, \quad i = 1, \ldots, m \tag{3.1}$$

essendo x_j le incognite, a_{ij} i coefficienti del sistema e b_i i termini noti. Il sistema (3.1) verrà più comunemente scritto nella forma matriciale

$$\mathrm{A}\mathbf{x} = \mathbf{b}, \tag{3.2}$$

avendo indicato con $\mathrm{A} = (a_{ij}) \in \mathbb{C}^{m\times n}$ la matrice dei coefficienti, con $\mathbf{b}=(b_i) \in \mathbb{C}^m$ il vettore termine noto e con $\mathbf{x}=(x_i) \in \mathbb{C}^n$ il vettore incognito. Si dice *soluzione* di (3.2) una qualsiasi n-upla di valori x_i che verifichi la (3.1).

In questo capitolo considereremo prevalentemente sistemi quadrati di ordine n a coefficienti reali ossia sistemi della forma (3.2) in cui $\mathrm{A} \in \mathbb{R}^{n\times n}$ e $\mathbf{b} \in \mathbb{R}^n$. In tal caso l'esistenza e l'unicità della soluzione di (3.2) è garantita se vale una delle seguenti ipotesi (equivalenti):

1. A è invertibile;
2. rank(A)=n;
3. il sistema omogeneo $\mathrm{A}\mathbf{x}=\mathbf{0}$ ammette come unica soluzione il vettore nullo.

La soluzione del sistema può essere formalmente ottenuta tramite la *regola di Cramer*

$$x_j = \frac{\Delta_j}{\det(\mathrm{A})}, \qquad j = 1, \ldots, n, \tag{3.3}$$

essendo Δ_j il determinante della matrice ottenuta sostituendo la j-esima colonna di A con il termine noto $\mathbf{b}$. Questa formula è tuttavia di scarso interesse

A. Quarteroni, R. Sacco, F. Saleri, P. Gervasio, *Matematica Numerica*, 4ª edizione,
UNITEXT – La Matematica per il 3+2 77, DOI: 10.1007/978-88-470-5644-2_3,
© Springer-Verlag Italia 2014

numerico. Se infatti si suppone di calcolare i determinanti tramite la formula ricorsiva (1.4), il costo computazionale richiesto dalla regola di Cramer è dell'ordine di $(n+1)!$ *flops* ed è di conseguenza inaccettabile anche per piccole dimensioni di A (ad esempio, un calcolatore in grado di effettuare 10^9 *flops* al secondo, impiegherebbe $9.6 \cdot 10^{47}$ anni per risolvere un sistema lineare di sole 50 equazioni).
Per questo motivo sono stati sviluppati metodi numerici alternativi alla regola di Cramer, che vengono detti *diretti* se conducono alla soluzione del sistema dopo un numero finito di passi od *iterativi* se ne richiedono (teoricamente) un numero infinito. Questi ultimi verranno trattati nel Capitolo 4. Anticipiamo fin d'ora che la scelta tra un metodo diretto ed un metodo iterativo non dipenderà soltanto dall'efficienza teorica dello schema, ma anche dal particolare tipo di matrice, dall'occupazione di memoria richiesta ed, in ultima analisi, dall'architettura del calcolatore utilizzato.

3.1 Analisi di stabilità per sistemi lineari

La risoluzione di un sistema lineare con un metodo numerico comporta inevitabilmente l'introduzione di errori di arrotondamento: solo l'utilizzo di metodi numerici stabili può impedire che la propagazione di tali errori vada a discapito dell'accuratezza della soluzione numerica. In questa sezione analizzeremo da un lato la sensibilità della soluzione di (3.2) a cambiamenti nei dati A e $\mathbf{b}$ (analisi a priori in avanti) e, dall'altro, supposta nota una soluzione approssimata $\widehat{\mathbf{x}}$ di (3.2), di quanto dovrebbero essere perturbati i dati A e $\mathbf{b}$ affinché $\widehat{\mathbf{x}}$ sia la soluzione esatta di un sistema perturbato (analisi a priori all'indietro). L'entità di tali perturbazioni consentirà di misurare la bontà della soluzione calcolata $\widehat{\mathbf{x}}$ tramite l'analisi a posteriori.

3.1.1 Il numero di condizionamento di una matrice

Si definisce *numero di condizionamento di una matrice* $\mathrm{A} \in \mathbb{C}^{n\times n}$ la quantità

$$K(\mathrm{A}) = \|\mathrm{A}\| \, \|\mathrm{A}^{-1}\| \tag{3.4}$$

essendo $\|\cdot\|$ una norma matriciale indotta. In generale $K(\mathrm{A})$ dipende dalla norma scelta: quando questa dipendenza vorrà essere evidenziata utilizzeremo una notazione con un pedice, ad esempio $K_\infty(\mathrm{A}) = \|\mathrm{A}\|_\infty \, \|\mathrm{A}^{-1}\|_\infty$. Più in generale, $K_p(\mathrm{A})$ denoterà il condizionamento in norma p di A. Casi particolarmente interessanti sono quelli con $p=1$, $p=2$ e $p=\infty$ (per le relazioni fra $K_1(\mathrm{A})$, $K_2(\mathrm{A})$ e $K_\infty(\mathrm{A})$ si veda l'Esercizio 1).

Come già notato nell'Esempio 2.3, al crescere del numero di condizionamento aumenta la sensibilità della soluzione del sistema lineare $\mathrm{A}\mathbf{x} = \mathbf{b}$

alle perturbazioni nei dati. Mettiamo in luce alcune proprietà del numero di condizionamento, cominciando con l'osservare che $K(\mathrm{A}) \geq 1$ in quanto

$$1 = \|\mathrm{AA}^{-1}\| \leq \|\mathrm{A}\| \, \|\mathrm{A}^{-1}\| = K(\mathrm{A}).$$

Inoltre $K(\mathrm{A}^{-1}) = K(\mathrm{A})$ e $\forall \alpha \in \mathbb{C}$ con $\alpha \neq 0$, $K(\alpha \mathrm{A}) = K(\mathrm{A})$. Infine, se A è ortogonale, $K_2(\mathrm{A}) = 1$, in quanto $\|\mathrm{A}\|_2 = \sqrt{\rho(\mathrm{A}^T\mathrm{A})} = \sqrt{\rho(\mathrm{I})} = 1$ ed essendo $\mathrm{A}^{-1} = \mathrm{A}^T$. Assumeremo per convenzione che il numero di condizionamento di una matrice singolare sia infinito.

Per $p = 2$, $K_2(\mathrm{A})$ può essere meglio caratterizzato. Si dimostra infatti, a partire dalla (1.20), che

$$K_2(\mathrm{A}) = \|\mathrm{A}\|_2 \, \|\mathrm{A}^{-1}\|_2 = \frac{\sigma_1(\mathrm{A})}{\sigma_n(\mathrm{A})}$$

essendo $\sigma_1(\mathrm{A})$ e $\sigma_n(\mathrm{A})$ il massimo ed il minimo valore singolare di A (si veda la Proprietà 1.6). Di conseguenza nel caso di matrici reali simmetriche definite positive si ha

$$K_2(\mathrm{A}) = \frac{\lambda_{max}}{\lambda_{min}} = \rho(\mathrm{A})\rho(\mathrm{A}^{-1}) \tag{3.5}$$

essendo λ_{max} e λ_{min} il massimo ed il minimo autovalore di A. Per una verifica diretta della (3.5), si osservi che

$$\|\mathrm{A}\|_2 = \sqrt{\rho(\mathrm{A}^T\mathrm{A})} = \sqrt{\rho(\mathrm{A}^2)} = \sqrt{\lambda_{max}^2} = \lambda_{max}.$$

Avendosi inoltre $\lambda(\mathrm{A}^{-1}) = 1/\lambda(\mathrm{A})$, si ha che $\|\mathrm{A}^{-1}\|_2 = 1/\lambda_{min}$ e quindi la (3.5). Per tale ragione $K_2(\mathrm{A})$ è detto *numero di condizionamento spettrale*.

Osservazione 3.1 In generale, se definiamo la distanza relativa di $\mathrm{A} \in \mathbb{C}^{n\times n}$ dall'insieme delle matrici singolari rispetto alla norma p come

$$\mathrm{dist}_p(\mathrm{A}) = \min \left\{ \frac{\|\delta \mathrm{A}\|_p}{\|\mathrm{A}\|_p} : \ \mathrm{A} + \delta\mathrm{A} \text{ è singolare} \right\}$$

si può dimostrare che ([Kah66], [Gas83])

$$\mathrm{dist}_p(\mathrm{A}) = \frac{1}{K_p(\mathrm{A})}. \tag{3.6}$$

La (3.6) esprime il fatto che una matrice A con un numero di condizionamento elevato potrebbe comportarsi come una matrice singolare della forma $\mathrm{A}+\delta\mathrm{A}$. In altre parole, in tal caso, a perturbazioni nulle del termine noto potrebbero non corrispondere perturbazioni nulle sulla soluzione in quanto, se A+δA è singolare, il sistema omogeneo $(\mathrm{A} + \delta\mathrm{A})\mathbf{z} = \mathbf{0}$ ammette anche soluzioni non nulle.

Si osservi che se vale la seguente condizione

$$\|\mathrm{A}^{-1}\|_p \|\delta\mathrm{A}\|_p < 1 \tag{3.7}$$

allora la matrice A+δA è non singolare (si veda ad esempio [Atk89], Teorema 7.12). ■

Concludiamo con una precisazione: la (3.6) può indurci a supporre che un buon candidato per misurare il mal-condizionamento di una matrice sia il determinante della matrice stessa, in quanto sembrerebbe ragionevole ritenere per la (3.3) che a determinanti piccoli corrispondano matrici quasi singolari. Di fatto questa supposizione è errata ed esistono esempi di matrici con determinante piccolo e condizionamento piccolo o determinante grande e condizionamento grande (si veda l'Esercizio 2).

3.1.2 Analisi a priori in avanti

Introduciamo una misura della sensibilità del sistema alle perturbazioni nei dati. Nella Sezione 3.9 interpreteremo queste perturbazioni come l'effetto degli errori di arrotondamento introdotti dai metodi numerici impiegati per la risoluzione del sistema lineare. Per una più ampia trattazione dell'argomento si vedano ad esempio [Dat95], [GL89], [Ste73] e [Var62].

A causa degli errori di arrotondamento un metodo numerico impiegato per la risoluzione di (3.2) non fornirà una soluzione esatta del sistema di partenza, ma soltanto una soluzione approssimata che verifica un sistema perturbato. In altre parole, un metodo numerico genera una soluzione (esatta) $\mathbf{x} + \boldsymbol{\delta}\mathbf{x}$ del sistema perturbato

$$(\mathrm{A} + \delta\mathrm{A})(\mathbf{x} + \boldsymbol{\delta}\mathbf{x}) = \mathbf{b} + \boldsymbol{\delta}\mathbf{b}. \tag{3.8}$$

Il seguente risultato fornisce una stima di $\boldsymbol{\delta}\mathbf{x}$ in funzione di $\delta\mathrm{A}$ e di $\boldsymbol{\delta}\mathbf{b}$.

Teorema 3.1 *Siano* $\mathrm{A} \in \mathbb{R}^{n\times n}$ *una matrice non singolare e* $\delta\mathrm{A} \in \mathbb{R}^{n\times n}$ *tali che sia soddisfatta la* (3.7) *per una generica norma matriciale indotta* $\|\cdot\|$. *Allora se* $\mathbf{x} \in \mathbb{R}^n$ *è soluzione di* $\mathrm{A}\mathbf{x}=\mathbf{b}$ *con* $\mathbf{b} \in \mathbb{R}^n$ $(\mathbf{b} \neq \mathbf{0})$ *e* $\boldsymbol{\delta}\mathbf{x} \in \mathbb{R}^n$ *verifica la* (3.8) *per* $\boldsymbol{\delta}\mathbf{b} \in \mathbb{R}^n$, *si ha che*

$$\frac{\|\boldsymbol{\delta}\mathbf{x}\|}{\|\mathbf{x}\|} \leq \frac{K(\mathrm{A})}{1 - K(\mathrm{A})\|\delta\mathrm{A}\|/\|\mathrm{A}\|}\left(\frac{\|\boldsymbol{\delta}\mathbf{b}\|}{\|\mathbf{b}\|} + \frac{\|\delta\mathrm{A}\|}{\|\mathrm{A}\|}\right) \tag{3.9}$$

Dimostrazione. Dalla (3.7) discende che la matrice $\mathrm{A}^{-1}\delta\mathrm{A}$ ha norma $\|\cdot\|$ minore di 1. Allora per il Teorema 1.5 si ha che $\mathrm{I}+\mathrm{A}^{-1}\delta\mathrm{A}$ è invertibile e dalla (1.25) discende che

$$\|(\mathrm{I}+\mathrm{A}^{-1}\delta\mathrm{A})^{-1}\| \leq \frac{1}{1-\|\mathrm{A}^{-1}\delta\mathrm{A}\|} \leq \frac{1}{1-\|\mathrm{A}^{-1}\|\,\|\delta\mathrm{A}\|}. \tag{3.10}$$

D'altra parte, ricavando $\boldsymbol{\delta}\mathbf{x}$ nella (3.8) e tenendo conto che $\mathrm{A}\mathbf{x}=\mathbf{b}$, si ha

$$\boldsymbol{\delta}\mathbf{x} = (\mathrm{I}+\mathrm{A}^{-1}\delta\mathrm{A})^{-1}\mathrm{A}^{-1}(\boldsymbol{\delta}\mathbf{b}-\delta\mathrm{A}\mathbf{x}),$$

da cui, passando alle norme ed utilizzando la maggiorazione (3.10), si ha

$$\|\boldsymbol{\delta}\mathbf{x}\| \leq \frac{\|\mathrm{A}^{-1}\|}{1-\|\mathrm{A}^{-1}\|\,\|\delta\mathrm{A}\|}\left(\|\boldsymbol{\delta}\mathbf{b}\| + \|\delta\mathrm{A}\|\,\|\mathbf{x}\|\right).$$

Dividendo infine ambo i membri per $\|\mathbf{x}\|$ (diverso da zero in quanto $\mathbf{b}\neq\mathbf{0}$ ed A è non singolare) ed osservando che $\|\mathbf{x}\| \geq \|\mathbf{b}\|/\|\mathrm{A}\|$, si perviene alla tesi. ◇

Il buon condizionamento non basta a garantire risultati accurati nella risoluzione di un sistema: sarà infatti importante, come già evidenziato nel Capitolo 2, usare anche algoritmi stabili. Viceversa il fatto che una matrice sia mal condizionata non esclude che per particolari scelte del termine noto il sistema risulti complessivamente ben condizionato (si veda l'Esercizio 4).
Un caso particolare del Teorema 3.1 è il seguente:

Corollario 3.1 *Si suppongano valide le ipotesi del Teorema* 3.1. *Sia* $\delta\mathrm{A}=0$. *Allora*

$$\frac{1}{K(\mathrm{A})}\frac{\|\boldsymbol{\delta}\mathbf{b}\|}{\|\mathbf{b}\|} \leq \frac{\|\boldsymbol{\delta}\mathbf{x}\|}{\|\mathbf{x}\|} \leq K(\mathrm{A})\frac{\|\boldsymbol{\delta}\mathbf{b}\|}{\|\mathbf{b}\|}. \tag{3.11}$$

Dimostrazione. Dimostriamo solo la prima disuguaglianza in quanto la seconda segue direttamente dalla (3.9). Dalla relazione $\mathrm{A}\boldsymbol{\delta}\mathbf{x} = \boldsymbol{\delta}\mathbf{b}$ discende $\|\boldsymbol{\delta}\mathbf{b}\| \leq \|\mathrm{A}\|\,\|\boldsymbol{\delta}\mathbf{x}\|$. Moltiplicando ambo i membri per $\|\mathbf{x}\|$ e ricordando che $\|\mathbf{x}\| \leq \|\mathrm{A}^{-1}\|\,\|\mathbf{b}\|$ si ha $\|\mathbf{x}\|\,\|\boldsymbol{\delta}\mathbf{b}\| \leq K(\mathrm{A})\|\mathbf{b}\|\,\|\boldsymbol{\delta}\mathbf{x}\|$, ovvero la disuguaglianza cercata. ◇

Per poter impiegare le disuguaglianze (3.9) e (3.11) nell'analisi della propagazione degli errori di arrotondamento per i metodi diretti, $\|\delta\mathrm{A}\|$ e $\|\boldsymbol{\delta}\mathbf{b}\|$ dovranno essere stimati in funzione della dimensione del sistema e delle caratteristiche dell'aritmetica *floating-point* usata.

È infatti ragionevole aspettarsi che le perturbazioni indotte da un metodo per la risoluzione di un sistema lineare siano tali che $\|\delta\mathrm{A}\| \leq \gamma\|\mathrm{A}\|$ e $\|\boldsymbol{\delta}\mathbf{b}\| \leq \gamma\|\mathbf{b}\|$, essendo γ un numero positivo che dipende da u, l'unità di *roundoff* (ad esempio, si porrà nel seguito $\gamma=\beta^{1-t}$, essendo β la base e t il numero di cifre della mantissa del sistema $\mathbb{F}$ scelto). In tal caso la (3.9) può essere completata dal seguente teorema:

Teorema 3.2 *Siano* $\delta\mathrm{A} \in \mathbb{R}^{n\times n}$ *e* $\boldsymbol{\delta}\mathbf{b} \in \mathbb{R}^n$ *tali che* $\|\delta\mathrm{A}\| \leq \gamma\|\mathrm{A}\|$, $\|\boldsymbol{\delta}\mathbf{b}\| \leq \gamma\|\mathbf{b}\|$ *per un opportuno* $\gamma \in \mathbb{R}^+$. *Allora, se* $\gamma K(\mathrm{A}) < 1$ *si ha*

$$\frac{\|\mathbf{x}+\boldsymbol{\delta}\mathbf{x}\|}{\|\mathbf{x}\|} \leq \frac{1+\gamma K(\mathrm{A})}{1-\gamma K(\mathrm{A})} \tag{3.12}$$

e

$$\frac{\|\boldsymbol{\delta}\mathbf{x}\|}{\|\mathbf{x}\|} \leq \frac{2\gamma}{1-\gamma K(\mathrm{A})} K(\mathrm{A}). \tag{3.13}$$

Dimostrazione. Dalla (3.8) discende che $(\mathrm{I} + \mathrm{A}^{-1}\delta\mathrm{A})(\mathbf{x} + \boldsymbol{\delta}\mathbf{x}) = \mathbf{x} + \mathrm{A}^{-1}\boldsymbol{\delta}\mathbf{b}$. Dalle relazioni $\gamma K(\mathrm{A}) < 1$ e $\|\delta\mathrm{A}\| \leq \gamma\|\mathrm{A}\|$ si ricava che $\mathrm{I} + \mathrm{A}^{-1}\delta\mathrm{A}$ è non singolare. Invertendo tale matrice e passando alle norme si ottiene $\|\mathbf{x} + \boldsymbol{\delta}\mathbf{x}\| \leq \|(\mathrm{I} + \mathrm{A}^{-1}\delta\mathrm{A})^{-1}\| \left(\|\mathbf{x}\| + \gamma\|\mathrm{A}^{-1}\|\ \|\mathbf{b}\|\right)$. In virtù del Teorema 1.5 si ottiene allora che

$$\|\mathbf{x}+\boldsymbol{\delta}\mathbf{x}\| \leq \frac{1}{1-\|\mathrm{A}^{-1}\delta\mathrm{A}\|}\left(\|\mathbf{x}\| + \gamma\|\mathrm{A}^{-1}\|\ \|\mathbf{b}\|\right),$$

da cui la (3.12), essendo $\|\mathrm{A}^{-1}\delta\mathrm{A}\| \leq \gamma K(\mathrm{A})$ e tenendo conto che $\|\mathbf{b}\| \leq \|\mathrm{A}\|\ \|\mathbf{x}\|$. Dimostriamo ora la (3.13). Sottraendo la (3.2) dalla (3.8), si ottiene

$$\mathrm{A}\boldsymbol{\delta}\mathbf{x} = -\delta\mathrm{A}(\mathbf{x}+\boldsymbol{\delta}\mathbf{x}) + \boldsymbol{\delta}\mathbf{b}.$$

Invertendo A e passando alle norme, si trova la seguente disuguaglianza

$$\|\boldsymbol{\delta}\mathbf{x}\| \leq \|\mathrm{A}^{-1}\delta\mathrm{A}\|\ \|\mathbf{x}+\boldsymbol{\delta}\mathbf{x}\| + \|\mathrm{A}^{-1}\|\ \|\boldsymbol{\delta}\mathbf{b}\| \leq \gamma K(\mathrm{A})\|\mathbf{x}+\boldsymbol{\delta}\mathbf{x}\| + \gamma\|\mathrm{A}^{-1}\|\ \|\mathbf{b}\|.$$

Dividendo ambo i membri per $\|\mathbf{x}\|$, utilizzando la disuguaglianza triangolare $\|\mathbf{x} + \boldsymbol{\delta}\mathbf{x}\| \leq \|\boldsymbol{\delta}\mathbf{x}\| + \|\mathbf{x}\|$ ed osservando che $\|\mathbf{b}\| \leq \|\mathrm{A}\|\ \|\mathbf{x}\|$, si perviene alla (3.13). ◇

3.1.3 Analisi a priori all'indietro

I metodi numerici che proporremo non richiedono il calcolo esplicito dell'inversa di A per risolvere Ax=b. Tuttavia potremo sempre pensare che essi generino una soluzione approssimata della forma $\widehat{\mathbf{x}} = \mathrm{C}\mathbf{b}$, essendo C una matrice che, a causa degli errori di arrotondamento, è di fatto una approssimazione di A^{-1}. Nei rari casi in cui C venga effettivamente costruita, è possibile ottenere la seguente maggiorazione dell'errore commesso sostituendo C ad A^{-1} in funzione di quantità che dipendono dalla stessa C (per la dimostrazione si veda [IK66], Cap. 2, Teorema 7):

Proprietà 3.1 *Posto* $\mathrm{R} = \mathrm{AC} - \mathrm{I}$, *se* $\|\mathrm{R}\| < 1$, *allora* A *e* C *sono non singolari e*

$$\|\mathrm{A}^{-1}\| \leq \frac{\|\mathrm{C}\|}{1-\|\mathrm{R}\|}, \quad \frac{\|\mathrm{R}\|}{\|\mathrm{A}\|} \leq \|\mathrm{C}-\mathrm{A}^{-1}\| \leq \frac{\|\mathrm{C}\|\ \|\mathrm{R}\|}{1-\|\mathrm{R}\|}. \tag{3.14}$$

Nello spirito dell'analisi a priori all'indietro, reinterpretiamo C come l'inversa di $A + \delta A$ (per una opportuna ed incognita matrice δA), supponiamo cioè che $C(A + \delta A) = I$. Si trova allora

$$\delta A = C^{-1} - A = -(AC - I)C^{-1} = -RC^{-1}$$

e, di conseguenza, se $\|R\| < 1$ si ha che

$$\|\delta A\| \leq \frac{\|R\| \; \|A\|}{1 - \|R\|}, \tag{3.15}$$

avendo applicato la prima disuguaglianza nella (3.14), nell'ipotesi che A sia una approssimazione dell'inversa di C (in effetti i ruoli di C e di A sono intercambiabili).

3.1.4 Analisi a posteriori

Aver approssimato l'inversa di A tramite una matrice C fa sì che la soluzione calcolata, che indichiamo con $\mathbf{y}$, sia una approssimazione della soluzione esatta del sistema lineare (3.2). Scopo dell'analisi a posteriori è quello di correlare l'errore (incognito) $\mathbf{e} = \mathbf{y} - \mathbf{x}$ a quantità calcolabili a partire da $\mathbf{y}$ e C. Iniziamo osservando che il vettore $\mathbf{r} = \mathbf{b} - A\mathbf{y}$, detto *vettore residuo*, non sarà in generale nullo, essendo $\mathbf{y}$ solo una approssimazione della soluzione incognita. Tramite la Proprietà 3.1, esso può essere messo in relazione con l'errore: si ha infatti che se $\|R\| < 1$

$$\|\mathbf{e}\| \leq \frac{\|\mathbf{r}\| \; \|C\|}{1 - \|R\|}. \tag{3.16}$$

Si noti che la stima non richiede necessariamente che $\mathbf{y}$ coincida con la soluzione $\widehat{\mathbf{x}} = C\mathbf{b}$ dell'analisi a priori all'indietro; si potrebbe dunque pensare di calcolare C al solo scopo di usare la stima (3.16) (ad esempio, nel caso in cui per risolvere (3.2) venga utilizzato il metodo di eliminazione di Gauss, si potrà costruire a posteriori C usando la fattorizzazione LU di A da esso generata (si vedano le Sezioni 3.3 e 3.3.1)).

Facciamo infine notare che applicando la (3.11), reinterpretando $\boldsymbol{\delta}\mathbf{b}$ come il residuo legato alla soluzione calcolata $\mathbf{y} = \mathbf{x} + \boldsymbol{\delta}\mathbf{x}$, si ottiene

$$\frac{\|\mathbf{e}\|}{\|\mathbf{x}\|} \leq K(A)\frac{\|\mathbf{r}\|}{\|\mathbf{b}\|} \tag{3.17}$$

Tuttavia, nella pratica, la (3.17) non viene utilizzata in quanto il residuo calcolato è a sua volta affetto da errori di arrotondamento. Supponendo allora di indicare con $\widehat{\mathbf{r}} = fl(\mathbf{b} - A\mathbf{y})$ ed ipotizzando che $\widehat{\mathbf{r}} = \mathbf{r} + \boldsymbol{\delta}\mathbf{r}$ con $|\boldsymbol{\delta}\mathbf{r}| \leq$

$\gamma_{n+1}(|\mathrm{A}|\ |\mathbf{y}| + |\mathbf{b}|)$ dove $\gamma_{n+1} = (n+1)\mathrm{u}/(1-(n+1)\mathrm{u}) > 0$, una stima in norma infinito, più significativa della (3.17), è

$$\frac{\|\mathbf{e}\|_\infty}{\|\mathbf{y}\|_\infty} \leq \frac{\|\ |\mathrm{A}^{-1}|(|\widehat{\mathbf{r}}| + \gamma_{n+1}(|\mathrm{A}||\mathbf{y}| + |\mathbf{b}|))\|_\infty}{\|\mathbf{y}\|_\infty}, \tag{3.18}$$

dove abbiamo indicato con $|\mathrm{A}|$ la matrice $n \times n$ di elementi $|a_{ij}|$ con $i,j = 1,\ldots,n$ (ci riferiremo nel seguito a questa notazione come alla *notazione del valore assoluto*). Supporremo inoltre nel seguito di impiegare la seguente notazione compatta

$$\mathrm{C} \leq \mathrm{D}, \text{ con } \mathrm{C}, \mathrm{D} \in \mathbb{R}^{m\times n}$$

per indicare il seguente insieme di disuguaglianze

$$c_{ij} \leq d_{ij} \text{ per } i = 1,\ldots,m,\ j = 1,\ldots,n.$$

Formule come la (3.18) sono implementate ad esempio nella libreria di algebra lineare LAPACK (si veda [ABB+92]).

3.2 Risoluzione di sistemi triangolari

Consideriamo il seguente sistema triangolare inferiore 3×3

$$\begin{bmatrix} l_{11} & 0 & 0 \\ l_{21} & l_{22} & 0 \\ l_{31} & l_{32} & l_{33} \end{bmatrix} \begin{bmatrix} x_1 \\ x_2 \\ x_3 \end{bmatrix} = \begin{bmatrix} b_1 \\ b_2 \\ b_3 \end{bmatrix}.$$

La matrice è non singolare se e solo se gli elementi diagonali l_{ii}, $i = 1,2,3$, sono diversi da zero. In tal caso possiamo quindi determinare i valori incogniti x_i, $i = 1,2,3$ in modo sequenziale come

$$\begin{aligned} x_1 &= b_1/l_{11}, \\ x_2 &= (b_2 - l_{21}x_1)/l_{22}, \\ x_3 &= (b_3 - l_{31}x_1 - l_{32}x_2)/l_{33}. \end{aligned}$$

Questo algoritmo può essere esteso a sistemi $n \times n$ e prende il nome di *metodo delle sostituzioni in avanti* (in inglese, *forward substitution*). Nel caso di un sistema $\mathrm{L}\mathbf{x} = \mathbf{b}$ con L triangolare inferiore non singolare di n righe ($n \geq 2$) questo metodo assume la forma seguente

$$\begin{aligned} x_1 &= \frac{b_1}{l_{11}}, \\ x_i &= \frac{1}{l_{ii}}\left(b_i - \sum_{j=1}^{i-1} l_{ij}x_j\right), \quad i = 2,\ldots,n. \end{aligned} \tag{3.19}$$

Il numero di moltiplicazioni e divisioni necessarie per eseguire questo algoritmo è pari a $n(n+1)/2$, mentre il numero di addizioni e sottrazioni risulta pari a $n(n-1)/2$. L'algoritmo (3.19) richiede dunque n^2 *flops*.

Considerazioni analoghe valgono per un sistema lineare $\mathrm{U}\mathbf{x} = \mathbf{b}$, con U matrice triangolare superiore non singolare avente n righe ($n \geq 2$). In questo caso l'algoritmo prende il nome di *metodo delle sostituzioni all'indietro* (o *backward substitution*) e nel caso generale assume la seguente forma

$$\begin{aligned} x_n &= \frac{b_n}{u_{nn}}, \\ x_i &= \frac{1}{u_{ii}}\left(b_i - \sum_{j=i+1}^{n} u_{ij}x_j\right), \quad i = n-1,\ldots,1. \end{aligned} \tag{3.20}$$

Anch'esso richiede n^2 *flops*.

3.2.1 Aspetti implementativi dei metodi delle sostituzioni

Notiamo che da un punto di vista computazionale all'i-esimo passo dell'algoritmo (3.19) viene richiesto il prodotto scalare fra il vettore riga $\mathrm{L}(i, 1 : i-1)$ (avendo inteso con questa scrittura il vettore estratto dalla matrice L prendendone gli elementi dell'i-esima riga dalla prima alla $(i-1)$-esima colonna) ed il vettore colonna $\mathbf{x}(1 : i-1)$. L'accesso alla matrice L è dunque fatto per righe: per questo motivo l'algoritmo delle sostituzioni in avanti implementato in questa forma viene chiamato *orientato per righe*. Una sua codifica è riportata nel Programma 1.

Programma 1 – forwardrow: Metodo delle sostituzioni in avanti: versione orientata per righe

```
function [x]=forwardrow(L,b)
% FORWARDROW sostituzioni in avanti: versione orientata per righe.
% X=FORWARDROW(L,B) risolve il sistema triangolare inferiore L*X=B con il
% metodo delle sostituzioni in avanti nella versione orientata per righe.
[n,m]=size(L); x=[];
if n ~= m, warning('Solo sistemi quadrati'); return; end
if min(abs(diag(L))) == 0, error('Sistema singolare'); end
x=zeros(n,1);
x(1) = b(1)/L(1,1);
for i = 2:n
    x(i) = (b(i)-L(i,1:i-1)*x(1:i-1))/L(i,i);
end
return
```

Per ottenere una versione *orientata per colonne* del medesimo algoritmo, basta osservare che, una volta calcolata la componente i-esima del vettore $\mathbf{x}$, questa può essere convenientemente eliminata dal sistema.

Una implementazione di questa procedura è riportata nel Programma 2.

Programma 2 – forwardcol: Metodo delle sostituzioni in avanti: versione orientata per colonne

```
[x]=forwardcol(L,b)
% FORWARDCOL sostituzioni in avanti: versione orientata per colonne.
% X=FORWARDCOL(L,B) risolve il sistema triangolare inferiore L*X=B con il
% metodo delle sostituzioni in avanti nella versione orientata per colonne.
[n,m]=size(L); x=[];
if n ~= m, warning('Solo sistemi quadrati'); return; end
if min(abs(diag(L))) == 0, error('Sistema singolare'); end
x=b;
for j=1:n-1
    x(j) = x(j)/L(j,j); x(j+1:n)=x(j+1:n)-x(j)*L(j+1:n,j);
end
x(n) = x(n)/L(n,n);
return
```

Implementare il medesimo algoritmo in un modo orientato per righe, piuttosto che per colonne, può cambiarne drasticamente le prestazioni (non i risultati). La scelta dell'una o dell'altra forma andrà dunque sempre correlata allo specifico *hardware* usato.

Analoghe considerazioni possono essere svolte per il metodo delle sostituzioni all'indietro, presentato nella (3.20) nella versione orientata per righe. Nel Programma 3 se ne fornisce la versione orientata per colonne.

Programma 3 – backwardcol: Metodo delle sostituzioni all'indietro: versione orientata per colonne

```
function [x]=backwardcol(U,b)
% BACKWARDCOL sostituzioni all'indietro: versione orientata per colonne.
% X=BACKWARDCOL(U,B) risolve il sistema triangolare superiore U*X=B con il
% metodo delle sostituzioni all'indietro nella versione orientata per colonne.
[n,m]=size(U); x=[];
if n ~= m, warning('Solo sistemi quadrati'); return; end
if min(abs(diag(U))) == 0, error('Sistema singolare'); end
x=b;
for j = n:-1:2
    x(j)=x(j)/U(j,j); x(1:j-1)=x(1:j-1)-x(j)*U(1:j-1,j);
end
x(1) = x(1)/U(1,1);
return
```

Ovviamente in codici di calcolo nei quali si vogliano risolvere sistemi triangolari di grandi dimensioni verrà memorizzata la sola porzione triangolare delle matrici con un considerevole risparmio di memoria.

3.2.2 Analisi degli errori di arrotondamento

L'analisi sinora svolta ha trascurato la presenza nei diversi algoritmi degli (inevitabili) *errori di arrotondamento*. Includendo questi ultimi, gli algoritmi delle sostituzioni in avanti e all'indietro non forniscono la soluzione esatta dei sistemi $\mathrm{L}\mathbf{x}=\mathbf{b}$ e $\mathrm{U}\mathbf{y}=\mathbf{b}$, ma delle soluzioni approssimate $\widehat{\mathbf{x}}$ che possiamo immaginare soluzioni esatte dei sistemi perturbati

$$(\mathrm{L}+\delta\mathrm{L})\widehat{\mathbf{x}}=\mathbf{b}, \quad (\mathrm{U}+\delta\mathrm{U})\widehat{\mathbf{x}}=\mathbf{b}, \tag{3.21}$$

rispettivamente, con $\delta\mathrm{L}=(\delta l_{ij})$ e $\delta\mathrm{U}=(\delta u_{ij})$ matrici di perturbazione. Per poter applicare la disuguaglianza (3.9), dobbiamo fornire una stima delle matrici di perturbazione, $\delta\mathrm{L}$ o $\delta\mathrm{U}$, in funzione degli elementi di L o di U, della dimensione delle stesse e delle caratteristiche dell'aritmetica *floating-point* utilizzata. A questo proposito, si può dimostrare che

$$|\delta\mathrm{T}| \leq \frac{n\mathrm{u}}{1-n\mathrm{u}}|\mathrm{T}|, \tag{3.22}$$

dove T è uguale a L o a U ed essendo $\mathrm{u}=\frac{1}{2}\beta^{1-t}$ l'unità di *roundoff* definita nella (2.35). Evidentemente se $n\mathrm{u}<1$ dalla (3.22) si deduce, tramite uno sviluppo in serie di Taylor, che $|\delta\mathrm{T}| \leq n\mathrm{u}|\mathrm{T}|+\mathcal{O}(\mathrm{u}^2)$. Inoltre, dalla (3.22) discende per la (3.9) che, se $n\mathrm{u}K(\mathrm{T})<1$, allora

$$\frac{\|\mathbf{x}-\widehat{\mathbf{x}}\|}{\|\mathbf{x}\|} \leq \frac{n\mathrm{u}K(\mathrm{T})}{1-n\mathrm{u}K(\mathrm{T})} = n\mathrm{u}K(\mathrm{T})+\mathcal{O}(\mathrm{u}^2) \tag{3.23}$$

per le norme 1, ∞ e di Frobenius. Se u è sufficientemente piccola (come generalmente accade), le perturbazioni introdotte dagli errori di arrotondamento nella risoluzione di un sistema triangolare possono essere dunque di fatto trascurate. Di conseguenza, l'accuratezza della soluzione calcolata per un sistema triangolare con il metodo delle sostituzioni in avanti o all'indietro è in generale assai elevata, a condizione che sia soddisfatta l'ipotesi $K(\mathrm{T})<1/(n\mathrm{u})$.

Questi risultati possono essere raffinati introducendo alcune ipotesi supplementari sugli elementi di L o di U. In particolare, se gli elementi di U sono tali che $|u_{ii}| \geq |u_{ij}|$ per ogni $j>i$, allora

$$|x_i-\widehat{x}_i| \leq 2^{n-i+1}\frac{n\mathrm{u}}{1-n\mathrm{u}}\max_{j\geq i}|\widehat{x}_j|, \qquad 1\leq i\leq n.$$

Lo stesso risultato vale anche nel caso in cui T=L, ma richiedendo che $|l_{ii}| \geq |l_{ij}|$ per ogni $j < i$ o qualora L ed U siano a dominanza diagonale. Queste stime verranno usate nelle Sezioni 3.3.1 e 3.4.2.

Per le dimostrazioni dei risultati riportati si vedano [FM67, Hig89, Hig96].

3.2.3 Calcolo dell'inversa di una matrice triangolare

L'algoritmo (3.20) può essere facilmente adattato per il calcolo esplicito dell'inversa di una matrice triangolare superiore. Data infatti una matrice triangolare superiore U, i vettori colonna $\mathbf{v}_i$ dell'inversa $V=(\mathbf{v}_1, \ldots, \mathbf{v}_n)$ di U soddisfano i seguenti sistemi lineari

$$\mathrm{U}\mathbf{v}_i = \mathbf{e}_i, \quad i = 1, \ldots, n \tag{3.24}$$

essendo $\{\mathbf{e}_i\}$ la base canonica di $\mathbb{R}^n$ (definita nell'Esempio 1.2). Si tratterebbe perciò di applicare n volte l'algoritmo (3.20) alle (3.24).

Questa procedura è sicuramente inefficiente in quanto almeno la metà degli elementi dell'inversa di U è nullo. Sfruttiamo dunque questo fatto. Indichiamo con $\mathbf{v}'_k = (v'_{1k}, \ldots, v'_{kk})^T$ il vettore di dimensione k tale che

$$\mathrm{U}^{(k)}\mathbf{v}'_k = \mathbf{l}_k, \quad k = 1, \ldots, n \tag{3.25}$$

essendo $\mathrm{U}^{(k)}$ la sottomatrice principale di U di ordine k e $\mathbf{l}_k$ il vettore di $\mathbb{R}^k$ con tutte le componenti nulle, fuorché l'ultima che è pari ad uno. I sistemi (3.25) sono triangolari superiori, ma di ordine k, e possono ancora essere risolti con il metodo (3.20). Perveniamo così al seguente algoritmo di inversione per matrici triangolari superiori: per $k = n, n-1, \ldots, 1$ calcolare

$$\begin{aligned} v'_{kk} &= u_{kk}^{-1}, \\ v'_{ik} &= -u_{ii}^{-1} \sum_{j=i+1}^{k} u_{ij} v'_{jk}, \quad \text{per } i = k-1,\ k-2, \ldots, 1. \end{aligned} \tag{3.26}$$

Al termine di questa procedura i vettori $\mathbf{v}'_k$ calcolati costituiscono gli elementi non nulli delle colonne di U^{-1}. Questo algoritmo richiede circa $n^3/3 + (3/4)n^2$ *flops*. Ancora una volta, a causa degli errori di arrotondamento, l'algoritmo (3.26) non fornirà l'inversa esatta, ma una sua approssimazione. L'errore introdotto potrà essere allora stimato applicando ad esempio l'analisi a priori all'indietro sviluppata nella Sezione 3.1.3.

Una procedura analoga, ottenuta a partire dall'algoritmo (3.19), púò essere impiegata per calcolare l'inversa di una matrice triangolare inferiore.

3.3 Il metodo di eliminazione gaussiana (MEG) e la fattorizzazione LU

Il metodo di eliminazione gaussiana si basa sull'idea di ridurre il sistema $\mathrm{A}\mathbf{x}=\mathbf{b}$ ad un sistema equivalente (avente cioè la stessa soluzione) della forma $\mathrm{U}\mathbf{x}=\widehat{\mathbf{b}}$, dove U è triangolare superiore e $\widehat{\mathbf{b}}$ è un nuovo termine noto. Quest'ultimo sistema potrà essere risolto con il metodo delle sostituzioni all'indietro. Indichiamo il sistema originario come $\mathrm{A}^{(1)}\mathbf{x} = \mathbf{b}^{(1)}$. Durante la riduzione sfrutteremo in modo essenziale la proprietà per la quale sostituendo un'equazione del sistema con la differenza tra l'equazione stessa ed un'altra, moltiplicata per una costante non nulla, si ottiene un sistema equivalente (cioè con la stessa soluzione) a quello di partenza.

Consideriamo dunque una matrice $\mathrm{A} \in \mathbb{R}^{n\times n}$, non singolare, e supponiamo che l'elemento diagonale a_{11} sia diverso da zero. Introducendo i seguenti *moltiplicatori*

$$m_{i1} = \frac{a_{i1}^{(1)}}{a_{11}^{(1)}}, \quad i = 2,3,\dots,n,$$

ed avendo indicato con $a_{ij}^{(1)}$ gli elementi di $\mathrm{A}^{(1)}$, è possibile eliminare l'incognita x_1 da tutte le righe successive alla prima semplicemente sottraendo dalla generica riga i con $i = 2,\dots,n$ la prima riga moltiplicata per m_{i1} ed eseguendo la stessa operazione sul termine noto. Se ora definiamo

$$a_{ij}^{(2)} = a_{ij}^{(1)} - m_{i1}a_{1j}^{(1)}, \quad i,j = 2,\dots,n,$$

$$b_i^{(2)} = b_i^{(1)} - m_{i1}b_1^{(1)}, \quad i = 2,\dots,n,$$

avendo indicato con $b_i^{(1)}$ le componenti di $\mathbf{b}^{(1)}$, avremo un nuovo sistema della forma

$$\begin{bmatrix} a_{11}^{(1)} & a_{12}^{(1)} & \dots & a_{1n}^{(1)} \\ 0 & a_{22}^{(2)} & \dots & a_{2n}^{(2)} \\ \vdots & \vdots & & \vdots \\ 0 & a_{n2}^{(2)} & \dots & a_{nn}^{(2)} \end{bmatrix} \begin{bmatrix} x_1 \\ x_2 \\ \vdots \\ x_n \end{bmatrix} = \begin{bmatrix} b_1^{(1)} \\ b_2^{(2)} \\ \vdots \\ b_n^{(2)} \end{bmatrix},$$

che indicheremo con $\mathrm{A}^{(2)}\mathbf{x} = \mathbf{b}^{(2)}$, equivalente a quello di partenza.
Proseguendo in modo analogo, possiamo ora trasformare il sistema in modo da eliminare l'incognita x_2 dalle righe $3,\dots,n$. In generale, si otterrà una successione finita di sistemi

$$\mathrm{A}^{(k)}\mathbf{x} = \mathbf{b}^{(k)}, \quad 1 \le k \le n, \tag{3.27}$$

dove per $k \geq 2$ la matrice $\mathrm{A}^{(k)}$ ha la forma seguente

$$\mathrm{A}^{(k)} = \begin{bmatrix} a_{11}^{(1)} & a_{12}^{(1)} & \dots & \dots & \dots & a_{1n}^{(1)} \\ 0 & a_{22}^{(2)} & & & & a_{2n}^{(2)} \\ \vdots & & \ddots & & & \vdots \\ 0 & \dots & 0 & a_{kk}^{(k)} & \dots & a_{kn}^{(k)} \\ \vdots & & \vdots & \vdots & & \vdots \\ 0 & \dots & 0 & a_{nk}^{(k)} & \dots & a_{nn}^{(k)} \end{bmatrix},$$

avendo assunto che $a_{ii}^{(i)} \neq 0$ per $i = 1, \dots, k-1$. È evidente che per $k = n$ otterremo un sistema triangolare superiore $\mathrm{A}^{(n)}\mathbf{x} = \mathbf{b}^{(n)}$ della forma

$$\begin{bmatrix} a_{11}^{(1)} & a_{12}^{(1)} & \dots & \dots & a_{1n}^{(1)} \\ 0 & a_{22}^{(2)} & & & a_{2n}^{(2)} \\ \vdots & & \ddots & & \vdots \\ 0 & & & \ddots & \vdots \\ 0 & & & & a_{nn}^{(n)} \end{bmatrix} \begin{bmatrix} x_1 \\ x_2 \\ \vdots \\ \vdots \\ x_n \end{bmatrix} = \begin{bmatrix} b_1^{(1)} \\ b_2^{(2)} \\ \vdots \\ \vdots \\ b_n^{(n)} \end{bmatrix}.$$

Per consistenza con le notazioni precedentemente introdotte indicheremo con U la matrice triangolare superiore $\mathrm{A}^{(n)}$. Gli $a_{kk}^{(k)}$ vengono detti *elementi pivotali* e devono essere ovviamente tutti non nulli per $k = 1, \dots, n-1$.

Per evidenziare le formule che consentono di trasformare il sistema k-esimo in quello $k+1$-esimo, procediamo come segue. Per $k = 1, \dots, n-1$, assumiamo che $a_{kk}^{(k)} \neq 0$ e definiamo il moltiplicatore

$$m_{ik} = \frac{a_{ik}^{(k)}}{a_{kk}^{(k)}}, \quad i = k+1, \dots, n \tag{3.28}$$

Poniamo quindi

$$\begin{aligned} a_{ij}^{(k+1)} &= a_{ij}^{(k)} - m_{ik} a_{kj}^{(k)}, \quad i, j = k+1, \dots, n \\ b_i^{(k+1)} &= b_i^{(k)} - m_{ik} b_k^{(k)}, \quad i = k+1, \dots, n \end{aligned} \tag{3.29}$$

Esempio 3.1 Usiamo il MEG per risolvere il sistema seguente

$$(\mathrm{A}^{(1)}\mathbf{x} = \mathbf{b}^{(1)}) \quad \begin{cases} x_1 + \frac{1}{2}x_2 + \frac{1}{3}x_3 = \frac{11}{6} \\ \frac{1}{2}x_1 + \frac{1}{3}x_2 + \frac{1}{4}x_3 = \frac{13}{12} \\ \frac{1}{3}x_1 + \frac{1}{4}x_2 + \frac{1}{5}x_3 = \frac{47}{60} \end{cases}, \tag{3.30}$$

che ammette come soluzione $\mathbf{x}=(1,\ 1,\ 1)^T$. Al primo passo costruiamo i moltiplicatori $m_{21} = 1/2$ e $m_{31} = 1/3$ e sottriamo alla seconda e terza riga del sistema la prima moltiplicata rispettivamente per m_{21} e per m_{31}. Otteniamo il sistema equivalente

$$(\mathrm{A}^{(2)}\mathbf{x} = \mathbf{b}^{(2)}) \quad \begin{cases} x_1 + \frac{1}{2}x_2 + \frac{1}{3}x_3 = \frac{11}{6} \\ 0 + \frac{1}{12}x_2 + \frac{1}{12}x_3 = \frac{1}{6} \\ 0 + \frac{1}{12}x_2 + \frac{4}{45}x_3 = \frac{31}{180} \end{cases}.$$

Se infine sottraiamo alla terza riga la seconda, moltiplicata per $m_{32} = 1$, otteniamo il sistema triangolare superiore

$$(\mathrm{A}^{(3)}\mathbf{x} = \mathbf{b}^{(3)}) \quad \begin{cases} x_1 + \frac{1}{2}x_2 + \frac{1}{3}x_3 = \frac{11}{6} \\ 0 + \frac{1}{12}x_2 + \frac{1}{12}x_3 = \frac{1}{6} \\ 0 + 0 + \frac{1}{180}x_3 = \frac{1}{180} \end{cases},$$

dal quale possiamo immediatamente ricavare $x_3 = 1$ e poi, per sostituzioni all'indietro, le restanti incognite, trovando $x_1 = x_2 = 1$. •

Osservazione 3.2 La matrice dell'Esempio 3.1 è detta *matrice di Hilbert* di ordine 3. Nel caso generale $n \times n$, essa ha elementi dati da

$$h_{ij} = 1/(i + j - 1), \qquad i, j = 1, \ldots, n. \tag{3.31}$$

Come vedremo nel seguito, questa matrice è assai difficile da trattare numericamente. ■

Per portare a termine l'eliminazione di Gauss servono $2(n-1)n(n+1)/3 + n(n-1)$ *flops*, cui vanno aggiunti n^2 *flops* per risolvere il sistema triangolare $\mathrm{U}\ \mathbf{x} = \mathbf{b}^{(n)}$ con il metodo delle sostituzioni all'indietro. Servono dunque circa $(2n^3/3 + 2n^2)$ *flops* per risolvere il sistema lineare attraverso il MEG. Più semplicemente, trascurando i termini di ordine inferiore, si può dire che il processo di eliminazione gaussiana costa $2n^3/3$ *flops*.

Come abbiamo già osservato, affinché il MEG possa terminare regolarmente, gli elementi pivotali $a_{kk}^{(k)}$, con $k = 1, \ldots, n-1$, devono essere non nulli. Purtroppo il solo fatto che gli elementi diagonali di A siano tutti diversi da zero, non è sufficiente ad impedire l'eventuale creazione di elementi pivotali nulli durante il processo di eliminazione.
La matrice A, introdotta nella (3.32), è non singolare ed ha evidentemente elementi diagonali non nulli:

$$\mathrm{A} = \begin{bmatrix} 1 & 2 & 3 \\ 2 & 4 & 5 \\ 7 & 8 & 9 \end{bmatrix}, \quad \mathrm{A}^{(2)} = \begin{bmatrix} 1 & 2 & 3 \\ 0 & \boxed{0} & -1 \\ 0 & -6 & -12 \end{bmatrix}. \tag{3.32}$$

Nonostante ciò, il MEG applicato ad essa si arresta al secondo passo, trovando $a_{22}^{(2)} = 0$.

Servono dunque condizioni più restrittive su A. Vedremo nella Sezione 3.3.1 che se i minori principali dominanti d_i di A sono diversi da zero, con $i = 1, \ldots, n-1$, allora i corrispondenti elementi pivotali $a_{ii}^{(i)}$ devono essere necessariamente non nulli. Ricordiamo che d_i è il determinante di A_i, l'i-esima sottomatrice principale costituita dalle prime i righe ed i colonne di A. La matrice dell'esempio precedente non verificava infatti questa condizione, essendo $d_1 = 1$, ma $d_2 = 0$.
Esistono tuttavia delle classi di matrici, non singolari, per le quali sicuramente il MEG può essere sempre condotto a termine nella sua forma più semplice (3.29). Tra di esse, ricordiamo:

1. le matrici *a dominanza diagonale per righe*;
2. le matrici *a dominanza diagonale per colonne*. In tal caso si può anche garantire che tutti i moltiplicatori siano in valore assoluto minori od uguali a 1 (si veda la Proprietà 3.3);
3. le matrici *simmetriche e definite positive* (si veda il Teorema 3.4).

Rimandiamo alle sezioni successive per ulteriori commenti e per una giustificazione di questi risultati.

3.3.1 Il MEG interpretato come metodo di fattorizzazione

In questa sezione mostreremo come il MEG equivalga a fattorizzare la matrice A di partenza nel prodotto di due matrici, A=LU, con $U=A^{(n)}$. I vantaggi di questa reinterpretazione sono palesi: poiché L ed U dipendono dalla sola A e non dal termine noto, la stessa fattorizzazione può essere utilizzata per risolvere diversi sistemi lineari sempre di matrice A, ma con termine noto $\mathbf{b}$ variabile. Di conseguenza, essendo il costo computazionale concentrato nella procedura di eliminazione (circa $2n^3/3 flops$), si ha in questo modo una considerevole riduzione del numero di operazioni qualora si vogliano risolvere più sistemi lineari aventi la stessa matrice.

Riprendiamo l'Esempio 3.1 con la matrice di Hilbert H_3. Di fatto, per passare dalla matrice di partenza $A^{(1)}=H_3$ alla matrice $A^{(2)}$, abbiamo moltiplicato il sistema per la matrice

$$M_1 = \begin{bmatrix} 1 & 0 & 0 \\ -\frac{1}{2} & 1 & 0 \\ -\frac{1}{3} & 0 & 1 \end{bmatrix} = \begin{bmatrix} 1 & 0 & 0 \\ -m_{21} & 1 & 0 \\ -m_{31} & 0 & 1 \end{bmatrix}.$$

Infatti,

$$\mathrm{M}_1\mathrm{A} = \mathrm{M}_1\mathrm{A}^{(1)} = \begin{bmatrix} 1 & \frac{1}{2} & \frac{1}{3} \\ 0 & \frac{1}{12} & \frac{1}{12} \\ 0 & \frac{1}{12} & \frac{4}{45} \end{bmatrix} = \mathrm{A}^{(2)}.$$

Allo stesso modo, per effettuare il secondo (ed ultimo) passo del MEG nell'esempio abbiamo moltiplicato $\mathrm{A}^{(2)}$ per la matrice

$$\mathrm{M}_2 = \begin{bmatrix} 1 & 0 & 0 \\ 0 & 1 & 0 \\ 0 & -1 & 1 \end{bmatrix} = \begin{bmatrix} 1 & 0 & 0 \\ 0 & 1 & 0 \\ 0 & -m_{32} & 1 \end{bmatrix},$$

essendo $\mathrm{A}^{(3)} = \mathrm{M}_2\mathrm{A}^{(2)}$. Pertanto

$$\mathrm{M}_2\mathrm{M}_1\mathrm{A} = \mathrm{A}^{(3)} = \mathrm{U}. \tag{3.33}$$

D'altra parte, le matrici M_1 e M_2 sono triangolari inferiori, il loro prodotto è ancora triangolare inferiore così come la loro inversa e dunque dalla (3.33) si può trovare

$$\mathrm{A} = (\mathrm{M}_2\mathrm{M}_1)^{-1}\mathrm{U} = \mathrm{LU}, \tag{3.34}$$

ossia la fattorizzazione di A cercata.

Questa identità può essere generalizzata come segue. Ponendo

$$\mathbf{m}_k = (0, \ldots, 0, m_{k+1,k}, \ldots, m_{n,k})^T \in \mathbb{R}^n$$

e definendo con

$$\mathrm{M}_k = \begin{bmatrix} 1 & \ldots & 0 & 0 & \ldots & 0 \\ \vdots & \ddots & \vdots & \vdots & & \vdots \\ 0 & & 1 & 0 & & 0 \\ 0 & & -m_{k+1,k} & 1 & & 0 \\ \vdots & \vdots & \vdots & \vdots & \ddots & \vdots \\ 0 & \ldots & -m_{n,k} & 0 & \ldots & 1 \end{bmatrix} = \mathrm{I}_n - \mathbf{m}_k\mathbf{e}_k^T$$

la k-esima *matrice di trasformazione gaussiana*, si trova

$$(\mathrm{M}_k)_{ip} = \delta_{ip} - (\mathbf{m}_k\mathbf{e}_k^T)_{ip} = \delta_{ip} - m_{ik}\delta_{kp}, \qquad i, p = 1, \ldots, n.$$

D'altra parte, dalle formule del MEG (3.29) si ha

$$a_{ij}^{(k+1)} = a_{ij}^{(k)} - m_{ik}\delta_{kk}a_{kj}^{(k)} = \sum_{p=1}^{n}(\delta_{ip} - m_{ik}\delta_{kp})a_{pj}^{(k)}, \quad i, j = k+1, \ldots, n,$$

o, equivalentemente,

$$\boxed{\mathrm{A}^{(k+1)} = \mathrm{M}_k \mathrm{A}^{(k)}} \tag{3.35}$$

Di conseguenza, al termine del processo di eliminazione sono state costruite le matrici M_k, con $k = 1, \dots, n-1$ e la matrice U tali che

$$\mathrm{M}_{n-1}\mathrm{M}_{n-2} \dots \mathrm{M}_1 \mathrm{A} = \mathrm{A}^{(n)} = \mathrm{U}.$$

Le matrici M_k sono matrici triangolari inferiori con elementi diagonali tutti pari ad uno e con inversa data da

$$\mathrm{M}_k^{-1} = 2\mathrm{I}_n - \mathrm{M}_k = \mathrm{I}_n + \mathbf{m}_k \mathbf{e}_k^T, \tag{3.36}$$

essendo $(\mathbf{m}_i \mathbf{e}_i^T)(\mathbf{m}_j \mathbf{e}_j^T)$ uguale alla matrice identicamente nulla se $i \leq j$. Di conseguenza

$$\begin{aligned}
\mathrm{A} &= \mathrm{M}_1^{-1}\mathrm{M}_2^{-1} \dots \mathrm{M}_{n-1}^{-1}\mathrm{U} \\
&= (\mathrm{I}_n + \mathbf{m}_1\mathbf{e}_1^T)(\mathrm{I}_n + \mathbf{m}_2\mathbf{e}_2^T) \dots (\mathrm{I}_n + \mathbf{m}_{n-1}\mathbf{e}_{n-1}^T)\mathrm{U} \\
&= \left(\mathrm{I}_n + \sum_{i=1}^{n-1} \mathbf{m}_i \mathbf{e}_i^T\right)\mathrm{U} \\
&= \begin{bmatrix} 1 & 0 & \dots & \dots & 0 \\ m_{21} & 1 & & & \vdots \\ \vdots & m_{32} & \ddots & & \vdots \\ \vdots & \vdots & & \ddots & 0 \\ m_{n1} & m_{n2} & \dots & m_{n,n-1} & 1 \end{bmatrix} \mathrm{U}.
\end{aligned} \tag{3.37}$$

Definendo allora $\mathrm{L} = (\mathrm{M}_{n-1}\mathrm{M}_{n-2} \dots \mathrm{M}_1)^{-1} = \mathrm{M}_1^{-1} \dots \mathrm{M}_{n-1}^{-1}$, si ha

$$\boxed{\mathrm{A} = \mathrm{LU}}$$

Osserviamo che gli elementi sottodiagonali di L sono proprio i moltiplicatori m_{ik} prodotti dal MEG, mentre tutti gli elementi diagonali sono uguali a 1.

Una volta note le matrici L ed U, la risoluzione del sistema lineare di partenza comporta semplicemente la risoluzione (in sequenza) dei due sistemi triangolari

$$\boxed{\begin{aligned} \mathrm{L}\mathbf{y} &= \mathbf{b} \\ \mathrm{U}\mathbf{x} &= \mathbf{y} \end{aligned}}$$

Ovviamente il costo computazionale del processo di fattorizzazione è lo stesso di quello richiesto dal MEG.

Il seguente risultato stabilisce un legame tra i minori principali di una matrice e la sua fattorizzazione LU indotta dal MEG (per la dimostrazione si veda ad esempio [QSS07], Teorema 3.4).

Proprietà 3.2 *Sia* A$\in \mathbb{R}^{n\times n}$. *La fattorizzazione LU di* A *con* $l_{ii} = 1$ *per* $i = 1, \ldots, n$ *esiste ed è unica se e solo se le sottomatrici principali* A_i *di* A *di ordine* $i = 1, \ldots, n-1$ *sono non singolari.*

Dal teorema si deduce che se una delle A_i, con $i = 1, \ldots, n-1$, è singolare, allora la fattorizzazione può non esistere o non essere unica (si veda l'Esercizio 8).

Nel caso in cui la fattorizzazione LU sia unica, il determinante di A può essere calcolato come

$$\det(\mathrm{A}) = u_{11} \cdots u_{nn}.$$

Possiamo a questo punto ricordare la seguente proprietà (per la cui dimostrazione rimandiamo ad esempio a [GL89] o [Hig96]):

Proprietà 3.3 *Se* A *è una matrice a dominanza diagonale stretta per righe o per colonne, allora esiste ed è unica la fattorizzazione LU di* A *con elementi diagonali di* L *tutti pari ad uno. Lo stesso risultato vale se* A *è a dominanza diagonale nel caso sia non singolare.*

Nell'enunciato della Proprietà 3.2 gli elementi diagonali di L sono posti uguali ad uno. In maniera del tutto analoga potrebbero ovviamente essere fissati ad uno gli elementi diagonali della matrice triangolare superiore U, introducendo così una variante del MEG (che verrà esaminata nella Sezione 3.3.4).

La possibilità di fissare ora gli elementi diagonali di L, ora quelli di U, implica che di fattorizzazioni LU ne esistano varie, le quali possono ottenersi l'una dall'altra previa moltiplicazione per una matrice diagonale (si veda la Sezione 3.4.1).

3.3.2 L'effetto degli errori di arrotondamento

Nel caso in cui si considerino anche gli errori di arrotondamento, il processo di fattorizzazione fornisce due matrici, $\widehat{\mathrm{L}}$ e $\widehat{\mathrm{U}}$, tali che $\widehat{\mathrm{L}}\widehat{\mathrm{U}} = \mathrm{A} + \delta\mathrm{A}$, essendo $\delta\mathrm{A}$ una matrice di perturbazione. L'entità di tale perturbazione si può stimare come segue

$$|\delta\mathrm{A}| \leq \frac{n\mathrm{u}}{1 - n\mathrm{u}} |\widehat{\mathrm{L}}|\, |\widehat{\mathrm{U}}|, \tag{3.38}$$

essendo u l'unità di *roundoff* (per la dimostrazione si veda [Hig89, Sez. 9.2]). Idealmente si vorrebbe che fosse $|\delta \mathrm{A}| \leq \mathrm{u}|\mathrm{A}|$ (corrispondente all'inevitabile errore di roundoff che affligge ogni elemento della matrice A). A causa degli effetti di amplificazione introdotti dall'algoritmo di fattorizzazione, è sufficiente trovare stime della forma

$$|\delta \mathrm{A}| \leq g(\mathrm{u})|\mathrm{A}|,$$

essendo $g(\mathrm{u})$ una opportuna funzione di u. Ad esempio, se supponiamo che $\widehat{\mathrm{L}}$ e $\widehat{\mathrm{U}}$ abbiano elementi non negativi, essendo in tal caso $|\widehat{\mathrm{L}}|\,|\widehat{\mathrm{U}}| = |\widehat{\mathrm{L}}\widehat{\mathrm{U}}|$, si ha

$$|\widehat{\mathrm{L}}|\,|\widehat{\mathrm{U}}| = |\widehat{\mathrm{L}}\widehat{\mathrm{U}}| = |\mathrm{A} + \delta\mathrm{A}| \leq |\mathrm{A}| + |\delta\mathrm{A}| \leq |\mathrm{A}| + \frac{n\mathrm{u}}{1 - n\mathrm{u}}|\widehat{\mathrm{L}}|\,|\widehat{\mathrm{U}}|,$$

da cui si ricava la maggiorazione desiderata, con $g(\mathrm{u}) = n\mathrm{u}/(1 - 2n\mathrm{u})$.

La tecnica pivotale, che verrà introdotta nella Sezione 3.5, controllando la grandezza degli elementi pivotali, renderà possibili maggiorazioni di questo genere per matrici qualsiasi.

3.3.3 Aspetti implementativi della fattorizzazione LU

Da un punto di vista computazionale, grazie al fatto che L è triangolare inferiore con elementi noti a priori sulla diagonale principale (sono pari ad 1) ed U è triangolare superiore, è possibile memorizzare la fattorizzazione LU direttamente nella stessa area di memoria occupata dalla matrice A. Precisamente, U occupa la parte triangolare superiore di A (diagonale principale inclusa), mentre L occupa la parte triangolare inferiore (gli elementi diagonali di L non sono memorizzati essendo implicitamente assunti pari ad uno).

Una codifica di tale algoritmo è indicata nel Programma 4. Alla matrice A in uscita è stata sovrascritta la fattorizzazione LU calcolata.

Programma 4 – lukji: Fattorizzazione LU della matrice A. Versione kji

```
function [A]=lukji(A)
% LUKJI fattorizzazione LU di una matrice A nella versione kji
% Y=LUKJI(A): U e' memorizzata nella parte triangolare superiore di Y
% e L nella parte triangolare inferiore stretta di Y.
[n,m]=size(A);
if n ~= m, error('Solo sistemi quadrati'); end
for k=1:n-1
    if A(k,k)==0; error('Elemento pivotale nullo'); end
    A(k+1:n,k)=A(k+1:n,k)/A(k,k);
    for j=k+1:n
        i=k+1:n; A(i,j)=A(i,j)-A(i,k)*A(k,j);
    end
end
return
```

Questa implementazione dell'algoritmo di fattorizzazione viene comunemente detta *versione kji* per via dell'ordine nel quale vengono eseguiti i cicli o, in maniera più precisa, versione $SAXPY - kji$ per il fatto che l'operazione fondamentale di questo algoritmo, consistente nel moltiplicare uno scalare per un vettore, aggiungervi un altro vettore e memorizzare il risultato, viene chiamata usualmente SAXPY. La fattorizzazione può però essere eseguita con un diverso ordine dei cicli: in generale le forme nelle quali il ciclo su i precede il ciclo su j vengono dette orientate per righe, mentre le altre sono dette orientate per colonne. Al solito questa terminologia si riferisce al fatto che si accede alle matrici per righe o per colonne.

Un esempio di algoritmo di fattorizzazione LU, versione jki, orientato per colonna è dato nel Programma 5. Questa seconda versione è comunemente detta $GAXPY - jki$ per il fatto che l'operazione fondamentale, essenzialmente un prodotto matrice-vettore, è chiamata GAXPY (si veda per maggiori dettagli [DGK84]).

Programma 5 – lujki: Fattorizzazione LU della matrice A. Versione jki

```
function [A]=lujki(A)
% LUJKI fattorizzazione LU di una matrice A nella versione jki
% Y=LUJKI(A): U e' memorizzata nella parte triangolare superiore di Y
% e L nella parte triangolare inferiore stretta di Y.
[n,m]=size(A);
if n ~= m, error('Solo sistemi quadrati'); end
for j=1:n
    if A(j,j)==0; error('Elemento pivotale nullo'); end
    for k=1:j-1
        i=k+1:n; A(i,j)=A(i,j)-A(i,k)*A(k,j);
    end
    i=j+1:n; A(i,j)=A(i,j)/A(j,j);
end
return
```

3.3.4 Forme compatte di fattorizzazione

Varianti importanti della fattorizzazione LU sono i metodi di fattorizzazione di Crout e di Doolittle, noti anche come *forme compatte* del metodo di eliminazione di Gauss. Questo nome trae origine dal fatto che essi richiedono per il calcolo delle fattorizzazioni meno risultati intermedi rispetto al MEG. Ambedue gli schemi forniscono una fattorizzazione LU di A.

Il calcolo di una fattorizzazione LU di A equivale formalmente alla risoluzione del seguente sistema non lineare di n^2 equazioni

$$a_{ij} = \sum_{r=1}^{\min(i,j)} l_{ir} u_{rj}, \tag{3.39}$$

in cui le incognite sono gli $n^2 + n$ coefficienti delle matrici triangolari L e U. Possiamo quindi pensare di fissare arbitrariamente n coefficienti ponendoli uguali ad uno, ad esempio gli elementi diagonali di L o quelli di U. In tal modo si ottengono, rispettivamente, i metodi di Doolittle e di Crout, che risolvono in maniera efficiente il sistema (3.39).

Supponendo di conoscere infatti le prime $k-1$ colonne di L e le prime $k-1$ righe di U e ponendo $l_{kk} = 1$ (metodo di Doolittle), abbiamo dalla (3.39) le equazioni

$$a_{kj} = \sum_{r=1}^{k-1} l_{kr} u_{rj} + \boxed{u_{kj}} \quad , \quad j = k, \ldots, n,$$

$$a_{ik} = \sum_{r=1}^{k-1} l_{ir} u_{rk} + \boxed{l_{ik}} u_{kk} \quad , \quad i = k+1, \ldots, n,$$

che possono essere quindi risolte in maniera *sequenziale* nelle incognite u_{kj} e l_{ik} che compaiono in un riquadro nelle formule precedenti. Di conseguenza, con le formule compatte del metodo di Doolittle, si ottiene prima la riga k-esima di U e poi la colonna k-esima di L, come segue: per $k = 1, \ldots, n$

$$\begin{aligned} u_{kj} &= a_{kj} - \sum_{r=1}^{k-1} l_{kr} u_{rj}, & j &= k, \ldots, n \\ l_{ik} &= \frac{1}{u_{kk}} \left(a_{ik} - \sum_{r=1}^{k-1} l_{ir} u_{rk} \right), & i &= k+1, \ldots, n \end{aligned} \tag{3.40}$$

La fattorizzazione di Crout viene generata in modo simile, calcolando prima la colonna k-esima di L, poi la riga k-esima di U: per $k = 1, \ldots, n$

$$\begin{aligned} l_{ik} &= a_{ik} - \sum_{r=1}^{k-1} l_{ir} u_{rk} & i &= k, \ldots, n \\ u_{kj} &= \frac{1}{l_{kk}} \left(a_{kj} - \sum_{r=1}^{k-1} l_{kr} u_{rj} \right) & j &= k+1, \ldots, n, \end{aligned}$$

avendo posto $u_{kk} = 1$. Con le convenzioni precedentemente introdotte la fattorizzazione di Doolittle corrisponde alla versione ijk del MEG.

Nel Programma 6 viene presentata l'implementazione dello schema di Doolittle. Si osservi come ora l'operazione fondamentale sia un prodotto scalare (*dot* in inglese) e per questo motivo questo schema prende anche il nome di versione $DOT - ijk$ del MEG.

Programma 6 – luijk: Fattorizzazione LU della matrice A. Versione ijk

```
function [A]=luijk(A)
% LUIJK fattorizzazione LU di una matrice A nella versione ijk
% Y=LUIJK(A): U e' memorizzata nella parte triangolare superiore di Y
% e L nella parte triangolare inferiore stretta di Y.
[n,m]=size(A);
if n ~= m, error('Solo sistemi quadrati'); end
for i=1:n
    for j=2:i
        if A(j,j)==0; error('Elemento pivotale nullo'); end
        A(i,j-1)=A(i,j-1)/A(j-1,j-1);
        k=1:j-1; A(i,j)=A(i,j)-A(i,k)*A(k,j);
    end
    k=1:i-1;
    for j=i+1:n, A(i,j)=A(i,j)-A(i,k)*A(k,j); end
end
return
```

3.4 Altri tipi di fattorizzazione

Introduciamo ora altre possibili fattorizzazioni. Alcune di esse si applicheranno in particolare al caso di matrici simmetriche o di matrici rettangolari.

3.4.1 Fattorizzazione LDM^T

Cerchiamo una fattorizzazione di A della forma

$$\mathrm{A} = \mathrm{LDM}^T$$

essendo L, M^T e D una matrice triangolare inferiore, superiore e diagonale, rispettivamente.

Una volta nota tale fattorizzazione, la soluzione del sistema potrà essere nuovamente ricondotta alla risoluzione sequenziale di un sistema triangolare inferiore $\mathrm{L}\mathbf{y} = \mathbf{b}$, uno diagonale $\mathrm{D}\mathbf{z} = \mathbf{y}$, ed infine uno triangolare superiore $\mathrm{M}^T\mathbf{x} = \mathbf{z}$, con un costo pari a $2n^2 + n$ *flops*.

Anche per la fattorizzazione LDM^T vale una proprietà analoga a quella espressa nella Proprietà 3.2 per la fattorizzazione LU. In particolare, si ha:

Teorema 3.3 *Se tutti i minori principali di una matrice* $\mathrm{A} \in \mathbb{R}^{n\times n}$ *sono diversi da zero, allora esistono un'unica matrice triangolare inferiore* L *ed un'unica matrice triangolare superiore* M^T*, entrambe con elementi diagonali tutti pari ad uno, ed infine un'unica matrice diagonale* D*, tali che* $\mathrm{A} = \mathrm{LDM}^T$.

Dimostrazione. Per la Proprietà 3.2 già sappiamo che esiste un'unica fattorizzazione LU di A con elementi diagonali di L pari ad uno. Se poniamo gli elementi diagonali di D pari a u_{ii} (diversi da zero essendo U non singolare), abbiamo che $\mathrm{A} = \mathrm{LU} = \mathrm{LD}(\mathrm{D}^{-1}\mathrm{U})$, da cui, posto $\mathrm{M}^T = \mathrm{D}^{-1}\mathrm{U}$ segue l'esistenza di una fattorizzazione LDM^T, essendo la matrice $\mathrm{D}^{-1}\mathrm{U}$ triangolare superiore con elementi diagonali pari ad uno. L'unicità segue immediatamente dall'unicità della fattorizzazione LU considerata. ◇

Dalla dimostrazione si deduce che essendo gli elementi diagonali di D coincidenti con gli elementi diagonali di U, si potrebbe pensare di calcolare L, M^T e D a partire dalla fattorizzazione LU di A. Basterà calcolare M^T come $\mathrm{D}^{-1}\mathrm{U}$. Questo algoritmo richiede tuttavia lo stesso costo computazionale della fattorizzazione LU. Ovviamente è anche possibile calcolare direttamente le tre matrici della fattorizzazione imponendo direttamente l'identità algebrica $\mathrm{A}=\mathrm{LDM}^T$ elemento per elemento.

3.4.2 Matrici simmetriche e definite positive: fattorizzazione di Cholesky

Se A è simmetrica, la fattorizzazione LDM^T risulta particolarmente vantaggiosa perché in tal caso M=L e, di conseguenza, si parlerà di fattorizzazione LDL^T. Il costo computazionale risulta dimezzato rispetto a quello richiesto per il calcolo della fattorizzazione LU ed è pari a circa $(n^3/3)$ *flops*.

Ad esempio, la matrice di Hilbert di ordine 3, ammette la seguente fattorizzazione LDL^T

$$\mathrm{H}_3 = \begin{bmatrix} 1 & \frac{1}{2} & \frac{1}{3} \\ \frac{1}{2} & \frac{1}{3} & \frac{1}{4} \\ \frac{1}{3} & \frac{1}{4} & \frac{1}{5} \end{bmatrix} = \begin{bmatrix} 1 & 0 & 0 \\ \frac{1}{2} & 1 & 0 \\ \frac{1}{3} & 1 & 1 \end{bmatrix} \begin{bmatrix} 1 & 0 & 0 \\ 0 & \frac{1}{12} & 0 \\ 0 & 0 & \frac{1}{180} \end{bmatrix} \begin{bmatrix} 1 & \frac{1}{2} & \frac{1}{3} \\ 0 & 1 & 1 \\ 0 & 0 & 1 \end{bmatrix}.$$

Nel caso in cui A, oltre ad essere simmetrica, sia anche definita positiva, gli elementi diagonali di D nella fattorizzazione LDL^T sono positivi.

Teorema 3.4 *Sia* $\mathrm{A} \in \mathbb{R}^{n\times n}$ *una matrice simmetrica e definita positiva; allora esiste un'unica matrice triangolare superiore* H *con elementi diagonali positivi tale che*

$$\boxed{\mathrm{A} = \mathrm{H}^{\mathrm{T}}\mathrm{H}} \tag{3.41}$$

Questa è la cosiddetta fattorizzazione di Cholesky. Gli elementi h_{ij} *di* H *sono dati dalle formule seguenti:* $h_{11} = \sqrt{a_{11}}$ *e, per* $j = 2, \ldots, n$

$$\begin{aligned} h_{ij} &= \left(a_{ij} - \sum_{k=1}^{i-1} h_{ki}h_{kj}\right)/h_{ii}, \quad i = 1, \ldots, j-1, \\ h_{jj} &= \left(a_{jj} - \sum_{k=1}^{j-1} {h_{kj}}^2\right)^{1/2}. \end{aligned} \tag{3.42}$$

Dimostrazione. Procediamo per induzione rispetto alla dimensione j della matrice, tenendo conto che se $\mathrm{A}_j \in \mathbb{R}^{j\times j}$ è una matrice simmetrica definita positiva, allora anche tutte le sue sottomatrici principali lo sono.

Per $j = 1$ il risultato è vero. Supponiamo che valga per $j-1$ con $j \geq 2$, ovvero che esista H_{j-1} triangolare superiore tale che $\mathrm{A}_{j-1} = \mathrm{H}_{j-1}^T \mathrm{H}_{j-1}$, e dimostriamo che vale allora anche per j. Partizioniamo A_j nel modo seguente

$$\mathrm{A}_j = \begin{bmatrix} \mathrm{A}_{j-1} & \mathbf{v} \\ \mathbf{v}^T & \alpha \end{bmatrix},$$

con $\alpha \in \mathbb{R}^+$, $\mathbf{v}^T \in \mathbb{R}^{j-1}$ e cerchiamo una fattorizzazione di A_j della forma

$$\mathrm{A}_j = {\mathrm{H}_j}^T \mathrm{H}_j = \begin{bmatrix} \mathrm{H}_{j-1}^T & \mathbf{0} \\ \mathbf{h}^T & \beta \end{bmatrix} \begin{bmatrix} \mathrm{H}_{j-1} & \mathbf{h} \\ \mathbf{0}^T & \beta \end{bmatrix}.$$

Imponendo l'uguaglianza con gli elementi di A_j, si trovano le equazioni $\mathrm{H}_{j-1}^T \mathbf{h} = \mathbf{v}$ e $\mathbf{h}^T\mathbf{h} + \beta^2 = \alpha$. Il vettore $\mathbf{h}$ risulta allora univocamente determinato, essendo H_{j-1}^T non singolare. Per quanto riguarda β, grazie alle proprietà dei determinanti,

$$0 < \det(\mathrm{A}_j) = \det({\mathrm{H}_j}^T)\,\det(\mathrm{H}_j) = \beta^2(\det(\mathrm{H}_{j-1}))^2,$$

da cui segue che β deve essere un numero reale. Di conseguenza, $\beta = \sqrt{\alpha - \mathbf{h}^T\mathbf{h}}$ sarà il coefficiente diagonale cercato e ciò conclude il ragionamento induttivo.

L'uguaglianza $h_{11} = \sqrt{a_{11}}$ segue immediatamente dal ragionamento precedente per $j = 1$. Per $j \geq 2$, le $(3.42)_1$ sono le formule di sostituzione in avanti per la risoluzione del sistema lineare $\mathrm{H}_{j-1}^T \mathbf{h} = \mathbf{v} = (a_{1j}, a_{2j}, \ldots, a_{j-1,j})^T$, mentre le $(3.42)_2$ esprimono il fatto che $\beta = \sqrt{\alpha - \mathbf{h}^T\mathbf{h}}$, essendo $\alpha = a_{jj}$. ◇

L'algoritmo per il calcolo delle (3.42) richiede circa $n^3/3$ *flops* ed è stabile rispetto alla propagazione degli errori di arrotondamento. Si dimostra infatti che, quando si tenga conto di tali errori, la matrice triangolare superiore $\tilde{\mathrm{H}}$ è tale che $\tilde{H}^T\tilde{H} = A + \delta A$, essendo δA una matrice di perturbazione tale che $\|\delta A\|_2 \leq 8n(n+1)u\|A\|_2$, avendo supposto $2n(n+1)u \leq 1-(n+1)u$ (si veda [Wil68]).

Anche per la fattorizzazione di Cholesky è possibile sovrascrivere la matrice H nella porzione triangolare superiore della matrice di partenza A senza allocare ulteriori aree di memoria. In questo modo si preserva tanto A (che essendo simmetrica è contenuta nella porzione triangolare inferiore ed ha elementi diagonali che possono essere calcolati come $a_{11} = h_{11}^2$, $a_{jj} = h_{jj}{}^2 + \sum_{k=1}^{j-1} h_{kj}{}^2$, $j = 2, \ldots, n$) quanto la fattorizzazione.
Un esempio di tale algoritmo è fornito nel Programma 7.

Programma 7 – chol2: Fattorizzazione di Cholesky

```
function [A]=chol2(A)
% CHOL2 fattorizzazione di Cholesky di una matrice A di tipo s.d.p..
% A=CHOL2(A) il triangolo superiore H di A è tale che H'*H=A.
[n,m]=size(A);
if n ~= m, error('Solo sistemi quadrati'); end
A(1,1)=sqrt(A(1,1));
for j=2:n
      for i=1:j-1
         if A(j,j) <= 0, error('Elemento pivotale nullo o negativo'); end
         A(i,j)=(A(i,j)-(A(1:i-1,i))'*A(1:i-1,j))/A(i,i);
     end
     A(j,j)=sqrt(A(j,j)-(A(1:j-1,j))'*A(1:j-1,j));
end
return
```

3.4.3 Matrici rettangolari: fattorizzazione QR

Definizione 3.1 Diciamo che una matrice $A \in \mathbb{R}^{m\times n}$, con $m \geq n$, ammette una *fattorizzazione di tipo QR* se esistono una matrice $Q \in \mathbb{R}^{m\times m}$ ortogonale ed una matrice trapezoidale superiore $R \in \mathbb{R}^{m\times n}$ con le righe dalla $n+1$-esima in poi nulle, tali che

$$\boxed{A = QR} \tag{3.43}$$

■

Questa fattorizzazione viene generata seguendo due diverse strategie: la prima prevede l'utilizzo di opportune matrici di trasformazione (di Givens o di Householder, si veda la Sezione 5.6.1), la seconda, che presenteremo in questa sezione, utilizza l'algoritmo di ortogonalizzazione di Gram-Schmidt.

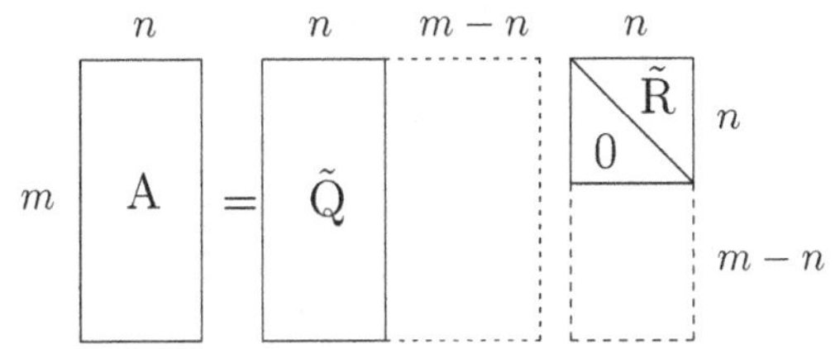

Fig. 3.1 La fattorizzazione QR ridotta. In tratteggio le matrici della fattorizzazione QR

Dalla fattorizzazione (3.43) si può generare una versione ridotta assai importante, come stabilito dalle seguente proprietà:

Proprietà 3.4 *Sia* A$\in \mathbb{R}^{m\times n}$ *una matrice di rango* n *della quale sia nota una fattorizzazione QR. Allora esiste un'unica fattorizzazione di* A *della forma*

$$\mathrm{A} = \widetilde{\mathrm{Q}}\widetilde{\mathrm{R}} \qquad (3.44)$$

dove $\widetilde{\mathrm{Q}}$ *e* $\widetilde{\mathrm{R}}$ *sono le sottomatrici di* Q *e* R *date rispettivamente da:*

$$\widetilde{\mathrm{Q}} = \mathrm{Q}(1:m, 1:n), \quad \widetilde{\mathrm{R}} = \mathrm{R}(1:n, 1:n). \qquad (3.45)$$

Inoltre $\widetilde{\mathrm{Q}}$ *ha vettori colonna ortonormali e* $\widetilde{\mathrm{R}}$ *è triangolare superiore e coincide con il fattore di Cholesky* H *della matrice simmetrica definita positiva* $\mathrm{A}^T\mathrm{A}$*, ovvero* $\mathrm{A}^T\mathrm{A} = \widetilde{\mathrm{R}}^T\widetilde{\mathrm{R}}$.

Se A è una matrice di rango n (ovvero a rango pieno), allora i vettori colonna di $\tilde{\mathrm{Q}}$ formano una base ortonormale per lo spazio vettoriale range(A) (definito nella (1.5)). Di conseguenza il calcolo della fattorizzazione QR può essere anche visto come un modo per calcolare una base ortonormale per un dato insieme di vettori. Se A ha rango $r < n$, la fattorizzazione QR non produce necessariamente una base ortonormale per il range(A). Si può tuttavia ottenere una fattorizzazione della forma

$$\mathrm{Q}^T\mathrm{AP} = \begin{bmatrix} \mathrm{R}_{11} & \mathrm{R}_{12} \\ 0 & 0 \end{bmatrix},$$

essendo Q ortogonale, P una matrice di permutazione, R_{11} una matrice triangolare superiore non singolare di ordine r.

In generale, quando nel seguito useremo la fattorizzazione QR ci riferiremo sempre alla sua forma ridotta (3.44). Troveremo un'interessante applicazione di questa fattorizzazione nella risoluzione di sistemi sovradeterminati (si veda la Sezione 3.12).

Le matrici $\tilde{\mathrm{Q}}$ e $\tilde{\mathrm{R}}$ possono essere ottenute tramite l'algoritmo di *ortogonalizzazione di Gram-Schmidt*: con esso a partire da un insieme di vettori,

$\mathbf{x}_1, \ldots, \mathbf{x}_n$, linearmente indipendenti, si genera un nuovo insieme di vettori mutuamente ortogonali, $\mathbf{q}_1, \ldots, \mathbf{q}_n$, dati da:

$$\begin{aligned} \mathbf{q}_1 &= \mathbf{x}_1, \\ \mathbf{q}_{k+1} &= \mathbf{x}_{k+1} - \sum_{i=1}^{k} \frac{(\mathbf{q}_i, \mathbf{x}_{k+1})}{(\mathbf{q}_i, \mathbf{q}_i)} \mathbf{q}_i, \quad k = 1, \ldots, n-1. \end{aligned} \tag{3.46}$$

Denotando con $\mathbf{a}_1, \ldots, \mathbf{a}_n$ i vettori colonna di A, poniamo $\tilde{\mathbf{q}}_1 = \mathbf{a}_1/\|\mathbf{a}_1\|_2$ e, per $k = 1, \ldots, n-1$, calcoliamo i vettori colonna di $\tilde{\mathrm{Q}}$ nel modo seguente:

$$\tilde{\mathbf{q}}_{k+1} = \mathbf{q}_{k+1}/\|\mathbf{q}_{k+1}\|_2$$

dove

$$\mathbf{q}_{k+1} = \mathbf{a}_{k+1} - \sum_{j=1}^{k} (\tilde{\mathbf{q}}_j, \mathbf{a}_{k+1}) \tilde{\mathbf{q}}_j.$$

A questo punto, imponendo che A=$\tilde{\mathrm{Q}}\tilde{\mathrm{R}}$ e sfruttando il fatto che $\tilde{\mathrm{Q}}^T\tilde{\mathrm{Q}} = \mathrm{I}_n$, con I_n la matrice identità di ordine n, si possono facilmente ricavare i coefficienti di $\tilde{\mathrm{R}}$. Il costo computazionale del processo è dell'ordine di mn^2 *flops*.

Osserviamo inoltre che se A ha rango pieno, la matrice $\mathrm{A}^T\mathrm{A}$ è simmetrica e definita positiva (si veda la Sezione 1.9) ed ammette perciò un'unica fattorizzazione di Cholesky della forma $\mathrm{H}^T\mathrm{H}$. D'altra parte, essendo

$$\mathrm{H}^T\mathrm{H} = \mathrm{A}^T\mathrm{A} = \tilde{\mathrm{R}}^T\tilde{\mathrm{Q}}^T\tilde{\mathrm{Q}}\tilde{\mathrm{R}} = \tilde{\mathrm{R}}^T\tilde{\mathrm{R}},$$

si conclude che $\tilde{\mathrm{R}}$ è effettivamente il fattore H della fattorizzazione di Cholesky di $\mathrm{A}^T\mathrm{A}$. Di conseguenza, gli elementi diagonali di $\tilde{\mathrm{R}}$ saranno tutti non nulli solo se A ha rango pieno.

Il metodo di Gram-Schmidt ha di fatto un'importanza limitata, perché a causa degli errori di arrotondamento, vettori linearmente indipendenti in aritmetica esatta, possono non esserlo in aritmetica *floating-point*: in tal caso il metodo genera valori molto piccoli per $\|\mathbf{q}_{k+1}\|_2$ e $\tilde{r}_{kk}$ con conseguente instabilità numerica e perdita di ortogonalità per i vettori colonna di $\tilde{\mathrm{Q}}$ (si veda l'Esempio 3.2).

Per questo motivo si preferisce una versione più stabile, nota come *metodo di Gram-Schmidt modificato*. All'inizio del passo $k+1$-esimo si sottraggono progressivamente dal vettore $\mathbf{a}_{k+1}$ le sue proiezioni lungo i vettori $\tilde{\mathbf{q}}_1, \ldots, \tilde{\mathbf{q}}_k$ e sul vettore così generato si esegue poi il passo di ortogonalizzazione. In pratica, dopo aver calcolato $(\tilde{\mathbf{q}}_1, \mathbf{a}_{k+1})\tilde{\mathbf{q}}_1$ al $k+1$-esimo passo, lo si sottrae immediatamente da $\mathbf{a}_{k+1}$. Ad esempio, si pone

$$\mathbf{a}_{k+1}^{(1)} = \mathbf{a}_{k+1} - (\tilde{\mathbf{q}}_1, \mathbf{a}_{k+1})\tilde{\mathbf{q}}_1.$$

Questo nuovo vettore $\mathbf{a}_{k+1}^{(1)}$ viene proiettato su $\tilde{\mathbf{q}}_2$ e la proiezione ottenuta viene sottratta da $\mathbf{a}_{k+1}^{(1)}$, ottenendosi

$$\mathbf{a}_{k+1}^{(2)} = \mathbf{a}_{k+1}^{(1)} - (\tilde{\mathbf{q}}_2, \mathbf{a}_{k+1}^{(1)})\tilde{\mathbf{q}}_2$$

e così via, fino a calcolare $\mathbf{a}_{k+1}^{(k)}$.

Si verifica che $\mathbf{a}_{k+1}^{(k)}$ coincide con il corrispondente vettore $\mathbf{q}_{k+1}$ del processo usuale di Gram-Schmidt, avendosi, per l'ortogonalità dei vettori $\tilde{\mathbf{q}}_1, \tilde{\mathbf{q}}_2, \ldots, \tilde{\mathbf{q}}_k$

$$\begin{aligned}\mathbf{a}_{k+1}^{(k)} &= \mathbf{a}_{k+1} - (\tilde{\mathbf{q}}_1, \mathbf{a}_{k+1})\tilde{\mathbf{q}}_1 - (\tilde{\mathbf{q}}_2, \mathbf{a}_{k+1} - (\tilde{\mathbf{q}}_1, \mathbf{a}_{k+1})\tilde{\mathbf{q}}_1)\,\tilde{\mathbf{q}}_2 + \ldots \\ &= \mathbf{a}_{k+1} - \sum_{j=1}^{k}(\tilde{\mathbf{q}}_j, \mathbf{a}_{k+1})\tilde{\mathbf{q}}_j.\end{aligned}$$

Nel Programma 8 si implementa il metodo di Gram-Schmidt modificato. Si osservi che non è possibile sovrascrivere alla matrice A la fattorizzazione $\tilde{\mathrm{Q}}\tilde{\mathrm{R}}$ calcolata. In generale, si sovrascrive ad A la matrice $\tilde{\mathrm{R}}$, mentre la matrice $\tilde{\mathrm{Q}}$ viene memorizzata a parte. Il costo computazionale del metodo di Gram-Schmidt modificato è dell'ordine di $2mn^2$ *flops.*

Programma 8 – modgrams: Metodo di ortogonalizzazione di Gram-Schmidt modificato

```
function [Q,R]=modgrams(A)
% MODGRAMS fattorizzazione QR di una matrice A.
% [Q,R]=MODGRAMS(A) produce una matrice trapezoidale superiore R
% e una matrice ortogonale Q tali Q*R=A.
[m,n]=size(A);
Q=zeros(m,n); Q(1:m,1) = A(1:m,1); R=zeros(n); R(1,1)=1;
for k = 1:n
    R(k,k) = norm(A(1:m,k));
    Q(1:m,k) = A(1:m,k)/R(k,k);
    j=[k+1:n];
    R(k,j) = Q (1:m,k)'*A(1:m,j);
    A(1:m,j) = A (1:m,j)-Q(1:m,k)*R(k,j);
end
return
```

Esempio 3.2 Consideriamo la matrice di Hilbert H_4 di ordine 4 (si veda la (3.31)). La matrice $\tilde{\mathrm{Q}}$, generata col metodo di Gram-Schmidt classico, è ortogonale a meno di perturbazioni dell'ordine di 10^{-10}, avendosi

$$\mathrm{I} - \tilde{\mathrm{Q}}^T\tilde{\mathrm{Q}} = \mathbf{10^{-10}}\begin{bmatrix} 0.0000 & -0.0000 & 0.0001 & -0.0041 \\ -0.0000 & 0 & 0.0004 & -0.0099 \\ 0.0001 & 0.0004 & 0 & -0.4785 \\ -0.0041 & -0.0099 & -0.4785 & 0 \end{bmatrix}$$

e pertanto

$$\|\mathrm{I} - \tilde{\mathrm{Q}}^T\tilde{\mathrm{Q}}\|_\infty = 4.9247 \cdot 10^{-11}.$$

Con il metodo di Gram-Schmidt modificato otteniamo invece

$$\mathrm{I} - \tilde{\mathrm{Q}}^T\tilde{\mathrm{Q}} = \mathbf{10^{-12}} \begin{bmatrix} 0.0001 & -0.0005 & 0.0069 & -0.2853 \\ -0.0005 & 0 & -0.0023 & 0.0213 \\ 0.0069 & -0.0023 & 0.0002 & -0.0103 \\ -0.2853 & 0.0213 & -0.0103 & 0 \end{bmatrix}$$

e

$$\|\mathrm{I} - \tilde{\mathrm{Q}}^T\tilde{\mathrm{Q}}\|_\infty = 3.1686 \cdot 10^{-13}.$$

Un risultato ancora più accurato può essere ottenuto usando, invece del Programma 8, la funzione `qr` disponibile in MATLAB. Facciamo notare come essa sia in grado, se opportunamente utilizzata, di generare sia la fattorizzazione (3.43) che la sua versione ridotta (3.44). •

3.5 Pivoting

Come abbiamo avuto modo di vedere il MEG si arresta non appena si generi un elemento pivotale nullo. Qualora questa condizione si manifesti, bisognerà ricorrere alla cosiddetta tecnica del *pivoting* che consiste nello scambiare tra loro righe (o colonne) del sistema in modo da avere elementi pivotali non nulli.

Esempio 3.3 Riprendiamo la matrice (3.32) per la quale il MEG fornisce al secondo passo una matrice con elemento pivotale nullo. Semplicemente scambiando la 2^a con la 3^a riga del sistema possiamo avanzare di un nuovo passo il metodo di eliminazione trovando un *pivot* non nullo. Il sistema generato è equivalente al sistema di partenza ed in questo caso si presenta già in forma triangolare. Si ha infatti

$$\mathrm{A}^{(2)} = \begin{bmatrix} 1 & 2 & 3 \\ 0 & -6 & -12 \\ 0 & 0 & -1 \end{bmatrix} = \mathrm{U},$$

mentre le matrici di trasformazione sono date da

$$\mathrm{M}_1 = \begin{bmatrix} 1 & 0 & 0 \\ -2 & 1 & 0 \\ -7 & 0 & 1 \end{bmatrix}, \quad \mathrm{M}_2 = \begin{bmatrix} 1 & 0 & 0 \\ 0 & 1 & 0 \\ 0 & 0 & 1 \end{bmatrix}.$$

Da un punto di vista algebrico abbiamo operato una *permutazione* fra le righe di A, abbiamo cioè applicato una matrice di permutazione P del tipo (1.2) alla matrice A del sistema. In effetti, ora non è più vero che $\mathrm{A}=\mathrm{M}_1^{-1}\mathrm{M}_2^{-1}\mathrm{U}$, ma si ha $\mathrm{A}=\mathrm{M}_1^{-1}\boxed{\mathrm{P}}\mathrm{M}_2^{-1}\mathrm{U}$ con

$$\mathrm{P} = \begin{bmatrix} 1 & 0 & 0 \\ 0 & 0 & 1 \\ 0 & 1 & 0 \end{bmatrix}. \tag{3.47}$$

•

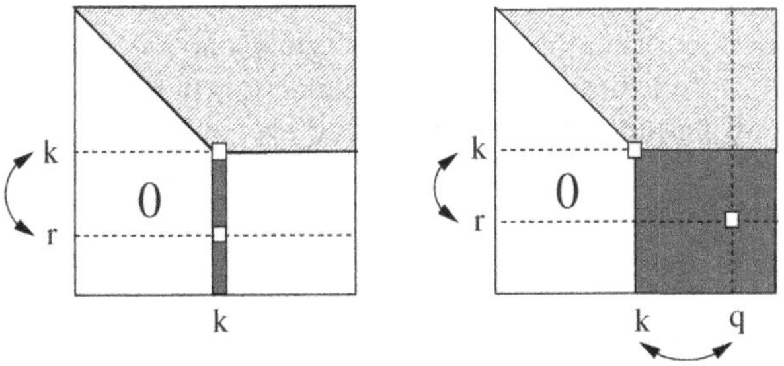

Fig. 3.2 Pivotazione per righe (a sinistra) o totale (a destra). In grigio più scuro, le aree interessate dalla ricerca dell'elemento pivotale

La strategia pivotale adottata nell'Esempio 3.3 può essere generalizzata cercando, al passo k del processo di eliminazione, un elemento pivotale non nullo scorrendo gli elementi della sola sottocolonna $\mathrm{A}^{(k)}(k:n,k)$. Per tale motivo essa è detta *pivotazione parziale* (per righe).

Dalla (3.28) si vede che un valore grande di m_{ik} (generato ad esempio da un valore piccolo del *pivot* $a_{kk}^{(k)}$) può amplificare gli eventuali errori di arrotondamento presenti negli elementi $a_{kj}^{(k)}$. Per questo motivo si sceglie come elemento pivotale l'elemento di modulo massimo della colonna $\mathrm{A}^{(k)}(k:n,k)$ e la pivotazione parziale viene generalmente operata ad ogni passaggio anche quando non si incontrano elementi pivotali nulli.

Alternativamente, avremmo potuto estendere la ricerca dell'elemento di modulo massimo a tutti gli elementi dell'intera sottomatrice $\mathrm{A}^{(k)}(k:n,k:n)$, realizzando così un processo di *pivotazione totale* (si veda la Figura 3.2). Va tuttavia tenuto presente che mentre la pivotazione parziale richiede un costo addizionale di circa n^2 confronti, quella totale ne richiede circa $2n^3/3$ con un considerevole aumento del costo computazionale del MEG.

Esempio 3.4 Consideriamo il sistema lineare $\mathrm{A}\mathbf{x} = \mathbf{b}$ con

$$\mathrm{A} = \begin{bmatrix} 10^{-13} & 1 \\ 1 & 1 \end{bmatrix}$$

e $\mathbf{b}$ scelto in modo tale che $\mathbf{x} = (1,1)^T$ sia la soluzione. Supponiamo di usare la base 2 e 16 cifre decimali significative. Il MEG senza pivotazione fornirebbe $\mathbf{x}_{MEG} = (0.99920072216264, 1)^T$, mentre il MEG con pivotazione parziale fornisce una soluzione esatta fino alla sedicesima cifra decimale. •

Analizziamo come la pivotazione parziale si ripercuota sulla fattorizzazione LU indotta dal MEG. Al primo passo del MEG con pivotazione parziale, individuato l'elemento a_{r1} di modulo massimo della prima colonna, si costruisce la matrice di permutazione elementare P_1 che scambia la prima riga con la riga r scelta (nel caso in cui tale riga sia la prima riga stessa, P_1 sarà la matrice identità). A questo punto, per la matrice permutata

P_1A, si costruisce la prima matrice di trasformazione gaussiana, M_1, tale che $A^{(2)} = M_1P_1A^{(1)}$. Si procede quindi analogamente su $A^{(2)}$, individuando una nuova matrice di permutazione elementare P_2 ed una nuova matrice M_2 tale che $A^{(3)} = M_2P_2A^{(2)} = M_2P_2M_1P_1A^{(1)}$. Procedendo sino all'ultimo passo si trova che la matrice triangolare superiore U ora è data da

$$U = A^{(n)} = M_{n-1}P_{n-1}\dots M_1P_1A^{(1)}. \tag{3.48}$$

Le matrici elementari di permutazione P_k si possono scrivere come

$$P_k = \begin{bmatrix} I_{k-1} & 0 \\ 0 & \widetilde{P}_{n-k+1} \end{bmatrix},$$

(essendo $\widetilde{P}_{n-k+1}$ la matrice quadrata di ordine $n-k+1$ ottenuta permutando due righe dell'identità I_{n-k+1}) e sono ortogonali (ovvero $P_k^{-1} = P_k^T$).
Ponendo $M = M_{n-1}P_{n-1}\dots M_1P_1$ e $P = P_{n-1}\dots P_1$, ricaviamo che $U = MA = (MP^{-1})PA$. Introduciamo la matrice $L = PM^{-1}$, vogliamo dimostrare che è triangolare inferiore o, equivalentemente, che la sua inversa è triangolare inferiore e che $l_{ii} = 1$, per $i = 1, \dots, n$.
Poiché le matrici P_k sono ortogonali, abbiamo

$$\begin{aligned} L^{-1} &= MP^{-1} = (M_{n-1}P_{n-1}\dots M_3P_3M_2P_2M_1P_1)(P_1^TP_2^TP_3^T\dots P_{n-1}^T) \\ &= M_{n-1}P_{n-1}\dots M_3P_3M_2P_2M_1P_2^TP_3^T\dots P_{n-1}^T \end{aligned}$$

e, introducendo le matrici

$$\widetilde{M}_1 = P_2M_1P_2^T, \qquad \widetilde{M}_k = P_{k+1}M_k\widetilde{M}_{k-1}P_{k+1}^T, \quad \text{per } k = 2, \dots, n-2, \tag{3.49}$$

possiamo riscrivere L^{-1} come

$$\begin{aligned} L^{-1} &= M_{n-1}P_{n-1}\dots M_4P_4M_3(P_3M_2\widetilde{M}_1P_3^T)P_4^T\dots P_{n-1}^T \\ &= M_{n-1}P_{n-1}\dots M_4(P_4M_3\tilde{M}_2P_4^T)\dots P_{n-1}^T = \dots \\ &= M_{n-1}\widetilde{M}_{n-2}. \end{aligned}$$

Grazie alla particolare struttura delle matrici $M_k = I_n - \mathbf{m}_k\mathbf{e}_k^T$ e delle matrici elementari di permutazione P_k, tutte le matrici $\widetilde{M}_k$ (per $k = 1, \dots, n-2$) sono triangolari inferiori con elementi diagonali pari a uno e quindi anche L^{-1} ha la stessa struttura. Di conseguenza la fattorizzazione LU con pivoting per righe diventa

$$\boxed{PA = LU} \tag{3.50}$$

Note le matrici L, U e P, la risoluzione del sistema lineare di partenza comporterà semplicemente la risoluzione dei sistemi triangolari $L\mathbf{y} = P\mathbf{b}$ e

$Ux = y$. Facciamo notare che gli elementi della matrice L così ottenuta coincidono con i moltiplicatori calcolati dalla fattorizzazione LU, senza pivotazione, ma applicata alla matrice PA.
Qualora si effettui la pivotazione totale, al primo passo del processo, una volta individuato l'elemento a_{qr} di modulo massimo nella sottomatrice $A(1:n, 1:n)$, avremmo dovuto scambiare la prima riga e la prima colonna con la q-esima riga e con la r-esima colonna, generando così la matrice permutata $P_1A^{(1)}Q_1$, con P_1 e Q_1 matrici di permutazione per riga e per colonna, rispettivamente. Di conseguenza, l'azione di M_1 è ora tale per cui $A^{(2)} = M_1P_1A^{(1)}Q_1$. Ripetendo il procedimento, all'ultimo passo in luogo della (3.48) si avrà

$$U = A^{(n)} = M_{n-1}P_{n-1} \ldots M_1P_1A^{(1)}Q_1 \ldots Q_{n-1}.$$

Nel caso di pivotazione totale la fattorizzazione LU diventa allora

$$\boxed{PAQ = LU}$$

dove $Q = Q_1 \cdots Q_{n-1}$ è la matrice che tiene conto di tutte le permutazioni operate per colonne. Per costruzione, la matrice L è ancora una matrice triangolare inferiore con elementi in modulo tutti minori o uguali ad 1. Analogamente a quanto osservato nel caso della pivotazione parziale, gli elementi di L sono ora i moltiplicatori generati dal processo di fattorizzazione LU senza pivotazione, applicato alla matrice PAQ.

Nel Programma 9 viene implementato l'algoritmo di fattorizzazione LU con la pivotazione totale. Per una implementazione efficiente della fattorizzazione LU con pivotazione parziale, rimandiamo alla funzione `lu` in MATLAB.

Programma 9 – lupivtot: Fattorizzazione LU con pivotazione totale

```
function [L,U,P,Q]=lupivtot(A)
% LUPIVTOT fattorizzazione LU con pivotazione totale
% [L,U,P,Q]=LUPIVTOT(A) restituisce una matrice triangolare inferiore L
% con elementi diagonali pari a 1, una matrice triangolare superiore U
% e le matrici di permutazione P e Q, tali che P*A*Q=L*U.
[n,m]=size(A);
if n ~= m, error('Solo sistemi quadrati'); end
P=speye(n); Q=P; Minv=P; I=speye(n);
for k=1:n-1
    [Pk,Qk]=pivot(A,k,n,I); A=Pk*A*Qk;
    [Mk,Mkinv]=MGauss(A,k,n);
    A=Mk*A; P=Pk*P; Q=Q*Qk;
    Minv=Minv*Pk*Mkinv;
end
U=triu(A); L=P*Minv;
return
```

```
function [Mk,Mkinv]=MGauss(A,k,n)
Mk=speye(n);
i=k+1:n;
Mk(i,k)=-A(i,k)/A(k,k);
Mkinv=2*speye(n)-Mk;
return

function [Pk,Qk]=pivot(A,k,n,I)
[y,i]=max(abs(A(k:n,k:n)));
[piv,jpiv]=max(y);
ipiv=i(jpiv);
jpiv=jpiv+k-1;
ipiv=ipiv+k-1;
Pk=I; Pk(ipiv,ipiv)=0; Pk(k,k)=0; Pk(k,ipiv)=1; Pk(ipiv,k)=1;
Qk=I; Qk(jpiv,jpiv)=0; Qk(k,k)=0; Qk(k,jpiv)=1; Qk(jpiv,k)=1;
return
```

Osservazione 3.3 Non sempre la presenza di elementi pivotali grandi comporta soluzioni accurate com'è dimostrato dall'esempio seguente (preso da [JM92] e qui riportato con alcune cifre decimali). Per il sistema lineare $\mathrm{A}\mathbf{x} = \mathbf{b}$

$$\begin{bmatrix} -4000 & 2000 & 2000 \\ 2000 & 0.78125 & 0 \\ 2000 & 0 & 0 \end{bmatrix} \begin{bmatrix} x_1 \\ x_2 \\ x_3 \end{bmatrix} = \begin{bmatrix} 400 \\ 1.3816 \\ 1.9273 \end{bmatrix}$$

al primo passo del MEG l'elemento pivotale coincide con l'elemento diagonale stesso. Tuttavia l'esecuzione del MEG con 5 cifre decimali su questa matrice porta alla soluzione

$$\widehat{\mathbf{x}} = [0.00096350, \ -0.68751, \ 0.88944]^T ,$$

mentre la soluzione esatta è $\mathbf{x} = [0.00096365, \ -0.698496, \ 0.9004233]^T$ con un errore relativo pari a $\|\widehat{\mathbf{x}} - \mathbf{x}\|_\infty / \|\mathbf{x}\|_\infty \simeq 1.22 \cdot 10^{-2}$. La spiegazione di tale comportamento risiede nella disomogeneità di grandezza dei coefficienti del sistema e nel fatto che, pur ricorrendo alla pivotazione per righe, quest'ultima non sortisce alcun effetto: in casi siffatti un rimedio efficace consiste nell'impiego della tecnica dello *scaling* (si veda la Sezione 3.11.1). ■

Osservazione 3.4 (Il pivoting per le matrici simmetriche) Come abbiamo precedentemente notato, il pivoting non è necessario nel caso in cui A sia simmetrica e definita positiva. Una nota a parte merita però il caso in cui A sia solo simmetrica. La pivotazione infatti rischia di distruggere la simmetria della matrice. È possibile evitare la perdita della simmetria impiegando pivotazioni totali della forma PAP^T, anche se ciò può solo produrre un riordinamento degli elementi *diagonali* di A. Di conseguenza, la presenza sulla diagonale di A di elementi piccoli in modulo può vanificare i vantaggi comportati dalla pivotazione stessa. Per matrici di questo tipo sono necessari particolari algoritmi (quali il metodo di Parlett-Reid [PR70] o il metodo di Aasen [Aas71]) per una descrizione dei quali rimandiamo a [GL89], e a [JM92] per il caso delle matrici sparse. ■

3.6 Il calcolo dell'inversa

Il calcolo esplicito dell'inversa di una matrice può essere effettuato utilizzando la fattorizzazione LU precedentemente introdotta. Indicata con X l'inversa della matrice non singolare $A\in \mathbb{R}^{n\times n}$, i vettori colonna di X sono infatti soluzioni dei sistemi lineari $A\mathbf{x}_i = \mathbf{e}_i$, per $i = 1, \ldots, n$.

Supponendo che PA=LU, dove P è la matrice di pivotazione parziale, dovremo risolvere $2n$ sistemi triangolari della forma

$$L\mathbf{y}_i = P\mathbf{e}_i, \quad U\mathbf{x}_i = \mathbf{y}_i \quad i = 1, \ldots, n.$$

Evidentemente lo stesso procedimento consente anche di risolvere più sistemi lineari di ugual matrice, ma di diverso termine noto. Il calcolo dell'inversa di una matrice, oltre ad essere oneroso da un punto di vista computazionale, può essere un processo meno stabile del MEG (si veda [Hig96]).

Un'alternativa per il calcolo dell'inversa di A è data dalla *formula di Faddev* o *di Leverrier*, nella quale posto B_0=I, si calcola ricorsivamente

$$\alpha_k = \frac{1}{k}\text{tr}(AB_{k-1}), \quad B_k = -AB_{k-1} + \alpha_k I, \quad k = 1, 2, \ldots, n.$$

Essendo $B_n = 0$ se $\alpha_n \neq 0$, allora

$$A^{-1} = \frac{1}{\alpha_n} B_{n-1},$$

ed il costo computazionale di tale metodo per una matrice piena è pari a $(n-1)n^3$ operazioni (si vedano per ulteriori dettagli [FF63], [Bar89]).

3.7 Sistemi a banda

Molti metodi di discretizzazione, specialmente nell'ambito dell'approssimazione di problemi ai limiti, conducono alla risoluzione di sistemi lineari con matrice a banda, a blocchi o sparsa. Lo sfruttamento della struttura della matrice consente in questo caso di ridurre drasticamente i costi computazionali comportati dalle fattorizzazioni e dagli algoritmi di sostituzione in avanti e all'indietro. In questa e nelle sezioni che seguono, accenneremo a speciali varianti del MEG o del processo di fattorizzazione, appropriate per trattare matrici di questo genere. Per le dimostrazioni dei risultati e per una panoramica più ampia sull'argomento rimandiamo a [GL89] e a [Hig96] nel caso delle matrici a banda od a blocchi, mentre rinviamo a [JM92], [GL81], [QSS07] e [Saa96] per il caso di matrici sparse e per le tecniche di memorizzazione delle matrici sparse.

Il risultato principale per le matrici a banda è il seguente:

Proprietà 3.5 *Sia* A$\in \mathbb{R}^{n\times n}$. *Supponiamo che esista una fattorizzazione* LU *di* A. *Allora se* A *ha banda superiore di larghezza* q *e banda inferiore di larghezza* p, L *ha banda inferiore di larghezza* p *ed* U *ha banda superiore di larghezza* q.

In particolare, la stessa area di memoria usata per A, è sufficiente per memorizzarne anche la fattorizzazione LU. Si tenga infatti conto che, tipicamente, una matrice A con banda superiore larga q e banda inferiore larga p viene memorizzata in una matrice B $(p+q+1)\times n$, con la convenzione che

$$b_{i-j+q+1,j} = a_{ij}$$

per tutti gli indici i, j che cadono all'interno della banda. Ad esempio, nel caso della matrice tridiagonale, e dunque a banda con $q = p = 1$, $\mathrm{A} = \mathrm{tridiag}_5(-1, 2, -1)$ la memorizzazione in forma compatta è:

$$\mathrm{B} = \begin{bmatrix} 0 & -1 & -1 & -1 & -1 \\ 2 & 2 & 2 & 2 & 2 \\ -1 & -1 & -1 & -1 & 0 \end{bmatrix}.$$

Lo stesso formato verrà utilizzato per la fattorizzazione LU di A. È evidente che questo formato di memorizzazione è penalizzante nel caso in cui poche bande abbiano larghezza grande: al limite, se esistessero soltanto una riga ed una colonna piene, si avrebbe $p = q = n$ e quindi B sarebbe una matrice piena con molti elementi nulli.

Osserviamo infine che l'inversa di una matrice a banda è in generale piena (come ad esempio accade per la matrice A appena considerata).

3.7.1 Matrici tridiagonali

Consideriamo il caso particolare di un sistema lineare con matrice tridiagonale non singolare A data da

$$\mathrm{A} = \begin{bmatrix} a_1 & c_1 & & 0 \\ b_2 & a_2 & \ddots & \\ & \ddots & & c_{n-1} \\ 0 & & b_n & a_n \end{bmatrix}.$$

In tal caso le matrici L ed U della fattorizzazione LU di A sono due matrici bidiagonali della forma

$$\mathrm{L} = \begin{bmatrix} 1 & & & 0 \\ \beta_2 & 1 & & \\ & \ddots & \ddots & \\ 0 & & \beta_n & 1 \end{bmatrix}, \qquad \mathrm{U} = \begin{bmatrix} \alpha_1 & c_1 & & 0 \\ & \alpha_2 & \ddots & \\ & & \ddots & c_{n-1} \\ 0 & & & \alpha_n \end{bmatrix}.$$

I coefficienti α_i e β_i incogniti, possono essere calcolati facilmente tramite le seguenti equazioni:

$$\alpha_1 = a_1, \quad \beta_i = \frac{b_i}{\alpha_{i-1}}, \quad \alpha_i = a_i - \beta_i c_{i-1}, \; i = 2, \ldots, n \tag{3.51}$$

Questo algoritmo prende il nome di *algoritmo di Thomas* e può essere visto come una particolare forma della fattorizzazione di Doolittle senza pivotazione. Qualora non si sia interessati a conservare i coefficienti della matrice di partenza, α_i e β_i possono essere sovrascritti agli elementi di A.

L'algoritmo di Thomas può essere esteso anche alla risoluzione dell'intero sistema tridiagonale $\mathrm{A}\mathbf{x} = \mathbf{f}$. Avremo infatti da risolvere due sistemi bidiagonali $\mathrm{L}\mathbf{y} = \mathbf{f}$ e $\mathrm{U}\mathbf{x} = \mathbf{y}$ per i quali si hanno le formule seguenti:

$$(\mathrm{L}\mathbf{y} = \mathbf{f}) \quad y_1 = f_1, \quad y_i = f_i - \beta_i y_{i-1}, \quad i = 2, \ldots, n \tag{3.52}$$

$$(\mathrm{U}\mathbf{x} = \mathbf{y}) \quad x_n = \frac{y_n}{\alpha_n}, \quad x_i = (y_i - c_i x_{i+1})/\alpha_i, \quad i = n-1, \ldots, 1 \tag{3.53}$$

L'algoritmo richiede solo $8n - 7$ *flops*, di cui $3(n-1)$ *flops* nella fase di fattorizzazione (3.51) e $5n - 4$ *flops* nella fase di risoluzione (3.52)–(3.53).

Per quanto riguarda la stabilità, se A è una matrice tridiagonale non singolare e $\widehat{\mathrm{L}}$ e $\widehat{\mathrm{U}}$ sono i fattori effettivamente calcolati, allora

$$|\delta \mathrm{A}| \leq (4\mathrm{u} + 3\mathrm{u}^2 + \mathrm{u}^3)|\widehat{\mathrm{L}}|\,|\widehat{\mathrm{U}}|,$$

dove δA è definita indirettamente dalla relazione $A + \delta A = \widehat{L}\widehat{U}$ mentre u è l'unità di *roundoff*. In particolare, se A è anche simmetrica e definita positiva oppure è una M-matrice, si ha che

$$|\delta A| \le \frac{4u + 3u^2 + u^3}{1 - u}|A|,$$

e dunque il processo di fattorizzazione è stabile. Un risultato analogo vale anche nel caso in cui A sia a dominanza diagonale.

3.7.2 Aspetti computazionali

Un esempio di implementazione della fattorizzazione LU per matrici a banda è fornito nel Programma 10.

Programma 10 – luband: Fattorizzazione LU per una matrice a banda

```
function [A]=luband(A,p,q)
% LUBAND fattorizzazione LU per una matrice a banda.
% Y=LUBAND(A,P,Q): U e' memorizzata nella parte triangolare superiore di Y
% e L e' memorizzata nella parte triangolare inferiore stretta di Y,
% per una matrice a banda A con banda inferiore di larghezza P e
% banda superiore di larghezza Q.
[n,m]=size(A);
if n ~= m, error('Solo sistemi quadrati'); end
for k = 1:n-1
    for i = k+1:min(k+p,n), A(i,k)=A(i,k)/A(k,k); end
    for j = k+1:min(k+q,n)
        i = k+1:min(k+p,n);
        A(i,j)=A(i,j)-A(i,k)*A(k,j);
    end
end
return
```

Nel caso in cui $p \ll n$ e $q \ll n$ questo algoritmo richiede approssimativamente $2npq$ *flops*. In maniera del tutto analoga, possono essere realizzate versioni *ad hoc* dei metodi delle sostituzioni in avanti e all'indietro (si vedano i Programmi 11 e 12). Il costo di quest'ultimi è, rispettivamente, dell'ordine di $2np$ *flops* e di $2nq$ *flops*, sempre supponendo $p \ll n$ e $q \ll n$.

Programma 11 – forwband: Sostituzioni in avanti per matrici L con banda p

```
function [x]=forwband (L,p,b)
% FORWBAND sostituzioni in avanti per una matrice a banda.
% X=FORWBAND(L,P,B) risolve il sistema triangolare inferiore L*X=B,
% dove L e' una matrice con banda inferiore di larghezza P.
[n,m]=size(L);x=[];
if n ~= m, error('Solo sistemi quadrati'); end
x=b;
for j = 1:n
    i=j+1:min(j+p,n); x(i) = x(i) - L(i,j)*x(j);
end
return
```

Programma 12 – backband: Sostituzioni all'indietro per matrici U con banda q

```
function [b]=backband (U,q,b)
% BACKBAND sostituzioni all'indietro per una matrice a banda.
% X=BACKBAND(U,Q,B) risolve il sistema triangolare superiore U*X=B,
% dove U e' una matrice con banda superiore di larghezza Q.
[n,m]=size(U);
if n ~= m, error('Solo sistemi quadrati'); end
for j=n:-1:1
    b (j) = b (j) / U (j,j);
    i = [max(1,j-q):j-1]; b(i)=b(i)-U(i,j)*b(j);
end
return
```

I programmi presentati suppongono che venga memorizzata l'intera matrice (compresi quindi anche gli elementi nulli).

Per quanto riguarda il caso tridiagonale, l'algoritmo di Thomas può essere variamente implementato. In particolare, per l'implementazione su calcolatori dove le divisioni costino più delle moltiplicazioni, è possibile (e conveniente) avere una versione di questo algoritmo priva delle divisioni che compaiono nelle (3.53), utilizzando la seguente forma alternativa della fattorizzazione

$$\mathrm{A} = \mathrm{LDM}^T =$$

$$\begin{bmatrix} \gamma_1^{-1} & 0 & & 0 \\ b_2 & \gamma_2^{-1} & \ddots & \\ & \ddots & \ddots & 0 \\ 0 & & b_n & \gamma_n^{-1} \end{bmatrix} \begin{bmatrix} \gamma_1 & & & 0 \\ & \gamma_2 & & \\ & & \ddots & \\ 0 & & & \gamma_n \end{bmatrix} \begin{bmatrix} \gamma_1^{-1} & c_1 & & 0 \\ 0 & \gamma_2^{-1} & \ddots & \\ & \ddots & \ddots & c_{n-1} \\ 0 & & 0 & \gamma_n^{-1} \end{bmatrix}.$$

I coefficienti γ_i possono essere ricavati ricorsivamente

$$\gamma_i = (a_i - b_i \gamma_{i-1} c_{i-1})^{-1}, \quad \text{per } i = 1, \ldots, n$$

supponendo $\gamma_0 = 0$, $b_1 = 0$ e $c_n = 0$. A questo punto, i metodi di sostituzione in avanti e all'indietro diventano rispettivamente

$$\begin{array}{llll} (\mathbf{L}\mathbf{y} = \mathbf{f}) & y_1 = \gamma_1 f_1, & y_i = \gamma_i (f_i - b_i y_{i-1}), & i = 2, \ldots, n, \\ (\mathbf{U}\mathbf{x} = \mathbf{y}) & x_n = y_n, & x_i = y_i - \gamma_i c_i x_{i+1}, & i = n-1, \ldots, 1. \end{array} \qquad (3.54)$$

Nel Programma 13 mostriamo un'implementazione dell'algoritmo di Thomas nella forma (3.54), priva di divisioni. I vettori in ingresso `a`, `b` e `c` contengono i coefficienti della matrice tridiagonale a_i, b_i e c_i rispettivamente, mentre il vettore `f` contiene le componenti f_i del termine noto $\mathbf{f}$.

Programma 13 – modthomas: Metodo di Thomas, versione modificata

```
function [x] = modthomas (a,b,c,f)
% MODTHOMAS versione modificata dell'algoritmo di Thomas.
% X=MODTHOMAS(A,B,C,F) risolve il sistema T*X=F, dove T
% e' la matrice tridiagonale T=tridiag(B,A,C).
n=length(a);
b=[0; b];
c=[c; 0];
gamma(1)=1/a(1);
for i=2:n
    gamma(i)=1/(a(i)-b(i)*gamma(i-1)*c(i-1));
end
y(1)=gamma(1)*f (1);
for i =2:n
    y(i)=gamma(i)*(f(i)-b(i)*y(i-1));
end
x(n,1)=y(n);
for i=n-1:-1:1
    x(i,1)=y(i)-gamma(i)*c(i)*x(i+1,1);
end
return
```

3.8 Sistemi a blocchi

In questa sezione presentiamo il metodo di fattorizzazione LU nel caso di sistemi con matrice partizionabile a blocchi, anche eventualmente di dimensione diversa. L'intento è duplice: da un lato ottimizzare la memorizzazione della matrice sfruttandone la struttura, dall'altro ridurre il costo computazionale richiesto dalla risoluzione del sistema.

3.8.1 Fattorizzazione LU a blocchi

Sia $\mathrm{A} \in \mathbb{R}^{n\times n}$ una matrice a blocchi partizionata nel modo seguente

$$\mathrm{A} = \begin{bmatrix} \mathrm{A}_{11} & \mathrm{A}_{12} \\ \mathrm{A}_{21} & \mathrm{A}_{22} \end{bmatrix}, \tag{3.55}$$

in cui $\mathrm{A}_{11} \in \mathbb{R}^{r\times r}$ è una matrice quadrata non singolare di cui sia nota la fattorizzazione $\mathrm{L}_{11}\mathrm{D}_1\mathrm{R}_{11}$ (ponendo $\mathrm{R}_{11} = \mathrm{M}_{11}^T$, riotteniamo la fattorizzazione LDM^T descritta nella Sezione 3.4.1), mentre $\mathrm{A}_{22} \in \mathbb{R}^{(n-r)\times(n-r)}$. In tal caso è possibile fattorizzare A utilizzando la sola fattorizzazione di A_{11}. Abbiamo infatti

$$\begin{bmatrix} \mathrm{A}_{11} & \mathrm{A}_{12} \\ \mathrm{A}_{21} & \mathrm{A}_{22} \end{bmatrix} = \begin{bmatrix} \mathrm{L}_{11} & 0 \\ \mathrm{L}_{21} & \mathrm{I}_{n-r} \end{bmatrix} \begin{bmatrix} \mathrm{D}_1 & 0 \\ 0 & \Delta_2 \end{bmatrix} \begin{bmatrix} \mathrm{R}_{11} & \mathrm{R}_{12} \\ 0 & \mathrm{I}_{n-r} \end{bmatrix},$$

in cui si è posto

$$\begin{aligned} &\mathrm{L}_{21} = \mathrm{A}_{21}\mathrm{R}_{11}^{-1}\mathrm{D}_1^{-1}, \ \mathrm{R}_{12} = \mathrm{D}_1^{-1}\mathrm{L}_{11}^{-1}\mathrm{A}_{12}, \\ &\Delta_2 = \mathrm{A}_{22} - \mathrm{L}_{21}\mathrm{D}_1\mathrm{R}_{12}. \end{aligned}$$

A questo punto, se necessario, il processo di riduzione viene ripetuto sulla matrice Δ_2, ottenendo in questo modo una versione a blocchi della fattorizzazione LU.

Nel caso in cui A_{11} fosse uguale ad uno scalare, questo modo di procedere riduce di una dimensione il calcolo della fattorizzazione di una data matrice. Applicando iterativamente questo processo si realizza dunque per un'altra via il metodo di eliminazione di Gauss.

Il seguente risultato generalizza la Proprietà 3.2 al caso di matrici a blocchi:

Proprietà 3.6 *Sia* $\mathrm{A} \in \mathbb{R}^{n\times n}$ *partizionata in* $m \times m$ *blocchi* A_{ij} *con* $i, j = 1, \dots, m$*; allora,* A *ammette un'unica fattorizzazione LU a blocchi con gli elementi diagonali di* L *pari ad 1 se e solo se gli* $m-1$ *minori principali dominanti a blocchi di* A *sono non nulli.*

Essendo la fattorizzazione a blocchi una riscrittura della classica fattorizzazione di A, varranno anche per essa i risultati di stabilità precedentemente indicati per quest'ultima. Risultati più fini, riferiti alla possibilità di usare negli algoritmi a blocchi particolari forme (veloci) del prodotto matrice-matrice, sono trattati in [Hig96]. Ci limitiamo nelle sezioni seguenti al solo caso tridiagonale a blocchi.

3.8.2 Inversa di una matrice a blocchi

L'inversa di una matrice a blocchi può essere calcolata ricorrendo ad esempio alla fattorizzazione LU illustrata nella sezione precedente. Un caso particolarmente interessante è quello in cui A sia una matrice a blocchi che può essere posta nella forma

$$A = C + UBV,$$

dove C è una matrice a blocchi semplice da invertire (ad esempio, la matrice costituita dai blocchi diagonali di A), mentre U, B e V esprimono le interconnessioni tra i blocchi diagonali stessi. In tal caso, per invertire A si può usare la *formula di Sherman-Morrison* o *di Woodbury* data da

$$A^{-1} = (C + UBV)^{-1} = C^{-1} - C^{-1}U\left(I + BVC^{-1}U\right)^{-1}BVC^{-1}, \quad (3.56)$$

avendo supposto che C e $I + BVC^{-1}U$ siano due matrici non singolari. Questa formula ha numerose applicazioni pratiche e teoriche ed è particolarmente utile se le interconnessioni tra i blocchi sono di modesta importanza.

3.8.3 Sistemi tridiagonali a blocchi

Si considerino sistemi tridiagonali a blocchi della forma

$$\begin{bmatrix} A_{11} & A_{12} & & 0 \\ A_{21} & A_{22} & \ddots & \\ & \ddots & \ddots & A_{n-1,n} \\ 0 & & A_{n,n-1} & A_{nn} \end{bmatrix} \begin{bmatrix} \mathbf{x}_1 \\ \vdots \\ \vdots \\ \mathbf{x}_n \end{bmatrix} = \begin{bmatrix} \mathbf{b}_1 \\ \vdots \\ \vdots \\ \mathbf{b}_n \end{bmatrix}, \quad (3.57)$$

essendo A_{ij} matrici di ordine $n_i \times n_j$, $\mathbf{x}_i$ e $\mathbf{b}_i$ vettori colonna di dimensione n_i, con $i, j = 1, \ldots, n$. Supporremo che i blocchi diagonali siano quadrati, ma non necessariamente della stessa dimensione. Poniamo per $k = 1, \ldots, n$

$$A_k = \begin{bmatrix} I_{n_1} & & & 0 \\ L_1 & I_{n_2} & & \\ & \ddots & \ddots & \\ 0 & & L_{k-1} & I_{n_k} \end{bmatrix} \begin{bmatrix} U_1 & A_{12} & & 0 \\ & U_2 & \ddots & \\ & & \ddots & A_{k-1,k} \\ 0 & & & U_k \end{bmatrix}.$$

Imponendo che per $k = n$ la matrice A_n coincida con la matrice data nella (3.57), si trova $U_1 = A_{11}$, mentre i blocchi restanti si ottengono risolvendo sequenzialmente per $i = 2, \ldots, n$ i sistemi $L_{i-1}U_{i-1} = A_{i,i-1}$ nelle colonne di L e calcolando $U_i = A_{ii} - L_{i-1}A_{i-1,i}$.

Questa procedura è definita solo se tutte le matrici U_i sono non singolari. Ciò è garantito ad esempio se tutte le matrici $A_1, \ldots, A_n$ sono non singolari.

In alternativa si potrebbero usare metodi di fattorizzazione per matrici a banda, anche se ciò comporta (a meno di opportuni riordinamenti delle righe della matrice) la memorizzazione di un gran numero di elementi nulli.

Un caso notevole è quello in cui la matrice oltre ad essere *tridiagonale a blocchi* sia anche *simmetrica*, (ovvero $\mathrm{A}_{ij} = \mathrm{A}_{ji}^T$) e definita positiva, e con i blocchi diagonali quadrati, simmetrici e definiti positivi.
L'algoritmo che presentiamo è l'estensione al caso a blocchi del metodo di Thomas e, come tale, mira a trasformare A in una matrice bidiagonale (a blocchi). Per fare ciò, dobbiamo eliminare al primo passo il blocco relativo alla matrice A_{21}. Supponiamo di disporre della fattorizzazione di Cholesky di A_{11} ed indichiamo con H_{11} il fattore di Cholesky corrispondente. Se moltiplichiamo la prima riga del sistema a blocchi (3.57) per H_{11}^{-T}, troviamo

$$\mathrm{H}_{11}\mathbf{x}_1 + \mathrm{H}_{11}^{-T}\mathrm{A}_{21}^T\mathbf{x}_2 = \mathrm{H}_{11}^{-T}\mathbf{b}_1.$$

Posto $\mathrm{H}_{21} = \mathrm{H}_{11}^{-T}\mathrm{A}_{21}^T$ e $\mathbf{c}_1 = \mathrm{H}_{11}^{-T}\mathbf{b}_1$, si ha che $\mathrm{A}_{21} = \mathrm{H}_{21}^T\mathrm{H}_{11}$ e dunque le prime due righe del sistema (3.57) diventano

$$\begin{aligned}&\mathrm{H}_{11}\mathbf{x}_1 + \mathrm{H}_{21}\mathbf{x}_2 = \mathbf{c}_1,\\ &\mathrm{H}_{21}^T\mathrm{H}_{11}\mathbf{x}_1 + \mathrm{A}_{22}\mathbf{x}_2 + \mathrm{A}_{32}^T\mathbf{x}_3 = \mathbf{b}_2.\end{aligned}$$

Di conseguenza, moltiplicando la prima riga per H_{21}^T e sottraendola dalla seconda, si elimina da quest'ultima equazione a blocchi l'incognita $\mathbf{x}_1$, ottenendo una equazione equivalente data da

$$\mathrm{A}_{22}^{(1)}\mathbf{x}_2 + \mathrm{A}_{32}^T\mathbf{x}_3 = \mathbf{b}_2 - \mathrm{H}_{21}^T\mathbf{c}_1,$$

con $\mathrm{A}_{22}^{(1)} = \mathrm{A}_{22} - \mathrm{H}_{21}^T\mathrm{H}_{21}$. L'ipotesi che A sia simmetrica e definita positiva garantisce che $\mathrm{A}_{22}^{(1)}$ sia anch'essa simmetrica e definita positiva, quindi si fattorizza $\mathrm{A}_{22}^{(1)}$ e si procede all'eliminazione nella terza riga dell'incognita $\mathbf{x}_2$ e così via sino all'ultima riga. Al termine del processo, che comporta n fattorizzazioni di Cholesky e la risoluzione di $(n-1)\sum_{j=1}^{n-1} n_j$ sistemi lineari per il calcolo delle matrici $\mathrm{H}_{i+1,i}$, $i = 1, \ldots, n-1$, si perviene al sistema bidiagonale a blocchi seguente

$$\begin{bmatrix} \mathrm{H}_{11} & \mathrm{H}_{21} & & 0 \\ & \mathrm{H}_{22} & \ddots & \\ & & \ddots & \mathrm{H}_{n,n-1} \\ 0 & & & \mathrm{H}_{nn} \end{bmatrix} \begin{bmatrix} \mathbf{x}_1 \\ \vdots \\ \vdots \\ \mathbf{x}_n \end{bmatrix} = \begin{bmatrix} \mathbf{c}_1 \\ \vdots \\ \vdots \\ \mathbf{c}_n \end{bmatrix} \qquad (3.58)$$

che può essere risolto con il metodo delle sostituzioni all'indietro (sempre in una versione a blocchi). Se tutti i blocchi hanno la stessa dimensione p, allora il numero di moltiplicazioni necessario per eseguire l'algoritmo è circa $(7/6)(n-1)p^3$ *flops* se p e n sono entrambi grandi.

Osservazione 3.5 (Matrici sparse) Un caso a parte è quello in cui la matrice del sistema lineare sia *sparsa* (e non strutturata) ovvero $\mathrm{A} \in \mathbb{R}^{n\times n}$ abbia un numero di elementi non nulli dell'ordine di n. In tal caso durante il processo di fattorizzazione si possono generare un gran numero di elementi non nulli in corrispondenza di elementi nulli della matrice di partenza. Questo fenomeno, noto con il nome di *riempimento* o *fill-in*, è particolarmente gravoso da un punto di vista computazionale perché non consente di memorizzare la fattorizzazione di una matrice sparsa nella stessa area di memoria necessaria per memorizzare la matrice stessa. Per questo motivo sono stati sviluppati algoritmi speciali in grado di minimizzare l'entità del *fill-in* (si veda [QSS07], Sezione 3.9). ■

3.9 Accuratezza della soluzione generata dal MEG

Analizziamo gli effetti degli errori di arrotondamento sull'accuratezza della soluzione generata dal MEG. Supponiamo che A e $\mathbf{b}$ siano una matrice ed un vettore di numeri *floating-point*. Se indichiamo con $\widehat{\mathrm{L}}$ e $\widehat{\mathrm{U}}$ le matrici della fattorizzazione LU indotta dal MEG calcolate in aritmetica *floating-point*, la soluzione $\widehat{\mathbf{x}}$ generata dal MEG può essere vista come la soluzione (in aritmetica esatta) di un sistema perturbato $(\mathrm{A}+\delta\mathrm{A})\widehat{\mathbf{x}}=\mathbf{b}$, in cui $\delta\mathrm{A}$ è una matrice di perturbazione tale che

$$|\delta\mathrm{A}| \leq n\mathrm{u}\left(3|\mathrm{A}| + 5|\widehat{\mathrm{L}}||\widehat{\mathrm{U}}|\right) + \mathcal{O}(\mathrm{u}^2). \tag{3.59}$$

Al solito, u indica l'unità di *roundoff* ed è stata usata la notazione del valore assoluto per matrici. Di conseguenza, gli elementi di $\delta\mathrm{A}$ saranno piccoli in modulo se gli elementi di $\widehat{\mathrm{L}}$ e di $\widehat{\mathrm{U}}$ sono piccoli. L'utilizzo del pivoting parziale consente di limitare al di sotto di 1 il modulo degli elementi di $\widehat{\mathrm{L}}$, di modo che, passando alla norma infinito e tenendo conto che $\|\widehat{\mathrm{L}}\|_\infty \leq n$, la (3.59) diventa

$$\|\delta\mathrm{A}\|_\infty \leq n\mathrm{u}\left(3\|\mathrm{A}\|_\infty + 5n\|\widehat{\mathrm{U}}\|_\infty\right) + \mathcal{O}(\mathrm{u}^2). \tag{3.60}$$

La maggiorazione di $\|\delta\mathrm{A}\|_\infty$ della (3.60) è però significativa soltanto se si riesce a stimare $\|\widehat{\mathrm{U}}\|_\infty$. Tradizionalmente l'analisi all'indietro viene condotta riferendosi al cosiddetto *fattore di crescita* dato da

$$\rho_n = \frac{\max\limits_{i,j,k}|\widehat{a}_{ij}^{(k)}|}{\max\limits_{i,j}|a_{ij}|}. \tag{3.61}$$

Sfruttando il fatto che $|\widehat{u}_{ij}| \leq \rho_n \max\limits_{i,j}|a_{ij}|$, si ottiene il seguente risultato dovuto a Wilkinson

$$\|\delta\mathrm{A}\|_\infty \leq 8\mathrm{u}n^3\rho_n\|\mathrm{A}\|_\infty + \mathcal{O}(\mathrm{u}^2). \tag{3.62}$$

Il fattore di crescita è sicuramente minore o uguale a 2^{n-1} ed anche se nella maggioranza dei casi è solo dell'ordine di 10, esistono sfortunatamente delle matrici per le quali la disuguaglianza diventa un'uguaglianza (si veda per un esempio l'Esercizio 5). Per alcune classi particolari di matrici, si può fornire una precisa maggiorazione di ρ_n:

1. per le matrici a banda con banda superiore e banda inferiore pari a p, $\rho_n \leq 2^{2p-1} - (p-1)2^{p-2}$. Di conseguenza, nel caso tridiagonale si trova $\rho_n \leq 2$;
2. per le matrici in forma di Hessenberg, $\rho_n \leq n$;
3. per le matrici simmetriche definite positive, $\rho_n = 1$;
4. per le matrici a dominanza diagonale stretta per colonne, $\rho_n \leq 2$.

Onde garantire una migliore stabilità quando si usa il MEG per matrici arbitrarie, sembrerebbe indispensabile l'utilizzo del pivoting totale, il quale garantisce che $\rho_n \leq n^{1/2}\left(2 \cdot 3^{1/2} \cdot \ldots \cdot n^{1/(n-1)}\right)^{1/2}$, limite che cresce più lentamente al crescere di n rispetto a quello precedente.

Tuttavia, a parte casi speciali, il MEG con la sola pivotazione parziale presenta fattori di crescita accettabili, che lo rendono nella pratica l'algoritmo più comunemente utilizzato.

Esempio 3.5 Consideriamo il sistema lineare (3.2) con

$$\mathrm{A} = \begin{bmatrix} \varepsilon & 1 \\ 1 & 0 \end{bmatrix}, \quad \mathbf{b} = \begin{bmatrix} 1+\varepsilon \\ 1 \end{bmatrix}, \tag{3.63}$$

che ammette come soluzione il vettore $\mathbf{x}=\mathbf{1}$ per ogni valore di ε. La matrice è ben condizionata essendo $K_\infty(\mathrm{A}) = (1+\varepsilon)^2$. Supponendo di risolvere il sistema per $\varepsilon = 10^{-15}$ con la fattorizzazione LU, usando 16 cifre decimali ed i Programmi 5, 2 e 3, si trova la soluzione $\widehat{\mathbf{x}} = [0.8881784197001253, 1.000000000000000]^T$, con un errore sulla prima componente superiore all'11%. Un'avvisaglia della possibile inaccuratezza della soluzione si può trarre a priori applicando la (3.59): tramite essa non si riesce infatti a controllare con un numero sufficientemente piccolo tutte le componenti della matrice $\delta\mathrm{A}$, avendosi

$$|\delta\mathrm{A}| \leq \begin{bmatrix} 3.55 \cdot 10^{-30} & 1.33 \cdot 10^{-15} \\ 1.33 \cdot 10^{-15} & \boxed{2.22} \end{bmatrix}.$$

Si osservi che le corrispondenti matrici $\widehat{\mathrm{L}}$ e $\widehat{\mathrm{U}}$ hanno elementi in valore assoluto molto grandi. Se avessimo invece risolto il sistema con il MEG con la pivotazione parziale o totale avremmo ottenuto addirittura la soluzione esatta (si veda l'Esercizio 6). •

Vogliamo ora evidenziare il ruolo che il numero di condizionamento di A gioca nella stima dell'errore che si commette utilizzando il MEG. Quest'ultimo genera tipicamente soluzioni $\widehat{\mathbf{x}}$ caratterizzate dall'avere residuo $\widehat{\mathbf{r}} = \mathbf{b} - \mathrm{A}\widehat{\mathbf{x}}$ piccolo (si veda [GL89]). Ciò, tuttavia, non assicura che l'errore $\mathbf{x} - \widehat{\mathbf{x}}$ sia piccolo quando $K(\mathrm{A}) \gg 1$ (si veda a tale proposito l'Esempio 3.6). In effetti, interpretando $\delta\mathbf{b}$ nella (3.11) come il residuo, si ha

$$\frac{\|\mathbf{x}-\widehat{\mathbf{x}}\|}{\|\mathbf{x}\|} \le K(\mathrm{A})\|\widehat{\mathbf{r}}\|\frac{1}{\|\mathrm{A}\|\|\mathbf{x}\|} \le K(\mathrm{A})\frac{\|\widehat{\mathbf{r}}\|}{\|\mathbf{b}\|}$$

Ciò giustifica l'introduzione di metodi che aumentino a posteriori l'accuratezza della soluzione prodotta dal MEG (si veda la Sezione 3.11).

Esempio 3.6 Consideriamo il sistema lineare $\mathrm{A}\mathbf{x} = \mathbf{b}$ con

$$\mathrm{A} = \begin{bmatrix} 1 & 1.0001 \\ 1.0001 & 1 \end{bmatrix}, \quad \mathbf{b} = \begin{bmatrix} 1 \\ 1 \end{bmatrix},$$

che ammette come soluzione $\mathbf{x} = (0.499975\ldots, 0.499975\ldots)^T$. Assumendo che la soluzione approssimata sia $\widehat{\mathbf{x}} = (-4.499775, 5.5002249)^T$ (e dunque molto diversa dalla soluzione esatta), si trova un residuo comunque piccolo, dato da $\widehat{\mathbf{r}} \simeq (-0.001, 0)^T$. La spiegazione di questo fenomeno sta nel malcondizionamento della matrice A. In effetti si trova che $K_\infty(\mathrm{A}) = 20001$. •

Possiamo quantificare il numero di cifre significative corrette della soluzione numerica. Dalla (3.13), posto $\gamma = \mathrm{u}$ e supponendo che $\mathrm{u}K_\infty(\mathrm{A}) \le 1/2$, si ha

$$\frac{\|\boldsymbol{\delta}\mathbf{x}\|_\infty}{\|\mathbf{x}\|_\infty} \le \frac{2\mathrm{u}K_\infty(\mathrm{A})}{1-\mathrm{u}K_\infty(\mathrm{A})} \le 4\mathrm{u}K_\infty(\mathrm{A}).$$

Di conseguenza

$$\frac{\|\widehat{\mathbf{x}}-\mathbf{x}\|_\infty}{\|\mathbf{x}\|_\infty} \simeq \mathrm{u}K_\infty(\mathrm{A}) \qquad (3.64)$$

e quindi, supponendo per semplicità $\mathrm{u} \simeq \beta^{-t}$ e $K_\infty(\mathrm{A}) \simeq \beta^m$, si ricava che la soluzione $\widehat{\mathbf{x}}$ prodotta dal MEG avrà almeno $t-m$ cifre significative corrette, essendo t il numero massimo di cifre per la mantissa. In altre parole, il malcondizionamento di un sistema dipende anche dalla accuratezza dell'aritmetica *floating-point* utilizzata.

3.10 Calcolo approssimato di K(A)

Supponiamo di aver risolto il sistema lineare (3.2) con un metodo di fattorizzazione e di voler valutare l'accuratezza della soluzione calcolata tramite le stime date nella Sezione 3.9. Questo è possibile solo a patto di disporre di una stima, che indicheremo con $\widehat{K}(\mathrm{A})$, del numero di condizionamento $K(\mathrm{A})$ di A. Se infatti il calcolo di $\|\mathrm{A}\|$ può essere facilmente effettuato scegliendo una norma opportuna (ad esempio, $\|\cdot\|_1$ o $\|\cdot\|_\infty$), non è computazionalmente plausibile il calcolo di A^{-1} al solo scopo di valutare $\|\mathrm{A}^{-1}\|$.

Forniamo nel seguito il Programma 14 per il calcolo approssimato di $\widehat{K}_1(\mathrm{A})$ per una matrice A generica, rimandando a [QSS07], Sezione 3.10 per una descrizione dettagliata dell'algoritmo. Il codice implementa il procedimento proposto in [CMSW79] e consente di approssimare $\|\mathrm{A}^{-1}\|_1$ con un costo computazionale dell'ordine di n^2 *flops*. L'algoritmo è quello implementato nella libreria LINPACK [BDMS79] ed in MATLAB nella funzione `rcond`. In essa, per evitare errori di arrotondamento, il valore in output è il reciproco di $\widehat{K}_1(\mathrm{A})$. Uno stimatore più accurato, descritto in [Hig96], è dato dalla funzione `condest`.

In ingresso, vengono richieste la matrice `A` stessa, gli elementi `L` e `U` della fattorizzazione PA=LU (essendo P la matrice che tiene conto delle permutazioni per righe effettuate) e un vettore `theta` contenente n numeri casuali θ_k (per $k = 1, \ldots, n$) scelti nell'intervallo $[-1/2, 1]$.

Programma 14 - condest2: Stima del condizionamento in norma $\|\cdot\|_1$

```
function [k1]=condest2(A,L,U,theta)
% CONDEST2 stima del numero di condizionamento in norma 1.
% K1=CONDEST2(A,L,U,THETA) restituisce una stima del numero di
% condizionamento di una matrice A. L e U sono i fattori della fattorizzazione LU
% di A. THETA contiene numeri casuali.
[n,m]=size(A);
if n ~= m, error('Solo matrici quadrate'); end
p = zeros(1,n);
for k=1:n
    zplus=(theta(k)-p(k))/U(k,k); zminu=(-theta(k)-p(k))/U(k,k);
    splus=abs(theta(k)-p(k)); sminu=abs(-theta(k)-p(k));
    for i=k+1:n
        splus=splus+abs(p(i)+U(k,i)*zplus);
        sminu=sminu+abs(p(i)+U(k,i)*zminu);
    end
    if splus >= sminu, z(k)=zplus; else, z(k)=zminu; end
    i=[k+1:n]; p(i)=p(i)+U(k,i)*z(k);
end
z = z';
x = backwardcol(L',z);
w = forwardcol(L,x);
y = backwardcol(U,w);
k1=norm(A,1)*norm(y,1)/norm(x,1);
return
```

Esempio 3.7 Consideriamo la matrice di Hilbert H_4. Il suo numero di condizionamento in norma uno (ottenuto in MATLAB facendo uso della sua inversa esatta, comando `invhilb`) è pari a $2.8375 \cdot 10^4$. Il Programma 14 restituisce il valore $\widehat{K}_1(\mathrm{H}_4) = 2.1523 \cdot 10^4$ che coincide con il risultato formito da `rcond`. Utilizzando la funzione `condest` si troverebbe il risultato esatto. •

3.11 Aumento dell'accuratezza

Nonostante il MEG produca soluzioni a residuo piccolo, gli esempi precedenti hanno mostrato che esse potrebbero non essere accurate se la matrice del sistema è malcondizionata. In questa sezione introduciamo brevemente due tecniche che portano ad un aumento dell'accuratezza della soluzione calcolata dal MEG.

3.11.1 Lo scaling

Se A presenta elementi aventi fra loro grandezza estremamente diversa è probabile che durante il processo di eliminazione elementi grandi vengano sommati ad elementi piccoli, con generazione di errori di arrotondamento. Una soluzione a questo problema consiste nello "scalare" (od equilibrare) la matrice A prima del processo di eliminazione. Un buono *scaling* (o *equilibratura*, o ancora *scalatura*) può inoltre indurre la pivotazione per righe a produrre soluzioni più accurate.

Lo *scaling per righe* di A consiste nel trovare una matrice diagonale invertibile D_1 tale che gli elementi diagonali di $\mathrm{D}_1\mathrm{A}$ siano tutti circa della stessa grandezza. Il sistema lineare $\mathrm{A}\mathbf{x} = \mathbf{b}$ si trasforma allora in

$$\mathrm{D}_1\mathrm{A}\mathbf{x} = \mathrm{D}_1\mathbf{b}. \tag{3.65}$$

Qualora si intendano scalare sia le righe che le colonne di A, si ottiene

$$(\mathrm{D}_1\mathrm{A}\mathrm{D}_2)\mathbf{y} = \mathrm{D}_1\mathbf{b} \quad \text{con } \mathbf{y} = \mathrm{D}_2^{-1}\mathbf{x}, \tag{3.66}$$

avendo supposto anche D_2 invertibile. La matrice D_1 scala le equazioni, mentre D_2 scala le incognite. Si noti inoltre che per prevenire l'introduzione di errori di arrotondamento, si scelgono le matrici di *scaling* della forma

$$\mathrm{D}_1 = \mathrm{diag}(\beta^{r_1}, \ldots, \beta^{r_n}), \ \mathrm{D}_2 = \mathrm{diag}(\beta^{c_1}, \ldots, \beta^{c_n}),$$

essendo β la base usata dall'aritmetica *floating-point* e $r_1, \ldots, r_n$, $c_1, \ldots, c_n$ esponenti da determinare.

Esempio 3.8 Riprendiamo la matrice A dell'Osservazione 3.3. Moltiplicandola a destra e a sinistra per la matrice D=diag(0.0005, 1, 1), otteniamo una nuova matrice equilibrata (o scalata)

$$\tilde{\mathrm{A}} = \mathrm{DAD} = \begin{bmatrix} -0.001 & 1 & 1 \\ 1 & 0.78125 & 0 \\ 1 & 0 & 0 \end{bmatrix}.$$

Applicando il MEG con 5 cifre decimali senza il pivoting parziale al nuovo sistema $\tilde{\mathrm{A}}\tilde{\mathbf{x}} = \mathrm{D}\mathbf{b} = [0.2,\ 1.3816,\ 1.9273]^T$, otteniamo la soluzione $\widehat{\tilde{\mathbf{x}}} = [1.93,\ -0.68751,\ 0.88944]^T$, da cui ricaviamo $\mathrm{D}\widehat{\tilde{\mathbf{x}}} = [0.000965,\ -0.68751,\ 0.88944]^T$. Osserviamo che $\mathrm{D}\widehat{\tilde{\mathbf{x}}}$ coincide con la soluzione $\widehat{\mathbf{x}}$ calcolata nell'Osservazione 3.3, senza aver operato lo *scaling*.

Questo risultato mostra che applicare il MEG senza pivoting al sistema scalato piuttosto che a quello originario non dà alcun vantaggio. Il vantaggio dello scaling si apprezza nel momento in cui esso induce la pivotazione sul MEG. Nel caso del sistema originario $\mathrm{A}\mathbf{x} = \mathbf{b}$, la pivotazione non aveva sortito alcun effetto benefico in quanto ad ogni passo gli elementi pivotali si trovavano già sulla diagonale principale. Al contrario, nel sistema scalato $\tilde{\mathrm{A}}\tilde{\mathbf{x}} = D\mathbf{b}$, applicare o non applicare la pivotazione per righe produce risultati diversi. Più precisamente, il MEG con pivotazione applicato al sistema $\tilde{\mathrm{A}}\tilde{\mathbf{x}} = D\mathbf{b}$ (con 5 cifre decimali) produce la soluzione $\widehat{\tilde{\mathbf{x}}}_p = [1.9273,\ -0.69850,\ 0.90043]^T$, da cui si ricava la soluzione del sistema non scalato $\widehat{\mathbf{x}}_p = \mathrm{D}\widehat{\tilde{\mathbf{x}}}_p = [0.00096365,\ -0.6985,\ 0.90043]^T$, con un errore relativo $\|\widehat{\mathbf{x}}_p - \mathbf{x}\|_\infty/\|\mathbf{x}\|_\infty \simeq 7.44 \cdot 10^{-6}$. Quest'ultimo errore è di due ordini di grandezza inferiore a quello ottenuto senza pivotazione ed è dell'ordine di grandezza dell'unità di roundoff $\mathbf{u}$ associata ad una aritmetica a 5 cifre decimali (corrispondenti a circa 16 cifre in base 2, per la quale $\mathbf{u} = 2^{-15} \simeq 3.05 \cdot 10^{-5}$).

Lo scaling di per sè non influsisce sulla propagazione degli errori di arrotondamento, nè nel MEG, nè nella fase di sostituzione all'indietro, tuttavia esso può indurre la pivotazione ottimale che riduce la propagazione degli errori di arrotondamento. Purtroppo non sono note ad oggi tecniche automatiche che realizzino lo scaling ideale che possa indurre la pivotazione ottimale (si veda ad esempio [JM92]). •

Osservazione 3.6 (Il numero di condizionamento di Skeel) Il *numero di condizionamento di Skeel* è definito da $\mathrm{cond}(\mathrm{A}) = \|\, |\mathrm{A}^{-1}|\ |\mathrm{A}|\, \|_\infty$ (si veda [Ske79]), ed è dunque l'estremo superiore per $\mathbf{x} \in \mathbb{R}^n$, con $\mathbf{x} \neq \mathbf{0}$, del numero

$$\mathrm{cond}(\mathrm{A}, \mathbf{x}) = \frac{\|\, |\mathrm{A}^{-1}|\ |\mathrm{A}|\ |\mathbf{x}|\, \|_\infty}{\|\mathbf{x}\|_\infty}.$$

Contrariamente a $K(\mathrm{A})$, cond(A,$\mathbf{x}$) è invariante rispetto a *scaling* per righe di A, ossia rispetto a trasformazioni di A della forma DA, essendo D una matrice diagonale non singolare. Di conseguenza, cond(A,$\mathbf{x}$) consente di individuare matrici intrinsecamente malcondizionate, indipendentemente dai possibili *scaling* diagonali per righe. ∎

3.11.2 Raffinamento iterativo

Il raffinamento iterativo è una tecnica che consente di migliorare l'accuratezza della soluzione ottenuta con un metodo diretto. Supponiamo di aver risolto il sistema lineare (3.2) con il metodo di fattorizzazione LU (con pivotazione parziale o totale) ed indichiamo con $\mathbf{x}^{(0)}$ la soluzione calcolata. Fissata una certa tolleranza sull'errore, *toll*, il raffinamento iterativo si realizza attraverso i seguenti passi: per $i = 0, 1, \ldots$ fino a convergenza,

1. calcolare il residuo $\mathbf{r}^{(i)} = \mathbf{b} - \mathrm{A}\mathbf{x}^{(i)}$;
2. risolvere il sistema lineare $\mathrm{A}\mathbf{z} = \mathbf{r}^{(i)}$ usando la fattorizzazione LU precedentemente calcolata;
3. aggiornare la soluzione ponendo $\mathbf{x}^{(i+1)} = \mathbf{x}^{(i)} + \mathbf{z}$;
4. se $\|\mathbf{z}\|/\|\mathbf{x}^{(i+1)}\| < toll$, terminare il processo prendendo come soluzione $\mathbf{x}^{(i+1)}$. In caso contrario, l'algoritmo riparte dal punto 1.

In assenza di errori di arrotondamento, il processo fornirebbe la soluzione esatta dopo un passo. Le proprietà di convergenza del metodo possono essere migliorate calcolando il residuo $\mathbf{r}^{(i)}$ con una precisione doppia rispetto a tutte le altre quantità. Questa procedura è detta in tal caso raffinamento iterativo *a precisione mista* (in breve RPM), in caso contrario *a precisione fissata* (in breve RPF). Si può dimostrare che se $\| \, |\mathrm{A}^{-1}| \, |\widehat{\mathrm{L}}| \, |\widehat{\mathrm{U}}| \, \|_\infty$ è sufficientemente piccola, allora al generico passo i, RPF e RPM riducono l'errore relativo $\|\mathbf{x} - \mathbf{x}^{(i)}\|_\infty/\|\mathbf{x}\|_\infty$ di un fattore ρ dato rispettivamente da

$$\begin{aligned} &\rho \simeq 2\, n \,\mathrm{cond}(\mathrm{A}, \mathbf{x})\mathrm{u} \quad && (\mathrm{RPF}), \\ &\rho \simeq \mathrm{u} && (\mathrm{RPM}), \end{aligned} \tag{3.67}$$

e dunque RPM riduce l'errore indipendentemente dal numero di condizionamento.

Una lenta convergenza di RPF è sintomo di mal condizionamento della matrice. Infatti, dopo p iterazioni del metodo di raffinamento si ha $K_\infty(\mathrm{A}) \simeq \beta^{t(1-1/p)}$ (si veda [Ric81]).

C'è comunque convenienza nell'uso del raffinamento iterativo, anche a precisione fissata. Bisogna infatti ricordare che un qualunque metodo diretto accoppiato con il raffinamento iterativo guadagna in stabilità. Rimandiamo ai lavori [Ste73], [Ske80], [Wil63], [JM77] e [CMSW79] per una panoramica più ampia sull'argomento.

3.12 Sistemi indeterminati

In questa sezione diamo un significato alla soluzione di un sistema lineare rettangolare $\mathrm{A}\mathbf{x} = \mathbf{b}$, con $\mathrm{A} \in \mathbb{R}^{m\times n}$ sia nel caso *sovradeterminato* nel quale $m > n$, sia nel caso *sottodeterminato* corrispondente ad $m < n$. Facciamo notare che in generale un sistema indeterminato non ha soluzione a meno che $\mathbf{b}$ non sia un elemento del range(A).
Rimandiamo per una presentazione dettagliata a [LH74], [GL89] e [Bjö88].

Data $\mathrm{A} \in \mathbb{R}^{m\times n}$ con $m \geq n$, $\mathbf{b} \in \mathbb{R}^m$, diciamo che $\mathbf{x}^* \in \mathbb{R}^n$ è soluzione del sistema lineare $\mathrm{A}\mathbf{x}=\mathbf{b}$ *nel senso dei minimi quadrati* se

$$\Phi(\mathbf{x}^*) = \|\mathrm{A}\mathbf{x}^* - \mathbf{b}\|_2^2 \leq \|\mathrm{A}\mathbf{x} - \mathbf{b}\|_2^2 = \Phi(\mathbf{x}) \qquad \forall \mathbf{x} \in \mathbb{R}^n. \tag{3.68}$$

Si tratta dunque di minimizzare il residuo nella norma euclidea. La soluzione del problema (3.68) può essere ottenuta imponendo che il gradiente della funzione Φ definita nella (3.68) si annulli in $\mathbf{x}^*$. Essendo

$$\Phi(\mathbf{x}) = (\mathrm{A}\mathbf{x} - \mathbf{b})^T(\mathrm{A}\mathbf{x} - \mathbf{b}) = \mathbf{x}^T\mathrm{A}^T\mathrm{A}\mathbf{x} - 2\mathbf{x}^T\mathrm{A}^T\mathbf{b} + \mathbf{b}^T\mathbf{b},$$

si trova allora

$$\nabla\Phi(\mathbf{x}^*) = 2\mathrm{A}^T\mathrm{A}\mathbf{x}^* - 2\mathrm{A}^T\mathbf{b} = 0,$$

da cui si deduce che $\mathbf{x}^*$ deve essere la soluzione del sistema (quadrato)

$$\boxed{\mathrm{A}^T\mathrm{A}\mathbf{x}^* = \mathrm{A}^T\mathbf{b}} \tag{3.69}$$

noto come *sistema delle equazioni normali.* Tale sistema è non singolare se A ha *rango pieno.* In tal caso, la soluzione nel senso dei minimi quadrati esiste ed è unica.

Per risolvere il sistema (3.69), essendo $\mathrm{B} = \mathrm{A}^T\mathrm{A}$ simmetrica e definita positiva, si potrebbe usare la sua fattorizzazione di Cholesky. Tuttavia, il sistema (3.69) è solitamente mal condizionato; inoltre, a causa degli errori di arrotondamento, nel calcolo di $\mathrm{A}^T\mathrm{A}$ possono andar perdute cifre significative con conseguente perdita della definita positività o addirittura della non singolarità della matrice, come accade nell'esempio seguente dove, per una matrice A a rango pieno, la corrispondente matrice $fl(\mathrm{A}^T\mathrm{A})$ calcolata con MATLAB è singolare

$$\mathrm{A} = \begin{bmatrix} 1 & 1 \\ 2^{-27} & 0 \\ 0 & 2^{-27} \end{bmatrix}, \quad fl(\mathrm{A}^T\mathrm{A}) = \begin{bmatrix} 1 & 1 \\ 1 & 1 \end{bmatrix}.$$

È quindi in generale più conveniente impiegare la fattorizzazione QR introdotta nella Sezione 3.4.3. Si ha il seguente risultato:

Teorema 3.5 *Sia* $\mathrm{A} \in \mathbb{R}^{m\times n}$ *con* $m \geq n$ *una matrice di rango pieno. Allora l'unica soluzione di* (3.68) *è data da*

$$\mathbf{x}^* = \tilde{\mathrm{R}}^{-1}\tilde{\mathrm{Q}}^T\mathbf{b} \tag{3.70}$$

essendo $\tilde{\mathrm{R}} \in \mathbb{R}^{n\times n}$ *e* $\tilde{\mathrm{Q}} \in \mathbb{R}^{m\times n}$ *le matrici definite nella* (3.45) *a partire dalla fattorizzazione QR di* A. *Inoltre il minimo di* Φ *vale*

$$\Phi(\mathbf{x}^*) = \sum_{i=n+1}^{m} [(\mathrm{Q}^T\mathbf{b})_i]^2.$$

Dimostrazione. La fattorizzazione QR di A esiste ed è unica, avendo A rango pieno. Esistono dunque due matrici, Q$\in \mathbb{R}^{m\times m}$ e R$\in \mathbb{R}^{m\times n}$ tali che A=QR con Q ortogonale. Siccome le matrici ortogonali preservano il prodotto scalare euclideo, si ha

$$\|\mathrm{A}\mathbf{x} - \mathbf{b}\|_2^2 = \|\mathrm{R}\mathbf{x} - \mathrm{Q}^T\mathbf{b}\|_2^2.$$

Ricordando allora che R è trapezoidale superiore abbiamo

$$\|\mathrm{R}\mathbf{x} - \mathrm{Q}^T\mathbf{b}\|_2^2 = \|\tilde{\mathrm{R}}\mathbf{x} - \tilde{\mathrm{Q}}^T\mathbf{b}\|_2^2 + \sum_{i=n+1}^{m} [(\mathrm{Q}^T\mathbf{b})_i]^2,$$

ed il minimo è quindi raggiunto per $\mathbf{x} = \mathbf{x}^* = \tilde{\mathrm{R}}^{-1}\tilde{\mathrm{Q}}^T\mathbf{b}$. ◇

Rimandiamo ai libri citati nella premessa a questa sezione per risultati dettagliati sul costo computazionale richiesto (in quanto dipende da come viene realizzata la fattorizzazione QR), nonché per alcuni risultati di stabilità dell'algoritmo.

Se A non ha rango pieno le tecniche risolutive proposte si dimostrano inappropriate: in effetti in tal caso se $\mathbf{x}^*$ è una soluzione di (3.68), anche $\mathbf{x}^* + \mathbf{z}$ con $\mathbf{z} \in \ker(\mathrm{A})$ è soluzione. Dobbiamo perciò introdurre un ulteriore vincolo per determinare un'unica soluzione. Ciò viene generalmente ottenuto richiedendo che $\mathbf{x}^*$ abbia norma euclidea minima, di modo che il problema precedente diventa

$$\begin{aligned}&\text{trovare } \mathbf{x}^* \in \mathbb{R}^n \text{ tale che } \|\mathbf{x}^*\|_2 \text{ sia minima e}\\ &\|\mathrm{A}\mathbf{x}^* - \mathbf{b}\|_2^2 \leq \|\mathrm{A}\mathbf{x} - \mathbf{b}\|_2^2, \qquad \forall \mathbf{x} \in \mathbb{R}^n.\end{aligned} \tag{3.71}$$

Questo problema è consistente col caso precedente qualora A abbia rango pieno, in quanto in tal caso la (3.68) ammette un'unica soluzione che avrà necessariamente norma euclidea minima.

Lo strumento che consente di calcolare la soluzione di (3.71) è la decomposizione in valori singolari (o SVD, si veda la Sezione 1.9). Vale infatti il seguente risultato:

Teorema 3.6 *Sia* $\mathrm{A} \in \mathbb{R}^{m\times n}$. *Allora l'unica soluzione di* (3.71) *è*

$$\boxed{\mathbf{x}^* = \mathrm{A}^\dagger\mathbf{b}} \tag{3.72}$$

essendo $\mathrm{A}^\dagger$ *la pseudo-inversa di* A *introdotta nella Definizione* 1.15.

Dimostrazione. Utilizzando la SVD di A, $\mathrm{A} = \mathrm{U}\Sigma\mathrm{V}^T$, il problema (3.71) è equivalente a cercare $\mathbf{w} = \mathrm{V}^T\mathbf{x}$ tale che $\mathbf{w}$ abbia norma euclidea minima e

$$\|\Sigma\mathbf{w} - \mathrm{U}^T\mathbf{b}\|_2^2 \leq \|\Sigma\mathbf{y} - \mathrm{U}^T\mathbf{b}\|_2^2, \quad \forall \mathbf{y} \in \mathbb{R}^n.$$

Se r è il numero di valori singolari σ_i non nulli di A, allora

$$\|\Sigma\mathbf{w} - \mathrm{U}^T\mathbf{b}\|_2^2 = \sum_{i=1}^{r}\left(\sigma_i w_i - (\mathrm{U}^T\mathbf{b})_i\right)^2 + \sum_{i=r+1}^{m}\left((\mathrm{U}^T\mathbf{b})_i\right)^2,$$

che è minimo se $w_i = (\mathrm{U}^T\mathbf{b})_i/\sigma_i$ per $i = 1, \ldots, r$. Inoltre è evidente che fra tutti i vettori $\mathbf{w}$ di $\mathbb{R}^n$ che hanno le prime r componenti fissate, quello che rende minima la norma euclidea ha le restanti $n - r$ componenti nulle. Dunque, il vettore soluzione cercato è $\mathbf{w}^* = \Sigma^\dagger \mathrm{U}^T\mathbf{b}$ ossia $\mathbf{x}^* = \mathrm{V}\Sigma^\dagger \mathrm{U}^T\mathbf{b} = \mathrm{A}^\dagger\mathbf{b}$, essendo $\Sigma^\dagger$ la matrice diagonale definita nella (1.10). ◇

Per quanto riguarda la stabilità del problema, ci limitiamo a far notare che se il rango di A non è pieno, la soluzione $\mathbf{x}^*$ non è necessariamente una funzione continua dei dati e piccoli cambiamenti su di essi possono produrne di grandi su $\mathbf{x}^*$.

Esempio 3.9 Consideriamo il sistema $\mathrm{A}\mathbf{x} = \mathbf{b}$ con

$$\mathrm{A} = \begin{bmatrix} 1 & 0 \\ 0 & 0 \\ 0 & 0 \end{bmatrix}, \quad \mathbf{b} = \begin{bmatrix} 1 \\ 2 \\ 3 \end{bmatrix}, \quad \mathrm{rank}(\mathrm{A}) = 1.$$

Tramite la funzione `svd` di MATLAB possiamo calcolare la SVD di A. A questo punto, calcolando la pseudo-inversa, si trova come vettore soluzione $\mathbf{x}^* = (1,\ 0)^T$. Se sostituiamo l'elemento a_{22}, nullo, con il valore 10^{-12}, la matrice perturbata ha rango 2 e la soluzione (che è unica nel senso della (3.68) avendo ora la matrice rango pieno) è data da $\widehat{\mathbf{x}}^* = \left(1,\ 2 \cdot 10^{12}\right)^T$. •

Nel caso di sistemi sottodeterminati, in cui $m < n$, se A ha rango massimo si può ancora utilizzare la fattorizzazione QR. In particolare, se si opera sulla matrice trasposta si ottiene la soluzione del sistema con norma euclidea minima. Se invece la matrice non ha rango massimo, si ricorre nuovamente alla SVD.

Nel caso in cui $m = n$, si possono evidentemente ancora usare la SVD o la fattorizzazione QR in alternativa al MEG per la risoluzione del sistema lineare $\mathrm{A}\mathbf{x}=\mathbf{b}$. Anche se questi algoritmi hanno un costo di gran lunga superiore a quello richiesto dal MEG (la SVD ad esempio richiede $12n^3$ *flops*), essi risultano preferibili al MEG quando il sistema sia mal condizionato e prossimo ad essere singolare.

Esempio 3.10 Si consideri il sistema lineare $\mathrm{H}_{15}\mathbf{x}=\mathbf{b}$, dove H_{15} è la matrice di Hilbert di ordine 15 (si veda la (3.31)) ed il vettore termine noto è scelto in modo tale che la soluzione esatta coincida con il vettore $\mathbf{x} = \mathbf{1}^T$. L'uso del MEG con pivotazione parziale porta ad una soluzione che presenta errori superiori al 100%, mentre i calcoli effettuati con la pseudo-inversa, ponendo a zero tutti i contributi di Σ inferiori a 10^{-13}, producono una soluzione sensibilmente migliore. •

3.13 Esercizi

1. Supponendo $\mathrm{A} \in \mathbb{R}^{n\times n}$, si dimostrino le relazioni seguenti

$$\frac{1}{n}K_2(\mathrm{A}) \le K_1(\mathrm{A}) \le nK_2(\mathrm{A}), \quad \frac{1}{n}K_\infty(\mathrm{A}) \le K_2(\mathrm{A}) \le nK_\infty(\mathrm{A}),$$
$$\frac{1}{n^2}K_1(\mathrm{A}) \le K_\infty(\mathrm{A}) \le n^2K_1(\mathrm{A}).$$

Da esse si deduce che se una matrice è malcondizionata in una certa norma lo è anche in un'altra, a meno di una funzione della dimensione n.

2. Si verifichi che la matrice $\mathrm{B} \in \mathbb{R}^{n\times n}$: $b_{ii} = 1$, $b_{ij} = -1$ se $i < j$, $b_{ij} = 0$ se $i > j$, ha $\det(\mathrm{B}) = 1$ e, tuttavia, un valore di $K_\infty(\mathrm{B})$ assai elevato (pari a $n2^{n-1}$).

3. Si dimostri che date due matrici quadrate non singolari A, B$\in \mathbb{R}^{n\times n}$, allora $K(\mathrm{AB}) \le K(\mathrm{A})K(\mathrm{B})$.

4. Data la matrice $\mathrm{A} \in \mathbb{R}^{2\times 2}$, $a_{11} = a_{22} = 1$, $a_{12} = \gamma$, $a_{21} = 0$, si verifichi che per $\gamma \ge 0$, $K_\infty(\mathrm{A}) = K_1(\mathrm{A}) = (1+\gamma)^2$. Si consideri quindi il sistema lineare $\mathrm{A}\mathbf{x} = \mathbf{b}$ con $\mathbf{b}$ tale che $\mathbf{x} = (1-\gamma, 1)^T$ sia la soluzione. Si trovi una limitazione per $\|\boldsymbol{\delta}\mathbf{x}\|_\infty/\|\mathbf{x}\|_\infty$ in termini di $\|\boldsymbol{\delta}\mathbf{b}\|_\infty/\|\mathbf{b}\|_\infty$ con $\boldsymbol{\delta}\mathbf{b} = (\delta_1, \delta_2)^T$. Il problema risulta bene o mal condizionato?

5. Si consideri la matrice $\mathrm{A} \in \mathbb{R}^{n\times n}$ di elementi $a_{ij} = 1$ se $i = j$ o $j = n$, $a_{ij} = -1$ se $i > j$, zero altrimenti. Si mostri che A ammette una fattorizzazione LU con $|l_{ij}| \le 1$ e $u_{nn} = 2^{n-1}$.

6. Si consideri la matrice (3.63) dell'Esempio 3.5. Si provi che le matrici $\widehat{\mathrm{L}}$ e $\widehat{\mathrm{U}}$ hanno elementi in valore assoluto molto grandi. Si verifichi che utilizzando il MEG con la pivotazione totale si ottiene addirittura la soluzione esatta.

7. Si derivi una variante del MEG che trasformi una matrice $\mathrm{A} \in \mathbb{R}^{n\times n}$ non singolare direttamente in una matrice diagonale D. Questo processo è noto con il nome di *metodo di Gauss-Jordan*. Si individuino le matrici di trasformazione di Gauss-Jordan G_i, $i = 1, \ldots, n$, tali che $\mathrm{G}_n \ldots \mathrm{G}_1\mathrm{A} = \mathrm{D}$.

8. Studiare esistenza ed unicità della fattorizzazione LU delle seguenti matrici

$$\mathrm{B} = \begin{bmatrix} 1 & 2 \\ 1 & 2 \end{bmatrix}, \quad \mathrm{C} = \begin{bmatrix} 0 & 1 \\ 1 & 0 \end{bmatrix}, \quad \mathrm{D} = \begin{bmatrix} 0 & 1 \\ 0 & 2 \end{bmatrix}.$$

[*Soluzione*: in accordo con la Proprietà 3.2, la matrice singolare B, ma con minore principale dominante $\mathrm{B}_1 = 1$ non singolare, ammette un'unica fattorizzazione LU. La matrice non singolare C, ma con C_1 singolare, non ne ammette invece alcuna, mentre la matrice D (singolare) con D_1 singolare, ammette infinite fattorizzazioni LU della forma $\mathrm{D} = \mathrm{L}^\beta\mathrm{U}^\beta$, con $l_{11}^\beta = 1$, $l_{21}^\beta = \beta$, $l_{22}^\beta = 1$, $u_{11}^\beta = 0$, $u_{12}^\beta = 1$ e $u_{22}^\beta = 2 - \beta$ $\forall\beta \in \mathbb{R}$.]

9. Si consideri il sistema lineare $\mathrm{A}\mathbf{x} = \mathbf{b}$ con

$$\mathrm{A} = \begin{bmatrix} 1 & 0 & 6 & 2 \\ 8 & 0 & -2 & -2 \\ 2 & 9 & 1 & 3 \\ 2 & 1 & -3 & 10 \end{bmatrix}, \quad \mathbf{b} = \begin{bmatrix} 6 \\ -2 \\ -8 \\ -4 \end{bmatrix}.$$

(1) Si dica se è possibile applicare il MEG senza pivotazione; (2) si trovi una permutazione di A della forma PAQ alla quale sia possibile applicare con successo il MEG. Come si trasforma il sistema lineare?

[*Soluzione*: è immediato verificare che la Proprietà 3.2 non è soddisfatta in quanto $\det(A_{22}) = 0$. Le matrici di permutazione cercate sono quelle che scambiano la prima con la seconda riga e la seconda con la terza colonna.]

10. Si dimostri che se A è una matrice simmetrica e definita positiva allora risolvere il sistema lineare $A\mathbf{x} = \mathbf{b}$ equivale a calcolare $\mathbf{x}= \sum_{i=1}^{n}(c_i/\lambda_i)\mathbf{v}_i$, essendo λ_i gli autovalori di A, $\mathbf{v}_i$ i corrispondenti autovettori e c_i le componenti di $\mathbf{b}$ rispetto alla base degli autovettori.

11. (Da [JM92]) Si consideri il seguente sistema lineare

$$\begin{bmatrix} 1001 & 1000 \\ 1000 & 1001 \end{bmatrix} \begin{bmatrix} x_1 \\ x_2 \end{bmatrix} = \begin{bmatrix} b_1 \\ b_2 \end{bmatrix}.$$

In base a quanto osservato nell'esercizio precedente, si spieghi perché quando $\mathbf{b} = (2001,\ 2001)^T$ una piccola variazione $\boldsymbol{\delta}\mathbf{b} = (1, 0)^T$ induce grandi variazioni sulla soluzione, mentre viceversa quando $\mathbf{b} = (1,\ -1)^T$ una piccola variazione $\delta\mathbf{x} = (0.001, 0)^T$ sulla soluzione induce una grande variazione su $\mathbf{b}$.

[*Suggerimento*: si calcolino gli autovettori $\mathbf{v}_i$ della matrice e si esprimano i termini noti rispetto alla base $\{\mathbf{v}_i\}$.]

12. Si indichi l'entità del *fill-in* per una matrice $A \in \mathbb{R}^{n\times n}$ con elementi non nulli solo sulla diagonale principale, sulla prima colonna e sulla prima riga. Si proponga una permutazione che consenta di minimizzare il *fill-in*.

[*Suggerimento*: basta scambiare la prima riga e la prima colonna con l'ultima riga e l'ultima colonna di A, rispettivamente.]

13. Si consideri il sistema lineare $H_n\mathbf{x} = \mathbf{b}$ essendo H_n la matrice di Hilbert di ordine n. Si valuti al crescere di n il massimo numero di cifre significative corrette che ci si può attendere risolvendo il sistema dato con il MEG.

4
Risoluzione di sistemi lineari con metodi iterativi

I metodi iterativi mirano a costruire la soluzione $\mathbf{x}$ di un sistema lineare come limite di una successione di vettori. Per ottenere il singolo elemento della successione è richiesto il calcolo del residuo del sistema. Nel caso in cui la matrice sia piena e di ordine n, il costo computazionale di un metodo iterativo è dunque dell'ordine di n^2 operazioni per ogni iterazione, costo che deve essere confrontato con le $2n^3/3$ operazioni richieste approssimativamente da un metodo diretto. Di conseguenza, i metodi iterativi sono competitivi con i metodi diretti soltanto se il numero di iterazioni necessario per raggiungere la convergenza (rispetto alla tolleranza fissata) è indipendente da n o dipende da n in modo sublineare.

Per matrici sparse di grande dimensione i metodi diretti possono risultare particolarmente onerosi a causa del fenomeno del *fill-in*, ed i metodi iterativi possono costituirne una valida alternativa. Giova tuttavia ricordare che se la matrice è sparsa, ma strutturata, i metodi diretti possono essere resi estremamente efficienti (si vedano ad esempio [GL81, Saa90]).

È infine il caso di osservare che, nel caso di matrici malcondizionate, è possibile l'uso combinato dei metodi iterativi e dei metodi diretti tramite le tecniche di precondizionamento che analizzeremo nella Sezione 4.3.2.

4.1 Convergenza di metodi iterativi

Come anticipato, i metodi iterativi si basano sull'idea di calcolare una successione di vettori $\mathbf{x}^{(k)}$ che godano della proprietà di *convergenza*

$$\mathbf{x} = \lim_{k\to\infty} \mathbf{x}^{(k)}, \tag{4.1}$$

essendo $\mathbf{x}$ la soluzione di (3.2). Naturalmente, ci si vorrebbe fermare al minimo n per cui si abbia $\|\mathbf{x}^{(n)} - \mathbf{x}\| < \varepsilon$, dove ε è una tolleranza fissata a priori e $\|\cdot\|$ è una opportuna norma vettoriale. Tuttavia, poiché la soluzione esatta

A. Quarteroni, R. Sacco, F. Saleri, P. Gervasio, *Matematica Numerica*, 4ª edizione,
UNITEXT – La Matematica per il 3+2 77, DOI: 10.1007/978-88-470-5644-2_4,
© Springer-Verlag Italia 2014

non è nota, sarà necessario introdurre degli opportuni criteri d'arresto basati su altre quantità (si veda la Sezione 4.5).

Cominciamo con l'occuparci di un'ampia classe di metodi iterativi della forma

$$\mathbf{x}^{(0)} \text{ dato}, \quad \mathbf{x}^{(k+1)} = \mathrm{B}\mathbf{x}^{(k)} + \mathbf{f}, \quad k \geq 0, \tag{4.2}$$

avendo indicato con B una matrice quadrata $n \times n$ detta *matrice di iterazione* e con $\mathbf{f}$ un vettore che si ottiene a partire dal termine noto $\mathbf{b}$.

Definizione 4.1 Un metodo iterativo della forma (4.2) si dirà *consistente* con (3.2) se e solo se $\mathbf{f}$ e B sono tali che $\mathbf{x} = \mathrm{B}\mathbf{x} + \mathbf{f}$. Equivalentemente,

$$\mathbf{f} = (\mathrm{I} - \mathrm{B})\mathrm{A}^{-1}\mathbf{b}.$$ ■

Indicato con

$$\mathbf{e}^{(k)} = \mathbf{x}^{(k)} - \mathbf{x} \tag{4.3}$$

l'errore al passo k, la condizione di convergenza (4.1) è equivalente a richiedere che $\lim_{k\to\infty} \mathbf{e}^{(k)} = \mathbf{0}$ per ogni scelta del *vettore iniziale* $\mathbf{x}^{(0)}$.

La condizione di consistenza è ovviamente necessaria affinché il metodo (4.2) sia convergente. Essa tuttavia non è sufficiente, come si evince dal seguente esempio.

Esempio 4.1 Per la risoluzione del sistema lineare $2\mathrm{I}\mathbf{x} = \mathbf{b}$, consideriamo il metodo iterativo

$$\mathbf{x}^{(k+1)} = -\mathbf{x}^{(k)} + \mathbf{b},$$

che è ovviamente consistente ed ha matrice di iterazione $\mathrm{B} = -\mathrm{I}$, pertanto $\rho(\mathrm{B}) = 1$. Questo schema non è però convergente per ogni scelta del dato iniziale: infatti, qualunque sia $\mathbf{x}^{(0)}$ diverso dalla soluzione esatta del sistema $\mathbf{x} = \frac{1}{2}\mathbf{b}$, il metodo genera la successione $\mathbf{x}^{(2k+1)} = \mathbf{b} - \mathbf{x}^{(0)}$, $\mathbf{x}^{(2k)} = \mathbf{x}^{(0)}$, $k = 0, 1, \ldots$. •

Teorema 4.1 *Se il metodo* (4.2) *è consistente, esso converge alla soluzione di* (3.2) *per ogni scelta del vettore iniziale* $\mathbf{x}^{(0)}$ *se e solo se* $\rho(\mathrm{B}) < 1$.

Dimostrazione. Dalla (4.3) e dall'ipotesi di consistenza, si ottiene la relazione ricorsiva sull'errore $\mathbf{e}^{(k+1)} = \mathrm{B}\mathbf{e}^{(k)}$, pertanto

$$\mathbf{e}^{(k)} = \mathrm{B}^k\mathbf{e}^{(0)}, \qquad \forall k = 0, 1, \ldots \tag{4.4}$$

Grazie al Teorema 1.5, si ha allora che $\lim_{k\to\infty} \mathrm{B}^k\mathbf{e}^{(0)} = \mathbf{0}$ per ogni $\mathbf{e}^{(0)}$ se e solo $\rho(\mathrm{B}) < 1$.

Viceversa, se supponiamo $\rho(\mathrm{B}) \geqslant 1$, allora esiste almeno un autovalore λ di B con modulo maggiore o uguale a 1. Sia $\mathbf{e}^{(0)}$ un autovettore corrispondente a λ, allora $\mathrm{B}\mathbf{e}^{(0)} = \lambda\mathbf{e}^{(0)}$ e, pertanto, $\mathbf{e}^{(k)} = \lambda^k\mathbf{e}^{(0)}$. Dunque $\mathbf{e}^{(k)}$ non può tendere a $\mathbf{0}$ per $k \to \infty$, essendo $|\lambda| \geqslant 1$. ◇

Dalla (1.22) e grazie al Teorema 1.4, si può inoltre concludere che una condizione solo sufficiente di convergenza è $\|\mathrm{B}\| < 1$, per una qualche norma matriciale consistente. Intuitivamente, si comprende che la convergenza è tanto più rapida quanto più piccolo è $\rho(\mathrm{B})$ e, di conseguenza, una sua misura fornirebbe una stima della velocità di convergenza del metodo. Altre quantità significative sono contenute nella seguente definizione:

Definizione 4.2 Sia B la matrice di iterazione. Chiamiamo

1. $\|\mathrm{B}^m\|$ il *fattore di convergenza* dopo m iterazioni;
2. $\|\mathrm{B}^m\|^{1/m}$ il *fattore medio di convergenza* dopo m iterazioni;
3. $R_m(\mathrm{B}) = -\frac{1}{m}\log\|\mathrm{B}^m\|$ la *velocità media di convergenza* dopo m iterazioni. ■

Queste grandezze sono però troppo onerose da calcolare in quanto richiedono la conoscenza di B^m. Si preferisce allora stimare la *velocità asintotica di convergenza*, data da

$$R(\mathrm{B}) = \lim_{k\to\infty} R_k(\mathrm{B}) = -\log\rho(\mathrm{B}) \tag{4.5}$$

avendo invocato la Proprietà 1.13. In particolare, se B fosse simmetrica, prendendo la norma euclidea nella definizione di $R_m(\mathrm{B})$ avremmo

$$R_m(\mathrm{B}) = -\frac{1}{m}\log\|\mathrm{B}^m\|_2 = -\log\rho(\mathrm{B}).$$

Va tenuto presente che, per matrici non simmetriche, $\rho(\mathrm{B})$ può essere una stima eccessivamente ottimistica di $\|\mathrm{B}^m\|^{1/m}$ (si veda [Axe94], Capitolo 5.1). In effetti, anche se $\rho(\mathrm{B}) < 1$ la successione $\|\mathrm{B}^m\|$ potrebbe tendere a zero in maniera non monotona (si veda l'Esercizio 1). Osserviamo infine che, per via della (4.5), $\rho(\mathrm{B})$ è detto *fattore asintotico di convergenza.* Vedremo nella Sezione 4.5 come stimare numericamente queste quantità.

Osservazione 4.1 I metodi iterativi introdotti nella (4.2) sono un caso particolare di metodi iterativi della forma

$$\mathbf{x}^{(0)} = \mathbf{f}_0(\mathrm{A}, \mathbf{b}),$$

$$\mathbf{x}^{(n+1)} = \mathbf{f}_{n+1}(\mathbf{x}^{(n)}, \mathbf{x}^{(n-1)}, \ldots, \mathbf{x}^{(n-m)}, \mathrm{A}, \mathbf{b}), \text{ per } n \geq m,$$

essendo $\mathbf{f}_i$ e $\mathbf{x}^{(m)}, \ldots, \mathbf{x}^{(1)}$ delle funzioni e dei vettori assegnati. Il numero di passi dai quali dipende la generica iterata si dice *ordine del metodo*. Nel caso in cui le funzioni $\mathbf{f}_i$ siano indipendenti dal passo i, il metodo è detto *stazionario*, in caso contrario *non stazionario*. Infine, se la generica $\mathbf{f}_i$ dipende linearmente da $\mathbf{x}^{(0)}, \ldots, \mathbf{x}^{(m)}$, il metodo si dirà *lineare*, altrimenti si dirà *non lineare*.

Alla luce di queste definizioni, i metodi sinora considerati sono dunque *metodi iterativi lineari stazionari del prim'ordine*. Nella Sezione 4.3 verranno forniti esempi di metodi lineari non stazionari. ■

4.2 Metodi iterativi lineari

Una strategia generale per costruire metodi iterativi lineari consistenti è basata su una decomposizione additiva, detta *splitting*, della matrice A della forma A=P−N, dove P e N sono due matrici opportune e P è non singolare. Per ragioni che risulteranno evidenti nel seguito, P è detta anche *matrice di precondizionamento* o *precondizionatore*.

Precisamente, assegnato $\mathbf{x}^{(0)}$, si ottiene $\mathbf{x}^{(k+1)}$ per $k \geq 0$ risolvendo i nuovi sistemi

$$\boxed{\mathrm{P}\mathbf{x}^{(k+1)} = \mathrm{N}\mathbf{x}^{(k)} + \mathbf{b}, \quad k \geq 0} \tag{4.6}$$

La matrice di iterazione per tali metodi è $\mathrm{B} = \mathrm{P}^{-1}\mathrm{N}$, mentre $\mathbf{f} = \mathrm{P}^{-1}\mathbf{b}$. La (4.6) può anche essere posta nella forma

$$\mathbf{x}^{(k+1)} = \mathbf{x}^{(k)} + \mathrm{P}^{-1}\mathbf{r}^{(k)}, \tag{4.7}$$

avendo indicato con

$$\mathbf{r}^{(k)} = \mathbf{b} - \mathrm{A}\mathbf{x}^{(k)} \tag{4.8}$$

il vettore *residuo* al passo k. La (4.7) esprime dunque il fatto che per aggiornare la soluzione al passo $k+1$, è necessario risolvere un sistema lineare di matrice P. Dunque P, oltre ad essere non singolare, dovrà essere invertibile con un basso costo computazionale se non si vuole che il costo complessivo dello schema aumenti eccessivamente (evidentemente, nel caso limite in cui P fosse uguale ad A e N = 0, il metodo (4.7) convergerebbe in una sola iterazione, ma col costo di un metodo diretto).

Ricordiamo ora due risultati che garantiscono, sotto opportune condizioni sulla decomposizione di A, la convergenza di (4.7) (per la dimostrazione rimandiamo ad esempio a [Hac94]).

Proprietà 4.1 *Sia* $\mathrm{A} = \mathrm{P} - \mathrm{N}$, *con* A *e* P *simmetriche e definite positive. Se la matrice* $2\mathrm{P} - \mathrm{A}$ *è definita positiva, allora il metodo iterativo definito nella* (4.7) *converge per ogni valore del dato iniziale* $\mathbf{x}^{(0)}$ *e si ha*

$$\rho(\mathrm{B}) = \|\mathrm{B}\|_{\mathrm{A}} = \|\mathrm{B}\|_{\mathrm{P}} < 1,$$

dove $\|B\|_A$ *(rispettivamente* $\|B\|_P$*) è la norma matriciale indotta dalla norma vettoriale* $\|\cdot\|_A$ *(rispettivamente* $\|\cdot\|_P$*) introdotta nella Proprietà 1.10. Inoltre la convergenza del metodo è monotona rispetto alle norme* $\|\cdot\|_P$ *e* $\|\cdot\|_A$ *(ovvero* $\|\mathbf{e}^{(k+1)}\|_P < \|\mathbf{e}^{(k)}\|_P$ *e* $\|\mathbf{e}^{(k+1)}\|_A < \|\mathbf{e}^{(k)}\|_A$, $k = 0, 1, \ldots$*).*

Proprietà 4.2 *Sia* $A = P - N$ *con* A *simmetrica definita positiva. Se la matrice* $P + P^T - A$ *è definita positiva, allora* P *è invertibile, inoltre il metodo iterativo definito nella* (4.7) *converge in modo monotono rispetto alla norma* $\|\cdot\|_A$ *e* $\rho(B) \leq \|B\|_A < 1$.

4.2.1 I metodi di Jacobi, di Gauss-Seidel e del rilassamento

Presentiamo in questa sezione alcuni classici metodi iterativi lineari.

Se gli elementi diagonali di A sono non nulli, possiamo mettere in evidenza in ogni equazione la corrispondente incognita, ottenendo il sistema lineare equivalente

$$x_i = \frac{1}{a_{ii}} \left[b_i - \sum_{\substack{j=1 \\ j \neq i}}^{n} a_{ij} x_j \right], \qquad i = 1, \ldots, n. \tag{4.9}$$

Nel **metodo di Jacobi**, scelto un dato iniziale arbitrario $\mathbf{x}^{(0)}$, si calcola $\mathbf{x}^{(k+1)}$ attraverso le formule

$$x_i^{(k+1)} = \frac{1}{a_{ii}} \left[b_i - \sum_{\substack{j=1 \\ j \neq i}}^{n} a_{ij} x_j^{(k)} \right], \quad i = 1, \ldots, n \tag{4.10}$$

Ciò equivale ad aver scelto lo splitting $A = P - N$, con

$$P = D, \quad N = D - A = E + F,$$

dove D è la matrice diagonale rappresentata dagli elementi diagonali di A, E è la matrice triangolare inferiore di coefficienti $e_{ij} = -a_{ij}$ se $i > j$, $e_{ij} = 0$ se $i \leq j$, mentre F è la matrice triangolare superiore di coefficienti $f_{ij} = -a_{ij}$ se $j > i$, $f_{ij} = 0$ se $j \leq i$. Di conseguenza, $A = D - (E + F)$.

La matrice di iterazione corrispondente è

$$B_J = D^{-1}(E + F) = I - D^{-1}A. \tag{4.11}$$

Una generalizzazione del metodo di Jacobi è rappresentata dal metodo del **rilassamento simultaneo** (o JOR), nel quale, introdotto un parametro di rilassamento ω, si sostituisce la (4.10) con

$$x_i^{(k+1)} = \frac{\omega}{a_{ii}}\left[b_i - \sum_{\substack{j=1 \\ j\neq i}}^{n} a_{ij}x_j^{(k)}\right] + (1-\omega)x_i^{(k)}, \qquad i = 1,\dots,n$$

la cui matrice di iterazione è data da

$$\mathrm{B}_{J_\omega} = \omega \mathrm{B}_J + (1-\omega)\mathrm{I}. \tag{4.12}$$

Nella forma (4.7), il metodo JOR corrisponde a

$$\mathbf{x}^{(k+1)} = \mathbf{x}^{(k)} + \omega \mathrm{D}^{-1}\mathbf{r}^{(k)}.$$

Questo metodo è consistente per ogni $\omega \neq 0$ e per $\omega = 1$ coincide col metodo di Jacobi.

Il **metodo di Gauss-Seidel** si differenzia dal metodo di Jacobi per il fatto che al passo $k+1$ si utilizzano i valori di $x_i^{(k+1)}$ qualora siano disponibili: invece della (4.10), si ha

$$x_i^{(k+1)} = \frac{1}{a_{ii}}\left[b_i - \sum_{j=1}^{i-1} a_{ij}x_j^{(k+1)} - \sum_{j=i+1}^{n} a_{ij}x_j^{(k)}\right], \quad i = 1,\dots,n \tag{4.13}$$

Questo metodo equivale ad aver utilizzato lo splitting $\mathrm{A} = \mathrm{P} - \mathrm{N}$, dove

$$\mathrm{P} = \mathrm{D} - \mathrm{E}, \quad \mathrm{N} = \mathrm{F}.$$

La corrispondente matrice di iterazione è data da

$$\mathrm{B}_{GS} = (\mathrm{D} - \mathrm{E})^{-1}\mathrm{F}. \tag{4.14}$$

A partire dal metodo di Gauss-Seidel, in analogia a quanto fatto per il metodo di Jacobi, introduciamo infine il **metodo del rilassamento successivo** (o **metodo SOR**)

$$x_i^{(k+1)} = \frac{\omega}{a_{ii}}\left[b_i - \sum_{j=1}^{i-1} a_{ij}x_j^{(k+1)} - \sum_{j=i+1}^{n} a_{ij}x_j^{(k)}\right] + (1-\omega)x_i^{(k)} \tag{4.15}$$

per $i = 1,\dots,n$, la cui formulazione vettoriale è

$$(\mathrm{I} - \omega \mathrm{D}^{-1}\mathrm{E})\mathbf{x}^{(k+1)} = [(1-\omega)\mathrm{I} + \omega \mathrm{D}^{-1}\mathrm{F}]\mathbf{x}^{(k)} + \omega \mathrm{D}^{-1}\mathbf{b}. \tag{4.16}$$

La matrice di iterazione corrispondente è pertanto

$$B(\omega) = (I - \omega D^{-1}E)^{-1}[(1-\omega)I + \omega D^{-1}F]. \tag{4.17}$$

Moltiplicando per D entrambi i membri della (4.16) e ricordando che $A = D - (E + F)$ si trova la forma seguente del metodo SOR

$$\mathbf{x}^{(k+1)} = \mathbf{x}^{(k)} + \left(\frac{1}{\omega}D - E\right)^{-1} \mathbf{r}^{(k)}.$$

Esso risulta consistente per ogni $\omega \neq 0$ e per $\omega = 1$ coincide con il metodo di Gauss-Seidel. In particolare, se $\omega \in (0,1)$ il metodo si dice di sottorilassamento, mentre se $\omega > 1$ si dice di sovrarilassamento.

4.2.2 Risultati di convergenza per i metodi di Jacobi e di Gauss-Seidel

Esistono delle particolari classi di matrici per le quali è possibile stabilire a priori risultati di convergenza per i metodi precedentemente introdotti. A questo proposito cominciamo con l'osservare che:

Teorema 4.2 *Se* A *è una matrice a dominanza diagonale stretta per righe, i metodi di Jacobi e di Gauss-Seidel sono convergenti.*

Dimostrazione. Dimostriamo solo la parte relativa al metodo di Jacobi, rimandando a [Axe94] per la parte relativa al metodo di Gauss-Seidel. Essendo A a dominanza diagonale stretta per righe, si ha $|a_{ii}| > \sum_{j=1}^{n} |a_{ij}|$ per $j \neq i$ ed $i = 1, \ldots, n$. Di conseguenza, $\|B_J\|_\infty = \max_{i=1,\ldots,n} \sum_{j=1, j\neq i}^{n} |a_{ij}|/|a_{ii}| < 1$ e quindi il metodo di Jacobi converge. ◇

Teorema 4.3 *Se* A *e* $2D - A$ *sono matrici simmetriche definite positive, allora il metodo di Jacobi converge e* $\rho(B_J) = \|B_J\|_A = \|B_J\|_D$.

Dimostrazione. Discende dalla Proprietà 4.1 con P=D. ◇

Per il metodo JOR l'ipotesi su $2D - A$ può essere rimossa. Infatti:

Teorema 4.4 *Se* A *è simmetrica definita positiva, allora il metodo JOR converge se* $0 < \omega < 2/\rho(D^{-1}A)$.

Dimostrazione. Il risultato segue dalla (4.12) e dal fatto che A ha autovalori reali positivi. ◇

Per quanto riguarda il metodo di Gauss-Seidel si può invece dimostrare che:

Teorema 4.5 *Se* A *è simmetrica definita positiva, il metodo di Gauss-Seidel converge in modo monotono rispetto alla norma* $\|\cdot\|_{\mathrm{A}}$.

Dimostrazione. Applichiamo la Proprietà 4.2 alla matrice P=D−E, verificando che $\mathrm{P}+\mathrm{P}^T-\mathrm{A}$ è definita positiva. Abbiamo infatti

$$\mathrm{P}+\mathrm{P}^T-\mathrm{A}=2\mathrm{D}-\mathrm{E}-\mathrm{F}-\mathrm{A}=\mathrm{D}$$

avendo osservato che $(\mathrm{D}-\mathrm{E})^T=\mathrm{D}-\mathrm{F}$. Ciò conclude la dimostrazione, osservando che D è definita positiva, essendo la diagonale di una matrice definita positiva. ◇

Nel caso in cui A sia una matrice tridiagonale (per punti o per blocchi), si può dimostrare che

$$\rho(\mathrm{B}_{GS})=\rho^2(\mathrm{B}_J) \tag{4.18}$$

(si veda [You71] per la dimostrazione). Da tale relazione si conclude che i due metodi convergono o divergono contemporaneamente. Nel caso in cui essi convergano, il metodo di Gauss-Seidel converge più rapidamente del metodo di Jacobi. Precisamente, la velocità asintotica del metodo di Gauss-Seidel è doppia di quella del metodo di Jacobi. Se in particolare A è tridiagonale e simmetrica definita positiva, dal Teorema 4.5 si può concludere che il metodo di Gauss-Seidel è convergente, mentre la (4.18) assicura anche la convergenza del metodo di Jacobi. In questo caso il metodo di Gauss-Seidel converge dunque più rapidamente del metodo di Jacobi.

Per matrici generiche non valgono risultati di confronto generali fra la velocità di convergenza del metodo di Jacobi e quella del metodo di Gauss-Seidel, come si evince dall'Esempio 4.2.

Esempio 4.2 Si considerino i sistemi lineari 3×3 della forma $\mathrm{A}_i\mathbf{x}=\mathbf{b}_i$ con $\mathbf{b}_i$ calcolato in modo che la soluzione del sistema sia sempre il vettore unitario e le matrici A_i sono date da

$$\mathrm{A}_1=\begin{bmatrix}3&0&4\\7&4&2\\-1&1&2\end{bmatrix},\quad \mathrm{A}_2=\begin{bmatrix}-3&3&-6\\-4&7&-8\\5&7&-9\end{bmatrix},$$

$$\mathrm{A}_3=\begin{bmatrix}4&1&1\\2&-9&0\\0&-8&-6\end{bmatrix},\quad \mathrm{A}_4=\begin{bmatrix}7&6&9\\4&5&-4\\-7&-3&8\end{bmatrix}.$$

Si può facilmente verificare che nel caso della matrice A_1 il metodo di Jacobi diverge ($\rho(\mathrm{B}_J)=1.\bar{3}$) mentre quello di Gauss-Seidel converge. Viceversa, nel caso della matrice A_2 è il metodo di Jacobi a convergere, mentre quello di Gauss-Seidel diverge ($\rho(\mathrm{B}_{GS})=1.\bar{1}$). Nei due casi restanti il metodo di Jacobi converge più lentamente rispetto al metodo di Gauss-Seidel (matrice A_3, $\rho(B_J) = 0.44$ contro $\rho(B_{GS}) = 0.018$) e viceversa (matrice A_4, $\rho(B_J) = 0.64$ contro $\rho(B_{GS}) = 0.77$). •

Concludiamo con il seguente risultato.

Teorema 4.6 *Se il metodo di Jacobi converge, allora il metodo JOR converge purché* $0 < \omega \leq 1$.

Dimostrazione. Grazie alla (4.12), gli autovalori di B_{J_ω} sono

$$\mu_k = \omega\lambda_k + 1 - \omega, \qquad k = 1, \ldots, n,$$

essendo λ_k gli autovalori di B_J. Ricordando la formula di Eulero per la rappresentazione di un numero complesso, possiamo scrivere $\lambda_k = r_k e^{i\theta_k}$ con $r_k < 1$. Quindi,

$$|\mu_k|^2 = \omega^2 r_k^2 + 2\omega r_k \cos(\theta_k)(1-\omega) + (1-\omega)^2 \leq (\omega r_k + 1 - \omega)^2,$$

e pertanto $|\mu_k| < 1$ se $0 < \omega \leq 1$. ◇

4.2.3 Risultati di convergenza per il metodo di rilassamento

Diamo nel risultato seguente una condizione necessaria su ω affinché il metodo SOR converga.

Teorema 4.7 *Per ogni* $\omega \in \mathbb{R}$ *si ha* $\rho(B(\omega)) \geq |\omega - 1|$, *pertanto il metodo SOR diverge se* $\omega \leq 0$ *o se* $\omega \geq 2$.

Dimostrazione. Se $\{\lambda_i\}$ sono gli autovalori della matrice di iterazione del metodo SOR, allora

$$\left|\prod_{i=1}^{n} \lambda_i\right| = \left|\det\left[(1-\omega)I + \omega D^{-1}F\right]\right| = |1-\omega|^n.$$

Di conseguenza deve esistere almeno un autovalore λ_i tale che $|\lambda_i| \geq |1-\omega|$ e quindi, una condizione necessaria per la convergenza è $|1-\omega| < 1$, ossia $0 < \omega < 2$. ◇

Se la matrice A è simmetrica definita positiva, la condizione $0 < \omega < 2$ diventa anche sufficiente per la convergenza. Vale infatti il seguente risultato (si veda per la dimostrazione [Hac94]):

Proprietà 4.3 (di Ostrowski) *Se A è una matrice simmetrica definita positiva, il metodo SOR converge se e solo se* $0 < \omega < 2$. *Inoltre, la convergenza è monotona rispetto alla norma* $\|\cdot\|_A$.

Infine, se A è *a dominanza diagonale stretta* per righe, il metodo SOR converge se $0 < \omega \leq 1$.

Dai risultati precedenti, si evince che il metodo SOR converge più o meno rapidamente a seconda di come è stato scelto il parametro di rilassamento ω. La determinazione del valore ω_{opt} in corrispondenza del quale la velocità di convergenza sia la più elevata possibile, è assai complessa e se ne conoscono soluzioni soddisfacenti solo in casi particolari (si vedano ad esempio [Axe94], [You71], [Var62] o [Wac66]). Ci limiteremo a ricordare il seguente risultato (per la dimostrazione si veda [Axe94]):

Proprietà 4.4 *Sia* A *simmetrica definita positiva e tridiagonale. Allora il metodo SOR converge per ogni valore iniziale* $\mathbf{x}^{(0)}$ *se* $0 < \omega < 2$. *In tal caso,*

$$\omega_{opt} = \frac{2}{1 + \sqrt{1 - \rho^2(\mathrm{B}_J)}} \tag{4.19}$$

ed in corrispondenza di tale valore il fattore asintotico di convergenza è pari a

$$\rho(\mathrm{B}(\omega_{opt})) = \frac{1 - \sqrt{1 - \rho^2(\mathrm{B}_J)}}{1 + \sqrt{1 - \rho^2(\mathrm{B}_J)}}.$$

4.2.4 Il caso delle matrici a blocchi

I metodi precedentemente introdotti vengono anche riferiti come metodi *per punti* (o per linee) in quanto agiscono sui singoli elementi della matrice A. È possibile fornire delle versioni a blocchi di tali metodi a patto di introdurre una opportuna rappresentazione per blocchi di A (si veda la Sezione 1.6). Sia $\mathrm{A} \in \mathbb{R}^{n\times n}$; decomponiamo A in $p \times p$ blocchi quadrati indicando con $\mathrm{A}_{ii} \in \mathbb{R}^{p_i\times p_i}$ i blocchi (quadrati) diagonali di A tali che $\sum_{i=1}^{p} p_i = n$. È immediato estendere al caso di matrici a blocchi lo splitting della forma $\mathrm{A} = \mathrm{D} - (\mathrm{E} + \mathrm{F})$ introdotto nella Sezione 4.2.1, dove D è ora la matrice diagonale a blocchi avente come elementi i blocchi A_{ii}, $i = 1, \ldots, p$, mentre $-\mathrm{E}$ e $-\mathrm{F}$ sono le matrici tridiagonali a blocchi costituite dalle parti strettamente triangolari a blocchi inferiore e superiore di A, rispettivamente.

Il *metodo di Jacobi a blocchi* assumerà la forma

$$\mathrm{A}_{ii}\mathbf{x}_i^{(k+1)} = \mathbf{b}_i - \sum_{\substack{j=1\\ j\neq i}}^{p} \mathrm{A}_{ij}\mathbf{x}_j^{(k)}, \quad i = 1, \ldots, p,$$

avendo partizionato anche il vettore soluzione e il termine noto in blocchi di dimensione p_i, denotati rispettivamente con $\mathbf{x}_i^{(k)}$ e con $\mathbf{b}_i$. Di conseguenza, ad ogni passo, il metodo di Jacobi a blocchi richiede la soluzione di p sistemi lineari di matrici A_{ii} (che si dovranno supporre non singolari).

In maniera del tutto analoga si introducono i metodi di Gauss-Seidel a blocchi e SOR a blocchi.

4.2.5 Forma simmetrica dei metodi di Gauss-Seidel e SOR

Anche se A è una matrice simmetrica, i metodi di Gauss-Seidel e SOR generano matrici di iterazione non necessariamente simmetriche. Introduciamo una tecnica che consente di simmetrizzare questi metodi. Lo scopo non è tanto di costruire nuovi metodi iterativi, quanto piuttosto generare precondizionatori simmetrici (si veda la Sezione 4.3.2). Osserviamo innanzitutto che si può introdurre uno schema analogo a quello di Gauss-Seidel, semplicemente scambiando fra loro E e F. Definiremo in tal caso l'iterazione seguente, detta di *Gauss-Seidel all'indietro*,

$$(\mathrm{D}-\mathrm{F})\mathbf{x}^{(k+1)} = \mathrm{E}\mathbf{x}^{(k)} + \mathbf{b},$$

la cui matrice di iterazione è $\mathrm{B}_{GSb} = (\mathrm{D}-\mathrm{F})^{-1}\mathrm{E}$.

Il *metodo di Gauss-Seidel simmetrico* si ottiene combinando una iterazione del metodo di Gauss-Seidel con una iterazione del metodo di Gauss-Seidel all'indietro. Precisamente, la k-esima iterazione del metodo di Gauss-Seidel simmetrico è

$$(\mathrm{D}-\mathrm{E})\mathbf{x}^{(k+1/2)} = \mathrm{F}\mathbf{x}^{(k)} + \mathbf{b}, \quad (\mathrm{D}-\mathrm{F})\mathbf{x}^{(k+1)} = \mathrm{E}\mathbf{x}^{(k+1/2)} + \mathbf{b}.$$

Eliminando $\mathbf{x}^{(k+1/2)}$, si ottiene lo schema seguente:

$$\begin{aligned}
&\mathbf{x}^{(k+1)} = \mathrm{B}_{SGS}\mathbf{x}^{(k)} + \mathbf{b}_{SGS},\\
&\mathrm{B}_{SGS} = (\mathrm{D}-\mathrm{F})^{-1}\mathrm{E}(\mathrm{D}-\mathrm{E})^{-1}\mathrm{F},\\
&\mathbf{b}_{SGS} = (\mathrm{D}-\mathrm{F})^{-1}[\mathrm{E}(\mathrm{D}-\mathrm{E})^{-1} + \mathrm{I}]\mathbf{b}.
\end{aligned} \tag{4.20}$$

La matrice di precondizionamento associata all'iterazione (4.20) è

$$\mathrm{P}_{SGS} = (\mathrm{D}-\mathrm{E})\mathrm{D}^{-1}(\mathrm{D}-\mathrm{F}).$$

Si può dimostrare il seguente risultato (si veda [Hac94]):

Proprietà 4.5 *Se* A *è una matrice simmetrica definita positiva, il metodo di Gauss-Seidel simmetrico converge ed inoltre* B_{SGS} *è simmetrica definita positiva.*

In modo del tutto analogo, definendo il metodo SOR all'indietro

$$(\mathrm{D}-\omega\mathrm{F})\mathbf{x}^{(k+1)} = [\omega\mathrm{E} + (1-\omega)\mathrm{D}]\,\mathbf{x}^{(k)} + \omega\mathbf{b},$$

e combinandolo con un passo del metodo SOR, si trova il *metodo SOR simmetrico* (o *SSOR*)

$$\mathbf{x}^{(k+1)} = \mathrm{B}_s(\omega)\mathbf{x}^{(k)} + \mathbf{b}_\omega,$$

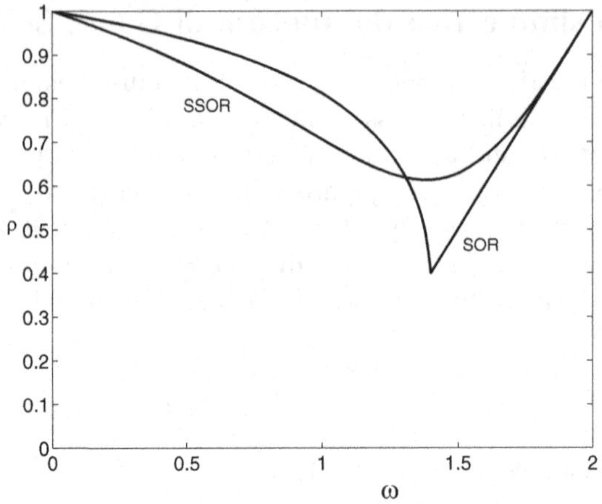

Fig. 4.1 Andamento del raggio spettrale della matrice di iterazione del metodo SOR e del metodo SSOR in funzione del parametro di rilassamento ω per la matrice $\mathrm{A} = \mathrm{tridiag}_{10}(-1, 2, -1)$

dove

$$\mathrm{B}_s(\omega) = (\mathrm{D} - \omega\mathrm{F})^{-1}(\omega\mathrm{E} + (1-\omega)\mathrm{D})(\mathrm{D} - \omega\mathrm{E})^{-1}(\omega\mathrm{F} + (1-\omega)\mathrm{D}),$$

$$\mathbf{b}_\omega = \omega(2-\omega)(\mathrm{D} - \omega\mathrm{F})^{-1}\mathrm{D}(\mathrm{D} - \omega\mathrm{E})^{-1}\mathbf{b}.$$

La matrice di precondizionamento di tale schema è

$$\mathrm{P}_{SSOR}(\omega) = \left(\frac{1}{\omega}\mathrm{D} - \mathrm{E}\right) \frac{\omega}{2-\omega} \mathrm{D}^{-1} \left(\frac{1}{\omega}\mathrm{D} - \mathrm{F}\right). \tag{4.21}$$

Se A è simmetrica e definita positiva, il metodo SSOR converge se $0 < \omega < 2$ (si veda per la dimostrazione [Hac94]). Tipicamente, il metodo SSOR con parametro ottimale di rilassamento converge più lentamente del metodo SOR nel caso corrispondente. Tuttavia, il valore di $\rho(\mathrm{B}_s(\omega))$ è meno sensibile ad una scelta di ω in un intorno del valore ottimo di quanto non accada nel caso del metodo SOR (si veda a questo proposito l'andamento dei raggi spettrali delle due matrici di iterazione in Figura 4.1). Per questo motivo, si sceglie di solito come valore ottimo di ω in SSOR lo stesso scelto per SOR (per maggiori dettagli si veda [You71]).

4.2.6 Aspetti implementativi

Riportiamo i programmi relativi ai metodi di Jacobi e di Gauss-Seidel nella loro forma per punti e con rilassamento.

Nel Programma 15 viene proposta una implementazione del metodo JOR (per `omega` = `1` si ottiene il metodo di Jacobi). Il test d'arresto è stato eseguito

rispetto alla norma 2 del residuo calcolato ad ogni iterazione e normalizzato rispetto al residuo iniziale.
Come si può notare, le componenti `x(i)` del vettore soluzione possono essere calcolate indipendentemente le une dalle altre: questo metodo è dunque facilmente parallelizzabile.

Programma 15 – jor: Metodo JOR

```
function [x,iter]=jor(A,b,x0,nmax,tol,omega)
% JOR metodo JOR
% [X,ITER]=JOR(A,B,X0,NMAX,TOL,OMEGA) risolve il sistema
% A*X=B con il metodo JOR. TOL specifica la tolleranza del metodo,
% NMAX il numero massimo di iterazioni, mentre X0 e' il vettore iniziale.
% OMEGA e' il parametro di rilassamento, ITER indica l'iterazione alla
% quale e' calcolata la soluzione X.
[n,m]=size(A);
if n ~= m, error('Solo sistemi quadrati'); end
iter=0;
r = b-A*x0; r0=norm(r); err=norm(r); x=x0;
while err > tol && iter < nmax
    iter = iter + 1;
    for i=1:n
        s = 0;
        for j = 1:i-1, s=s+A(i,j)*x(j); end
        for j = i+1:n, s=s+A(i,j)*x(j); end
        xnew(i,1)=omega*(b(i)-s)/A(i,i)+(1-omega)*x(i);
    end
    x=xnew; r=b-A*x; err=norm(r)/r0;
end
return
```

Nel Programma 16 viene invece fornita una implementazione del metodo SOR. Per `omega=1` si ottiene il metodo di Gauss-Seidel.
Contrariamente al caso del metodo di Jacobi, questo schema è completamente sequenziale. Tuttavia può essere facilmente implementato senza memorizzare la soluzione del passo precedente, con un conseguente risparmio in termini di occupazione di memoria.

Programma 16 – sor: Metodo SOR

```
function [x,iter]=sor(A,b,x0,nmax,tol,omega)
% SOR metodo SOR
% [X,ITER]=SOR(A,B,X0,NMAX,TOL,OMEGA) risolve il sistema
% A*X=B con il metodo SOR. TOL specifica la tolleranza del metodo,
% NMAX il numero massimo di iterazioni, mentre X0 e' il vettore iniziale.
```

```
% OMEGA e' il parametro di rilassamento, ITER indica l'iterazione alla
% quale e' calcolata la soluzione X.
[n,m]=size(A);
if n ~= m, error('Solo sistemi quadrati'); end
iter=0; r=b-A*x0; r0=norm(r); err=norm(r); xold=x0;
while err > tol && iter < nmax
    iter = iter + 1;
    for i=1:n
        s=0;
        for j = 1:i-1, s=s+A(i,j)*x(j); end
        for j = i+1:n, s=s+A(i,j)*xold(j); end
        x(i,1)=omega*(b(i)-s)/A(i,i)+(1-omega)*xold(i);
    end
    xold=x; r=b-A*x; err=norm(r)/r0;
end
return
```

4.3 Metodi di Richardson stazionari e non stazionari

Indichiamo con

$$\mathrm{R_P} = \mathrm{I} - \mathrm{P}^{-1}\mathrm{A}$$

la matrice di iterazione associata al metodo (4.7). Analogamente a quanto fatto in precedenza per i metodi di rilassamento, la (4.7) può essere generalizzata introducendo un opportuno parametro di rilassamento (o di accelerazione) α. Si ottengono in tal modo i *metodi di Richardson stazionari* (detti più semplicemente *di Richardson*), della forma

$$\mathbf{x}^{(k+1)} = \mathbf{x}^{(k)} + \alpha \mathrm{P}^{-1}\mathbf{r}^{(k)}, \qquad k \geq 0 \tag{4.22}$$

Più in generale, supponendo α dipendente dall'indice di iterazione, si ottengono i *metodi di Richardson non stazionari* dati da

$$\mathbf{x}^{(k+1)} = \mathbf{x}^{(k)} + \alpha_k \mathrm{P}^{-1}\mathbf{r}^{(k)}, \qquad k \geq 0 \tag{4.23}$$

La matrice di iterazione al passo k-esimo per tali metodi è data da

$$\mathrm{R}_{\alpha_k} = \mathrm{I} - \alpha_k \mathrm{P}^{-1}\mathrm{A},$$

con $\alpha_k = \alpha$ per i metodi stazionari (si noti che essa dipende da k). Nel caso in cui P=I, i metodi in esame si diranno *non precondizionati*. I metodi di

Jacobi e di Gauss-Seidel sono metodi di Richardson stazionari con $\mathrm{P} = \mathrm{D}$ e $\mathrm{P} = \mathrm{D} - \mathrm{E}$, rispettivamente (e $\alpha = 1$).

Possiamo riscrivere la (4.23) (e quindi anche la (4.22)) in una forma di grande interesse computazionale. Posto infatti $\mathbf{z}^{(k)} = \mathrm{P}^{-1}\mathbf{r}^{(k)}$ (il cosiddetto *residuo precondizionato*), si ha che $\mathbf{x}^{(k+1)} = \mathbf{x}^{(k)} + \alpha_k \mathbf{z}^{(k)}$ e $\mathbf{r}^{(k+1)} = \mathbf{b} - \mathrm{A}\mathbf{x}^{(k+1)} = \mathbf{r}^{(k)} - \alpha_k \mathrm{A}\mathbf{z}^{(k)}$. Riassumendo, un metodo di Richardson non stazionario al passo $(k+1)$-esimo richiede le seguenti operazioni

$$
\begin{array}{l}
\text{risolvere il sistema lineare } \mathrm{P}\mathbf{z}^{(k)} = \mathbf{r}^{(k)} \\
\text{calcolare il parametro di accelerazione } \alpha_k \\
\text{aggiornare la soluzione } \mathbf{x}^{(k+1)} = \mathbf{x}^{(k)} + \alpha_k \mathbf{z}^{(k)} \\
\text{aggiornare il residuo } \mathbf{r}^{(k+1)} = \mathbf{r}^{(k)} - \alpha_k \mathrm{A}\mathbf{z}^{(k)}
\end{array}
\qquad (4.24)
$$

4.3.1 Analisi di convergenza per il metodo di Richardson

Consideriamo innanzitutto il metodo di Richardson stazionario per il quale $\alpha_k = \alpha$, per $k \geq 0$. Vale il seguente risultato di convergenza:

Teorema 4.8 *Se* P *è una matrice non singolare, il metodo di Richardson stazionario* (4.22) *è convergente se e solo se*

$$
\frac{2\mathrm{Re}\lambda_i}{\alpha|\lambda_i|^2} > 1 \quad \forall i = 1, \ldots, n, \qquad (4.25)
$$

essendo λ_i *gli autovalori di* $\mathrm{P}^{-1}\mathrm{A}$.

Dimostrazione. Applichiamo il Teorema 4.1 alla matrice di iterazione $\mathrm{R}_\alpha = \mathrm{I} - \alpha\mathrm{P}^{-1}\mathrm{A}$. La condizione $|1 - \alpha\lambda_i| < 1$ per $i = 1, \ldots, n$ equivale a

$$
(1 - \alpha\mathrm{Re}\lambda_i)^2 + \alpha^2(\mathrm{Im}\lambda_i)^2 < 1
$$

da cui segue immediatamente la (4.25). ◇

Notiamo che se il segno della parte reale degli autovalori di $\mathrm{P}^{-1}\mathrm{A}$ non è costante, il metodo stazionario di Richardson *non può* convergere.

Si possono ottenere risultati più specifici, facendo opportune ipotesi sullo spettro di $\mathrm{P}^{-1}\mathrm{A}$.

Teorema 4.9 *Supponiamo che* P *sia una matrice non singolare e che* $\mathrm{P}^{-1}\mathrm{A}$ *abbia autovalori reali positivi, ordinati in modo che* $\lambda_1 \geq \lambda_2 \geq \ldots \geq \lambda_n > 0$.

Allora, il metodo stazionario di Richardson (4.22) *converge se e solo se* $0 < \alpha < 2/\lambda_1$. *Inoltre, posto*

$$\alpha_{opt} = \frac{2}{\lambda_1 + \lambda_n} \tag{4.26}$$

il raggio spettrale della matrice di iterazione R_α *è minimo se* $\alpha = \alpha_{opt}$, *con*

$$\rho_{opt} = \min_{\alpha} [\rho(\mathrm{R}_\alpha)] = \frac{\lambda_1 - \lambda_n}{\lambda_1 + \lambda_n}. \tag{4.27}$$

Dimostrazione. Gli autovalori di R_α sono dati da

$$\lambda_i(\mathrm{R}_\alpha) = 1 - \alpha\lambda_i.$$

Allora il metodo (4.22) è convergente se e solo se $|\lambda_i(\mathrm{R}_\alpha)| < 1$ per $i = 1, \ldots, n$, ovvero se $0 < \alpha < 2/\lambda_1$. Segue (si veda la Figura 4.2) che $\rho(\mathrm{R}_\alpha)$ è minimo qualora $1 - \alpha\lambda_n = \alpha\lambda_1 - 1$, cioè per $\alpha = \alpha_{opt}$. In corrispondenza di tale valore si ricava ρ_{opt}. ◇

Se $\mathrm{P}^{-1}\mathrm{A}$ è simmetrica definita positiva, si può dimostrare che la convergenza del metodo di Richardson è monotona rispetto alle norme $\|\cdot\|_2$ e $\|\cdot\|_{\mathrm{A}}$. In tal caso, grazie alla (4.27), possiamo mettere in relazione ρ_{opt} con $K_2(\mathrm{P}^{-1}\mathrm{A})$ nel modo seguente

$$\rho_{opt} = \frac{K_2(\mathrm{P}^{-1}\mathrm{A}) - 1}{K_2(\mathrm{P}^{-1}\mathrm{A}) + 1}, \quad \alpha_{opt} = \frac{2\|\mathrm{A}^{-1}\mathrm{P}\|_2}{K_2(\mathrm{P}^{-1}\mathrm{A}) + 1} \tag{4.28}$$

dove in questo caso $K_2(\mathrm{P}^{-1}\mathrm{A}) = \lambda_1/\lambda_n$, grazie alla (3.5).

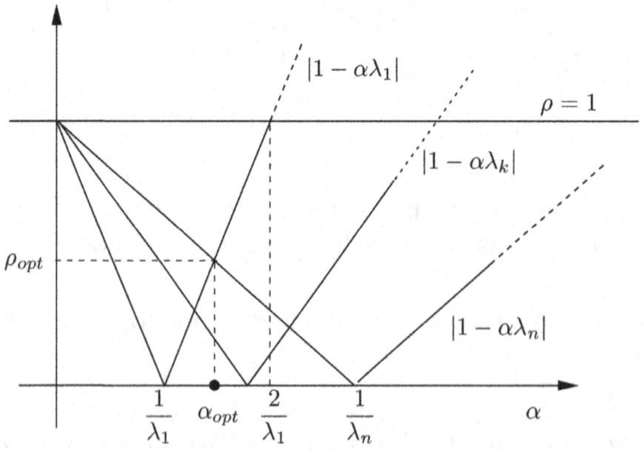

Fig. 4.2 Il raggio spettrale di R_α in funzione degli autovalori di $\mathrm{P}^{-1}\mathrm{A}$

Si comprende dunque quanto sia importante la scelta del precondizionatore P in un metodo di Richardson. Ovviamente bisognerà anche garantire che la soluzione del sistema lineare di matrice P sia non troppo onerosa. Nella Sezione 4.3.2 illustreremo alcuni precondizionatori utilizzati comunemente nella pratica.

Corollario 4.1 *Sia* A *una matrice simmetrica definita positiva con autovalori* $\lambda_1 \geq \lambda_2 \geq \ldots \geq \lambda_n > 0$. *Allora, se* $0 < \alpha < 2/\lambda_1$, *il metodo di Richardson stazionario non precondizionato converge e*

$$\|\mathbf{e}^{(k+1)}\|_{\mathrm{A}} \leq \rho(\mathrm{R}_\alpha)\|\mathbf{e}^{(k)}\|_{\mathrm{A}}, \quad k \geq 0. \tag{4.29}$$

Lo stesso risultato vale per il metodo di Richardson precondizionato nell'ipotesi che le matrici P, A *e* $\mathrm{P}^{-1}\mathrm{A}$ *siano simmetriche definite positive.*

Dimostrazione. La convergenza è una conseguenza del Teorema 4.8. Inoltre, osserviamo che

$$\|\mathbf{e}^{(k+1)}\|_{\mathrm{A}} = \|\mathrm{R}_\alpha\mathbf{e}^{(k)}\|_{\mathrm{A}} = \|\mathrm{A}^{1/2}\mathrm{R}_\alpha\mathbf{e}^{(k)}\|_2 \leq \|\mathrm{A}^{1/2}\mathrm{R}_\alpha\mathrm{A}^{-1/2}\|_2\|\mathrm{A}^{1/2}\mathbf{e}^{(k)}\|_2.$$

La matrice R_α è simmetrica e simile a $\mathrm{A}^{1/2}\mathrm{R}_\alpha\mathrm{A}^{-1/2}$. Pertanto, $\|\mathrm{A}^{1/2}\mathrm{R}_\alpha\mathrm{A}^{-1/2}\|_2 = \rho(\mathrm{R}_\alpha)$. Il risultato (4.29) segue osservando che $\|\mathrm{A}^{1/2}\mathbf{e}^{(k)}\|_2 = \|\mathbf{e}^{(k)}\|_{\mathrm{A}}$. Si può ripetere una dimostrazione analoga anche nel caso precondizionato, a patto di sostituire A con la matrice $\mathrm{P}^{-1}\mathrm{A}$. ◇

La (4.29) vale infine anche nel caso in cui solo P e A siano simmetriche definite positive (per la dimostrazione si veda [QV94], Capitolo 2).

4.3.2 Matrici di precondizionamento

Tutti i metodi introdotti nelle precedenti sezioni possono essere posti nella forma (4.2), pertanto essi possono essere visti come metodi per la risoluzione del sistema

$$(\mathrm{I} - \mathrm{B})\mathbf{x} = \mathbf{f} = \mathrm{P}^{-1}\mathbf{b}.$$

D'altra parte, poiché $\mathrm{B}=\mathrm{P}^{-1}\mathrm{N}$, il sistema (3.2) può essere equivalentemente riformulato come

$$\mathrm{P}^{-1}\mathrm{A}\mathbf{x} = \mathrm{P}^{-1}\mathbf{b}. \tag{4.30}$$

Quest'ultimo è un *sistema precondizionato* e P è detta la *matrice di precondizionamento* o *precondizionatore sinistro*. Precondizionatori *destri* e *centrati* possono essere introdotti trasformando il sistema (3.2) rispettivamente nella forma

$$\mathrm{A}\mathrm{P}^{-1}\mathbf{y} = \mathbf{b}, \quad \mathbf{y} = \mathrm{P}\mathbf{x},$$

oppure

$$\mathrm{P}_L^{-1}\mathrm{A}\mathrm{P}_R^{-1}\mathbf{y} = \mathrm{P}_L^{-1}\mathbf{b}, \quad \mathbf{y} = \mathrm{P}_R\mathbf{x}.$$

A seconda che un precondizionatore venga applicato ai singoli elementi della matrice A o ad una sua partizione a blocchi, distinguiamo inoltre i *precondizionatori per punti* da quelli *a blocchi*.

I metodi iterativi considerati corrispondono perciò ad iterazioni di punto fisso applicate ad un sistema precondizionato a sinistra. Come osservato nella (4.24), non è necessario calcolare esplicitamente l'inversa di P; il ruolo di P è infatti quello di precondizionare il residuo $\mathbf{r}^{(k)}$ tramite la soluzione del sistema addizionale $\mathrm{P}\mathbf{z}^{(k)} = \mathbf{r}^{(k)}$.

In generale non è possibile individuare a priori il precondizionatore ottimale. Una regola di base è che P è un buon precondizionatore per A se $\mathrm{P}^{-1}\mathrm{A}$ assomiglia ad una matrice normale e se i suoi autovalori sono contenuti in una regione sufficientemente piccola del piano complesso. La scelta del precondizionatore deve però essere guidata anche da considerazioni computazionali, come il suo costo e la memoria richiesta.

Esistono due principali categorie di precondizionatori: quelli algebrici e quelli funzionali. La differenza risiede nel fatto che i primi sono indipendenti dal problema che ha originato il sistema lineare e, conseguentemente, vengono costruiti solo tramite manipolazioni algebriche, mentre i secondi traggono vantaggio dalla conoscenza (e vengono costruiti in funzione) di tale problema. Oltre ai precondizionatori introdotti nella Sezione 4.2.5, forniamo una descrizione di altri precondizionatori algebrici di uso comune.

1. *Precondizionatori diagonali*: in generale la scelta di P come la diagonale di A si può rivelare efficace nel caso in cui A sia una matrice simmetrica definita positiva. Nel caso non simmetrico si può prendere P con elementi dati da

$$p_{ii} = \left(\sum_{j=1}^{n} a_{ij}^2\right)^{1/2}.$$

   In modo analogo si possono definire precondizionatori diagonali a blocchi. La ricerca di un precondizionatore diagonale ottimale non è facile; si pensi a tale proposito alle osservazioni della Sezione 3.11.1 relativamente allo *scaling* di una matrice.

2. *Fattorizzazioni LU incomplete* (in breve ILU, dall'inglese *incomplete LU factorization*) e *fattorizzazioni incomplete di Cholesky* (in breve IC).

   Una fattorizzazione incompleta di una matrice A è un procedimento che mira a costruire $\mathrm{P} = \mathrm{L}_{in}\mathrm{U}_{in}$, dove L_{in} è una matrice triangolare inferiore ed U_{in} una matrice triangolare superiore. Esse forniscono delle approssimazioni dei fattori *esatti* della fattorizzazione LU di A e sono scelti in modo tale che la matrice residuo $R = A - L_{in}U_{in}$ soddisfi a qualche particolare proprietà, ad esempio quella di avere elementi nulli in specifiche posizioni. Vediamo come procedere.

Data una matrice M, denotiamo con parte-L (parte-U) di M la parte triangolare inferiore (superiore) di M. Assumiamo inoltre che il processo di fattorizzazione LU possa essere condotto a termine senza far ricorso alla pivotazione. Nell'approccio di base per una fattorizzazione incompleta si richiede che i fattori approssimati L_{in} e U_{in} abbiano lo stesso tipo di sparsità della parte-L e parte-U di A, rispettivamente. Vale a dire che soltanto in corrispondenza di elementi non nulli di parte-L (parte-U) si troveranno elementi non nulli in L_{in} (U_{in}). Nel seguito indicheremo con *pattern* (o *trama*) di una matrice sparsa un disegno che riporta un simbolo in corrispondenza degli elementi non nulli.

Un algoritmo generale per calcolare la fattorizzazione incompleta consiste allora nell'eseguire il MEG nel modo seguente: ad ogni passo k, si calcola $m_{ik} = a_{ik}^{(k)}/a_{kk}^{(k)}$ solo se $a_{ik} \neq 0$ per $i = k+1, \ldots, n$. Analogamente, si calcola, per $j = k+1, \ldots, n$, $a_{ij}^{(k+1)}$ solo se il corrispondente elemento a_{ij} della matrice A di partenza è non nullo. Questo algoritmo è implementato nel Programma 17. Le matrici L_{in} e U_{in} vengono progressivamente sovrascritte alla parte-L e alla parte-U di A.

Programma 17 – basicilu: Fattorizzazione LU incompleta

```
function [A] = basicilu(A)
% BASICILU fattorizzazione LU incompleta.
% Y=BASICILU(A): U e' memorizzata nella parte triangolare superiore di Y
% e L e' memorizzata nella parte triangolare inferiore stretta di Y.
% I fattori L e U hanno la stessa struttura di sparsita' della matrice A.
[n,m]=size(A);
if n ~= m, error('Solo matrici quadrate'); end
for k=1:n-1
    for i=k+1:n,
        if A(i,k) ~= 0
            if A(k,k) == 0, error('Elemento pivotale nullo'); end
            A(i,k)=A(i,k)/A(k,k);
            for j=k+1:n
                if A(i,j) ~= 0, A(i,j)=A(i,j)-A(i,k)*A(k,j); end
            end
        end
    end
end
return
```

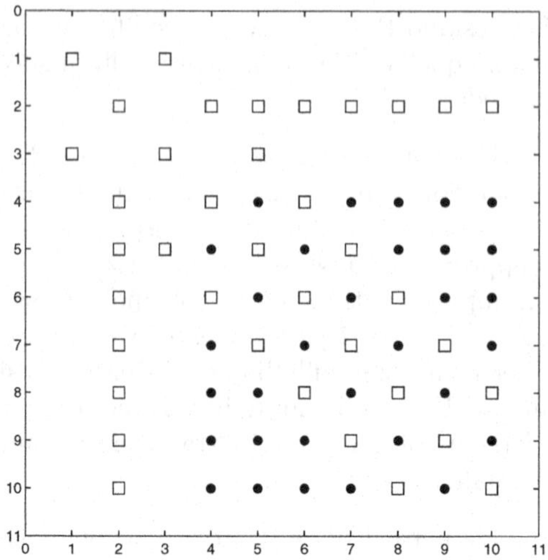

Fig. 4.3 Il pattern di A è rappresentato tramite i quadrati, mentre quello di $R = A - L_{in}U_{in}$, calcolata con il Programma 17, è contrassegnato dai pallini

Il fatto che L_{in} e U_{in} abbiano lo stesso *pattern* di parte-L e parte-U di A, rispettivamente, non garantisce che la matrice $L_{in}U_{in}$ abbia lo stesso *pattern* di A, ma assicura che $r_{ij} = 0$ se $a_{ij} \neq 0$, come mostrato nella Figura 4.3.

La fattorizzazione incompleta risultante è nota come ILU(0), dove "0" indica che non è stato introdotto *fill-in* durante il processo di fattorizzazione. Alternativamente, si può fissare la struttura di L_{in} e U_{in} indipendentemente da quella di A, a partire da criteri di tipo computazionale (ad esempio, richiedendo che i fattori approssimati siano i più semplici possibili).

L'accuratezza di ILU(0) può essere incrementata accettando che venga introdotto del *fill-in*, e quindi, che elementi non nulli vengano costruiti laddove A presentava elementi nulli. A questo scopo è conveniente introdurre una funzione, detta *livello di fill-in*, associata ad ogni elemento di A, che viene modificata durante il processo di fattorizzazione. Se il livello di *fill-in* di un elemento supera un certo valore $p \in \mathbb{N}$ assegnato, il corrispondente elemento in U_{in} od in L_{in} viene azzerato.

Mostriamo come si deve procedere, supponendo che le matrici L_{in} e U_{in} vengano progressivamente sovrascritte ad A (come accade nel Programma 4). Il livello di *fill-in* dell'elemento $a_{ij}^{(k)}$ verrà denotato con lev_{ij}, dove la dipendenza da k è sottintesa. Si suppone inoltre di disporre di una ragionevole stima della grandezza degli elementi che verranno generati durante il processo di fattorizzazione. Assumiamo in particolare che se $lev_{ij} = q$

allora $|a_{ij}| \simeq \delta^q$ con $\delta \in (0,1)$, da cui segue che q è tanto maggiore quanto più $a_{ij}^{(k)}$ è piccolo.

All'inizio il livello degli elementi non nulli di A e degli elementi diagonali (anche nulli) è posto pari a 0, mentre il livello degli elementi nulli è considerato infinito. Eseguiamo le operazioni seguenti per ogni riga di indice $i = 2, \ldots, n$: se $lev_{ik} \leq p$, $k = 1, \ldots, i-1$, l'elemento m_{ik} di L_{in} e gli elementi $a_{ij}^{(k+1)}$ di U_{in}, $j = i+1, \ldots, n$, vengono aggiornati. Inoltre, se $a_{ij}^{(k+1)} \neq 0$ il valore lev_{ij} viene posto pari al minimo tra il valore corrente lev_{ij} e $lev_{ik} + lev_{kj} + 1$. Questa scelta è giustificata dal fatto che $|a_{ij}^{(k+1)}| = |a_{ij}^{(k)} - m_{ik}a_{kj}^{(k)}| \simeq |\delta^{lev_{ij}} - \delta^{lev_{ik}+lev_{kj}+1}|$, da cui si può inferire che la grandezza di $|a_{ij}^{(k+1)}|$ sia dello stesso ordine del massimo tra $\delta^{lev_{ij}}$ e $\delta^{lev_{ik}+lev_{kj}+1}$.

Questo processo di fattorizzazione è detto ILU(p); se p è piccolo, è estremamente efficiente purché accoppiato ad un opportuno riordinamento degli elementi di A (si veda [QSS07], Sezione 3.9).

Il Programma 18 implementa la fattorizzazione ILU(p); restituisce in uscita le matrici L_{in} e U_{in} (sovrascritte alla matrice d'ingresso `A`) con gli elementi diagonali di L_{in} pari a 1, e la matrice `lev` che contiene il livello di *fill-in* di ogni elemento al termine della fattorizzazione.

Programma 18 - ilup: torizzazione ILU(p)

```
function [A,lev]=ilup(A,p)
% ILUP fattorizzazione LU(p) incompleta.
% [Y,LEV]=ILUP(A,P): U e' memorizzata nella parte triangolare superiore di Y
% e L e' memorizzata nella parte triangolare inferiore stretta di Y.
% I fattori L e U hanno livello di fill-in pari a P, mentre LEV contiene
% il livello di fill-in di ogni elemento al termine della fattorizzazione.
[n,m]=size(A);
if n ~= m, error('Solo matrici quadrate'); end
lev=Inf*ones(n,n);
i=(A~=0);
lev(i)=0,
for i=2:n
    for k=1:i-1
        if lev(i,k) <= p
            if A(k,k)==0, error('Elemento pivotale nullo'); end
            A(i,k)=A(i,k)/A(k,k);
            for j=k+1:n
                A(i,j)=A(i,j)-A(i,k)*A(k,j);
                if A(i,j) ~= 0
                    lev(i,j)=min(lev(i,j),lev(i,k)+lev(k,j)+1);
                end
```

```
            end
        end
    end
    for j=1:n, if lev(i,j) > p, A(i,j) = 0; end, end
end
return
```

Esempio 4.3 Consideriamo la matrice $A \in \mathbb{R}^{46\times 46}$ generata usando i comandi MATLAB: `G=numgrid('B',20); A=delsq(G)`. Essa corrisponde ad aver approssimato l'operatore differenziale di Laplace $\Delta\cdot = \partial^2\cdot/\partial x_1^2 + \partial^2\cdot/\partial x_2^2$ su un dominio a forma di farfalla racchiuso nel quadrato $[-1,1]^2$ con il metodo delle differenze finite (si veda il Capitolo 11). La matrice A presenta 174 elementi non nulli. La Figura 4.4 mostra il pattern di A (rappresentata con i pallini) e gli elementi aggiunti nel pattern dalle fattorizzazioni ILU(0) e ILU(1) a causa del *fill-in*. •

La fattorizzazione ILU(p) può essere eseguita senza conoscere i valori degli elementi di A, ma operando semplicemente con i livelli di *fill-in*. In effetti si distingue tipicamente fra la *fattorizzazione simbolica* (la generazione dei livelli) e quella *effettiva* (il calcolo degli elementi di ILU(p) a partire dalle informazioni contenute nella funzione livello). Questa procedura è pertanto particolarmente vantaggiosa quando debbano essere fattorizzate più matrici con lo stesso pattern, ma con elementi diversi.

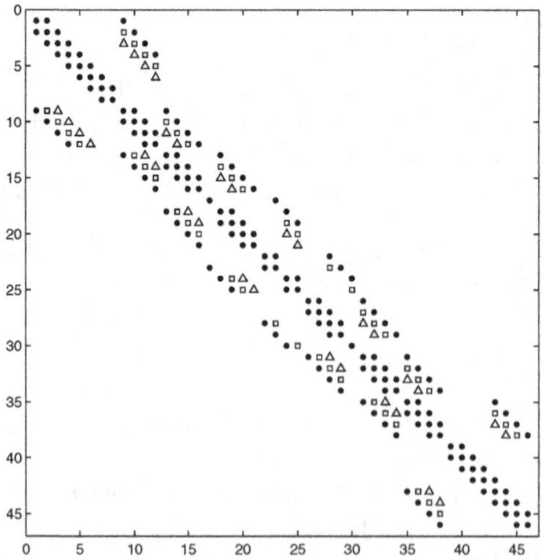

Fig. 4.4 Il pattern della matrice A dell'Esempio 4.3 (cerchi); gli elementi aggiunti dalle fattorizzazioni ILU(0) e ILU(1) sono identificati dai quadrati e dai triangoli, rispettivamente

Osserviamo infine che il livello di *fill-in* non è sempre un buon indicatore della effettiva grandezza degli elementi. In questi casi è conveniente controllare la grandezza degli elementi di R, trascurando quelli che risultano al di sotto di una soglia prefissata. Ad esempio, si possono trascurare nel processo di fattorizzazione gli elementi $a_{ij}^{(k+1)}$ tali che

$$|a_{ij}^{(k+1)}| \leq c|a_{ii}^{(k+1)} a_{jj}^{(k+1)}|^{1/2}, \qquad i,j = 1,\ldots,n,$$

per un opportuno valore di c: $0 < c < 1$ (si veda [Axe94]).

Le strategie che abbiamo finora considerato non consentono di recuperare gli elementi trascurati nel processo di fattorizzazione incompleta. È possibile rimediare a questo problema in vari modi: ad esempio, al termine del k-esimo passo della fattorizzazione, si possono sommare agli elementi diagonali di U_{in}, riga per riga, tutti gli elementi trascurati in quel passo. Agendo in questo modo si giunge ad una fattorizzazione incompleta nota come MILU (ILU modificata): essa ha la proprietà di essere una fattorizzazione esatta rispetto ai vettori costanti, ovvero è tale che $\mathrm{R}\mathbf{1}^T = \mathbf{0}^T$ (si veda [Axe94] per altre formulazioni di MILU). In pratica, questo semplice artificio consente di realizzare per un'ampia classe di matrici un precondizionatore assai migliore di quello fornito da ILU.

Va inoltre osservato che la fattorizzazione ILU non esiste per tutte le matrici non singolari (si veda [Elm86] per un esempio). Si possono dimostrare teoremi di esistenza se A è una M-matrice [MdV77] o se è a dominanza diagonale stretta [Man80].

Concludiamo citando la fattorizzazione inesatta ILUT, che riunisce i vantaggi di ILU(p) e di MILU. In ILUT si può includere anche la pivotazione parziale per colonne con un modesto incremento del costo computazionale.

Rimandiamo alla funzione `ilu` di MATLAB per una efficiente implementazione delle fattorizzazioni incomplete qui presentate.

3. *Precondizionatori polinomiali*: in tal caso la matrice di precondizionamento soddisfa la relazione

$$\mathrm{P}^{-1} = p(\mathrm{A}),$$

dove p è un polinomio in A, generalmente di grado basso.

Un esempio notevole è costituito dai cosiddetti *precondizionatori di Neumann*. Posto $\mathrm{A} = \mathrm{D} - \mathrm{C}$, abbiamo $\mathrm{A} = (\mathrm{I} - \mathrm{CD}^{-1})\mathrm{D}$ e pertanto, grazie alla (1.24),

$$\mathrm{A}^{-1} = \mathrm{D}^{-1}(\mathrm{I} - \mathrm{CD}^{-1})^{-1} = \mathrm{D}^{-1}(\mathrm{I} + \mathrm{CD}^{-1} + (\mathrm{CD}^{-1})^2 + \ldots).$$

Tabella 4.1 Numeri di condizionamento spettrale per la matrice $P^{-1}A$ dell'Esempio 4.4 in funzione di p

p	ILU(p)	*Neumann*
0	22.3	211.3
1	12	36.91
2	8.6	48.55
3	5.6	18.7

Si può ottenere un precondizionatore troncando la serie precedente ad una certa potenza fissata. Questo metodo è efficace solo se $\rho(CD^{-1}) < 1$, condizione peraltro necessaria affinché la serie considerata sia convergente.

4. *Precondizionatori ai minimi quadrati*: in tal caso A^{-1} viene approssimata dal polinomio dei minimi quadrati $p_s(A)$ (si veda la Sezione 9.7). Volendo avere $I - P^{-1}A$ più vicina possibile alla matrice nulla, l'approssimante nel senso dei minimi quadrati $p_s(A)$ viene scelto in modo che la funzione $\varphi(x) = 1 - p_s(x)x$ sia minimizzata. Questo precondizionatore è efficace solo se A è simmetrica e definita positiva.

Per altri risultati sui precondizionatori, si vedano [dV89] e [Axe94].

Esempio 4.4 Consideriamo la matrice $A \in \mathbb{R}^{324\times 324}$ ottenuta dalla discretizzazione a differenze finite dell'operatore di Laplace sul quadrato $[-1, 1]^2$. Questa matrice è stata generata tramite i seguenti comandi MATLAB: `G=numgrid('N',20); A=delsq(G)`. Il suo numero di condizionamento è $K_2(A) = 211.3$. Mostriamo in Tabella 4.1 i valori di $K_2(P^{-1}A)$ calcolati usando i precondizionatori ILU(p) e di Neumann con $p = 0, 1, 2, 3$. Per quest'ultimo, D è la diagonale di A. •

Osservazione 4.2 Siano A e P due matrici a coefficienti reali, simmetriche e di ordine n, con P definita positiva. Gli autovalori della matrice precondizionata $P^{-1}A$ sono le soluzioni dell'equazione algebrica

$$A\mathbf{x} = \lambda P\mathbf{x}, \tag{4.31}$$

dove $\mathbf{x}$ è un autovettore associato all'autovalore λ. La (4.31) è un esempio di *problema agli autovalori generalizzato* e λ può essere calcolato tramite il seguente quoziente di Rayleigh generalizzato

$$\lambda = \frac{(A\mathbf{x}, \mathbf{x})}{(P\mathbf{x}, \mathbf{x})}.$$

Si può dimostrare che (si veda [QSS07])

$$\frac{\lambda_{min}(A)}{\lambda_{max}(P)} \leq \lambda \leq \frac{\lambda_{max}(A)}{\lambda_{min}(P)}. \tag{4.32}$$

La (4.32) fornisce delle limitazioni sugli autovalori della matrice precondizionata in funzione degli autovalori estremi di A e di P ed è pertanto utile per stimare il numero di condizionamento della matrice precondizionata $P^{-1}A$. ■

4.3.3 Il metodo del gradiente

L'espressione ottimale del parametro di accelerazione α, indicata nel Teorema 4.9, risulta di scarsa utilità pratica, richiedendo la conoscenza degli autovalori massimo e minimo della matrice $P^{-1}A$. Nel caso particolare di matrici simmetriche definite positive, è tuttavia possibile valutare il parametro di accelerazione ottimale in modo *dinamico*, ossia in funzione di quantità calcolate dal metodo stesso al passo k, come indichiamo nel seguito.

Osserviamo anzitutto che, nel caso in cui A sia una matrice simmetrica definita positiva, la risoluzione del sistema (3.2) è equivalente a trovare il punto di minimo $\mathbf{x} \in \mathbb{R}^n$ della forma quadratica

$$\Phi(\mathbf{y}) = \frac{1}{2}\mathbf{y}^T \mathrm{A}\mathbf{y} - \mathbf{y}^T\mathbf{b},$$

detta *energia del sistema* (3.2). In effetti, il gradiente di Φ è dato da

$$\nabla\Phi(\mathbf{y}) = \frac{1}{2}(\mathrm{A}^T + \mathrm{A})\mathbf{y} - \mathbf{b} = \mathrm{A}\mathbf{y} - \mathbf{b}. \tag{4.33}$$

Di conseguenza, se $\nabla\Phi(\mathbf{x}) = \mathbf{0}$ allora $\mathbf{x}$ è soluzione del sistema di partenza. Viceversa, se $\mathbf{x}$ è soluzione, allora

$$\Phi(\mathbf{y}) = \Phi(\mathbf{x} + (\mathbf{y} - \mathbf{x})) = \Phi(\mathbf{x}) + \frac{1}{2}(\mathbf{y} - \mathbf{x})^T \mathrm{A}(\mathbf{y} - \mathbf{x}), \qquad \forall \mathbf{y} \in \mathbb{R}^n,$$

pertanto $\Phi(\mathbf{y}) > \Phi(\mathbf{x})$ se $\mathbf{y} \neq \mathbf{x}$, ovvero $\mathbf{x}$ è punto di minimo per la funzione quadratica Φ.

Si osservi che la precedente relazione equivale a

$$\frac{1}{2}\|\mathbf{y} - \mathbf{x}\|_{\mathrm{A}}^2 = \Phi(\mathbf{y}) - \Phi(\mathbf{x}), \tag{4.34}$$

dove $\|\cdot\|_{\mathrm{A}}$ indica la *norma* A o *norma dell'energia*, definita nella (1.28). Il problema è dunque ricondotto a determinare il punto di minimo $\mathbf{x}$ di Φ partendo da un punto $\mathbf{x}^{(0)} \in \mathbb{R}^n$ e, conseguentemente, scegliere opportune direzioni (dette *direzioni di discesa*) lungo le quali muoversi per avvicinarsi, il più rapidamente possibile, alla soluzione $\mathbf{x}$. La direzione ottimale, congiungente $\mathbf{x}^{(0)}$ ed $\mathbf{x}$, non è ovviamente nota a priori: dovremo dunque muoverci a partire da $\mathbf{x}^{(0)}$ lungo un'altra direzione $\mathbf{p}^{(0)}$ e su questa fissare un nuovo punto $\mathbf{x}^{(1)}$ dal quale ripetere il procedimento fino a convergenza.

Al generico passo k determineremo dunque $\mathbf{x}^{(k+1)}$ come

$$\mathbf{x}^{(k+1)} = \mathbf{x}^{(k)} + \alpha_k \mathbf{p}^{(k)}, \tag{4.35}$$

essendo α_k il valore che fissa la lunghezza del passo lungo $\mathbf{p}^{(k)}$. Diciamo che $\mathbf{p}^{(k)}$ è una *direzione di discesa* per Φ nel punto $\mathbf{x}^{(k)}$ se soddisfa le condizioni

$$\begin{array}{ll} (\mathbf{p}^{(k)})^T \nabla\Phi(\mathbf{x}^{(k)}) < 0 & \text{se } \nabla\Phi(\mathbf{x}^{(k)}) \neq \mathbf{0} \\ \mathbf{p}^{(k)} = \mathbf{0} & \text{se } \nabla\Phi(\mathbf{x}^{(k)}) = \mathbf{0}. \end{array}$$

L'idea più naturale consiste nel prendere come direzione di discesa quella di massima pendenza, data da $-\nabla\Phi(\mathbf{x}^{(k)})$, e conduce al *metodo del gradiente* o metodo *steepest descent.* D'altra parte, per la (4.33), abbiamo che $\nabla\Phi(\mathbf{x}^{(k)}) = \mathrm{A}\mathbf{x}^{(k)} - \mathbf{b} = -\mathbf{r}^{(k)}$, e pertanto la direzione $-\nabla\Phi(\mathbf{x}^{(k)})$ coincide con quella del residuo, immediatamente calcolabile a partire dall'iterata corrente. Al passo k, anche il metodo del gradiente, come il metodo di Richardson, si muove lungo la direzione $\mathbf{p}^{(k)} = \mathbf{r}^{(k)} = -\nabla\Phi(\mathbf{x}^{(k)})$.

Per il calcolo del parametro α_k, scriviamo $\mathbf{x}^{(k+1)} = \mathbf{x}^{(k)} + \alpha\mathbf{r}^{(k)}$ e

$$\Phi(\mathbf{x}^{(k+1)}) = \frac{1}{2}(\mathbf{x}^{(k)} + \alpha\mathbf{r}^{(k)})^T \mathrm{A}(\mathbf{x}^{(k)} + \alpha\mathbf{r}^{(k)}) - (\mathbf{x}^{(k)} + \alpha\mathbf{r}^{(k)})^T \mathbf{b}.$$

Il valore ottimale di α è quello che minimizza la funzione $\varphi(\alpha) = \Phi(\mathbf{x}^{(k+1)})$. La funzione φ è quadratica rispetto a α; derivandola rispetto a α ed imponendo l'annullamento della derivata, si trova che il valore cercato per α_k è

$$\alpha_k = \frac{{\mathbf{r}^{(k)}}^T \mathbf{r}^{(k)}}{{\mathbf{r}^{(k)}}^T \mathrm{A}\mathbf{r}^{(k)}}. \tag{4.36}$$

La (4.36) indica che la lunghezza α_k del passo lungo la direzione di discesa è funzione del residuo al passo k. Per tale motivo il metodo di Richardson non stazionario che utilizza la (4.36) per il calcolo del parametro di accelerazione è detto anche *metodo del gradiente a parametro dinamico* (o, più brevemente, il metodo del gradiente), per distinguerlo dal metodo di Richardson stazionario (4.22) o *metodo del gradiente a parametro costante*, caratterizzato dalla scelta $\alpha_k = \alpha$, con α costante, per ogni $k \geq 0$.
Il metodo del gradiente dà luogo al seguente algoritmo: dato $\mathbf{x}^{(0)} \in \mathbb{R}^n$, posto $\mathbf{r}^{(0)} = \mathbf{b} - A\mathbf{x}^{(0)}$, per $k = 0, 1, \ldots$ fino a convergenza, si calcola

$$\begin{aligned} \alpha_k &= \frac{{\mathbf{r}^{(k)}}^T \mathbf{r}^{(k)}}{{\mathbf{r}^{(k)}}^T \mathrm{A}\mathbf{r}^{(k)}} \\ \mathbf{x}^{(k+1)} &= \mathbf{x}^{(k)} + \alpha_k \mathbf{r}^{(k)} \\ \mathbf{r}^{(k+1)} &= \mathbf{r}^{(k)} - \alpha_k \mathrm{A}\mathbf{r}^{(k)} \end{aligned} \tag{4.37}$$

Partendo dalle formule dell'algoritmo (4.37), è immediato dimostrare che ad ogni passo k la nuova soluzione $\mathbf{x}^{(k+1)}$ è *ottimale* rispetto alla direzione $\mathbf{r}^{(k)}$, ovvero

$$(\mathbf{r}^{(k+1)})^T \mathbf{r}^{(k)} = 0. \tag{4.38}$$

Tuttavia non è garantito che $\mathbf{x}^{(k+1)}$ sia ottimale rispetto ai residui di tutti i passi precedenti $j = 0, \dots, k-1$.

Teorema 4.10 *Sia* A *simmetrica e definita positiva, allora il metodo del gradiente converge per ogni valore del dato iniziale* $\mathbf{x}^{(0)}$ *e*

$$\|\mathbf{e}^{(k+1)}\|_{\mathrm{A}} \leq \frac{K_2(\mathrm{A})-1}{K_2(\mathrm{A})+1}\|\mathbf{e}^{(k)}\|_{\mathrm{A}}, \qquad k = 0, 1, \dots \tag{4.39}$$

dove $\|\cdot\|_{\mathrm{A}}$ *è la norma dell'energia definita nella* (1.28).

Dimostrazione. Sia $\mathbf{x}^{(k)}$ la soluzione generata al passo k dal metodo del gradiente e $\mathbf{x}_R^{(k+1)}$ il vettore generato eseguendo un passo del metodo di Richardson non precondizionato a parametro ottimale a partire da $\mathbf{x}^{(k)}$, ossia $\mathbf{x}_R^{(k+1)} = \mathbf{x}^{(k)} + \alpha_{opt}\mathbf{r}^{(k)}$. Allora per il Corollario 4.1 e per la (4.27), si ha che

$$\|\mathbf{e}_R^{(k+1)}\|_{\mathrm{A}} \leq \frac{K_2(\mathrm{A})-1}{K_2(\mathrm{A})+1}\|\mathbf{e}^{(k)}\|_{\mathrm{A}},$$

dove $\mathbf{e}_R^{(k+1)} = \mathbf{x}_R^{(k+1)} - \mathbf{x}$. Per la (4.34), sappiamo che il vettore $\mathbf{x}^{(k+1)}$, generato al passo $k+1$ dal metodo del gradiente, è, fra tutti i vettori della forma $\mathbf{x}^{(k)} + \theta\mathbf{r}^{(k)}$ con $\theta \in \mathbb{R}$, quello che rende minima la norma A dell'errore. Pertanto, $\|\mathbf{e}^{(k+1)}\|_{\mathrm{A}} \leq \|\mathbf{e}_R^{(k+1)}\|_{\mathrm{A}}$ da cui segue il risultato. ◇

Consideriamo ora il metodo del gradiente precondizionato e supponiamo che la matrice P sia simmetrica definita positiva. In tal caso, il valore ottimale di α_k nell'algoritmo (4.24) è

$$\alpha_k = \frac{\mathbf{z}^{(k)^T}\mathbf{r}^{(k)}}{\mathbf{z}^{(k)^T}\mathrm{A}\mathbf{z}^{(k)}}$$

e si ha

$$\|\mathbf{e}^{(k+1)}\|_{\mathrm{A}} \leq \frac{K_2(\mathrm{P}^{-1}\mathrm{A})-1}{K_2(\mathrm{P}^{-1}\mathrm{A})+1}\|\mathbf{e}^{(k)}\|_{\mathrm{A}}.$$

Per la dimostrazione si veda ad esempio [QV94], Sezione 2.4.1.

Notiamo che la retta che passa per $\mathbf{x}^{(k)}$ e per $\mathbf{x}^{(k+1)}$ è tangente nel punto $\mathbf{x}^{(k+1)}$ all'insieme di livello ellissoidale definito come $\{\mathbf{x} \in \mathbb{R}^n : \Phi(\mathbf{x}) = \Phi(\mathbf{x}^{(k+1)})\}$ (si veda anche la Figura 4.5). Dalla (4.39) si evince che la convergenza del metodo del gradiente è molto lenta se $K_2(\mathrm{A}) = \lambda_1/\lambda_n$ è grande, essendo λ_1 e λ_n rispettivamente il massimo ed il minimo degli autovalori di A. Nel caso $n = 2$, si può fornire una semplice interpretazione geometrica di questo comportamento. Supponiamo A=diag(λ_1, λ_2) con $0 < \lambda_2 \leq \lambda_1$ e $\mathbf{b} = (b_1, b_2)^T$. In tal caso, le curve corrispondenti a $\Phi(x_1, x_2) = c$, al variare di $c \in \mathbb{R}^+$, descrivono una successione di ellissi concentriche con semiassi di lunghezza inversamente proporzionale ai valori

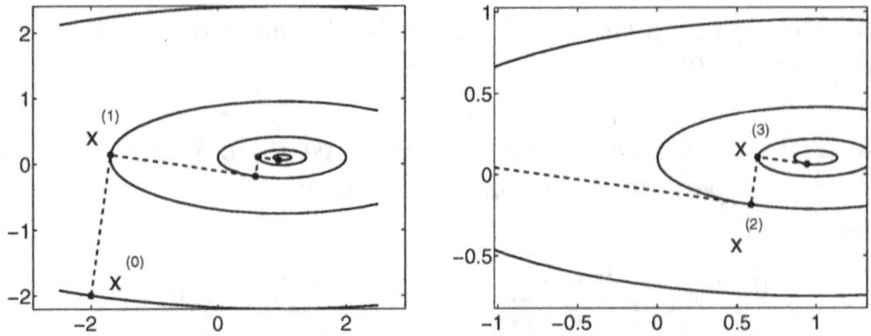

Fig. 4.5 Le prime iterate generate dal metodo del gradiente sulle curve di livello di Φ

λ_1 e λ_2. Se $\lambda_1 = \lambda_2$, le ellissi diventano dei cerchi e la direzione del gradiente passa direttamente per il centro: il metodo del gradiente in tal caso convergerà in una sola iterazione. Viceversa, se $\lambda_1 \gg \lambda_2$, le ellissi risultano fortemente eccentriche ed il metodo convergerà lentamente, come illustrato nella Figura 4.5, seguendo una traiettoria a zig-zag.

Nel Programma 19 è implementato il metodo del gradiente a parametro dinamico. Qui, e nei programmi presenti nel resto della sezione, i parametri di ingresso `A`, `x`, `b`, `P`, `nmax` e `tol` sono la matrice dei coefficienti del sistema lineare, il vettore iniziale $\mathbf{x}^{(0)}$, il termine noto, il precondizionatore, il numero massimo di iterazioni ammesso e la tolleranza per il test d'arresto. Quest'ultimo controlla se il rapporto $\|\mathbf{r}^{(k)}\|_2/\|\mathbf{b}\|_2$ è minore di `tol`. In uscita il programma restituisce il numero di iterazioni `iter` necessario per soddisfare il test d'arresto, il vettore `x` con la soluzione calcolata dopo `iter` iterazioni ed il residuo normalizzato `relres`$= \|\mathbf{r}^{(\mathtt{niter})}\|_2/\|\mathbf{b}\|_2$. Un valore nullo del parametro `flag` segnala che il metodo ha soddisfatto il test d'arresto mentre un valore non nullo indica che il metodo si è arrestato perché ha raggiunto il massimo numero di iterazioni consentito.

Programma 19 – gradient: Metodo del gradiente

```
function [x,relres,iter,flag]=gradient(A,b,x,P,nmax,tol)
% GRADIENT metodo del gradiente.
% [X,RELRES,ITER,FLAG]=GRADIENT(A,B,X,P,NMAX,TOL) risolve
% il sistema A*X=B con il metodo del gradiente. TOL specifica la
% tolleranza per il metodo. NMAX indica il numero massimo di iterazioni.
% X e' il vettore iniziale. P e' il precondizionatore, se P e' l'identita',
% porre P=[]. RELRES e' il residuo normalizzato. Se FLAG e' = 1, allora
% RELRES > TOL. ITER e' l'iterazione alla quale la soluzione X e' calcolata.
[n,m]=size(A);
if n ~= m, error('Solo sistemi quadrati'); end
flag = 0; iter = 0; bnrm2 = norm( b );
if bnrm2==0
x=zeros(n,1); relres=0; return
```

```
end
r=b-A*x; relres=norm(r)/bnrm2;
while relres > tol && iter< nmax
    if ~isempty(P), z=P\r; else z=r; end
    rho=r'*z; q=A*z;
    alpha=rho/(z'*q);
    x=x+alpha*z; r=r-alpha*q;
    relres=norm(r)/bnrm2;
    iter=iter+1;
end
if relres >tol, flag = 1; end
return
```

Esempio 4.5 Risolviamo con il metodo del gradiente il sistema lineare di matrice $A_m \in \mathbb{R}^{m\times m}$, generata con le istruzioni MATLAB `G=numgrid('S',n); A=delsq(G)` dove $m = (n-2)^2$. Questa matrice è associata alla discretizzazione dell'operatore differenziale di Laplace sul dominio $[-1,1]^2$. Il termine noto $\mathbf{b}_m$ è scelto in modo tale che la soluzione esatta del sistema sia il vettore $\mathbf{1}^T \in \mathbb{R}^m$. A_m è una matrice simmetrica definita positiva per ogni m e diventa mal condizionata per valori grandi di m. Utilizziamo il Programma 19 con $m = 16$ e $m = 400$, $\mathbf{x}^{(0)} = \mathbf{0}^T$, `tol`$=10^{-10}$ e `maxit` $= 200$. Se $m = 400$, il metodo non converge nel numero massimo di iterazioni e mostra una riduzione del residuo estremamente lenta (si veda la Figura 4.6). In effetti, $K_2(A_{400}) \simeq 178$. Se invece precondizioniamo il sistema con la matrice $P = R_{in}^T R_{in}$, dove R_{in} è la matrice triangolare superiore generata dalla fattorizzazione incompleta di Cholesky di A, il metodo converge in 177 iterazioni (in tal caso infatti $K_2(P^{-1}A_{400}) \simeq 17$). •

4.3.4 Il metodo del gradiente coniugato

Il metodo del gradiente consta essenzialmente di due fasi: la scelta di una direzione di discesa (quella del residuo) e l'individuazione lungo tale direzione di un punto di minimo locale per Φ. La seconda fase può essere affrontata indipendentemente dalla prima. Data infatti una generica direzione di discesa $\mathbf{p}^{(k)}$, troveremo il valore α_k come quel valore di α che rende minimo $\Phi(\mathbf{x}^{(k)} + \alpha\mathbf{p}^{(k)})$. Derivando infatti Φ rispetto ad α ed imponendo la condizione di annullamento della derivata prima nel punto di minimo, si ottiene

$$\alpha_k = \frac{\mathbf{p}^{(k)T}\mathbf{r}^{(k)}}{\mathbf{p}^{(k)T} A\mathbf{p}^{(k)}}, \qquad k = 0,1,\ldots. \tag{4.40}$$

Quest'ultima relazione si riduce alla (4.36) se $\mathbf{p}^{(k)} = \mathbf{r}^{(k)}$. Poiché dalla (4.35) si ha

$$\mathbf{r}^{(k+1)} = \mathbf{r}^{(k)} - \alpha_k A\mathbf{p}^{(k)}, \qquad k = 0,1,\ldots, \tag{4.41}$$

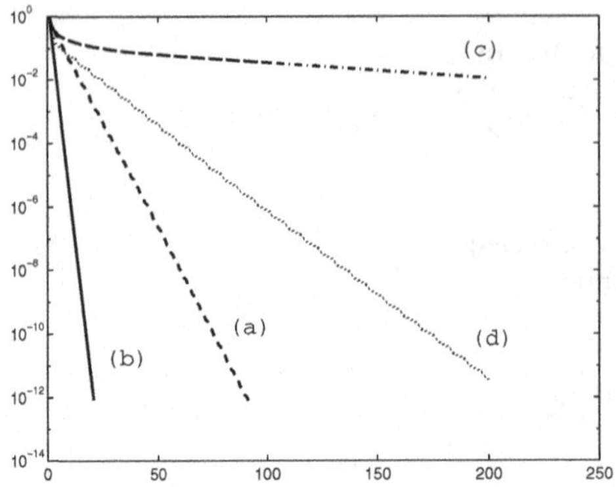

Fig. 4.6 Il residuo normalizzato, rispetto a quello iniziale, in funzione del numero di iterazioni per il metodo del gradiente applicato ai sistemi proposti nell'Esempio 4.5. Le curve (a) e (b) si riferiscono al caso $m = 16$ per il metodo senza e con precondizionatore, rispettivamente, mentre le curve (c) e (d) si riferiscono al caso $m = 400$ senza e con precondizionatore, rispettivamente

grazie alla (4.40) iniziamo con l'osservare che

$$(\mathbf{p}^{(k)})^T\mathbf{r}^{(k+1)} = 0, \qquad k = 0, 1, \ldots, \tag{4.42}$$

ovvero che il nuovo residuo risulta ortogonale alla direzione di discesa $\mathbf{p}^{(k)}$; diciamo in tal caso che $\mathbf{x}^{(k+1)}$ è *ottimale* rispetto alla direzione $\mathbf{p}^{(k)}$. La strategia adottata dal metodo del gradiente coniugato per passare dall'iterazione k-esima a quella successiva consiste nel determinare la nuova direzione di discesa $\mathbf{p}^{(k+1)}$ in modo tale che risulti

$$(\mathrm{A}\mathbf{p}^{(k)})^T\mathbf{p}^{(k+1)} = 0, \qquad k = 0, 1, \ldots . \tag{4.43}$$

La (4.43) si esprime dicendo che $\mathbf{p}^{(k+1)}$ è *A-ortogonale* (o A-*coniugata*) rispetto a $\mathbf{p}^{(k)}$, per ogni $k \geq 0$. Allo scopo di soddisfare la (4.43) si procede come segue: si sceglie $\mathbf{p}^{(0)} = \mathbf{r}^{(0)}$ e si assume che

$$\mathbf{p}^{(k+1)} = \mathbf{r}^{(k+1)} - \beta_k\mathbf{p}^{(k)}, \qquad k = 0, 1, \ldots . \tag{4.44}$$

Un semplice calcolo mostra allora che basterà scegliere

$$\beta_k = \frac{(\mathrm{A}\mathbf{p}^{(k)})^T\mathbf{r}^{(k+1)}}{(\mathrm{A}\mathbf{p}^{(k)})^T\mathbf{p}^{(k)}}, \qquad k = 0, 1, \ldots . \tag{4.45}$$

Grazie alla scelta fatta della nuova direzione di discesa $\mathbf{p}^{(k+1)}$ possiamo dimostrare che valgono le seguenti proprietà:

$$\begin{aligned} &(\mathbf{p}^{(j)})^T\mathbf{r}^{(k+1)} = 0, \qquad && j = 0, 1, \ldots, k \\ &(\mathrm{A}\mathbf{p}^{(j)})^T\mathbf{p}^{(k+1)} = 0, \qquad && j = 0, 1, \ldots, k. \end{aligned} \tag{4.46}$$

La $(4.46)_1$ si esprime dicendo che la nuova soluzione $\mathbf{x}^{(k+1)}$ è ottimale rispetto a tutte le direzioni di discesa $\mathbf{p}^{(0)}, \mathbf{p}^{(1)}, \ldots, \mathbf{p}^{(k)}$, mentre la $(4.46)_2$ implica che la nuova direzione $\mathbf{p}^{(k+1)}$ è A-ortogonale rispetto a *tutte* le direzioni $\mathbf{p}^{(0)}, \mathbf{p}^{(1)}, \ldots, \mathbf{p}^{(k)}$ (e non solo rispetto a $\mathbf{p}^{(k)}$, come preteso inizialmente dalla (4.43)). Dimostriamo le (4.46) procedendo per induzione su k. Per $k = 0$, osserviamo che la $(4.46)_1$ segue dalla (4.42), mentre la $(4.46)_2$ segue dalla (4.43). Supponiamo dunque, per l'ipotesi di induzione, che per k (≥ 1) le seguenti relazioni di ortogonalità (dipendenti da k) siano verificate:

$$
\begin{aligned}
&(\mathbf{p}^{(j)})^T \mathbf{r}^{(k)} = 0, \qquad && j = 0, 1, \ldots, k-1 \\
&(\mathrm{A}\mathbf{p}^{(j)})^T \mathbf{p}^{(k)} = 0, \qquad && j = 0, 1, \ldots, k-1,
\end{aligned}
\tag{4.47}
$$

e mostriamo che valgono le (4.46). Si ha, grazie alla (4.41)

$$
(\mathbf{p}^{(j)})^T \mathbf{r}^{(k+1)} = (\mathbf{p}^{(j)})^T \mathbf{r}^{(k)} - \alpha_k (\mathbf{p}^{(j)})^T \mathrm{A}\mathbf{p}^{(k)} = (\mathbf{p}^{(j)})^T \mathbf{r}^{(k)} - \alpha_k (\mathrm{A}\mathbf{p}^{(j)})^T \mathbf{p}^{(k)},
$$

in quanto A è simmetrica. Se $j \leq k-1$, $(\mathbf{p}^{(j)})^T \mathbf{r}^{(k)} = 0$ grazie alla $(4.47)_1$, mentre $(\mathrm{A}\mathbf{p}^{(j)})^T \mathbf{p}^{(k)} = 0$ grazie alla $(4.47)_2$, quindi $(\mathbf{p}^{(j)})^T \mathbf{r}^{(k+1)} = 0$. Per $j = k$, invece, $(\mathbf{p}^{(k)})^T \mathbf{r}^{(k+1)} = 0$ grazie alla (4.42). In conclusione, le $(4.46)_1$ sono soddisfatte. Concentriamoci ora sulle $(4.46)_2$. Notiamo che, per ogni $j = 0, \ldots, k$, la relazione (4.44) implica

$$
(\mathrm{A}\mathbf{p}^{(j)})^T \mathbf{p}^{(k+1)} = (\mathrm{A}\mathbf{p}^{(j)})^T \mathbf{r}^{(k+1)} - \beta_k (\mathrm{A}\mathbf{p}^{(j)})^T \mathbf{p}^{(k)}. \tag{4.48}
$$

Dall'ipotesi induttiva $(4.47)_2$ possiamo dedurre che i vettori $\mathbf{p}^{(0)}, \ldots, \mathbf{p}^{(k)}$ sono fra loro ortogonali rispetto al prodotto scalare indotto dalla matrice A e dunque sono fra loro linearmente indipendenti. Definiamo $V_k = \mathrm{span}(\mathbf{p}^{(0)}, \ldots, \mathbf{p}^{(k)})$. Essendo $\mathbf{p}^{(0)} = \mathbf{r}^{(0)}$, dalla (4.44) si evince che V_k ammette la rappresentazione alternativa $V_k = \mathrm{span}(\mathbf{r}^{(0)}, \ldots, \mathbf{r}^{(k)})$ e, grazie alla (4.41), si ha che $\mathrm{A}\mathbf{p}^{(k)} \in V_{k+1}$ per ogni $k \geq 0$. D'altra parte, per le $(4.46)_1$, $\mathbf{r}^{(k+1)}$ è ortogonale ad ogni vettore in V_k e quindi anche a tutti i vettori $A\mathbf{p}^{(j)}$ con $j \leq k-1$. Per $j = 0, 1, \ldots, k-1$ otteniamo allora che il primo prodotto scalare a destra di (4.48) è nullo in quanto $\mathbf{r}^{(k+1)}$ è ortogonale a V_k, mentre il secondo è nullo grazie all'ipotesi di induzione $(4.47)_2$. Dunque, $(4.46)_2$ è dimostrata per $j = 0, \ldots, k-1$. Infine, per $j = k$, $(\mathrm{A}\mathbf{p}^{(k)})^T \mathbf{p}^{(k+1)} = 0$ grazie alla (4.43). Pertanto, anche le $(4.46)_2$ sono verificate e ciò conclude la dimostrazione per induzione delle proprietà (4.46).

Il *metodo del gradiente coniugato* (CG) si ottiene pertanto scegliendo le direzioni di ricerca $\mathbf{p}^{(k)}$ come nella (4.44) e il parametro di accelerazione α_k come nella (4.40). Dato $\mathbf{x}^{(0)} \in \mathbb{R}^n$ e posto $\mathbf{r}^{(0)} = \mathbf{b} - \mathrm{A}\mathbf{x}^{(0)}$, $\mathbf{p}^{(0)} = \mathbf{r}^{(0)}$, la k-

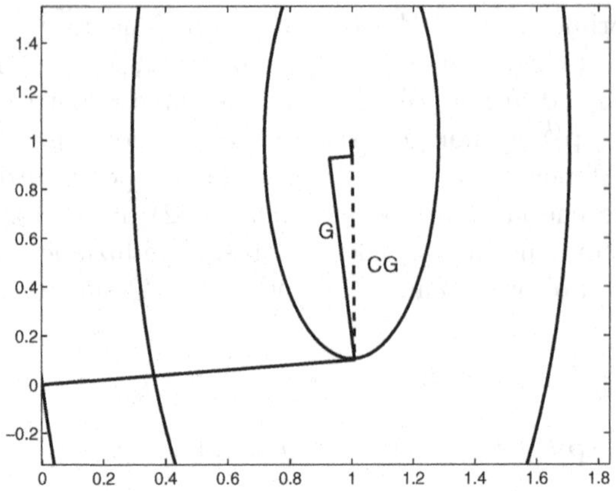

Fig. 4.7 Le direzioni di discesa del gradiente coniugato (in linea tratteggiata e denotate con CG) e quelle del gradiente (in linea continua ed indicate con G). Si noti come il metodo CG in due iterazioni abbia già raggiunto la soluzione

esima iterazione assume la seguente forma per $k = 0, 1, \ldots$ fino a convergenza

$$\alpha_k = \frac{\mathbf{p}^{(k)^T} \mathbf{r}^{(k)}}{\mathbf{p}^{(k)^T} \mathrm{A} \mathbf{p}^{(k)}}$$

$$\mathbf{x}^{(k+1)} = \mathbf{x}^{(k)} + \alpha_k \mathbf{p}^{(k)}$$

$$\mathbf{r}^{(k+1)} = \mathbf{r}^{(k)} - \alpha_k \mathrm{A} \mathbf{p}^{(k)}$$

$$\beta_k = \frac{(\mathrm{A}\mathbf{p}^{(k)})^T \mathbf{r}^{(k+1)}}{(\mathrm{A}\mathbf{p}^{(k)})^T \mathbf{p}^{(k)}}$$

$$\mathbf{p}^{(k+1)} = \mathbf{r}^{(k+1)} - \beta_k \mathbf{p}^{(k)}$$

Si può dimostrare che i parametri α_k e β_k ammettono la seguente forma alternativa (si veda l'Esercizio 10)

$$\alpha_k = \frac{\|\mathbf{r}^{(k)}\|_2^2}{\mathbf{p}^{(k)^T} \mathrm{A} \mathbf{p}^{(k)}}, \quad \beta_k = -\frac{\|\mathbf{r}^{(k+1)}\|_2^2}{\|\mathbf{r}^{(k)}\|_2^2}. \tag{4.49}$$

Notiamo infine che, eliminando le direzioni di discesa dalla relazione $\mathbf{r}^{(k+1)} = \mathbf{r}^{(k)} - \alpha_k \mathrm{A}\mathbf{p}^{(k)}$, si ottiene una relazione ricorsiva a tre termini per i residui della forma (Esercizio 11)

$$\mathrm{A}\mathbf{r}^{(k)} = -\frac{1}{\alpha_k}\mathbf{r}^{(k+1)} + \left(\frac{1}{\alpha_k} - \frac{\beta_{k-1}}{\alpha_{k-1}}\right)\mathbf{r}^{(k)} + \frac{\beta_k}{\alpha_{k-1}}\mathbf{r}^{(k-1)}. \tag{4.50}$$

Per quanto riguarda la convergenza, abbiamo il seguente risultato:

Teorema 4.11 *Sia* A *una matrice simmetrica definita positiva. Il metodo del gradiente coniugato per la risoluzione di* (3.2) *converge alla soluzione esatta al più in n passi. Inoltre, l'errore $\mathbf{e}^{(k)}$ alla k-esima iterazione (con $k < n$) è ortogonale a $\mathbf{p}^{(j)}$, per $j = 0, \ldots, k-1$ e*

$$\|\mathbf{e}^{(k)}\|_{\mathrm{A}} \leq \frac{2c^k}{1+c^{2k}} \|\mathbf{e}^{(0)}\|_{\mathrm{A}}, \quad \text{con } c = \frac{\sqrt{K_2(\mathrm{A})}-1}{\sqrt{K_2(\mathrm{A})}+1}, \tag{4.51}$$

dove, grazie alla (3.5), $K_2(\mathrm{A}) = \lambda_1/\lambda_n$, essendo λ_1 il massimo autovalore di A e λ_n quello minimo.

Dimostrazione. Ci limitiamo a dimostrare che il metodo CG converge in n passi, rimandando per la dimostrazione della stima (4.51) a [QSS07]. Grazie alle $(4.46)_2$ le direzioni $\mathbf{p}^{(0)}, \mathbf{p}^{(1)}, \ldots, \mathbf{p}^{(n-1)}$ formano una base A-ortogonale per $\mathbb{R}^n$. Inoltre, essendo $\mathbf{x}^{(k)}$ ottimale rispetto a tutte le direzioni $\mathbf{p}^{(0)}, \mathbf{p}^{(1)}, \ldots, \mathbf{p}^{(k-1)}$ (grazie alla $(4.46)_1$), si deduce che $\mathbf{r}^{(k)}$ è ortogonale allo spazio $V_{k-1} = \mathrm{span}(\mathbf{p}^{(0)}, \mathbf{p}^{(1)}, \ldots, \mathbf{p}^{(k-1)})$. Di conseguenza, $\mathbf{r}^{(n)} \perp V_{n-1} = \mathbb{R}^n$ e quindi $\mathbf{r}^{(n)} = \mathbf{0}$ da cui $\mathbf{x}^{(n)} = \mathbf{x}$. $\diamond$

Si osservi che in virtù di questo risultato, le identità (4.46) sono automaticamente soddisfatte per $k \geq n-1$ (essendo nulli i termini di sinistra).

Evidentemente la generica iterazione k del metodo del gradiente coniugato è ben definita solo se la direzione di discesa $\mathbf{p}^{(k)}$ è non nulla. Peraltro, qualora $\mathbf{p}^{(k)} = \mathbf{0}$, si può verificare (si veda l'Esercizio 12) che necessariamente l'iterata $\mathbf{x}^{(k)}$ deve coincidere con la soluzione $\mathbf{x}$ del sistema. Inoltre, indipendentemente dalla scelta dei parametri β_k, si può dimostrare (si veda [Axe94], pag. 463) che la successione $\mathbf{x}^{(k)}$ generata dal metodo CG risulta o tale per cui $\mathbf{x}^{(k)} \neq \mathbf{x}$, $\mathbf{p}^{(k)} \neq \mathbf{0}$, $\alpha_k \neq 0$ per ogni k, oppure esiste un valore intero m tale che $\mathbf{x}^{(m)} = \mathbf{x}$, essendo $\mathbf{x}^{(k)} \neq \mathbf{x}$, $\mathbf{p}^{(k)} \neq \mathbf{0}$, $\alpha_k \neq 0$ per $k = 0, 1, \ldots, m-1$. La particolare scelta di β_k operata nella (4.49) assicura che esista $m \leq n$. In assenza di errori di arrotondamento, il metodo CG può dunque essere interpretato come un metodo diretto, in quanto termina in un numero finito di passi. Tuttavia, per matrici di grandi dimensioni, esso è generalmente usato alla stregua di un metodo iterativo, arrestando le iterazioni quando l'errore si attesta al di sotto di una tolleranza fissata. In questa prospettiva, il fattore di abbattimento dell'errore, pur dipendendo ancora dal numero di condizionamento della matrice, ne dipende ora in modo più favorevole rispetto al metodo del gradiente. Facciamo inoltre notare come la stima (4.51) sia in generale eccessivamente pessimistica e non tenga conto del fatto che in questo metodo, contrariamente a quanto accade per il metodo del gradiente, la convergenza è influenzata da *tutto* lo spettro di A e non solo dagli autovalori estremi.

Osservazione 4.3 (Effetto degli errori di arrotondamento) La proprietà di terminazione del metodo CG ha validità rigorosa soltanto in aritmetica esatta.

L'accumulo degli errori di arrotondamento impedisce di fatto che le direzioni di discesa siano A-coniugate, e può addirittura portare alla generazione di denominatori nulli nel calcolo dei coefficienti α_k e β_k. Quest'ultimo fenomeno, noto come *breakdown*, può essere evitato introducendo delle opportune procedure di stabilizzazione (si parla in tal caso di metodi del gradiente stabilizzati).

Resta comunque il fatto che in aritmetica finita il metodo può non convergere in n passi: in tal caso l'unica soluzione ragionevole è quella di fare ripartire da capo il processo iterativo, prendendo come residuo l'ultimo residuo calcolato. Si perviene in questo modo al *metodo CG ciclico* o con *restart*, per il quale, peraltro, non valgono più le proprietà di convergenza del metodo originario. ∎

4.3.5 Il metodo del gradiente coniugato precondizionato

Se P è una matrice di precondizionamento simmetrica e definita positiva, il metodo del gradiente coniugato precondizionato (PCG) consiste nell'applicare il metodo CG al sistema precondizionato

$$\mathrm{P}^{-1/2}\mathrm{A}\mathrm{P}^{-1/2}\mathbf{y} = \mathrm{P}^{-1/2}\mathbf{b}, \qquad \text{con } \mathbf{y} = \mathrm{P}^{1/2}\mathbf{x}.$$

Si potranno a tale scopo usare i precondizionatori simmetrici presentati nella Sezione 4.3.2. Le stime dell'errore sono le stesse valide per il metodo non precondizionato, a patto di sostituire alla matrice A la matrice $\mathrm{P}^{-1}\mathrm{A}$.
Di fatto, l'implementazione del metodo non richiede di valutare $\mathrm{P}^{1/2}$ o $\mathrm{P}^{-1/2}$ e con semplici calcoli si arriva a definire lo schema precondizionato come segue: dato $\mathbf{x}^{(0)}$, posto $\mathbf{r}^{(0)} = \mathbf{b} - \mathrm{A}\mathbf{x}^{(0)}$, $\mathbf{z}^{(0)} = \mathrm{P}^{-1}\mathbf{r}^{(0)}$ e $\mathbf{p}^{(0)} = \mathbf{z}^{(0)}$, la k-esima iterazione, con $k = 0, 1 \ldots,$ è

$$\begin{aligned}
&\alpha_k = \frac{\mathbf{p}^{(k)^T}\mathbf{r}^{(k)}}{(\mathrm{A}\mathbf{p}^{(k)})^T\mathbf{p}^{(k)}} \\
&\mathbf{x}^{(k+1)} = \mathbf{x}^{(k)} + \alpha_k\mathbf{p}^{(k)} \\
&\mathbf{r}^{(k+1)} = \mathbf{r}^{(k)} - \alpha_k\mathrm{A}\mathbf{p}^{(k)} \\
&\mathrm{P}\mathbf{z}^{(k+1)} = \mathbf{r}^{(k+1)} \\
&\beta_k = \frac{(\mathrm{A}\mathbf{p}^{(k)})^T\mathbf{z}^{(k+1)}}{\mathbf{p}^{(k)^T}\mathrm{A}\mathbf{p}^{(k)}} \\
&\mathbf{p}^{(k+1)} = \mathbf{z}^{(k+1)} - \beta_k\mathbf{p}^{(k)}
\end{aligned}$$

Rispetto al metodo CG, il costo computazionale aumenta dovendosi risolvere ad ogni passo il sistema lineare $\mathrm{P}\mathbf{z}^{(k+1)} = \mathbf{r}^{(k+1)}$. Per questo sistema si possono utilizzare i precondizionatori simmetrici proposti nella Sezione 4.3.2. La stima dell'errore è la medesima del metodo precondizionato a patto di sostituire la matrice A con la matrice $\mathrm{P}^{-1}\mathrm{A}$.

Esempio 4.6 Per risolvere il sistema lineare dell'Esempio 4.5 utilizziamo il metodo CG con gli stessi parametri d'ingresso del caso precedente. Il metodo converge in 4 iterazioni per $m = 16$ ed in 41 iterazioni per $m = 400$. Usando il medesimo precondizionatore dell'Esempio 4.5, il numero di iterazioni si riduce da 41 a 24 nel caso $m = 400$. •

Nel Programma 20 viene riportata un'implementazione del metodo PCG. I parametri di input/output sono gli stessi del Programma 19.

Programma 20 – conjgrad: Metodo del gradiente coniugato precondizionato

```
function [x,relres,iter,flag]=conjgrad(A,b,x,P,nmax,tol)
% CONJGRAD metodo del gradiente coniugato.
% [X,RELRES,ITER,FLAG]=CONJGRAD(A,B,X,P,NMAX,TOL) risolve
% il sistema A*X=B con il metodo del gradiente coniugato. TOL specifica la
% tolleranza per il metodo. NMAX indica il numero massimo di iterazioni.
% X e' il vettore iniziale. P e' il precondizionatore, se P e' l'identita',
% porre P=[]. RELRES e' il residuo normalizzato. Se FLAG e' = 1, allora
% RELRES > TOL. ITER e' l'iterazione alla quale la soluzione X e' calcolata.
[n,m]=size(A);
if n ~= m, error('Solo sistemi quadrati'); end
flag = 0; iter = 0; bnrm2 = norm( b );
if bnrm2==0
x=zeros(n,1); relres=0; return
end
r=b-A*x; relres=norm(r)/bnrm2;
while relres > tol && iter< nmax
    if ~isempty(P), z=P\r; else z=r; end
    rho=r'*z;
    if iter > 1
        beta=rho/rho1;
        p=z+beta*p;
    else
        p=z;
    end
    q=A*p;
    alpha=rho/(p'*q);
    x=x+alpha*p;
    r=r-alpha*q;
    relres=norm(r)/bnrm2;
    iter=iter+1;
    rho1 = rho;
end
if relres > tol, flag = 1; end
return
```

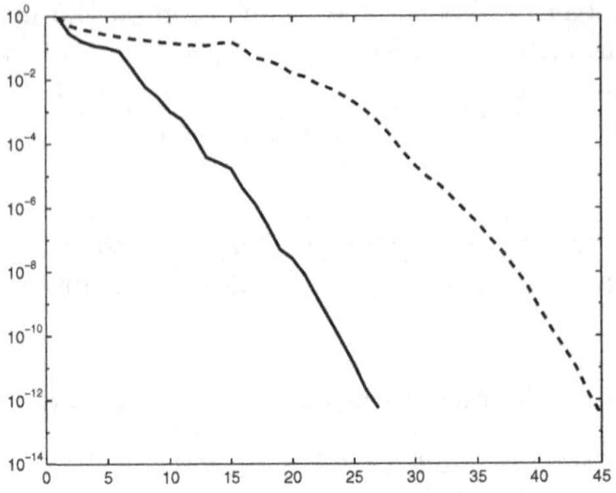

Fig. 4.8 L'andamento del residuo, normalizzato rispetto al termine noto, in funzione del numero di iterazioni per il metodo del gradiente coniugato applicato ai sistemi dell'Esempio 4.5 per $m = 400$. Le due curve si riferiscono al metodo non precondizionato (linea tratteggiata) e a quello precondizionato (linea continua)

4.4 Metodi basati su iterazioni in sottospazi di Krylov

In questa sezione introduciamo metodi iterativi basati su iterazioni in sottospazi di Krylov. Per le dimostrazioni e per un'analisi più dettagliata rimandiamo a [Saa96, Axe94, Hac94].

Consideriamo il metodo di Richardson (4.23) con P=I; il residuo al k-esimo passo può essere messo in relazione con il residuo iniziale come segue

$$\mathbf{r}^{(k)} = \prod_{j=0}^{k-1} (\mathrm{I} - \alpha_j \mathrm{A})\mathbf{r}^{(0)} \tag{4.52}$$

ovvero $\mathbf{r}^{(k)} = p_k(\mathrm{A})\mathbf{r}^{(0)}$, essendo $p_k(\mathrm{A})$ un polinomio in A di grado k. Introducendo gli spazi

$$K_k(\mathrm{A}; \mathbf{v}) = \mathrm{span}\left\{\mathbf{v}, \mathrm{A}\mathbf{v}, \ldots, \mathrm{A}^{k-1}\mathbf{v}\right\}, \quad \text{per } k \geq 1, \tag{4.53}$$

dove $\mathbf{v} \in \mathbb{R}^n$ è un vettore assegnato, dalla (4.52) segue che $\mathbf{r}^{(k)} \in K_{k+1}(\mathrm{A}; \mathbf{r}^{(0)})$. Lo spazio $K_k(\mathrm{A}; \mathbf{v})$ viene detto *sottospazio di Krylov* di ordine k; esso è un sottospazio dello spazio generato da tutti i vettori $\mathbf{u} \in \mathbb{R}^n$ della forma $\mathbf{u} = p_{k-1}(\mathrm{A})\mathbf{v}$, dove p_{k-1} è un polinomio in A di grado $\leq k-1$. I sottospazi di Krylov soddisfano la proprietà $K_k(\mathrm{A}; \mathbf{v}) \subseteq K_{k+1}(\mathrm{A}; \mathbf{v})$ per ogni $k \geq 1$.

Per quanto riguarda la successione dei vettori $\mathbf{x}^{(k)}$, si verifica che l'iterata k-sima del metodo di Richardson può essere scritta come

$$\mathbf{x}^{(k)} = \mathbf{x}^{(0)} + \sum_{j=0}^{k-1} \alpha_j \mathbf{r}^{(j)},$$

pertanto $\mathbf{x}^{(k)}$ appartiene alla varietà lineare

$$W_k = \left\{ \mathbf{v} = \mathbf{x}^{(0)} + \mathbf{y},\ \mathbf{y} \in K_k(\mathrm{A}; \mathbf{r}^{(0)}) \right\}, \tag{4.54}$$

in quanto $\sum_{j=0}^{k-1} \alpha_j \mathbf{r}^{(j)} = p_{k-1}(A)\mathbf{r}^{(0)} \in K_k(\mathrm{A}; \mathbf{r}^{(0)})$. All'iterazione k-sima del metodo di Richardson non precondizionato si sta dunque cercando una soluzione $\mathbf{x}^{(k)} \in W_k$ approssimante $\mathbf{x}$.

In generale, possiamo pensare a metodi che, all'iterazione k-sima, costruiscano soluzioni approssimate della forma

$$\mathbf{x}^{(k)} = \mathbf{x}^{(0)} + q_{k-1}(\mathrm{A})\mathbf{r}^{(0)}, \tag{4.55}$$

essendo q_{k-1} un polinomio di grado $\leq k-1$ scelto in modo che $\mathbf{x}^{(k)}$ sia l'unico elemento in W_k che soddisfa ad un criterio di minima distanza da $\mathbf{x}$. Metodi di questo tipo vengono detti *di Krylov* e il criterio prescelto è proprio la caratteristica che distingue metodi di Krylov differenti.

L'idea più naturale consiste nel determinare all'iterazione k-sima il vettore $\mathbf{x}^{(k)} \in W_k$ che minimizza la norma euclidea dell'errore. Questo approccio non è praticabile in quanto $\mathbf{x}^{(k)}$ verrebbe a dipendere dalla soluzione (incognita) $\mathbf{x}$.

Due sono le strategie alternative che possono essere seguite:

1. calcolare $\mathbf{x}^{(k)} \in W_k$ imponendo che il residuo $\mathbf{r}^{(k)}$ sia ortogonale ad ogni vettore in $K_k(\mathrm{A}; \mathbf{r}^{(0)})$, ovvero

$$\mathbf{v}^T(\mathbf{b} - \mathrm{A}\mathbf{x}^{(k)}) = 0 \qquad \forall \mathbf{v} \in K_k(\mathrm{A}; \mathbf{r}^{(0)}); \tag{4.56}$$

2. calcolare $\mathbf{x}^{(k)} \in W_k$ che minimizza la norma euclidea del residuo $\|\mathbf{r}^{(k)}\|_2$, ovvero

$$\|\mathbf{b} - \mathrm{A}\mathbf{x}^{(k)}\|_2 = \min_{\mathbf{v} \in W_k} \|\mathbf{b} - \mathrm{A}\mathbf{v}\|_2. \tag{4.57}$$

Il criterio (4.56) conduce al cosiddetto *metodo di Arnoldi* (comunemente noto come FOM, *full orthogonalization method*) per sistemi lineari, mentre il soddisfacimento (4.57) conduce al metodo GMRES (*generalized minimum residual*).

Nelle versioni più semplici dei metodi di Krylov l'indice m dello spazio coincide con l'indice di iterazione k del metodo iterativo, mentre in quelle più efficienti si mantiene m limitato al crescere di k.

Vale il seguente risultato [Saa96].

Proprietà 4.6 *Sia* $\mathrm{A} \in \mathbb{R}^{n\times n}$ *e* $\mathbf{v} \in \mathbb{R}^n$. *Il sottospazio di Krylov* $K_m(\mathrm{A};\mathbf{v})$ *ha dimensione uguale a* m *se e solo se il grado di* $\mathbf{v}$ *rispetto ad* A, *indicato da* $\deg_{\mathrm{A}}(\mathbf{v})$, *non è minore di* m, *essendo* $\deg_{\mathrm{A}}(\mathbf{v})$ *il grado minimo di un polinomio monico non nullo* $p(\mathrm{A})$, *per il quale* $p(\mathrm{A})\mathbf{v} = \mathbf{0}$.

La dimensione di $K_m(\mathrm{A};\mathbf{v})$ è perciò pari al minimo tra m e $\deg_{\mathrm{A}}(\mathbf{v})$; di conseguenza, la dimensione di $K_m(\mathrm{A};\mathbf{v})$ costituisce una successione non decrescente rispetto a m. Si noti che $\deg_{\mathrm{A}}(\mathbf{v})$ non può essere maggiore di n grazie al teorema di Cayley-Hamilton (si veda la Sezione 1.7).

Esempio 4.7 Consideriamo la matrice $\mathrm{A} = \mathrm{tridiag}_4(-1,2,-1)$. Il vettore $\mathbf{v} = (1,1,1,1)^T$ ha grado 2 rispetto ad A poiché $p_2(\mathrm{A})\mathbf{v} = \mathbf{0}$ con $p_2(\mathrm{A}) = \mathrm{I}_4 - 3\mathrm{A} + \mathrm{A}^2$, mentre non esiste alcun polinomio monico p_1 di grado 1 tale che $p_1(\mathrm{A})\mathbf{v} = \mathbf{0}$. Di conseguenza, tutti i sottospazi di Krylov $K_m(\mathrm{A};\mathbf{v})$ con $m \geq 2$ hanno dimensione pari a 2. Il vettore $\mathbf{w} = (1,1,-1,1)^T$ ha, invece, grado 4 rispetto ad A. •

Un passo preliminare consiste nel costruire una base ortonormale per il generico spazio di Krylov $K_m(A;\mathbf{r}^{(0)})$, $m \geq 1$.

A tale scopo utilizziamo il cosiddetto *algoritmo di Arnoldi*.

Scelto $\mathbf{v}$ e posto $\mathbf{v}_1 = \mathbf{v}/\|\mathbf{v}\|_2$, si genera una base ortonormale $\{\mathbf{v}_i\}$ per $K_m(\mathrm{A};\mathbf{v})$ tramite la procedura di Gram-Schmidt (si veda la Sezione 3.4.3), come segue:

$$
\begin{array}{l}
\text{do } j = 1,\ldots,m, \\
\qquad h_{ij} = \mathbf{v}_i^T \mathrm{A}\mathbf{v}_j, \quad i = 1,2,\ldots,j, \\
\qquad \mathbf{w}_j = \mathrm{A}\mathbf{v}_j - \displaystyle\sum_{i=1}^{k} h_{ij}\mathbf{v}_i, \\
\qquad h_{j+1,j} = \|\mathbf{w}_j\|_2, \\
\qquad \text{if } h_{j+1,j} = 0 \text{ then } \textit{stop} \\
\qquad \mathbf{v}_{j+1} = \mathbf{w}_j/\|\mathbf{w}_j\|_2 \\
\text{end do}
\end{array}
\tag{4.58}
$$

Se $h_{j+1,j} \neq 0$ per ogni $j = 1,\ldots,m$, l'algoritmo termina al passo m e i vettori $\mathbf{v}_1,\ldots,\mathbf{v}_m$ formano una base per $K_m(\mathrm{A};\mathbf{v})$. In tal caso, se indichiamo con $\mathrm{V}_m \in \mathbb{R}^{n\times m}$ la matrice con vettori colonna dati da $\mathbf{v}_i$, abbiamo

$$\mathrm{V}_m^T \mathrm{A} \mathrm{V}_m = \mathrm{H}_m, \tag{4.59}$$

$$\mathrm{A}\mathrm{V}_m = \mathrm{V}_{m+1}\widehat{\mathrm{H}}_m = \mathrm{V}_m \mathrm{H}_m + h_{m+1,m}\mathbf{v}_{m+1}\mathbf{e}_m^T, \tag{4.60}$$

dove $\widehat{\mathrm{H}}_m \in \mathbb{R}^{(m+1)\times m}$ è la matrice di Hessenberg superiore con elementi h_{ij} calcolati in (4.58) e $\mathrm{H}_m \in \mathbb{R}^{m\times m}$ è la restrizione di $\widehat{\mathrm{H}}_m$ alle prime m righe e m colonne.

L'algoritmo termina al passo $j < m$ se e soltanto se $\deg_A(\mathbf{v}_1) = j$. In tal caso si dice che l'algoritmo è incorso in un *breakdown*.

Per quanto riguarda la stabilità dell'algoritmo di Arnoldi, valgono le stesse considerazioni già svolte a riguardo del metodo di Gram-Schmidt. Rimandiamo a [Saa96] per varianti più stabili ed efficienti dell'algoritmo (4.58).

Le funzioni `arnoldialg` e `GSarnoldi`, richiamate nel Programma 21, forniscono un'implementazione dell'algoritmo di Arnoldi. In output, le colonne di `V` sono i vettori della base generata, mentre la matrice `H` codifica i coefficienti h_{ik} calcolati dall'algoritmo. Se vengono eseguiti m passi, `V` $= \mathrm{V}_m$ e `H`$(1:m, 1:m) = \mathrm{H}_m$.

Programma 21 – arnoldialg: Il metodo di Arnoldi con l'ortonormalizzazione alla Gram-Schmidt

```
function [V,H]=arnoldialg(A,v,m)
% ARNOLDIALG algoritmo di Arnoldi.
% [B,H]=ARNOLDIALG(A,V,M) calcola per un valore fissato di M
% una base ortonormale B per K_M(A,V) tale che A*V=V*H.
v=v/norm(v,2); V=v; H=[]; j=0;
while j <= m-1
   [j,V,H] = GSarnoldi(A,m,j,V,H);
end
return
```

Programma 22 – gsarnoldi: Ortonormalizzazione alla Gram-Schmidt per l'algoritmo di Arnoldi

```
function [j,V,H]=gsarnoldi(A,m,j,V,H)
% GSARNOLDI metodo di Gram-Schmidt per l'algoritmo di Arnoldi.
j=j+1; Avj=A*V(:,j);
H=[H,V(:,1:j)'*Avj];
s=0;
for i=1:j
   s=s+H(i,j)*V(:,i);
end
w=Avj-s; H(j+1,j)=norm(w,2);
if H(j+1,j)>=eps && j<m
   V=[V,w/H(j+1,j)];
else
   j=m+1;
end
return
```

Ora che disponiamo di un algoritmo per generare una base ortonormale di uno spazio di Krylov di ordine arbitrario, vediamo come si implementano i metodi FOM e GMRES.

Nelle due prossime sezioni supporremo di essere all'iterazione k-sima del metodo iterativo, di aver già costruito i k vettori $\mathbf{v}_i$ (con $i = 1, \ldots, k$) della base con l'algoritmo di Arnoldi (4.58), partendo da $\mathbf{v}_1 = \mathbf{r}^{(0)}/\|\mathbf{r}^{(0)}\|_2$, e di averli memorizzati come vettori colonna di una matrice $V_k \in \mathbb{R}^{n \times k}$.

Osserviamo che, in virtù della definizione degli spazi di Krylov, la matrice V_k è ottenuta aggiungendo a V_{k-1} un solo vettore colonna.

Calcolare la nuova iterata $\mathbf{x}^{(k)} \in W_k$ soddisfacente la (4.56) oppure la (4.57) equivale a determinare un vettore $\mathbf{z}^{(k)} \in \mathbb{R}^k$ in base a tale criterio, e poi a definire

$$\mathbf{x}^{(k)} = \mathbf{x}^{(0)} + \mathrm{V}_k \mathbf{z}^{(k)}. \tag{4.61}$$

4.4.1 Il metodo di Arnoldi per sistemi lineari

Imponiamo che $\mathbf{r}^{(k)}$ sia ortogonale a $K_k(\mathrm{A}; \mathbf{r}^{(0)})$ richiedendo che la (4.56) valga per tutti i vettori $\mathbf{v}_i$ della base, ossia

$$\mathrm{V}_k^T \mathbf{r}^{(k)} = 0. \tag{4.62}$$

Avendosi $\mathbf{r}^{(k)} = \mathbf{b} - \mathrm{A}\mathbf{x}^{(k)}$ con $\mathbf{x}^{(k)}$ della forma (4.61), la (4.62) diventa

$$\mathrm{V}_k^T(\mathbf{b} - \mathrm{A}\mathbf{x}^{(0)}) - \mathrm{V}_k^T \mathrm{A} \mathrm{V}_k \mathbf{z}^{(k)} = \mathrm{V}_k^T \mathbf{r}^{(0)} - \mathrm{V}_k^T \mathrm{A} \mathrm{V}_k \mathbf{z}^{(k)} = 0. \tag{4.63}$$

Per l'ortonormalità della base e per la scelta di $\mathbf{v}_1$, $\mathrm{V}_k^T \mathbf{r}^{(0)} = \|\mathbf{r}^{(0)}\|_2 \mathbf{e}_1$, essendo $\mathbf{e}_1$ il primo vettore della base canonica di $\mathbb{R}^k$. Ricordando la (4.59), dalla (4.63) si deduce che $\mathbf{z}^{(k)}$ è soluzione del sistema lineare

$$\mathrm{H}_k \mathbf{z}^{(k)} = \|\mathbf{r}^{(0)}\|_2 \mathbf{e}_1. \tag{4.64}$$

Noto $\mathbf{z}^{(k)}$, calcoliamo $\mathbf{x}^{(k)}$ dalla (4.61). Essendo H_k una matrice di Hessenberg superiore, possiamo facilmente risolvere il sistema lineare (4.64), ad esempio impiegando la fattorizzazione LU di H_k.

Questo metodo in aritmetica esatta non richiede più di n passi e termina dopo $m < n$ passi solo se si è verificato un *breakdown* nell'algoritmo di Arnoldi.

Per quanto riguarda le proprietà di convergenza del metodo si ha il seguente risultato.

Teorema 4.12 *In aritmetica esatta il metodo di Arnoldi fornisce la soluzione di* (3.2) *al più dopo n iterazioni.*

Dimostrazione. Grazie alle (4.61), (4.60) e (4.64), la norma del residuo all'iterazione k è

$$\|\mathbf{r}^{(k)}\|_2 = \|\mathbf{b} - \mathrm{A}\mathbf{x}^{(k)}\|_2 = h_{k+1,k} |\mathbf{e}_k^T \mathbf{z}_k|. \tag{4.65}$$

Se il metodo giunge fino alla n-esima iterazione, allora $K_n(\mathrm{A};\mathbf{r}^{(0)}) = \mathbb{R}^n$, il residuo è nullo e necessariamente $\mathbf{x}^{(n)} = \mathbf{x}$. Nel caso invece in cui il metodo incorra in un *breakdown* all'iterazione k-sima, per un opportuno $k < n$, che equivale a dire che $h_{k+1,k} = 0$ all'interno dell'algortimo (4.58), allora dalla (4.65) segue $\|\mathbf{r}^{(k)}\|_2 = 0$ e quindi $\mathbf{x}^{(k)} = \mathbf{x}$. ◇

Grazie alla (4.65) si può decidere di arrestare il metodo qualora

$$h_{k+1,k}|\mathbf{e}_k^T \mathbf{z}_k|/\|\mathbf{r}^{(0)}\|_2 \leq \varepsilon \qquad (4.66)$$

essendo $\varepsilon > 0$ una tolleranza fissata.

La conseguenza principale del Teorema 4.12 è che FOM è a tutti gli effetti un metodo diretto, fornendo la soluzione dopo un numero finito di passi. Sfortunatamente ciò non accade in pratica per via degli errori di arrotondamento introdotti dall'aritmetica *floating point*. Se a ciò si aggiunge l'alto costo computazionale (per una matrice sparsa di ordine n con n_z elementi non nulli, il metodo richiede $2(n_z + kn)$ *flops* per eseguire k passi) e l'onerosa occupazione di memoria richiesta dalla memorizzazione della matrice V_k, si conclude che il metodo di Arnoldi non può essere utilizzato in pratica, se non limitando il rango delle matrici V_k (ovvero la dimensione degli spazi di Krylov $K_k(A;\mathbf{r}^{(0)})$) a valori minori di un valore m piccolo fissato.

Diversi sono i rimedi che si possono introdurre. Il primo consiste nel precondizionare il sistema. In alternativa esistono delle varianti del metodo di Arnoldi, basate sulle due seguenti strategie:

1. fissato m (piccolo, solitamente minore di 10, anche se non esiste una regola che valga per qualsiasi matrice), vengono eseguite al più m iterazioni di FOM. Se il metodo non è giunto a convergenza dopo m passi, si pone $\mathbf{x}^{(0)} = \mathbf{x}^{(m)}$ e FOM viene ripetuto per altri m passi. Si procede in questo modo finché non si ha convergenza. Questo metodo, noto come FOM(m) o come FOM con *restart*, necessita di meno memoria, richiedendo solo la memorizzazione di una matrice con al più m colonne;

2. si limita il numero di direzioni coinvolte nel processo di ortogonalizzazione nell'algoritmo di Arnoldi. In tal modo si attua una procedura di ortogonalizzazione incompleta che porta al metodo IOM (*incomplete orthogonalization method*). In pratica, il j-esimo passo dell'algoritmo di Arnoldi genera un vettore $\mathbf{v}_{j+1}$ che è ortonormale, al più, ai q precedenti vettori, dove q è fissato a priori.

Si noti che per i metodi così ottenuti non vale più il Teorema 4.12.

Il Programma 23 fornisce una implementazione del metodo FOM con un criterio d'arresto basato sul controllo del residuo (4.66). Il parametro di ingresso `m` è la massima dimensione del sottospazio di Krylov che può essere generato e, di conseguenza, rappresenta il massimo numero di iterazioni consentito.

Programma 23 – arnoldimet: Il metodo di Arnoldi per la risoluzione di un sistema lineare

```
function [x,k,res]=arnoldimet(A,b,x0,m,tol)
% ARNOLDIMET metodo di Arnoldi.
% [X,K,RES]=ARNOLDIMET(A,B,X0,M,TOL) risolve il sistema A*X=B
% con il metodo di Arnoldi. X0 e' il vettore iniziale, M specifica la massima
% dimensione del sottospazio di Krylov. TOL specifica la tolleranza del metodo. K e'
% il numero di iterazioni effettuate. RES e' un vettore contenente i residui
r0=b-A*x0; nr0=norm(r0);
res=[]; norma_res=tol+1;
if nr0 == 0
    x=x0;
else
   v1=r0/nr0; V=v1; H=[]; k=0;
   while k <= m-1 && norma_res > tol
     [k,V,H] = gsarnoldi(A,m,k,V,H);
     [nr,nc]=size(H); e1=zeros(nc,1);e1(1)=1;
     z=(H(1:nc,:) \ e1) *nr0;
     norma_res = H(nr,nc)*abs(z(nc));
     res=[res;norma_res];
   end
   x=x0+V(:,1:nc)*z;
end
```

Esempio 4.8 Risolviamo il sistema lineare $\mathrm{A}\mathbf{x} = \mathbf{b}$ con $\mathrm{A} = \mathrm{tridiag}_{100}(-1, 2, -1)$ e $\mathbf{b}$ scelto in modo tale che $\mathbf{x} = \mathbf{1}^T$ sia la soluzione del sistema. Il vettore iniziale è $\mathbf{x}^{(0)} = \mathbf{0}^T$ e `toll`$=10^{-10}$. Il metodo converge in 50 iterazioni ed in Figura 4.9 ne viene riportata la storia di convergenza. Si noti la repentina riduzione del residuo dovuta al fatto che l'ultimo sottospazio generato è sufficientemente ricco da contenere la soluzione del sistema. •

4.4.2 Il metodo GMRES

Come precedentemente osservato, in questo metodo $\mathbf{x}^{(k)}$ viene scelta in modo da minimizzare la norma euclidea del residuo al passo k. Ricordando la (4.61) abbiamo

$$\mathbf{r}^{(k)} = \mathbf{r}^{(0)} - \mathrm{A}\mathrm{V}_k\mathbf{z}^{(k)}, \tag{4.67}$$

ma, essendo $\mathbf{r}^{(0)} = \mathbf{v}_1\|\mathbf{r}^{(0)}\|_2$ e valendo la (4.60), dalla (4.67) discende

$$\mathbf{r}^{(k)} = \mathrm{V}_{k+1}(\|\mathbf{r}^{(0)}\|_2\mathbf{e}_1 - \widehat{\mathrm{H}}_k\mathbf{z}^{(k)}), \tag{4.68}$$

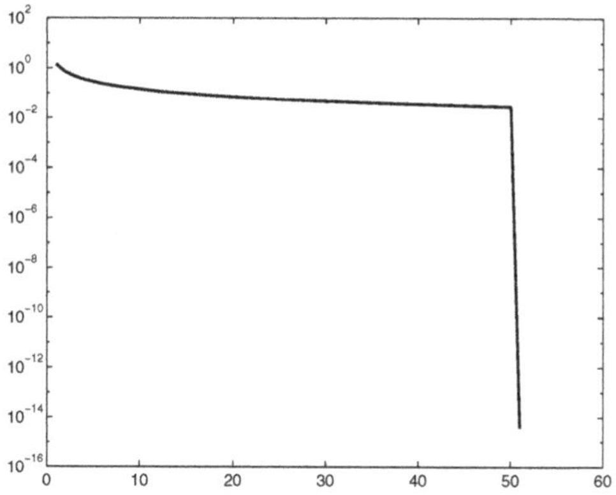

Fig. 4.9 L'andamento del residuo in funzione del numero di iterazioni per il metodo di Arnoldi, applicato al sistema lineare dell'Esempio 4.8

dove $\mathbf{e}_1$ è il primo vettore della base canonica di $\mathbb{R}^{k+1}$. Di conseguenza, nel metodo GMRES la soluzione al k-esimo passo viene calcolata attraverso la (4.61), dove

$$\mathbf{z}^{(k)} \text{ è scelto in modo da minimizzare } \| \, \|\mathbf{r}^{(0)}\|_2 \mathbf{e}_1 - \widehat{\mathrm{H}}_k \mathbf{z}^{(k)} \|_2. \qquad (4.69)$$

Si noti che la matrice V_{k+1} che appare nella (4.68), essendo ortogonale, non cambia il valore della norma $\|\mathbf{r}^{(k)}\|_2$. Dovendosi risolvere ad ogni passo un problema ai minimi quadrati, il metodo GMRES sarà tanto più efficiente quanto più piccolo sarà il numero di iterazioni richiesto. Esattamente come per il metodo di Arnoldi, il metodo GMRES termina al più dopo n iterazioni, restituendo la soluzione esatta. Eventuali arresti prematuri sono dovuti a *breakdown* della procedura di ortonormalizzazione. Si ha infatti il seguente risultato:

Proprietà 4.7 *Si può verificare un breakdown nel metodo GMRES ad un passo $k < n$ se e solo se la soluzione calcolata $\mathbf{x}^{(k)}$ coincide con la soluzione esatta.*

Un'implementazione elementare del metodo GMRES è riportata nel Programma 24. In ingresso si richiede la massima dimensione ammissibile `m` del sottospazio di Krylov e la tolleranza `toll` sulla norma euclidea del residuo normalizzato rispetto al residuo iniziale. Questa implementazione del metodo calcola la soluzione $\mathbf{x}^{(k)}$ ad ogni passo per poter valutare il residuo, con un conseguente aumento del costo computazionale.

Programma 24 – gmres: Il metodo GMRES per la risoluzione di sistemi lineari

```
function [x,k,res]=gmres(A,b,x0,m,tol)
% GMRES metodo GMRES.
% [X,K,RES]=GMRES(A,B,X0,M,TOL) risolve il sistema A*X=B con il metodo
% di Arnoldi. X0 e' il vettore iniziale, M specifica la massima dimensione del
% sottospazio di Krylov. TOL specifica la tolleranza del metodo. K e' il numero di
% iterazioni effettuate. RES e' un vettore contenente i residui.
r0=b-A*x0; nr0=norm(r0);
res=[]; norma_res=tol+1;
if nr0 == 0
    x=x0;
else
   v1=r0/nr0; V=v1; H=[]; k=0;
   while k <= m-1 && norma_res > tol
    [k,V,H] = gsarnoldi(A,m,k,V,H);
    [nr,nc]=size(H);
    e1=zeros(nr,1); e1(1)=1;
    z=(H\e1)*nr0;
    x=x0+V(:,1:nc)*z;
    norma_res = norm(b-A*x);
    res=[res;norma_res];
   end
end
```

Come per il metodo FOM, il metodo GMRES richiede un considerevole sforzo computazionale a meno che la convergenza venga raggiunta dopo pochi passi. Per questa ragione sono state sviluppate due varianti dell'algoritmo, una, detta GMRES(m), basata sull'uso del *restart* dopo m passi, l'altra, detta Quasi-GMRES o QGMRES, basata sull'arresto della procedura di ortonormalizzazione. Per entrambe le varianti, tuttavia, non vale più la Proprietà 4.7.

Osservazione 4.4 (Metodi di proiezione) I metodi di iterazione in sottospazi di Krylov possono essere visti come metodi di proiezione. Indicando con Y_k e L_k due generici sottospazi di $\mathbb{R}^n$, chiamiamo *metodo di proiezione* un processo che genera una soluzione approssimata $\mathbf{x}^{(k)}$ al passo k, imponendo che $\mathbf{x}^{(k)} \in Y_k$ e che il residuo $\mathbf{r}^{(k)} = \mathbf{b} - \mathrm{A}\mathbf{x}^{(k)}$ sia ortogonale a L_k. Se $Y_k = L_k$, il processo di proiezione è detto ortogonale, in caso contrario obliquo (si veda [Saa96]).

Ad esempio, il metodo di Arnoldi è un metodo di proiezione ortogonale dove $L_k = Y_k = K_k(\mathrm{A}; \mathbf{r}^{(0)})$, mentre il metodo GMRES è un metodo di proiezione obliqua con $Y_k = K_k(\mathrm{A}; \mathbf{r}^{(0)})$ e $L_k = \mathrm{A}Y_k$. Si noti che anche i metodi introdotti nelle precedenti sezioni rientrano in questa classe. Ad esempio il metodo di Gauss-Seidel è un metodo di proiezione ortogonale nel quale al passo k-esimo $K_k(\mathrm{A};\mathbf{r}^{(0)}) = \mathrm{span}(\mathbf{e}_k)$, con $k = 1, \ldots, n$. I passi di proiezione vengono condotti ciclicamente da 1 a n fino a convergenza. ■

4.5 Criteri di arresto per metodi iterativi

Occupiamoci in questa sezione di come stimare l'errore in un metodo iterativo, ed il numero di iterazioni k_{min} necessarie affinché l'errore si riduca di un certo fattore ε rispetto all'errore iniziale.

In pratica, k_{min} può essere ottenuto stimando la velocità di convergenza di (4.2) ossia la velocità con la quale $\|\mathbf{e}^{(k)}\| \to 0$ per k che tende all'infinito. Dalla (4.4), si ha

$$\frac{\|\mathbf{e}^{(k)}\|}{\|\mathbf{e}^{(0)}\|} \leq \|\mathrm{B}^k\|$$

e dunque $\|\mathrm{B}^k\|$ è una stima del fattore col quale la norma dell'errore si riduce in k iterazioni. Generalmente si continua ad iterare finché $\|\mathbf{e}^{(k)}\|$ non è ridotta di un certo fattore $\varepsilon < 1$ rispetto a $\|\mathbf{e}^{(0)}\|$, ovvero

$$\|\mathbf{e}^{(k)}\| \leq \varepsilon \|\mathbf{e}^{(0)}\|. \tag{4.70}$$

Se supponiamo $\rho(\mathrm{B}) < 1$, allora per la Proprietà 1.12 esiste una norma matriciale, che indicheremo ancora con $\|\cdot\|$, tale che $\|\mathrm{B}\| < 1$. Di conseguenza, $\|\mathrm{B}^k\|$ tende a zero per k che tende all'infinito e potremo soddisfare la (4.70) per k sufficientemente grande in modo che si abbia $\|\mathrm{B}^k\| \leq \varepsilon$. Essendo $\|\mathrm{B}^k\|$ minore di 1, la disuguaglianza appena scritta è equivalente a richiedere

$$k \geq \log(\varepsilon) / \left(\frac{1}{k} \log \|\mathrm{B}^k\| \right) = -\log(\varepsilon)/R_k(\mathrm{B}), \tag{4.71}$$

avendo indicato con $R_k(\mathrm{B})$ la velocità media di convergenza introdotta nella Definizione 4.2. Da un punto di vista pratico, la (4.71) è inutilizzabile, essendo non lineare rispetto a k. Utilizzando però al denominatore la velocità asintotica di convergenza in luogo di quella media, otteniamo la seguente stima per k_{min}

$$k_{min} \simeq -\log(\varepsilon)/R(\mathrm{B}). \tag{4.72}$$

Facciamo notare che la (4.72) è in generale una stima troppo ottimistica, come confermato dal seguente esempio.

Esempio 4.9 Si consideri la matrice A_3 dell'Esempio 4.2. Nel caso del metodo di Jacobi, ponendo $\varepsilon = 10^{-5}$, la condizione (4.71) è verificata per $k_{min} = 16$, mentre con la (4.72) si troverebbe $k_{min} = 15$ con un buon accordo. Al contrario, eseguendo le stesse operazioni con la matrice A_4, per il metodo di Jacobi troveremmo che la (4.71) è verificata per $k_{min} = 30$, mentre la (4.72) lo è per $k_{min} = 26$. •

4.5.1 Un criterio basato sul controllo dell'incremento

Dalla relazione ricorsiva sull'errore $\mathbf{e}^{(k+1)} = \mathrm{B}\mathbf{e}^{(k)}$, otteniamo

$$\|\mathbf{e}^{(k+1)}\| \leq \|\mathrm{B}\| \, \|\mathbf{e}^{(k)}\|. \tag{4.73}$$

Usando la disuguaglianza triangolare si trova

$$\|\mathbf{e}^{(k+1)}\| \leq \|\mathrm{B}\| \left(\|\mathbf{e}^{(k+1)}\| + \|\mathbf{x}^{(k+1)} - \mathbf{x}^{(k)}\| \right)$$

e dunque (se $\|\mathrm{B}\| < 1$)

$$\|\mathbf{x} - \mathbf{x}^{(k+1)}\| \leq \frac{\|\mathrm{B}\|}{1 - \|\mathrm{B}\|} \|\mathbf{x}^{(k+1)} - \mathbf{x}^{(k)}\| \tag{4.74}$$

In particolare, prendendo $k = 0$ nella (4.74) ed applicando ricorsivamente la (4.73), si trova

$$\|\mathbf{x} - \mathbf{x}^{(k+1)}\| \leq \frac{\|\mathrm{B}\|^{k+1}}{1 - \|\mathrm{B}\|} \|\mathbf{x}^{(1)} - \mathbf{x}^{(0)}\|,$$

che può essere usata per stimare il numero di iterazioni necessario per soddisfare la condizione $\|\mathbf{e}^{(k+1)}\| \leq \varepsilon$, per una data tolleranza ε.

In pratica, $\|\mathrm{B}\|$ può essere stimata nel modo seguente; avendosi

$$\mathbf{x}^{(k+1)} - \mathbf{x}^{(k)} = -(\mathbf{x} - \mathbf{x}^{(k+1)}) + (\mathbf{x} - \mathbf{x}^{(k)}) = \mathrm{B}(\mathbf{x}^{(k)} - \mathbf{x}^{(k-1)})$$

si ricava che $c_k = \delta_{k+1}/\delta_k$ fornisce una limitazione inferiore per $\|\mathrm{B}\|$, dove $\delta_{j+1} = \|\mathbf{x}^{(j+1)} - \mathbf{x}^{(j)}\|$ con $j = k-1, k$. Sostituendo $\|\mathrm{B}\|$ con c_k, il secondo membro della (4.74) diviene

$$\epsilon^{(k+1)} = \frac{\delta_{k+1}^2}{\delta_k - \delta_{k+1}}. \tag{4.75}$$

A causa dell'approssimazione introdotta su $\|\mathrm{B}\|$, $\epsilon^{(k+1)}$ non può essere considerato come una rigorosa limitazione superiore per $\|\mathbf{e}^{(k+1)}\|$. Ciò nonostante, $\epsilon^{(k+1)}$ fornisce spesso una ragionevole indicazione dell'andamento dell'errore, come si può vedere nell'esempio seguente.

Esempio 4.10 Consideriamo il sistema lineare A$\mathbf{x}$=$\mathbf{b}$ con

$$\mathrm{A} = \begin{bmatrix} 4 & 1 & 1 \\ 2 & -9 & 0 \\ 0 & -8 & -6 \end{bmatrix}, \quad \mathbf{b} = \begin{bmatrix} 6 \\ -7 \\ -14 \end{bmatrix},$$

che ammette come soluzione esatta il vettore $\mathbf{x} = \mathbf{1}^T$. Applichiamo per la sua risoluzione il metodo di Jacobi ed usiamo la (4.75) come stima dell'errore $\|\mathbf{e}^{(k+1)}\|_\infty$. In Figura 4.10 abbiamo confrontato l'andamento vero dell'errore $\|\mathbf{e}^{(k+1)}\|_\infty$ con quello previsto $\epsilon^{(k+1)}$. Come si può notare la stima dell'errore è ragionevolmente vicina all'errore effettivamente commesso. •

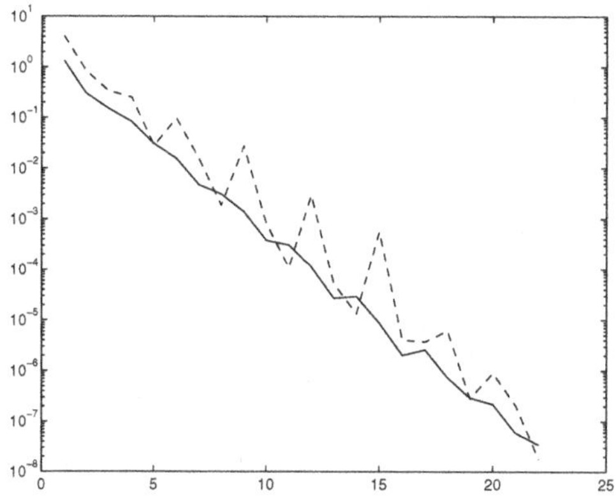

Fig. 4.10 Errore vero (in linea continua) ed errore stimato usando la (4.75) (in linea tratteggiata); in ascissa è riportato il numero di iterazioni

4.5.2 Un criterio basato sul controllo del residuo

Un criterio d'arresto più pratico dei precedenti è quello in cui ci si ferma quando $\|\mathbf{r}^{(k)}\| \leq \varepsilon$, essendo ε una tolleranza fissata. In tal caso si ricava

$$\|\mathbf{x} - \mathbf{x}^{(k)}\| = \|\mathrm{A}^{-1}\mathbf{b} - \mathbf{x}^{(k)}\| = \|\mathrm{A}^{-1}\mathbf{r}^{(k)}\| \leq \|\mathrm{A}^{-1}\| \, \varepsilon$$

e, di conseguenza, se vogliamo che l'errore sia minore di δ, dovremo scegliere $\varepsilon \leq \delta/\|\mathrm{A}^{-1}\|$. In generale conviene tuttavia effettuare un test d'arresto sul residuo normalizzato: ci si ferma dunque non appena $\|\mathbf{r}^{(k)}\|/\|\mathbf{r}^{(0)}\| \leq \varepsilon$ oppure quando risulta $\|\mathbf{r}^{(k)}\|/\|\mathbf{b}\| \leq \varepsilon$ (che corrisponde ad aver scelto $\mathbf{x}^{(0)} = \mathbf{0}$). In quest'ultimo caso si ha il seguente controllo sull'errore relativo commesso

$$\frac{\|\mathbf{x} - \mathbf{x}^{(k)}\|}{\|\mathbf{x}\|} \leq \frac{\|\mathrm{A}^{-1}\| \, \|\mathbf{r}^{(k)}\|}{\|\mathbf{x}\|} \leq K(\mathrm{A}) \| \frac{\|\mathbf{r}^{(k)}\|}{\|\mathbf{b}\|} \leq \varepsilon K(\mathrm{A}).$$

Nel caso di metodi precondizionati, al residuo si sostituisce il residuo precondizionato e quindi il criterio precedente diventa

$$\frac{\|\mathrm{P}^{-1}\mathbf{r}^{(k)}\|}{\|\mathrm{P}^{-1}\mathbf{r}^{(0)}\|} \leq \varepsilon,$$

essendo P la matrice di precondizionamento.

4.6 Esercizi

1. Si consideri la matrice

$$\mathrm{B} = \begin{bmatrix} a & 4 \\ 0 & a \end{bmatrix}$$

con $0 < a < 1$. Si dimostri che $\rho(\mathrm{B}) = a(< 1)$, mentre $\|\mathrm{B}^m\|_2^{1/m}$ può essere maggiore di 1.

2. Sia $\mathrm{A} \in \mathbb{R}^{n\times n}$ una matrice a dominanza diagonale stretta per righe. Si dimostri che in tal caso il metodo di Gauss-Seidel per la risoluzione del sistema lineare (3.2) risulta convergente.

3. Si verifichi che la matrice $\mathrm{A} = \mathrm{tridiag}_n(-1, \alpha, -1)$ con $\alpha \in \mathbb{R}$ ha autovalori dati da

$$\lambda_j = \alpha - 2\cos(j\theta), \quad j = 1, \ldots, n,$$

essendo $\theta = \pi/(n+1)$ ed i corrispondenti autovettori sono

$$\mathbf{q}_j = [\sin(j\theta),\ \sin(2j\theta), \ldots, \sin(nj\theta)]^T.$$

Sotto quali condizioni su α la matrice è definita positiva?
[*Soluzione*: è definita positiva per $\alpha \geq 2$.]

4. Si consideri per la matrice pentadiagonale $\mathrm{A} = \mathrm{pentadiag}_{10}(-1, -1, 10, -1, -1)$ il seguente splitting: $\mathrm{A} = \mathrm{M} + \mathrm{N} + \mathrm{D}$, con $\mathrm{D} = \mathrm{diag}(8, \ldots, 8) \in \mathbb{R}^{10\times 10}$, $\mathrm{M} = \mathrm{pentadiag}_{10}(-1, -1, 1, 0, 0)$ e $\mathrm{N} = \mathrm{M}^T$. Per la risoluzione di $\mathrm{A}\mathbf{x} = \mathbf{b} \in \mathbb{R}^{10}$, si studi la convergenza dei seguenti metodi iterativi

$$\text{(a)} \quad (\mathrm{M} + \mathrm{D})\mathbf{x}^{(k+1)} = -\mathrm{N}\mathbf{x}^{(k)} + \mathbf{b},$$

$$\text{(b)} \quad \mathrm{D}\mathbf{x}^{(k+1)} = -(\mathrm{M} + \mathrm{N})\mathbf{x}^{(k)} + \mathbf{b},$$

$$\text{(c)} \quad (\mathrm{M} + \mathrm{N})\mathbf{x}^{(k+1)} = -\mathrm{D}\mathbf{x}^{(k)} + \mathbf{b}.$$

[*Soluzione*: indicando con ρ_a, ρ_b e ρ_c i raggi spettrali delle matrici di iterazione dei tre metodi, si ha $\rho_a = 0.1450$, $\rho_b = 0.5$ e $\rho_c = 12.2870$. Pertanto, i soli metodi (a) e (b) sono convergenti.]

5. Per la soluzione del sistema lineare $\mathrm{A}\mathbf{x} = \mathbf{b}$ con

$$\mathrm{A} = \begin{bmatrix} 1 & 2 \\ 2 & 3 \end{bmatrix}, \quad \mathbf{b} = \begin{bmatrix} 3 \\ 5 \end{bmatrix},$$

si consideri il seguente metodo iterativo

$$\mathbf{x}^{(k+1)} = \mathrm{B}(\theta)\mathbf{x}^{(k)} + \mathbf{g}(\theta), \qquad k \geq 0, \qquad \text{con } \mathbf{x}^{(0)} \text{ dato}$$

dove θ è un parametro reale e

$$\mathrm{B}(\theta) = \frac{1}{4}\begin{bmatrix} 2\theta^2 + 2\theta + 1 & -2\theta^2 + 2\theta + 1 \\ -2\theta^2 + 2\theta + 1 & 2\theta^2 + 2\theta + 1 \end{bmatrix}, \quad \mathbf{g}(\theta) = \begin{bmatrix} \frac{1}{2} - \theta \\ \frac{1}{2} - \theta \end{bmatrix}.$$

Si verifichi che il metodo è consistente $\forall\,\theta \in \mathbb{R}$. Si determinino quindi i valori di θ per i quali il metodo è convergente e si calcoli il valore ottimale del parametro θ (i.e., il valore del parametro per il quale la velocità di convergenza è massima).

[*Soluzione*: il metodo è convergente se e solo se $-1 < \theta < 1/2$ e la velocità di convergenza è massima se $\theta = (1-\sqrt{3})/2$.]

6. Per la risoluzione del seguente sistema lineare a blocchi

$$\begin{bmatrix} \mathrm{A}_1 & \mathrm{B} \\ \mathrm{B} & \mathrm{A}_2 \end{bmatrix} \begin{bmatrix} \mathbf{x} \\ \mathbf{y} \end{bmatrix} = \begin{bmatrix} \mathbf{b}_1 \\ \mathbf{b}_2 \end{bmatrix}$$

si considerino i due metodi seguenti:

$$\begin{array}{ll} (1) & \mathrm{A}_1\mathbf{x}^{(k+1)} + \mathrm{B}\mathbf{y}^{(k)} = \mathbf{b}_1, \quad \mathrm{B}\mathbf{x}^{(k)} + \mathrm{A}_2\mathbf{y}^{(k+1)} = \mathbf{b}_2; \\ (2) & \mathrm{A}_1\mathbf{x}^{(k+1)} + \mathrm{B}\mathbf{y}^{(k)} = \mathbf{b}_1, \quad \mathrm{B}\mathbf{x}^{(k+1)} + \mathrm{A}_2\mathbf{y}^{(k+1)} = \mathbf{b}_2. \end{array}$$

Si trovino condizioni sufficienti sotto le quali i metodi proposti sono convergenti per ogni valore del dato iniziale $\mathbf{x}^{(0)}$, $\mathbf{y}^{(0)}$.

[*Soluzione*: il metodo (1) è un sistema disaccoppiato nelle incognite $\mathbf{x}^{(k+1)}$ e $\mathbf{y}^{(k+1)}$. Supponendo che A_1 e A_2 siano invertibili, il metodo (1) converge se $\rho(\mathrm{A}_1^{-1}\mathrm{B}) < 1$ e $\rho(\mathrm{A}_2^{-1}\mathrm{B}) < 1$. Per quanto riguarda il metodo (2) si deve risolvere ad ogni passo un sistema accoppiato nelle incognite $\mathbf{x}^{(k+1)}$ e $\mathbf{y}^{(k+1)}$. Ricavando $\mathbf{x}^{(k+1)}$ dalla prima equazione (e supponendo pertanto A_1 invertibile) e sostituendola nella seconda, si può verificare che il metodo (2) converge se $\rho(\mathrm{A}_2^{-1}\mathrm{B}\mathrm{A}_1^{-1}\mathrm{B}) < 1$ (nuovamente, A_2 deve essere invertibile).]

7. Per la risoluzione del sistema lineare $\mathrm{A}\mathbf{x} = \mathbf{b}$, si consideri il metodo iterativo $\mathrm{P}\mathbf{x}^{(k+1)} = \mathrm{N}\mathbf{x}^{(k)} + \mathbf{b}$ con $\mathrm{P} = \mathrm{D} + \omega\mathrm{F}$ e $\mathrm{N} = -\beta\mathrm{F} - \mathrm{E}$, essendo D la diagonale di A, E e F la parte triangolare inferiore e superiore di A, rispettivamente (esclusa la diagonale), ω, β due numeri reali. Si individui la relazione tra ω e β in modo che il metodo iterativo risulti consistente. Per il solo metodo consistente, si esprimano gli autovalori della matrice di iterazione in funzione di ω e si individui l'intervallo di valori di ω per il quale il metodo è convergente, nonché ω_{opt}, supponendo $\mathrm{A} = \mathrm{tridiag}_{10}(-1, 2, -1)$.

[*Soluzione*: $\beta = 1 - \omega$ per garantire la consistenza. Si sfrutti poi il risultato contenuto nell'Esercizio 3.]

8. Sia $\mathrm{A} \in \mathbb{R}^{n\times n}$ tale che $\mathrm{A} = (1+\omega)\mathrm{P} - (\mathrm{N} + \omega\mathrm{P})$ con $\mathrm{P}^{-1}\mathrm{N}$ non singolare e con autovalori reali $1 > \lambda_1 \geq \lambda_2 \geq \ldots \geq \lambda_n$. Si trovino i valori di $\omega \in \mathbb{R}$ per i quali il seguente metodo iterativo

$$(1+\omega)\mathrm{P}\mathbf{x}^{(k+1)} = (\mathrm{N} + \omega\mathrm{P})\mathbf{x}^{(k)} + \mathbf{b}, \qquad k \geq 0$$

converge $\forall \mathbf{x}^{(0)}$ alla soluzione del sistema lineare (3.2). Si trovi inoltre il valore di ω che garantisce la massima velocità di convergenza.

[*Soluzione*: $\omega > -(1+\lambda_n)/2$; $\omega_{opt} = -(\lambda_1 + \lambda_n)/2$.]

9. Si mostri che, nel metodo del gradiente, $\mathbf{x}^{(k+2)}$ non è una soluzione ottimale rispetto a $\mathbf{r}^{(k)}$, cioè che non vale $(\mathbf{r}^{(k+2)})^T\mathbf{r}^{(k)} = 0$.

10. Si dimostri che i coefficienti α_k e β_k del metodo del gradiente coniugato assumono le forme alternative indicate nella (4.49).
    [*Soluzione*: si osservi che $\mathrm{A}\mathbf{p}^{(k)} = (\mathbf{r}^{(k)} - \mathbf{r}^{(k+1)})/\alpha_k$ e quindi che $(\mathrm{A}\mathbf{p}^{(k)})^T\mathbf{r}^{(k+1)} = -\|\mathbf{r}^{(k+1)}\|_2^2/\alpha_k$. Inoltre, $\alpha_k(\mathrm{A}\mathbf{p}^{(k)})^T\mathbf{p}^{(k)} = -\|\mathbf{r}^{(k)}\|_2^2$.]
11. Si dimostri che vale la relazione ricorsiva a tre termini (4.50) per il residuo nel metodo del gradiente coniugato.
    [*Soluzione*: ad entrambi i membri della $\mathrm{A}\mathbf{p}^{(k)} = (\mathbf{r}^{(k)} - \mathbf{r}^{(k+1)})/\alpha_k$, si sottragga $\beta_{k-1}/\alpha_k\mathbf{r}^{(k)}$ e si ricordi che $\mathrm{A}\mathbf{p}^{(k)} = \mathrm{A}\mathbf{r}^{(k)} - \beta_{k-1}\mathrm{A}\mathbf{p}^{(k-1)}$. Esprimendo il residuo $\mathbf{r}^{(k)}$ in funzione di $\mathbf{r}^{(k-1)}$ si giunge immediatamente alla relazione cercata].
12. Si dimostri che per il metodo del gradiente coniugato, in assenza di errori di arrotondamento, la direzione di discesa $\mathbf{p}^{(k)}$ è nulla soltanto se $\mathbf{x}^{(k)}$ è la soluzione esatta del sistema lineare.

5
Approssimazione di autovalori e autovettori

In questo capitolo affrontiamo il problema del calcolo degli autovalori ed autovettori di una matrice $A \in \mathbb{C}^{n\times n}$. Esistono a tale scopo due categorie di metodi numerici che possiamo definire di tipo *parziale*, appropriati per approssimare gli autovalori *estremi* di A (ovvero quelli di modulo massimo e minimo) o di tipo *globale*, che consentono di approssimare tutto lo spettro di A.
I metodi numerici usati per calcolare gli autovalori non risultano necessariamente adatti anche per il calcolo degli autovettori. Ad esempio, nel caso del *metodo delle potenze* (un metodo parziale discusso nella Sezione 5.3) si ottiene un'approssimazione di una *particolare* coppia autovalore/autovettore. Il *metodo QR* (un metodo globale, si veda la Sezione 5.5) può fornire invece l'approssimazione diretta di *tutti* gli autovalori di A, ma *non* dei corrispondenti autovettori, per il calcolo dei quali si può ad esempio procedere come suggerito in [GL89], Sezione 7.6.

Nella Sezione 5.7 verranno infine illustrati alcuni metodi sviluppati *ad hoc* per i casi in cui A sia una matrice reale simmetrica.

5.1 Localizzazione geometrica degli autovalori

Poiché gli autovalori di A sono gli zeri del polinomio caratteristico $p_{\mathrm{A}}(\lambda)$ (si veda la Sezione 1.7), per $n \geq 5$ è necessario ricorrere a metodi iterativi per la loro valutazione (si veda l'Esercizio 6). Una conoscenza preliminare della dislocazione dello spettro della matrice nel piano complesso può dunque risultare vantaggiosa per innescare opportunamente tali metodi.
A tale fine, una prima stima è fornita direttamente dal Teorema 1.4:

$$|\lambda| \leq \|\mathrm{A}\|, \qquad \forall \lambda \in \sigma(\mathrm{A}), \tag{5.1}$$

per ogni norma di matrice $\|\cdot\|$ consistente. La stima (5.1), spesso grossolana,

A. Quarteroni, R. Sacco, F. Saleri, P. Gervasio, *Matematica Numerica*, 4ª edizione,
UNITEXT – La Matematica per il 3+2 77, DOI: 10.1007/978-88-470-5644-2_5,
© Springer-Verlag Italia 2014

assicura che *tutti* gli autovalori di A sono contenuti in un cerchio di raggio $R_{\|A\|} = \|A\|$ centrato nell'origine del piano di Gauss.
Un altro risultato di localizzazione è diretta conseguenza della Definizione 1.23 estesa al caso di matrici complesse:

Teorema 5.1 *Sia* $A \in \mathbb{C}^{n\times n}$ *e siano*

$$H = (A + A^H)/2 \quad e \quad iS = (A - A^H)/2$$

rispettivamente la parte Hermitiana e la parte anti-Hermitiana di A, *dove* i *rappresenta l'unità immaginaria. Per ogni* $\lambda \in \sigma(A)$ *si ha allora*

$$\lambda_{min}(H) \leq \mathrm{Re}(\lambda) \leq \lambda_{max}(H), \quad \lambda_{min}(S) \leq \mathrm{Im}(\lambda) \leq \lambda_{max}(S). \tag{5.2}$$

Dimostrazione. Dalla definizione di H ed S segue che $A = H + iS$. Sia $\mathbf{u} \in \mathbb{C}^n$, con $\|\mathbf{u}\|_2 = 1$, l'autovettore associato all'autovalore λ; il quoziente di Rayleigh (definito nella Sezione 1.7) è dato da

$$\lambda = \mathbf{u}^H A\mathbf{u} = \mathbf{u}^H H\mathbf{u} + i\mathbf{u}^H S\mathbf{u}. \tag{5.3}$$

Osserviamo che H ed S sono entrambe matrici Hermitiane, mentre iS è anti-Hermitiana. Le matrici H ed S sono dunque unitariamente simili ad una matrice reale e diagonale (si veda la Sezione 1.7), e hanno pertanto autovalori reali. La (5.3) fornisce allora

$$\mathrm{Re}(\lambda) = \mathbf{u}^H H\mathbf{u}, \qquad \mathrm{Im}(\lambda) = \mathbf{u}^H S\mathbf{u},$$

da cui seguono le (5.2). ◇

Una maggiorazione a priori per gli autovalori di A è data dal seguente risultato.

Teorema 5.2 (dei cerchi di Gershgorin) *Sia* $A \in \mathbb{C}^{n\times n}$. *Allora*

$$\sigma(A) \subseteq \mathcal{S}_{\mathcal{R}} = \bigcup_{i=1}^{n} \mathcal{R}_i, \quad dove\ \mathcal{R}_i = \{z \in \mathbb{C} : |z - a_{ii}| \leq \sum_{\substack{j=1 \\ j\neq i}}^{n} |a_{ij}|\}. \tag{5.4}$$

Gli insiemi $\mathcal{R}_i$ *sono detti cerchi di Gershgorin.*

Dimostrazione. Decomponiamo A nella forma $A = D + E$, dove D è la parte diagonale di A, mentre $e_{ii} = 0$ per $i = 1, \ldots, n$. Per $\lambda \in \sigma(A)$ (con $\lambda \neq a_{ii}$, $i = 1, \ldots, n$), introduciamo la matrice $B_\lambda = A - \lambda I = (D - \lambda I) + E$. Essendo B_λ singolare, esiste un vettore non nullo $\mathbf{x} \in \mathbb{C}^n$ tale che $B_\lambda \mathbf{x} = \mathbf{0}$. Ciò comporta che $((D - \lambda I) + E)\,\mathbf{x} = \mathbf{0}$, ovvero, passando alla norma $\|\cdot\|_\infty$

$$\mathbf{x} = -(D - \lambda I)^{-1} E\mathbf{x}, \qquad \|\mathbf{x}\|_\infty \leq \|(D - \lambda I)^{-1} E\|_\infty \|\mathbf{x}\|_\infty,$$

e dunque, per un opportuno indice k,

$$1 \leq \|(D - \lambda I)^{-1} E\|_\infty = \sum_{j=1}^{n} \frac{|e_{kj}|}{|a_{kk} - \lambda|} = \sum_{\substack{j=1 \\ j\neq k}}^{n} \frac{|a_{kj}|}{|a_{kk} - \lambda|}.$$

Pertanto $\lambda \in \mathcal{R}_k$ e dunque vale la (5.4). ◇

Poiché A e A^T hanno lo stesso spettro, si conclude che il Teorema 5.2 vale anche nella forma

$$\sigma(A) \subseteq \mathcal{S}_{\mathcal{C}} = \bigcup_{j=1}^{n} \mathcal{C}_j, \text{ dove } \mathcal{C}_j = \{z \in \mathbb{C} : |z - a_{jj}| \leq \sum_{\substack{i=1 \\ i \neq j}}^{n} |a_{ij}|\}. \quad (5.5)$$

I cerchi individuati nel piano complesso da $\mathcal{R}_i$ e $\mathcal{C}_j$ sono detti, con ovvio significato, cerchi righe e colonne. La conseguenza è la seguente proprietà:

Proprietà 5.1 (Primo teorema di Gershgorin) *Data la matrice* A $\in \mathbb{C}^{n\times n}$, *risulta*

$$\forall \lambda \in \sigma(A), \qquad \lambda \in \mathcal{S}_{\mathcal{R}} \bigcap \mathcal{S}_{\mathcal{C}}. \quad (5.6)$$

Si possono inoltre dimostrare i seguenti due teoremi di localizzazione (si veda [Atk89], pagg. 588-590 e [Hou75], pagg. 66-67).

Proprietà 5.2 (Secondo teorema di Gershgorin) *Siano*

$$\mathcal{S}_1 = \bigcup_{i=1}^{m} \mathcal{R}_i, \quad \mathcal{S}_2 = \bigcup_{i=m+1}^{n} \mathcal{R}_i.$$

Se $\mathcal{S}_1 \cap \mathcal{S}_2 = \emptyset$, *allora* $\mathcal{S}_1$ *contiene esattamente* m *autovalori di* A, *ciascuno contato con la propria molteplicità algebrica, mentre i restanti autovalori sono contenuti in* $\mathcal{S}_2$.

Osservazione 5.1 Notiamo che le Proprietà 5.1 e 5.2 non escludono a priori che possano esistere cerchi (righe o colonne) privi di autovalori, come si verifica ad esempio nel caso della matrice considerata nell'Esercizio 1. ■

Definizione 5.1 Una matrice A $\in \mathbb{C}^{n\times n}$ si dice *riducibile* se esiste una matrice di permutazione P tale che

$$\mathrm{PAP}^T = \begin{bmatrix} \mathrm{B}_{11} & \mathrm{B}_{12} \\ 0 & \mathrm{B}_{22} \end{bmatrix},$$

dove B_{11} e B_{22} sono matrici quadrate; A è detta *irriducibile* se non è riducibile. ■

Proprietà 5.3 (Terzo teorema di Gershgorin) *Sia* A $\in \mathbb{C}^{n\times n}$ *una matrice irriducibile. Un autovalore* $\lambda \in \sigma(\mathrm{A})$ *non può appartenere alla frontiera di* $\mathcal{S}_{\mathcal{R}}$ *a meno che non appartenga alla frontiera di ciascun cerchio* $\mathcal{R}_i$, *per* $i = 1, \ldots, n$.

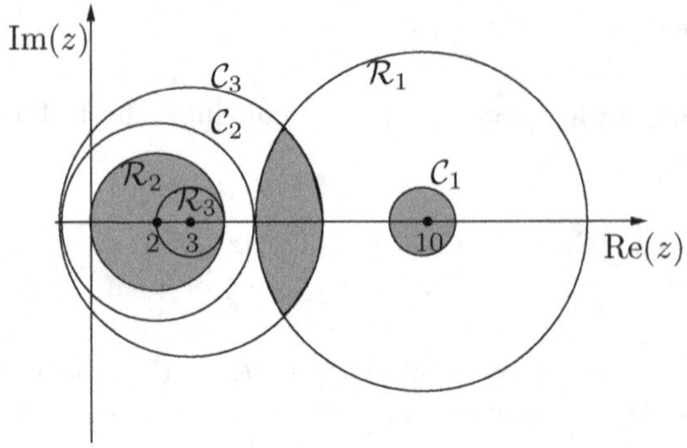

Fig. 5.1 Cerchi righe e colonne per la matrice A dell'Esempio 5.1

Esempio 5.1 Consideriamo la matrice

$$
\mathrm{A} = \begin{bmatrix} 10 & 2 & 3 \\ -1 & 2 & -1 \\ 0 & 1 & 3 \end{bmatrix}
$$

il cui spettro (con quattro cifre significative) è $\sigma(\mathrm{A}) = \{9.687, 2.656 \pm i0.693\}$. La stima (5.1) fornisce i quattro valori del raggio $R_{\|\mathrm{A}\|}$: $\|\mathrm{A}\|_1 = 11$, $\|\mathrm{A}\|_2 = 10.72$, $\|\mathrm{A}\|_\infty = 15$ e $\|\mathrm{A}\|_F = 11.36$. Le stime (5.2) forniscono invece $1.96 \leq \mathrm{Re}(\lambda(\mathrm{A})) \leq 10.34$, $-2.34 \leq \mathrm{Im}(\lambda(\mathrm{A})) \leq 2.34$, mentre i cerchi riga e colonna sono dati rispettivamente da $\mathcal{R}_1 = \{|z| : |z-10| \leq 5\}$, $\mathcal{R}_2 = \{|z| : |z-2| \leq 2\}$, $\mathcal{R}_3 = \{|z| : |z-3| \leq 1\}$ e $\mathcal{C}_1 = \{|z| : |z-10| \leq 1\}$, $\mathcal{C}_2 = \{|z| : |z-2| \leq 3\}$, $\mathcal{C}_3 = \{|z| : |z-3| \leq 4\}$.
Essi sono riportati in Figura 5.1, dove sono evidenziati per $i = 1, 2, 3$ i cerchi $\mathcal{R}_i$, i cerchi $\mathcal{C}_i$ e l'intersezione $\mathcal{S}_\mathcal{R} \cap \mathcal{S}_\mathcal{C}$ (zone ombreggiate). In accordo con la Proprietà 5.2, si nota come un autovalore sia localizzato in $\mathcal{C}_1$ che è disgiunto da $\mathcal{C}_2$ e $\mathcal{C}_3$, mentre i restanti due autovalori, in accordo con la Proprietà 5.1, sono situati nell'insieme $\mathcal{R}_2 \cup \{\mathcal{C}_3 \cap \mathcal{R}_1\}$. •

5.2 Analisi di stabilità e condizionamento

Seguendo le linee generali indicate nel Capitolo 2, illustriamo stime a priori e a posteriori rilevanti nell'analisi di stabilità del problema del calcolo degli autovalori e degli autovettori di una matrice. Rimandiamo per ulteriori approfondimenti a [GL89], Capitolo 7.

5.2.1 Stime a priori

Supponiamo che $\mathrm{A} \in \mathbb{C}^{n \times n}$ sia una matrice diagonalizzabile e indichiamo con $\mathrm{X} = (\mathbf{x}_1, \ldots, \mathbf{x}_n) \in \mathbb{C}^{n \times n}$ la matrice dei suoi autovettori destri tale che D =

$X^{-1}AX = \text{diag}(\lambda_1, \ldots, \lambda_n)$, essendo $\{\lambda_i\}$ gli autovalori di A. Sia $E \in \mathbb{C}^{n\times n}$ una perturbazione di A.

Teorema 5.3 (di Bauer-Fike) *Indicato con μ un qualunque autovalore della matrice $A + E \in \mathbb{C}^{n\times n}$, si ha*

$$\min_{\lambda\in\sigma(A)} |\lambda - \mu| \leq K_p(X)\|E\|_p \tag{5.7}$$

dove $\|\cdot\|_p$ è una qualunque norma p di matrice e $K_p(X) = \|X\|_p\|X^{-1}\|_p$. La quantità $K_p(X)$ è detta numero di condizionamento (in norma p) del problema agli autovalori per la matrice A.

Dimostrazione. Osserviamo anzitutto che se $\mu \in \sigma(A)$ la (5.7) è banalmente verificata, avendosi $\|X\|_p\|X^{-1}\|_p\|E\|_p \geq 0$. Assumiamo dunque $\mu \notin \sigma(A)$. Dalla definizione di autovalore di una matrice segue che la matrice $(A+E-\mu I)$ è singolare, ovvero, essendo X invertibile, la matrice $X^{-1}(A + E - \mu I)X = D + X^{-1}EX - \mu I$ è singolare. Esiste dunque un vettore $\mathbf{x} \in \mathbb{C}^n$ non nullo tale che

$$\big((D - \mu I) + X^{-1}EX\big)\,\mathbf{x} = \mathbf{0}.$$

Equivalentemente

$$\big(I + (D - \mu I)^{-1}(X^{-1}EX)\big)\,\mathbf{x} = \mathbf{0}.$$

Procedendo come nella dimostrazione del Teorema 5.2, si ottiene

$$1 \leq \|(D - \mu I)^{-1}\|_p K_p(X)\|E\|_p,$$

da cui, essendo $(D - \mu I)^{-1}$ diagonale, si ricava la stima (5.7), in quanto

$$\|(D - \mu I)^{-1}\|_p = (\min_{\lambda\in\sigma(A)} |\lambda - \mu|)^{-1}. \qquad \diamond$$

Se A è una matrice *normale*, dal teorema di decomposizione di Schur (si veda la Sezione 1.8) segue che la matrice di trasformazione per similitudine X è unitaria e dunque $K_2(X) = 1$. Si ha allora

$$\forall\mu \in \sigma(A + E), \qquad \min_{\lambda\in\sigma(A)} |\lambda - \mu| \leq \|E\|_2 \tag{5.8}$$

da cui si conclude che il problema del calcolo degli autovalori di una matrice normale è *ben condizionato* rispetto all'errore assoluto.

Come evidenziato nell'Esempio 5.2, la stima a priori (5.8) non esclude peraltro la possibilità di commettere significativi errori *relativi*, specialmente quando A presenta uno spettro molto distribuito.

Esempio 5.2 Consideriamo, per $1 \leq n \leq 10$, il calcolo degli autovalori della matrice di Hilbert $H_n \in \mathbb{R}^{n\times n}$ (si veda l'Esempio 3.1, Capitolo 3). Essa è simmetrica (dunque, in particolare, normale) ed è caratterizzata, per $n \geq 4$, da un numero di

Tabella 5.1 Errori relativi ed assoluti nel calcolo degli autovalori della matrice di Hilbert (eseguito utilizzando la funzione `eig` di MATLAB). "Err. ass." ed "Err. rel." indicano gli errori assoluti e relativi (rispetto a λ)

n	*Err. ass.*	*Err. rel.*	$\|\mathrm{E}_n\|_2$	$K_2(\mathrm{H}_n)$	$K_2(\mathrm{H}_n + \mathrm{E}_n)$
1	$1 \cdot 10^{-3}$	$1 \cdot 10^{-3}$	$1 \cdot 10^{-3}$	$1 \cdot 10^{-3}$	1
2	$1.677 \cdot 10^{-4}$	$1.446 \cdot 10^{-3}$	$2 \cdot 10^{-3}$	19.28	19.26
4	$5.080 \cdot 10^{-7}$	$2.207 \cdot 10^{-3}$	$4 \cdot 10^{-3}$	$1.551 \cdot 10^{4}$	$1.547 \cdot 10^{4}$
8	$1.156 \cdot 10^{-12}$	$3.496 \cdot 10^{-3}$	$8 \cdot 10^{-3}$	$1.526 \cdot 10^{10}$	$1.515 \cdot 10^{10}$
10	$1.355 \cdot 10^{-15}$	$4.078 \cdot 10^{-3}$	$1 \cdot 10^{-2}$	$1.603 \cdot 10^{13}$	$1.589 \cdot 10^{13}$

condizionamento molto elevato. Sia $\mathrm{E}_n \in \mathbb{R}^{n\times n}$ la matrice avente elementi tutti uguali a $\eta = 10^{-3}$.

Mostriamo in Tabella 5.1 i risultati del calcolo del minimo nella (5.8). Notiamo come l'errore assoluto sia decrescente, in accordo con il fatto che l'autovalore di modulo minimo tende a zero, mentre l'errore relativo aumenta al crescere della dimensione n della matrice, evidenziando la maggiore sensibilità numerica al calcolo degli autovalori "piccoli". •

Se A non è una matrice normale non è detto che essa debba necessariamente presentare una "forte" sensibilità numerica rispetto al calcolo di *ogni* suo autovalore. Vale infatti il seguente risultato, che si può interpretare come una stima a priori del condizionamento rispetto al calcolo di un particolare autovalore.

Teorema 5.4 *Sia* $\mathrm{A} \in \mathbb{C}^{n\times n}$ *una matrice diagonalizzabile di cui* λ, $\mathbf{x}$ *e* $\mathbf{y}$ *sono rispettivamente un autovalore semplice e gli autovettori destro e sinistro ad esso associati, con* $\|\mathbf{x}\|_2 = \|\mathbf{y}\|_2 = 1$. *Sia inoltre, per* $\varepsilon > 0$, $\mathrm{A}(\varepsilon) = \mathrm{A} + \varepsilon\mathrm{E}$, *con* $\mathrm{E} \in \mathbb{C}^{n\times n}$ *tale che* $\|\mathrm{E}\|_2 = 1$. *Indicando con* $\lambda(\varepsilon)$ *ed* $\mathbf{x}(\varepsilon)$ *l'autovalore e il corrispondente autovettore destro di* $\mathrm{A}(\varepsilon)$, *tali che* $\lambda(0) = \lambda$ *e* $\mathbf{x}(0) = \mathbf{x}$, *si ha*

$$\left|\frac{\partial \lambda}{\partial \varepsilon}(0)\right| \leq \frac{1}{|\mathbf{y}^H\mathbf{x}|}. \tag{5.9}$$

Dimostrazione. Mostriamo anzitutto che $\mathbf{y}^H\mathbf{x} \neq 0$. Ponendo $\mathrm{Y} = (\mathbf{y}_1, \ldots, \mathbf{y}_n) = (\mathrm{X}^H)^{-1}$, con $\mathbf{y}_k \in \mathbb{C}^n$ per $k = 1, \ldots, n$, si ha che $\mathbf{y}_k^H\mathrm{A} = \lambda_k\mathbf{y}_k^H$, i.e., le righe di $\mathrm{X}^{-1} = \mathrm{Y}^H$ sono gli autovettori sinistri di A. Si ha allora che $\mathbf{y}_i^H\mathbf{x}_j = \delta_{ij}$ per $i, j = 1, \ldots, n$, avendosi $\mathrm{Y}^H\mathrm{X} = \mathrm{I}$. Questa proprietà è riassunta affermando che gli autovettori $\{\mathbf{x}_i\}$ di A e gli autovettori $\{\mathbf{y}_j\}$ di A^H formano un insieme *bi-ortogonale*. Passiamo ora a dimostrare la (5.9). Poiché le radici dell'equazione caratteristica sono funzioni continue dei coefficienti del polinomio caratteristico associato ad $\mathrm{A}(\varepsilon)$, segue che gli autovalori di $\mathrm{A}(\varepsilon)$ sono funzioni continue di ε (si veda ad esempio [Hen74], pag. 281). Si ha dunque, nell'intorno di $\varepsilon = 0$

$$(\mathrm{A} + \varepsilon\mathrm{E})\mathbf{x}(\varepsilon) = \lambda(\varepsilon)\mathbf{x}(\varepsilon).$$

Derivando la precedente equazione rispetto ad ε e ponendo $\varepsilon = 0$ si ottiene

$$\mathrm{A}\frac{\partial \mathbf{x}}{\partial \varepsilon}(0) + \mathrm{E}\mathbf{x} = \frac{\partial \lambda}{\partial \varepsilon}(0)\mathbf{x} + \lambda\frac{\partial \mathbf{x}}{\partial \varepsilon}(0),$$

da cui, moltiplicando da sinistra entrambi i membri per $\mathbf{y}^H$ e ricordando che $\mathbf{y}^H$ è autovettore sinistro di A, si ha

$$\frac{\partial \lambda}{\partial \varepsilon}(0) = \frac{\mathbf{y}^H \mathrm{E}\mathbf{x}}{\mathbf{y}^H \mathbf{x}}.$$

Utilizzando la disuguaglianza di Cauchy-Schwarz (1.13) si ottiene la (5.9). ◇

Notiamo come $|\mathbf{y}^H\mathbf{x}| = |\cos(\theta_\lambda)|$, essendo θ_λ l'angolo formato tra i due autovettori $\mathbf{y}$ e $\mathbf{x}$ (aventi entrambi norma euclidea unitaria). Se dunque questi ultimi sono prossimi ad essere ortogonali tra loro, il calcolo dell'autovalore λ risulta mal condizionato. La quantità

$$\kappa(\lambda) = \frac{1}{|\mathbf{y}^H\mathbf{x}|} = \frac{1}{|\cos(\theta_\lambda)|} \tag{5.10}$$

può essere dunque assunta come il *numero di condizionamento dell'autovalore* λ. Risulta ovviamente $\kappa(\lambda) \geq 1$, valendo l'uguaglianza quando A è una matrice normale; in tal caso, infatti, essendo A unitariamente simile ad una matrice diagonale, gli autovettori sinistri e destri $\mathbf{y}$ e $\mathbf{x}$ coincidono e si ha dunque $\kappa(\lambda) = 1/\|\mathbf{x}\|_2^2 = 1$.

In prima approssimazione la (5.9) si interpreta dicendo che a perturbazioni dell'ordine di $\delta\varepsilon$ nei coefficienti della matrice A corrispondono variazioni pari a $\delta\lambda = \delta\varepsilon/|\cos(\theta_\lambda)|$ nell'autovalore λ. Nel caso di matrici normali, il calcolo di λ è evidentemente ben condizionato; il caso generico di una matrice A non simmetrica può essere convenientemente trattato, come vedremo nel seguito, mediante metodi basati sull'uso di *trasformazioni per similitudine.*

È interessante a tale riguardo verificare che il condizionamento del problema agli autovalori *non* cambia qualora le matrici di trasformazione impiegate siano *unitarie.* Sia infatti $\mathrm{U} \in \mathbb{C}^{n\times n}$ una matrice unitaria e sia $\widetilde{\mathrm{A}} = \mathrm{U}^H\mathrm{A}\mathrm{U}$ la matrice simile ad A attraverso la matrice unitaria U. Indichiamo inoltre con κ_j e $\widetilde{\kappa}_j$ i numeri di condizionamento (5.10) associati all'autovalore λ_j relativamente alle matrici A e $\widetilde{\mathrm{A}}$, mentre siano $\{\mathbf{x}_k\}$, $\{\mathbf{y}_k\}$ gli autovettori destri e sinistri di A. Evidentemente, $\{\mathrm{U}^H\mathbf{x}_k\}$, $\{\mathrm{U}^H\mathbf{y}_k\}$ sono gli autovettori destri e sinistri di $\widetilde{\mathrm{A}}$. Si ha dunque, per ogni $j = 1, \ldots, n$

$$\widetilde{\kappa}_j = \left|\mathbf{y}_j^H \mathrm{U}\mathrm{U}^H \mathbf{x}_j\right|^{-1} = \kappa_j,$$

da cui si deduce che la stabilità del calcolo dell'autovalore λ_j *non* viene modificata dall'uso di trasformazioni per similitudine mediante matrici unitarie. Si può anche facilmente verificare che matrici di trasformazione unitarie lasciano inalterate le lunghezze euclidee e gli angoli tra vettori in $\mathbb{C}^n$. Vale inoltre la seguente stima a priori (si veda [GL89], pag. 317)

$$fl\left(\mathrm{X}^{-1}\mathrm{AX}\right) = \mathrm{X}^{-1}\mathrm{AX} + \mathrm{E}, \qquad \|\mathrm{E}\|_2 \simeq \mathrm{u}K_2(\mathrm{X})\|\mathrm{A}\|_2 \tag{5.11}$$

dove $fl(\mathrm{M})$ indica la rappresentazione macchina della matrice M e u è l'unità di *roundoff* (si veda la Sezione 2.5). Dalle (5.11) si deduce che usare matrici di trasformazione *non* unitarie nel calcolo numerico di autovalori può dar luogo ad un processo instabile rispetto agli errori di arrotondamento.
Concludiamo la sezione con un risultato di stabilità per il calcolo dell'autovettore associato ad un autovalore semplice. Nelle medesime ipotesi del Teorema 5.4 si ha il seguente risultato (si veda per la dimostrazione [Atk89], Problema 6, pagg. 649-650):

Proprietà 5.4 *Gli autovettori* $\mathbf{x}_k$ *e* $\mathbf{x}_k(\varepsilon)$ *delle matrici* A *e* $\mathrm{A}(\varepsilon) = \mathrm{A} + \varepsilon\mathrm{E}$, *con* $\|\mathbf{x}_k(\varepsilon)\|_2 = \|\mathbf{x}_k\|_2 = 1$ *per* $k = 1, \ldots, n$, *verificano la relazione*

$$\|\mathbf{x}_k(\varepsilon) - \mathbf{x}_k\|_2 \leq \frac{\varepsilon}{\min_{j\neq k}|\lambda_k - \lambda_j|} + \mathcal{O}(\varepsilon^2), \qquad \forall k = 1, \ldots, n.$$

In analogia con la (5.10), la quantità

$$\kappa(\mathbf{x}_k) = \frac{1}{\min_{j\neq k}|\lambda_k - \lambda_j|}$$

può essere dunque assunta come il *numero di condizionamento dell'autovettore* $\mathbf{x}_k$. È pertanto possibile che il calcolo di $\mathbf{x}_k$ in presenza di autovalori λ_j "molto vicini" all'autovalore λ_k associato a $\mathbf{x}_k$ sia un'operazione mal condizionata.

5.2.2 Stime a posteriori

Le stime a priori esaminate nella precedente sezione caratterizzano le proprietà di stabilità numerica del problema del calcolo degli autovalori e degli autovettori di una matrice. Dal punto di vista dell'implementazione è altresì importante disporre di *stime a posteriori* che consentano di giudicare la qualità dell'approssimazione via via calcolata. Poiché i metodi che presenteremo nel seguito sono processi iterativi, i risultati di questa sezione possono essere utilizzati nella pratica per stabilire per questi ultimi un affidabile criterio di arresto.

Teorema 5.5 *Sia* $\mathrm{A} \in \mathbb{C}^{n\times n}$ *una matrice hermitiana e siano* $(\widehat{\lambda}, \widehat{\mathbf{x}})$ *le approssimazioni calcolate di una coppia autovalore/autovettore* $(\lambda, \mathbf{x})$ *di* A. *Definendo il residuo*

$$\widehat{\mathbf{r}} = \mathrm{A}\widehat{\mathbf{x}} - \widehat{\lambda}\widehat{\mathbf{x}}, \qquad \widehat{\mathbf{x}} \neq \mathbf{0},$$

si ha allora

$$\min_{\lambda_i\in\sigma(\mathrm{A})} |\widehat{\lambda} - \lambda_i| \leq \frac{\|\widehat{\mathbf{r}}\|_2}{\|\widehat{\mathbf{x}}\|_2}. \tag{5.12}$$

Dimostrazione. Poiché A è hermitiana, essa ammette un sistema di autovettori ortonormali $\{\mathbf{u}_k\}$ che si può prendere come base di $\mathbb{C}^n$. In particolare, $\widehat{\mathbf{x}} = \sum_{i=1}^{n} \alpha_i \mathbf{u}_i$ con $\alpha_i = \mathbf{u}_i^H \widehat{\mathbf{x}}$, e pertanto $\widehat{\mathbf{r}} = \sum_{i=1}^{n} \alpha_i(\lambda_i - \widehat{\lambda})\mathbf{u}_i$. Dunque

$$\left(\frac{\|\widehat{\mathbf{r}}\|_2}{\|\widehat{\mathbf{x}}\|_2}\right)^2 = \sum_{i=1}^{n} \beta_i(\lambda_i - \widehat{\lambda})^2, \quad \text{con } \beta_i = |\alpha_i|^2 / (\sum_{j=1}^{n} |\alpha_j|^2). \tag{5.13}$$

Poiché $\sum_{i=1}^{n} \beta_i = 1$, la (5.12) segue facilmente dalla (5.13). ◇

La stima (5.12) ci assicura che ad un *residuo relativo* piccolo corrisponde un piccolo *errore assoluto* nel calcolo dell'autovalore della matrice A più prossimo a $\widehat{\lambda}$.
Consideriamo ora la seguente stima a posteriori per l'autovettore $\widehat{\mathbf{x}}$, per la cui dimostrazione si rimanda a [IK66], pagg. 142-143:

Proprietà 5.5 *Nelle medesime ipotesi del Teorema 5.5, supponiamo che risulti* $|\lambda_i - \widehat{\lambda}| \le \|\widehat{\mathbf{r}}\|_2$ *per* $i = 1, \ldots, m$ *e* $|\lambda_i - \widehat{\lambda}| \ge \delta > 0$ *per* $i = m+1, \ldots, n$. *Si ha allora*

$$d(\widehat{\mathbf{x}}, \mathbf{U}_m) \le \frac{\|\widehat{\mathbf{r}}\|_2}{\delta} \tag{5.14}$$

dove $d(\widehat{\mathbf{x}}, \mathbf{U}_m)$ *è la distanza euclidea tra* $\widehat{\mathbf{x}}$ *e lo spazio generato dagli autovettori* $\mathbf{u}_i$, $i = 1, \ldots, m$ *associati agli autovalori* λ_i *di* A.

Anche la stima a posteriori (5.14) ci assicura che ad un *residuo* piccolo corrisponde un piccolo *errore assoluto* nel calcolo dell'autovettore associato all'autovalore di A più prossimo a $\widehat{\lambda}$, nell'ipotesi che gli autovalori di A siano ben distanziati fra loro (ovvero, che δ sia abbastanza grande).
Nel caso generale di una matrice A non hermitiana si riesce a dare una stima a posteriori per l'autovalore $\widehat{\lambda}$ solo quando sia nota la matrice degli autovettori di A. Si ha il seguente risultato, per la cui dimostrazione si rimanda a [IK66], pag. 146:

Proprietà 5.6 *Sia* $\mathrm{A} \in \mathbb{C}^{n\times n}$ *una matrice diagonalizzabile con matrice degli autovettori* $\mathrm{X} = [\mathbf{x}_1, \ldots, \mathbf{x}_n]$. *Se risulta, per un opportuno* $\varepsilon > 0$

$$\|\widehat{\mathbf{r}}\|_2 \le \varepsilon \|\widehat{\mathbf{x}}\|_2,$$

si ha allora

$$\min_{\lambda_i \in \sigma(\mathrm{A})} |\widehat{\lambda} - \lambda_i| \le \varepsilon \|\mathrm{X}^{-1}\|_2 \|\mathrm{X}\|_2 .$$

Questa stima risulta di scarsa utilità pratica in quanto richiede la conoscenza di tutti gli autovettori di A. Vedremo nelle successive sezioni esempi di stime a posteriori effettivamente implementabili in un algoritmo numerico, in particolare nell'ambito del metodo delle potenze.

5.3 Il metodo delle potenze

Il *metodo delle potenze* è particolarmente adatto per il calcolo degli autovalori *estremi* della matrice, ovvero quelli di modulo massimo, λ_1, e minimo, λ_n, ed i relativi autovettori associati. La soluzione di tale problema è di grande interesse in numerose applicazioni reali (geosismica, vibrazioni di macchine e strutture, analisi di reti elettriche, meccanica quantistica, ...) dove il calcolo di λ_n (e del corrispondente autovettore associato $\mathbf{x}_n$) è collegato alla determinazione della *frequenza propria* (e del corrispondente *modo fondamentale*) di un dato sistema fisico. Anche per l'analisi di metodi numerici, nel caso in cui A sia simmetrica e definita positiva, disporre di λ_1 e λ_n consente ad esempio di calcolare il parametro di accelerazione ottimale per il metodo di Richardson e di stimare il fattore di abbattimento dell'errore per i metodi del gradiente e del gradiente coniugato (si veda il Capitolo 4), nonché di effettuare l'analisi di stabilità di metodi di discretizzazione di sistemi di equazioni differenziali (si veda il Capitolo 10).

5.3.1 Calcolo dell'autovalore di modulo massimo

Sia $\mathrm{A} \in \mathbb{C}^{n\times n}$ una matrice diagonalizzabile e sia $\mathrm{X} \in \mathbb{C}^{n\times n}$ la matrice dei suoi autovettori destri $\mathbf{x}_i$, per $i = 1, \ldots, n$. Supponiamo inoltre che gli autovalori di A siano ordinati in modo tale che

$$|\lambda_1| > |\lambda_2| \geq |\lambda_3| \ldots \geq |\lambda_n|, \tag{5.15}$$

avendo λ_1 molteplicità algebrica pari ad 1. Sotto tali ipotesi, λ_1 è detto autovalore *dominante* per la matrice A.
Assegnato un arbitrario vettore iniziale $\mathbf{q}^{(0)} \in \mathbb{C}^n$ di norma euclidea unitaria, consideriamo per $k = 1, 2, \ldots$ l'iterazione basata sul calcolo di potenze di matrici, comunemente nota come *metodo delle potenze*

$$\begin{aligned} &\mathbf{z}^{(k)} = \mathrm{A}\mathbf{q}^{(k-1)} \\ &\mathbf{q}^{(k)} = \mathbf{z}^{(k)}/\|\mathbf{z}^{(k)}\|_2 \\ &\nu^{(k)} = (\mathbf{q}^{(k)})^H \mathrm{A}\mathbf{q}^{(k)} \end{aligned} \tag{5.16}$$

Analizziamo le proprietà di convergenza del metodo (5.16). Procedendo per induzione su k si ottiene

$$\mathbf{q}^{(k)} = \frac{\mathrm{A}^k\mathbf{q}^{(0)}}{\|\mathrm{A}^k\mathbf{q}^{(0)}\|_2}, \qquad k \geq 1. \tag{5.17}$$

Questa relazione mette in evidenza il ruolo che le potenze di A rivestono in questo metodo. Essendo A diagonalizzabile, i suoi autovettori $\mathbf{x}_i$ costituiscono una base per $\mathbb{C}^n$; è possibile pertanto rappresentare $\mathbf{q}^{(0)}$ nella forma

$$\mathbf{q}^{(0)} = \sum_{i=1}^{n} \alpha_i \mathbf{x}_i, \qquad \alpha_i \in \mathbb{C}, \qquad i = 1, \dots, n. \tag{5.18}$$

Inoltre, essendo $\mathrm{A}\mathbf{x}_i = \lambda_i \mathbf{x}_i$, si trova

$$\mathrm{A}^k \mathbf{q}^{(0)} = \alpha_1 \lambda_1^k \left(\mathbf{x}_1 + \sum_{i=2}^{n} \frac{\alpha_i}{\alpha_1} \left(\frac{\lambda_i}{\lambda_1} \right)^k \mathbf{x}_i \right), \; k = 1, 2, \dots \tag{5.19}$$

Poiché $|\lambda_i/\lambda_1| < 1$ per $i = 2, \dots, n$, al crescere di k il vettore $\mathrm{A}^k\mathbf{q}^{(0)}$ (e quindi anche $\mathbf{q}^{(k)}$, per la (5.17)), presenterà una componente significativa nella direzione dell'autovettore $\mathbf{x}_1$, mentre le sue componenti nelle restanti direzioni $\mathbf{x}_j$ decresceranno. Per la (5.17) e la (5.19) si ottiene

$$\mathbf{q}^{(k)} = \frac{\alpha_1 \lambda_1^k (\mathbf{x}_1 + \mathbf{y}^{(k)})}{\|\alpha_1 \lambda_1^k (\mathbf{x}_1 + \mathbf{y}^{(k)})\|_2} = \mu_k \frac{\mathbf{x}_1 + \mathbf{y}^{(k)}}{\|\mathbf{x}_1 + \mathbf{y}^{(k)}\|_2},$$

dove μ_k è il segno di $\alpha_1 \lambda_1^k$ e $\mathbf{y}^{(k)}$ denota un vettore che tende a zero per $k \to \infty$.

Per $k \to \infty$ il vettore $\mathbf{q}^{(k)}$ tende dunque a disporsi nella direzione dell'autovettore $\mathbf{x}_1$. Si ha la seguente stima dell'errore al passo k:

Teorema 5.6 *Sia* $\mathrm{A} \in \mathbb{C}^{n \times n}$ *una matrice diagonalizzabile i cui autovalori soddisfano la* (5.15). *Assumendo* $\alpha_1 \neq 0$, *esiste* $C > 0$ *tale che*

$$\|\tilde{\mathbf{q}}^{(k)} - \mathbf{x}_1\|_2 = C \left| \frac{\lambda_2}{\lambda_1} \right|^k + o\left(\left| \frac{\lambda_2}{\lambda_1} \right|^k \right), \qquad k \geq 1 \tag{5.20}$$

dove

$$\tilde{\mathbf{q}}^{(k)} = \frac{\mathbf{q}^{(k)} \|\mathrm{A}^k \mathbf{q}^{(0)}\|_2}{\alpha_1 \lambda_1^k} = \mathbf{x}_1 + \sum_{i=2}^{n} \frac{\alpha_i}{\alpha_1} \left(\frac{\lambda_i}{\lambda_1} \right)^k \mathbf{x}_i, \qquad k = 1, 2, \dots \tag{5.21}$$

Dimostrazione. Poiché A è diagonalizzabile, senza mancare di generalità possiamo scegliere la matrice non singolare X in modo che le sue colonne abbiano lunghezza euclidea unitaria, ovvero $\|\mathbf{x}_i\|_2 = 1$ per $i = 1, \dots, n$. Dalla (5.15) e dalla (5.19) segue allora

$$\begin{aligned}
\left| \mathbf{x}_1 + \sum_{i=2}^{n} \left[\frac{\alpha_i}{\alpha_1} \left(\frac{\lambda_i}{\lambda_1} \right)^k \mathbf{x}_i \right] - \mathbf{x}_1 \right\|_2 &= \left\| \sum_{i=2}^{n} \frac{\alpha_i}{\alpha_1} \left(\frac{\lambda_i}{\lambda_1} \right)^k \mathbf{x}_i \right\|_2 \\
&= \left(\sum_{i=2}^{n} \left[\frac{\alpha_i}{\alpha_1} \right]^2 \left[\frac{\lambda_i}{\lambda_1} \right]^{2k} \right)^{1/2} = \left(\left[\frac{\alpha_2}{\alpha_1} \right]^2 \left| \frac{\lambda_2}{\lambda_1} \right|^{2k} + \sum_{i=3}^{n} \left[\frac{\alpha_i}{\alpha_1} \right]^2 \left| \frac{\lambda_i}{\lambda_1} \right|^{2k} \right)^{1/2} \\
&= C \left| \frac{\lambda_2}{\lambda_1} \right|^k + o\left(\left| \frac{\lambda_2}{\lambda_1} \right|^k \right),
\end{aligned}$$

essendo C una costante positiva, ovvero la (5.20). ◇

D'ora in poi C indicherà una generica costante positiva, che non assume necessariamente lo stesso valore ovunque.

La (5.20) esprime la convergenza della successione $\tilde{\mathbf{q}}^{(k)}$ all'autovettore $\mathbf{x}_1$. Pertanto la successione dei quozienti di Rayleigh

$$((\tilde{\mathbf{q}}^{(k)})^H \mathrm{A}\tilde{\mathbf{q}}^{(k)})/\|\tilde{\mathbf{q}}^{(k)}\|_2^2 = (\mathbf{q}^{(k)})^H \mathrm{A}\mathbf{q}^{(k)} = \nu^{(k)}$$

convergerà a λ_1 per $k \to \infty$ e la convergenza sarà tanto più rapida quanto più piccolo è il rapporto $|\lambda_2/\lambda_1|$. Più precisamente, per ogni $\mathrm{A} \in \mathbb{C}^{n\times n}$, ad eccezione delle matrici reali e simmetriche, si ha

$$|\lambda_1 - \nu^{(k)}| = C\left|\frac{\lambda_2}{\lambda_1}\right|^k + o\left(\left|\frac{\lambda_2}{\lambda_1}\right|^k\right), \qquad k \geq 1. \tag{5.22}$$

Nel caso particolare in cui la matrice A sia *reale* e *simmetrica* si può mostrare, sempre assumendo $\alpha_1 \neq 0$, che vale la seguente stima (si veda [GL89], pagg. 406–407)

$$|\lambda_1 - \nu^{(k)}| \leq |\lambda_1 - \lambda_n| \tan^2(\theta_0)\left|\frac{\lambda_2}{\lambda_1}\right|^{2k}, \tag{5.23}$$

essendo $\cos(\theta_0) = |\mathbf{x}_1^T \mathbf{q}^{(0)}| \neq 0$, o, più precisamente, che esiste $C > 0$ tale che

$$|\lambda_1 - \nu^{(k)}| = C\left|\frac{\lambda_2}{\lambda_1}\right|^{2k} + o\left(\left|\frac{\lambda_2}{\lambda_1}\right|^{2k}\right). \tag{5.24}$$

Pertanto, quando A è reale simmetrica, la convergenza della successione $\{\nu^{(k)}\}$ a λ_1 è *quadratica* rispetto al rapporto $|\lambda_2/\lambda_1|$, mentre la convergenza della successione $\{\tilde{\mathbf{q}}^{(k)}\}$ all'autovettore $\mathbf{x}_1$ rimane *lineare* rispetto al rapporto $|\lambda_2/\lambda_1|$, come è dimostrato nel Teorema 5.21. Rimandiamo alla Sezione 5.3.3 per una verifica sperimentale di questi risultati.

Concludiamo la sezione stabilendo due criteri per arrestare l'iterazione (5.16), il primo basato sul controllo del residuo, il secondo sul controllo dell'incremento della successione $\{\nu^{(k)}\}$.

Test sul residuo

Introduciamo il residuo dell'equazione spettrale al passo k

$$\mathbf{r}^{(k)} = \mathrm{A}\mathbf{q}^{(k)} - \nu^{(k)}\mathbf{q}^{(k)}, \qquad k \geq 1,$$

e, per $\varepsilon > 0$, la matrice $\varepsilon \mathrm{E}^{(k)} = -\mathbf{r}^{(k)}\left[\mathbf{q}^{(k)}\right]^H \in \mathbb{C}^{n\times n}$ con $\|\mathrm{E}^{(k)}\|_2 = 1$. Poiché

$$\varepsilon \mathrm{E}^{(k)}\mathbf{q}^{(k)} = -\mathbf{r}^{(k)}, \qquad k \geq 1, \tag{5.25}$$

otteniamo $\left(\mathrm{A}+\varepsilon\mathrm{E}^{(k)}\right)\mathbf{q}^{(k)}=\nu^{(k)}\mathbf{q}^{(k)}$. Pertanto $\nu^{(k)}$ è, ad ogni passo del metodo delle potenze, *autovalore della matrice perturbata* $\mathrm{A}+\varepsilon\mathrm{E}^{(k)}$. Dalla (5.25) e dalla (1.18) segue inoltre che $\varepsilon=\|\mathbf{r}^{(k)}\|_2$ per $k=1,2,\ldots$. Sostituendo questa identità nella (5.9) ed approssimando in quest'ultima la derivata parziale con il rapporto incrementale $|\lambda_1-\nu^{(k)}|/\varepsilon$, si ottiene

$$|\lambda_1-\nu^{(k)}|\leq\frac{\|\mathbf{r}^{(k)}\|_2}{|\cos(\theta_\lambda)|},\qquad k\geq 1, \tag{5.26}$$

essendo θ_λ l'angolo formato tra gli autovettori destro $\mathbf{x}_1$ e sinistro $\mathbf{y}_1$ associati a λ_1. Osserviamo che nel caso in cui A sia una matrice hermitiana risulta $\cos(\theta_\lambda)=1$ e la (5.26) fornisce pertanto una stima analoga alla (5.12).
Nella pratica, per utilizzare la (5.26) ad ogni passo k è necessario sostituire a $|\cos(\theta_\lambda)|$ il modulo del prodotto scalare tra le due approssimazioni $\mathbf{q}^{(k)}$ e $\mathbf{w}^{(k)}$ di $\mathbf{x}_1$ e $\mathbf{y}_1$ calcolate dal metodo delle potenze. Si ottiene così la *stima a posteriori*

$$|\lambda_1-\nu^{(k)}|\leq\frac{\|\mathbf{r}^{(k)}\|_2}{|(\mathbf{w}^{(k)})^H\mathbf{q}^{(k)}|},\qquad k\geq 1. \tag{5.27}$$

Il Teorema 5.6 stabilisce che la successione dei vettori $\tilde{\mathbf{q}}^{(k)}$ converge sempre linearmente all'autovettore $\mathbf{x}_1$, indipendentemente dal fatto che la matrice sia o meno reale simmetrica, mentre la successione dei quozienti di Rayleigh converge quadraticamente a λ_1 se A è reale e simmetrica, e linearmente altrimenti. Di conseguenza, solo per matrici che non siano reali simmetriche, la disuguaglianza (5.27) diventa

$$|\lambda_1-\nu^{(k)}|\simeq\frac{\|\mathbf{r}^{(k)}\|_2}{|(\mathbf{w}^{(k)})^H\mathbf{q}^{(k)}|},\qquad k\geq 1 \tag{5.28}$$

e potremo quindi arrestare le iterazioni al primo valore di k per cui

$$\frac{\|\mathbf{r}^{(k)}\|_2}{|(\mathbf{w}^{(k)})^H\mathbf{q}^{(k)}|}\leq\varepsilon, \tag{5.29}$$

essendo ε una tolleranza assegnata. Osserviamo tuttavia che per valutare il denominatore che compare in (5.29) dobbiamo eseguire ad ogni passo un prodotto matrice vettore aggiuntivo per calcolare il vettore $\mathbf{w}^{(k)}$.

Qualora invece la matrice A sia reale e simmetrica, il test (5.29) non è significativo, in quanto il residuo al passo k dipende dal vettore $\tilde{\mathbf{q}}^{(k)}$ (che sta convergendo solo linearmente), e quindi $\|\mathbf{r}^{(k)}\|_2/|(\mathbf{w}^{(k)})^H\mathbf{q}^{(k)}|$ converge a zero come la radice quadrata della successione degli errori $|\lambda_1-\nu^{(k)}|$ (si veda la Fig. 5.2, a destra). Ciò suggerisce di fermare le iterazioni al primo valore di k per cui si abbia

$$\frac{\|\mathbf{r}^{(k)}\|_2}{|(\mathbf{w}^{(k)})^H\mathbf{q}^{(k)}|}\leq\sqrt{\varepsilon}. \tag{5.30}$$

Test sull'incremento
Arrestiamo le iterazioni del metodo delle potenze al primo valore di k per cui

$$|\nu^{(k+1)} - \nu^{(k)}| \leq \varepsilon. \tag{5.31}$$

Supponiamo che A sia reale e simmetrica. Nell'ipotesi che la successione dei quozienti di Rayleigh stia convergendo all'autovalore λ_1, grazie alla (5.23), per ogni k otteniamo

$$\begin{aligned} |\nu^{(k+1)} - \nu^{(k)}| &\leq |\lambda_1 - \nu^{(k+1)}| + |\lambda_1 - \nu^{(k)}| \\ &\leq C\left|\frac{\lambda_2}{\lambda_1}\right|^{2k}\left(1 + \left|\frac{\lambda_2}{\lambda_1}\right|\right)^2 = C\left|\frac{\lambda_2}{\lambda_1}\right|^{2k} + o\left(\left|\frac{\lambda_2}{\lambda_1}\right|^{2k}\right), \end{aligned}$$

essendo $C > 0$ una costante indipendente da k, ovvero il valore assoluto dell'incremento ha lo stesso comportamento dell'errore assoluto $|\lambda_1 - \nu^{(k)}|$.

Nel caso in cui A non sia reale simmetrica, ragionando analogamente, otteniamo

$$|\nu^{(k+1)} - \nu^{(k)}| \leq C\left|\frac{\lambda_2}{\lambda_1}\right|^{k} + o\left(\left|\frac{\lambda_2}{\lambda_1}\right|^{k}\right).$$

Rimandiamo all'Esempio 5.3 per una verifica numerica di questi risultati.

5.3.2 Calcolo dell'autovalore di modulo minimo

Assegnato un numero $\mu \in \mathbb{C}$, $\mu \notin \sigma(\mathrm{A})$, ci occupiamo in questa sezione di approssimare l'autovalore della matrice $\mathrm{A} \in \mathbb{C}^{n\times n}$ *più vicino* a μ. A tal fine, si può utilizzare il metodo delle potenze (5.16) applicato alla matrice $(\mathrm{M}_\mu)^{-1} = (\mathrm{A} - \mu\mathrm{I})^{-1}$, ottenendo quello che è comunemente noto come il *metodo delle potenze inverse*. Il numero μ viene detto *shift*.
La matrice M_μ^{-1} ha per autovalori $\xi_i = (\lambda_i - \mu)^{-1}$; supponiamo che esista un intero m tale che

$$|\lambda_m - \mu| < |\lambda_i - \mu|, \qquad \forall i = 1, \ldots, n \qquad \text{e } i \neq m. \tag{5.32}$$

Questa ipotesi equivale ad assumere che l'autovalore λ_m più vicino a μ abbia molteplicità pari a 1. L'autovalore di modulo massimo di M_μ^{-1} corrisponde pertanto a ξ_m; in particolare, se $\mu = 0$, λ_m rappresenta l'autovalore di modulo minimo di A.
L'algoritmo è così strutturato: dato un arbitrario vettore iniziale $\mathbf{q}^{(0)} \in \mathbb{C}^n$ di norma euclidea unitaria, si costruisce per $k = 1, 2, \ldots$ la successione seguente

$$\begin{aligned} &(\mathrm{A} - \mu\mathrm{I})\,\mathbf{z}^{(k)} = \mathbf{q}^{(k-1)} \\ &\mathbf{q}^{(k)} = \mathbf{z}^{(k)}/\|\mathbf{z}^{(k)}\|_2 \\ &\sigma^{(k)} = (\mathbf{q}^{(k)})^H \mathrm{A}\mathbf{q}^{(k)} \end{aligned} \tag{5.33}$$

Gli autovettori di M_μ coincidono con quelli di A in quanto $M_\mu = X(\Lambda - \mu I_n)X^{-1}$, dove $\Lambda = \text{diag}(\lambda_1, \ldots, \lambda_n)$. Per questo motivo, il quoziente di Rayleigh nella (5.33) viene calcolato direttamente sulla matrice A (e non su M_μ^{-1}).

La principale differenza rispetto alla (5.16) risiede nel fatto che ad ogni passo k è necessario *risolvere* un sistema lineare avente matrice dei coefficienti $M_\mu = A - \mu I$. Conviene dunque calcolare, per $k = 1$, la fattorizzazione LU di M_μ, in modo da dover risolvere ad ogni passo solo due sistemi triangolari per un costo dell'ordine di n^2 *flops*.

Anche se computazionalmente più costoso del metodo delle potenze, il metodo delle potenze inverse ha il pregio di poter convergere ad un generico autovalore di A (il più vicino allo *shift* μ). Esso si può convenientemente utilizzare per migliorare una stima iniziale μ di un autovalore di A, ottenuta, ad esempio, tramite i risultati di localizzazione della Sezione 5.1. Il metodo delle potenze inverse può infine essere utilizzato per calcolare l'autovettore associato ad un dato (approssimato) autovalore (si veda [QSS07], Sezione 5.8.1).
Per l'analisi di convergenza della successione (5.33) assumiamo che A sia diagonalizzabile, in modo che si possa rappresentare $\mathbf{q}^{(0)}$ nella forma (5.18). Procedendo analogamente a quanto fatto nel caso del metodo delle potenze poniamo

$$\tilde{\mathbf{q}}^{(k)} = \mathbf{x}_m + \sum_{i=1, i\neq m}^{n} \frac{\alpha_i}{\alpha_m} \left(\frac{\xi_i}{\xi_m}\right)^k \mathbf{x}_i,$$

dove $\mathbf{x}_i$ sono gli autovettori di M_μ^{-1} (e dunque anche di A), mentre α_i sono gli stessi della (5.18). Di conseguenza, grazie alla definizione di ξ_i ed alla (5.32), troviamo

$$\lim_{k\to\infty} \tilde{\mathbf{q}}^{(k)} = \mathbf{x}_m, \qquad \lim_{k\to\infty} \sigma^{(k)} = \lambda_m.$$

La convergenza sarà tanto più rapida quanto più μ è vicino a λ_m. Nelle stesse ipotesi richieste dalla (5.27), vale la seguente stima *a posteriori* per l'errore di approssimazione su λ_m

$$|\lambda_m - \sigma^{(k)}| \leq \frac{\|\widehat{\mathbf{r}}^{(k)}\|_2}{|(\widehat{\mathbf{w}}^{(k)})^H \mathbf{q}^{(k)}|}, \qquad k \geq 1, \tag{5.34}$$

essendo $\widehat{\mathbf{r}}^{(k)} = A\mathbf{q}^{(k)} - \sigma^{(k)}\mathbf{q}^{(k)}$ e $\widehat{\mathbf{w}}^{(k)}$ la k-esima iterata del metodo delle potenze inverse per l'approssimazione dell'autovettore sinistro associato a λ_m. Le considerazioni svolte nella sezione 5.3.1 riguardo al test d'arresto sono applicabili anche al metodo delle potenze inverse.

5.3.3 Aspetti computazionali e di implementazione

L'analisi di convergenza svolta nella Sezione 5.3.1 evidenzia come il metodo delle potenze sia tanto più rapidamente convergente quanto più l'autovalore dominante sia *ben separato* (ovvero tale che $|\lambda_2|/|\lambda_1|$ sia decisamente inferiore ad uno). Studiamo ora il comportamento dell'iterazione (5.16) quando nello spettro di A esistono *due* autovalori dominanti di *ugual* modulo (ovvero $|\lambda_2| = |\lambda_1|$). Si hanno i seguenti tre casi:

1. $\lambda_2 = \lambda_1$, autovalori coincidenti: il metodo risulta ancora convergente, in quanto per k sufficientemente grande la (5.19) fornisce
$$\mathrm{A}^k\mathbf{q}^{(0)} \simeq \lambda_1^k (\alpha_1\mathbf{x}_1 + \alpha_2\mathbf{x}_2)$$
che è ancora un autovettore di A. Per $k \to \infty$ la successione $\tilde{\mathbf{q}}^{(k)}$ (opportunamente ridefinita) converge ad un vettore che appartiene allo spazio generato dagli autovettori $\mathbf{x}_1$ e $\mathbf{x}_2$, mentre la successione $\nu^{(k)}$ converge ancora a λ_1.
2. $\lambda_2 = -\lambda_1$, autovalori opposti: in questo caso si può approssimare l'autovalore di modulo massimo applicando il metodo delle potenze alla matrice A^2. Si ha infatti $\lambda_i(\mathrm{A}^2) = [\lambda_i(\mathrm{A})]^2$, per $i = 1, \ldots, n$, di modo che risulta $\lambda_1^2 = \lambda_2^2$ e si ricade pertanto nel caso precedentemente analizzato, dove la matrice è questa volta data da A^2.
3. $\lambda_2 = \overline{\lambda}_1$, autovalori complessi e coniugati: questo caso è caratterizzato dall'insorgere di oscillazioni non smorzate nella successione dei vettori $\mathbf{q}^{(k)}$ ed il metodo delle potenze risulta non convergente (si veda [Wil65], Capitolo 9, Sezione 12).

Vale la pena di osservare che la normalizzazione ad 1 del vettore $\mathbf{q}^{(k)}$ nella (5.16) evita l'insorgere nella (5.19) di problemi di *overflow* (se $|\lambda_1| > 1$) o *underflow* (se $|\lambda_1| < 1$). Notiamo inoltre come la richiesta $\alpha_1 \neq 0$, impossibile a garantirsi a priori in assenza di informazioni sull'autovettore $\mathbf{x}_1$, non sia indispensabile ai fini del corretto funzionamento dell'algoritmo.

Infatti, supponendo di lavorare in aritmetica esatta, si può dimostrare che la successione (5.16) converge alla coppia $(\lambda_2, \mathbf{x}_2)$ qualora $\alpha_1 = 0$ (si veda l'Esercizio 8). Tuttavia, nella pratica l'insorgere degli (inevitabili) errori di arrotondamento è spesso sufficiente a far sì che nel corso delle iterazioni il vettore $\mathbf{q}^{(k)}$ contenga una componente *non nulla* anche nella direzione di $\mathbf{x}_1$. Ciò consente all'autovalore λ_1 di "manifestarsi" e al metodo di convergere rapidamente ad esso.

Il metodo delle potenze è implementato nel Programma 25. Il controllo sulla convergenza, in questo e nel successivo algoritmo, è effettuato implementando il test sull'incremento (5.31).

I dati di ingresso `z0`, `toll` e `nmax` rappresentano, qui e nel seguito, il vettore iniziale, la tolleranza per il test d'arresto e il numero massimo di iterazioni consentite. In uscita, `lambda` è l'approssimazione dell'autovalore λ_1, `err` contiene la successione $|\nu^{(k+1)} - \nu^{(k)}|$ (si veda la (5.31)), mentre `x` e `iter` sono rispettivamente l'approssimazione dell'autovettore $\mathbf{x}_1$ e il numero di iterazioni impiegate.

Programma 25 – powerm: Metodo delle potenze

```
function [lambda,x,iter,relres]=powerm(A,z0,tol,nmax)
% POWERM metodo delle potenze.
% [LAMBDA,X,ITER,RELRES]=POWERM(A,Z0,TOL,NMAX) calcola l'autovalore
% LAMBDA di modulo massimo della matrice A e il corrispondente autovettore X di
% norma unitaria. TOL specifica la tolleranza del metodo. NMAX specifica il numero
% massimo di iterazioni. Z0 e' il vettore iniziale e ITER l'iterazione alla quale X e'
% calcolato. RELRES contiene la successione degli incrementi delle approssimazioni
% dell'autovalore
q=z0/norm(z0); z=A*q; lambda0=q'*z;
res=tol+1; iter=0; relres=res;
while res >= tol*abs(lambda0) && iter <= nmax
 q=z/norm(z); z=A*q;
 lambda=q'*z;
 res=abs(lambda-lambda0); relres=[relres; res];
 iter=iter+1; lambda0=lambda;
end
x=q;
return
```

Il metodo delle potenze inverse è implementato nel Programma 26. Il dato di ingresso `mu` contiene l'approssimazione iniziale per l'autovalore cercato. In uscita i vettori `sigma` ed `err` contengono le successioni $\{\sigma^{(k)}\}$ e $|\sigma^{(k+1)} - \sigma^{(k)}|$ (si veda la formula (5.31)). La fattorizzazione LU (con pivoting parziale) della matrice M_μ viene effettuata usando la funzione MATLAB `lu`.

Programma 26 – invpower: Metodo delle potenze inverse

```
function [lambda,x,iter,relres]=invpower(A,z0,mu,tol,nmax)
% INVPOWER metodo delle potenze inverse.
% [LAMBDA,X,ITER,RELRES]=INVPOWER(A,Z0,MU,TOL,NMAX) calcola
% l'autovalore LAMBDA di modulo minimo della matrice A e il corrispondente
% autovettore X di norma unitaria. TOL specifica la tolleranza del metodo. NMAX
% specifica il numero massimo di iterazioni. Z0 e' il vettore iniziale, MU lo shift e
% ITER l'iterazione alla quale X e' calcolato.
M=A-mu*speye(size(A)); [L,U,P]=lu(M);
z=z0/norm(z0); y=L \ (P*z); q=U \ y; lambda0=z'*q;
if lambda0==0; % se z'*q=0 genero z0 random
n=length(A); z0=rand(n,1);
z=z0/norm(z0); y=L \ (P*z); q=U \ y; lambda0=z'*q;
end
err=tol*abs(lambda0)+1; iter=0; relres=err;
while err>=tol*abs(lambda0) && abs(lambda0)~=0 && iter<=nmax
   z = q/norm(q);
   y=L \ (P*z); q=U \ y;
```

```
    lambda = z'*q;
    err = abs(lambda - lambda0);
    relres=[relres;err];
    iter = iter + 1;
    lambda0 = lambda;
end
x=q/norm(q);
lambda = 1/lambda + mu;
return
```

Esempio 5.3 Per la matrice A nella (5.35)

$$\mathrm{A} = \begin{bmatrix} -17 & 14 & 46 \\ -12 & 12 & 34 \\ -3 & 2 & 8 \end{bmatrix}, \quad \mathrm{V} = \begin{bmatrix} 1 & 2 & 4 \\ -2 & 3 & 1 \\ 1 & 0 & 1 \end{bmatrix} \tag{5.35}$$

si hanno i seguenti autovalori: $\lambda_1 = 4$, $\lambda_2 = -2$, $\lambda_3 = 1$, mentre i corrispondenti autovettori sono le colonne della matrice V (in particolare si ha $V = [\mathbf{x}_3, \mathbf{x}_1, \mathbf{x}_2]$). Per calcolare la coppia $(\lambda_1, \mathbf{x}_1)$ abbiamo eseguito il Programma 25 prendendo come dato iniziale $\mathbf{z}^{(0)} = (1, 1, 1)^T$ e tolleranza $\varepsilon = 10^{-11}$. Dopo 38 iterazioni del metodo delle potenze gli errori assoluti sono $|\lambda_1 - \nu^{(38)}| = 1.23 \cdot 10^{-11}$ e $\|\mathbf{x}_1/\|\mathbf{x}_1\| - \mathbf{x}_1^{(38)}\|_\infty = 1.55 \cdot 10^{-12}$. Ricordiamo che l'autovettore calcolato ha norma unitaria.
La Figura 5.2, a sinistra, dimostra l'attendibilità sia della stima a posteriori (5.27) sia dell'incremento (5.31).

Abbiamo poi richiamato lo stesso programma con $\mathbf{z}^{(0)} = [6.75, -4.5, 3.75]^T$ (si noti che con questa scelta si ha $\alpha_1 = (\mathbf{z}^{(0)})^T \mathbf{x}_1 = 0$). Il metodo delle potenze converge ancora alla coppia $(\lambda_1, \mathbf{x}_1)$ e dopo 89 iterazioni gli errori assoluti in questo caso sono pari a $|\lambda_1 - \nu^{(89)}| = 1.00 \cdot 10^{-11}$ e a $\|\mathbf{x}_1/\|\mathbf{x}_1\| - \mathbf{x}_1^{(89)}\|_\infty = 1.26 \cdot 10^{-12}$.

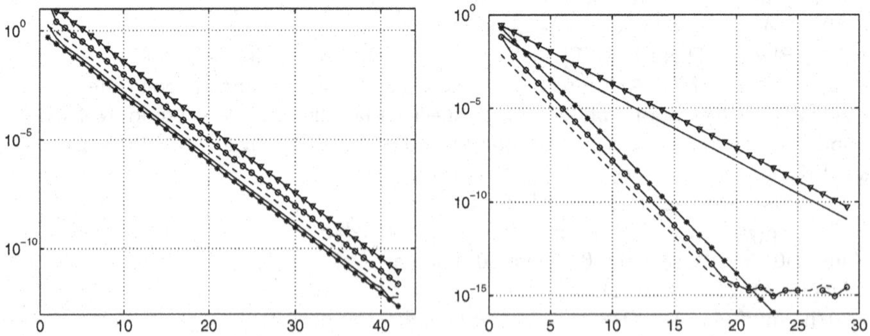

Fig. 5.2 Confronto tra: stima a posteriori dell'errore (5.29) (triangolini), norma (5.20) (in linea continua), $|\lambda_2/\lambda_1|^k$ (asterisco), incremento (5.31) (cerchietto), ed errore assoluto $|\lambda_1 - \nu^{(k)}|$ (in linea tratteggiata). A sinistra, A è la matrice non simmetrica definita in (5.35). A destra, A è la matrice simmetrica definita in (5.36)

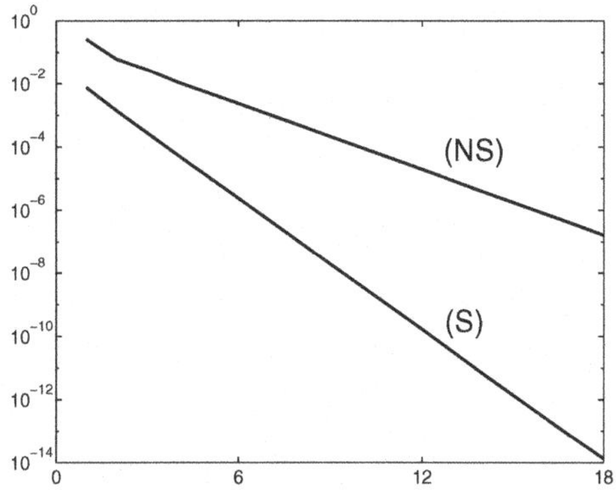

Fig. 5.3 Le curve di convergenza del metodo delle potenze applicato alla matrice A nella (5.36) nella forma simmetrica (S) e non simmetrica (NS)

Per la matrice simmetrica A nella (5.36)

$$\mathrm{A} = \begin{bmatrix} 1 & 3 & 4 \\ 3 & 1 & 2 \\ 4 & 2 & 1 \end{bmatrix}, \quad \mathrm{T} = \begin{bmatrix} 8 & 1 & 6 \\ 3 & 5 & 7 \\ 4 & 9 & 2 \end{bmatrix} \tag{5.36}$$

si hanno i seguenti autovalori (con cinque cifre significative): $\lambda_1 = 7.0747$, $\lambda_2 = -3.1879$ e $\lambda_3 = -0.8868$.

La Figura 5.2, a destra, dimostra l'attendibilità del test d'arresto sull'incremento (5.31) che descresce come l'errore assoluto $|\lambda_1 - \nu^{(k)}|$ e come $|\lambda_2/\lambda_1|^{2k}$, ma non della stima a posteriori (5.27) che invece decresce come (5.20) e $|\lambda_2/\lambda_1|^k$.
È interessante confrontare il comportamento del metodo delle potenze nel calcolo di λ_1 per la matrice simmetrica A e per la matrice ad essa simile $\mathrm{M} = \mathrm{T}^{-1}\mathrm{AT}$, essendo T la matrice non singolare (e non ortogonale) indicata nella (5.36).
Utilizzando il Programma 25 con $\mathbf{z}^{(0)} = (1,1,1)^T$, il metodo delle potenze converge all'autovalore λ_1 in 15 e 30 iterazioni, rispettivamente nel caso della matrice A e di M. La successione degli errori assoluti $|\lambda_1 - \nu^{(k)}|$ è riportata in Figura 5.3, dove (S) e (NS) si riferiscono al calcolo per A e per M. Si può notare il rapido abbattimento dell'errore nel caso simmetrico, in accordo con le proprietà teoriche di convergenza quadratica del metodo delle potenze (si veda la Sezione 5.3.1).
Utilizziamo infine il metodo delle potenze inverse (5.33) per il calcolo dell'autovalore di modulo minimo $\lambda_3 = 1$ della matrice A nella (5.35). Eseguendo il Programma 26 con $\mathbf{z}^{(0)} = (1,1,1)^T$ e $\varepsilon = 10^{-11}$, il metodo converge in 38 iterazioni, con errori assoluti $|\lambda_3 - \nu^{(38)}| = 1.81 \cdot 10^{-12}$ e $\|\mathbf{x}_3/\|\mathbf{x}_3\| - \mathbf{x}_3^{(38)}\|_\infty = 1.73 \cdot 10^{-12}$. •

5.4 Metodi basati sulle iterazioni QR

In questa sezione presentiamo alcune tecniche iterative per l'approssimazione *simultanea* di *tutti* gli autovalori di una matrice A. La strategia consiste nel ridurre A, mediante opportune trasformazioni per similitudine, ad una forma per la quale il calcolo degli autovalori sia più agevole che per la matrice di partenza.
Il problema sarebbe completamente risolto se si potesse determinare in modo diretto, ovvero con un numero finito di operazioni, la matrice U unitaria del teorema di decomposizione di Schur la quale assicurerebbe che $U^H AU$ sia triangolare superiore con elementi diagonali pari agli autovalori di A. Purtroppo, una conseguenza indiretta del teorema di Abel è che, per $n \geq 5$, la matrice U non può essere calcolata in modo elementare (si veda l'Esercizio 6). Pertanto, si deve in generale ricorrere a tecniche iterative per risolvere il problema.
A tal fine, l'algoritmo di riferimento è il metodo di *iterazione QR*, che qui presentiamo solo nel caso di matrici reali (per la sua estensione al caso complesso rimandiamo a [GL89], Sezione 5.2.10 e a [Dem97], Sezione 4.2.1).

Sia $A \in \mathbb{R}^{n\times n}$; data $Q^{(0)} \in \mathbb{R}^{n\times n}$ ortogonale e posto $T^{(0)} = (Q^{(0)})^T AQ^{(0)}$, per $k = 1, 2, \ldots$, sino a convergenza, l'iterazione QR consiste nel:

$$\begin{array}{ll} \text{determinare } Q^{(k)}, R^{(k)} \text{ tali che} & \\ Q^{(k)}R^{(k)} = T^{(k-1)} & \text{(fattorizzazione QR);} \\ \text{porre } T^{(k)} = R^{(k)}Q^{(k)} & \end{array} \tag{5.37}$$

Ad ogni passo $k \geq 1$, la prima fase dell'iterazione consiste nella fattorizzazione della matrice $T^{(k-1)}$ nel prodotto di una matrice $Q^{(k)}$ ortogonale e di una matrice $R^{(k)}$ triangolare superiore (si veda la Sezione 5.6.3). La seconda fase si riduce ad un semplice prodotto fra matrici. Si osservi che

$$\begin{aligned} T^{(k)} &= R^{(k)}Q^{(k)} = (Q^{(k)})^T(Q^{(k)}R^{(k)})Q^{(k)} = (Q^{(k)})^T T^{(k-1)}Q^{(k)} \\ &= (Q^{(0)}Q^{(1)}\ldots Q^{(k)})^T A(Q^{(0)}Q^{(1)}\ldots Q^{(k)}), \qquad k \geq 0, \end{aligned} \tag{5.38}$$

dunque ogni matrice $T^{(k)}$ è *ortogonalmente simile* ad A. Ciò è rilevante dal punto di vista della *stabilità* del metodo in quanto, come mostrato nella Sezione 5.2, il condizionamento del problema della ricerca degli autovalori per $T^{(k)}$ non è peggiore di quello per A (si veda anche [GL89, pag. 360]).

Una implementazione elementare della iterazione QR (5.37) nel caso in cui $Q^{(0)} = I_n$, verrà esaminata nella Sezione 5.5, mentre una versione più efficiente (nella quale si parte da $T^{(0)}$ in forma di Hessenberg superiore) verrà descritta nella Sezione 5.6.
Nel caso in cui A abbia autovalori reali e distinti in modulo, si vedrà nella Sezione 5.5 che il limite di $T^{(k)}$ è una matrice triangolare superiore (con

gli autovalori di A sulla diagonale principale). Nel caso in cui A abbia autovalori complessi, il limite di $T^{(k)}$ *non potrà* essere una matrice triangolare superiore T. Infatti, se lo fosse, T avrebbe necessariamente autovalori reali, nonostante sia simile ad A.

La non convergenza ad una matrice triangolare può verificarsi anche in situazioni più generali, come descritto nell'Esempio 5.9.

Per tali ragioni, si rende indispensabile una modifica dell'iterazione QR basata sull'uso di tecniche di deflazione e di *shift* (si veda la Sezione 5.6.6 e, per una dettagliata presentazione, [GL89], Capitolo 7, [Dat95], Capitolo 8 e [Dem97], Capitolo 4).

Tali tecniche consentono di ottenere la convergenza di $T^{(k)}$ ad una matrice *quasi-triangolare superiore* nota come la *decomposizione reale di Schur* di A, per la quale vale il seguente risultato (per la cui dimostrazione si rimanda a [GL89], pagg. 341-342):

Proprietà 5.7 *Data una matrice* $A \in \mathbb{R}^{n\times n}$*, esiste una matrice ortogonale* $Q \in \mathbb{R}^{n\times n}$ *tale che*

$$Q^T A Q = \begin{bmatrix} R_{11} & R_{12} & \dots & R_{1m} \\ 0 & R_{22} & \dots & R_{2m} \\ \vdots & \vdots & \ddots & \vdots \\ 0 & 0 & \dots & R_{mm} \end{bmatrix}. \qquad (5.39)$$

Ciascun blocco R_{ii} *è o un numero reale o una matrice di ordine 2 avente autovalori complessi coniugati. Inoltre,*

$$Q = \lim_{k\to\infty} \left[Q^{(0)} Q^{(1)} \cdots Q^{(k)} \right] \qquad (5.40)$$

essendo $Q^{(k)}$ *la matrice ortogonale generata al k-esimo passo di fattorizzazione nella iterazione QR* (5.37).

5.5 L'iterazione QR nella sua forma di base

Nella versione più elementare del metodo QR si pone $Q^{(0)} = I_n$ in modo tale che $T^{(0)} = A$. Ad ogni passo $k \geq 1$ la fattorizzazione QR della matrice $T^{(k-1)}$ può essere eseguita utilizzando la procedura di Gram-Schmidt modificata, introdotta nella Sezione 3.4.3, per un costo dell'ordine di $2n^3$ *flops*. Si ha il seguente risultato di convergenza (si veda per la dimostrazione [GL89], Teorema 7.3.1, oppure [Wil65, pagg. 517–519]):

Proprietà 5.8 (Convergenza del metodo QR) *Sia* A $\in \mathbb{R}^{n\times n}$ *una matrice tale che*

$$|\lambda_1| > |\lambda_2| > \ldots > |\lambda_n|.$$

Si ha allora

$$\lim_{k\to+\infty} \mathrm{T}^{(k)} = \begin{bmatrix} \lambda_1 & t_{12} & \ldots & t_{1n} \\ 0 & \lambda_2 & t_{23} & \ldots \\ \vdots & \vdots & \ddots & \vdots \\ 0 & 0 & \ldots & \lambda_n \end{bmatrix}. \tag{5.41}$$

Per quanto riguarda la velocità di convergenza si ha

$$|t_{i,i-1}^{(k)}| = \mathcal{O}\left(\left|\frac{\lambda_i}{\lambda_{i-1}}\right|^k\right), \qquad i = 2, \ldots, n, \qquad \text{per } k \to +\infty. \tag{5.42}$$

Sotto l'ulteriore ipotesi che A *sia simmetrica, la successione* $\{\mathrm{T}^{(k)}\}$ *converge ad una matrice diagonale.*

Se gli autovalori di A, pur essendo distinti, *non* sono *ben separati*, si vede dalla (5.42) che la convergenza di $\mathrm{T}^{(k)}$ ad una matrice triangolare può essere assai lenta. Al fine di accelerarla si ricorre alla cosiddetta tecnica dello *shift* che illustreremo brevemente nella Sezione 5.6.6.

Osservazione 5.2 È sempre possibile ridurre la matrice A in forma triangolare mediante un algoritmo iterativo basato su trasformazioni per similitudine *non ortogonali*. Si può in tal caso utilizzare la cosiddetta *iterazione LR* (nota anche come *metodo di Rutishauser*, [Rut58]), da cui è stato derivato il metodo QR oggetto di questa sezione (si veda anche [Fra61], [Wil65]). L'iterazione LR è basata sulla fattorizzazione della matrice A come prodotto di due matrici L ed R, rispettivamente triangolare unitaria inferiore e triangolare superiore, e sulla trasformazione per similitudine (non ortogonale)

$$\mathrm{L}^{-1}\mathrm{AL} = \mathrm{L}^{-1}(\mathrm{LR})\mathrm{L} = \mathrm{RL}.$$

Il suo scarso utilizzo nella pratica è principalmente dovuto alla perdita di accuratezza che può insorgere nella fattorizzazione LR a causa dell'aumento in modulo degli elementi sopra diagonali di R. Questo aspetto, insieme ai dettagli dell'implementazione dell'algoritmo ed al suo confronto con il metodo QR, è discusso in [Wil65], Capitolo 8. ■

Esempio 5.4 Applichiamo il metodo QR alla matrice simmetrica A$\in \mathbb{R}^{4\times 4}$ tale che $a_{ii} = 4$, per $i = 1, \ldots, 4$, e $a_{ij} = 4 + i - j$ per $i < j \leq 4$, i cui autovalori sono (alla terza cifra decimale) $\lambda_1 = 11.09$, $\lambda_2 = 3.41$, $\lambda_3 = 0.9$ e $\lambda_4 = 0.59$. Dopo 20 iterazioni del metodo, risulta

$$\mathrm{T}^{(20)} = \begin{bmatrix} \boxed{11.09} & 6.44 \cdot 10^{-10} & -3.62 \cdot 10^{-15} & 9.49 \cdot 10^{-15} \\ 6.47 \cdot 10^{-10} & \boxed{3.41} & 1.43 \cdot 10^{-11} & 4.60 \cdot 10^{-16} \\ 1.74 \cdot 10^{-21} & 1.43 \cdot 10^{-11} & \boxed{0.90} & 1.16 \cdot 10^{-4} \\ 2.32 \cdot 10^{-25} & 2.68 \cdot 10^{-15} & 1.16 \cdot 10^{-4} & \boxed{0.58} \end{bmatrix}.$$

Si nota la struttura "quasi diagonale" della matrice $\mathrm{T}^{(20)}$ e, allo stesso tempo, l'effetto degli errori di arrotondamento che ne alterano la simmetria attesa. Si può inoltre verificare il buon accordo tra i valori degli elementi sottodiagonali e la stima (5.42). •

Il metodo QR è implementato nel Programma 27. La fattorizzazione QR viene eseguita utilizzando il metodo di Gram-Schmidt modificato (Programma 8). La variabile `nmax` indica il numero di iterazioni desiderate dall'utilizzatore, mentre i parametri in output `T`, `Q` e `R` sono le matrici T, Q and R nella (5.37) dopo `nmax` iterazioni del metodo QR.

Programma 27 – basicqr: Il metodo QR nella sua forma più elementare

```
function [T,Q,R]=basicqr(A,nmax)
% BASICQR iterazione QR.
% [T,Q,R]=BASICQR(A,NMAX) esegue NMAX iterazioni del metodo QR.
T=A;
for i=1:nmax
    [Q,R]=modgrams(T);
    T=R*Q;
end
return
```

5.6 Il metodo QR per matrici in forma di Hessenberg

L'implementazione del metodo QR considerata nella precedente sezione richiede un costo computazionale dell'ordine di n^3 *flops* per iterazione. In questa sezione ne illustriamo una variante (nota come *iterazione Hessenberg-QR*) dal costo computazionale assai ridotto. L'idea consiste nel partire da una matrice $\mathrm{T}^{(0)}$ in forma di *Hessenberg superiore*, ovvero $t_{ij}^{(0)} = 0$ per $i > j + 1$. Si può verificare infatti che, con tale scelta, il calcolo di ogni $\mathrm{T}^{(k)}$ nella (5.37) richiede un costo solo dell'ordine di n^2 *flops*. Per ottenere la massima efficienza computazionale e garantire la stabilità dell'algoritmo vengono utilizzate

opportune *matrici di trasformazione*. Precisamente, la riduzione preliminare della matrice A in forma di Hessenberg superiore viene realizzata con matrici di Householder, mentre la fattorizzazione QR di $T^{(k)}$ viene eseguita con matrici di Givens in luogo del metodo di Gram-Schmidt modificato introdotto nella Sezione 3.4.3.
Introduciamo le matrici di Householder e di Givens nella successiva sezione, rimandando alla Sezione 5.6.5 per la loro implementazione su calcolatore.

5.6.1 Matrici di trasformazione di Householder e di Givens

Per ogni vettore $\mathbf{v} \in \mathbb{R}^n$ introduciamo la matrice simmetrica e ortogonale

$$\mathrm{P} = \mathrm{I} - 2\mathbf{v}\mathbf{v}^T/\|\mathbf{v}\|_2^2. \tag{5.43}$$

Dato un vettore $\mathbf{x} \in \mathbb{R}^n$, il vettore $\mathbf{y} = \mathrm{P}\mathbf{x}$ è il riflesso di $\mathbf{x}$ rispetto all'iperpiano $\pi = \mathrm{span}\{\mathbf{v}\}^\perp$, costituito dall'insieme dei vettori ortogonali a $\mathbf{v}$ (si veda la Figura 5.4 a sinistra). La matrice P ed il vettore $\mathbf{v}$ sono detti rispettivamente *matrice di riflessione di Householder* e *vettore di Householder*.
Le matrici di Householder possono essere utilizzate per *annullare* un blocco di componenti di un dato vettore $\mathbf{x} \in \mathbb{R}^n$. Se, in particolare, si volessero annullare tutte le componenti di $\mathbf{x}$, tranne la m-esima, bisognerebbe scegliere

$$\mathbf{v} = \mathbf{x} \pm \|\mathbf{x}\|_2\mathbf{e}_m, \tag{5.44}$$

essendo $\mathbf{e}_m$ l'm-esimo versore di $\mathbb{R}^n$. La matrice P, calcolata di conseguenza usando la (5.43), dipende ora dallo stesso vettore $\mathbf{x}$ e si può facilmente verificare che

$$\mathrm{P}\mathbf{x} = [0, 0, \ldots, \underbrace{\pm\|\mathbf{x}\|_2}_{m}, 0, \ldots, 0]^T. \tag{5.45}$$

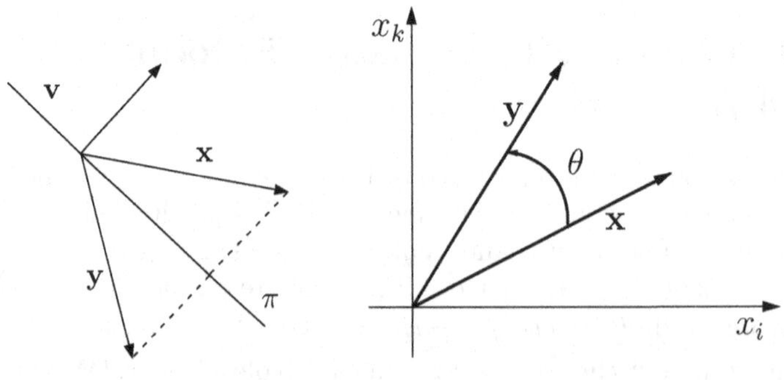

Fig. 5.4 A sinistra, riflessione attraverso l'iperpiano ortogonale a $\mathbf{v}$; a destra, rotazione di un angolo θ nel piano (x_i, x_k)

Esempio 5.5 Sia $\mathbf{x} = [1,1,1,1]^T$ e $m = 3$; si ha allora

$$\mathbf{v} = \begin{bmatrix} 1 \\ 1 \\ 3 \\ 1 \end{bmatrix}, \quad \mathrm{P} = \frac{1}{6}\begin{bmatrix} 5 & -1 & -3 & -1 \\ -1 & 5 & -3 & -1 \\ -3 & -3 & -3 & -3 \\ -1 & -1 & -3 & 5 \end{bmatrix}, \quad \mathrm{P}\mathbf{x} = \begin{bmatrix} 0 \\ 0 \\ -2 \\ 0 \end{bmatrix}.$$

•

Se, per qualche $k \geq 1$, le prime k componenti di $\mathbf{x}$ devono restare inalterate, mentre le componenti dalla $k+2$-esima in poi si devono azzerare, la matrice di Householder $\mathrm{P} = \mathrm{P}_{(k)}$ assume la forma seguente

$$\mathrm{P}_{(k)} = \begin{bmatrix} \mathrm{I}_k & 0 \\ 0 & \mathrm{R}_{n-k} \end{bmatrix}, \quad \mathrm{R}_{n-k} = \mathrm{I}_{n-k} - 2\frac{\mathbf{w}^{(k)}(\mathbf{w}^{(k)})^T}{\|\mathbf{w}^{(k)}\|_2^2}. \tag{5.46}$$

Al solito, I_k denota la matrice identità di k righe e colonne, mentre R_{n-k} è la matrice elementare di Householder di ordine $n-k$ associata alla riflessione attraverso l'iperpiano ortogonale al vettore $\mathbf{w}^{(k)} \in \mathbb{R}^{n-k}$. In accordo con la (5.44), il vettore di Householder è dato da

$$\mathbf{w}^{(k)} = \mathbf{x}^{(n-k)} \pm \|\mathbf{x}^{(n-k)}\|_2 \mathbf{e}_1^{(n-k)}, \tag{5.47}$$

essendo $\mathbf{x}^{(n-k)} \in \mathbb{R}^{n-k}$ il vettore coincidente con le ultime $n-k$ componenti del vettore $\mathbf{x}$ ed $\mathbf{e}_1^{(n-k)}$ il primo versore della base canonica di $\mathbb{R}^{n-k}$. Discuteremo la scelta del segno nella definizione di $\mathbf{w}^{(k)}$ nella Sezione 5.6.5. Si noti che $\mathrm{P}_{(k)}$ è una matrice che agisce su $\mathbf{x}$ attraverso $\mathbf{w}^{(k)}$.

Le componenti del vettore trasformato $\mathbf{y} = \mathrm{P}_{(k)}\,\mathbf{x}$ saranno dunque

$$\begin{cases} y_j = x_j & j = 1, \cdots, k, \\ y_{k+1} = \pm\|\mathbf{x}^{(n-k)}\|_2, & \\ y_j = 0 & j = k+2, \cdots, n. \end{cases}$$

Le matrici di Householder verranno utilizzate nella Sezione 5.6.2 per trasformare una matrice A in una matrice $\mathrm{H}^{(0)}$ in forma di Hessenberg superiore. Questo è il primo passo per una implementazione efficiente dell'iterazione QR (5.37) con $\mathrm{T}^{(0)} = \mathrm{H}^{(0)}$.

Esempio 5.6 Sia $\mathbf{x}=[1,2,3,4,5]^T$ e $k = 1$ (ovvero, vogliamo azzerare le componenti x_j, con $j = 3,4,5$). La matrice $\mathrm{P}_{(1)}$ ed il vettore trasformato $\mathbf{y}=\mathrm{P}_{(1)}\,\mathbf{x}$ sono dati da

$$\mathrm{P}_{(1)} = \begin{bmatrix} 1.0000 & 0 & 0 & 0 & 0 \\ 0 & 0.2722 & 0.4082 & 0.5443 & 0.6804 \\ 0 & 0.4082 & 0.7710 & -0.3053 & -0.3816 \\ 0 & 0.5443 & -0.3053 & 0.5929 & -0.5089 \\ 0 & 0.6804 & -0.3816 & -0.5089 & 0.3639 \end{bmatrix}, \quad \mathbf{y} = \begin{bmatrix} 1 \\ 7.3485 \\ 0 \\ 0 \\ 0 \end{bmatrix}.$$

•

Le *matrici elementari di Givens* sono matrici di rotazione ortogonali che hanno la proprietà di azzerare elementi di un vettore o di una matrice in modo selettivo. Fissati due indici i e k e un certo angolo θ, esse sono definite come

$$\mathrm{G}(i,k,\theta) = \mathrm{I}_n - \mathrm{Y}(i,k,\theta) \tag{5.48}$$

dove $\mathrm{Y}(i,k,\theta) \in \mathbb{R}^{n\times n}$ è una matrice identicamente nulla, fatta eccezione per i seguenti elementi: $y_{ii} = y_{kk} = 1 - \cos(\theta)$, $y_{ik} = -\sin(\theta) = -y_{ki}$. Una matrice di Givens è dunque della forma

$$\mathrm{G}(i,k,\theta) = \begin{array}{c} \\ \\ \\ \\ \\ \\ \\ \end{array} \overset{\qquad\qquad\qquad i \qquad\qquad k}{\begin{bmatrix} 1 & & & & & & & 0 \\ & 1 & & & & & & \\ & & \ddots & & & & & \\ & & & \cos(\theta) & & \sin(\theta) & & \\ & & & & \ddots & & & \\ & & & -\sin(\theta) & & \cos(\theta) & & \\ & & & & & & \ddots & \\ & & & & & & & 1 \\ 0 & & & & & & & 1 \end{bmatrix}} \begin{array}{c} \\ \\ \\ i \\ \\ k \\ \\ \\ \\ \end{array} .$$

Per un dato vettore $\mathbf{x} \in \mathbb{R}^n$, il prodotto $\mathbf{y} = (\mathrm{G}(i,k,\theta))^T \mathbf{x}$, è equivalente ad aver ruotato in senso antiorario il vettore $\mathbf{x}$ di un angolo θ nel piano delle coordinate (x_i, x_k) (si veda la Figura 5.4 a destra). Risulta, dopo aver posto $c = \cos\theta$, $s = \sin\theta$

$$y_j = \begin{cases} x_j, & j \neq i,k \\ cx_i - sx_k, & j = i \\ sx_i + cx_k, & j = k. \end{cases} \tag{5.49}$$

Poniamo $\alpha_{ik} = \sqrt{x_i^2 + x_k^2}$ e osserviamo che se c ed s soddisfano $c = x_i/\alpha_{ik}$, $s = -x_k/\alpha_{ik}$ (si noti che in tal caso $\theta = \arctan(-x_k/x_i)$), si ottiene $y_k = 0$, $y_i = \alpha_{ik}$ e $y_j = x_j$ per $j \neq i,k$. Analogamente, se $c = x_k/\alpha_{ik}$, $s = x_i/\alpha_{ik}$ (ovvero $\theta = \arctan(x_i/x_k)$), si ottiene $y_i = 0$, $y_k = \alpha_{ik}$ e $y_j = x_j$ per $j \neq i,k$. Le matrici di rotazione di Givens saranno impiegate nella Sezione 5.6.3 per eseguire la fase di fattorizzazione QR nell'algoritmo (5.37) e nella Sezione 5.7.1 dove è illustrato il metodo di Jacobi per matrici simmetriche.

Osservazione 5.3 Le trasformazioni elementari di Householder possono essere convenientemente utilizzate per calcolare il primo autovalore (il maggiore od il minore in modulo) di una certa matrice $\mathrm{A} \in \mathbb{R}^{n\times n}$. Supponiamo che gli autovalori di A siano ordinati come nella (5.15) e supponiamo che la coppia autovalore/autovettore $(\lambda_1, \mathbf{x}_1)$ sia stata calcolata con il metodo delle potenze. In tal caso la matrice A può essere trasformata nella seguente forma a blocchi (per la dimostrazione si veda [Dat95], Teorema 8.5.4, pag. 418)

$$\mathrm{A}_1 = \mathrm{HAH} = \begin{pmatrix} \lambda_1 & \mathbf{b}^T \\ 0 & \mathrm{A}_2 \end{pmatrix}$$

dove $\mathbf{b} \in \mathbb{R}^{n-1}$, H è la matrice di Householder tale che $\mathrm{H}\mathbf{x}_1 = \alpha \mathbf{x}_1$ con $\alpha \in \mathbb{R}$, la matrice $\mathrm{A}_2 \in \mathbb{R}^{(n-1)\times(n-1)}$ e gli autovalori di A_2 sono quelli di A ad eccezione di λ_1. La matrice H può essere calcolata tramite la (5.43) con $\mathbf{v} = \mathbf{x}_1 \pm \|\mathbf{x}_1\|_2 \mathbf{e}_1$.

La procedura di *deflazione* consiste nel calcolare il secondo autovalore di A applicando il metodo delle potenze alla matrice A_2 a patto che λ_2 sia distinto in modulo da λ_3. Calcolato λ_2 il corrispondente autovettore $\mathbf{x}_2$ può essere determinato applicando il metodo delle potenze inverse alla matrice A con $\mu = \lambda_2$ (si veda la Sezione 5.3.2). Si procede in modo analogo per le restanti coppie autovalore/autovettore di A. ■

5.6.2 Riduzione di una matrice in forma di Hessenberg

Data una matrice $\mathrm{A} \in \mathbb{R}^{n\times n}$, è possibile trasformarla per similitudine in *forma di Hessenberg superiore* con un costo computazionale dell'ordine di n^3 *flops*. L'algoritmo richiede complessivamente $n-2$ passi e la trasformazione per similitudine Q può essere calcolata come prodotto di matrici di Householder $\mathrm{P}_{(1)} \cdots \mathrm{P}_{(n-2)}$. Per tale motivo, il metodo di riduzione è comunemente noto come *metodo di Householder*.

Precisamente, ciascun passo k-esimo consiste in una trasformazione per similitudine di A tramite la matrice di Householder $\mathrm{P}_{(k)}$ che ha l'effetto di rendere nulli gli elementi di posizione $k+2, \ldots, n$ della colonna k-esima della matrice, per $k = 1, \ldots, (n-2)$ (si veda la Sezione 5.6.1). Ad esempio, nel caso $n = 4$ la procedura di riduzione fornisce

$$\begin{bmatrix} \bullet & \bullet & \bullet & \bullet \\ \bullet & \bullet & \bullet & \bullet \\ \bullet & \bullet & \bullet & \bullet \\ \bullet & \bullet & \bullet & \bullet \end{bmatrix} \overrightarrow{\mathrm{P}_{(1)}} \begin{bmatrix} \bullet & \bullet & \bullet & \bullet \\ \bullet & \bullet & \bullet & \bullet \\ 0 & \bullet & \bullet & \bullet \\ 0 & \bullet & \bullet & \bullet \end{bmatrix} \overrightarrow{\mathrm{P}_{(2)}} \begin{bmatrix} \bullet & \bullet & \bullet & \bullet \\ \bullet & \bullet & \bullet & \bullet \\ 0 & \bullet & \bullet & \bullet \\ 0 & 0 & \bullet & \bullet \end{bmatrix},$$

avendo indicato con il simbolo • gli elementi a priori non nulli delle matrici. Data $\mathrm{A}^{(0)} = \mathrm{A}$, viene dunque generata la successione di matrici $\mathrm{A}^{(k)}$ ortogonalmente simili ad A

$$\begin{aligned} \mathrm{A}^{(k)} &= \mathrm{P}_{(k)}^T \mathrm{A}^{(k-1)} \mathrm{P}_{(k)} = (\mathrm{P}_{(1)} \cdots \mathrm{P}_{(k)})^T \mathrm{A} (\mathrm{P}_{(1)} \cdots \mathrm{P}_{(k)}) \\ &= \mathrm{Q}_{(k)}^T \mathrm{A} \mathrm{Q}_{(k)}, \qquad k \geq 1. \end{aligned} \tag{5.50}$$

Per ogni $k \geq 1$ la matrice $\mathrm{P}_{(k)}$ è data dalla (5.46) in cui $\mathbf{x}$ è sostituito dal k-esimo vettore colonna della matrice $\mathrm{A}^{(k-1)}$. Dalla definizione (5.46) è immediato verificare che l'operazione $\mathrm{P}_{(k)}^T\,\mathrm{A}^{(k-1)}$ lascia le prime k righe di $\mathrm{A}^{(k-1)}$ invariate, mentre $\mathrm{P}_{(k)}^T\,\mathrm{A}^{(k-1)}\,\mathrm{P}_{(k)} = \mathrm{A}^{(k)}$ lascia invariate le prime k colonne di $\mathrm{A}^{(k-1)}$. Dopo $n-2$ passi del metodo di riduzione di Householder si perviene infine ad una matrice $\mathrm{H} = \mathrm{A}^{(n-2)}$ in forma di Hessenberg superiore.

Osservazione 5.4 (Il caso simmetrico) Se A è simmetrica, la trasformazione (5.50) ne preserva tale proprietà. Infatti

$$(\mathrm{A}^{(k)})^T = (\mathrm{Q}_{(k)}^T \mathrm{A} \mathrm{Q}_{(k)})^T = \mathrm{A}^{(k)}, \qquad \forall k \geq 1,$$

e quindi H dovrà essere *tridiagonale*. I suoi autovalori si possono pertanto calcolare in modo efficiente utilizzando il *metodo delle successioni di Sturm* con un costo dell'ordine di n *flops*, come si vedrà nella Sezione 5.7.2. ■

Il metodo di riduzione di Householder è implementato nel Programma 28. Per il calcolo del vettore di Householder viene utilizzato il Programma 31. In uscita sono restituite le due matrici H (di Hessenberg) e Q (ortogonale), tali che $\mathrm{H} = \mathrm{Q}^T\mathrm{AQ}$.

Programma 28 – houshess: Metodo di Hessenberg-Householder

```
function [H,Q]=houshess(A)
% HOUSHESS metodo di Hessenberg-Householder.
% [H,Q]=HOUSHESS(A) calcola le matrici H e Q tali che H=Q'AQ.
[n,m]=size(A);
if n~=m; error('Solo matrici quadrate'); end
Q=eye(n); H=A;
for k=1:n-2
    [v,beta]=vhouse(H(k+1:n,k)); I=eye(k); N=zeros(k,n-k);
    m=length(v);
    R=eye(m)-beta*v*v';
    H(k+1:n,k:n)=R*H(k+1:n,k:n);
    H(1:n,k+1:n)=H(1:n,k+1:n)*R; P=[I, N; N', R]; Q=Q*P;
end
return
```

L'algoritmo codificato nel Programma 28 richiede un costo di $10n^3/3$ *flops* ed è ben condizionato dal punto di vista degli errori di arrotondamento. Vale infatti la seguente stima (si veda [Wil65, pag. 351])

$$\widehat{\mathrm{H}} = \mathrm{Q}^T\,(\mathrm{A}+\mathrm{E})\,\mathrm{Q}, \qquad \|\mathrm{E}\|_F \leq cn^2\mathrm{u}\|\mathrm{A}\|_F \tag{5.51}$$

dove $\widehat{\mathrm{H}}$ è la matrice di Hessenberg calcolata dal Programma 28, Q è una matrice ortogonale, c è una costante, u indica l'unità di *roundoff* e $\|\cdot\|_F$ è la norma di Frobenius (si veda la (1.17)).

Esempio 5.7 Consideriamo la riduzione in forma di Hessenberg superiore della matrice di Hilbert $\mathrm{H}_4 \in \mathbb{R}^{4\times 4}$. Essendo H_4 simmetrica, la sua forma di Hessenberg superiore deve risultare tridiagonale simmetrica. Il Programma 28 fornisce le seguenti matrici

$$\mathrm{Q} = \begin{bmatrix} 1.00 & 0 & 0 & 0 \\ 0 & 0.77 & -0.61 & 0.20 \\ 0 & 0.51 & 0.40 & -0.76 \\ 0 & 0.38 & 0.69 & 0.61 \end{bmatrix}, \quad \mathrm{H} = \begin{bmatrix} 1.00 & 0.65 & 0 & 0 \\ 0.65 & 0.65 & 0.06 & 0 \\ 0 & 0.06 & 0.02 & 0.001 \\ 0 & 0 & 0.001 & 0.0003 \end{bmatrix}.$$

Si può verificare l'accuratezza dell'algoritmo di trasformazione (5.50) calcolando la norma $\|\cdot\|_F$ della differenza tra H e $\mathrm{Q}^T\mathrm{H}_4\mathrm{Q}$. Si ottiene $\|\mathrm{H}-\mathrm{Q}^T\mathrm{H}_4\mathrm{Q}\|_F = 3.38\cdot 10^{-17}$, che conferma la stima di stabilità (5.51). •

5.6.3 Fattorizzazione QR di una matrice in forma di Hessenberg

In questa sezione illustriamo come implementare in modo efficiente il generico passo dell'iterazione QR con matrici di rotazione di Givens a partire da una matrice in forma di Hessenberg superiore $\mathrm{T}^{(0)} = \mathrm{H}^{(0)}$.

Fissato $k \geq 1$, la prima fase dell'iterazione consiste nel calcolare la fattorizzazione QR di $\mathrm{H}^{(k-1)}$ mediante $n-1$ rotazioni di Givens, ovvero calcolare $\mathrm{Q}^{(k)}$ e $\mathrm{R}^{(k)}$ tali che

$$\left(\mathrm{Q}^{(k)}\right)^T \mathrm{H}^{(k-1)} = \left(\mathrm{G}_{n-1}^{(k)}\right)^T \ldots \left(\mathrm{G}_1^{(k)}\right)^T \mathrm{H}^{(k-1)} = \mathrm{R}^{(k)}, \tag{5.52}$$

dove per ogni $j = 1, \ldots, n-1$, $\mathrm{G}_j^{(k)} = \mathrm{G}(j, j+1, \theta_j)^{(k)}$ è la j-esima matrice di rotazione di Givens (5.48) nella quale θ_j è scelto in modo da annullare l'elemento $(j+1, j)$ della matrice trasformata. La (5.52) richiede un costo computazionale dell'ordine di $3n^2$ *flops*.

Il successivo passo consiste nel completare la trasformazione per similitudine ortogonale ponendo

$$\mathrm{H}^{(k)} = \mathrm{R}^{(k)}\mathrm{Q}^{(k)} = \mathrm{R}^{(k)} \left(\mathrm{G}_1^{(k)} \ldots \mathrm{G}_{n-1}^{(k)}\right). \tag{5.53}$$

La matrice ortogonale $\mathrm{Q}^{(k)} = (\mathrm{G}_1^{(k)} \ldots \mathrm{G}_{n-1}^{(k)})$ è in forma di Hessenberg superiore. Prendendo ad esempio $n = 3$ si ha infatti, ricordando la Sezione 5.6.1

$$\mathrm{Q}^{(k)} = \mathrm{G}_1^{(k)}\mathrm{G}_2^{(k)} = \begin{bmatrix} \bullet & \bullet & 0 \\ \bullet & \bullet & 0 \\ 0 & 0 & 1 \end{bmatrix} \begin{bmatrix} 1 & 0 & 0 \\ 0 & \bullet & \bullet \\ 0 & \bullet & \bullet \end{bmatrix} = \begin{bmatrix} \bullet & \bullet & \bullet \\ \bullet & \bullet & \bullet \\ 0 & \bullet & \bullet \end{bmatrix}.$$

Essa tuttavia non viene solitamente assemblata, ma vengono memorizzati solo i valori $c_j = \cos(\theta_j)$ e $s_j = \sin(\theta_j)$ associati alla rotazione $G_j^{(k)}$. In questo modo viene valutata l'azione di $G_j^{(k)}$ e $(G_j^{(k)})^T$ su un'altra matrice o su di un vettore ad un costo molto ridotto.

Anche la (5.53) richiede un costo computazionale dell'ordine di $3n^2$ operazioni, per un costo totale dell'ordine di $6n^2$ *flops*. Una iterazione del metodo QR, eseguita con matrici elementari di Givens a partire dalla forma di Hessenberg superiore, richiede quindi un numero di operazioni elementari di un ordine di grandezza inferiore rispetto al numero di operazioni necessarie per svolgere il processo di ortogonalizzazione con l'algoritmo di Gram-Schmidt modificato, come descritto nella Sezione 5.5.

5.6.4 Aspetti implementativi del metodo Hessenberg-QR

Nel Programma 29 forniamo una implementazione del metodo QR per generare la decomposizione reale di Schur di una matrice A.

Il Programma 29 usa il Programma 28 per ridurre A in forma di Hessenberg superiore. Ogni fattorizzazione nella (5.37) viene realizzata tramite il Programma 30 che a sua volta fa uso delle rotazioni di Givens. L'efficienza dell'algoritmo è garantita dalle pre- e post-moltiplicazioni con le matrici di Givens (come indicato nella Sezione 5.6.5), e costruendo la matrice $\mathrm{Q}^{(k)} = \mathrm{G}_1^{(k)} \ldots \mathrm{G}_{n-1}^{(k)}$ nella *function* `prodgiv` richiamata dal Programma 30 con un costo dell'ordine $n^2 - 2$ *flops*, *senza* formare esplicitamente le matrici di Givens $\mathrm{G}_j^{(k)}$, per $j = 1, \ldots, n-1$.

Per quanto riguarda la stabilità dell'iterazione QR rispetto alla propagazione degli errori di arrotondamento, si può dimostrare che la decomposizione reale di Schur calcolata dall'algoritmo in aritmetica *floating-point*, che indichiamo con $\hat{\mathrm{T}}$, è simile ad una perturbazione di A, ovvero

$$\hat{\mathrm{T}} = \mathrm{Q}^T(\mathrm{A} + \mathrm{E})\mathrm{Q}$$

dove Q è una matrice ortogonale, mentre $\|\mathrm{E}\|_2 \simeq \mathbf{u}\|\mathrm{A}\|_2$, e $\mathbf{u}$ è l'unità di *roundoff*.

Il Programma 29 restituisce in output, dopo `nmax` iterazioni della procedura QR, le matrici T, Q e R della (5.37).

Programma 29 – hessqr: Il metodo Hessenberg-QR

```
function [T,Q,R]=hessqr(A,nmax)
% HESSQR metodo Hessenberg-QR.
% [T,Q,R]=HESSQR(A,NMAX) trasforma A in forma di Hessenberg superiore
% mediante l'algoritmo di Householder e poi esegue NMAX iterazioni
% del metodo QR utilizzando matrici di rotazione di Givens.
```

```
[n,m]=size(A);
if n~=m, error('Solo matrici quadrate'); end
[T,Qhess]=houshess(A);
for j=1:nmax
    [Q,R,c,s]= qrgivens(T);
    T=R;
    for k=1:n-1,
        T=gacol(T,c(k),s(k),1,k+1,k,k+1);
    end
end
return
```

Programma 30 – qrgivens: Fattorizzazione QR con le rotazioni di Givens

```
function [Q,R,c,s]= qrgivens(H)
% QRGIVENS fattorizzazione QR
% [Q,R,C,S]= QRGIVENS(H) fattorizzazione QR di una matrice in forma
% di Hessenberg superiore con rotazioni di Givens. I vettori C e S
% contengono rispettivamente seni e coseni delle rotazioni.
[m,n]=size(H);
for k=1:n-1
    [c(k),s(k)]=givcos(H(k,k),H(k+1,k));
    H=garow(H,c(k),s(k),k,k+1,k,n);
end
R=H; Q=prodgiv(c,s,n);
return

function Q=prodgiv(c,s,n)
n1=n-1; n2=n-2;
Q=eye(n); Q(n1,n1)=c(n1); Q(n,n)=c(n1);
Q(n1,n)=s(n1); Q(n,n1)=-s(n1);
for k=n2:-1:1,
   k1=k+1; Q(k,k)=c(k); Q(k1,k)=-s(k);
   q=Q(k1,k1:n); Q(k,k1:n)=s(k)*q;
   Q(k1,k1:n)=c(k)*q;
end
return
```

Esempio 5.8 Consideriamo la matrice A (già in forma di Hessenberg)

$$\mathrm{A} = \begin{bmatrix} 3 & 17 & -37 & 18 & -40 \\ 1 & 0 & 0 & 0 & 0 \\ 0 & 1 & 0 & 0 & 0 \\ 0 & 0 & 1 & 0 & 0 \\ 0 & 0 & 0 & 1 & 0 \end{bmatrix}.$$

Per calcolarne gli autovalori $\lambda_1 = -4$, $\lambda_{2,3} = \pm i$, $\lambda_4 = 2$ e $\lambda_5 = 5$, usiamo il metodo QR. Dopo 40 iterazioni il Programma 29 converge alla matrice

$$\mathrm{T}^{(40)} = \begin{bmatrix} 4.9997 & 18.9739 & -34.2570 & 32.8760 & -28.4604 \\ 0 & -3.9997 & 6.7693 & -6.4968 & 5.6216 \\ 0 & 0 & 2 & -1.4557 & 1.1562 \\ 0 & 0 & 0 & 0.3129 & -0.8709 \\ 0 & 0 & 0 & 1.2607 & -0.3129 \end{bmatrix}.$$

Essa è la decomposizione reale di Schur della matrice A, caratterizzata da tre blocchi R_{ii} di ordine 1 ($i = 1, 2, 3$) e dal blocco 2×2, $\mathrm{R}_{44} = \mathrm{T}^{(40)}(4:5, 4:5)$, che ha autovalori $\pm i$. •

Esempio 5.9 Consideriamo ora la matrice seguente

$$\mathrm{A} = \begin{bmatrix} 17 & 24 & 1 & 8 & 15 \\ 23 & 5 & 7 & 14 & 16 \\ 4 & 6 & 13 & 20 & 22 \\ 10 & 12 & 19 & 21 & 3 \\ 11 & 18 & 25 & 2 & 9 \end{bmatrix}.$$

Essa ha autovalori reali dati da $\lambda_1 = 65$, $\lambda_{2,3} = \pm 21.28$ e $\lambda_{4,5} = \pm 13.13$. (Riportiamo solo due cifre decimali.) Nuovamente, dopo 40 iterazioni il Programma 29 converge alla seguente matrice

$$\mathrm{T}^{(40)} = \begin{bmatrix} 65 & 0 & 0 & 0 & 0 \\ 0 & 14.6701 & 14.2435 & 4.4848 & -3.4375 \\ 0 & 16.6735 & -14.6701 & -1.2159 & 2.0416 \\ 0 & 0 & 0 & -13.0293 & -0.7643 \\ 0 & 0 & 0 & -3.3173 & 13.0293 \end{bmatrix}.$$

I blocchi diagonali 2×2

$$\mathrm{R}_{22} = \begin{bmatrix} 14.6701 & 14.2435 \\ 16.6735 & -14.6701 \end{bmatrix}, \quad \mathrm{R}_{33} = \begin{bmatrix} -13.0293 & -0.7643 \\ -3.3173 & 13.0293 \end{bmatrix},$$

hanno spettri $\sigma(\mathrm{R}_{22}) = \{\lambda_2, \lambda_3\}$ e $\sigma(\mathrm{R}_{33}) = \{\lambda_4, \lambda_5\}$ rispettivamente.

È importante osservare che la matrice $\mathrm{T}^{(40)}$ *non* è la decomposizione reale di Schur di A, ma una sua versione "ingannevole". In effetti, il metodo QR converge alla *vera* decomposizione reale di Schur solo se accoppiato ad opportune tecniche di *shift*, che verranno introdotte nella Sezione 5.6.6. •

5.6.5 Implementazione delle matrici di trasformazione

Nella definizione (5.44) conviene scegliere il segno meno, ottenendo $\mathbf{v} = \mathbf{x} - \|\mathbf{x}\|_2\mathbf{e}_1$, in modo che il vettore $\mathbf{y} = \mathrm{P}\mathbf{x}$ sia un multiplo positivo di $\mathbf{e}_1$. Qualora la prima componente del vettore $\mathbf{x}$ sia positiva, onde evitare cancellazioni numeriche, si può razionalizzare il calcolo nel modo seguente

$$v_1 = \frac{x_1^2 - \|\mathbf{x}\|_2^2}{x_1 + \|\mathbf{x}\|_2} = \frac{-\sum_{j=k+2}^{n} x_j^2}{x_1 + \|\mathbf{x}\|_2}.$$

Dato in input un vettore $\mathbf{x} \in \mathbb{R}^n$, il Programma 31 calcola il vettore di Householder $\mathbf{v} = \mathbf{x} - \|\mathbf{x}\|_2\mathbf{e}_1$ e lo scalare $\beta = 2/\|\mathbf{v}\|_2$ con un costo dell'ordine di n *flops*.

Se si vuole applicare la matrice di Householder P (5.43) ad una generica matrice M$\in \mathbb{R}^{n\times n}$, posto $\mathbf{w} = \mathrm{M}^T\mathbf{v}$, si ha

$$\mathrm{PM} = \mathrm{M} - \beta\mathbf{v}\mathbf{w}^T, \qquad \beta = 2/\|\mathbf{v}\|_2^2. \tag{5.54}$$

Il prodotto PM comporta pertanto un prodotto matrice-vettore ($\mathbf{w} = \mathrm{M}^T\mathbf{v}$) e un prodotto esterno vettore-vettore ($\mathbf{v}\mathbf{w}^T$), entrambi dal costo di $2n^2$ *flops*. Analoghe considerazioni valgono nel caso si voglia calcolare MP; definendo stavolta $\mathbf{w} = \mathrm{M}\mathbf{v}$, si ha

$$\mathrm{MP} = \mathrm{M} - \beta\mathbf{w}\mathbf{v}^T. \tag{5.55}$$

Si osservi che le (5.54) e (5.55) *non* richiedono la costruzione esplicita della matrice P. In tal modo il costo è dell'ordine di n^2 *flops*, mentre se si eseguisse il prodotto PM *senza* avvantaggiarsi della particolare struttura di P, il costo computazionale sarebbe dell'ordine di n^3 *flops*.

Programma 31 – vhouse: Costruzione del vettore di Householder

```
function [v,beta]=vhouse(x)
% VHOUSE vettore di Householder.
% [V,BETA]=VHOUSE(X), dato il vettore X calcola il vettore V della
% trasformazione di Householder.
n=length(x); x=x/norm(x); s=x(2:n)'*x(2:n); v=[1; x(2:n)];
if s==0
    beta=0;
else
    mu=sqrt(x(1)^2+s);
```

```
    if x(1)<=0
        v(1)=x(1)-mu;
    else
        v(1)=-s/(x(1)+mu);
    end
    beta=2*v(1)^2/(s+v(1)^2); v=v/v(1);
end
return
```

Per quanto riguarda le matrici di rotazione di Givens, il calcolo di c ed s è condotto nel modo seguente. Fissati due indici i e k e volendo annullare la componente k-esima di un dato vettore $\mathbf{x} \in \mathbb{R}^n$, posto $r = \sqrt{x_i^2 + x_k^2}$, dalle (5.49) si deduce

$$\begin{bmatrix} c & -s \\ s & c \end{bmatrix} \begin{bmatrix} x_i \\ x_k \end{bmatrix} = \begin{bmatrix} r \\ 0 \end{bmatrix} \tag{5.56}$$

e dunque non è necessario calcolare esplicitamente θ, nè valutare alcuna funzione trigonometrica. Qualora si voglia annullare la componente i−sima, il termine noto in (5.56) è sostituito da $[0, r]^T$.

L'esecuzione del Programma 32, che risolve il sistema (5.56), richiede 5 *flops*, più la valutazione di una radice quadrata.

Come già osservato nel caso delle matrici di Householder, anche per le rotazioni di Givens non è necessario calcolare esplicitamente la matrice $\mathrm{G}(i, k, \theta)$ per eseguirne il prodotto con una data matrice $\mathrm{M} \in \mathbb{R}^{n \times n}$, ma basta memorizzare i valori c e s. Per realizzare i prodotti $\mathrm{G}(i, k, \theta)^T\mathrm{M}$ e $\mathrm{MG}(i, k, \theta)$ vengono utilizzati i Programmi 33 e 34, rispettivamente, ognuno al costo di $6n$ *flops*. Osservando la struttura (5.48) della matrice $\mathrm{G}(i, k, \theta)$, è evidente che l'operazione di aggiornamento $\mathrm{M} = \mathrm{MG}(i, k, \theta)$ modifica solo le righe i e k di M, mentre l'operazione di aggiornamento $\mathrm{M} = \mathrm{G}(i, k, \theta)^T\mathrm{M}$ modifica solo le colonne i e k di M.
Concludiamo notando che il calcolo del vettore di Householder $\mathbf{v}$ e dei coseni e seni (c, s) di Givens sono operazioni *ben condizionate* rispetto alla propagazione degli errori di arrotondamento (si veda [GL89], pagg. 212-217 e i riferimenti ivi citati).

La risoluzione del sistema (5.56) è implementata nel Programma 32. I parametri di ingresso sono le componenti x_i ed x_k, mentre in uscita vengono restituiti i valori c e s, soluzioni di (5.56).

Programma 32 – givcos: Calcolo dei seni e coseni per le rotazioni di Givens

```
function [c,s]=givcos(xi, xk)
% GIVCOS calcola seni e coseni per le rotazioni di Givens.
% [C,S]=GIVCOS(XI, XK) Date le due componenti XI e XK di un vettore,
% vengono calcolati C=COS(THETA) e S=SIN(THETA) per generare una rotazione
% di Givens che annulli una delle due componenti.
if xk==0
    c=1; s=0;
else
    if abs(xk)>abs(xi)
        t=-xi/xk; s=1/sqrt(1+t^2); c=s*t;
    else
        t=-xk/xi; c=1/sqrt(1+t^2); s=c*t;
    end
end
return
```

I Programmi 33 e 34 implementano i prodotti

$$G(i,k,\theta)^T M(:,j_1:j_2) \quad \text{e} \quad M(j_1:j_2,:)G(i,k,\theta),$$

rispettivamente. I parametri di ingresso `c` e `s` sono il seno ed il coseno della trasformazione di Givens. Nel Programma 33, gli indici `i` e `k` identificano le righe della matrice M che verranno interessate dall'aggiornamento $M \leftarrow G(i,k,\theta)^T M$, mentre `j1` e `j2` sono gli indici delle colonne interessate dalla trasformazione. Similmente, nel Programma 34 `i` e `k` identificano le colonne interessate dalla trasformazione.

Programma 33 – garow: Prodotto $G(i,k,\theta)^T M(:,j_1:j_2)$

```
function [M]=garow(M,c,s,i,k,j1,j2)
% GAROW prodotto della trasposta di matrice della rotazione di Givens per M.
% [M]=GAROW(M,C,S,I,K,J1,J2)
for j=j1:j2
    t1=M(i,j);
    t2=M(k,j);
    M(i,j)=c*t1-s*t2;
    M(k,j)=s*t1+c*t2;
end
return
```

Programma 34 – gacol: Prodotto $\mathrm{M}(j_1 : j_2, :)\mathrm{G}(i, k, \theta)$

```
function [M]=gacol(M,c,s,j1,j2,i,k)
% GACOL prodotto di M con la matrice della rotazione di Givens.
% [M]=GACOL(M,C,S,J1,J2,I,K)
for j=j1:j2
    t1=M(j,i);
    t2=M(j,k);
    M(j,i)=c*t1-s*t2;
    M(j,k)=s*t1+c*t2;
end
return
```

5.6.6 Il metodo QR con shift

L'Esempio 5.9 rivela che il metodo QR non converge necessariamente alla decomposizione reale di Schur di una matrice reale A. Affinché ciò avvenga è necessario incorporare nel metodo QR delle opportune tecniche di *shift*.

La più semplice di queste conduce al *metodo QR con singolo shift* descritto in questa sezione e che consente di accelerare la convergenza rispetto al metodo di base qualora A presenti autovalori vicini in modulo. La convergenza alla decomposizione reale di Schur è però garantita solo ricorrendo ad una tecnica nota come *doppio shift* per la cui descrizione rimandiamo a [QSS07], Sezione 5.7.2. Segnaliamo che quest'ultimo è il metodo implementato nella funzione `eig` di MATLAB.

Dato $\mu \in \mathbb{R}$, il metodo QR con *shift* è così definito: per $k = 1, 2, \ldots$, fino a convergenza

$$\begin{array}{l} \text{determinare } \mathrm{Q}^{(k)}, \mathrm{R}^{(k)} \text{ tali che} \\ \mathrm{Q}^{(k)}\mathrm{R}^{(k)} = \mathrm{T}^{(k-1)} - \mu\mathrm{I} \qquad \text{(fattorizzazione QR);} \\ \text{porre } \mathrm{T}^{(k)} = \mathrm{R}^{(k)}\mathrm{Q}^{(k)} + \mu\mathrm{I} \end{array} \tag{5.57}$$

dove $\mathrm{T}^{(0)} = \left(\mathrm{Q}^{(0)}\right)^T \mathrm{A}\mathrm{Q}^{(0)}$ è una matrice in forma di Hessenberg superiore. Lo scalare μ è chiamato usualmente *shift*. Le matrici $\mathrm{T}^{(k)}$ della successione generata dalla (5.57) sono simili alla matrice originaria A, in quanto per ogni $k \geq 1$

$$\begin{aligned} \mathrm{R}^{(k)}\mathrm{Q}^{(k)} + \mu\mathrm{I} &= \left(\mathrm{Q}^{(k)}\right)^T \left(\mathrm{Q}^{(k)}\mathrm{R}^{(k)}\mathrm{Q}^{(k)} + \mu\mathrm{Q}^{(k)}\right) \\ &= \left(\mathrm{Q}^{(k)}\right)^T \left(\mathrm{Q}^{(k)}\mathrm{R}^{(k)} + \mu\mathrm{I}\right) \mathrm{Q}^{(k)} = \left(\mathrm{Q}^{(k)}\right)^T \mathrm{T}^{(k-1)}\mathrm{Q}^{(k)} \\ &= (\mathrm{Q}^{(0)}\mathrm{Q}^{(1)} \ldots \mathrm{Q}^{(k)})^T \mathrm{A}(\mathrm{Q}^{(0)}\mathrm{Q}^{(1)} \ldots \mathrm{Q}^{(k)}). \end{aligned}$$

Vediamo ora come agisce lo *shift*. Supponiamo che μ sia fissato e che gli autovalori di A siano ordinati in modo tale che

$$|\lambda_1 - \mu| \geq |\lambda_2 - \mu| \geq \ldots \geq |\lambda_n - \mu|.$$

Si può allora dimostrare che per $1 < j \leq n$, l'elemento sottodiagonale $t_{j,j-1}^{(k)}$ tende a zero con una velocità proporzionale al rapporto

$$|(\lambda_j - \mu)/(\lambda_{j-1} - \mu)|^k.$$

Questa proprietà estende il risultato di convergenza dato nella (5.42) al metodo QR con *shift* (si veda [GL89], Sezioni 7.5.2 e 7.3) e suggerisce inoltre che se μ viene scelto in modo che

$$|\lambda_n - \mu| < |\lambda_i - \mu|, \qquad i = 1, \ldots, n-1,$$

allora l'elemento $t_{n,n-1}^{(k)}$ generato dalla iterazione (5.57) tende rapidamente a zero al crescere di k. (Al limite, se μ fosse un autovalore di $\mathrm{T}^{(k)}$, e quindi di A, $t_{n,n-1}^{(k)} = 0$ e $t_{n,n}^{(k)} = \mu$). La scelta usuale

$$\boxed{\mu = t_{n,n}^{(k)}}$$

conduce al cosiddetto *metodo QR con singolo shift*. Corrispondentemente, la convergenza a zero della successione $\left\{t_{n,n-1}^{(k)}\right\}$ è *quadratica* nel senso che, se

$$|t_{n,n-1}^{(k)}|/\|\mathrm{T}^{(0)}\|_2 = \eta_k < 1 \text{ per qualche } k \geq 0,$$
$$\text{allora } |t_{n,n-1}^{(k+1)}|/\|\mathrm{T}^{(0)}\|_2 = \mathcal{O}(\eta_k^2)$$

(si veda [Dem97, pagg. 161–163] e [GL89, pagg. 354–355]). Di questo si può tener conto convenientemente durante l'esecuzione del metodo QR, controllando il valore $|t_{n,n-1}^{(k)}|$. In pratica, $t_{n,n-1}^{(k)}$ è posto uguale a zero se risulta

$$|t_{n,n-1}^{(k)}| \leq \varepsilon(|t_{n-1,n-1}^{(k)}| + |t_{n,n}^{(k)}|), \qquad k \geq 0, \tag{5.58}$$

essendo ε una tolleranza fissata, in generale dell'ordine di u (questo test di convergenza è ad esempio adottato nella libreria EISPACK).

Nel caso in cui A sia una matrice di Hessenberg, l'azzeramento per un certo k di $a_{n,n-1}^{(k)}$, implica che $t_{n,n}^{(k)}$ sia una approssimazione di λ_n. Il metodo QR a questo punto proseguirà sulla matrice $\mathrm{T}^{(k)}(1:n-1, 1:n-1)$ e ridurrà progressivamente la dimensione del problema, fino a calcolare tutti gli autovalori di A. Si attua in questo modo una strategia di *deflazione* (si veda anche l'Osservazione 5.3).

Tabella 5.2 Convergenza della successione $\left\{t_{n,n-1}^{(k)}\right\}$ per il metodo QR con singolo *shift*

k	$\lvert t_{n,n-1}^{(k)}\rvert/\lVert \mathrm{T}^{(0)}\rVert_2$	$p^{(k)}$
0	0.13865	
1	$1.5401 \cdot 10^{-2}$	2.1122
2	$1.2213 \cdot 10^{-4}$	2.1591
3	$1.8268 \cdot 10^{-8}$	1.9775
4	$8.9036 \cdot 10^{-16}$	1.9449

Esempio 5.10 Riprendiamo la matrice A dell'Esempio 5.9 Avendo posto $\varepsilon = 10^{-14}$, il Programma 35, che implementa il metodo QR con singolo *shift*, converge in 13 iterazioni alla seguente decomposizione reale di Schur approssimata di A (riportata con 6 cifre significative)

$$\mathrm{T}^{(40)} = \begin{bmatrix} 65 & 0 & 0 & 0 & 0 \\ 0 & -21.2768 & 2.5888 & -0.0445 & -4.2959 \\ 0 & 0 & -13.1263 & -4.0294 & -13.079 \\ 0 & 0 & 0 & 21.2768 & -2.6197 \\ 0 & 0 & 0 & 0 & 13.1263 \end{bmatrix}$$

i cui elementi diagonali sono gli autovalori di A. In Tabella 5.2 riportiamo la velocità di convergenza $p^{(k)}$ della successione$\left\{t_{n,n-1}^{(k)}\right\}$ $(n = 5)$, calcolata come

$$p^{(k)} = 1 + \frac{1}{\log(\eta_k)} \log \frac{|t_{n,n-1}^{(k)}|}{|t_{n,n-1}^{(k-1)}|}, \qquad k \geq 1.$$

Si noti il buon accordo con quanto previsto dalla teoria. •

Un'implementazione del metodo QR con singolo *shift* viene data nel Programma 35. Il codice richiama il Programma 28 per ridurre A in forma di Hessenberg superiore ed il Programma 30 per realizzare la fattorizzazione QR ad ogni passo. I parametri d'ingresso `tol` e `nmax` sono la tolleranza ε richiesta nella (5.58) ed il numero massimo di iterazioni consentite. In uscita, il programma restituisce la decomposizione reale di Schur calcolata ed il numero di iterazioni necessarie per il suo calcolo.

Programma 35 – qrshift: QR con singolo *shift*

```
function [T,iter]=qrshift(A,tol,nmax)
% QRSHIFT iterazione QR iteration con singolo shift..
% [T,ITER]=QRSHIFT(A,TOL,NMAX) calcola dopo ITER iterazioni la
% decomposizione reale di Schur T di una matrice A con una tolleranza TOL.
% NMAX specifica il numero massimo di iterazioni.
[n,m]=size(A);
if n~=m, error('Solo matrici quadrate'); end
iter=0; [T,Q]=houshess(A);
for k=n:-1:2
    I=eye(k);
    while abs(T(k,k-1))>tol*(abs(T(k,k))+abs(T(k-1,k-1)))
        iter=iter+1;
        if iter > nmax
            return
        end
        mu=T(k,k); [Q,R,c,s]=qrgivens(T(1:k,1:k)-mu*I);
        T(1:k,1:k)=R*Q+mu*I;
    end
    % T(k,k-1)=0;
end
return
```

5.7 Metodi per il calcolo di autovalori di matrici simmetriche

Oltre al metodo QR descritto nelle precedenti sezioni, sono disponibili algoritmi specifici nel caso in cui la matrice A sia simmetrica. Illustriamo dapprima il metodo di Jacobi, che costruisce una successione di matrici ortogonali convergenti alla decomposizione reale di Schur di A, che è diagonale. Viene quindi considerato il metodo delle successioni di Sturm per le matrici tridiagonali. Rimandiamo invece a [QSS07], Sezione 5.11, per il metodo di Lanczos.

5.7.1 Il metodo di Jacobi

Il metodo di Jacobi genera una successione di matrici $A^{(k)}$ simmetriche, ortogonalmente simili alla matrice A e convergenti ad una matrice diagonale avente per elementi gli autovalori di A. Ciò si ottiene utilizzando le matrici di trasformazione per similitudine di Givens (5.48) nel modo seguente.
Data $A^{(0)} = A$, per ogni $k = 1, 2, \ldots$, si fissa una coppia di interi p e q tali che $1 \leq p < q \leq n$; quindi, posto $G_{pq} = G(p, q, \theta)$, si costruisce la matrice $A^{(k)} = (G_{pq})^T A^{(k-1)} G_{pq}$, ortogonalmente simile ad A, in modo tale che si

abbia

$$a_{qp}^{(k)} = a_{pq}^{(k)} = 0. \tag{5.59}$$

I valori incogniti $c = \cos(\theta)$ e $s = \sin(\theta)$, con cui costruiamo G_{pq}, devono soddisfare il seguente sistema

$$\begin{bmatrix} a_{pp}^{(k)} & 0 \\ 0 & a_{qq}^{(k)} \end{bmatrix} = \begin{bmatrix} c & s \\ -s & c \end{bmatrix}^T \begin{bmatrix} a_{pp}^{(k-1)} & a_{pq}^{(k-1)} \\ a_{pq}^{(k-1)} & a_{qq}^{(k-1)} \end{bmatrix} \begin{bmatrix} c & s \\ -s & c \end{bmatrix}. \tag{5.60}$$

Se $a_{pq}^{(k-1)} = 0$, la (5.59) è soddisfatta prendendo $c = 1$ e $s = 0$. Nel caso $a_{pq}^{(k-1)} \neq 0$, posto $t = s/c$, la (5.60) si trasforma nell'equazione di secondo grado

$$t^2 + 2\eta t - 1 = 0, \qquad \eta = \frac{a_{qq}^{(k-1)} - a_{pp}^{(k-1)}}{2a_{pq}^{(k-1)}}. \tag{5.61}$$

Fra le due radici della (5.61) si prende $t_+ = -\eta + \sqrt{1+\eta^2}$ se $\eta \geq 0$, oppure $t_- = -\eta - \sqrt{1+\eta^2}$ se $\eta < 0$, per garantire che $|\theta| \leq \pi/4$. Inoltre, per limitare gli errori di cancellazione, t_+ e t_- vengono riscritte nella forma più stabile $t_+ = 1/(\eta + \sqrt{1+\eta^2})$ e $t_- = -1/(-\eta + \sqrt{1+\eta^2})$. Quindi si pone

$$c = \frac{1}{\sqrt{1+t^2}}, \qquad s = ct. \tag{5.62}$$

Per caratterizzare la velocità con cui gli elementi extra-diagonali di $\mathrm{A}^{(k)}$ tendono a zero, è conveniente introdurre, per una generica matrice $\mathrm{M} \in \mathbb{R}^{n\times n}$, la quantità non negativa

$$\Psi(\mathrm{M}) = \left(\sum_{\substack{i,j=1 \\ i\neq j}}^{n} m_{ij}^2 \right)^{1/2} = \left(\|\mathrm{M}\|_F^2 - \sum_{i=1}^{n} m_{ii}^2 \right)^{1/2}. \tag{5.63}$$

Il metodo di Jacobi garantisce che $\Psi(\mathrm{A}^{(k)}) \leq \Psi(\mathrm{A}^{(k-1)})$, per ogni $k \geq 1$. Infatti il calcolo della (5.63) per la matrice $\mathrm{A}^{(k)}$ fornisce

$$(\Psi(\mathrm{A}^{(k)}))^2 = (\Psi(\mathrm{A}^{(k-1)}))^2 - 2\left(a_{pq}^{(k-1)}\right)^2 \leq (\Psi(\mathrm{A}^{(k-1)}))^2. \tag{5.64}$$

La (5.64) suggerisce che, per ogni passo k, la scelta ottimale degli indici di riga e colonna p e q è quella corrispondente all'elemento di $\mathrm{A}^{(k-1)}$ tale che

$$|a_{pq}^{(k-1)}| = \max_{i\neq j} |a_{ij}^{(k-1)}|,$$

che garantisce la massima riduzione di $\Psi(\mathrm{A}^{(k)})$ rispetto a $\Psi(\mathrm{A}^{(k-1)})$. Il costo computazionale di tale strategia è dell'ordine di n^2 *flops* per la ricerca dell'elemento di modulo massimo, mentre l'aggiornamento $\mathrm{A}^{(k)} = (\mathrm{G}_{pq})^T \mathrm{A}^{(k-1)} \mathrm{G}_{pq}$ richiede solo un costo dell'ordine di n *flops*, come osservato nella Sezione 5.6.5. Allora si rinuncia a cercare p e q che minimizzino $\Psi(\mathrm{A}^{(k)})$ al prezzo però di svolgere un numero maggiore di rotazioni. È dunque conveniente ricorrere al cosiddetto *metodo di Jacobi ciclico per righe*, nel quale la scelta degli indici p e q viene operata scandendo la matrice $\mathrm{A}^{(k)}$ solo per righe secondo l'algoritmo: per ogni $k = 1, 2, \ldots$ e per ogni riga i-esima di $\mathrm{A}^{(k)}$ $(i = 1, \ldots, n-1)$, si pone $p = i$ e $q = i+1, \ldots, n$. Diciamo che si effettua uno *sweep* quando sono svolte $N = n(n-1)/2$ trasformazioni di Jacobi. Assumendo che $\exists \delta > 0 :$ $|\lambda_i - \lambda_j| \geq \delta$ per $i \neq j$, si può dimostrare che il metodo di Jacobi ciclico converge quadraticamente, ovvero (si veda [Wil65], [Wil62])

$$\Psi(\mathrm{A}^{(k+N)}) \leq \frac{1}{\delta\sqrt{2}}(\Psi(\mathrm{A}^{(k)}))^2, \qquad k = 1, 2, \ldots$$

Per ulteriori dettagli algoritmici si rimanda a [GL89], Sezione 8.4.

I Programmi 36 e 37 implementano il calcolo di $\Psi(\mathrm{M})$ (5.63) e di c e s (5.62), rispettivamente, mentre il metodo di Jacobi ciclico è implementato nel Programma 38. Quest'ultimo riceve in ingresso la matrice simmetrica $\mathrm{A} \in \mathbb{R}^{n\times n}$ e una tolleranza `tol` e restituisce una matrice $\mathrm{D} = \mathrm{G}^T\mathrm{A}\mathrm{G}$, con G ortogonale, tale che $\Psi(\mathrm{D}) \leq \mathtt{tol}\|\mathrm{A}\|_F$, i valori di $\Psi(\mathrm{D})$ ed il numero di rotazioni e di *sweep* effettuati.

Esempio 5.11 Applichiamo il metodo di Jacobi ciclico alla matrice di Hilbert H_4 i cui autovalori sono (arrotondati alla quinta cifra) $\lambda_1 = 1.5002$, $\lambda_2 = 1.6914 \cdot 10^{-1}$, $\lambda_3 = 6.7383 \cdot 10^{-3}$ e $\lambda_4 = 9.6702 \cdot 10^{-5}$. Utilizzando il Programma 38 con `tol` $= 10^{-15}$, il metodo converge in 3 *sweep* ad una matrice i cui elementi diagonali coincidono con gli autovalori di H_4 a meno di un errore relativo massimo pari a $1.28 \cdot 10^{-12}$. Per quanto riguarda l'ordine di grandezza degli elementi extra-diagonali, riportiamo in Tabella 5.3 i valori assunti da $\Psi(\mathrm{H}_4^{(k)})$, dove k indica il valore dello *sweep*. •

Tabella 5.3 Convergenza dell'algoritmo di Jacobi ciclico. k indica il valore dello *sweep*

k	$\Psi(\mathrm{H}_4^{(k)})$
1	$5.262 \cdot 10^{-2}$
2	$3.824 \cdot 10^{-5}$
3	$5.313 \cdot 10^{-16}$

Programma 36 – psinorm: Calcolo di $\Psi(\mathrm{A})$ per il metodo di Jacobi ciclico

```
function [psi]=psinorm(A)
% PSINORM calcolo di Psi(A).
% [PSI]=PSINORM(A)
[n,m]=size(A);
if n~=m, error('Solo matrici quadrate'); end
psi=0;
for i=1:n
    j=i+1:n;
    psi=psi+sum(A(i,j).^2)+sum(A(j,i).^2);
end
psi=sqrt(psi);
return
```

Programma 37 – symschur: Calcolo dei parametri c e s

```
function [c,s]=symschur(A,p,q)
% SYMSCHUR calcolo dei parametri c e s, noti p e q.
% [C,S]=SYMSCHUR(A,P,Q)
if A(p,q)==0
    c=1; s=0;
else
    eta=(A(q,q)-A(p,p))/(2*A(p,q));
    if eta>=0
        t=1/(eta+sqrt(1+eta^2));
    else
        t=-1/(-eta+sqrt(1+eta^2));
    end
    c=1/sqrt(1+t^2); s=c*t;
end
return
```

Programma 38 – cycjacobi: Metodo di Jacobi ciclico per matrici simmetriche

```
function [D,sweep,rotation,psi]=cycjacobi(A,tol,nmax)
% CYCJACOBI metodo di Jacobi Ciclico.
% [D,SWN,ROTN,PSI]=CYCJACOBI(A,TOL) calcola gli autovalori della matrice
% simmetrica A. TOL specifica la tolleranza del metodo, NMAX il massimo
% numero di rotazioni possibili. In output: la diagonale di D contiente
% gli autovalori di A, SWEEP e' il numero di sweep effettuati e ROTATION e' il
% numero totale di rotazioni applicate. PSI=PSINORM(D).
[n,m]=size(A);
if n~=m, error('Solo matrici quadrate'); end
```

```
D=A;
psi=norm(A,'fro');
epsi=tol*psi;
 psi=psinorm(D);
 rotation=0;sweep=0;
 while psi>epsi && rotation<=nmax
     for p=1:n-1
         for q=p+1:n
             rotation = rotation + 1;
             [c,s]=symschur(D,p,q);
             [D]=gacol(D,c,s,1,n,p,q);
             [D]=garow(D,c,s,p,q,1,n);
         end
     end
     psi=psinorm(D);
     if rem(rotation,n*(n-1)/2)==0
         sweep=sweep+1;
% fprintf('sweep=%d, psi=%13.6e\n',sweep,psi)
     end
 end
 return
```

5.7.2 Il metodo delle successioni di Sturm

Consideriamo una matrice T tridiagonale simmetrica e a valori reali. Matrici di questo tipo si ottengono, ad esempio, applicando il metodo di Householder ad una assegnata matrice A (simmetrica) (si veda la Sezione 5.6.2) o nella risoluzione di problemi ai limiti in una dimensione spaziale (si veda il Capitolo 11).
Analizziamo nel seguito un metodo *ad hoc* per il calcolo degli autovalori di T, noto come *metodo delle successioni di Sturm* o *metodo di Givens* (introdotto in [Giv54]). Per $i = 1, \ldots, n$, indichiamo con d_i gli elementi diagonali di T, con b_i, $i = 1, \ldots, n-1$ gli elementi delle due sopra e sotto diagonali principali di T. Assumeremo $b_i \neq 0$ per ogni i. In caso contrario, infatti, il calcolo si riduce a problemi di dimensione inferiore.
Sia T_i il minore principale di ordine i della matrice T; i polinomi $p_i(x) = \det(\mathrm{T}_i - x\mathrm{I}_i)$ soddisfano le relazioni

$$p_i(x) = (d_i - x)p_{i-1}(x) - b_{i-1}^2 p_{i-2}(x), i = 2, \ldots, n, \qquad (5.65)$$

avendo posto $p_0(x) = 1$ e $p_1(x) = d_1 - x$. Si verifica facilmente che p_n è il polinomio caratteristico di T; il costo computazionale della sua valutazione nel punto x è dell'ordine di $2n$ *flops*. La successione (5.65) è detta *successione di Sturm* in virtù del seguente risultato, per la cui dimostrazione si rimanda a [Wil65], Capitolo 2, Sezione 47 e Capitolo 5, Sezione 37.

Proprietà 5.9 (della successione di Sturm) *Per $i = 2, \ldots, n$ gli autovalori di T_{i-1} separano strettamente quelli di T_i, ovvero*

$$\lambda_i(\mathrm{T}_i) < \lambda_{i-1}(\mathrm{T}_{i-1}) < \lambda_{i-1}(\mathrm{T}_i) < \ldots < \lambda_2(\mathrm{T}_i) < \lambda_1(\mathrm{T}_{i-1}) < \lambda_1(\mathrm{T}_i). \tag{5.66}$$

Inoltre, posto per ogni valore reale μ

$$\mathcal{S}_\mu = \{p_0(\mu), p_1(\mu), \ldots, p_n(\mu)\},$$

il numero $s(\mu)$ di cambi di segno in $\mathcal{S}_\mu$ fornisce il numero di autovalori di T che sono strettamente minori di μ. Si adotta la convenzione che $p_i(\mu)$ abbia segno opposto a $p_{i-1}(\mu)$ se $p_i(\mu) = 0$ (due elementi consecutivi della successione non possono annullarsi in corrispondenza dello stesso valore di μ).

Esempio 5.12 Sia T la parte tridiagonale della matrice di Hilbert $\mathrm{H}_4 \in \mathbb{R}^{4\times4}$, avente elementi $h_{ij} = 1/(i+j-1)$. Gli autovalori di T (con 5 cifre significative) sono $\lambda_1 = 1.2813$, $\lambda_2 = 0.4205$, $\lambda_3 = -0.1417$ e $\lambda_4 = 0.1161$. Prendendo $\mu = 0$, il Programma 39 fornisce la successione di Sturm

$$\mathcal{S}_0 = \{p_0(0), p_1(0), p_2(0), p_3(0), p_4(0)\} = \{1, 1, 0.0833, -0.0458, -0.0089\}$$

da cui, applicando la Proprietà 5.9, si conclude che la matrice T ha un autovalore minore di 0. Nel caso di $\mathrm{T} = \mathrm{tridiag}_4(-1, 2, -1)$, avente autovalori $\{0.38, 1.38, 2.62, 3.62\}$ (abbiamo rappresentato solo le prime tre cifre significative), si ottiene invece, prendendo $\mu = 3$

$$\{p_0(3), p_1(3), p_2(3), p_3(3), p_4(3)\} = \{1, -1, 0, 1, -1\}$$

da cui, essendoci tre cambi di segno, si conclude che la matrice T possiede tre autovalori minori di 3. •

Il metodo delle successioni di Sturm per il calcolo degli autovalori di T procede come segue. Posto $b_0 = b_n = 0$ e

$$\alpha = \min_{1\le i\le n} \left[d_i - (|b_{i-1}| + |b_i|)\right], \qquad \beta = \max_{1\le i\le n} \left[d_i + (|b_{i-1}| + |b_i|)\right], \tag{5.67}$$

dal Teorema 5.2 segue che l'intervallo $\mathcal{J} = [\alpha, \beta]$ contiene tutti gli autovalori di T. L'insieme $\mathcal{J}$ viene utilizzato come intervallo di primo tentativo per la ricerca del generico autovalore λ_i della matrice T, per i fissato tra 1 e n, con il metodo di bisezione (si veda il Capitolo 6). Come al solito gli autovalori sono ordinati in modo che $\lambda_1 > \lambda_2 > \ldots > \lambda_n$.

Precisamente, dati $a^{(0)} = \alpha$ e $b^{(0)} = \beta$, si pone $c^{(0)} = (\alpha+\beta)/2$ e si calcola $s(c^{(0)})$; ricordando quindi la Proprietà 5.9, si pone $b^{(1)} = c^{(0)}$ se risulta $s(c^{(0)}) > (n-i)$, oppure $a^{(1)} = c^{(0)}$ in caso contrario. Iterando r volte il procedimento, il valore $c^{(r)} = (a^{(r)} + b^{(r)})/2$ fornisce l'approssimazione di λ_i a meno di un errore $(\beta - \alpha)/2^{r+1}$, come si vedrà nella (6.9).

Durante l'esecuzione del metodo delle successioni di Sturm per il calcolo di λ_i, è possibile memorizzare in modo sistematico le informazioni via via

Tabella 5.4 Convergenza del metodo di Givens per il calcolo dell'autovalore λ_2 della matrice T dell'Esempio 5.12

k	$a^{(k)}$	$b^{(k)}$	$c^{(k)}$	$s^{(k)}$	k	$a^{(k)}$	$b^{(k)}$	$c^{(k)}$	$s^{(k)}$
0	0	4.0000	2.0000	2	7	2.5938	2.6250	2.6094	2
1	2.0000	4.0000	3.0000	3	8	2.6094	2.6250	2.6172	2
2	2.0000	3.0000	2.5000	2	9	2.6094	2.6250	2.6172	2
3	2.5000	3.0000	2.7500	3	10	2.6172	2.6250	2.6211	3
4	2.5000	2.7500	2.6250	3	11	2.6172	2.6211	2.6191	3
5	2.5000	2.6250	2.5625	2	12	2.6172	2.6191	2.6182	3
6	2.5625	2.6250	2.5938	2	13	2.6172	2.6182	2.6177	2

ottenute circa la posizione degli altri autovalori di T nell'intervallo $\mathcal{J}$. Ciò consente di organizzare un algoritmo in grado di generare una successione di sottointervalli contigui $a_j^{(r)}, b_j^{(r)}$, per $j = 1, \ldots, n$, di ampiezza arbitrariamente piccola, ciascuno dei quali contiene un solo autovalore λ_j di T (per maggiori dettagli si veda [BMW67]).

Esempio 5.13 Utilizziamo il metodo delle successioni di Sturm per il calcolo dell'autovalore $\lambda_2 \simeq 2.62$ della matrice T considerata nell'Esempio 5.12. Ponendo `tol`$=10^{-4}$ nel Programma 40 si ottengono i risultati illustrati in Tabella 5.4, che evidenziano la convergenza in 13 iterazioni della successione $c^{(k)}$ all'autovalore cercato. Si è posto per brevità $s^{(k)} = s(c^{(k)})$. Analoghi risultati si ottengono utilizzando il Programma 40 per il calcolo dei restanti autovalori di T. •

La valutazione dei polinomi (5.65) in x è implementata nel Programma 39. Quest'ultimo riceve in ingresso i vettori dd e bb contenenti la diagonale principale e la sopradiagonale di T, e lo scalare x contenente il punto x. In uscita, nel vettore p sono memorizzati i valori $p_i(x)$, per $i = 0, \ldots, n$.

Programma 39 – sturm: Calcolo della successione di Sturm

```
function [p]=sturm(dd,bb,x)
% STURM successione di Sturm.
% P=STURM(DD,BB,X) calcola la successione di Sturm in X.
n=length(dd);
p(1)=1;
p(2)=dd(1)-x;
for i=2:n
    p(i+1)=(dd(i)-x)*p(i)-bb(i-1)^2*p(i-1);
end
return
```

Una versione elementare del metodo delle successioni di Sturm è implementata nel Programma 40. In ingresso, `ind` è l'indice dell'autovalore che si vuole approssimare, i parametri `dd` e `bb` sono analoghi a quelli del Programma 39, mentre `tol` è la tolleranza sul test d'arresto, tale per cui ci si ferma quando $|b^{(k)} - a^{(k)}|/2^{k+1} \leq \texttt{tol}(|a^{(k)}| + |b^{(k)}|)$. In uscita vengono restituiti i valori degli elementi delle successioni $a^{(k)}$, $b^{(k)}$ e $c^{(k)}$, la successione dei cambi di segno $s(c^{(k)})$ e il numero `niter` di iterazioni effettuate.

Programma 40 – givsturm: Metodo delle successioni di Sturm

```
function [ak,bk,ck,nch,niter]=givsturm(dd,bb,ind,tol)
% GIVSTURM metodo delle successioni di Sturm basato sulla successione di Sturm.
% [AK,BK,CK,NCH,NITER]=GIVSTURM(DD,BB,IND,TOL)
[a, b]=bound(dd,bb); dist=abs(b-a); s=abs(b)+abs(a);
n=length(dd); niter=0; nch=[];
while dist > tol*s
    niter=niter+1;
    c=(b+a)/2;
    ak(niter)=a;
    bk(niter)=b;
    ck(niter)=c;
    nch(niter)=chcksign(dd,bb,c);
    if nch(niter)>n-ind
        b=c;
    else
        a=c;
    end
    dist=abs(b-a); s=abs(b)+abs(a);
end
return
```

Programma 41 – chcksign: Calcolo del numero di cambi di segno nella successione di Sturm

```
function nch=chcksign(dd,bb,x)
% CHCKSIGN calcola il numero di cambi di segno nella successione di Sturm.
% NCH=CHCKSIGN(DD,BB,X)
[p]=sturm(dd,bb,x);
n=length(dd);
nch=0;
s=0;
for i=2:n+1
    if p(i)*p(i-1)<=0
        nch=nch+1;
    end
```

```
    if p(i)==0
        s=s+1;
    end
end
nch=nch-s;
return
```

Programma 42 – bound: Calcolo degli estremi dell'intervallo $\mathcal{J}$

```
function [alfa,beta]=bound(dd,bb)
% BOUND calcolo dell'intervallo [ALPHA,BETA] per il metodo delle successioni
% di Sturm.
% [ALFA,BETA]=BOUND(DD,BB)
n=length(dd);
alfa=dd(1)-abs(bb(1));
temp=dd(n)-abs(bb(n-1));
if temp < alpha
    alfa=temp;
end
for i=2:n-1
    temp=dd(i)-abs(bb(i-1))-abs(bb(i));
    if temp < alpha
        alfa=temp;
    end
end
beta=dd(1)+abs(bb(1)); temp=dd(n)+abs(bb(n-1));
if temp > beta
    beta=temp;
end
for i=2:n-1
    temp=dd(i)+abs(bb(i-1))+abs(bb(i));
    if temp > beta
        beta=temp;
    end
end
return
```

5.8 Esercizi

1. Localizzare mediante i teoremi di Gershgorin gli autovalori della matrice A ottenuta ponendo dapprima $A = (P^{-1}DP)^T$ e successivamente annullando gli elementi a_{13} e a_{23}, essendo $D = \text{diag}_3(1, 50, 100)$ e

$$P = \begin{bmatrix} 1 & 1 & 1 \\ 10 & 20 & 30 \\ 100 & 50 & 60 \end{bmatrix}.$$

[*Soluzione*: $\sigma(A) = \{-151.84, 80.34, 222.5\}$.]

2. Localizzare lo spettro della matrice

$$A = \begin{bmatrix} 1 & 2 & -1 \\ 2 & 7 & 0 \\ -1 & 0 & 5 \end{bmatrix}.$$

[*Soluzione*: $\sigma(A) \subset [-2, 9]$.]

3. Stimare il numero di autovalori complessi della matrice

$$A = \begin{bmatrix} -4 & 0 & 0 & 0.5 & 0 \\ 2 & 2 & 4 & -3 & 1 \\ 0.5 & 0 & -1 & 0 & 0 \\ 0.5 & 0 & 0.2 & 3 & 0 \\ 2 & 0.5 & -1 & 3 & 4 \end{bmatrix}.$$

[*Suggerimento*: si verifichi che A è riducibile nella forma

$$A = \begin{bmatrix} M_1 & M_2 \\ 0 & M_3 \end{bmatrix}$$

dove $M_1 \in \mathbb{R}^{2\times 2}$ e $M_3 \in \mathbb{R}^{3\times 3}$. Si studino quindi gli autovalori dei blocchi M_1 e M_3 utilizzando i teoremi di Gershgorin e si verifichi che A non possiede autovalori complessi.]

4. Sia $A \in \mathbb{C}^{n\times n}$ una matrice diagonale e sia $\widetilde{A} = A + E$ una perturbazione di A con $e_{ii} = 0$ per $i = 1, \ldots, n$. Dimostrare che

$$|\lambda_i(\widetilde{A}) - \lambda_i(A)| \leq \sum_{j=1}^{n} |e_{ij}|, \qquad i = 1, \ldots, n. \tag{5.68}$$

5. Si applichi la stima (5.68) al caso in cui

$$A = \begin{bmatrix} 1 & 0 \\ 0 & 2 \end{bmatrix}, \qquad E = \begin{bmatrix} 0 & \varepsilon \\ \varepsilon & 0 \end{bmatrix}, \qquad \varepsilon \geq 0.$$

[*Soluzione*: si ha $\sigma(A) = \{1, 2\}$ e $\sigma(\tilde{A}) = \{(3 \mp \sqrt{1 + 4\varepsilon^2})/2\}$.]

6. Si verifichi che il calcolo degli zeri di un polinomio di grado $\leq n$ a coefficienti reali

$$p_n(x) = \sum_{k=0}^{n} a_k x^k = a_0 + a_1 x + ... + a_n x^n, \quad a_n \neq 0, \quad a_k \in \mathbb{R}, \; k = 0, \ldots, n$$

si può ricondurre alla valutazione dello spettro della matrice di Frobenius $\mathrm{C} \in \mathbb{R}^{n \times n}$ associata a p_n (nota anche come *companion matrix*)

$$\mathrm{C} = \begin{bmatrix} -(a_{n-1}/a_n) & -(a_{n-2}/a_n) & \ldots & -(a_1/a_n) & -(a_0/a_n) \\ 1 & 0 & \ldots & 0 & 0 \\ 0 & 1 & \ldots & 0 & 0 \\ \vdots & \vdots & \ddots & \vdots & \vdots \\ 0 & 0 & \ldots & 1 & 0 \end{bmatrix}. \quad (5.69)$$

7. Mostrare che se la matrice $\mathrm{A} \in \mathbb{C}^{n \times n}$ ammette autovalori/autovettori $(\lambda, \mathbf{x})$, allora la matrice $\mathrm{U}^H\mathrm{AU}$, con U unitaria, ammette autovalori/autovettori $(\lambda, \mathrm{U}^H\mathbf{x})$.

8. Si suppongano soddisfatte tutte le ipotesi alla base del metodo delle potenze (si veda la Sezione 5.3.1), fatta eccezione per la richiesta $\alpha_1 \neq 0$. Si dimostri che in tale caso la successione (5.16) converge alla coppia autovalore/autovettore $(\lambda_2, \mathbf{x}_2)$, a patto che $|\lambda_2| > |\lambda_3|$. Si verifichi sperimentalmente il comportamento del metodo (utilizzando a tal fine il Programma 25). Calcolare dapprima la coppia $(\lambda_1, \mathbf{x}_1)$ per la matrice

$$\mathrm{A} = \begin{bmatrix} 1 & -1 & 2 \\ -2 & 0 & 5 \\ 6 & -3 & 6 \end{bmatrix},$$

per esempio prendendo come dato iniziale $\mathbf{z}^{(0)} = \mathbf{1}^T$ (che produce $\alpha_1 \neq 0$), e poi utilizzando $\mathbf{z}^{(0)} = [-136/37, -124/274]^T$ (in questo caso si ha $\alpha_1 = 0$).

[*Soluzione*: In questo caso gli errori di arrotondamento non giocano a favore dell'autovalore λ_1 e viene approssimata la coppia $(\lambda_2, \mathbf{x}_2)$ in 10 iterazioni.]

9. Si mostri che la la *companion matrix* associata al polinomio $p_n(x) = a_n x^n + a_{n-1}x^{n-1} + \ldots + a_0$, ammette la seguente forma alternativa alla (5.69)

$$\mathrm{A} = \begin{bmatrix} 0 & 0 & \ldots & 0 & -a_0/a_n \\ 1 & 0 & 0 & \vdots & -a_1/a_n \\ & \ddots & \ddots & & \vdots \\ & & 1 & 0 & -a_{n-2}/a_n \\ 0 & & & 1 & -a_{n-1}/a_n \end{bmatrix}.$$

10. (da [FF63]) Si supponga che una matrice reale $A \in \mathbb{R}^{n\times n}$ abbia due autovalori complessi coniugati di modulo massimo dati da $\lambda_1 = \rho e^{i\theta}$ e $\lambda_2 = \rho e^{-i\theta}$ con $\theta \neq 0$. Si supponga inoltre che i restanti autovalori abbiano tutti modulo minore di ρ. Il metodo delle potenze può essere in tal caso modificato come segue: sia $\mathbf{q}^{(0)}$ un vettore reale e $\mathbf{q}^{(k)} = A\mathbf{q}^{(k-1)}$ il vettore ottenuto dal metodo delle potenze senza normalizzazione. Si denoti con x_k la prima componente di $\mathbf{q}^{(k)}$. Il *metodo delle potenze modificato* è così definito:
per $k = 1, 2, \ldots$ fino a convergenza

$$\begin{aligned}
&\text{porre } \mathbf{q}^{(k)} = A\mathbf{q}^{(k-1)},\\
&\text{se } k > 4\\
&\quad r_k^2 = \frac{x_k x_{k+2} - x_{k+1}^2}{x_{k-1}x_{k+1} - x_k^2},\\
&\quad t_k = \frac{r_k x_{k-1} + x_{k+1}/r_k}{2x_k},\\
&\quad \lambda_{1,2}^{(k)} = r_k(t_k \pm i\sqrt{1-t_k^2}).
\end{aligned} \tag{5.70}$$

Osserviamo che il metodo è ben definito anche ponendo x_k uguale ad una qualsiasi componente del vettore $\mathbf{q}^{(k)}$.
Si dimostri che

$$r_k^2 - \rho^2 = \mathcal{O}\left(|\lambda_3/\lambda_1|^k\right), \quad t_k - \cos(\theta) = \mathcal{O}\left(|\lambda_3/\lambda_1|^k\right).$$

[*Suggerimento*: si osservi che $x_k = c_1\lambda_1^k + c_2\lambda_2^k + c_3\lambda_3^k + \ldots + c_n\lambda_n^k$, dove $c_1 = \rho_c e^{\alpha i}$ e $c_2 = \overline{c_1}$. Segue che $x_k = 2Re(c_1\lambda_1^k) + \mathcal{O}(|\lambda_3|^k) = 2\rho_c\rho^k\cos(\alpha + k\theta) + \mathcal{O}(|\lambda_3|^k)$. Quindi si analizzi $\rho^2 - r_k^2$ e si utilizzino le formule di Werner per semplificare. Procedere in maniera analoga per dimostrare la seconda stima.]

11. Si applichi il metodo delle potenze modificato (5.70) alla matrice

$$A = \begin{bmatrix} 1 & -1 & 1 \\ 1 & 0 & 0 \\ 0 & 1 & 0 \end{bmatrix},$$

e si confrontino i risultati ottenuti con quelli generati dal metodo delle potenze tradizionale.

6
Risoluzione di equazioni e sistemi non lineari

In questo capitolo ci occupiamo dell'approssimazione numerica degli zeri di una funzione di una variabile reale ovvero

$$\text{data } f : \mathcal{I} = (a,b) \subseteq \mathbb{R} \to \mathbb{R}, \text{ si cerca } \alpha \in \mathbb{C} \text{ tale che } f(\alpha) = 0. \quad (6.1)$$

Gli zeri di f sono pertanto le radici dell'equazione $f(\alpha) = 0$. Il caso dei sistemi di equazioni non lineari verrà trattato nella Sezione 6.7, mentre rimandiamo a [QSS07, Cap. 7] ed a [QSG10, Cap. 7] per la risoluzione numerica di problemi di ottimizzazione. È importante osservare che, sebbene si assuma f a valori reali, i suoi zeri possono essere complessi, come accade, ad esempio, nel caso in cui f sia un polinomio algebrico di grado $\leq n$ (si veda la Sezione 6.4).
L'approssimazione numerica di uno zero α di f si basa in genere sull'uso di metodi iterativi; si costruisce cioè una successione di valori $x^{(k)}$ tali che

$$\lim_{k\to\infty} x^{(k)} = \alpha.$$

La velocità di convergenza di tali metodi è definita come segue:

Definizione 6.1 Si dice che la successione $\{x^{(k)}\}$ generata da un metodo numerico converge ad α con ordine $p \geq 1$ se

$$\boxed{\exists C > 0 : \frac{|x^{(k+1)} - \alpha|}{|x^{(k)} - \alpha|^p} \leq C, \ \forall k \geq k_0} \quad (6.2)$$

dove $k_0 \geq 0$ è un intero opportuno. In tal caso si dirà che il metodo *è di ordine p*. Si osservi che nel caso particolare in cui p è uguale ad 1, per avere convergenza di $x^{(k)}$ ad α dovrà necessariamente essere $C < 1$ nella (6.2). In questo caso, la costante C prende il nome di *fattore di convergenza*. ■

A. Quarteroni, R. Sacco, F. Saleri, P. Gervasio, *Matematica Numerica*, 4ª edizione,
UNITEXT – La Matematica per il 3+2 77, DOI: 10.1007/978-88-470-5644-2_6,
© Springer-Verlag Italia 2014

A differenza di quanto accade nel caso dei sistemi lineari, la convergenza dei metodi iterativi per l'approssimazione di radici di funzioni non lineari in generale dipende dalla scelta del dato iniziale $x^{(0)}$. Ciò consentirà di stabilire risultati di convergenza di validità solo *locale*, ovvero per $x^{(0)}$ appartenente ad un intorno opportuno della radice α. Metodi per i quali si abbia invece convergenza ad α *per ogni* scelta di $x^{(0)}$ nell'insieme di definizione $\mathcal{I}$, si diranno *globalmente convergenti* alla radice α.

6.1 Condizionamento di un'equazione non lineare

Consideriamo l'equazione non lineare $f(x) = \varphi(x) - d = 0$ e supponiamo che f sia almeno di classe C^1. Intendiamo studiare la sensibilità del calcolo delle radici di f rispetto a variazioni del dato d.

Il problema è ben definito solo se la funzione φ è localmente invertibile. In tal caso, potremo scrivere $\alpha = \varphi^{-1}(d)$ da cui, con le notazioni del Capitolo 2, si ha che il risolvente G è φ^{-1}. D'altra parte $(\varphi^{-1})'(d) = 1/\varphi'(\alpha)$ e quindi la formula (2.7) per il calcolo approssimato del numero di condizionamento (relativo e assoluto), fornisce

$$K(d) \simeq \frac{|d|}{|\alpha||f'(\alpha)|}, \qquad K_{abs}(d) \simeq \frac{1}{|f'(\alpha)|}, \tag{6.3}$$

a patto che α sia radice semplice.

Il problema è dunque mal condizionato quando $f'(\alpha)$ è "piccola" e ben condizionato se $f'(\alpha)$ è "grande".

L'analisi che conduce alla (6.3) si può generalizzare al caso in cui α sia una radice di molteplicità $m > 1$. Sviluppando φ in serie di Taylor in un intorno della radice α fino all'ordine m, si ha

$$d + \delta d = \varphi(\alpha + \delta\alpha) = \varphi(\alpha) + \sum_{k=1}^{m} \frac{\varphi^{(k)}(\alpha)}{k!}(\delta\alpha)^k + o((\delta\alpha)^m).$$

Essendo $\varphi^{(k)}(\alpha) = 0$ per $k = 1, \ldots, m-1$, si ricava

$$\delta d = f^{(m)}(\alpha)(\delta\alpha)^m/m!$$

e, quindi, un'approssimazione del numero di condizionamento assoluto è

$$K_{abs}(d) \simeq \left|\frac{m!\delta d}{f^{(m)}(\alpha)}\right|^{1/m} \frac{1}{|\delta d|}. \tag{6.4}$$

Si noti che la (6.3) è un caso particolare della (6.4) quando $m = 1$. Dalla (6.4) segue inoltre che, se anche δd fosse sufficientemente piccolo da rendere $|m!\delta d/f^{(m)}(\alpha)| < 1$, $K_{abs}(d)$ potrebbe risultare comunque grande. Possiamo dunque concludere che il problema del calcolo delle radici di un'equazione non lineare è ben condizionato se α è radice semplice e $|f'(\alpha)|$ è sensibilmente diversa da zero, mentre risulta mal condizionato in caso contrario.

Un problema strettamente collegato all'analisi precedente è il seguente. Si supponga $d = 0$ e α una radice semplice; inoltre, in corrispondenza di $\hat{\alpha} \neq \alpha$ si abbia $f(\hat{\alpha}) = \hat{r} \neq 0$. Vediamo come maggiorare la differenza tra $\hat{\alpha}$ ed α in funzione del *residuo* $\hat{r}$. Applicando la (6.3) si trova

$$K_{abs}(0) \simeq \frac{1}{|f'(\alpha)|}.$$

Pertanto, ponendo $\delta x = \hat{\alpha} - \alpha$ e $\delta d = \hat{r}$ nella definizione (2.5) di K_{abs}, si ottiene

$$\frac{|\hat{\alpha} - \alpha|}{|\alpha|} \lesssim \frac{|\hat{r}|}{|f'(\alpha)||\alpha|}, \tag{6.5}$$

avendo adottato, qui e nel seguito, la convenzione che se $a \leq c$ e $a \simeq c$, allora scriveremo $a \lesssim c$. Nel caso in cui α abbia molteplicità $m > 1$, utilizzando la (6.4) anziché la (6.3) e procedendo come sopra si perviene a

$$\frac{|\hat{\alpha} - \alpha|}{|\alpha|} \lesssim \left(\frac{m!}{|f^{(m)}(\alpha)||\alpha|^m} \right)^{1/m} |\hat{r}|^{1/m}. \tag{6.6}$$

Riprenderemo questi risultati nell'analisi dei test d'arresto di metodi iterativi (si veda la Sezione 6.5).

Un caso notevole di problema non lineare è quello in cui f sia un polinomio p_n di grado n. Esso ammette esattamente n radici α_i, reali o complesse, ciascuna contata con la propria molteplicità. Vogliamo indagare la sensitività delle radici α_i al variare dei coefficienti di p_n.

A questo scopo, sia $\hat{p}_n = p_n + q_n$, dove q_n è un polinomio di perturbazione di grado n, e siano $\hat{\alpha}_i$ le corrispondenti radici di $\hat{p}_n$. Una diretta applicazione della (6.6) conduce per ogni radice α_i alla seguente stima

$$E_{rel}^i = \frac{|\hat{\alpha}_i - \alpha_i|}{|\alpha_i|} \lesssim \left(\frac{m!}{|p_n^{(m)}(\alpha_i)||\alpha_i|^m} \right)^{1/m} |q_n(\hat{\alpha}_i)|^{1/m} = S^i, \tag{6.7}$$

essendo m la molteplicità della radice considerata e $q_n(\hat{\alpha}_i) = -p_n(\hat{\alpha}_i)$ il "residuo" del polinomio p_n nella radice perturbata.

Osservazione 6.1 Esiste un'analogia formale fra le stime a priori sin qui sviluppate per il problema non lineare $\varphi(x) = d$ e quelle della Sezione 3.1.2 per i sistemi lineari, pur di far corrispondere A a φ e $\mathbf{b}$ a d. Più precisamente, la (6.5) è l'analoga della (3.9) nel caso particolare in cui $\delta\mathrm{A}=0$, mentre la (6.7) (per $m = 1$) lo è nel caso in cui $\boldsymbol{\delta}\mathbf{b} = \mathbf{0}$. ■

Tabella 6.1 Errore relativo ed errore stimato tramite la (6.7) per il polinomio di Wilkinson di grado 10

i	E^i_{rel}	S^i	i	E^i_{rel}	S^i
1	$3.03979 \cdot 10^{-13}$	$3.28508 \cdot 10^{-13}$	6	$6.95604 \cdot 10^{-5}$	$6.95663 \cdot 10^{-5}$
2	$7.56219 \cdot 10^{-10}$	$7.56884 \cdot 10^{-10}$	7	$1.58959 \cdot 10^{-4}$	$1.58850 \cdot 10^{-4}$
3	$7.75853 \cdot 10^{-8}$	$7.75924 \cdot 10^{-8}$	8	$1.98423 \cdot 10^{-4}$	$1.98767 \cdot 10^{-4}$
4	$1.80845 \cdot 10^{-6}$	$1.80847 \cdot 10^{-6}$	9	$1.27376 \cdot 10^{-4}$	$1.27125 \cdot 10^{-4}$
5	$1.61660 \cdot 10^{-5}$	$1.61664 \cdot 10^{-5}$	10	$3.28300 \cdot 10^{-5}$	$3.28605 \cdot 10^{-5}$

Esempio 6.1 Poniamo $p_4(x) = (x-1)^4$ e $\hat{p}_4 = (x-1)^4 - \varepsilon$, con $0 < \varepsilon \ll 1$. Il polinomio p_4 ha 4 radici coincidenti $\alpha_i = 1$ $(i = 1, \ldots, 4)$ mentre le radici del polinomio perturbato sono tutte semplici e pari a $\hat{\alpha}_i = \alpha_i + \sqrt[4]{\varepsilon}$, disposte ad intervalli di $\pi/2$ sul cerchio di raggio $\sqrt[4]{\varepsilon}$ e centro in $z = (1, 0)$ nel piano complesso.

Il problema è stabile (avendosi $\lim_{\varepsilon \to 0} \hat{\alpha}_i = 1$), ma è *malcondizionato* in quanto

$$\frac{|\hat{\alpha}_i - \alpha_i|}{|\alpha_i|} = \sqrt[4]{\varepsilon}, \qquad i = 1, \ldots 4.$$

Ad esempio, se $\varepsilon = 10^{-4}$ la variazione relativa è di 10^{-1}. Si noti che il termine a destra nella (6.7) vale proprio $\sqrt[4]{\varepsilon}$, e dunque, in questo caso, la (6.7) vale con il segno di uguaglianza. •

Esempio 6.2 (di Wilkinson). Consideriamo il seguente polinomio

$$p_{10}(x) = \prod_{k=1}^{10}(x+k) = x^{10} + 55x^9 + \ldots + 10!.$$

Sia $\hat{p}_{10} = p_{10} + \varepsilon x^9$, con $\varepsilon = 2^{-23} \simeq 1.2 \cdot 10^{-7}$. Studiamo il condizionamento del calcolo delle radici di p_{10}. Utilizzando la (6.7) con $m = 1$, riportiamo per $i = 1, \ldots, 10$ in Tabella 6.1 gli errori relativi E^i_{rel} e le corrispondenti stime S^i.

Il problema è mal condizionato, in quanto il massimo errore relativo in corrispondenza della radice $\alpha_8 = -8$, è di tre ordini di grandezza superiore al valore della perturbazione assoluta impressa. È inoltre evidente l'eccellente accordo tra la stima a priori e l'errore relativo effettivamente commesso. •

6.2 Un approccio geometrico per la ricerca delle radici

Introduciamo in questa sezione i metodi di bisezione, delle corde, delle secanti, di falsa posizione (o *Regula Falsi*) e di Newton. L'ordine di presentazione riflette la crescente complessità degli algoritmi: nel caso del metodo di bisezione, infatti, l'unica informazione utilizzata è *il segno* assunto dalla funzione f agli estremi di ogni (sotto)intervallo di bisezione, mentre nei restanti algoritmi

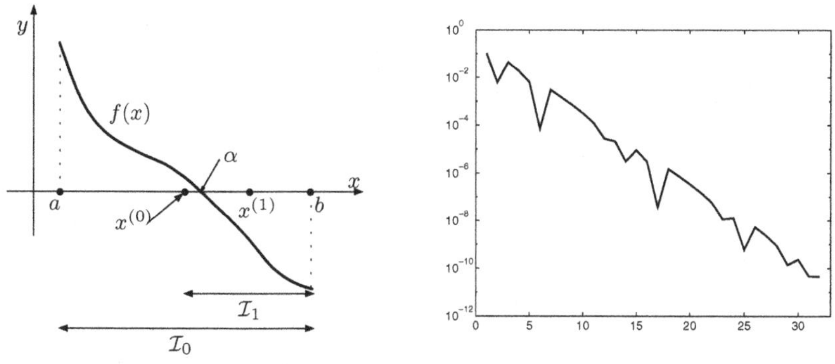

Fig. 6.1 Il metodo di bisezione: a sinistra, i primi due passi; a destra, la curva di convergenza relativa all'Esempio 6.3. In ascissa è riportato il numero di iterazioni, in ordinata l'errore assoluto in funzione di k

si tiene conto anche dei *valori* assunti dalla funzione e/o dalla sua derivata prima.

6.2.1 Il metodo di bisezione

Il metodo di bisezione si basa sulla seguente nota proprietà:

Proprietà 6.1 (teorema degli zeri per le funzioni continue) *Data una funzione continua $f : [a, b] \to \mathbb{R}$ e tale che $f(a)f(b) < 0$, allora $\exists\ \alpha \in (a, b)$ tale che $f(\alpha) = 0$.*

A partire da $\mathcal{I}_0 = [a, b]$, il metodo di bisezione genera una successione di sottointervalli $\mathcal{I}_k = [a^{(k)}, b^{(k)}]$, $k \geq 0$, con $\mathcal{I}_k \subset \mathcal{I}_{k-1}$, $k \geq 1$ e gode della proprietà che $f(a^{(k)})f(b^{(k)}) < 0$. Precisamente, si pone $a^{(0)} = a$, $b^{(0)} = b$ e $x^{(0)} = (a^{(0)} + b^{(0)})/2$; quindi, per $k \geq 0$

si pone $a^{(k+1)} = a^{(k)}$, $b^{(k+1)} = x^{(k)}$ se $f(x^{(k)})f(a^{(k)}) < 0$

si pone $a^{(k+1)} = x^{(k)}$, $b^{(k+1)} = b^{(k)}$ se $f(x^{(k)})f(b^{(k)}) < 0$

si pone infine $x^{(k+1)} = (a^{(k+1)} + b^{(k+1)})/2$

La strategia di bisezione si arresta al passo m-esimo in corrispondenza del quale si abbia $|x^{(m)} - \alpha| \leq |\mathcal{I}_m| \leq \varepsilon$, essendo ε una prefissata tolleranza e $|\mathcal{I}_m|$ la lunghezza di $\mathcal{I}_m$. Per quanto riguarda la *velocità di convergenza* del metodo di bisezione, notiamo che $|\mathcal{I}_0| = b - a$, mentre

$$|\mathcal{I}_k| = |\mathcal{I}_0|/2^k = (b - a)/2^k, \qquad k \geq 0. \tag{6.8}$$

Introducendo l'*errore assoluto* $e^{(k)} = x^{(k)} - \alpha$ al passo k, dalla (6.8) segue che $|e^{(k)}| \leq |\mathcal{I}_k|/2 \leq (b-a)/2^{k+1}$, $k \geq 0$, da cui risulta $\lim_{k\to\infty} |e^{(k)}| = 0$. Il metodo di bisezione è pertanto *globalmente convergente*. Inoltre, per ottenere $|x^{(m)} - \alpha| \leq \varepsilon$ bisogna prendere

$$m \geq \log_2\left(\frac{b-a}{\varepsilon}\right) - 1 = \frac{\log((b-a)/\varepsilon)}{\log(2)} - 1 \simeq \frac{\log((b-a)/\varepsilon)}{0.6931} - 1. \quad (6.9)$$

In particolare, per guadagnare una cifra significativa sull'accuratezza dell'approssimazione della radice (ovvero per avere $|x^{(k)} - \alpha| = |x^{(j)} - \alpha|/10$), occorrono $k - j = \log_2(10) - 1 \simeq 3.32$ bisezioni. Ciò caratterizza il metodo di bisezione come un algoritmo di sicura, ma lenta convergenza. Va sottolineato come il metodo di bisezione non garantisca, in generale, una riduzione *monotona* dell'errore assoluto tra due iterazioni consecutive, ovvero non si può assicurare *a priori* che valga

$$|e^{(k+1)}| \leq \mathcal{M}_k |e^{(k)}| \qquad \forall k \geq 0, \quad (6.10)$$

con $\mathcal{M}_k < 1$. A tale proposito si consideri la situazione riportata in Figura 6.1 a sinistra, dove, evidentemente, risulta $|e^{(1)}| > |e^{(0)}|$. La mancata verifica della (6.10) impedisce di qualificare il metodo di bisezione come un metodo di ordine 1, nel senso della Definizione 6.1.

Esempio 6.3 Verifichiamo le proprietà di convergenza del metodo di bisezione per il calcolo della radice $\alpha \simeq 0.9062$ del polinomio di Legendre di grado 5

$$L_5(x) = \frac{x}{8}(63x^4 - 70x^2 + 15),$$

le cui radici appartengono all'intervallo $(-1, 1)$ (si veda la Sezione 9.1.2). Il Programma 43 è stato eseguito prendendo `a` $= 0.6$, `b` $= 1$ ($L_5(a)L_5(b) < 0$), `nmax` $= 100$, `toll` $= 10^{-10}$ e ha raggiunto la convergenza impiegando 32 iterazioni, in accordo con la stima teorica (6.9) (risulta infatti $m \geq 31.8974$). La storia di convergenza, riportata in Figura 6.1 a destra, evidenzia una riduzione (media) dell'errore di un fattore 2, con un comportamento oscillatorio della successione $\{x^{(k)}\}$. •

Il lento abbattimento dell'errore suggerisce di adottare il metodo di bisezione come una tecnica di avvicinamento alla radice. In pochi passi si ottiene infatti una stima ragionevole di α a partire dalla quale, utilizzando un metodo di ordine più elevato, è possibile convergere rapidamente alla soluzione cercata entro i limiti di accuratezza prestabiliti.

L'algoritmo di bisezione è implementato nel Programma 43. I parametri in ingresso, qui e nel seguito, hanno il seguente significato: `a` e `b` indicano gli estremi dell'intervallo di ricerca, `fun` la stringa contenente l'espressione della funzione f di cui si cerca uno zero, `tol` una tolleranza fissata e `nmax` il numero massimo ammissibile di passi del processo iterativo.

Nei vettori di uscita `xvect`, `xdif` e `fx` sono memorizzate rispettivamente le successioni $\{x^{(k)}\}$, $\{|x^{(k+1)} - x^{(k)}|\}$ e $\{f(x^{(k)})\}$, per $k \geq 0$, mentre `zero` è la radice approssimata e `iter` indica il numero di iterazioni richieste dall'algoritmo per soddisfare il criterio di convergenza. Nel caso del metodo di bisezione, il codice si arresta non appena la semiampiezza dell'intervallo di ricerca risulta minore di `tol`.

Programma 43 – bisect: Metodo di bisezione

```
function [zero,iter,xvect,xdif,fx]=bisect(fun,a,b,tol,nmax)
% BISECT metodo di bisezione.
% [ZERO,ITER,XVECT,XDIF,FX]=BISECT(FUN,A,B,TOL,NMAX) cerca lo zero di
% una funzione continua FUN nell'intervallo [A,B] usando il metodo di bisezione.
% TOL e NMAX specificano la tolleranza ed il massimo numero di iterazioni.
% FUN riceve in ingresso lo scalare x e restituisce un valore scalare reale.
% ZERO e' l'approssimazione della radice, ITER e' il numero di iterate svolte.
% XVECT e' il vettore delle iterate, XDIF il vettore delle differenze tra iterate
% successive, FX il vettore dei residui.
err=tol+1; iter=0;
xvect=[]; fx=[]; xdif=[];
while iter < nmax && err > tol
    iter=iter+1;
    c=(a+b)/2; fc=fun(c); xvect=[xvect;c];
    fx=[fx;fc]; fa=fun(a);
    if fc*fa>0
        a=c;
    else
        b=c;
    end
    err=0.5*abs(b-a); xdif=[xdif;err];
end
zero=xvect(end);
return
```

6.2.2 I metodi delle corde, secanti, Regula Falsi e Newton

Per costruire algoritmi con proprietà di convergenza migliori di quelle del metodo di bisezione, è necessario utilizzare anche i valori assunti da f ed, eventualmente, dalla sua derivata f' (nel caso in cui f sia derivabile) o da una sua opportuna approssimazione.

A tale scopo, sviluppando f in serie di Taylor in un intorno di α e arrestando lo sviluppo al prim'ordine, si ottiene una versione *linearizzata* del problema (6.1)

$$f(\alpha) = 0 = f(x) + (\alpha - x)f'(\xi), \tag{6.11}$$

per un opportuno ξ compreso tra α ed x. La (6.11) suggerisce il seguente metodo iterativo: per ogni $k \geq 0$, dato $x^{(k)}$, si determina $x^{(k+1)}$ risolven-

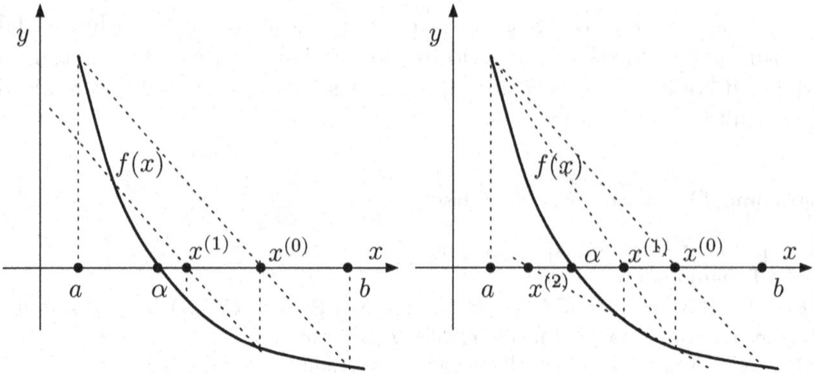

Fig. 6.2 I primi due passi dei metodi delle corde (a sinistra) e delle secanti (a destra)

do l'equazione $f(x^{(k)}) + (x^{(k+1)} - x^{(k)})q_k = 0$, dove q_k è una opportuna approssimazione di $f'(x^{(k)})$.

Il metodo descritto equivale a trovare il punto di intersezione tra l'asse x e la retta di pendenza q_k passante per il punto $(x^{(k)}, f(x^{(k)}))$ e può essere quindi posto in modo più conveniente nella forma

$$x^{(k+1)} = x^{(k)} - q_k^{-1} f(x^{(k)}), \qquad \forall k \geq 0.$$

Consideriamo nel seguito quattro particolari scelte di q_k.

Il metodo delle corde. Si pone

$$q_k = q = \frac{f(b) - f(a)}{b - a}, \qquad \forall k \geq 0$$

ottenendo, una volta assegnato il valore iniziale $x^{(0)}$, la relazione ricorsiva

$$x^{(k+1)} = x^{(k)} - \frac{b - a}{f(b) - f(a)} f(x^{(k)}), \qquad k \geq 0 \tag{6.12}$$

Si vedrà nella Sezione 6.3.1 che la successione $\{x^{(k)}\}$ generata dalla (6.12) converge alla radice α con ordine di convergenza $p = 1$.

Il metodo delle secanti. Si pone

$$q_k = \frac{f(x^{(k)}) - f(x^{(k-1)})}{x^{(k)} - x^{(k-1)}}, \qquad \forall k \geq 0 \tag{6.13}$$

ottenendo, una volta assegnati i *due valori iniziali* $x^{(-1)}$ e $x^{(0)}$, il metodo

$$x^{(k+1)} = x^{(k)} - \frac{x^{(k)} - x^{(k-1)}}{f(x^{(k)}) - f(x^{(k-1)})} f(x^{(k)}), \qquad k \geq 0 \tag{6.14}$$

Rispetto al metodo delle corde, il processo iterativo (6.14) richiede l'assegnazione del punto iniziale $x^{(-1)}$ ed il calcolo del corrispondente valore $f(x^{(-1)})$, nonché, per ogni k, il calcolo del rapporto incrementale (6.13). Talecosto addizionale è confortato da un incremento della velocità di convergenza, come enunciato nella seguente proprietà, che può essere considerata come un primo esempio di teorema di *convergenza locale* (si veda per la dimostrazione [IK66], pagg. 99-101).

Proprietà 6.2 *Sia $f \in C^2(\mathcal{J})$, essendo $\mathcal{J}$ un intorno opportuno della radice α e si assuma $f'(\alpha) \neq 0$. Allora, se i dati iniziali $x^{(-1)}$ e $x^{(0)}$ sono scelti in $\mathcal{J}$ sufficientemente vicini ad α, la successione* (6.14) *converge ad α con ordine $p = (1 + \sqrt{5})/2 \simeq 1.63$.*

Il metodo Regula Falsi (o della falsa posizione). È una variante del metodo delle secanti in cui, anziché scegliere la secante attraverso i valori $(x^{(k)}, f(x^{(k)}))$ e $(x^{(k-1)}, f(x^{(k-1)}))$, si sceglie quella attraverso $(x^{(k)}, f(x^{(k)}))$ e $(x^{(k')}, f(x^{(k')}))$, essendo k' il massimo indice minore di k per cui si abbia $f(x^{(k')})f(x^{(k)}) < 0$. Precisamente, individuati due valori $x^{(-1)}$ e $x^{(0)}$ tali per cui $f(x^{(-1)})f(x^{(0)}) < 0$, si pone

$$x^{(k+1)} = x^{(k)} - \frac{x^{(k)} - x^{(k')}}{f(x^{(k)}) - f(x^{(k')})} f(x^{(k)}), \qquad k \geq 0 \tag{6.15}$$

Fissata una tolleranza assoluta ε, la successione (6.15) viene arrestata all'iterazione m-esima per cui risulta $|f(x^{(m)})| < \varepsilon$. Si osserva che la successione degli indici k' è non decrescente; pertanto, al fine di determinare al passo k il *nuovo* valore di k', non è necessario scandire tutta la successione a ritroso, ma è sufficiente arrestarsi al valore di k' determinato al passo precedente. Sono riportati a sinistra nella Figura 6.3 i primi due passi della (6.15) nella situazione particolare in cui $x^{(k')}$ coincide con $x^{(-1)}$ per ogni $k \geq 0$.

Il metodo *Regula Falsi*, pur avendo una complessità computazionale simile a quella del metodo delle secanti, ha ordine di convergenza lineare (si veda ad esempio [RR78, pagg. 339–340]). Peraltro, le iterate generate dalla (6.15) sono tutte contenute nell'intervallo di partenza $[x^{(-1)}, x^{(0)}]$, contrariamente a quanto può accadere per il metodo delle secanti.

A tale proposito si veda l'esempio illustrato a destra in Figura 6.3, dove sono riportate le prime due iterazioni dei metodi delle secanti e della *Regula*

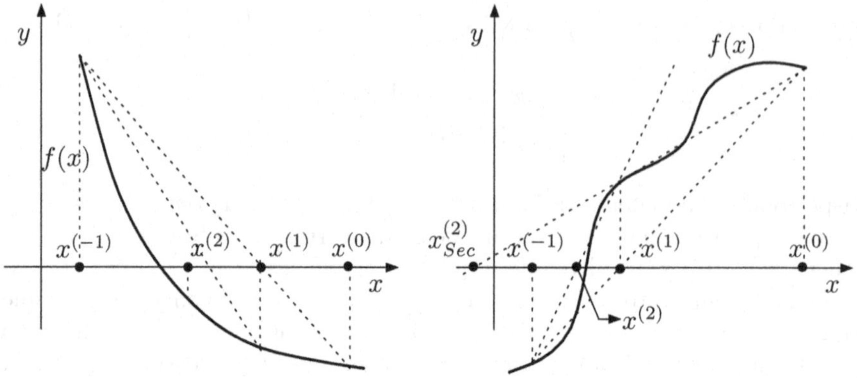

Fig. 6.3 I primi due passi del metodo *Regula Falsi* per due diverse funzioni. Nella figura di destra viene anche riportato il valore $x^{(2)}_{Sec}$ ottenuto al secondo passo del metodo delle secanti

Falsi, a partire da medesimi dati iniziali $x^{(-1)}$ e $x^{(0)}$. Si nota come l'iterata $x^{(1)}$ calcolata dal metodo delle secanti coincida con quella calcolata dal metodo *Regula Falsi*, mentre il valore $x^{(2)}$ calcolato dal primo metodo (e indicato nella figura con $x^{(2)}_{Sec}$) cade fuori dall'intervallo iniziale $[x^{(-1)}, x^{(0)}]$.

Anche il metodo *Regula Falsi*, come il metodo di bisezione, può pertanto considerarsi un metodo *globalmente convergente*.

Il metodo di Newton. Supponendo $f \in C^1(\mathcal{J})$ e assumendo $f'(x) \neq 0$ $\forall x \in \mathcal{J} \setminus \{\alpha\}$, se si pone

$$q_k = f'(x^{(k)}), \qquad \forall k \geq 0$$

una volta assegnato il valore iniziale $x^{(0)}$, si ottiene il cosiddetto *metodo di Newton*

$$\boxed{x^{(k+1)} = x^{(k)} - \frac{f(x^{(k)})}{f'(x^{(k)})}, \qquad k \geq 0} \tag{6.16}$$

Alla k-esima iterazione, il metodo di Newton richiede *due* valutazioni funzionali ($f(x^{(k)})$ e $f'(x^{(k)})$). L'aumento del costo computazionale rispetto ai metodi sopra introdotti è però compensato da un incremento nell'ordine di convergenza quando la radice α è semplice (ovvero tale che $f'(\alpha) \neq 0$). In tal caso infatti il metodo di Newton risulta convergente di ordine 2. Qualora invece la radice α sia multipla, il metodo di Newton converge solo con ordine 1 (si veda la Sezione 6.3.1).

Esempio 6.4 Confrontiamo il comportamento dei metodi sopra introdotti nel caso del calcolo della radice $\alpha \simeq 0.5149$ della funzione $f(x) = \cos^2(2x) - x^2$ nell'intervallo

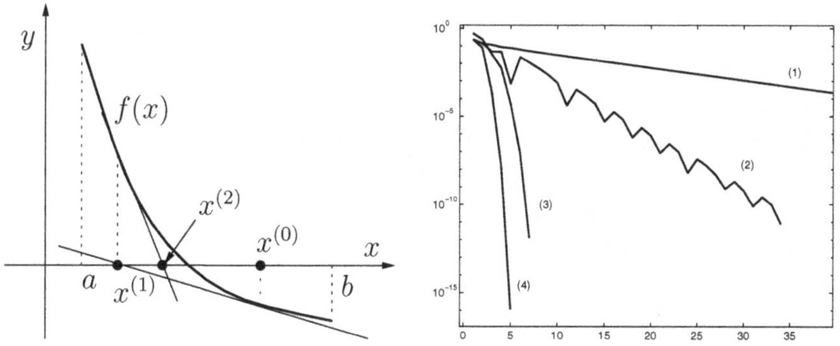

Fig. 6.4 A sinistra: i primi due passi del metodo di Newton; a destra: curve di convergenza nell'Esempio 6.4 per i metodi (1) delle corde, (2) di bisezione, (3) delle secanti, (4) di Newton. In ascissa è riportato il numero di iterazioni, in ordinata l'errore assoluto al variare di k

$(0, 1.5)$. Per tutti i metodi il dato iniziale $x^{(0)}$ è stato preso pari a 0.75 e per il metodo delle secanti si è inoltre scelto $x^{(-1)} = 0$. La tolleranza ε sull'errore assoluto è stata presa uguale a 10^{-10} e le storie di convergenza dei vari metodi sono illustrate a destra in Figura 6.4.

L'analisi dei risultati evidenzia la lenta convergenza del metodo delle corde. La curva dell'errore per il metodo della *Regula Falsi* è simile a quella del metodo delle secanti e per questo motivo non è stata riportata in figura.

È interessante confrontare le prestazioni dei metodi di Newton e delle secanti (entrambi aventi ordine $p > 1$) in relazione allo sforzo computazionale da essi richiesto. Si può infatti dimostrare che è più conveniente utilizzare il metodo delle secanti ogni volta che il numero di operazioni macchina per valutare f' risulta circa doppio delle operazioni necessarie per valutare f (si veda [Atk89], pagg. 71-73). In effetti, nell'esempio qui considerato il metodo di Newton converge alla radice α in 6 iterazioni anziché in 7, tuttavia il metodo delle secanti richiede 94 *flops* rispetto ai 177 *flops* del metodo di Newton. •

I metodi delle corde, delle secanti, *Regula Falsi* e di Newton sono implementati nei Programmi 44, 45, 46 e 47. Qui e nel seguito `x0` e `xm1` indicano i dati iniziali, $x^{(0)}$ e $x^{(-1)}$. Nel caso del metodo *Regula Falsi*, il test d'arresto viene effettuato controllando che $|f(x^{(k)})| <$ `toll`, mentre negli altri metodi ci si arresta quando $|x^{(k+1)} - x^{(k)}| <$ `toll`. Infine, `dfun` contiene l'espressione di f' nel metodo di Newton.

Programma 44 – chord: Metodo delle corde

```
function [zero,iter,xvect,xdif,fx]=chord(fun,a,b,x0,tol,nmax)
% CHORD metodo delle corde
% [ZERO,ITER,XVECT,XDIF,FX]=CHORD(FUN,A,B,X0,TOL,NMAX) cerca lo zero
% di una funzione continua FUN nell'intervallo [A,B] usando il metodo delle
% corde partendo da X0. TOL e NMAX specificano la tolleranza ed il massimo
% numero di iterazioni. FUN riceve in ingresso lo scalare x e restituisce un valore
% scalare reale. ZERO e' l'approssimazione della radice, ITER e' il numero di iterate
% svolte. XVECT e' il vettore delle iterate, XDIF il vettore delle differenze tra iterate
% successive, FX il vettore dei residui.
fa=fun(a); fb=fun(b);
r=(fb-fa)/(b-a);
err=tol+1; iter=0; xvect=x0; fxx=fun(x0);
xdif=[]; fx=[fxx];
while iter < nmax && err > tol
    x=x0-fxx/r; fxx=fun(x);
    err=abs(x-x0);
    xdif=[xdif; err];
    xvect=[xvect;x];
    fx=[fx;fxx];
    iter=iter+1;
    x0=x;
end
zero=xvect(end);
return
```

Programma 45 – secant: Metodo delle secanti

```
function [zero,iter,xvect,xdif,fx]=secant(fun,xm1,x0,tol,nmax)
% SECANT metodo delle secanti.
% [ZERO,ITER,XVECT,XDIF,FX]=SECANT(FUN,XM1,X0,TOL,NMAX) cerca lo
% zero di una funzione continua FUN nell'intervallo [A,B] usando il metodo delle
% secanti e partendo da X0 e XM1. TOL e NMAX specificano la tolleranza ed il
% massimo numero di iterazioni. FUN riceve in ingresso lo scalare x e restituisce un
% valore scalare reale.
% ZERO e' l'approssimazione della radice, ITER e' il numero di iterate svolte.
% XVECT e' il vettore delle iterate, XDIF il vettore delle differenze tra iterate
% successive, FX il vettore dei residui.
fxm1=fun(xm1); fx0=fun(x0);
xvect=[xm1;x0]; fx=[fxm1;fx0];
err=tol+1; iter=0; xdif=[];
while iter < nmax && err > tol
    iter=iter+1;
    x=x0-fx0*(x0-xm1)/(fx0-fxm1);
    fnew=fun(x); xvect=[xvect;x]; fx=[fx;fnew];
```

```
    err=abs(x0-x); xdif=[xdif;err];
    xm1=x0; fxm1=fx0; x0=x; fx0=fnew;
end
zero=xvect(end);
return
```

Programma 46 – regfalsi: Metodo *Regula Falsi*

```
function [zero,iter,xvect,xdif,fx]=regfalsi(fun,xm1,x0,tol,nmax)
% REGFALSI metodo Regula Falsi.
% [XVECT,XDIF,FX,NIT]=REGFALSI(XM1,X0,TOL,NMAX,FUN) cerca lo zero
% di una funzione continua FUN usando il metodo Regula Falsi partendo
% da X0 e XM1. TOL e NMAX specificano la tolleranza ed il massimo numero di
% iterazioni. FUN riceve in ingresso lo scalare x e restituisce un valore scalare reale.
% ZERO e' l'approssimazione della radice, ITER e' il numero di iterate svolte.
% XVECT e' il vettore delle iterate, XDIF il vettore delle differenze tra iterate
% successive, FX il vettore dei residui. nit=0;
fxm1=fun(xm1); fx0=fun(x0); fx=[fxm1;fx0];
if fxm1*fx0 >=0
    warning('Attenzione: fun(xm1)*fun(x0)>=0')
    zero=[]; iter=[]; xvect=[]; xdif=[]; fx=[];
    return
end
xvect=[xm1;x0]; xdif=[]; f=tol+1; kprime=1;
iter=0; xk=x0; fxk=fx0;
while iter < nmax && abs(fxk) > tol
    i=length(xvect);
    while i >= kprime
        i=i-1; fxkpr=fun(xvect(i));
        if fxkpr*fxk < 0
            xkpr=xvect(i); kprime=i; break;
        end
    end
    x=xk-fxk*(xk-xkpr)/(fxk-fxkpr);
    xk=x; fxk=fun(x);
    xvect=[xvect; xk]; fx=[fx; fxk];
    err=abs(xk-xkpr); xdif=[xdif; err]; iter=iter+1;

end
zero=xvect(end);
return
```

Programma 47 – newton: Metodo di Newton

```
% NEWTON metodo di Newton.
% [ZERO,ITER,XVECT,XDIF,FX]=NEWTON(FUN,DFUN,X0,TOL,NMAX) cerca lo
% zero di una funzione continua FUN nell'intervallo [A,B] usando il metodo dei
% Newton e partendo da X0. TOL e NMAX specificano la tolleranza ed il massimo
% numero di iterazioni. FUN e DFUN ricevono in ingresso lo scalare x e restituiscono
% un valore scalare reale. DFUN e' la funzione derivata di FUN.
% ZERO e' l'approssimazione della radice, ITER e' il numero di iterate svolte.
% XVECT e' il vettore delle iterate, XDIF il vettore delle differenze tra iterate
% successive, FX il vettore dei residui.
err=tol+1; iter=0; xdif=[];
fx0=fun(x0); xvect=x0; fx=fx0;
while iter < nmax && err> tol
    dfx0=dfun(x0);
    if dfx0==0
        fprintf('Arresto causa annullamento derivata\n');
        zero=[];
        return
    end
    x=x0-fx0/dfx0;
    err=abs(x-x0); x0=x; fx0=fun(x0); iter=iter+1;
    xvect=[xvect;x0]; fx=[fx;fx0]; xdif=[xdif; err];
end
zero=xvect(end);
return
```

6.3 Il metodo delle iterazioni di punto fisso

Consideriamo in questa sezione un approccio del tutto generale per l'approssimazione delle radici di una equazione non lineare. Il metodo è basato sull'osservazione che, data $f : [a, b] \to \mathbb{R}$, è sempre possibile trasformare il problema $f(x) = 0$ in un problema equivalente $x - \phi(x) = 0$, dove la funzione ausiliaria $\phi : [a, b] \to \mathbb{R}$ deve essere scelta in modo tale che $\phi(\alpha) = \alpha$ ogni volta che $f(\alpha) = 0$. Il calcolo degli zeri di una funzione è dunque ricondotto a determinare i *punti fissi* (o *punti uniti*) dell'applicazione ϕ come viene fatto nel seguente algoritmo iterativo:
assegnato $x^{(0)}$, si pone

$$x^{(k+1)} = \phi(x^{(k)}), \qquad k \geq 0 \tag{6.17}$$

Chiameremo la (6.17) *iterazione di punto fisso* e ϕ la *funzione di iterazione* ad essa associata. La (6.17) è anche detta *iterazione di Picard* o *iterazione funzionale* per risolvere il problema $f(x) = 0$. Per costruzione, metodi della forma (6.17) sono *fortemente consistenti* nel senso della definizione data nella Sezione 2.2.

La scelta di ϕ non è unica. Ad esempio, ogni funzione della forma $\phi(x) = x+F(f(x))$ è una funzione di iterazione ammissibile purché F sia una funzione continua tale che $F(0) = 0$.
Affinché il metodo di punto fisso (6.17) risulti convergente alla radice α del problema (6.1), la funzione ϕ deve soddisfare ad alcune condizioni. Precisamente:

Teorema 6.1 (di convergenza delle iterazioni di punto fisso) *Consideriamo la successione* (6.17).

1. *Supponiamo che ϕ sia continua in $[a,b]$ e sia tale che $\phi(x) \in [a,b]$ per ogni $x \in [a,b]$; allora esiste almeno un punto fisso $\alpha \in [a,b]$.*
2. *Se supponiamo inoltre che*

$$\exists L < 1 \text{ t.c. } |\phi(x_1) - \phi(x_2)| \leq L|x_1 - x_2| \quad \forall x_1, x_2 \in [a,b], \tag{6.18}$$

allora ϕ ha un unico punto fisso $\alpha \in [a,b]$ e la successione definita nella (6.17) *converge a α, qualunque sia la scelta del dato iniziale $x^{(0)}$ in $[a,b]$.*

Dimostrazione. *1.* Dimostriamo dapprima l'esistenza di punti fissi per ϕ. Definiamo la funzione $g(x) = \phi(x) - x$, essa è continua per costruzione su $[a,b]$ e, per l'ipotesi sull'immagine di ϕ, si ha $g(a) = \phi(a) - a \geq 0$ e $g(b) = \phi(b) - b \leq 0$. Applicando il teorema degli zeri di una funzione continua, concludiamo che g ammette almeno uno zero in $[a,b]$, ovvero ϕ ammette almeno un punto fisso in $[a,b]$.

2. Supponiamo ora che valga l'ipotesi (6.18). Se esistessero due punti fissi distinti α_1 e α_2 avremmo

$$|\alpha_1 - \alpha_2| = |\phi(\alpha_1) - \phi(\alpha_2)| \leq L|\alpha_1 - \alpha_2| < |\alpha_1 - \alpha_2|,$$

il che è un assurdo.
Dimostriamo ora che la successione $x^{(k)}$ definita in (6.17) converge per $k \to \infty$ all'unico punto fisso α, per ogni scelta del dato iniziale $x^{(0)} \in [a,b]$. Abbiamo:

$$\begin{aligned} 0 \leq |x^{(k+1)} - \alpha| &= |\phi(x^{(k)}) - \phi(\alpha)| \\ &\leq L|x^{(k)} - \alpha| \leq \ldots \leq L^{k+1}|x^{(0)} - \alpha|, \end{aligned}$$

ovvero, $\forall k \geq 0$,

$$\frac{|x^{(k)} - \alpha|}{|x^{(0)} - \alpha|} \leq L^k.$$

Passando al limite per $k \to \infty$, otteniamo $\lim_{k\to\infty} |x^{(k)} - \alpha| = 0$, che è il risultato cercato. ◇

Il Teorema 6.1 garantisce la convergenza della successione $\{x^{(k)}\}$ alla radice α per *qualsiasi* scelta del valore iniziale $x^{(0)} \in [a,b]$. Come tale, esso rappresenta un esempio di risultato di convergenza *globale*.

Nella pratica è però spesso difficile delimitare *a priori* l'ampiezza dell'intervallo $[a,b]$; in tal caso è utile il seguente risultato di convergenza *locale*:

Proprietà 6.3 (teorema di Ostrowski) *Sia α un punto fisso di una funzione ϕ continua e derivabile con continuità in un opportuno intorno $\mathcal{J}$ di α. Se risulta $|\phi'(\alpha)| < 1$, allora esiste $\delta > 0$ in corrispondenza del quale la successione $\{x^{(k)}\}$ converge ad α, per ogni $x^{(0)}$ tale che $|x^{(0)} - \alpha| < \delta$. Inoltre si ha*

$$\boxed{\lim_{k\to\infty} \frac{x^{(k+1)} - \alpha}{x^{(k)} - \alpha} = \phi'(\alpha)} \tag{6.19}$$

Dimostrazione. Limitiamoci a verificare la proprietà (6.19), mentre rimandiamo il lettore a [OR70] per la dimostrazione completa. Per il teorema di Lagrange, per ogni $k \geq 0$, esiste un punto ξ_k compreso tra $x^{(k)}$ e α tale che $x^{(k+1)} - \alpha = \phi(x^{(k)}) - \phi(\alpha) = \phi'(\xi_k)(x^{(k)} - \alpha)$, ovvero

$$(x^{(k+1)} - \alpha)/(x^{(k)} - \alpha) = \phi'(\xi_k). \tag{6.20}$$

Poiché ξ_k è compreso tra $x^{(k)}$ ed α, si ha $\lim_{k\to\infty} \xi_k = \alpha$ e, passando al limite in entrambi i termini di (6.20) e ricordando che ϕ' è continua in un intorno di α, si ottiene (6.19). $\diamond$

La quantità $|\phi'(\alpha)|$ è detta *fattore asintotico di convergenza* e, in analogia con il caso dei metodi iterativi per la risoluzione di sistemi lineari, si definisce la velocità asintotica di convergenza

$$\boxed{R = -\log(|\phi'(\alpha)|)}$$

Osservazione 6.2 Se $|\phi'(\alpha)| > 1$ segue dalla (6.20) che se $x^{(k)}$ è sufficientemente vicino a α, in modo tale che $|\phi'(x^{(k)})| > 1$, allora $|\alpha - x^{(k+1)}| > |\alpha - x^{(k)}|$, e non è possibile che la successione converga al punto fisso. Quando invece $|\phi'(\alpha)| = 1$, non si può trarre alcuna conclusione poiché potrebbero verificarsi sia la convergenza sia la divergenza, a seconda dell'andamento di ϕ nell'intorno di α. ■

Esempio 6.5 Sia $\phi(x) = x - x^3$. Essa ammette $\alpha = 0$ come punto fisso e si ha $\phi'(0) = 1$. Se si prende $x^{(0)} \in (-1, 1)$, allora $x^{(k)} \in (-1, 1)$ per $k \geq 1$ e la successione $\{x^{(k)}\}$ converge, anche se molto lentamente, ad α (se $x^{(0)} = \pm 1$, si trova $x^{(k)} = \alpha$ per ogni $k \geq 1$). Scegliendo $x^{(0)} = 1/2$, l'errore assoluto calcolato dopo 2000 iterazioni è circa pari a 0.016. Prendiamo ora $\phi(x) = x + x^3$ che pure ha $\alpha = 0$ come punto fisso. Nuovamente, $\phi'(0) = 1$, ma in tal caso la successione $\{x^{(k)}\}$ diverge comunque sia scelto $x^{(0)} \neq 0$. •

Diremo che un metodo di punto fisso ha *ordine* p (con p non necessariamente intero) se la successione da esso generata converge al punto fisso α con ordine p nel senso della Definizione 6.1.

Proprietà 6.4 *Se $\phi \in C^{p+1}(\mathcal{J})$ per un opportuno intorno $\mathcal{J}$ di α e per un intero $p \geq 1$, e se $\phi^{(i)}(\alpha) = 0$ per $i = 1, \ldots, p$ mentre $\phi^{(p+1)}(\alpha) \neq 0$, allora il metodo di punto fisso con funzione di iterazione ϕ ha ordine $p+1$ e risulta inoltre*

$$\lim_{k\to\infty} \frac{x^{(k+1)} - \alpha}{(x^{(k)} - \alpha)^{p+1}} = \frac{\phi^{(p+1)}(\alpha)}{(p+1)!} \tag{6.21}$$

Dimostrazione. Sviluppiamo ϕ in serie di Taylor nell'intorno di $x = \alpha$. Risulta

$$x^{(k+1)} - \alpha = \sum_{i=0}^{p} \frac{\phi^{(i)}(\alpha)}{i!}(x^{(k)} - \alpha)^i + \frac{\phi^{(p+1)}(\eta)}{(p+1)!}(x^{(k)} - \alpha)^{p+1} - \phi(\alpha),$$

per un certo η compreso tra $x^{(k)}$ e α. Si ha allora

$$\lim_{k\to\infty} \frac{x^{(k+1)} - \alpha}{(x^{(k)} - \alpha)^{p+1}} = \lim_{k\to\infty} \frac{\phi^{(p+1)}(\eta)}{(p+1)!} = \frac{\phi^{(p+1)}(\alpha)}{(p+1)!}.$$

◇

A parità di ordine di convergenza, quanto più piccola risulterà la quantità a secondo membro nella (6.21), tanto più rapida sarà la convergenza della successione al punto fisso α.

Il metodo di punto fisso (6.17) è implementato nel Programma 48. La variabile `phi` contiene l'espressione della funzione di iterazione ϕ.

Programma 48 – fixpoint: Metodo di punto fisso

```
function [zero,iter,xvect,xdif,fx]=fixpoint(fun,phi,x0,tol,nmax)
% FIXPOINT iterazione di punto fisso.
% [ZERO,ITER,XVECT,XDIF,FX]=FIXPOINT(FUN,PHI,X0,TOL,NMAX) cerca lo
% zero di una funzione continua FUN usando il metodo di punto fisso X=PHI(X),
% partendo dal dato iniziale X0. FUN riceve in ingresso lo scalare x e restituisce un
% valore scalare reale. TOL specifica la tolleranza del metodo. ZERO e'
% l'approssimazione della radice. ITER e' il numero di iterate svolte, XVECT e'
% il vettore delle iterate, XDIF il vettore delle differenze tra iterate successive, FX il
% vettore dei residui.
err=tol+1; iter=0;
fx0=fun(x0); xdif=[]; xvect=x0; fx=fx0;
while iter < nmax && err > tol
   x=phi(x0);
   err=abs(x-x0); xdif=[xdif; err]; xvect=[xvect;x];
   x0=x; fx0=fun(x0); fx=[fx;fx0];
   iter=iter+1;
end
zero=xvect(end);
return
```

6.3.1 Risultati di convergenza per alcuni metodi di punto fisso

È interessante analizzare, alla luce del Teorema 6.1, alcuni dei metodi iterativi introdotti nella Sezione 6.2.2.

Il metodo delle corde. La (6.12) è un caso particolare della (6.17) in cui si ponga $\phi(x) = \phi_{corde}(x) = x - q^{-1}f(x) = x - (b-a)/(f(b)-f(a))f(x)$. Se $f'(\alpha) = 0$, $\phi'_{corde}(\alpha) = 1$ e non si può garantire la convergenza del metodo. In caso contrario, la condizione $|\phi'_{corde}(\alpha)| < 1$ è equivalente a richiedere $0 < q^{-1}f'(\alpha) < 2$.

La pendenza q della corda deve dunque avere lo stesso segno di $f'(\alpha)$ e l'intervallo di ricerca $[a, b]$ deve soddisfare la seguente condizione

$$b - a < 2\frac{f(b) - f(a)}{f'(\alpha)}.$$

Il metodo delle corde converge in una sola iterazione se f è una retta, altrimenti ha convergenza lineare, salvo il caso in cui risulti (fortuitamente) $f'(\alpha) = (f(b) - f(a))/(b-a)$, e dunque $\phi'_{corde}(\alpha) = 0$.

Il metodo di Newton. La (6.16) rientra nella forma (6.17) ponendo

$$\phi_{Newt}(x) = x - \frac{f(x)}{f'(x)}.$$

Supponendo $f'(\alpha) \neq 0$ (ovvero che α sia radice semplice), si ha

$$\phi'_{Newt}(\alpha) = 0, \qquad \phi''_{Newt}(\alpha) = \frac{f''(\alpha)}{f'(\alpha)},$$

dal che si deduce che il metodo di Newton è di ordine 2. Qualora la radice α abbia molteplicità $m > 1$ (ovvero $f'(\alpha) = 0, \ \ldots, f^{(m-1)}(\alpha) = 0$ e $f^{(m)}(\alpha) = 0$) , il metodo di Newton (6.16) converge ancora, ma con ordine uno anziché due, purché $x^{(0)}$ sia scelto abbastanza vicino ad α e $f'(x) \neq 0 \ \forall x \in \mathcal{J} \setminus \{\alpha\}$. In effetti, risulta (si veda l'Esercizio 2)

$$\phi'_{Newt}(\alpha) = 1 - \frac{1}{m}. \tag{6.22}$$

Qualora sia noto a priori il valore di m, è possibile ripristinare la convergenza quadratica del metodo di Newton introducendo il cosiddetto metodo di *Newton modificato*

$$x^{(k+1)} = x^{(k)} - m\frac{f(x^{(k)})}{f'(x^{(k)})}, \qquad k \geq 0 \tag{6.23}$$

Per la verifica dell'ordine di convergenza si veda l'Esercizio 2.

6.4 Radici di polinomi algebrici

In questa sezione consideriamo il caso in cui f sia un polinomio di grado $n \geq 0$ cioè della forma

$$p_n(x) = \sum_{k=0}^{n} a_k x^k, \tag{6.24}$$

dove gli $a_k \in \mathbb{R}$ sono coefficienti assegnati.

La precedente rappresentazione di p_n non è l'unica possibile. Avremmo infatti potuto anche scrivere

$$p_n(x) = a_n(x - \alpha_1)^{m_1}...(x - \alpha_k)^{m_k}, \qquad \sum_{l=1}^{k} m_l = n$$

dove α_i e m_i sono la i-esima radice di p_n e la sua molteplicità, rispettivamente. Vedremo un'altra rappresentazione nella Sezione 6.4.1. Si noti che, essendo i coefficienti a_k reali, se α è una radice di p_n, allora lo è anche la sua complessa coniugata $\bar{\alpha}$.

Il teorema di Abel assicura che per ogni $n \geq 5$ non esiste una forma esplicita per calcolare tutti gli zeri di un generico polinomio p_n (si veda ad esempio [MM71], Teorema 10.1). Questo fatto motiva ulteriormente l'uso di metodi numerici per il calcolo delle radici di p_n.

Nel caso dei polinomi è possibile caratterizzare a priori un opportuno intervallo di ricerca $[a, b]$ per la radice o per la scelta del dato iniziale $x^{(0)}$. Richiamiamo alcuni di questi risultati.

Proprietà 6.5 (Regola dei segni di Cartesio) *Sia $p_n \in \mathbb{P}_n$. Indichiamo con ν il numero di variazioni di segno nell'insieme dei coefficienti $\{a_j\}$ e con k il numero di radici reali positive di p_n (ciascuna contata con la propria molteplicità). Si ha allora che $k \leq \nu$ e $\nu - k$ è pari.*

Proprietà 6.6 (Teorema di Cauchy) *Tutti gli zeri di p_n sono inclusi nel cerchio Γ del piano complesso*

$$\Gamma = \{z \in \mathbb{C} : \ |z| \leq 1 + \eta\}, \qquad \text{dove } \eta = \max_{0 \leq k \leq n-1} |a_k/a_n|. \tag{6.25}$$

Questa proprietà diventa di scarsa utilità qualora risulti $\eta \gg 1$. In tale circostanza è conveniente adottare una procedura di *traslazione* mediante un opportuno cambio di coordinate, come suggerito nell'Esercizio 10.

6.4.1 Il metodo di Horner e la deflazione

Illustriamo in questa sezione un metodo per la valutazione efficiente di un polinomio (e della sua derivata) in un punto assegnato z. Tale algoritmo consente di generare un procedimento automatico, detto metodo di *deflazione*, per la valutazione progressiva di *tutte* le radici di un polinomio.

Da un punto di vista algebrico la (6.24) è equivalente alla seguente rappresentazione

$$p_n(x) = a_0 + x(a_1 + x(a_2 + \ldots + x(a_{n-1} + a_n x)\ldots)). \qquad (6.26)$$

Tuttavia, mentre la (6.24) richiede n addizioni e $2n-1$ moltiplicazioni per valutare $p_n(x)$ (per x fissato), la (6.26) richiede n addizioni più n moltiplicazioni ed è dunque preferibile da un punto di vista numerico. L'espressione (6.26), nota anche come algoritmo delle moltiplicazioni annidate, sta alla base del metodo di Horner. Quest'ultimo consente la valutazione efficiente del polinomio p_n in un punto z mediante il seguente algoritmo di *divisione sintetica*

$$\begin{aligned} &b_n = a_n, \\ &b_k = a_k + b_{k+1}z, \quad k = n-1, n-2, ..., 0 \end{aligned} \qquad (6.27)$$

implementato nel Programma 49. I coefficienti a_j del polinomio sono memorizzati nel vettore **a** a partire da a_n fino ad a_0.

Programma 49 – horner: Metodo di divisione sintetica

```
function [pnz,b] = horner(a,n,z)
% HORNER algoritmo di divisione sintetica per i polinomi.
% [PNZ,B]=HORNER(A,N,Z) valuta in Z con il metodo di Horner un polinomio
% di grado N avente coefficienti A(1),...,A(N).
b(1)=a(1);
for j=2:n+1
    b(j)=a(j)+b(j-1)*z;
end
pnz=b(n+1);
return
```

Tutti i coefficienti b_k nella (6.27) dipendono da z e si ha $b_0 = p_n(z)$. Il polinomio

$$q_{n-1}(x; z) = b_1 + b_2 x + ... + b_n x^{n-1} = \sum_{k=1}^{n} b_k x^{k-1}, \qquad (6.28)$$

di grado pari a $n-1$ nella variabile x, dipende dal parametro z (attraverso i coefficienti b_k) e si dice il *polinomio associato* a p_n.
È utile a questo punto ricordare la seguente proprietà sulla *divisione tra polinomi*:

dati due polinomi $h_n \in \mathbb{P}_n$ e $g_m \in \mathbb{P}_m$ con $m \leq n$, esistono un unico polinomio $\delta \in \mathbb{P}_{n-m}$ ed un unico polinomio $\rho \in \mathbb{P}_{m-1}$ tali che

$$h_n(x) = g_m(x)\delta(x) + \rho(x). \qquad (6.29)$$

Dividendo allora p_n per $x - z$, per la (6.29) si deduce che

$$p_n(x) = b_0 + (x - z)q_{n-1}(x; z),$$

avendo indicato con q_{n-1} il quoziente e con b_0 il resto della divisione. Se z è una radice di p_n, allora si ha $b_0 = p_n(z) = 0$ e quindi $p_n(x) = (x-z)q_{n-1}(x; z)$. In tal caso l'equazione algebrica $q_{n-1}(x; z) = 0$ fornisce le $n-1$ radici restanti di $p_n(x)$. Questa osservazione suggerisce di adottare il seguente procedimento di *deflazione* per il calcolo di *tutte* le radici di p_n. Per $m = n, n-1, \ldots, 1$, con passo -1:

1. si trova una radice r di p_m con un opportuno metodo di approssimazione;
2. si calcola $q_{m-1}(x; r)$ tramite le (6.27)-(6.28);
3. si pone $p_{m-1} = q_{m-1}$.

Nelle due sezioni successive verranno proposti alcuni metodi di deflazione, precisando lo schema impiegato al punto 1.

6.4.2 Il metodo di Newton-Horner

Un primo esempio di metodo di deflazione utilizza il metodo di Newton per il calcolo della radice r al punto 1. del procedimento illustrato nella precedente sezione. L'implementazione del metodo di Newton sfrutta convenientemente l'algoritmo di Horner (6.27). Infatti, se q_{n-1} è il polinomio associato a p_n definito nella (6.28), poiché $p_n'(x) = q_{n-1}(x; z) + (x - z)q_{n-1}'(x; z)$, si ha $p_n'(z) = q_{n-1}(z; z)$. Grazie a questa identità il metodo di Newton-Horner per l'approssimazione di una radice (reale o complessa) r_j di p_n $(j = 1, \ldots, n)$ prende la forma seguente:
data una stima iniziale $r_j^{(0)}$ della radice, risolvere per ogni $k \geq 0$

$$r_j^{(k+1)} = r_j^{(k)} - \frac{p_n(r_j^{(k)})}{p_n'(r_j^{(k)})} = r_j^{(k)} - \frac{p_n(r_j^{(k)})}{q_{n-1}(r_j^{(k)}; r_j^{(k)})} \qquad (6.30)$$

Una volta che la (6.30) è giunta a convergenza si procede alla deflazione del polinomio, operazione facilitata dal fatto che $p_n(x) = (x - r_j)p_{n-1}(x)$. Si può quindi passare alla valutazione di uno zero di p_{n-1} e così di seguito sino ad esaurire tutte le radici di p_n.

Indicando con $n_k = n - k$ il grado del polinomio ottenuto ad ogni passo del processo di deflazione, per $k = 0, \ldots, n-1$, il costo computazionale di ogni iterazione di Newton-Horner (6.30) è pari a $4n_k$. Nel caso in cui $r_j \in \mathbb{C}$, è necessario condurre i calcoli in aritmetica complessa e prendere $r_j^{(0)} \in \mathbb{C}$; in caso contrario, infatti, il metodo di Newton-Horner (6.30) genererebbe una successione $\{r_j^{(k)}\}$ di numeri *reali*.

Tabella 6.2 Radici del polinomio p_5. A sinistra, radici ottenute con il metodo di Newton-Horner senza raffinamento; a destra, con raffinamento

r_j	Nit	s_j	Nit	Extra
0.99999348047830	17	0.9999999899210124	17	10
$1 - i3.56 \cdot 10^{-25}$	6	$1 - i2.40 \cdot 10^{-28}$	6	10
$2 - i2.24 \cdot 10^{-13}$	9	$2 + i1.12 \cdot 10^{-22}$	9	1
$-2 - i1.70 \cdot 10^{-10}$	7	$-2 + i8.18 \cdot 10^{-22}$	7	1
$-3 + i5.62 \cdot 10^{-6}$	1	$-3 - i7.06 \cdot 10^{-21}$	1	2

Il processo di deflazione può provocare la propagazione degli errori di arrotondamento e di conseguenza portare a risultati inaccurati. Per motivi di stabilità conviene approssimare per prima la radice r_1 di modulo minimo, che è la più sensibile al mal condizionamento del problema (si veda l'Esempio 2.7, Capitolo 2) e procedere quindi al calcolo delle successive radici $r_2, r_3, \ldots$, sino a quella di modulo massimo. Per localizzare r_1 si possono utilizzare le tecniche illustrate nella Sezione 5.1 o il metodo delle *successioni di Sturm* (si veda [IK66, pag. 126]).
Un ulteriore incremento dell'accuratezza si ottiene, una volta calcolata un'approssimazione $\widetilde{r}_j$ di r_j, ritornando al polinomio *originale* p_n e generando tramite il metodo di Newton-Horner (6.30) una nuova approssimazione di r_j, a partire dal dato iniziale $r_j^{(0)} = \widetilde{r}_j$. Tale processo di deflazione e successiva correzione delle radici viene detto metodo di Newton-Horner *con raffinamento*.

Esempio 6.6 Utilizziamo il metodo di Newton-Horner in due casi: nel primo il polinomio ammette radici reali, mentre nel secondo si ha la presenza di due coppie di radici complesse coniugate. Per valutare l'importanza della fase di raffinamento abbiamo implementato il metodo (6.30) attivando (metodo `NwtRef`) e disattivando (metodo `Nwt`) tale opzione. Le approssimazioni delle radici ottenute usando il metodo `Nwt` sono indicate con r_j, mentre con s_j sono indicate quelle calcolate con il metodo `NwtRef`. Negli esperimenti numerici i calcoli sono stati condotti in aritmetica complessa prendendo $x^{(0)} = 0 + i0$ (dove $i = \sqrt{-1}$), `nmax` = 100 e `toll` = 10^{-5}. La tolleranza d'arresto nell'eventuale ciclo di raffinamento della radice è stata presa pari a 10^{-3}`toll`.

1) $p_5(x) = x^5 + x^4 - 9x^3 - x^2 + 20x - 12 = (x-1)^2(x-2)(x+2)(x+3)$.

Riportiamo nelle Tabella 6.2 le approssimazioni degli zeri r_j ($j = 1, \ldots, 5$) ed il numero di iterazioni di Newton (`Nit`) necessarie per ottenere ciascuna di esse; nel caso del metodo `NwtRef` sono anche indicate le iterazioni di Newton supplementari dovute al passo di correzione (`Extra`).
Si può notare un evidente aumento dell'accuratezza nel calcolo delle radici dovuto all'utilizzo del raffinamento, anche dopo poche iterazioni addizionali.

Tabella 6.3 Radici del polinomio p_6 ottenute con il metodo di Newton-Horner senza raffinamento (sinistra) e con raffinamento (destra)

r_j	`Nwt`	s_j	`NwtRef`
r_1	1	s_1	1
r_2	$-0.99 - i9.54 \cdot 10^{-17}$	s_2	$-1 + i1.23 \cdot 10^{-32}$
r_3	$1+i$	s_3	$1+i$
r_4	$1-i$	s_4	$1-i$
r_5	$-1.31 \cdot 10^{-8} + i2$	s_5	$-5.66 \cdot 10^{-17} + i2$
r_6	$-i2$	s_6	$-i2$

2) $p_6(x) = x^6 - 2x^5 + 5x^4 - 6x^3 + 2x^2 + 8x - 8.$

Gli zeri di p_6 sono i numeri complessi $\{1, -1, 1 \pm i, \pm 2i\}$. Riportiamo in Tabella 6.3, indicate con r_j, $(j = 1, \ldots, 6)$, le approssimazioni delle radici di p_6 ottenute con il metodo `Nwt`, impiegando rispettivamente un numero di iterazioni pari a 2, 1, 1, 7, 7 e 1. Accanto riportiamo le corrispondenti approssimazioni s_j relative al metodo `NwtRef` e ottenute con un numero massimo di iterazioni di raffinamento pari a 2. •

La codifica dell'algoritmo di Newton-Horner è riportata nel Programma 50. I parametri di ingresso sono `A` (vettore contenente i coefficienti del polinomio da valutare), `n` (grado del polinomio), `tol` (tolleranza sullo scarto massimo fra due iterate consecutive del metodo di Newton), `x0` (dato iniziale, con $x^{(0)} \in \mathbb{R}$), `nmax` (numero massimo di iterazioni per il metodo di Newton) e `iref` (se `iref` = 1 si procede alla fase di raffinamento della radice calcolata). Allo scopo di trattare il caso generale di radici complesse, il dato iniziale viene automaticamente convertito in un numero complesso $z = x^{(0)} + ix^{(0)}$. Il programma restituisce in uscita `xn` (vettore contenente tutte le iterate calcolate in corrispondenza di ogni zero di $p_n(x)$), `iter` (vettore contenente il numero di iterazioni effettuate per valutare ciascuno zero), `itrefin` (vettore contenente le iterazioni di Newton richieste per raffinare ogni stima degli zeri calcolata) e `root` (vettore contenente le radici calcolate).

Programma 50 – newthorn: Metodo di Newton-Horner con raffinamento

```
function [xn,iter,root,itrefin]=newthorn(A,n,tol,x0,nmax,iref)
% NEWTHORN metodo di Newton-Horner con raffinamento.
% [XN,ITER,ROOT,ITREFIN]=NEWTHORN(A,N,X0,TOL,NMAX,IREF) calcola
% tutti gli zeri di un polinomio di grado N avente coefficienti
% A(1),...,A(N). TOL specifica la tolleranza del metodo e X0 e' un dato iniziale.
% NMAX specifica il numero massimo di iterazioni. Se IFLAG e' uguale a 1,
% viene attivata la procedura di raffinamento.
apoly=A;
if iref==0, itrefin=[]; end
```

```
root=zeros(n,1);
for i=1:n, it=1; xn(it,i)=x0+sqrt(-1)*x0; err=tol+1; Ndeg=n-i+1;
    if Ndeg == 1
        it=it+1; xn(it,i)=-A(2)/A(1);
    else
        while it < nmax && err > tol
            [px,B]=horner(A,Ndeg,xn(it,i)); [pdx,C]=horner(B,Ndeg-1,xn(it,i));
            it=it+1;
            if pdx ~=0
                xn(it,i)=xn(it-1,i)-px/pdx;
                err=max(abs(xn(it,i)-xn(it-1,i)),abs(px));
            else
                fprintf(' Arresto causa annullamento derivata ');
                err=0; xn(it,i)=xn(it-1,i);
            end
        end
    end
    A=B;
    if iref==1
        alfa=xn(it,i); itr=1; err=tol+1;
        while err > tol*1e-3 && itr < nmax
           [px,B]=horner(apoly,n,alfa); [pdx,C]=horner(B,n-1,alfa);
           itr=itr+1;
           if pdx~=0
               alfa2=alfa-px/pdx;
               err=max(abs(alfa2-alfa),abs(px));
               alfa=alfa2;
           else
               fprintf(' Arresto causa annullamento derivata ');
               err=0;
           end
        end
        itrefin(i)=itr-1; xn(it,i)=alfa;
    end
    iter(i)=it-1; root(i)=xn(it,i); x0=root(i);
end
return
```

6.4.3 Il metodo di Muller

Un secondo esempio di metodo di deflazione utilizza il metodo di Muller per l'approssimazione della radice r al punto 1. del procedimento illustrato nella Sezione 6.4.1 (si veda [Mul56]). A differenza di quanto accade con il metodo di Newton o delle secanti, il metodo di Muller è in grado di calcolare zeri complessi di una data funzione f anche partendo da dati iniziali reali; inoltre esso presenta ordine di convergenza quasi quadratico.

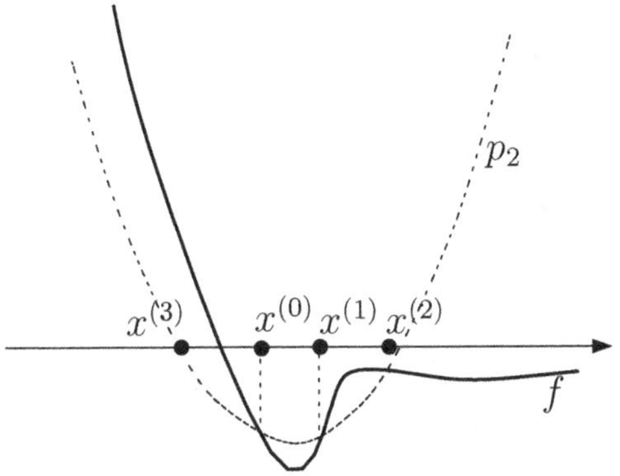

Fig. 6.5 Il primo passo del metodo di Muller

Il metodo di Muller, illustrato in Figura 6.5, estende il metodo delle secanti utilizzando un polinomio di grado due al posto del polinomio lineare introdotto nella (6.13). Assegnati i tre valori distinti $x^{(0)}$, $x^{(1)}$ e $x^{(2)}$, il nuovo punto $x^{(3)}$ viene determinato ponendo $p_2(x^{(3)}) = 0$, dove $p_2 \in \mathbb{P}_2$ è l'unico polinomio che interpola f nei punti $x^{(i)}$, $i = 0, 1, 2$, ovvero tale che $p_2(x^{(i)}) = f(x^{(i)})$ per $i = 0, 1, 2$. Si ha pertanto

$$p_2(x) = f(x^{(2)}) + (x - x^{(2)})f[x^{(2)}, x^{(1)}] + (x - x^{(2)})(x - x^{(1)})f[x^{(2)}, x^{(1)}, x^{(0)}]$$

dove

$$f[\xi, \eta] = \frac{f(\eta) - f(\xi)}{\eta - \xi}, \quad f[\xi, \eta, \tau] = \frac{f[\eta, \tau] - f[\xi, \eta]}{\tau - \xi}$$

sono le *differenze divise* di ordine 1 e 2 relative ai punti ξ, η e τ, che verranno introdotte nella Sezione 7.2.1. Osservato che $x - x^{(1)} = (x - x^{(2)}) + (x^{(2)} - x^{(1)})$, si ha

$$p_2(x) = f(x^{(2)}) + w(x - x^{(2)}) + f[x^{(2)}, x^{(1)}, x^{(0)}](x - x^{(2)})^2$$

avendo definito

$$\begin{aligned} w &= f[x^{(2)}, x^{(1)}] + (x^{(2)} - x^{(1)})f[x^{(2)}, x^{(1)}, x^{(0)}] \\ &= f[x^{(2)}, x^{(1)}] + f[x^{(2)}, x^{(0)}] - f[x^{(0)}, x^{(1)}]. \end{aligned}$$

Richiedendo che $p_2(x^{(3)}) = 0$ si ricava allora

$$x^{(3)} = x^{(2)} + \frac{-w \pm \left\{w^2 - 4f(x^{(2)})f[x^{(2)}, x^{(1)}, x^{(0)}]\right\}^{1/2}}{2f[x^{(2)}, x^{(1)}, x^{(0)}]}.$$

Si procede in modo analogo per ottenere $x^{(4)}$ a partire da $x^{(1)}$, $x^{(2)}$ e $x^{(3)}$ e, più in generale, $x^{(k+1)}$ a partire da $x^{(k-2)}$, $x^{(k-1)}$ e $x^{(k)}$, con $k \geq 2$, secondo la seguente formula (si noti che si è razionalizzato il numeratore)

$$x^{(k+1)} = x^{(k)} - \frac{2f(x^{(k)})}{w \mp \left\{w^2 - 4f(x^{(k)})f[x^{(k)}, x^{(k-1)}, x^{(k-2)}]\right\}^{1/2}} \tag{6.31}$$

Il segno nella (6.31) è scelto in modo da massimizzare il modulo del denominatore. Supponendo che in un opportuno intorno $\mathcal{J}$ della radice α sia $f \in C^3(\mathcal{J})$, con $f'(\alpha) \neq 0$, l'ordine di convergenza del metodo è quasi quadratico. Precisamente, l'errore $e^{(k)} = \alpha - x^{(k)}$ verifica la seguente relazione (per la dimostrazione si veda [Hil87])

$$\lim_{k\to\infty} \frac{|e^{(k+1)}|}{|e^{(k)}|^p} = \frac{1}{6}\left|\frac{f'''(\alpha)}{f'(\alpha)}\right|, \qquad p \simeq 1.84. \tag{6.32}$$

Esempio 6.7 Utilizziamo il metodo di Muller per il calcolo degli zeri del polinomio p_6 studiato nell'Esempio 6.6. La tolleranza sul test d'arresto è `toll` $= 10^{-6}$, mentre si è scelto nella (6.31) $x^{(0)} = -5$, $x^{(1)} = 0$ e $x^{(2)} = 5$. Riportiamo nella Tabella 6.4 le approssimazioni delle radici di p_5, indicate con s_j e r_j ($j = 1, \ldots, 5$), ottenute attivando o meno il processo di raffinamento con il metodo di Newton. Sono necessarie rispettivamente 12, 11, 9, 9, 2 e 1 iterazione per calcolare le radici r_j, mentre basta una sola iterazione di raffinamento per tutte le radici. Anche in questo caso si può apprezzare l'efficacia dell'algoritmo di raffinamento con il metodo di Newton della soluzione calcolata dal metodo (6.31). •

Il metodo di Muller è implementato nel Programma 51, nel caso particolare in cui f sia un polinomio di grado n. Il processo di deflazione include un'eventuale fase di raffinamento e la valutazione di $f(x^{(k-2)})$, $f(x^{(k-1)})$ e $f(x^{(k)})$, con $k \geq 2$, viene condotta mediante il Programma 49. I parametri di ingresso e di uscita sono analoghi a quelli descritti nel Programma 50.

Tabella 6.4 Radici del polinomio p_6 ottenute con il metodo di Muller senza raffinamento (r_j) e con raffinamento (s_j)

r_j		s_j	
r_1	$1 + i2.2 \cdot 10^{-15}$	s_1	$1 + i9.9 \cdot 10^{-18}$
r_2	$-1 - i8.4 \cdot 10^{-16}$	s_2	-1
r_3	$0.99 + i$	s_3	$1 + i$
r_4	$0.99 - i$	s_4	$1 - i$
r_5	$-1.1 \cdot 10^{-15} + i1.99$	s_5	$i2$
r_6	$-1.0 \cdot 10^{-15} - i2$	s_6	-$i2$

Programma 51 – mulldefl: Metodo di Muller con raffinamento

```
function [xn,iter,root,itrefin]=mulldefl(A,n,tol,x0,x1,x2,nmax,iref)
% MULLDEFL metodo di Muller con raffinamento.
% [XN,ITER,ROOT,ITREFIN]=MULLDEFL(A,N,TOL,X0,X1,X2,NMAX,IREF)
% calcola tutti gli zeri di un polinomio di grado N avente coefficienti
% A(1),...,A(N). TOL specifica la tolleranza del metodo e X0 e' un dato
% iniziale. NMAX specifica il numero massimo di iterazioni. Se IFLAG e'
% uguale a 1, viene attivata la procedura di raffinamento.
apoly=A;
if iref==0, itrefin=[]; end
root=zeros(n,1);
for i=1:n
    xn(1,i)=x0; xn(2,i)=x1; xn(3,i)=x2;
    it=0; err=tol+1; k=2; Ndeg=n-i+1;
    if Ndeg==1
        it=it+1; k=0; xn(it,i)=-A(2)/A(1);
    else
        while err > tol && it < nmax
            k=k+1; it=it+1;
            [f0,B]=horner(A,Ndeg,xn(k-2,i)); [f1,B]=horner(A,Ndeg,xn(k-1,i));
            [f2,B]=horner(A,Ndeg,xn(k,i));
            f01=(f1-f0)/(xn(k-1,i)-xn(k-2,i)); f12=(f2-f1)/(xn(k,i)-xn(k-1,i));
            f012=(f12-f01)/(xn(k,i)-xn(k-2,i));
            w=f12+(xn(k,i)-xn(k-1,i))*f012;
            arg=w^2-4*f2*f012; d1=w-sqrt(arg);
            d2=w+sqrt(arg); den=max(d1,d2);
            if den~=0
                xn(k+1,i)=xn(k,i)-(2*f2)/den;
                err=abs(xn(k+1,i)-xn(k,i));
            else
                fprintf(' Arresto causa annullamento denominatore ');
                return
            end
        end
    end
    radix=xn(k+1,i);
    if iref==1
        alfa=radix; itr=1; err=tol+1;
        while err > tol*1e-3 && itr < nmax
            [px,B]=horner(apoly,n,alfa); [pdx,C]=horner(B,n-1,alfa);
            if pdx == 0
                fprintf(' Arresto causa annullamento derivata '); err=0;
            end
            itr=itr+1;
            if pdx~=0
                alfa2=alfa-px/pdx; err=abs(alfa2-alfa); alfa=alfa2;
            end
```

```
      end
      itrefin(i)=itr-1; xn(k+1,i)=alfa; radix=alfa;
   end
   iter(i)=it; root(i)=radix; [px,B]=horner(A,Ndeg-1,xn(k+1,i)); A=B;
end
return
```

6.5 Criteri d'arresto

Supponiamo che $\{x^{(k)}\}$ sia una successione convergente ad uno zero α della funzione f. Forniamo nel seguito delle condizioni per arrestare il processo iterativo del calcolo di α. Analogamente a quanto esposto nella Sezione 4.5 nel caso della risoluzione di sistemi lineari con metodi iterativi, due sono i possibili criteri: il controllo del residuo ed il controllo dell'incremento. In questa sezione denoteremo con ε una tolleranza prefissata per il calcolo approssimato di α, mentre $e^{(k)} = \alpha - x^{(k)}$ rappresenterà l'errore assoluto alla k-esima iterazione. Supporremo inoltre che f sia almeno di classe C^1 in un opportuno intorno della radice.

1. Controllo del residuo. il processo iterativo si arresta al minimo k per cui si abbia $|f(x^{(k)})| < \varepsilon$.

Applicando la stima (6.6) al caso in esame si trova

$$\frac{|e^{(k)}|}{|\alpha|} \lesssim \left(\frac{m!}{|f^{(m)}(\alpha)||\alpha|^m}\right)^{1/m} |f(x^{(k)})|^{1/m}.$$

In particolare, nel caso di radici semplici, l'errore è legato al residuo dal fattore $1/|f'(\alpha)|$ e dunque possiamo concludere che:

1. se $|f'(\alpha)| \simeq 1$, si ha $|e^{(k)}| \simeq \varepsilon$ e pertanto il test produce un'indicazione soddisfacente sul valore dell'errore;
2. se $|f'(\alpha)| \ll 1$, il test è inaffidabile in quanto $|e^{(k)}|$ potrebbe essere molto grande rispetto ad ε;
3. se infine, $|f'(\alpha)| \gg 1$, si ottiene $|e^{(k)}| \ll \varepsilon$ ed il test è troppo restrittivo.

In Figura 6.6 vengono illustrati gli ultimi due casi.
Le conclusioni tratte sono in accordo con quelle dell'Esempio 2.4. In effetti, quando $f'(\alpha) \simeq 0$, il numero di condizionamento del problema $f(x) = 0$ risulta molto elevato e, di conseguenza, il residuo non è significativo ai fini della stima dell'errore.

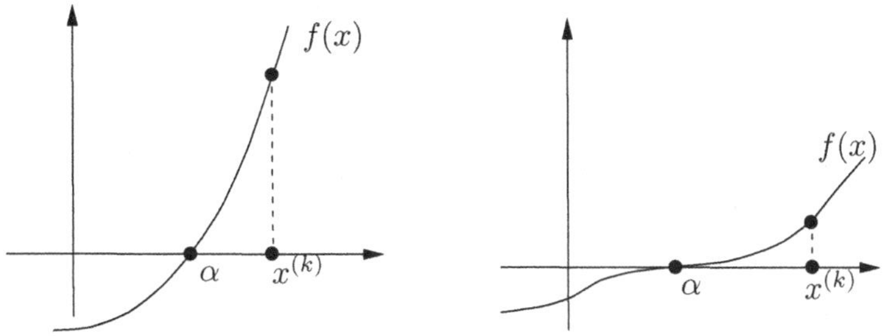

Fig. 6.6 Due situazioni nelle quali il criterio d'arresto basato sul residuo è troppo restrittivo (quando $|e^{(k)}| \ll |f(x^{(k)})|$, a sinistra) o troppo ottimistico ($|e^{(k)}| \gg |f(x^{(k)})|$, a destra)

2. Controllo dell'incremento. il processo iterativo si arresta non appena $|x^{(k+1)} - x^{(k)}| < \varepsilon$.

Sia $\{x^{(k)}\}$ generata dal metodo di punto fisso $x^{(k+1)} = \phi(x^{(k)})$. Sviluppando ϕ in un intorno di α ed arrestandosi al prim'ordine, si ha

$$e^{(k+1)} = \phi(\alpha) - \phi(x^{(k)}) = \phi'(\xi^{(k)})e^{(k)},$$

essendo $\xi^{(k)}$ compreso fra $x^{(k)}$ ed α. D'altra parte,

$$x^{(k+1)} - x^{(k)} = e^{(k)} - e^{(k+1)} = \left(1 - \phi'(\xi^{(k)})\right) e^{(k)}$$

e quindi, supponendo che ϕ' varii poco in un intorno di α, per cui $\phi'(\xi^{(k)}) \simeq \phi'(\alpha)$ (ricordiamo che ξ_k sta convergendo ad α), si ottiene

$$e^{(k)} \simeq \frac{1}{1 - \phi'(\alpha)}(x^{(k+1)} - x^{(k)}). \tag{6.33}$$

Come mostrato in Figura 6.7, possiamo dunque concludere che il test:

– è insoddisfacente se $\phi'(\alpha)$ è prossimo ad uno;

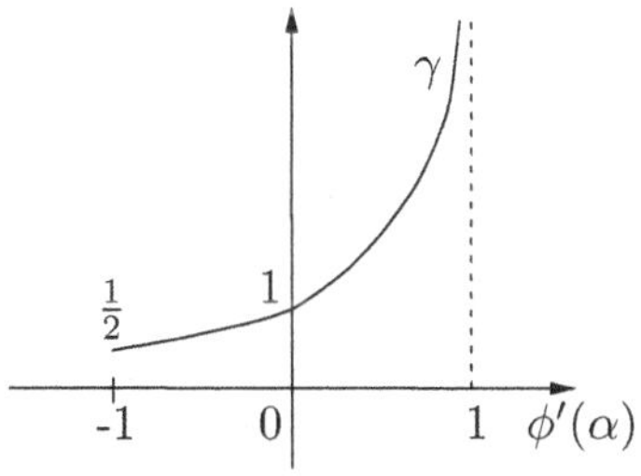

Fig. 6.7 Andamento di $\gamma = 1/(1 - \phi'(\alpha))$ al variare di $\phi'(\alpha)$

Tabella 6.5 Metodo di Newton per il calcolo della radice di $f(x) = e^{-x} - \eta = 0$. Il test d'arresto è basato sul controllo del residuo

ε	`nit`	$\lvert f(x^{(\mathtt{nit})})\rvert$	$\lvert\alpha - x^{(\mathtt{nit})}\rvert$	$\lvert\alpha - x^{(\mathtt{nit})}\rvert/\alpha$
10^{-10}	22	$5.9 \cdot 10^{-11}$	$5.7 \cdot 10^{-2}$	0.27
10^{-3}	7	$9.1 \cdot 10^{-4}$	13.7	66.2

Tabella 6.6 Metodo di Newton per il calcolo della radice di $f(x) = e^{-x} - \eta = 0$. Il test d'arresto è basato sul controllo dell'incremento

ε	`nit`	$\lvert x^{(\mathtt{nit})} - x^{(\mathtt{nit}-1)}\rvert$	$\lvert\alpha - x^{(\mathtt{nit})}\rvert$	$\lvert\alpha - x^{(\mathtt{nit})}\rvert/\alpha$
10^{-10}	26	$8.4 \cdot 10^{-13}$	$\simeq 0$	$\simeq 0$
10^{-3}	25	$1.3 \cdot 10^{-6}$	$8.4 \cdot 10^{-13}$	$4 \cdot 10^{-12}$

- assicura un bilanciamento ottimale fra incremento ed errore nel caso di metodi di ordine 2 per i quali $\phi'(\alpha) = 0$ (questo è ad esempio il caso del metodo di Newton);
- continua ad essere soddisfacente nel caso in cui risulti $-1 < \phi'(\alpha) < 0$.

Esempio 6.8 Lo zero della funzione $f(x) = e^{-x} - \eta$ è dato da $\alpha = -\log(\eta)$. Per $\eta = 10^{-9}$, $\alpha \simeq 20.723$ e $f'(\alpha) = -e^{-\alpha} \simeq -10^{-9}$. Siamo dunque nel caso $|f'(\alpha)| \ll 1$ e vogliamo analizzare il comportamento del metodo di Newton nell'approssimazione di α qualora si adottino i due diversi criteri d'arresto sopra illustrati.

Riportiamo nelle Tabelle 6.5 e 6.6 i risultati ottenuti utilizzando rispettivamente il test basato sul controllo del residuo (1) e quello basato sul controllo dell'incremento (2). Si è assunto nei calcoli $x^{(0)} = 0$ e si sono usati due diversi valori della tolleranza. Il numero di iterazioni impiegate dal metodo per convergere è indicato con `nit`.

In accordo con la (6.33), essendo $\phi'(\alpha) = 0$, il test sull'incremento si rivela affidabile per entrambi i valori (molto diversi tra loro) della tolleranza d'arresto ε. Il test sul residuo, invece, fornisce un'accettabile stima della radice solo per tolleranze molto strette, mentre è completamente errato per valori di ε più grandi. •

6.6 Tecniche di post-processing per metodi iterativi

Concludiamo la trattazione nel caso scalare illustrando due algoritmi che mirano ad accelerare la velocità di convergenza dei metodi iterativi per l'approssimazione degli zeri di una funzione.

6.6.1 La tecnica di accelerazione di Aitken

Descriviamo questa tecnica nel caso di metodi di punto fisso linearmente convergenti, rimandando a [IK66], pagg. 104-108, per il caso di metodi di ordine superiore.

Consideriamo un'iterazione di punto fisso linearmente convergente ad uno zero α di una assegnata funzione f. Indichiamo con λ una approssimazione di $\phi'(\alpha)$ che deve essere opportunamente determinata. Ricordando la (6.19) abbiamo, per $k \geq 1$

$$\begin{aligned}\alpha &\simeq \frac{x^{(k)} - \lambda x^{(k-1)}}{1-\lambda} = \frac{x^{(k)} - \lambda x^{(k)} + \lambda x^{(k)} - \lambda x^{(k-1)}}{1-\lambda} \\ &= x^{(k)} + \frac{\lambda}{1-\lambda}(x^{(k)} - x^{(k-1)}).\end{aligned} \tag{6.34}$$

Il metodo di Aitken fornisce un modo semplice per calcolare λ, in grado di accelerare la convergenza della successione $\{x^{(k)}\}$ alla radice α. A tale scopo consideriamo per $k \geq 2$ il seguente rapporto

$$\lambda^{(k)} = \frac{x^{(k)} - x^{(k-1)}}{x^{(k-1)} - x^{(k-2)}}, \tag{6.35}$$

e verifichiamo che risulti

$$\lim_{k\to\infty} \lambda^{(k)} = \phi'(\alpha). \tag{6.36}$$

Infatti, per k sufficientemente grande si ha

$$x^{(k+2)} - \alpha \simeq \phi'(\alpha)(x^{(k+1)} - \alpha)$$

e dunque, elaborando la (6.35), si ottiene

$$\begin{aligned}\lim_{k\to\infty} \lambda^{(k)} &= \lim_{k\to\infty} \frac{x^{(k)} - x^{(k-1)}}{x^{(k-1)} - x^{(k-2)}} = \lim_{k\to\infty} \frac{(x^{(k)} - \alpha) - (x^{(k-1)} - \alpha)}{(x^{(k-1)} - \alpha) - (x^{(k-2)} - \alpha)} \\ &= \lim_{k\to\infty} \frac{\dfrac{x^{(k)} - \alpha}{x^{(k-1)} - \alpha} - 1}{1 - \dfrac{x^{(k-2)} - \alpha}{x^{(k-1)} - \alpha}} = \frac{\phi'(\alpha) - 1}{1 - \dfrac{1}{\phi'(\alpha)}} = \phi'(\alpha)\end{aligned}$$

e quindi la (6.36). Sostituendo λ nella (6.34) con la sua approssimazione $\lambda^{(k)}$ data dalla (6.35), si perviene ad una nuova stima di α data da

$$\alpha \simeq x^{(k)} + \frac{\lambda^{(k)}}{1 - \lambda^{(k)}}(x^{(k)} - x^{(k-1)}) \tag{6.37}$$

che risulta significativa, a rigore, solo quando k è abbastanza grande. Supponendo tuttavia di far valere la (6.37) per ogni $k \geq 2$, indichiamo con $\widehat{x}^{(k)}$ la nuova approssimazione di α che si ottiene sostituendo la (6.35) nella (6.37)

$$\widehat{x}^{(k)} = x^{(k)} - \frac{(x^{(k)} - x^{(k-1)})^2}{(x^{(k)} - x^{(k-1)}) - (x^{(k-1)} - x^{(k-2)})}, \qquad k \geq 2 \tag{6.38}$$

Questa relazione prende il nome di *formula di estrapolazione di Aitken.* Ponendo

$$\triangle x^{(k)} = x^{(k)} - x^{(k-1)}, \qquad \triangle^2 x^{(k)} = \triangle(\triangle x^{(k)}) = \triangle x^{(k)} - \triangle x^{(k-1)},$$

la (6.38) si può scrivere come

$$\widehat{x}^{(k)} = x^{(k)} - \frac{(\triangle x^{(k)})^2}{\triangle^2 x^{(k)}}, \qquad k \geq 2. \tag{6.39}$$

La forma (6.39) giustifica il motivo per cui il metodo (6.38) è più comunemente noto come *procedimento* $\triangle^2$ *di Aitken.*
Per l'analisi di convergenza del metodo di Aitken è utile scrivere la (6.38) come metodo di punto fisso della forma (6.17), introducendo la funzione di iterazione

$$\phi_\triangle(x) = \frac{x\phi(\phi(x)) - \phi^2(x)}{\phi(\phi(x)) - 2\phi(x) + x}. \tag{6.40}$$

Questa funzione non è definita per $x = \alpha$ in quanto $\phi(\alpha) = \alpha$; d'altra parte, applicando la regola di De l'Hospital si può facilmente verificare che $\lim_{x\to\alpha} \phi_\triangle(x) = \alpha$, sotto l'ipotesi che ϕ sia derivabile in α e che $\phi'(\alpha) \neq 1$. Di conseguenza, $\phi_\triangle$ può essere estesa con continuità in α ponendo $\phi_\triangle(\alpha) = \alpha$. Questo risultato rimane vero anche se α è una radice multipla di f. Si può inoltre dimostrare che i punti fissi di $\phi_\triangle$ coincidono con le radici di f anche nel caso di radici multiple (si veda [IK66], pagg. 104-106).

Dalla (6.40) si conclude che il metodo di Aitken può essere applicato ad un metodo di punto fisso di qualsiasi ordine. Vale infine il seguente risultato di convergenza:

Proprietà 6.7 (convergenza del metodo di Aitken) *Sia* $x^{(k+1)} = \phi(x^{(k)})$ *un metodo iterativo di punto fisso di ordine* $p \geq 1$ *per il calcolo della radice semplice* α *di una funzione* f. *Se* $p = 1$, *il metodo di Aitken converge ad* α *con ordine 2, mentre se* $p \geq 2$ *il suo ordine di convergenza è pari a* $2p - 1$. *In particolare, se* $p = 1$, *il metodo di Aitken converge anche se il metodo di punto fisso è non convergente. Nel caso in cui* α *abbia molteplicità* $m \geq 2$ *e il metodo* $x^{(k+1)} = \phi(x^{(k)})$ *sia del prim'ordine, allora anche il metodo di Aitken risulta di ordine 1, con fattore di convergenza* $C = 1 - 1/m$.

Esempio 6.9 Consideriamo il calcolo della radice semplice $\alpha = 1$ per la funzione $f(x) = (x-1)e^x$. Utilizziamo a tale scopo tre metodi di punto fisso caratterizzati dalle funzioni di iterazione $\phi_0(x) = \log(xe^x)$, $\phi_1(x) = (e^x + x)/(e^x + 1)$ e $\phi_2(x) = (x^2 - x + 1)/x$ (per $x \neq 0$). Si noti che, essendo $|\phi_0'(1)| = 2$, il metodo di punto fisso corrispondente è non convergente, mentre negli altri due casi i metodi risultanti sono rispettivamente di ordine 1 e 2.
Verifichiamo le prestazioni del metodo di Aitken utilizzando il Programma 52 con $x^{(0)} = 2$ e `tol` $= 10^{-10}$. In accordo con la Proprietà 6.7, il metodo di Aitken applicato alla funzione di iterazione ϕ_0 converge in 8 passi al valore $x^{(8)} = 1.000002 + i\,0.000002$ (si ricordi che MATLAB esegue tutte le operazioni, incluso il calcolo del logaritmo, in aritmetica complessa). Negli altri due casi, il metodo di ordine 1 converge ad α in 18 iterazioni, contro le 4 richieste dal metodo di Aitken, mentre nel caso della funzione di iterazione ϕ_2 si ha convergenza in 7 iterazioni, contro le 5 richieste dal metodo di Aitken. •

Il metodo di estrapolazione di Aitken è implementato nel Programma 52. I parametri di ingresso/uscita sono analoghi a quelli dei programmi precedentemente descritti.

Programma 52 – aitken: Metodo di estrapolazione di Aitken

```
function [zero,iter,xvect,xdif,fx]=aitken(fun,phi,x0,tol,nmax)
% AITKEN estrapolazione di Aitken.
% [ZERO,ITER,XVECT,XDIF,FX]=AITKEN(FUN,PHI,X0,TOL,NMAX) cerca lo zero
% di una funzione continua FUN usando l'estrapolazione di Aitken, partendo dal
% dato iniziale X0. FUN riceve in ingresso lo scalare x e restituisce un
% valore scalare reale. TOL specifica la tolleranza del metodo.
% ZERO e' l'approssimazione della radice, ITER e' il numero di iterate svolte,
% XVECT e' il vettore delle iterate, XDIF il vettore delle differenze tra
% iterate successive, FX il vettore dei residui.
err=tol+1; iter=0;
fx0=fun(x0); xdif=[]; xvect=x0; fx=fx0; zero=[];
phix=phi(x0);
while err >= tol && iter <=nmax
    x=phi(x0); phixx=phi(x);
    den=phixx-2*x+x0;
    if den == 0,
        error('Azzeramento del denominatore'); return
    end
    xn=(x0*phixx-x^2)/den;
    xvect=[xvect; xn];
    xdif=[xdif; abs(xn-x0)];
    x0=xn; fx0=fun(x0);
    fx=[fx; fx0]; err=abs(fx0);
    iter=iter+1;
```

```
end
zero=xvect(end);
return
```

6.6.2 Tecniche per il trattamento di radici multiple

Come evidenziato nella costruzione del processo di accelerazione di Aitken, i rapporti incrementali di iterate successive $\lambda^{(k)}$ nella (6.35) consentono di stimare il fattore di convergenza asintotica $\phi'(\alpha)$.

Questa informazione si può anche utilizzare per stimare la molteplicità della radice di un'equazione non lineare, e, di conseguenza, fornisce uno strumento per modificare il metodo di Newton riportandolo ad una convergenza quadratica (si veda la (6.23)). In effetti, definita la successione $m^{(k)}$ attraverso la relazione $\lambda^{(k)} = 1 - 1/m^{(k)}$, e ricordando la (6.22), si ha che $m^{(k)}$ tende a m per $k \to \infty$.
Nei casi in cui la molteplicità m sia nota a priori converrà utilizzare il metodo di Newton modificato (6.23). Negli altri casi, si può definire un *algoritmo di Newton adattivo* come segue

$$x^{(k+1)} = x^{(k)} - m^{(k)} \frac{f(x^{(k)})}{f'(x^{(k)})}, \qquad k \geq 2, \tag{6.41}$$

dove si è posto

$$m^{(k)} = \frac{1}{1 - \lambda^{(k)}} = \frac{x^{(k-1)} - x^{(k-2)}}{2x^{(k-1)} - x^{(k)} - x^{(k-2)}}. \tag{6.42}$$

Esempio 6.10 Verifichiamo le prestazioni del metodo di Newton nelle tre versioni proposte (standard, adattivo e modificato) per il calcolo della radice multipla $\alpha = 1$ della funzione $f(x) = (x^2 - 1)^p \log x$ (per $p \geq 1$ e $x > 0$). La radice cercata ha molteplicità $m = p+1$. Sono stati considerati i valori $p = 2, 4, 6$ e si è assunto in tutti i casi $x^{(0)} = 0.8$ e `toll`$=10^{-10}$. I risultati ottenuti sono riassunti nella Tabella 6.7, dove sono riportate per ciascun metodo il numero di iterazioni n_{it} impiegate per convergere. Nel caso del metodo adattivo, accanto al valore di n_{it} è indicata tra parentesi anche la stima $m^{(n_{it})}$ della molteplicità m prodotta dal Programma 53. •

Tabella 6.7 Soluzione del problema $(x^2 - 1)^p \log x = 0$ nell'intervallo $[0.5, 1.5]$

p	m	*standard*	*adattivo*	*modificato*
2	3	51	13 (2.9860)	4
4	5	90	16 (4.9143)	5
6	7	127	18 (6.7792)	5

Nell'esempio considerato il metodo di Newton adattivo converge più rapidamente del metodo di Newton standard, ma meno velocemente di quello modificato. Va osservato, peraltro, come il metodo di Newton adattivo fornisca quale utile sottoprodotto una buona stima della molteplicità della radice cercata, informazione a priori incognita, che può essere impiegata con profitto nell'ambito di un processo di deflazione per l'approssimazione delle radici di un polinomio.

L'algoritmo (6.41), con la stima adattiva (6.42) della molteplicità della radice, è implementato nel Programma 53. Per evitare l'insorgere di instabilità numeriche, l'aggiornamento di $m^{(k)}$ è eseguito solo quando lo scarto tra due iterate consecutive si è ridotto sufficientemente. I parametri di input/output sono analoghi a quelli dei programmi precedentemente descritti.

Programma 53 – adptnewt: Metodo di Newton adattivo

```
function [xvect,xdif,fx,nit,mol]=adptnewt(x0,tol,nmax,fun,dfun)
% ADPTNEW metodo di Newton adattivo.
% [ZERO,ITER,XVECT,XDIF,FX]=ADPTNEWT(FUN,DFUN,X0,TOL,NMAX) cerca
% lo zero di una funzione continua FUN nell'intervallo [A,B] usando il metodo di
% Newton adattivo e partendo da X0. TOL e NMAX specificano la tolleranza ed il
% massimo numero di iterazioni. FUN riceve in ingresso lo scalare x e restituisce
% un valore scalare reale. ZERO e' l'approssimazione della radice, ITER e' il numero
% di iterate svolte. XVECT e' il vettore delle iterate, XDIF il vettore delle differenze
% tra iterate successive, FX il vettore dei residui. MOL contiene il valore stimato
% della molteplicita' della radice
err=tol+1; iter=0; xdif=[]; mol=1; m=mol; r=1;
fx0=fun(x0); xvect=x0; fx=fx0;
while iter < nmax && err > tol
    fxx=fun(x0); f1x=dfun(x0);
    if f1x == 0
        fprintf(' Arresto causa annullamento derivata ');
        zero=[]; return
    end;
    x=x0-m(end)*fxx/f1x;
    err0=err; err=abs(x-x0); xdif=[xdif;err];
    xvect=[xvect;x]; x0=x; fx0=fun(x); fx=[fx;fx0];
    ra=err/err0; dif=abs(ra-r(end)); r=[r;ra];
    if dif < 1.e-3 && r(end) > 1.e-2
        mol=max(m(end),1/abs(1-r(end)));
    end
    m=[m;mol];
    iter=iter+1;
end
zero=xvect(end);
return
```

6.7 Risoluzione di sistemi di equazioni non lineari

Affrontiamo in questa sezione la risoluzione numerica di sistemi di equazioni non lineari della forma:

$$\text{data } \mathbf{F}:\mathbb{R}^n \to \mathbb{R}^n, \quad \text{trovare } \mathbf{x}^* \in \mathbb{R}^n \text{ tale che } \mathbf{F}(\mathbf{x}^*) = \mathbf{0}. \tag{6.43}$$

Per la risoluzione di (6.43) estenderemo al caso multidimensionale alcuni degli schemi proposti nelle precedenti sezioni nel caso scalare.

Prima di affrontare il problema (6.43) introduciamo alcune notazioni. Per $k \geq 0$, indichiamo con $C^k(D)$ lo spazio delle funzioni da D in $\mathbb{R}^n$, derivabili con continuità k volte, dove $D \subseteq \mathbb{R}^n$ è un dominio che verrà di volta in volta precisato. Supporremo che $\mathbf{F} \in C^1(D)$, ovvero che $\mathbf{F}$ sia una funzione continua e con derivate parziali continue in D.

Indichiamo inoltre con $\mathrm{J}_{\mathbf{F}}(\mathbf{x})$ la matrice jacobiana associata a $\mathbf{F}$ e valutata nel punto $\mathbf{x} = (x_1, \ldots, x_n)^T$ di $\mathbb{R}^n$, definita come

$$(\mathrm{J}_{\mathbf{F}}(\mathbf{x}))_{ij} = \left(\frac{\partial F_i}{\partial x_j}\right)(\mathbf{x}), \qquad i, j = 1, \ldots, n.$$

Data infine una qualunque norma vettoriale $\|\cdot\|$, indicheremo con $B(\mathbf{x}^*; R)$ la sfera di raggio R e centro $\mathbf{x}^*$ ossia $B(\mathbf{x}^*; R) = \{\mathbf{y} \in \mathbb{R}^n : \ \|\mathbf{y} - \mathbf{x}^*\| < R\}$.

6.7.1 Il metodo di Newton e le sue varianti

Una immediata estensione al caso vettoriale del metodo di Newton si formula nel modo seguente:
dato $\mathbf{x}^{(0)} \in \mathbb{R}^n$, per $k = 0, 1, \ldots$, fino a convergenza

$$\begin{array}{ll} \text{risolvere} & \mathrm{J}_{\mathbf{F}}(\mathbf{x}^{(k)})\boldsymbol{\delta}\mathbf{x}^{(k)} = -\mathbf{F}(\mathbf{x}^{(k)}) \\ \text{porre} & \mathbf{x}^{(k+1)} = \mathbf{x}^{(k)} + \boldsymbol{\delta}\mathbf{x}^{(k)} \end{array} \tag{6.44}$$

Si tratta dunque di risolvere ad ogni passo k un sistema lineare di matrice $\mathrm{J}_{\mathbf{F}}(\mathbf{x}^{(k)})$.

Esempio 6.11 Consideriamo il sistema non lineare $e^{x_1^2+x_2^2} - 2 = 0$, $e^{x_1^2-x_2^2} - 1 = 0$, che ammette 4 radici semplici $\mathbf{x}_k^* = 0.5887(\pm 1, \pm 1)^T$. In tal caso, $\mathbf{F}(\mathbf{x}) = (e^{x_1^2+x_2^2} - 2, e^{x_1^2-x_2^2} - 1)^T$. Il metodo di Newton, implementato nel Programma 54 con il test d'arresto sull'incremento $\|\boldsymbol{\delta}\mathbf{x}^{(k)}\|_2 \leq 10^{-10}$, converge in 6 iterazioni alla radice $\mathbf{x}_k^* = 0.5887(1, 1)^T$, avendo preso $\mathbf{x}^{(0)} = (0.4, 0.4)^T$, dimostrando così una buona velocità di convergenza. Tale comportamento dipende però dal dato iniziale. Prendendo ad esempio $\mathbf{x}^{(0)} = (0.1, 0.1)^T$, sono necessarie 19 iterazioni per generare un vettore soluzione analogo al precedente, mentre per $\mathbf{x}^{(0)} = (5, 5)^T$ il metodo richiede 56 iterazioni. •

L'esempio precedente evidenzia l'estrema sensibilità del metodo di Newton alla scelta di $\mathbf{x}^{(0)}$. Come nel caso monodimensionale inoltre, la convergenza è garantita solo localmente, cioè quando $\mathbf{x}^{(0)}$ è sufficientemente vicino alla radice $\mathbf{x}^*$.

Teorema 6.2 *Sia $\mathbf{F}: \mathbb{R}^n \to \mathbb{R}^n$ una funzione vettoriale di classe C^1 in un aperto convesso D di $\mathbb{R}^n$ contenente $\mathbf{x}^*$. Supponiamo che $\mathrm{J}_{\mathbf{F}}^{-1}(\mathbf{x}^*)$ esista e che esistano delle costanti positive R, C ed L, tali che $\|\mathrm{J}_{\mathbf{F}}^{-1}(\mathbf{x}^*)\| \leq C$ e*

$$\|\mathrm{J}_{\mathbf{F}}(\mathbf{x}) - \mathrm{J}_{\mathbf{F}}(\mathbf{y})\| \leq L\|\mathbf{x} - \mathbf{y}\| \quad \forall \mathbf{x}, \mathbf{y} \in B(\mathbf{x}^*; R),$$

avendo indicato con lo stesso simbolo $\|\cdot\|$ una norma vettoriale ed una norma matriciale consistenti. Esiste allora $r > 0$ tale che, per ogni $\mathbf{x}^{(0)} \in B(\mathbf{x}^*; r)$, la successione (6.44) *è univocamente definita, converge a $\mathbf{x}^*$ e*

$$\|\mathbf{x}^{(k+1)} - \mathbf{x}^*\| \leq CL\|\mathbf{x}^{(k)} - \mathbf{x}^*\|^2. \qquad (6.45)$$

Dimostrazione. Procedendo per induzione su k, verifichiamo che vale la (6.45), ed inoltre che $\mathbf{x}^{(k+1)} \in B(\mathbf{x}^*; r)$, dove $r = \min(R, 1/(2CL))$. Dimostriamo innanzitutto che per ogni $\mathbf{x}^{(0)} \in B(\mathbf{x}^*; r)$, la matrice $\mathrm{J}_{\mathbf{F}}^{-1}(\mathbf{x}^{(0)})$ esiste. Si ha infatti

$$\|\mathrm{J}_{\mathbf{F}}^{-1}(\mathbf{x}^*)[\mathrm{J}_{\mathbf{F}}(\mathbf{x}^{(0)}) - \mathrm{J}_{\mathbf{F}}(\mathbf{x}^*)]\| \leq \|\mathrm{J}_{\mathbf{F}}^{-1}(\mathbf{x}^*)\| \, \|\mathrm{J}_{\mathbf{F}}(\mathbf{x}^{(0)}) - \mathrm{J}_{\mathbf{F}}(\mathbf{x}^*)\| \leq CLr \leq \frac{1}{2},$$

e dunque, grazie alla Proprietà 1.14, si può concludere che $\mathrm{J}_{\mathbf{F}}^{-1}(\mathbf{x}^{(0)})$ esiste in quanto

$$\|\mathrm{J}_{\mathbf{F}}^{-1}(\mathbf{x}^{(0)})\| \leq \frac{\|\mathrm{J}_{\mathbf{F}}^{-1}(\mathbf{x}^*)\|}{1 - \|\mathrm{J}_{\mathbf{F}}^{-1}(\mathbf{x}^*)[\mathrm{J}_{\mathbf{F}}(\mathbf{x}^{(0)}) - \mathrm{J}_{\mathbf{F}}(\mathbf{x}^*)]\|} \leq 2\|\mathrm{J}_{\mathbf{F}}^{-1}(\mathbf{x}^*)\| \leq 2C.$$

Di conseguenza, $\mathbf{x}^{(1)}$ è ben definito e

$$\mathbf{x}^{(1)} - \mathbf{x}^* = \mathbf{x}^{(0)} - \mathbf{x}^* - \mathrm{J}_{\mathbf{F}}^{-1}(\mathbf{x}^{(0)})[\mathbf{F}(\mathbf{x}^{(0)}) - \mathbf{F}(\mathbf{x}^*)].$$

Raccogliendo a secondo membro $\mathrm{J}_{\mathbf{F}}^{-1}(\mathbf{x}^{(0)})$ e passando alle norme, otteniamo

$$\begin{aligned} \|\mathbf{x}^{(1)} - \mathbf{x}^*\| &\leq \|\mathrm{J}_{\mathbf{F}}^{-1}(\mathbf{x}^{(0)})\| \, \|\mathbf{F}(\mathbf{x}^*) - \mathbf{F}(\mathbf{x}^{(0)}) - \mathrm{J}_{\mathbf{F}}(\mathbf{x}^{(0)})[\mathbf{x}^* - \mathbf{x}^{(0)}]\| \\ &\leq 2C\frac{L}{2}\|\mathbf{x}^* - \mathbf{x}^{(0)}\|^2 \end{aligned}$$

avendo utilizzato il resto dello sviluppo in serie di Taylor di $\mathbf{F}$. La relazione precedente dimostra dunque la (6.45) nel caso $k = 0$; inoltre, poiché $\mathbf{x}^{(0)} \in B(\mathbf{x}^*; r)$, si ha $\|\mathbf{x}^* - \mathbf{x}^{(0)}\| \leq 1/(2CL)$, da cui $\|\mathbf{x}^{(1)} - \mathbf{x}^*\| \leq \|\mathbf{x}^* - \mathbf{x}^{(0)}\|/2$.
Ciò assicura che $\mathbf{x}^{(1)} \in B(\mathbf{x}^*; r)$. Con un procedimento analogo si può dimostrare che se la (6.45) vale per un certo k allora deve essere vera anche sostituendo $k+1$ a k. In questo modo il teorema risulta dimostrato. $\diamond$

Il Teorema 6.2 garantisce dunque che il metodo di Newton sia convergente con ordine 2 se $\mathbf{x}^{(0)}$ è sufficientemente vicino a $\mathbf{x}^*$ e se la matrice Jacobiana è non singolare. Nel caso in cui la radice $\mathbf{x}^*$ sia multipla (a cui corrisponde il fatto che $\mathrm{J}_{\mathbf{F}}(\mathbf{x}^*)$ sia singolare), si può dimostrare che il metodo di Newton converge ancora, ma solo con ordine 1, come si evince dal seguente esempio.

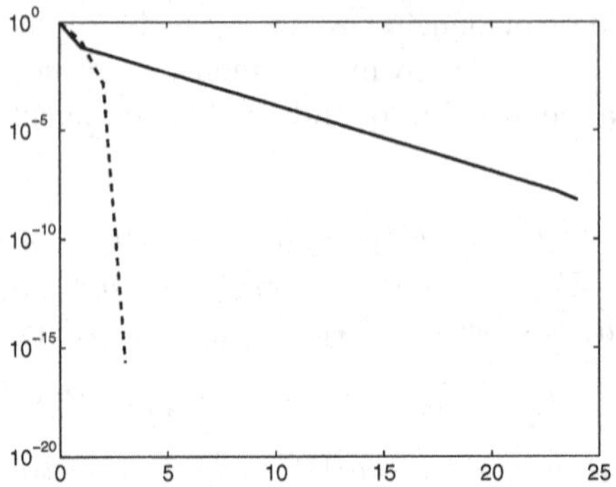

Fig. 6.8 Convergenza lineare del metodo di Newton (linea continua) e quadratica del metodo di Newton modificato (linea tratteggiata) alla soluzione dell'Esempio 6.12

Esempio 6.12 Consideriamo il sistema non lineare $e^{x_1^2+x_2^2}-1=0$, $e^{x_1^2-x_2^2}-1=0$, che ammette l'unica radice doppia $\mathbf{x}^*=\mathbf{0}$ (si verifica che $\mathrm{J}_{\mathbf{F}}(\mathbf{x}^*)$ è singolare). In tal caso, $\mathbf{F}(\mathbf{x})=(e^{x_1^2+x_2^2}-1, e^{x_1^2-x_2^2}-1)^T$. Il metodo di Newton, implementato nel Programma 54 con il test d'arresto sull'incremento $\|\boldsymbol{\delta}\mathbf{x}^{(k)}\|_2 \leq 10^{-10}$, converge solo linearmente, in 26 iterazioni, avendo posto $\mathbf{x}^{(0)}=(0.1,0.1)^T$. Modificando il metodo di Newton (6.44) come nel caso scalare (6.23) e fissando $m=2$, si ottiene convergenza alla radice cercata in sole 3 iterazioni, recuperando così la convergenza del secondo ordine. In Figura 6.8 riportiamo l'andamento della successione degli incrementi $\|\mathbf{x}^{(k+1)}-\mathbf{x}^{(k)}\|$ al variare dell'iterazione k per il metodo di Newton (6.44) e per il metodo di Newton modificato. •

Bisogna infine osservare che il costo richiesto dalla risoluzione del sistema lineare (6.44) è eccessivamente elevato per n grande; inoltre, $\mathrm{J}_{\mathbf{F}}(\mathbf{x}^{(k)})$ può essere mal condizionata, rendendo difficile ottenere una soluzione accurata. Per questo motivo, sono state proposte delle forme modificate del metodo di Newton che analizzeremo brevemente nei prossimi paragrafi, rimandando alla letteratura specializzata per ulteriori approfondimenti (si vedano a questo proposito [OR70], [DS83], [Erh97], [BS90] ed i riferimenti ivi citati).

6.7.2 Metodi di Newton modificati

Si possono proporre varie modifiche del metodo di Newton per ridurne il costo computazionale nel caso in cui $\mathbf{x}^{(0)}$ sia sufficientemente vicino a $\mathbf{x}^*$.

1. *Valutazione ciclica della matrice Jacobiana*
Una variante efficiente al metodo (6.44) consiste nel mantenere fissa la matrice Jacobiana, e quindi la sua fattorizzazione, per un certo numero $p \geq 2$ di passi del metodo. In generale, all'aumento dell'efficienza corrisponde un degrado delle prestazioni dello schema in termini di velocità di convergenza.

Nel Programma 54 viene implementato il metodo di Newton nel caso in cui la fattorizzazione LU della matrice Jacobiana venga calcolata una volta ogni `p` passi. I programmi utilizzati per la risoluzione dei sistemi triangolari sono stati illustrati nel Capitolo 3.

Qui, e nei successivi programmi, abbiamo indicato con `x0` il vettore iniziale, con `F` e `J` le variabili contenenti le espressioni della funzione $\mathbf{F}$ e della sua matrice Jacobiana $J_{\mathbf{F}}$. I parametri `tol` e `nmax` rappresentano la tolleranza per la convergenza del processo iterativo ed il numero massimo di iterazioni. Come ultimo parametro opzionale si può assegnare la molteplicità presunta `mol` della radice. Qualora questa non venga assegnata, di default essa è posta uguale a 1, altrimenti è implementato il metodo di Newton modificato alla stregua del caso scalare (6.23). In uscita, il vettore `x` contiene l'approssimazione della radice cercata, `iter` indica il numero di iterazioni impiegate per convergere mentre `err` è il vettore contenente le norme degli incrementi.

Programma 54 – newtonsys: Metodo di Newton per sistemi di equazioni non lineari

```
function [x,iter,err]=newtonsys(F,J,x0,tol,nmax,p,varargin)
% NEWTONSYS metodo di Newton per sistemi non lineari.
% [X, ITER, ERR] = NEWTONSYS(F, J, X0, TOL, NMAX, P, MOL) risolve il
% sistema non lineare F(X)=0 con il metodo di Newton. F e J sono function handle
% associati alla funzione F ed allo Jacobiano.
% X0 specifica il vettore iniziale, TOL la tolleranza del metodo, NMAX il
% numero massimo delle iterazioni. P specifica il numero di passi consecutivi
% all'interno dei quali la Jacobiana e' mantenuta fissata.
% MOL e' la molteplicita' presunta della radice, se non inserita, si pone MOL=1.
% ITER e' l'iterazione alla quale la soluzione X e' calcolata. ERR e' il
% vettore delle norme degli incrementi
[n,m]=size(F);
if nargin==6
    mol=1;
else
    mol=varargin{1};
end
if n ~= m, error('Solo sistemi quadrati'); end
iter=0; x=x0; err0=tol+1; err=err0;
Jxn=J(x);
[L,U,P]=lu(Jxn);
step=0;
while err0 > tol && iter< nmax
    Fxn=F(x);
    if step == p
        step = 0; Jxn=J(x);
        [L,U,P]=lu(Jxn);
    end
    iter=iter+1; step=step+1; Fxn=-P*Fxn;
```

```
    y=forwardcol(L,Fxn);
    deltax=backwardcol(U,y);
    x = x + mol*deltax;
    err0=norm(mol*deltax); err=[err;err0];
end
return
```

2. *Risoluzione inesatta dei sistemi lineari*
Un'altra possibilità consiste nel risolvere il sistema lineare (6.44) con un metodo iterativo, limitando tuttavia a priori il numero massimo di iterazioni. I metodi così ottenuti sono detti di Newton-Jacobi, di Newton-SOR o di Newton-Krylov, a seconda del metodo iterativo utilizzato per risolvere il sistema lineare (si vedano [BS90], [Kel95]). Illustriamo a titolo di esempio il metodo di Newton-SOR.

In analogia con quanto già fatto nella Sezione 4.2.1, decomponiamo la matrice Jacobiana al passo k come

$$\mathrm{J}_{\mathbf{F}}(\mathbf{x}^{(k)}) = \mathrm{D}_k - \mathrm{E}_k - \mathrm{F}_k$$

essendo $\mathrm{D}_k = \mathrm{D}(\mathbf{x}^{(k)})$, $-\mathrm{E}_k = -\mathrm{E}(\mathbf{x}^{(k)})$ e $-\mathrm{F}_k = -\mathrm{F}(\mathbf{x}^{(k)})$, rispettivamente la diagonale e le parti triangolari inferiore e superiore della matrice $\mathrm{J}_{\mathbf{F}}(\mathbf{x}^{(k)})$. Supponiamo inoltre che D_k sia non singolare. Il metodo SOR per il sistema nella (6.44) è allora: posto $\boldsymbol{\delta}\mathbf{x}_0^{(k)} = \mathbf{0}$, calcolare

$$\boldsymbol{\delta}\mathbf{x}_r^{(k)} = \mathrm{M}_k\boldsymbol{\delta}\mathbf{x}_{r-1}^{(k)} - \omega_k(\mathrm{D}_k - \omega_k\mathrm{E}_k)^{-1}\mathbf{F}(\mathbf{x}^{(k)}), \quad r = 1, 2, \ldots, \tag{6.46}$$

dove M_k è la matrice di iterazione del metodo SOR data da

$$\mathrm{M}_k = [\mathrm{D}_k - \omega_k\mathrm{E}_k]^{-1} \ [(1-\omega_k)\mathrm{D}_k + \omega_k\mathrm{F}_k],$$

e ω_k è un parametro positivo di rilassamento, il cui valore ottimale può essere determinato solo in rari casi. Supponiamo di eseguire soltanto $r = m$ passi del metodo. Tenendo conto che $\boldsymbol{\delta}\mathbf{x}_r^{(k)} = \mathbf{x}_r^{(k)} - \mathbf{x}^{(k)}$ ed indicando ancora con $\mathbf{x}^{(k+1)}$ la soluzione approssimata calcolata dopo m passi, si trova che essa può scriversi come (si veda l'Esercizio 13)

$$\mathbf{x}^{(k+1)} = \mathbf{x}^{(k)} - \omega_k\left(\mathrm{M}_k^{m-1} + \cdots + \mathrm{I}\right)\left(\mathrm{D}_k - \omega_k\mathrm{E}_k\right)^{-1}\mathbf{F}(\mathbf{x}^{(k)}). \tag{6.47}$$

Questo metodo è perciò una iterazione composita, nella quale ad ogni passo k, a partire da $\mathbf{x}^{(k)}$, vengono eseguiti m passi del metodo SOR per la risoluzione approssimata del sistema (6.44).

Anche m, come ω_k, può dipendere dall'indice di iterazione k; la scelta più semplice è quella in cui si esegue per ogni passo di Newton una sola iterazione di SOR, ottenendo così per $r = 1$ dalla (6.46) il metodo di Newton-SOR ad un passo

$$\mathbf{x}^{(k+1)} = \mathbf{x}^{(k)} - \omega_k\left(\mathrm{D}_k - \omega_k\mathrm{E}_k\right)^{-1}\mathbf{F}(\mathbf{x}^{(k)}).$$

In modo analogo, il metodo di Newton-Richardson precondizionato con matrice P_k, se arrestato all'm-esima iterazione, si scrive

$$\mathbf{x}^{(k+1)} = \mathbf{x}^{(k)} - \left[\mathrm{I} + \mathrm{M}_k + \ldots + \mathrm{M}_k^{m-1}\right] \mathrm{P}_k^{-1}\mathbf{F}(\mathbf{x}^{(k)}),$$

essendo P_k il precondizionatore di $\mathrm{J}_{\mathbf{F}}$ e

$$\mathrm{M}_k = \mathrm{P}_k^{-1}\mathrm{N}_k, \quad \mathrm{N}_k = \mathrm{P}_k - \mathrm{J}_{\mathbf{F}}(\mathbf{x}^{(k)}).$$

Per una efficiente implementazione di queste tecniche, rimandiamo alla libreria di programmi MATLAB sviluppata in [Kel95].

3. *Approssimazioni con rapporti incrementali della matrice Jacobiana*
Un'altra possibilità consiste nel sostituire a $\mathrm{J}_{\mathbf{F}}(\mathbf{x}^{(k)})$, il cui calcolo esplicito può essere molto costoso, una sua approssimazione ottenuta mediante rapporti incrementali n-dimensionali del tipo

$$(\mathrm{J}_h^{(k)})_j = \frac{\mathbf{F}(\mathbf{x}^{(k)} + h_j^{(k)}\mathbf{e}_j) - \mathbf{F}(\mathbf{x}^{(k)})}{h_j^{(k)}}, \qquad \forall k \geq 0, \tag{6.48}$$

dove $\mathbf{e}_j$ è il j-esimo vettore della base canonica di $\mathbb{R}^n$ e $h_j^{(k)} > 0$ sono degli incrementi da scegliersi ad ogni passo k dell'iterazione (6.44). Si può dimostrare il seguente risultato (si veda ad esempio [DS83, Ch. 5]):

Proprietà 6.8 *Siano* $\mathbf{F}$ *e* $\mathbf{x}^*$ *tali da soddisfare le ipotesi del Teorema* 6.2, *dove* $\|\cdot\|$ *indica la norma 1 di vettore e la corrispondente norma indotta di matrice. Se esistono due costanti positive* ε *e* h *tali che* $\mathbf{x}^{(0)} \in B(\mathbf{x}^*, \varepsilon)$ *e* $0 < |h_j^{(k)}| \leq h$ *per* $j = 1, \ldots, n$, *allora la successione definita da*

$$\mathbf{x}^{(k+1)} = \mathbf{x}^{(k)} - \left[\mathrm{J}_h^{(k)}\right]^{-1} \mathbf{F}(\mathbf{x}^{(k)}), \tag{6.49}$$

è ben definita e converge linearmente a $\mathbf{x}^*$. *Se inoltre esiste una costante* $C > 0$ *tale che* $\max_j |h_j^{(k)}| \leq C\|\mathbf{x}^{(k)} - \mathbf{x}^*\|$ *o, equivalentemente, esiste una costante* $c > 0$ *tale che* $\max_j |h_j^{(k)}| \leq c\|\mathbf{F}(\mathbf{x}^{(k)})\|$, *allora la successione* (6.49) *converge quadraticamente.*

Questo risultato non fornisce indicazioni su come calcolare gli $h_j^{(k)}$. A questo proposito si possono fare le seguenti osservazioni. L'errore di troncamento del prim'ordine rispetto ad $h_j^{(k)}$ che proviene dall'uso delle differenze finite (6.48), può essere diminuito riducendo gli $h_j^{(k)}$. D'altra parte, $h_j^{(k)}$ troppo piccoli possono dare luogo a grandi errori di arrotondamento. Bisogna dunque trovare un compromesso tra l'esigenza di limitare l'errore di troncamento e garantire l'accuratezza del calcolo.

Ad esempio, si può prendere

$$h_j^{(k)} = \sqrt{\epsilon_M} \max\left\{|x_j^{(k)}|, M_j\right\} \operatorname{sign}(x_j),$$

dove M_j è un parametro rappresentativo dell'ordine di grandezza assunto dalla componente x_j della soluzione. Ulteriori miglioramenti si possono ottenere utilizzando approssimazioni delle derivate con rapporti incrementali di ordine superiore come ad esempio

$$(\mathrm{J}_h^{(k)})_j = \frac{\mathbf{F}(\mathbf{x}^{(k)} + h_j^{(k)}\mathbf{e}_j) - \mathbf{F}(\mathbf{x}^{(k)} - h_j^{(k)}\mathbf{e}_j)}{2h_j^{(k)}}, \qquad \forall k \geq 0.$$

Per approfondimenti, si veda ad esempio [BS90].

6.7.3 Metodi quasi-Newton e metodi ibridi o poli-algoritmi

Un metodo quasi-Newton è una variante del metodo di Newton in cui la matrice Jacobiana viene sostituita da una sua approssimazione, ottenuta approssimando le derivate con schemi alle differenze finite (come illustrato nel Capitolo 11) o, come illustreremo nella prossima sezione, con schemi di tipo secanti, estendendo l'idea del metodo delle secanti monodimensionale.

Un metodo ibrido (o poli-algoritmo) è invece uno schema in cui si combina l'uso di metodi globalmente convergenti, con metodi di tipo Newton solo localmente convergenti, ma di ordine maggiore di uno.
In un metodo ibrido ad ogni passo k si eseguono le seguenti operazioni:

1. calcolare $\mathbf{F}(\mathbf{x}^{(k)})$;
2. porre $\tilde{\mathrm{J}}_\mathbf{F}(\mathbf{x}^{(k)})$ pari a $\mathrm{J}_\mathbf{F}(\mathbf{x}^{(k)})$ o ad una approssimazione di $\mathrm{J}_\mathbf{F}(\mathbf{x}^{(k)})$;
3. risolvere il sistema lineare $\tilde{\mathrm{J}}_\mathbf{F}(\mathbf{x}^{(k)})\boldsymbol{\delta}\mathbf{x}^{(k)} = -\mathbf{F}(\mathbf{x}^{(k)})$;
4. porre $\mathbf{x}^{(k+1)} = \mathbf{x}^{(k)} + \alpha_k\boldsymbol{\delta}\mathbf{x}^{(k)}$, dove α_k è un opportuno *parametro di smorzamento.*

I punti 2 e 4 sono dunque quelli che caratterizzano i metodi ibridi. Per un'analisi di questi metodi e dei criteri con cui costruire le matrici $\tilde{\mathrm{J}}_\mathbf{F}(\mathbf{x}^{(k)})$ nel caso di problemi di ottimizzazione, rimandiamo a [QSS07, Cap. 7] e [QSG10, Cap. 7].

6.7.4 Metodi quasi-Newton di tipo secanti

Questi metodi vengono costruiti a partire dal metodo delle secanti introdotto nella Sezione 6.2. Precisamente, dati due vettori $\mathbf{x}^{(0)}$ e $\mathbf{x}^{(1)}$, al generico passo $k \geq 1$ si risolve il sistema lineare

$$\boxed{\mathrm{Q}_k\delta\mathbf{x}^{(k+1)} = -\mathbf{F}(\mathbf{x}^{(k)})} \qquad (6.50)$$

e si pone $\mathbf{x}^{(k+1)} = \mathbf{x}^{(k)} + \delta\mathbf{x}^{(k+1)}$. Q_k è una matrice $n \times n$ tale che

$$Q_k\delta\mathbf{x}^{(k)} = \mathbf{F}(\mathbf{x}^{(k)}) - \mathbf{F}(\mathbf{x}^{(k-1)}) = \mathbf{b}^{(k)}, \qquad k \geq 1,$$

ottenuta generalizzando formalmente la (6.13). Tale relazione algebrica non è però sufficiente a determinare in modo univoco Q_k. A tale scopo, si richiede che per $k \geq n$ la matrice Q_k soddisfi al seguente insieme di n sistemi

$$Q_k\left(\mathbf{x}^{(k)} - \mathbf{x}^{(k-j)}\right) = \mathbf{F}(\mathbf{x}^{(k)}) - \mathbf{F}(\mathbf{x}^{(k-j)}), \qquad j = 1, \ldots, n. \tag{6.51}$$

Se i vettori $\mathbf{x}^{(k-j)}$, ..., $\mathbf{x}^{(k)}$ sono linearmente indipendenti, il sistema (6.51) consente di determinare tutti i coefficienti incogniti $\{(Q_k)_{lm},\ l, m = 1, \ldots, n\}$ di Q_k. Sfortunatamente, i vettori in questione tendono nella pratica a diventare linearmente dipendenti ed il metodo che si costruisce risulta instabile, senza tener conto della necessità di memorizzare tutte le n iterate precedenti alla attuale.

Per questi motivi, si segue una strada alternativa che punta a conservare le informazioni già acquisite dal metodo al passo k. Precisamente, si cerca Q_k in modo che la differenza fra i seguenti approssimanti lineari di $\mathbf{F}(\mathbf{x}^{(k-1)})$ e di $\mathbf{F}(\mathbf{x}^{(k)})$,

$$\mathbf{F}(\mathbf{x}^{(k)}) + Q_k(\mathbf{x} - \mathbf{x}^{(k)}), \quad \mathbf{F}(\mathbf{x}^{(k-1)}) + Q_{k-1}(\mathbf{x} - \mathbf{x}^{(k-1)}),$$

risulti minima, congiuntamente al vincolo che Q_k soddisfi il sistema (6.51). Utilizzando la (6.51) con $j = 1$, si trova che la differenza fra i due approssimanti è pari a

$$\mathbf{d}_k = (Q_k - Q_{k-1})\left(\mathbf{x} - \mathbf{x}^{(k-1)}\right). \tag{6.52}$$

Scomponiamo $\mathbf{x} - \mathbf{x}^{(k-1)}$ come $\alpha\boldsymbol{\delta}\mathbf{x}^{(k)} + \mathbf{s}$, dove $\alpha \in \mathbb{R}$ e $\mathbf{s}^T\boldsymbol{\delta}\mathbf{x}^{(k)} = 0$. La (6.52) diventa allora

$$\mathbf{d}_k = \alpha\,(Q_k - Q_{k-1})\,\boldsymbol{\delta}\mathbf{x}^{(k)} + (Q_k - Q_{k-1})\,\mathbf{s}.$$

Dei due addendi che compaiono, soltanto il secondo può essere minimizzato, essendo il primo indipendente da Q_k in quanto

$$(Q_k - Q_{k-1})\boldsymbol{\delta}\mathbf{x}^{(k)} = \mathbf{b}^{(k)} - Q_{k-1}\boldsymbol{\delta}\mathbf{x}^{(k)}.$$

Il problema è dunque: trovare Q_k tale che $(Q_k - Q_{k-1})\,\mathbf{s}$ sia minimo per ogni $\mathbf{s}$ ortogonale a $\boldsymbol{\delta}\mathbf{x}^{(k)}$ con il vincolo che valga la (6.51). Si può dimostrare che questo problema ha una soluzione Q_k che può essere calcolata in forma ricorsiva come

$$Q_k = Q_{k-1} + \frac{(\mathbf{b}^{(k)} - Q_{k-1}\boldsymbol{\delta}\mathbf{x}^{(k)})\boldsymbol{\delta}\mathbf{x}^{(k)^T}}{\boldsymbol{\delta}\mathbf{x}^{(k)^T}\boldsymbol{\delta}\mathbf{x}^{(k)}} \tag{6.53}$$

Il metodo (6.50) con la scelta (6.53) è noto come *metodo di Broyden*. Per inizializzare la (6.53) si sceglie Q_0 uguale alla matrice $\mathrm{J}_{\mathbf{F}}(\mathbf{x}^{(0)})$ o ad una sua approssimazione come ad esempio quella data nella (6.48). Per quanto riguarda la convergenza del metodo di Broyden, abbiamo il seguente risultato:

Proprietà 6.9 *Se valgono tutte le ipotesi del Teorema* 6.2 *e se esistono due costanti positive* ε *e* γ *tali che*

$$\|\mathbf{x}^{(0)} - \mathbf{x}^*\| \leq \varepsilon, \quad \|\mathrm{Q}_0 - \mathbf{J}_{\mathbf{F}}(\mathbf{x}^*)\| \leq \gamma,$$

allora la successione $\{\mathbf{x}^{(k)}\}$ *generata dal metodo di Broyden è ben definita e converge (in modo superlineare) a* $\mathbf{x}^*$*, ovvero*

$$\|\mathbf{x}^{(k)} - \mathbf{x}^*\| \leq c_k \|\mathbf{x}^{(k-1)} - \mathbf{x}^*\| \tag{6.54}$$

dove la costante c_k *è tale che* $\lim_{k\to\infty} c_k = 0$.

Sotto ulteriori ipotesi si può dimostrare anche la convergenza della successione $\{\mathrm{Q}_k\}$ a $\mathbf{J}_{\mathbf{F}}(\mathbf{x}^*)$, proprietà non necessariamente vera per questo metodo, come evidenziato nell'Esempio 6.14. Notiamo infine come esistano numerose varianti del metodo di Broyden che mirano a ridurne il costo computazionale, ma che in generale risultano meno stabili (si veda [DS83], Capitolo 8).

Il Programma 55 implementa il metodo di Broyden (6.50) e (6.53). La variabile `Q` in ingresso corrisponde all'approssimazione iniziale Q_0 nella (6.53).

Programma 55 – broyden: Metodo di Broyden

```
function [x,iter]=broyden(F,Q,x0,tol,nmax)
% BROYDEN metodo di Broyden per sistemi non lineari.
% [X, ITER] = BROYDEN(F, Q, X0, TOL, NMAX) risolve il sistema non lineare
% F(X)=0 con il metodo di Broyden. F e' una stringa contenente le espressioni
% funzionali delle equazioni non lineari del sistema.
% X0 specifica il vettore iniziale, TOL la tolleranza del metodo, NMAX il
% numero massimo delle iterazioni. ITER e' l'iterazione alla quale la
% soluzione X e' calcolata.
[n,m]=size(F);
if n ~= m, error('Solo sistemi quadrati'); end
iter=0; err=1+tol;
fk0=F(x0);
    while iter < nmax && err > tol
        s=-Q \ fk0;
        x=s+x0;
        err=norm(s);
        if err > tol
            fk=F(x);
            Q=Q+(fk*s')/(s'*s);
```

```
        end
        iter=iter+1;
        fk0=fk; x0=x;
    end
return
```

Esempio 6.13 Se applicato al sistema non lineare dell'Esempio 6.11, il metodo di Broyden converge in 8 iterazioni alla radice $0.5887(1,1)^T$ rispetto alle 6 iterazioni richieste dal metodo di Newton a partire dallo stesso dato iniziale $\mathbf{x}^{(0)} = (0.1, 0.1)^T$. La matrice Q_0 è stata scelta pari alla matrice Jacobiana valutata in $\mathbf{x}^{(0)}$. •

Esempio 6.14 Supponiamo ora di risolvere col solo metodo di Broyden il sistema non lineare $\mathbf{F}(\mathbf{x}) = (x_1+x_2-3; x_1^2+x_2^2-9)^T = \mathbf{0}$. Esso ammette due radici semplici: $(0,3)^T$ e $(3,0)^T$. Il metodo di Broyden converge in 8 iterazioni alla soluzione $(0,3)^T$ a partire da $\mathbf{x}^{(0)} = (2,4)^T$. La successione dei Q_k, memorizzata nella variabile `Q` del Programma 55, non converge però alla matrice jacobiana in quanto

$$\lim_{k\to\infty} Q^{(k)} = \begin{bmatrix} 1 & 1 \\ 1.5 & 1.75 \end{bmatrix} \neq \mathbf{J_F}[(0,3)^T] = \begin{bmatrix} 1 & 1 \\ 0 & 6 \end{bmatrix}.$$

•

6.7.5 Metodi di punto fisso

Concludiamo questa sezione estendendo alla risoluzione di un sistema non lineare le tecniche di punto fisso introdotte nel caso scalare. Riformuliamo quindi il problema (6.43) come:

$$\text{data } \mathbf{G} : \mathbb{R}^n \to \mathbb{R}^n, \text{ trovare } \mathbf{x}^* \in \mathbb{R}^n \text{ tale che } \mathbf{G}(\mathbf{x}^*) = \mathbf{x}^* \qquad (6.55)$$

essendo $\mathbf{G}$ una funzione tale che se $\mathbf{x}^*$ è un punto fisso di $\mathbf{G}$, allora $\mathbf{F}(\mathbf{x}^*) = \mathbf{0}$.

In analogia a quanto fatto nella Sezione 6.3, per la risoluzione di (6.55) introduciamo metodi iterativi della forma:

dato $\mathbf{x}^{(0)} \in \mathbb{R}^n$, per $k = 0, 1, \ldots$ fino a convergenza, porre

$$\mathbf{x}^{(k+1)} = \mathbf{G}(\mathbf{x}^{(k)}). \qquad (6.56)$$

Al fine di fornire alcuni risultati di convergenza per i metodi (6.56), diamo la seguente definizione:

Definizione 6.2 Una funzione $\mathbf{G} : D \subset \mathbb{R}^n \to \mathbb{R}^n$ è *contrattiva* su $D_0 \subset D$ se esiste una costante $\alpha < 1$ tale che $\|\mathbf{G}(\mathbf{x}) - \mathbf{G}(\mathbf{y})\| \leq \alpha\|\mathbf{x} - \mathbf{y}\|$ per ogni $\mathbf{x}$, $\mathbf{y}$ in D_0, essendo $\|\cdot\|$ una certa norma vettoriale. ■

L'esistenza e l'unicità di un punto fisso per $\mathbf{G}$ è garantita dal seguente teorema, per la cui dimostrazione rimandiamo a [OR70]:

Proprietà 6.10 *Si supponga* $\mathbf{G}: D \subset \mathbb{R}^n \to \mathbb{R}^n$ *contrattiva su un insieme chiuso* $D_0 \subset D$ *e che* $\mathbf{G}(\mathbf{x}) \in D_0$ *per ogni* $\mathbf{x} \in D_0$. *Allora* $\mathbf{G}$ *ha un unico punto fisso in* D_0.

Il seguente risultato fornisce una condizione sufficiente affinché l'iterazione (6.56) converga (per la dimostrazione, si veda [OR70], pagg. 299-301), ed estende al caso vettoriale il Teorema 6.3, valido nel caso scalare.

Proprietà 6.11 *Supponiamo che* $\mathbf{G}: D \subset \mathbb{R}^n \to \mathbb{R}^n$ *abbia un punto fisso* $\mathbf{x}^*$ *all'interno di* D *e che* $\mathbf{G}$ *sia derivabile con continuità in un intorno di* $\mathbf{x}^*$. *Indichiamo con* $\mathrm{J}_\mathbf{G}$ *la matrice Jacobiana di* $\mathbf{G}$ *e supponiamo che* $\rho(\mathrm{J}_\mathbf{G}(\mathbf{x}^{(*)})) < 1$. *Esiste allora un intorno* S *di* $\mathbf{x}^*$ *tale che* $S \subset D$ *e, per ogni* $\mathbf{x}^{(0)} \in S$, *la successione definita dalla (6.56) appartiene a* D *e converge a* $\mathbf{x}^*$.

Evidentemente, essendo il raggio spettrale l'estremo inferiore delle norme matriciali indotte, per avere convergenza sarà sufficiente verificare che $\|\mathrm{J}_\mathbf{G}(\mathbf{x}^*)\| < 1$ per una qualche norma matriciale.

Esempio 6.15 Consideriamo il sistema non lineare

$$\mathbf{F}(\mathbf{x}) = \left(x_1^2 + x_2^2 - 1, 2x_1 + x_2 - 1\right)^T = \mathbf{0},$$

che ha soluzioni $\mathbf{x}_1^* = (0,1)^T$ e $\mathbf{x}_2^* = (4/5, -3/5)^T$. Risolviamolo con i metodi di punto fisso definiti rispettivamente dalle due seguenti funzioni di iterazione

$$\mathbf{G}_1(\mathbf{x}) = \begin{bmatrix} \dfrac{1-x_2}{2} \\ \sqrt{1-x_1^2} \end{bmatrix}, \quad \mathbf{G}_2(\mathbf{x}) = \begin{bmatrix} \dfrac{1-x_2}{2} \\ -\sqrt{1-x_1^2} \end{bmatrix}.$$

È immediato verificare che $\mathbf{G}_i(\mathbf{x}_i^*) = \mathbf{x}_i^*$ per $i = 1, 2$; entrambi i metodi risultano convergenti in un intorno dei rispettivi punti fissi, avendosi

$$\mathrm{J}_{\mathbf{G}_1}(\mathbf{x}_1^*) = \begin{bmatrix} 0 & -\frac{1}{2} \\ 0 & 0 \end{bmatrix}, \quad \mathrm{J}_{\mathbf{G}_2}(\mathbf{x}_2^*) = \begin{bmatrix} 0 & -\frac{1}{2} \\ \frac{4}{3} & 0 \end{bmatrix},$$

da cui si ricava che $\rho(\mathrm{J}_{\mathbf{G}_1}(\mathbf{x}_1^*)) = 0$ e $\rho(\mathrm{J}_{\mathbf{G}_2}(\mathbf{x}_2^*)) = \sqrt{\dfrac{2}{3}} \simeq 0.817 < 1$.

Utilizzando il Programma 56, con una tolleranza sull'errore assoluto tra due iterate consecutive di 10^{-10}, il primo metodo converge a $\mathbf{x}_1^*$ in 9 iterazioni partendo da $\mathbf{x}^{(0)} = (-0.9, 0.9)^T$, mentre il secondo converge a $\mathbf{x}_2^*$ in 115 iterazioni con $\mathbf{x}^{(0)} = (0.9, 0.9)^T$. La radicale diversità di comportamento dei due metodi riflette la differenza fra i raggi spettrali delle corrispondenti matrici di iterazione. •

Il metodo di Newton si può interpretare come un metodo di punto fisso con funzione di iterazione

$$\mathbf{G}_N(\mathbf{x}) = \mathbf{x} - \mathrm{J}_\mathbf{F}^{-1}(\mathbf{x})\mathbf{F}(\mathbf{x}). \tag{6.57}$$

Poniamo ora $\mathbf{G}(\mathbf{x}) = \mathbf{x} - \mathbf{F}(\mathbf{x})$. Allora, essendo $\mathrm{J}_\mathbf{G}(\mathbf{x}) = \mathrm{I} - \mathrm{J}_\mathbf{F}(\mathbf{x})$, il metodo di Newton si può riformulare in modo equivalente come

$$\left(\mathrm{I} - \mathrm{J}_\mathbf{G}(\mathbf{x}^{(k)})\right)\left(\mathbf{x}^{(k+1)} - \mathbf{x}^{(k)}\right) = -\mathbf{r}^{(k)}.$$

Questa forma consente di interpretare il metodo di Newton anche come un metodo di Richardson stazionario precondizionato, e quindi suggerisce la possibilità di accelerarne la convergenza introducendo un parametro di rilassamento α_k

$$\left(\mathrm{I} - \mathrm{J}_\mathbf{G}(\mathbf{x}^{(k)})\right)\left(\mathbf{x}^{(k+1)} - \mathbf{x}^{(k)}\right) = -\alpha_k\mathbf{r}^{(k)}$$

Per una scelta del parametro α_k si rimanda ad esempio a [QSS07], Sezione 7.2.6.

Il metodo di punto fisso (6.56) è implementato nel Programma 56. Abbiamo indicato con `dim` la dimensione del sistema non lineare e con `Phi` il *function handle* associato alla funzione di iterazione $\mathbf{G}$. In uscita, il vettore `alpha` contiene nella sua ultima posizione l'approssimazione del punto fisso ottenuta dopo `iter` iterazioni.

Programma 56 – fixposys: Metodo di punto fisso per sistemi

```
function [alpha,res,iter]=fixposys(F,Phi,x0,tol,nmax)
% FIXPOSYS metodo di punto fisso per sistemi non lineari.
% [ALPHA, RES, ITER] = FIXPOSYS(F, PHI, X0, TOL, NMAX) risolve il
% sistema non lineare F(X)=0 con il metodo di punto fisso. F e PHI sono
% function handle associati alle funzioni F e PHI rispettivamente. X0
% specifica il vettore iniziale, TOL la tolleranza del metodo, NMAX il
% numero massimo delle iterazioni. ITER e' l'iterazione alla quale il punto
% fisso ALPHA e' calcolato. RES e' il residuo del sistema calcolato in ALPHA.
alpha=x0'; r=F(x0); res0=norm(r,inf);
res=res0; iter = 0;
while iter <= nmax && res0 >= tol
   x= Phi(x0);
   alpha=[alpha;x'];
   r=F(x); res0=norm(r,inf);
   res=[res;res0];
   iter = iter + 1; x0=x;
end
return
```

6.8 Esercizi

1. Si costruisca geometricamente la successione delle prime iterate calcolate dai metodi di bisezione, *Regula Falsi*, delle secanti e di Newton nell'approssimazione della radice della funzione $f(x) = x^2 - 2$ sull'intervallo $[1, 3]$.

2. Sia f una funzione continua insieme con le sue prime m derivate ($m \geq 1$), tale che $f(\alpha) = f'(\alpha) = \ldots = f^{(m-1)}(\alpha) = 0$ e $f^{(m)}(\alpha) \neq 0$. Si dimostri la (6.22) e si verifichi che il metodo di Newton modificato (6.23) ha ordine di convergenza 2.
[*Suggerimento*: porre $f(x) = (x - \alpha)^m h(x)$, dove $h(x)$ è tale che $h(\alpha) \neq 0$.]

3. Si consideri la funzione $f(x) = \cos^2(2x) - x^2$ nell'intervallo $0 \leq x \leq 1.5$ analizzata nell'Esempio 6.4. Fissata la tolleranza ε sull'errore assoluto pari a 10^{-10}, determinare, per via sperimentale, gli intervalli in cui scegliere il dato iniziale $x^{(0)}$ in modo che il metodo di Newton risulti convergente alla radice $\alpha \simeq 0.5149$.
[*Soluzione*: per $0 < x^{(0)} \leq 0.02$, $0.94 \leq x^{(0)} \leq 1.13$ e $1.476 \leq x^{(0)} \leq 1.5$, il metodo converge alla soluzione $-\alpha$. Per ogni altro valore di $x^{(0)}$ in $[0, 1.5]$ il metodo converge ad α.]

4. Si verifichino le seguenti proprietà:
   (a) $0 < \phi'(\alpha) < 1$: la convergenza di $x^{(k)}$ ad α è *monotona*, ossia l'errore $x^{(k)} - \alpha$ mantiene segno costante al variare di k;
   (b) $-1 < \phi'(\alpha) < 0$: convergenza oscillante (ovvero $x^{(k)} - \alpha$ cambia segno al variare di k);
   (c) $|\phi'(\alpha)| > 1$ (divergenza della successione): se $\phi'(\alpha) > 1$, la successione diverge in modo monotono, mentre si ha una divergenza con segno oscillante se $\phi'(\alpha) < -1$.

5. Si consideri per $k \geq 0$ il metodo di punto fisso, noto come *metodo di Steffensen*
$$x^{(k+1)} = x^{(k)} - \frac{f(x^{(k)})}{\varphi(x^{(k)})}, \quad \varphi(x^{(k)}) = \frac{f(x^{(k)} + f(x^{(k)})) - f(x^{(k)})}{f(x^{(k)})},$$
e si dimostri che è un metodo del second'ordine. Si scriva quindi un programma MATLAB che implementi il metodo di Steffensen e lo si utilizzi per il calcolo della radice dell'equazione non lineare $f(x) = e^{-x} - \sin(x) = 0$.

6. Analizzare la consistenza e la convergenza delle iterazioni di punto fisso $x^{(k+1)} = \phi_j(x^{(k)})$ per il calcolo delle radici $\alpha_1 = -1$ e $\alpha_2 = 2$ della funzione $f(x) = x^2 - x - 2$, nel caso delle seguenti funzioni di iterazione: $\phi_1(x) = x^2 - 2$, $\phi_2(x) = \sqrt{2 + x}$, $\phi_3(x) = -\sqrt{2 + x}$ e $\phi_4(x) = 1 + 2/x$, $x \neq 0$.
[*Soluzione*: il metodo con ϕ_1 e ϕ_4 è consistente per il calcolo di entrambi gli zeri, mentre con ϕ_2 è consistente solo per α_2 e con ϕ_3 solo per α_1. Con ϕ_1 non è convergente, con ϕ_2 e ϕ_3 lo è, mentre con ϕ_4 lo è solo ad α_2.]

7. Per l'approssimazione delle radici della funzione $f(x) = (2x^2 - 3x - 2)/(x - 1)$, si considerino i seguenti metodi di punto fisso:
   (1) $x^{(k+1)} = g(x^{(k)})$, essendo $g(x) = (3x^2 - 4x - 2)/(x - 1)$;
   (2) $x^{(k+1)} = h(x^{(k)})$, essendo $h(x) = x - 2 + x/(x - 1)$.

Analizzare le proprietà di convergenza dei due metodi, determinandone in particolare l'ordine. Verificare il comportamento dei due metodi utilizzando il Programma 48 e fornire per il secondo dei due una stima sperimentale dell'intervallo nel quale deve essere scelto $x^{(0)}$ affinché si abbia convergenza alla radice $\alpha = 2$.

[*Soluzione*: radici: $\alpha_1 = -1/2$ e $\alpha_2 = 2$. Il metodo (1) non è convergente a nessuna delle radici, mentre (2) può approssimare solo α_2 ed è del second'ordine. Si ha convergenza per ogni $x^{(0)} > 1$.]

8. Proporre almeno due metodi di punto fisso per approssimare la radice $\alpha \simeq 0.5885$ dell'equazione $f(x) = e^{-x} - \sin(x) = 0$ ed analizzarne la convergenza.

9. Utilizzando la regola di Cartesio, si determini il numero di radici reali dei polinomi $p_6(x) = x^6 - x - 1$ e $p_4(x) = x^4 - x^3 - x^2 + x - 1$.

   [*Soluzione*: per p_6 e p_4 una radice reale negativa ed una reale positiva.]

10. Utilizzando il teorema di Cauchy, localizzare gli zeri dei polinomi p_4 e p_6 considerati nell'Esercizio 9. Fornire una stima analoga nel caso del polinomio $p_4(x) = x^4 + 8x^3 - 8x^2 - 200x - 425 = (x-5)(x+5)(x+4+i)(x+4-i)$.

    [*Suggerimento*: operare il cambio di variabile $t = x - \mu$, con $\mu = -4$, in modo da ricondurre il polinomio alla forma $p_4(t) = t^4 - 8t^3 - 8t^2 - 8t - 9$.]

11. Utilizzare la regola di Cartesio e il teorema di Cauchy per localizzare gli zeri del polinomio di Legendre L_5 considerato nell'Esempio 6.3.

    [*Soluzione*: 5 zeri reali, compresi nell'intervallo $[-r, r]$, con $r = 1 + 70/63 \simeq 2.11$. Si osservi, peraltro, che le radici di L_5 appartengono all'intervallo $(-1, 1)$.]

12. Sia $g : \mathbb{R} \to \mathbb{R}$ definita come $g(x) = \sqrt{1 + x^2}$. Dimostrare che le iterate del metodo di Newton per l'equazione $g'(x) = 0$ verificano le proprietà:

$$
\begin{array}{ll}
(a) & |x^{(0)}| < 1 \Rightarrow g(x^{(k+1)}) < g(x^{(k)}),\ k \geq 0,\ \lim_{k\to\infty} x^{(k)} = 0, \\
(b) & |x^{(0)}| > 1 \Rightarrow g(x^{(k+1)}) > g(x^{(k)}),\ k \geq 0,\ \lim_{k\to\infty} |x^{(k)}| = +\infty.
\end{array}
$$

13. Si dimostri la (6.47) per il metodo di Newton-SOR ad m passi.

    [*Suggerimento*: si consideri il metodo SOR applicato ad un sistema lineare $\mathbf{A}\mathbf{x}=\mathbf{b}$ con A=D-E-F. Si esprima l'iterata $k+1$-esima in funzione del dato iniziale $\mathbf{x}^{(0)}$, trovando

$$
\mathbf{x}^{(k+1)} = \mathbf{x}^{(0)} + (\mathrm{M}^{k+1} - \mathrm{I})\mathbf{x}^{(0)} + (\mathrm{M}^k + \ldots + \mathrm{I})\mathrm{B}^{-1}\mathbf{b},
$$

avendo posto $\mathrm{B} = \omega^{-1}(\mathrm{D} - \omega\mathrm{E})$, $\mathrm{M} = \mathrm{B}^{-1}\omega^{-1}[(1-\omega)\mathrm{D} + \omega F]$. Allora, siccome $\mathrm{B}^{-1}\mathrm{A} = \mathrm{I} - \mathrm{M}$ e

$$
(\mathrm{I} + \ldots + \mathrm{M}^k)(\mathrm{I} - \mathrm{M}) = \mathrm{I} - \mathrm{M}^{k+1}
$$

si perviene alla (6.47) identificando opportunamente la matrice ed il termine noto del sistema.]

14. Per la risoluzione del sistema non lineare

$$\begin{cases} -\dfrac{1}{81}\cos x_1 + \dfrac{1}{9}x_2^2 + \dfrac{1}{3}\sin x_3 = x_1 \\ \dfrac{1}{3}\sin x_1 + \dfrac{1}{3}\cos x_3 = x_2 \\ -\dfrac{1}{9}\cos x_1 + \dfrac{1}{3}x_2 + \dfrac{1}{6}\sin x_3 = x_3, \end{cases}$$

si consideri il metodo di punto fisso $\mathbf{x}^{(n+1)} = \Psi(\mathbf{x}^{(n)})$, dove $\mathbf{x} = (x_1, x_2, x_3)^T$ e $\Psi(\mathbf{x})$ è il primo membro del sistema dato. Se ne studi la convergenza per il calcolo del punto fisso $\boldsymbol{\alpha} = (0, 1/3, 0)^T$ indicando eventuali restrizioni sulla scelta del dato iniziale $\mathbf{x}^{(0)}$.

[*Soluzione*: il metodo in esame è convergente in quanto $\|\Psi(\boldsymbol{\alpha})\|_\infty = 1/2$.]

7
Interpolazione polinomiale

In questo capitolo illustrereremo i principali metodi per l'approssimazione di funzioni attraverso i loro valori nodali.

Precisamente, date $m+1$ coppie di valori (x_i, y_i) si cerca una funzione $\Phi = \Phi(x)$ dipendente da $x_0, \ldots, x_m$ tale che $\Phi(x_i) = y_i$ per $i = 0, \ldots, m$, essendo gli y_i dei valori assegnati. In tal caso si dice che Φ *interpola* i valori $\{y_i\}$ nei nodi $\{x_i\}$. Parleremo di *interpolazione polinomiale* se Φ è un polinomio algebrico, *interpolazione trigonometrica* se Φ è un polinomio trigonometrico o *interpolazione composita o mediante splines* nel caso in cui Φ sia solo localmente un polinomio.

I numeri y_i potranno essere i valori assunti nei nodi x_i da una funzione f nota analiticamente, oppure rappresentare misure sperimentali. Nel primo caso, l'approssimazione mira a sostituire f con una funzione più semplice da trattare, ad esempio nell'integrazione o nella derivazione. Nel secondo caso, lo scopo primario dell'approssimazione è di fornire una funzione polinomiale che esprima una sintesi significativa dei dati disponibili, nel caso in cui questi ultimi siano molto numerosi.

L'interpolazione polinomiale verrà affrontata nelle Sezioni 7.1 e 7.2, mentre l'interpolazione polinomiale composita verrà discussa nelle Sezioni 7.3, 7.4 e 7.5. Infine, le funzioni *splines* monodimensionali e le *splines* parametriche verranno considerate nelle Sezioni 7.6 e 7.7. Interpolazioni di tipo trigonometrico o basate su polinomi ortogonali verranno trattate nel Capitolo 9. Rimandiamo al Capitolo 9 per lo studio di altre tecniche, alternative all'interpolazione, per l'approssimazione di funzioni e dati.

7.1 Interpolazione polinomiale di Lagrange

Consideriamo $n+1$ coppie di valori (x_i, y_i). Cerchiamo un polinomio $\Pi_m \in \mathbb{P}_m$, detto *polinomio interpolatore*, tale per cui

$$\Pi_m(x_i) = a_m x_i^m + \ldots + a_1 x_i + a_0 = y_i, \quad i = 0, \ldots, n. \tag{7.1}$$

A. Quarteroni, R. Sacco, F. Saleri, P. Gervasio, *Matematica Numerica*, 4ª edizione,
UNITEXT – La Matematica per il 3+2 77, DOI: 10.1007/978-88-470-5644-2_7,
© Springer-Verlag Italia 2014

I punti x_i si dicono *nodi di interpolazione*. Se $n \neq m$ il problema risulta sovra o sotto-determinato e verrà affrontato nella Sezione 9.7.1. Nel caso in cui $n = m$, si ha invece il seguente risultato:

Teorema 7.1 *Dati $n+1$ punti distinti $x_0, \ldots, x_n$ e $n+1$ corrispondenti valori $y_0, \ldots, y_n$ esiste un unico polinomio $\Pi_n \in \mathbb{P}_n$ tale che $\Pi_n(x_i) = y_i$ per $i = 0, \ldots, n$.*

Dimostrazione. Per dimostrare l'esistenza procediamo in maniera costruttiva fornendo un'espressione per Π_n. Indichiamo con $\{l_i\}_{i=0}^n$ una base per $\mathbb{P}_n$, allora Π_n ammetterà una rappresentazione su questa base del tipo $\Pi_n(x) = \sum_{i=0}^n b_i l_i(x)$ tale che

$$\Pi_n(x_i) = \sum_{j=0}^n b_j l_j(x_i) = y_i, \quad i = 0, \ldots, n. \tag{7.2}$$

Se definiamo

$$l_i \in \mathbb{P}_n: \quad l_i(x) = \prod_{\substack{j=0 \\ j \neq i}}^n \frac{x - x_j}{x_i - x_j} \quad i = 0, \ldots, n, \tag{7.3}$$

allora $l_i(x_j) = \delta_{ij}$ e, per la (7.2), concludiamo immediatamente che $b_i = y_i$.

I polinomi $\{l_i, i = 0, \ldots, n\}$ formano una base per $\mathbb{P}_n$ (si veda l'Esercizio 1). Di conseguenza, il polinomio interpolatore esiste ed ha la seguente forma (detta *di Lagrange*)

$$\boxed{\Pi_n(x) = \sum_{i=0}^n y_i l_i(x)} \tag{7.4}$$

Per dimostrarne l'unicità, supponiamo che esista un altro polinomio interpolatore Ψ_m di grado $m \leq n$, tale che $\Psi_m(x_i) = y_i$ per $i = 0, ..., n$. Allora il polinomio $\Pi_n - \Psi_m$ si annullerebbe negli $n + 1$ punti distinti x_i e quindi, per il teorema fondamentale dell'Algebra, dovrebbe essere il polinomio identicamente nullo. Segue quindi $\Psi_m = \Pi_n$. Una dimostrazione alternativa dell'esistenza e unicità di Π_n è fornita nell'Esercizio 2. $\diamond$

Si può verificare che (si veda l'Esercizio 3)

$$\Pi_n(x) = \sum_{i=0}^n \frac{\omega_{n+1}(x)}{(x - x_i)\omega'_{n+1}(x_i)} y_i \tag{7.5}$$

essendo ω_{n+1} il *polinomio nodale* di grado $n + 1$

$$\omega_{n+1}(x) = \prod_{i=0}^n (x - x_i). \tag{7.6}$$

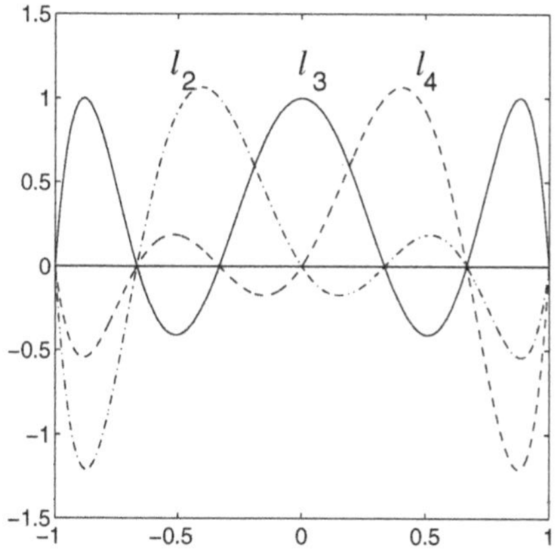

Fig. 7.1 Polinomi caratteristici di Lagrange

La formula (7.4) è detta *forma di Lagrange* del polinomio interpolatore, mentre i polinomi l_i sono chiamati polinomi caratteristici. In Figura 7.1 vengono rappresentati i polinomi caratteristici l_2, l_3 e l_4 relativi al grado $n = 6$ sull'intervallo [-1,1] prendendo nodi equispaziati, inclusi gli estremi.
Si noti che $|l_i|$ può assumere valori anche maggiori di 1 all'interno dell'intervallo di interpolazione.

Qualora sia $y_i = f(x_i)$ per $i = 0, \ldots, n$ con f funzione assegnata, il polinomio interpolatore $\Pi_n(x)$ verrà indicato con $\Pi_n f(x)$.

7.1.1 L'errore di interpolazione

Vogliamo stimare l'errore di interpolazione che commettiamo sostituendo ad una data funzione f il polinomio interpolatore $\Pi_n f$ nei nodi $x_0, x_1, \ldots, x_n$ (rimandiamo per ulteriori risultati a [Dav63], [Wen66]).

Teorema 7.2 *Siano $x_0, x_1, \ldots, x_n$ $n+1$ nodi distinti e x un punto appartenente al dominio di una data funzione f. Supponiamo che $f \in C^{n+1}(I_x)$ essendo I_x il più piccolo intervallo contenente i nodi $x_0, x_1, \ldots, x_n$ ed il punto x. Allora l'errore di interpolazione nel generico punto x è dato da*

$$E_n(x) = f(x) - \Pi_n f(x) = \frac{f^{(n+1)}(\xi(x))}{(n+1)!}\omega_{n+1}(x) \qquad (7.7)$$

con $\xi(x) \in I_x$ e dove ω_{n+1} è il polinomio nodale di grado $n+1$.

Dimostrazione. Il risultato è ovvio se x coincide con uno dei nodi di interpolazione. In caso contrario, definiamo per ogni $t \in I_x$, la funzione $G(t) = E_n(t) -$

$\omega_{n+1}(t)E_n(x)/\omega_{n+1}(x)$. Essendo $f \in C^{(n+1)}(I_x)$ e ω_{n+1} un polinomio, allora $G \in C^{(n+1)}(I_x)$ ed ha $n+2$ zeri distinti in I_x avendosi

$$G(x_i) = E_n(x_i) - \omega_{n+1}(x_i)E_n(x)/\omega_{n+1}(x) = 0, \quad i = 0, \ldots, n,$$

$$G(x) = E_n(x) - \omega_{n+1}(x)E_n(x)/\omega_{n+1}(x) = 0.$$

Per il teorema del valor medio allora G' avrà $n+1$ zeri distinti e, procedendo in modo ricorsivo, $G^{(j)}$ presenterà $n+2-j$ zeri distinti. Di conseguenza $G^{(n+1)}$ ammetterà un unico zero che denoteremo con $\xi(x)$. D'altra parte, siccome $E_n^{(n+1)}(t) = f^{(n+1)}(t)$ e $\omega_{n+1}^{(n+1)}(x) = (n+1)!$, si ottiene

$$G^{(n+1)}(t) = f^{(n+1)}(t) - \frac{(n+1)!}{\omega_{n+1}(x)} E_n(x),$$

da cui, isolando $E_n(x)$, per $t = \xi(x)$ si ricava la tesi. ◇

7.1.2 Limiti dell'interpolazione polinomiale su nodi equispaziati e controesempio di Runge

Per analizzare il comportamento dell'errore di interpolazione (7.7) quando n tende all'infinito, definiamo per ogni funzione $f \in C^0([a,b])$ la *norma infinito* (o *norma del massimo*) come

$$\|f\|_\infty = \max_{x \in [a,b]} |f(x)|. \tag{7.8}$$

Introduciamo una matrice triangolare inferiore X di dimensione infinita, detta matrice *di interpolazione* su $[a,b]$, i cui elementi x_{ij}, $i,j = 0,1,\ldots$ rappresentano punti di $[a,b]$, con l'assunzione che in ogni riga gli elementi siano tutti distinti.

In tal caso, per ogni $n \geq 0$, la $n+1$-esima riga di X contiene $n+1$ valori che possiamo identificare come nodi di interpolazione. Per una data funzione f, si può allora definire in modo univoco un polinomio interpolatore $\Pi_n f$ di grado n rispetto a detti nodi. Naturalmente, $\Pi_n f$ dipenderà da X, oltre che da f.

Fissata f e la matrice di interpolazione X, definiamo l'errore di interpolazione

$$E_{n,\infty}(\mathrm{X}) = \|f - \Pi_n f\|_\infty, \quad n = 0,1,\ldots \tag{7.9}$$

Indichiamo con $p_n^* \in \mathbb{P}_n$ il *polinomio di miglior approssimazione uniforme* (detto in inglese polinomio di *best approximation*), in corrispondenza del quale si ha

$$E_n^* = \|f - p_n^*\|_\infty \leq \|f - q_n\|_\infty \qquad \forall q_n \in \mathbb{P}_n.$$

Vale il seguente risultato di confronto (per la cui dimostrazione si veda [Riv74]):

Proprietà 7.1 *Sia $f \in C^0([a,b])$ e X una matrice di interpolazione su $[a,b]$. Allora*

$$E_{n,\infty}(\mathrm{X}) \leq (1 + \Lambda_n(\mathrm{X}))\, E_n^*, \qquad n = 0, 1, \ldots \tag{7.10}$$

dove $\Lambda_n(\mathrm{X})$ denota la costante di Lebesgue di X definita come

$$\Lambda_n(\mathrm{X}) = \left\| \sum_{j=0}^{n} |l_j^{(n)}| \right\|_\infty, \tag{7.11}$$

essendo $l_j^{(n)} \in \mathbb{P}_n$ il j-esimo polinomio caratteristico associato alla $n+1$-esima riga di X, ovvero tale che $l_j^{(n)}(x_{nk}) = \delta_{jk}$, $j, k = 0, 1, \ldots$

Essendo E_n^* indipendente da X, tutte le informazioni relative agli effetti di X su $E_{n,\infty}(\mathrm{X})$ andranno ricercate in $\Lambda_n(\mathrm{X})$. Pur esistendo una matrice di interpolazione X^* in corrispondenza della quale $\Lambda_n(\mathrm{X})$ è minimo, non è possibile, se non in rari casi, determinarne esplicitamente gli elementi. Vedremo nella Sezione 9.3, come gli zeri dei polinomi di Chebyshev forniscano sull'intervallo $[-1, 1]$ una matrice di interpolazione caratterizzata da una costante di Lebesgue che cresce lentamente con n.

D'altro canto, per ogni possibile scelta di X, esiste una costante $C > 0$ tale che

$$\Lambda_n(\mathrm{X}) > \frac{2}{\pi} \log(n + 1) - C, \qquad n = 0, 1, \ldots$$

Questa proprietà (dimostrata in [Erd61]) mostra che $\Lambda_n(\mathrm{X}) \to \infty$ per $n \to \infty$. In particolare, se ne può dedurre [Fab14] che per ogni matrice di interpolazione X su un intervallo $[a, b]$ esiste sempre una funzione f, continua in $[a, b]$, tale che $\Pi_n f$ non converge uniformemente (ossia nella norma del massimo) ad f. Non è quindi possibile approssimare tramite l'interpolazione polinomiale *tutte* le funzioni continue, come è ben evidenziato dall'Esempio 7.1.

Esempio 7.1 (Controesempio di Runge) Si voglia approssimare la seguente funzione

$$f(x) = \frac{1}{1 + x^2}, \qquad -5 \leq x \leq 5 \tag{7.12}$$

con l'interpolazione di Lagrange su nodi equispaziati. Si verifica che esistono dei punti x interni all'intervallo tali che

$$\lim_{n \to \infty} |f(x) - \Pi_n f(x)| \neq 0.$$

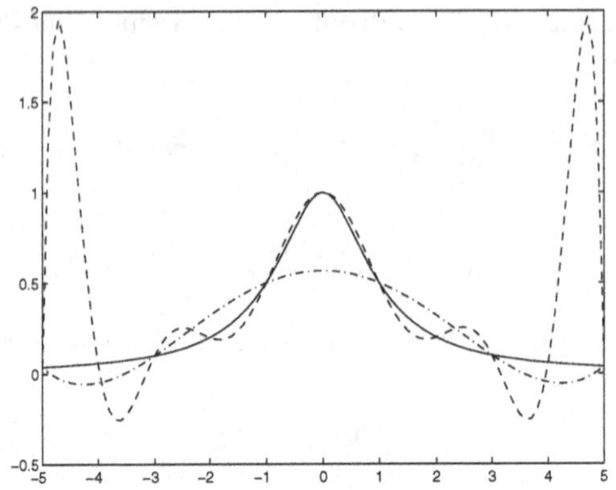

Fig. 7.2 Il controesempio di Runge: la funzione $f(x) = 1/(1 + x^2)$ ed i polinomi interpolatori $\Pi_5 f$ (in linea tratto-punto) e $\Pi_{10} f$ (in linea tratteggiata), rispetto a nodi equispaziati

In particolare si ha divergenza per $|x| > 3.63\ldots$ Questo fenomeno è particolarmente marcato agli estremi dell'intervallo di interpolazione, come mostrato nella Figura 7.2, ed è legato alla scelta di nodi equispaziati. Vedremo nel Capitolo 9 come l'utilizzo di nodi opportuni consentirà di avere in questo caso convergenza uniforme del polinomio interpolante la funzione f. •

7.1.3 Stabilità dell'interpolazione polinomiale

Supponiamo di considerare una approssimazione, $\widetilde{f}(x_i)$, di un insieme di dati $f(x_i)$ relativi ai nodi x_i, con $i = 0, \ldots, n$, in un intervallo $[a, b]$. La perturbazione $f(x_i) - \widetilde{f}(x_i)$ potrà essere dovuta ad esempio all'effetto degli errori di arrotondamento, oppure causata da un errore nella misurazione dei dati stessi.

Indicando con $\Pi_n \widetilde{f}$ il polinomio interpolatore corrispondente ai valori $\widetilde{f}(x_i)$, si ha

$$\begin{aligned}\|\Pi_n f - \Pi_n \widetilde{f}\|_\infty &= \max_{a \le x \le b} \left| \sum_{j=0}^{n} (f(x_j) - \widetilde{f}(x_j)) l_j(x) \right| \\ &\le \Lambda_n(\mathrm{X}) \max_{i=0,\ldots,n} |f(x_i) - \widetilde{f}(x_i)|.\end{aligned}$$

Di conseguenza, a piccole perturbazioni sui dati corrisponderanno piccole variazioni sul polinomio interpolatore purché la costante di Lebesgue sia piccola. Quest'ultima assume il significato di *numero di condizionamento* del problema dell'interpolazione. Come abbiamo già osservato, Λ_n cresce per $n \to \infty$ ed in particolare, nel caso dell'interpolazione polinomiale di Lagrange su nodi

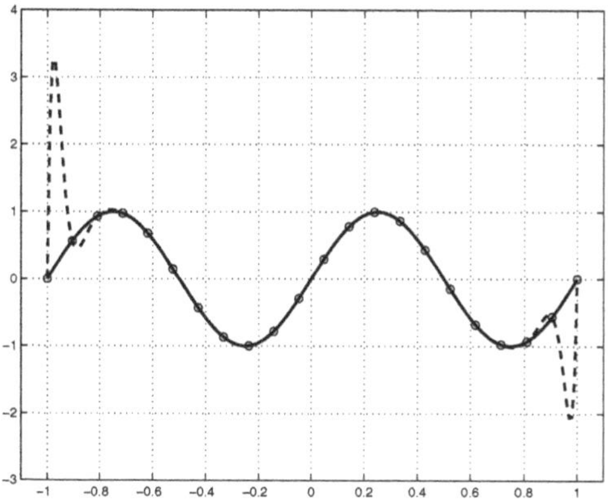

Fig. 7.3 Effetti dell'instabilità nell'interpolazione semplice di Lagrange. In linea continua $\Pi_{21}f$, relativo ai dati imperturbati, in linea tratteggiata, $\Pi_{21}\widetilde{f}$, relativo ai dati perturbati per l'Esempio 7.2

equispaziati, si trova

$$\Lambda_n(\mathrm{X}) \simeq \frac{2^{n+1}}{en(\log n + \gamma)}, \tag{7.13}$$

dove $e \simeq 2.71834$ è il numero di Nepero e $\gamma \simeq 0.547721$ rappresenta la costante di Eulero (si veda [Hes98] e [Nat65]). Di conseguenza, per n grande questo tipo di interpolazione può essere instabile. Facciamo notare come siano stati del tutto trascurati gli errori generati dal processo di interpolazione nella costruzione di $\Pi_n f$. Tuttavia, l'effetto di questi errori è in generale trascurabile [Atk89].

Esempio 7.2 Sull'intervallo $[-1, 1]$ interpoliamo la funzione $f(x) = \sin(2\pi x)$ con 22 nodi equispaziati x_i. Generiamo un insieme perturbato di valori $\widetilde{f}(x_i)$ in modo che

$$\max_{i=0,\ldots,21} |f(x_i) - \widetilde{f}(x_i)| \simeq 9.5 \cdot 10^{-4}.$$

In Figura 7.3 vengono confrontati i polinomi $\Pi_{21}f$ e $\Pi_{21}\widetilde{f}$: come si vede agli estremi dell'intervallo di interpolazione la differenza fra i due polinomi interpolatori è molto maggiore della perturbazione operata (si ha in effetti che $\|\Pi_{21}f - \Pi_{21}\widetilde{f}\|_\infty \simeq 3.1342$ e $\Lambda_{21} \simeq 20454$). •

7.2 Forma di Newton del polinomio interpolatore

La forma di Lagrange (7.4) del polinomio interpolatore non è la più conveniente da un punto di vista pratico. In questa sezione ne indichiamo una forma alternativa dal costo computazionale inferiore. Poniamoci il seguente obiettivo:

date $n+1$ coppie $\{x_i, y_i\}$, $i = 0, \ldots, n$, si vuol rappresentare Π_n (con $\Pi_n(x_i) = y_i$ per $i = 0, \ldots, n$) come la somma di Π_{n-1} (con $\Pi_{n-1}(x_i) = y_i$ per $i = 0, \ldots, n-1$) e di un polinomio di grado n dipendente dai nodi x_i e da *un solo coefficiente incognito*. Precisamente, poniamo

$$\Pi_n(x) = \Pi_{n-1}(x) + q_n(x), \tag{7.14}$$

dove $q_n \in \mathbb{P}_n$. Poiché $q_n(x_i) = \Pi_n(x_i) - \Pi_{n-1}(x_i) = 0$ per $i = 0, \ldots, n-1$, dovrà necessariamente essere

$$q_n(x) = a_n(x - x_0) \ldots (x - x_{n-1}) = a_n \omega_n(x).$$

Per determinare il coefficiente incognito a_n, supponiamo che $y_i = f(x_i)$, $i = 0, \ldots, n$, dove f è una funzione opportuna, non necessariamente nota in forma esplicita. Siccome $\Pi_n f(x_n) = f(x_n)$ si avrà dalla (7.14)

$$a_n = \frac{f(x_n) - \Pi_{n-1} f(x_n)}{\omega_n(x_n)}.$$

Il coefficiente a_n è detto n-esima *differenza divisa di Newton* e viene generalmente indicato con

$$\boxed{a_n = f[x_0, x_1, \ldots, x_n]}$$

per $n \geq 1$. Di conseguenza, la (7.14) diventa

$$\Pi_n f(x) = \Pi_{n-1} f(x) + \omega_n(x) f[x_0, x_1, \ldots, x_n]. \tag{7.15}$$

Se poniamo $y_0 = f(x_0) = f[x_0]$ e $\omega_0 = 1$, per ricorsione su n possiamo ottenere dalla (7.15) la formula seguente

$$\boxed{\Pi_n f(x) = \sum_{k=0}^{n} \omega_k(x) f[x_0, \ldots, x_k]} \tag{7.16}$$

L'unicità del polinomio interpolatore garantisce che questa espressione fornisca lo stesso polinomio interpolatore ottenuto con la forma di Lagrange. Essa è comunemente nota come *formula (delle differenze divise) di Newton* per il polinomio interpolatore.

Nel Programma 57 viene data una elementare implementazione della formula di Newton. In esso `y` è il vettore contenente le valutazioni di f nei nodi memorizzati nel vettore `x`, mentre `x1` è un vettore contenente le ascisse nelle quali si vuole valutare $\Pi_n f$, `y1` è un vettore della stessa dimensione di `x1` contenente le valutazioni del polinomio.

Programma 57 – interpol: Polinomio interpolatore di Lagrange con la formula di Newton

```
function [y1]=interpol(x,y,x1)
% INTERPOL interpolazione polinomiale di Lagrange.
% [Y1] = INTERPOL(X, Y, X1) calcola il polinomio interpolatore di Lagrange di
% un insieme di dati. X contiene i nodi di interpolazione, Y contiene i valori
% sui cui costruire l'interpolatore. X1 contiene i punti nei quali il polinomio
% interpolatore deve essere valutato. Y1 contiene i valori del polinomio interpoltore
% nei nodi X1. L'algoritmo di basa sul calcolo delle differenze divise e sulla
% valutazione del polinomio interpolatore con il metodo di Horner
x=x(:); y=y(:); n1=length(x1); y1=zeros(size(x1));
np=length(y); a = y;
for i=2:np
    for j=np:-1:i
        a(j)=(a(j)-a(j-1))/(x(j)-x(j-i+1));
    end
end
for j=1:n1
    y1(j) = a(np);
    for i =np-1:-1:1
        y1(j) = y1(j)*(x1(j)-x(i))+a(i);
    end
end
return
```

7.2.1 Alcune proprietà delle differenze divise di Newton

L'ennesima differenza divisa $f[x_0, \ldots, x_n] = a_n$ può essere ulteriormente caratterizzata, osservando che essa è il coefficiente di x^n in $\Pi_n f$. Isolando dalla (7.5) tale coefficiente ed uguagliandolo all'omologo coefficiente nella formula di Newton (7.16), si perviene alla seguente espressione esplicita

$$f[x_0, \ldots, x_n] = \sum_{i=0}^{n} \frac{f(x_i)}{\omega'_{n+1}(x_i)} \tag{7.17}$$

Da questa formula possiamo dedurre interessanti conseguenze:

1. il valore assunto dalla differenza divisa è invariante rispetto ad una permutazione degli indici dei nodi. Questo fatto può essere sfruttato opportunamente quando problemi di stabilità suggeriscano l'uso di una opportuna permutazione degli indici (ad esempio se x è il punto in cui si vuole valutare il polinomio, è conveniente utilizzare una permutazione degli indici in modo che $|x - x_k| \leq |x - x_{k-1}|$ con $k = 1, \ldots, n$);

2. se $f = \alpha g + \beta h$ per $\alpha, \beta \in \mathbb{R}$, allora
$$f[x_0, \ldots, x_n] = \alpha g[x_0, \ldots, x_n] + \beta h[x_0, \ldots, x_n];$$
3. se $f = gh$ vale la seguente formula (detta formula di Leibniz) [Die93]
$$f[x_0, \ldots, x_n] = \sum_{j=0}^{n} g[x_0, \ldots, x_j] h[x_j, \ldots, x_n];$$
4. rielaborando algebricamente la (7.17) (si veda l'Esercizio 7), si giunge alla seguente *formula ricorsiva* per il calcolo delle differenze divise:
$$f[x_0, \ldots, x_n] = \frac{f[x_1, \ldots, x_n] - f[x_0, \ldots, x_{n-1}]}{x_n - x_0}, \quad n \geq 1; \qquad (7.18)$$
5. se f è derivabile nel nodo x_i, si pone
$$f[x_i, x_i] = f'(x_i). \qquad (7.19)$$
(Si veda l'Osservazione 7.2 per la generalizzazione delle differenze divise definite su più nodi coincidenti.)

Nel Programma 58 viene riportata l'implementazione della formula ricorsiva (7.18).

Programma 58 – dividif: Calcolo delle differenze divise

```
function [d]=dividif(x,y)
% DIVIDIF differenze divise di Newton.
% [D] = DIVIDIF(X, Y) calcola la differenza divisa di ordine n.
% X contiene i nodi di interpolazione, Y contiene i valori della funzione in X
% e la matrice D contiene tutte le differenze divise calcolate sui dati.
% diag(D) contiene le differenze divise f[x0], ....,f[x0,...,xn]
np=length(x); d=zeros(np); d(:,1)=y;
for i=2:np
    d(i+1:np,i)=d(i+1:np,i-1);
    for j=np:-1:i
        d(j,i)=(d(j,i-1)-d(j-1,i-1))/(x(j)-x(j-i+1));
    end
end
return
```

Le valutazioni della funzione f nei nodi di interpolazione x sono state memorizzate nel vettore y, mentre la matrice d in uscita è triangolare inferiore

Tabella 7.1 Differenze divise calcolate per la funzione $f(x) = 1 + \sin(3x)$ nel caso in cui sia disponibile anche la valutazione di f in $x = 0.2$. In corsivo vengono indicati i valori ricalcolati

x_i	$f(x_i)$	$f[x_i, x_{i-1}]$	$D^2 f(x_i)$	$D^3 f(x_i)$	$D^4 f(x_i)$	$D^5 f(x_i)$	$D^6 f(x_i)$
0	1.0000						
0.2	*1.5646*	*2.8232*					
0.4	1.9320	*1.8370*	*−2.4656*				
0.8	1.6755	−0.6414	*−4.1307*	*−2.0814*			
1.2	0.5575	−2.7950	−2.6919	*1.4388*	*2.9335*		
1.6	0.0038	−1.3841	1.7636	3.7129	*1.6243*	*−0.8182*	
2.0	0.7206	1.7919	3.9700	1.8387	−1.1714	*−1.5532*	*−0.3675*

e contiene le differenze divise memorizzate nella forma seguente:

$$
\begin{array}{c|ccccc}
x_0 & f[x_0] & & & & \\
x_1 & f[x_1] & f[x_0, x_1] & & & \\
x_2 & f[x_2] & f[x_1, x_2] & f[x_0, x_1, x_2] & & \\
\vdots & \vdots & & \vdots & \ddots & \\
x_n & f[x_n] & f[x_{n-1}, x_n] & f[x_{n-2}, x_{n-1}, x_n] & \dots & f[x_0, \dots, x_n]
\end{array}
$$

I coefficienti che intervengono nella formula delle differenze divise di Newton sono gli elementi diagonali di tale matrice.

Utilizzando la (7.18), servono $n(n+1)$ addizioni e $n(n+1)/2$ divisioni per generare l'intera matrice. Qualora fosse disponibile una nuova valutazione di f in un nuovo nodo x_{n+1}, $\Pi_{n+1} f$ richiederà il solo calcolo di una nuova riga della matrice ($f[x_n, x_{n+1}]$, ..., $f[x_0, x_1, \dots, x_{n+1}]$) e per passare da $\Pi_n f$ a $\Pi_{n+1} f$, basterà aggiungere a $\Pi_n f$ il termine $a_{n+1}\omega_{n+1}(x)$, con un costo computazionale pari a $(n+1)$ divisioni e $2(n+1)$ addizioni. Per semplicità di notazioni, scriveremo nel seguito $D^r f(x_i) = f[x_i, x_{i+1}, \dots, x_{i+r}]$.

Esempio 7.3 Nella Tabella 7.1 vengono riportate le differenze divise calcolate sull'intervallo (0,2) per la funzione $f(x) = 1 + \sin(3x)$. I valori di f e le corrispondenti differenze divise sono stati calcolati con 16 cifre significative, anche se per motivi di spazio vengono riportate solo le prime 5 cifre. Supponendo di disporre anche del valore di f nel nodo $x = 0.2$, si potrebbe ricalcolare la tabella delle differenze divise limitandosi ai soli termini che dipendono dai dati $x_1 = 0.2$ e $f(x_1) = 1.5646$. •

Si noti che $f[x_0, \dots, x_n] = 0$ per ogni $f \in \mathbb{P}_{n-1}$. Tuttavia questa proprietà non sempre vale numericamente in quanto il calcolo delle differenze divise può essere affetto da elevati errori di arrotondamento.

Esempio 7.4 Si consideri ancora il calcolo delle differenze divise per la funzione $f(x) = 1 + \sin(3x)$ sull'intervallo $(0, 0.0002)$. Questa funzione in un intorno sufficientemente piccolo di 0, si comporta come $1 + 3x$ e ci si aspetta dunque di trovare

Tabella 7.2 Differenze divise calcolate per la funzione $f(x) = 1+\sin(3x)$ nell'intervallo (0,0.0002). Si noti come il valore in ultima colonna sia del tutto errato (dovrebbe essere circa pari a 0) a causa della propagazione degli errori di arrotondamento nell'algoritmo

x_i	$f(x_i)$	$f[x_i, x_{i-1}]$	$D^2 f(x_i)$	$D^3 f(x_i)$	$D^4 f(x_i)$	$D^5 f(x_i)$
0	1.0000					
4.0e-05	1.0001	3.000				
8.0e-05	1.0002	3.000	−5.399e-04			
1.2e-04	1.0004	3.000	−1.080e-03	−4.501		
1.6e-04	1.0005	3.000	−1.620e-03	−4.498	1.807e+01	
2.0e-04	1.0006	3.000	−2.159e-03	−4.499	−7.230e+00	$-1.265\mathrm{e}+05$

numeri sempre più piccoli al crescere dell'ordine delle differenze divise. I risultati ottenuti usando il Programma 58, riportati in Tabella 7.2 in notazione esponenziale solo relativamente alle prime quattro cifre significative (ne sono state impiegate 16), sono però sostanzialmente diversi. I piccoli errori di arrotondamento commessi nel calcolo delle differenze divise di ordine basso, si sono disastrosamente propagati nelle differenze divise di ordine elevato. •

7.2.2 L'errore di interpolazione usando le differenze divise

Consideriamo i nodi $x_0, \ldots, x_n$ e sia $\Pi_n f$ il polinomio interpolatore di f su tali nodi. Sia ora x un nodo distinto dai precedenti; posto $x_{n+1} = x$, denotiamo con $\Pi_{n+1} f$ il polinomio interpolatore sui nodi x_k, $k = 0, \ldots, n+1$. Usando la formula delle differenze divise di Newton si trova

$$\Pi_{n+1} f(t) = \Pi_n f(t) + (t - x_0) \ldots (t - x_n) f[x_0, \ldots, x_n, t].$$

Essendo $\Pi_{n+1} f(x) = f(x)$, si ricava la seguente formula dell'errore di interpolazione in $t = x$

$$\begin{aligned} E_n(x) &= f(x) - \Pi_n f(x) = \Pi_{n+1} f(x) - \Pi_n f(x) \\ &= (x - x_0) \ldots (x - x_n) f[x_0, \ldots, x_n, x] \\ &= \omega_{n+1}(x) f[x_0, \ldots, x_n, x]. \end{aligned} \tag{7.20}$$

Supponendo $f \in C^{(n+1)}(I_x)$, dal confronto della (7.20) con la (7.7) si trova che

$$f[x_0, \ldots, x_n, x] = \frac{f^{(n+1)}(\xi(x))}{(n+1)!} \tag{7.21}$$

con $\xi(x) \in I_x$. Per la somiglianza della (7.21) con il resto dello sviluppo in serie di Taylor, la formula di Newton del polinomio interpolatore (7.16) viene paragonata ad uno sviluppo troncato intorno ad x_0 a patto che $|x_n - x_0|$ non sia troppo grande.

7.3 Interpolazione composita di Lagrange

Nella Sezione 7.1.2 si è evidenziato come in generale, per distribuzioni equispaziate dei nodi di interpolazione, non si abbia convergenza uniforme di $\Pi_n f$ a f per $n \to \infty$. D'altra parte, da un lato l'equispaziatura dei nodi presenta considerevoli vantaggi computazionali, dall'altro l'interpolazione di Lagrange risulta ragionevolmente accurata per gradi bassi, a patto di interpolare su intervalli sufficientemente piccoli.

È pertanto naturale introdurre una partizione $\mathcal{T}_h$ di $[a, b]$ in M sottointervalli $I_j = [x_j, x_{j+1}]$, con $j = 0, \ldots, M$ di lunghezza h_j, con $h = \max_{0 \le j \le M-1} h_j$, tali che $[a, b] = \cup_{j=0}^{M-1} I_j$ ed usare poi l'interpolazione di Lagrange su ciascun intervallo I_j con k piccolo e su $k + 1$ nodi equispaziati $\left\{x_j^{(i)},\ 0 \le i \le k\right\}$.

Per $k \ge 1$, introduciamo su $\mathcal{T}_h$ lo spazio dei polinomi compositi

$$X_h^k = \left\{v \in C^0([a, b]) : v|_{I_j} \in \mathbb{P}_k(I_j) \,\forall I_j \in \mathcal{T}_h\right\} \tag{7.22}$$

definito come lo spazio delle funzioni continue su $[a, b]$ le cui restrizioni a ciascun I_j sono polinomi di grado $\le k$. Allora, per ogni funzione f continua su $[a, b]$, il *polinomio interpolatore composito*, $\Pi_h^k f$, coincide su I_j con il polinomio interpolatore di $f_{|I_j}$ sui $k + 1$ nodi $\left\{x_j^{(i)},\ 0 \le i \le k\right\}$. Di conseguenza, se $f \in C^{k+1}([a, b])$, per la (7.7) applicata su ogni intervallo, si ricava la seguente stima dell'errore

$$\|f - \Pi_h^k f\|_\infty \le C h^{k+1} \, \|f^{(k+1)}\|_\infty. \tag{7.23}$$

La (7.23) suggerisce che si può ottenere un piccolo errore di interpolazione anche per k piccolo purché h sia sufficientemente "piccolo".

Esempio 7.5 Riprendiamo la funzione del controesempio di Runge, utilizzando stavolta il polinomio interpolatore composito, prima di grado $k = 1$ e poi di grado $k = 2$. Verifichiamo sperimentalmente l'andamento dell'errore al decrescere del passo h impiegato. Nella Tabella 7.3 vengono riportati gli errori assoluti in norma infinito sull'intervallo $[-5, 5]$ e le stime corrispondenti dell'ordine p di convergenza rispetto ad h. Come si vede, se si escludono i valori dell'errore relativi ad un numero di sottointervalli eccessivamente ridotto, i restanti valori confermano la stima dell'errore (7.23) ossia $p = k + 1$. •

7.4 Interpolazione di Hermite

L'interpolazione polinomiale di Lagrange può essere generalizzata nel caso in cui siano disponibili, oltre ai valori di f nei nodi, anche i valori delle sue derivate in alcuni o in tutti i nodi x_i.

Tabella 7.3 Andamento dell'errore per l'interpolazione di Lagrange composita di grado $k = 1$ e $k = 2$ nel caso del controesempio di Runge; p denota l'esponente di h. Si noti che per $h \to 0$, $p \to k + 1$ come previsto dalla (7.23)

h	$\|f - \Pi_h^1\|_\infty$	p	$\|f - \Pi_h^2\|_\infty$	p
5	0.4153		0.0835	
2.5	0.1787	1.216	0.0971	-0.217
1.25	0.0631	1.501	0.0477	1.024
0.625	0.0535	0.237	0.0082	2.537
0.3125	0.0206	1.374	0.0010	3.038
0.15625	0.0058	1.819	1.3828e-04	2.856
0.078125	0.0015	1.954	1.7715e-05	2.964

Nella cosiddetta *interpolazione semplice di Hermite* in ogni nodo x_i sono assegnati i valori di f e della derivata prima, mentre nell'*interpolazione (generalizzata) di Hermite* in ogni nodo x_i sono assegnate tutte le derivate fino all'ordine m_i, con m_i (≥ 0) fissato, e possibilmente variabile da punto a punto.

Supponiamo dunque di avere i dati $(x_i, f^{(k)}(x_i))$ con $i = 0, \ldots, n$, $k = 0, \ldots, m_i$ e $m_i \in \mathbb{N}$. Ponendo $N = \sum_{i=0}^{n}(m_i + 1)$, si può dimostrare [Dav63] che, se i nodi $\{x_i\}$ sono distinti, esiste un unico polinomio $H_{N-1} \in \mathbb{P}_{N-1}$, detto *polinomio di interpolazione di Hermite*, tale che

$$H_{N-1}^{(k)}(x_i) = y_i^{(k)}, \quad i = 0, \ldots, n \quad k = 0, \ldots, m_i,$$

della forma

$$H_{N-1}(x) = \sum_{i=0}^{n} \sum_{k=0}^{m_i} y_i^{(k)} L_{ik}(x),$$

dove $y_i^{(k)} = f^{(k)}(x_i)$, $i = 0, \ldots, n$, $k = 0, \ldots, m_i$.
Le funzioni $L_{ik} \in \mathbb{P}_{N-1}$ sono dette *polinomi caratteristici di Hermite* e sono definite dalle relazioni

$$\frac{d^p}{dx^p}(L_{ik})(x_j) = \begin{cases} 1 & \text{se } i = j \text{ e } k = p, \\ 0 & \text{altrimenti.} \end{cases}$$

Se definiamo i polinomi

$$l_{ij}(x) = \frac{(x - x_i)^j}{j!} \prod_{\substack{k=0 \\ k \neq i}}^{n} \left(\frac{x - x_k}{x_i - x_k} \right)^{m_k + 1}, \quad i = 0, \ldots, n, \ j = 0, \ldots, m_i,$$

e poniamo $L_{im_i}(x) = l_{im_i}(x)$ per $i = 0, \ldots, n$, possiamo ottenere la seguente forma ricorsiva per i polinomi L_{ij}

$$L_{ij}(x) = l_{ij}(x) - \sum_{k=j+1}^{m_i} l_{ij}^{(k)}(x_i) L_{ik}(x), \qquad j = m_i - 1, m_i - 2, \ldots, 0.$$

Si può inoltre dimostrare che vale la seguente stima dell'errore di interpolazione

$$f(x) - H_{N-1}(x) = \frac{f^{(N)}(\xi(x))}{N!} \Omega_N(x) \quad \forall x \in \mathbb{R},$$

dove $\xi(x) \in \mathrm{I}_x$ (essendo I_x l'intervallo introdotto nell'enunciato del Teorema 7.2) e Ω_N è il polinomio di grado N definito come

$$\Omega_N(x) = (x - x_0)^{m_0+1}(x - x_1)^{m_1+1} \ldots (x - x_n)^{m_n+1}.$$

Esempio 7.6 (polinomi osculatori) Poniamo $m_i = 1$ per $i = 0, \ldots, n$. In tal caso $N = 2n+2$ ed il polinomio interpolatore di Hermite corrispondente è detto *polinomio osculatore*, ed è dato da

$$H_{N-1}(x) = \sum_{i=0}^{n} \left(y_i A_i(x) + y_i^{(1)} B_i(x) \right)$$

dove $A_i(x) = (1 - 2(x - x_i) l_i'(x_i)) l_i(x)^2$ e $B_i(x) = (x - x_i) l_i(x)^2$, per $i = 0, \ldots, n$, con $l_i(x)$ i polinomi caratteristici di Lagrange e

$$l_i'(x_i) = \sum_{k=0, k \neq i}^{n} \frac{1}{x_i - x_k}, \qquad i = 0, \ldots, n.$$

Il Programma 59 calcola i valori assunti dal polinomio osculatore nei nodi contenuti nel vettore `z`. I vettori d'ingresso, `x`, `y` e `dy`, contengono rispettivamente i nodi di interpolazione ed i valori in essi assunti da f e da f'.

Programma 59 – hermpol: Interpolazione polinomiale di Hermite

```
function [y1] = hermpol(x,y,dy,x1)
% HERMPOL interpolazione polinomiale di Hermite.
% [Y1] = HERMPOL(X, Y, DY, X1) valuta il polinomio interpolatore di Hermite
% di una funzione nei nodi memorizzati in X1. X contiene i nodi di interpolazione.
% Y e DY contengono i valori della funzione e della sua derivata in X.
% Y1 contiene i valori del polinomio interpolatore nei nodi X1.
n = length(x); n1 = length(x1); y1 = zeros(size(x1));
for j = 1:n1
    xx = x1(j);
    for i = 1:n
        den = 1; num = 1; xn = x(i); derLi = 0;
        for k = 1:n
            if k ~= i
```

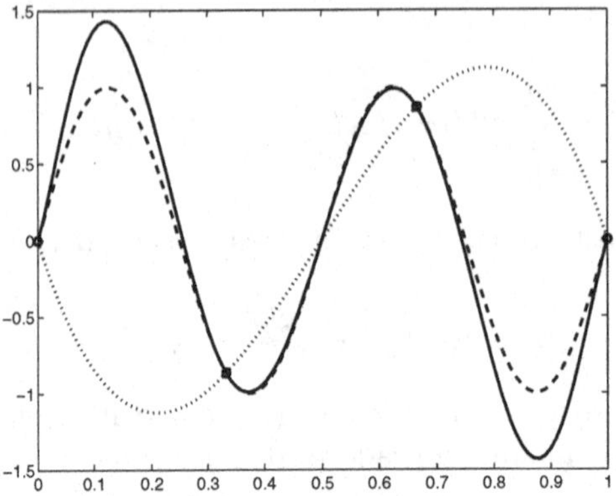

Fig. 7.4 Polinomi interpolatori di Lagrange (linea punteggiata) e di Hermite (linea piena) per la funzione $f(x) = \sin(4\pi x)$ (linea tratteggiata) sull'intervallo $[0, 1]$

```
                num = num*(xx-x(k)); arg = xn-x(k);
                den = den*arg; derLi = derLi+1/arg;
            end
        end
        Lix2 = (num/den)^2; p = (1-2*(xx-xn)*derLi)*Lix2;
        q = (xx-xn)*Lix2;
        y1(j) = y1(j)+(y(i)*p+dy(i)*q);
    end
end
return
```

Usiamo i Programmi 57 e 59 per calcolare i polinomi interpolatori di Lagrange ed il polinomio osculatore per la funzione $f(x) = \sin(4\pi x)$ sull'intervallo $[0, 1]$ utilizzando quattro nodi equispaziati ($n = 3$). In Figura 7.4 vengono mostrati i grafici di f (linea tratteggiata), di $\Pi_n f$ (linea punteggiata) e di H_{N-1} (linea piena). •

7.5 L'estensione al caso bidimensionale

Diamo un cenno a come si estendono in due dimensioni i concetti introdotti in precedenza, rimandando a [SL89], [CHQZ06], [CHQZ07] e [QV94] per ulteriori approfondimenti. Indichiamo con Ω un dominio limitato di $\mathbb{R}^2$ e con $\mathbf{x} = (x, y)$ il vettore delle coordinate di un punto di Ω.

7.5.1 Interpolazione polinomiale semplice

Una situazione particolarmente semplice è quella in cui $\Omega = [a, b] \times [c, d]$ ovvero il dominio di interpolazione Ω è il prodotto cartesiano di due in-

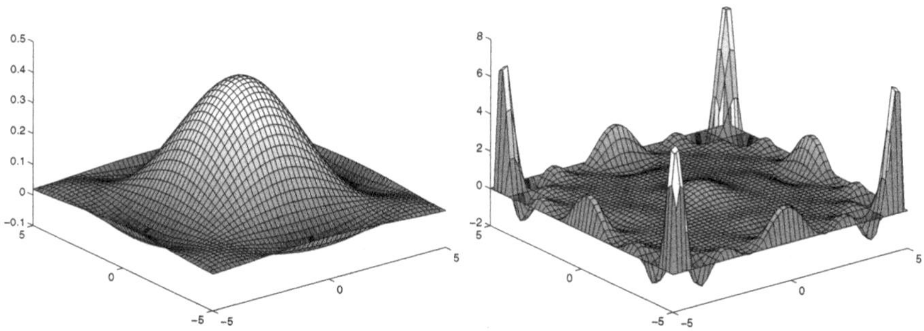

Fig. 7.5 L'esempio di Runge esteso al caso bidimensionale: a sinistra il polinomio interpolante su una griglia di 6×6 nodi, a destra, su una di 11×11 nodi. Si noti il cambiamento di scala verticale nei disegni

tervalli. In tal caso, introdotti i nodi $a = x_0 < x_1 < \ldots < x_n = b$ e $c = y_0 < y_1 < \ldots < y_m = d$, il polinomio interpolatore $\Pi_{n,m}f$ può essere scritto come $\Pi_{n,m}f(x,y) = \sum_{i=0}^{n}\sum_{j=0}^{m} \alpha_{ij} l_i(x) l_j(y)$ essendo $l_i \in \mathbb{P}_n$, $i = 0, \ldots, n$ e $l_j \in \mathbb{P}_m$, $j = 0, \ldots, m$, rispettivamente i polinomi caratteristici di Lagrange monodimensionali ed $\alpha_{ij} = f(x_i, y_j)$.

I problemi incontrati nell'interpolazione di Lagrange semplice si ritrovano inalterati nel caso bidimensionale, come si vede ad esempio in Figura 7.5.
Se Ω non è un dominio rettangolare o se i nodi di interpolazione non sono distribuiti uniformemente su una griglia cartesiana, il problema dell'interpolazione globale è di difficile soluzione e, in generale, si preferirà al calcolo del polinomio interpolatore il calcolo di un'approssimante nel senso dei minimi quadrati (si veda la Sez. 9.7) oppure un'interpolazione composita che analizziamo nella sezione successiva. Osserviamo inoltre come in d dimensioni (con $d \geq 2$) il problema della determinazione di un polinomio interpolatore di grado n su $n+1$ nodi distinti, possa non avere soluzione (si veda l'Esercizio 9).

7.5.2 Interpolazione polinomiale composita

Nel caso multidimensionale, la maggior versatilità dell'interpolazione composita consente di trattare facilmente anche domini di forma complessa. Supponiamo per semplicità che Ω sia un dominio poligonale di $\mathbb{R}^2$.
In tal caso, Ω può essere partizionato in N_T triangoli (o *elementi*) T, non sovrapposti, che costituiscono la cosiddetta *triangolazione* del dominio. Evidentemente, $\overline{\Omega} = \bigcup_{T \in \mathcal{T}_h} T$. Supponiamo che la lunghezza massima dei lati dei triangoli sia minore o uguale ad un numero positivo h. Come mostrato a sinistra nella Figura 7.6, non tutte le triangolazioni sono consentite. Precisamente, sono ammissibili solo quelle per le quali una qualsiasi coppia di triangoli non disgiunta può condividere o un vertice, oppure un intero lato.

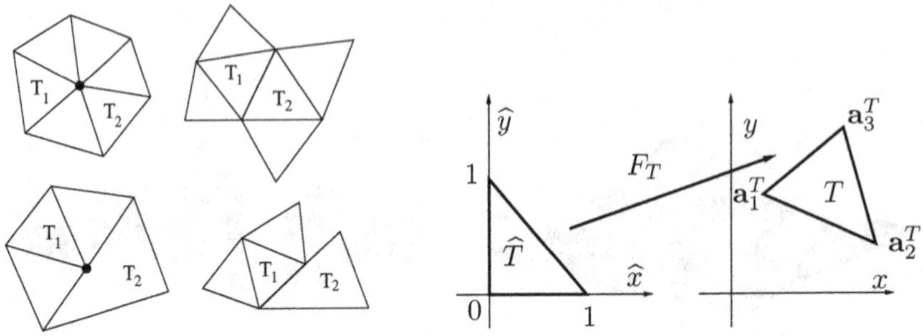

Fig. 7.6 A sinistra: triangolazioni ammissibili (in alto), non ammissibili (in basso); a destra: trasformazione affine dal triangolo di riferimento $\hat{T}$ al generico elemento $T \in \mathcal{T}_h$

Ogni elemento $T \in \mathcal{T}_h$, di area $|T|$, è l'immagine attraverso la trasformazione affine $\mathbf{x} = F_T(\hat{\mathbf{x}}) = \mathrm{B}_T\hat{\mathbf{x}} + \mathbf{b}_T$ del *triangolo di riferimento* $\widehat{T}$ di vertici (0,0), (1,0) e (0,1) nel piano $\hat{\mathbf{x}} = (\hat{x}, \hat{y})$ (si veda a destra nella Figura 7.6), dove la matrice invertibile B_T ed il termine noto $\mathbf{b}_T$ sono dati da

$$\mathrm{B}_T = \begin{bmatrix} x_2 - x_1 & x_3 - x_1 \\ y_2 - y_1 & y_3 - y_1 \end{bmatrix}, \quad \mathbf{b}_T = (x_1, y_1)^T, \tag{7.24}$$

mentre le coordinate dei vertici di T sono indicate con $\mathbf{a}_l^T = (x_l, y_l)^T$ per $l = 1, 2, 3$.

La trasformazione affine, individuata dalla (7.24), risulta di notevole importanza nella pratica computazionale in quanto, una volta generata una base per rappresentare il polinomio di interpolazione composita su $\hat{T}$, è possibile, applicando la relazione $\mathbf{x} = F_T(\hat{\mathbf{x}})$, ricostruire il polinomio su qualunque elemento T di $\mathcal{T}_h$. Saremo dunque interessati a generare funzioni di base locali, ovvero completamente descrivibili su ciascun triangolo senza dover ricorrere ad informazioni relative a triangoli adiacenti.

Introduciamo a tal fine su $\mathcal{T}_h$ l'insieme $\mathcal{Z}$ dei *nodi di interpolazione composita* $\mathbf{z}_i = (x_i, y_i)^T$, per $i = 1, \ldots, N$ e indichiamo con $\mathbb{P}_k(\Omega)$, $k \geq 0$, lo spazio dei polinomi algebrici di grado $\leq k$ nelle variabili x, y

$$\mathbb{P}_k(\Omega) = \left\{ p(x,y) = \sum_{\substack{i,j=0 \\ i+j \leq k}}^{k} a_{ij} x^i y^j, \ x, y \in \Omega \right\}. \tag{7.25}$$

Sia infine, per $k \geq 0$, $\mathbb{P}_k^c(\Omega)$ lo spazio dei polinomi compositi di grado $\leq k$, ovvero tali che, per ogni $p \in \mathbb{P}_k^c(\Omega)$ risulti $p|_T \in \mathbb{P}_k(T)$ per ogni $T \in \mathcal{T}_h$. Una base elementare per $\mathbb{P}_k^c(\Omega)$ è costituita dai *polinomi caratteristici di Lagrange*

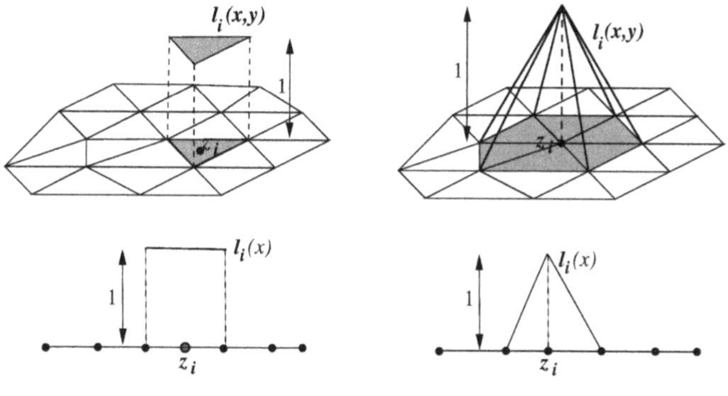

Fig. 7.7 Polinomi caratteristici di Lagrange nel caso composito, in una (in basso) ed in due (in alto) dimensioni: a sinistra, $k = 0$; a destra, $k = 1$

$l_i = l_i(x, y)$, tali che $l_i \in \mathbb{P}_k^c(\Omega)$ e

$$\boxed{l_i(\mathbf{z}_j) = \delta_{ij}, \qquad i, j = 1, \ldots, N} \tag{7.26}$$

essendo δ_{ij} il simbolo di Kronecker. Rappresentiamo in Figura 7.7 le funzioni l_i per $k = 0$, 1, insieme con le corrispondenti controparti monodimensionali. Nel caso $k = 0$ i nodi di interpolazione sono collocati nei *baricentri* dei triangoli mentre nel caso $k = 1$ i nodi coincidono con i *vertici* dei triangoli. Questa scelta, da noi operata nel seguito, non è peraltro l'unica possibile. Per $k = 1$ si potrebbero infatti anche scegliere i punti medi dei lati, generando così un polinomio composito *discontinuo* su Ω.

Per $k \geq 0$, il *polinomio interpolatore di Lagrange composito* di f, $\Pi_h^k f \in \mathbb{P}_k^c(\Omega)$, è definito come

$$\boxed{\Pi_h^k f(x, y) = \sum_{i=1}^{N} f(\mathbf{z}_i) l_i(x, y)} \tag{7.27}$$

Si noti che $\Pi_h^0 f$ è una funzione costante a tratti, mentre $\Pi_h^1 f$ è una funzione lineare su ogni triangolo, continua nei vertici e dunque globalmente continua.

Per ogni $T \in \mathcal{T}_h$, indichiamo nel seguito con $\Pi_T^k f$ la restrizione del polinomio interpolatore composito di f sull'elemento T. Per definizione, $\Pi_T^k f \in \mathbb{P}_k(T)$; osservando che $d_k = \text{dim}\mathbb{P}_k(T) = (k + 1)(k + 2)/2$, si può dunque scrivere

$$\boxed{\Pi_T^k f(x, y) = \sum_{j=0}^{d_k - 1} f(\tilde{\mathbf{z}}_T^{(j)}) l_{j,T}(x, y), \qquad \forall T \in \mathcal{T}_h} \tag{7.28}$$

Nella (7.28) abbiamo indicato con $\tilde{\mathbf{z}}_T^{(j)}$, per $j = 0, \ldots, d_k - 1$, i nodi di interpolazione composita su T e con $l_{j,T}(x, y)$ la restrizione su T del polinomio

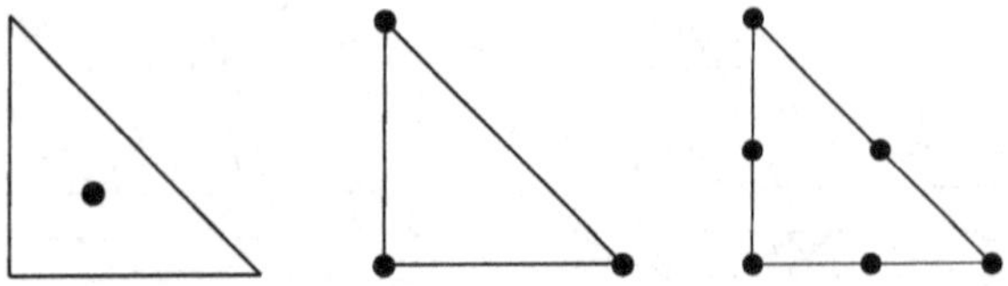

Fig. 7.8 Nodi di interpolazione locale su $\hat{T}$; a sinistra, $k = 0$, al centro $k = 1$, a destra, $k = 2$

caratteristico di Lagrange avente indice i corrispondente nell'elenco dei nodi "globali" $\mathbf{z}_i$ a quello del nodo "locale" $\tilde{\mathbf{z}}_T^{(j)}$.

Mantenendo questa notazione si ha $l_{j,T}(\mathbf{x}) = \hat{l}_j \circ F_T^{-1}(\mathbf{x})$, dove $\hat{l}_j = \hat{l}_j(\hat{\mathbf{x}})$ è, per $j = 0, \ldots, d_k - 1$, la j-esima funzione di base di Lagrange per $\mathbb{P}_k(\hat{T})$ generata sull'elemento di riferimento $\hat{T}$. Osserviamo che per $k = 0$ si ha $d_0 = 1$, ovvero esiste un solo nodo di interpolazione locale (coincidente con il baricentro del triangolo T), mentre per $k = 1$ si ha $d_1 = 3$, ovvero esistono tre nodi di interpolazione locali, coincidenti con i vertici di T. In Figura 7.8 sono rappresentati i nodi di interpolazione locale su $\hat{T}$ nei casi $k = 0$, 1 e 2.

Per quanto riguarda la stima dell'errore di interpolazione, indicando per ogni $T \in \mathcal{T}_h$ con h_T la massima lunghezza dei lati di T, si ha che, supponendo $f \in C^{k+1}(T)$,

$$\|f - \Pi_T^k f\|_{\infty,T} \leq C h_T^{k+1} \|f^{(k+1)}\|_{\infty,T}, \qquad k \geq 0, \tag{7.29}$$

(per la dimostrazione si veda [CL91], Teorema 15.3, pag. 124 e [QV94], Capitolo 3) dove per ogni $g \in C^0(T)$, $\|g\|_{\infty,T} = \max_{\mathbf{x} \in T} |g(\mathbf{x})|$. Nella (7.29), C è una costante positiva indipendente da h_T e f.

Supponiamo che la triangolazione $\mathcal{T}_h$ sia *regolare* ossia che esista una costante positiva σ tale che

$$\max_{T \in \mathcal{T}_h} \frac{h_T}{\rho_T} \leq \sigma,$$

dove $\forall T \in \mathcal{T}_h$, ρ_T è il diametro del cerchio inscritto in T. In tal caso si può derivare dalla (7.29) la seguente stima dell'errore su tutto il dominio Ω

$$\|f - \Pi_h^k f\|_{\infty,\Omega} \leq C h^{k+1} \|f^{(k+1)}\|_{\infty,\Omega}, \qquad k \geq 0, \qquad \forall f \in C^{k+1}(\Omega). \tag{7.30}$$

La teoria dell'interpolazione composita costituisce uno degli strumenti alla base del *metodo degli elementi finiti*, tecnica largamente utilizzata nell'approssimazione numerica di equazioni differenziali alle derivate parziali (si veda [Qua13a], [QV94]).

7.6 Funzioni spline

Introduciamo in questa sezione le funzioni *splines*, che consentono di effettuare l'interpolazione di una funzione attraverso polinomi compositi non solo continui, ma anche derivabili su tutto l'intervallo $[a, b]$.

Definizione 7.1 Siano $x_0, \dots, x_n$, $n+1$ nodi distinti e ordinati sull'intervallo $[a, b]$ con $a = x_0 < x_1 < \dots < x_n = b$. Una funzione $s_k(x)$ sull'intervallo $[a, b]$ è detta *spline* di grado k ($k \geq 1$) relativa ai nodi x_j se

$$s_{k|[x_j, x_{j+1}]} \in \mathbb{P}_k, \qquad j = 0, 1, \dots, n-1, \tag{7.31}$$

$$s_k \in C^{k-1}[a, b]. \tag{7.32}$$

■

Indicando con $\mathcal{S}_k$ lo spazio delle spline s_k su $[a, b]$ relative a $n+1$ nodi distinti, si dimostra che $\mathcal{S}_k$ è uno spazio vettoriale e che $\dim \mathcal{S}_k = n + k$. Dalla Definizione 7.1 discende che un qualunque polinomio di grado k su $[a, b]$ è una spline, tuttavia nella pratica una spline sarà rappresentata da un polinomio diverso su ciascun sottointervallo e, per questo motivo, potrebbe presentare una discontinuità della derivata k-esima nei nodi interni $x_1, \dots, x_{n-1}$. I nodi in cui la derivata $k-$sima è discontinua vengono detti *attivi*.

È immediato osservare che le condizioni (7.31) e (7.32) non sono sufficienti a determinare univocamente una spline di grado k. Infatti, la restrizione $s_{k,j} = s_{k|[x_j, x_{j+1}]}$ può essere rappresentata come

$$s_{k,j}(x) = \sum_{i=0}^{k} s_{ij}(x - x_j)^i, \quad \text{se } x \in [x_j, x_{j+1}] \tag{7.33}$$

e complessivamente si dovranno determinare $(k+1)n$ coefficienti s_{ij}. D'altra parte dalla (7.32) segue che

$$s^{(m)}_{k,j-1}(x_j) = s^{(m)}_{k,j}(x_j), \quad j = 1, \dots, n-1, \quad m = 0, ..., k-1$$

ossia $k(n-1)$ condizioni. Di conseguenza, il numero di gradi di libertà non saturati è $(k+1)n - k(n-1) = k + n$.
Anche imponendo le condizioni di interpolazione $s_k(x_j) = f_j$ per $j = 0, \dots, n$, con $f_0, \dots, f_n$ valori assegnati, resterebbero comunque liberi $k-1$ gradi di libertà. Per questo motivo, si introducono generalmente delle condizioni addizionali che portano alle

1. *spline periodiche*, se

$$s^{(m)}_k(a) = s^{(m)}_k(b), \quad m = 1, \dots, k-1; \tag{7.34}$$

2. *spline naturali*, se per $k = 2l - 1$ con $l \geq 2$

$$s_k^{(l+j)}(a) = s_k^{(l+j)}(b) = 0, \quad j = 0, 1, \ldots, l-2. \tag{7.35}$$

Dalla (7.33) si deduce inoltre che una spline può essere convenientemente rappresentata usando $k + n$ funzioni di base che soddisfano (7.31) e (7.32). La scelta più semplice, che consiste nell'impiegare la base dei monomi opportunamente arricchita non porta a risultati soddisfacenti da un punto di vista numerico perché malcondizionata. Nelle Sezioni 7.6.1 e 7.6.2 verranno indicate delle possibili basi di funzioni spline: le spline cardinali per il caso specifico $k = 3$ e le B-spline per un generico k.

7.6.1 Spline cubiche interpolatorie

Le spline cubiche di grado 3 di tipo interpolatorio hanno un rilievo particolare, in quanto:

i. sono le spline di grado minimo che consentano di ottenere approssimazioni almeno di classe C^2;
ii. sono sufficientemente regolari in presenza di piccole curvature.

Consideriamo dunque in $[a, b]$, $n + 1$ nodi ordinati $a = x_0 < x_1 < \ldots < x_n = b$ e le corrispondenti valutazioni f_i, $i = 0, \ldots, n$. Si vuole fornire una procedura efficiente per la costruzione della spline cubica interpolante tali valori. Essendo la spline di grado 3, essa dovrà presentare derivate continue fino al second'ordine. Introduciamo le seguenti notazioni

$$f_i = s_3(x_i), \quad m_i = s_3'(x_i), \quad M_i = s_3''(x_i), \quad i = 0, \ldots, n.$$

Avendosi $s_{3,i-1} \in \mathbb{P}_3$, $s''_{3,i-1}$ sarà lineare e

$$s''_{3,i-1}(x) = M_{i-1}\frac{x_i - x}{h_i} + M_i\frac{x - x_{i-1}}{h_i} \quad \text{per } x \in [x_{i-1}, x_i] \tag{7.36}$$

essendo $h_i = x_i - x_{i-1}$, $i = 1, \ldots, n$. Integrando la (7.36) due volte otteniamo

$$s_{3,i-1}(x) = M_{i-1}\frac{(x_i - x)^3}{6h_i} + M_i\frac{(x - x_{i-1})^3}{6h_i} + C_{i-1}(x - x_{i-1}) + \widetilde{C}_{i-1},$$

e le costanti C_{i-1} e $\widetilde{C}_{i-1}$ vengono determinate imponendo che $s_3(x_{i-1}) = f_{i-1}$ e $s_3(x_i) = f_i$. Si ricava quindi che, per $i = 1, \ldots, n-1$,

$$\widetilde{C}_{i-1} = f_{i-1} - M_{i-1}\frac{h_i^2}{6}, \quad C_{i-1} = \frac{f_i - f_{i-1}}{h_i} - \frac{h_i}{6}(M_i - M_{i-1}).$$

Imponiamo ora la continuità delle derivate prime in x_i; avremo

$$
\begin{aligned}
s'_{3,i-1}(x_i) &= \frac{h_i}{6}M_{i-1} + \frac{h_i}{3}M_i + \frac{f_i - f_{i-1}}{h_i} \\
&= -\frac{h_{i+1}}{3}M_i - \frac{h_{i+1}}{6}M_{i+1} + \frac{f_{i+1} - f_i}{h_{i+1}} = s'_{3,i}(x_i),
\end{aligned}
$$

Si giunge così al seguente sistema lineare (detto di M-continuità)

$$
\mu_i M_{i-1} + 2M_i + \lambda_i M_{i+1} = d_i \quad i = 1, \ldots, n-1 \tag{7.37}
$$

avendo posto

$$
\begin{aligned}
\mu_i &= \frac{h_i}{h_i + h_{i+1}}, \qquad \lambda_i = \frac{h_{i+1}}{h_i + h_{i+1}}, \\
d_i &= \frac{6}{h_i + h_{i+1}}\left(\frac{f_{i+1} - f_i}{h_{i+1}} - \frac{f_i - f_{i-1}}{h_i}\right), \qquad i = 1, \ldots, n-1.
\end{aligned}
$$

Il sistema (7.37) ha $n+1$ incognite e $n-1$ equazioni: servono ancora $2(= k-1)$ condizioni. In generale, queste condizioni potranno essere della forma

$$
2M_0 + \lambda_0 M_1 = d_0, \quad \mu_n M_{n-1} + 2M_n = d_n,
$$

con $0 \leq \lambda_0, \mu_n \leq 1$ e d_0, d_n valori assegnati. Ad esempio, nel caso in cui si vogliano ottenere le spline naturali (soddisfacenti $s''_3(a) = s''_3(b) = 0$), si prenderanno tali coefficienti tutti nulli. Una scelta comune è quella di prendere $\lambda_0 = \mu_n = 1$ e $d_0 = d_1$, $d_n = d_{n-1}$ e corrisponde a pensare di prolungare la spline oltre gli estremi dell'intervallo $[a, b]$, trattando così a e b come fossero punti interni. Tale scelta conferisce alla spline un andamento molto "regolare". In generale, il sistema a cui si giunge ha forma tridiagonale

$$
\begin{bmatrix}
2 & \lambda_0 & 0 & \ldots & 0 \\
\mu_1 & 2 & \lambda_1 & & \vdots \\
0 & \ddots & \ddots & \ddots & 0 \\
\vdots & & \mu_{n-1} & 2 & \lambda_{n-1} \\
0 & \ldots & 0 & \mu_n & 2
\end{bmatrix}
\begin{bmatrix}
M_0 \\ M_1 \\ \vdots \\ M_{n-1} \\ M_n
\end{bmatrix}
=
\begin{bmatrix}
d_0 \\ d_1 \\ \vdots \\ d_{n-1} \\ d_n
\end{bmatrix}
\tag{7.38}
$$

e può essere risolto in modo efficiente utilizzando, ad esempio, l'algoritmo di Thomas (3.51).

Una condizione di chiusura per il sistema (7.38) di largo uso quando le derivate $f'(a)$ e $f'(b)$ non sono disponibili, consiste nell'imporre la continuità di $s'''_3(x)$ in x_1 e x_{n-1}. Di conseguenza i nodi x_1 e x_{n-1} non sono più attivi nella costruzione della spline cubica, la spline così costruita, detta *not-a-knot spline*, ha nodi "attivi" $\{x_0, x_2, \ldots, x_{n-2}, x_n\}$ ed interpola f in tutti i nodi $\{x_0, x_1, x_2, \ldots, x_{n-2}, x_{n-1}, x_n\}$.

Osservazione 7.1 (Software specifico) Esistono diversi pacchetti che consentano di generare spline interpolanti. Citiamo ad esempio per le spline cubiche il comando `spline` che usa le *not-a-knot spline* o, in generale, il `Curve Fitting toolbox` di MATLAB [dB90] e la libreria FITPACK [Die87a], [Die87b], [Die93]. ■

Un modo completamente diverso di costruire s_3, consiste nel fornire una base $\{\varphi_i\}$ per lo spazio $\mathcal{S}_3$ delle spline cubiche, la cui dimensione è pari a $n+3$. Riportiamo un esempio in cui le $n+3$ funzioni di base φ_i hanno come supporto tutto l'intervallo $[a, b]$, rimandando alla Sezione 7.6.2 per una base a supporto locale. Le funzioni φ_i vengono definite attraverso le seguenti condizioni di interpolazione

$$\varphi_i(x_j) = \delta_{ij}, \qquad \varphi_i'(x_0) = \varphi_i'(x_n) = 0, \qquad i, j = 0, \ldots, n$$

cui vanno aggiunte due spline opportune, φ_{n+1} e φ_{n+2}. Ad esempio, nel caso in cui si vogliano calcolare spline con derivate assegnate agli estremi, si richiederà

$$\begin{array}{llll}\varphi_{n+1}(x_j) = 0, & j = 0, ..., n, & \varphi_{n+1}'(x_0) = 1, & \varphi_{n+1}'(x_n) = 0, \\ \varphi_{n+2}(x_j) = 0, & j = 0, ..., n, & \varphi_{n+2}'(x_0) = 0, & \varphi_{n+2}'(x_n) = 1.\end{array}$$

In tal modo, la spline cercata assume la forma

$$s_3(x) = \sum_{i=0}^{n} f_i \varphi_i(x) + f_0' \varphi_{n+1}(x) + f_n' \varphi_{n+2}(x),$$

essendo f_0' e f_n' due valori assegnati. La base $\{\varphi_i,\ i = 0, ..., n+2\}$ così ottenuta è detta *base delle spline cardinali* ed ha numerose applicazioni anche nella risoluzione numerica di equazioni differenziali o integrali. In Figura 7.9, è rappresentata la generica spline cardinale $\varphi_i(x)$ (con $x_i = 0$) calcolata su un intervallo virtualmente illimitato, in cui i nodi di interpolazione x_j sono gli interi. Essa è simmetrica rispetto al punto x_i, assume segni alterni sugli intervalli $[x_j, x_{j+1}]$ e $[x_{j+1}, x_{j+2}]$ per $j \geq i$ (e analogamente su $[x_{j-2}, x_{j-1}]$ e $[x_{j-1}, x_j]$ per $j \leq i$), e decade rapidamente a zero.

Limitandoci al semiasse positivo, si può in effetti dimostrare [SL89] che l'estremo sull'intervallo $[x_j, x_{j+1}]$ è pari all'estremo sull'intervallo $[x_{j+1}, x_{j+2}]$ moltiplicato per un fattore di decadimento $\lambda \in (0, 1)$. In questo modo, eventuali errori presenti su un intervallo vengono rapidamente smorzati nel successivo, a favore di una maggior stabilità nell'implementazione numerica.

Riassumiamo alcune delle principali proprietà delle spline cubiche interpolatorie, rimandando a [Sch81] e a [dB83] per le dimostrazioni e per risultati più generali.

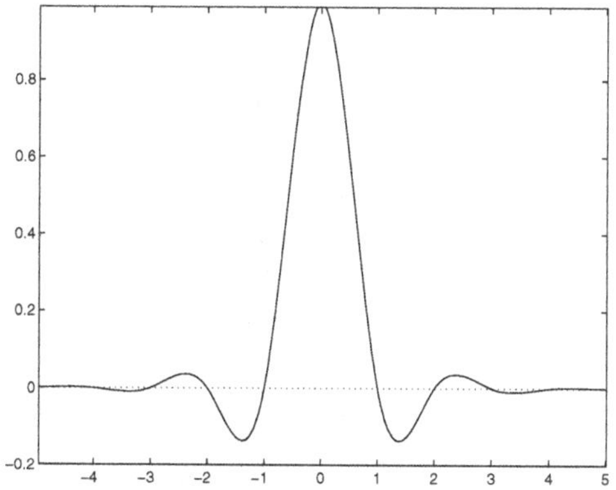

Fig. 7.9 Spline cardinale

Proprietà 7.2 *Sia* $f \in C^2([a,b])$ *e sia* s_3 *la spline cubica naturale interpolante* f. *Allora*

$$\int_a^b [s_3''(x)]^2 dx \leq \int_a^b [f''(x)]^2 dx, \qquad (7.39)$$

valendo l'uguaglianza se e solo se $f = s_3$.

Questo risultato, noto come *proprietà di norma minima*, vale anche nel caso in cui al posto delle condizioni naturali vengano imposte condizioni di derivata prima assegnata agli estremi (si parla in tal caso di spline vincolata, si veda l'Esercizio 10) ed equivale al principio dell'energia minima in meccanica.

La spline cubica s_3 interpolante la funzione $f \in C^2([a,b])$, con $s_3'(a) = f'(a)$ e $s_3'(b) = f'(b)$, verifica inoltre la seguente proprietà:

$$\int_a^b [f''(x) - s_3''(x)]^2 dx \leq \int_a^b [f''(x) - s''(x)]^2 dx, \ \forall s \in S_3.$$

Per quanto riguarda la stima dell'errore, vale il seguente risultato:

Proprietà 7.3 *Sia* $f \in C^4([a,b])$ *e si consideri una partizione di* $[a,b]$ *in sottointervalli di ampiezza* h_i. *Sia* s_3 *la spline cubica interpolante* f. *Allora*

$$\|f^{(r)} - s_3^{(r)}\|_\infty \leq C_r h^{4-r} \|f^{(4)}\|_\infty, \qquad r = 0,1,2,3, \qquad (7.40)$$

dove $h = \max_i h_i$, $C_0 = 5/384$, $C_1 = 1/24$, $C_2 = 3/8$, $C_3 = (\beta + \beta^{-1})/2$ *e* $\beta = h/\min_i h_i$.

Di conseguenza, la spline s_3 e le sue derivate prima e seconda, convergono uniformemente a f ed alle sue derivate, per h che tende a zero. La derivata terza converge a sua volta, a patto che β sia uniformemente limitato.

Esempio 7.7 Nella Figura 7.10 viene mostrata la spline cubica che approssima la funzione dell'esempio di Runge, congiuntamente alle sue derivate prima, seconda e terza su una griglia di 11 nodi equispaziati, mentre nella Tabella 7.4 viene riportato l'errore $\|s_3 - f\|_\infty$ al variare di h ed il corrispondente l'ordine di convergenza p. Come si vede al tendere di h a zero, p tende a 4, ossia all'ordine teorico stimato. •

Tabella 7.4 Andamento sperimentale dell'errore di interpolazione per la funzione di Runge, nel caso in cui si faccia uso di spline cubiche

h	1	0.5	0.25	0.125	0.0625
$\|s_3 - f\|_\infty$	0.022	0.0032	2.7741e-4	1.5983e-5	9.6343e-7
p	–	2.7881	3.5197	4.1175	4.0522

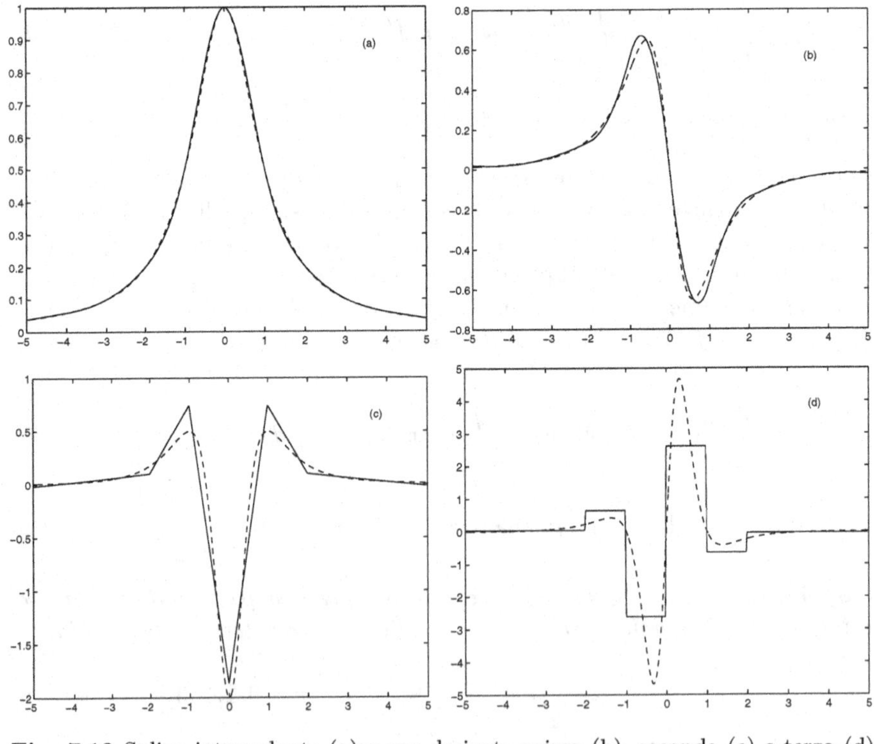

Fig. 7.10 Spline interpolante (a) e sua derivata prima (b), seconda (c) e terza (d) (in linea continua) per la funzione dell'esempio di Runge (in linea tratteggiata)

7.6.2 B-spline

Ritorniamo ora alle spline di ordine k generico, ed introduciamo in $\mathcal{S}_k$ la base a supporto locale detta base delle B-spline (o *bell-spline*). A tal fine facciamo riferimento alle differenze divise introdotte nella Sezione 7.2.1.

Definizione 7.2 La *B-spline normalizzata* $B_{i,k+1}$ di grado k relativa ai nodi distinti $x_i, \ldots, x_{i+k+1}$ è definita come

$$B_{i,k+1}(x) = (x_{i+k+1} - x_i)g[x_i, \ldots, x_{i+k+1}], \tag{7.41}$$

essendo

$$g(t) = (t-x)_+^k = \begin{cases} (t-x)^k & \text{se } x \leq t, \\ 0 & \text{altrimenti.} \end{cases}$$ ∎

Usando la (7.17), si ha per la (7.41) la seguente forma esplicita

$$B_{i,k+1}(x) = (x_{i+k+1} - x_i)\sum_{j=0}^{k+1} \frac{(x_{j+1} - x)_+^k}{\prod\limits_{\substack{l=0 \\ l \neq j}}^{k+1} (x_{i+j} - x_{i+l})}. \tag{7.42}$$

Dalla (7.42) si vede che i nodi attivi di $B_{i,k+1}(x)$ sono $x_i, \ldots, x_{i+k+1}$ e che $B_{i,k+1}(x)$ è non nulla solo all'interno dell'intervallo $[x_i, x_{i+k+1}]$.

In effetti, essa è l'unica spline non nulla di supporto minimo relativa ai nodi $x_i, \ldots, x_{i+k+1}$ [Sch67]. Si può dimostrare che $B_{i,k+1}(x) \geq 0$ e $|B_{i,k+1}^{(l)}(x_i)| = |B_{i,k+1}^{(l)}(x_{i+k+1})|$ per $l = 0, \ldots, k-1$ (si vedano [dB83] e [Sch81]). Le B-spline ammettono inoltre la seguente forma ricorsiva (si vedano [dB72], [Cox72])

$$\begin{aligned} B_{i,1}(x) &= \begin{cases} 1 & \text{se } x \in [x_i, x_{i+1}], \\ 0 & \text{altrimenti,} \end{cases} \\ B_{i,k+1}(x) &= \frac{x - x_i}{x_{i+k} - x_i} B_{i,k}(x) + \frac{x_{i+k+1} - x}{x_{i+k+1} - x_{i+1}} B_{i+1,k}(x), \quad k \geq 1, \end{aligned} \tag{7.43}$$

forma che viene generalmente preferita alla (7.42) per la valutazione di una B-spline in un punto assegnato.

Osservazione 7.2 È possibile definire le B-spline anche nel caso di nodi parzialmente coincidenti, estendendo opportunamente la definizione delle differenze divise. Ciò conduce ad una nuova forma ricorsiva per le differenze divise di Newton data da

$$f[x_0, \ldots, x_n] = \begin{cases} \dfrac{f[x_1, \ldots, x_n] - f[x_0, \ldots, x_{n-1}]}{x_n - x_0} & \text{se } x_0 < x_1 < \ldots < x_n, \\[2ex] \dfrac{f^{(n+1)}(x_0)}{(n+1)!} & \text{se } x_0 = x_1 = \ldots = x_n, \end{cases}$$

a patto che f sia derivabile $n+1$ volte su $[x_0, x_n]$.

Se supponiamo allora che m (con $1 < m < k+2$) dei $k+2$ nodi $x_i, \ldots, x_{i+k+1}$ siano coincidenti e pari a λ, allora la (7.33) conterrà una combinazione lineare delle funzioni $(\lambda - x)_+^{k+1-j}$ per $j = 1, \ldots, m$. Di conseguenza la B-spline potrà avere in λ derivate continue solo fino all'ordine $k-m$ e sarà dunque discontinua se $m = k+1$. Si può verificare che, se $x_{i-1} < x_i = \ldots = x_{i+k} < x_{i+k+1}$, allora

$$B_{i,k+1}(x) = \begin{cases} \left(\dfrac{x_{i+k+1} - x}{x_{i+k+1} - x_i}\right)^k & \text{se } x \in [x_i, x_{i+k+1}], \\ 0 & \text{altrimenti,} \end{cases}$$

mentre per $x_i < x_{i+1} = \ldots = x_{i+k+1} < x_{i+k+2}$ si ha

$$B_{i,k+1}(x) = \begin{cases} \left(\dfrac{x - x_i}{x_{i+k+1} - x_i}\right)^k & \text{se } x \in [x_i, x_{i+k+1}], \\ 0 & \text{altrimenti.} \end{cases}$$

La combinazione di queste formule con la forma ricorsiva (7.43) permette di costruire le B-spline con nodi coincidenti (si veda per maggiori dettagli [Die93]). ■

Esempio 7.8 Vediamo come caso particolare le B-spline cubiche definite su nodi equispaziati $x_{i+1} = x_i + h$ per $i = 0, ..., n-1$. La (7.42) diventa

$$6h^3 B_{i,4}(x) =$$
$$\begin{cases} (x - x_i)^3, & \text{se } x \in [x_i, x_{i+1}], \\ h^3 + 3h^2(x - x_{i+1}) + 3h(x - x_{i+1})^2 - 3(x - x_{i+1})^3, & \text{se } x \in [x_{i+1}, x_{i+2}], \\ h^3 + 3h^2(x_{i+3} - x) + 3h(x_{i+3} - x)^2 - 3(x_{i+3} - x)^3, & \text{se } x \in [x_{i+2}, x_{i+3}], \\ (x_{i+4} - x)^3, & \text{se } x \in [x_{i+3}, x_{i+4}], \\ 0 & \text{altrimenti.} \end{cases}$$

In Figura 7.11 viene presentato il grafico di $B_{i,4}$ nel caso di nodi distinti e nel caso di nodi parzialmente coincidenti. •

Dati $n+1$ nodi distinti x_j, $j = 0, \ldots, n$ si possono costruire $n-k$ B-spline linearmente indipendenti di grado k, ma restano da saturare ancora $2k$ gradi di libertà per ottenere una base per $\mathcal{S}_k$. Un modo di procedere consiste nell'introdurre $2k$ nodi fittizi

$$x_{-k} \le x_{-k+1} \le \ldots \le x_{-1} \le x_0 = a, \quad b = x_n \le x_{n+1} \le \ldots \le x_{n+k} \quad (7.44)$$

ai quali vengono associate le B-spline $B_{i,k+1}$ con $i = -k, \ldots, -1$ e $i = n-k, \ldots, n-1$. Con questo accorgimento, ogni spline $s_k \in \mathcal{S}_k$ può essere scritta

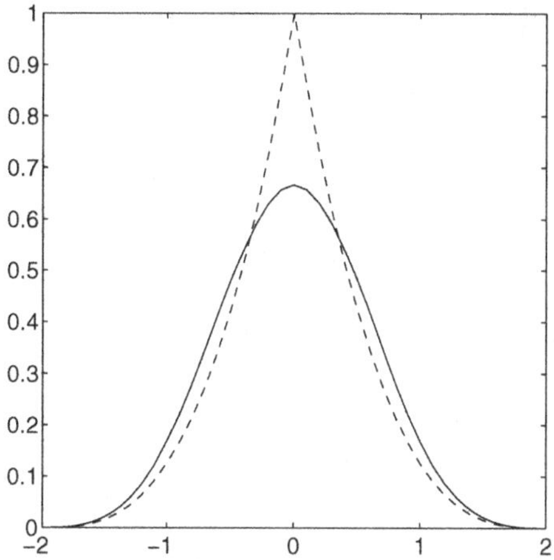

Fig. 7.11 B-spline con nodi distinti (in linea continua) e con tre nodi coincidenti nell'origine (in linea tratteggiata). Si noti la discontinuità della derivata prima

univocamente come

$$s_k(x) = \sum_{i=-k}^{n-1} c_i B_{i,k+1}(x). \tag{7.45}$$

I valori reali c_i sono detti i *coefficienti B-spline* di s_k. I nodi (7.44) vengono in generale scelti coincidenti o periodici:

1. *coincidenti*: questa scelta è appropriata nel caso in cui si vogliano assegnare i valori assunti da una spline agli estremi dell'intervallo di definizione. In tal caso infatti, per l'Osservazione 7.2 sulle B-spline a nodi coincidenti, si ha

$$s_k(a) = c_{-k}, \quad s_k(b) = c_{n-1}; \tag{7.46}$$

2. *periodici* ossia tali che

$$x_{-i} = x_{n-i} - b + a, \quad x_{i+n} = x_i + b - a, \quad i = 1, \ldots, k.$$

Questa scelta è utile se si vogliono imporre le condizioni di periodicità (7.34).

7.7 Curve spline di tipo parametrico

L'utilizzo delle spline interpolatorie presenta due notevoli svantaggi:

1. l'approssimazione ottenuta è buona solo se la funzione che si approssima f non presenta forti gradienti (in particolare chiediamo che $|f'(x)| < 1$ per ogni x). In caso contrario, si possono manifestare nella spline comportamenti oscillatori, come evidenziato ad esempio in Figura 7.12 in cui è stata riportata in linea continua la spline cubica interpolante il seguente insieme di valori (da [SL89])

x_i	8.125	8.4	9	9.845	9.6	9.959	10.166	10.2
f_i	0.0774	0.099	0.28	0.6	0.708	1.3	1.8	2.177

;

2. s_k dipende dalla scelta del sistema di coordinate. In effetti, nell'esempio precedente se avessimo ruotato in senso orario di 36 gradi il sistema di riferimento, avremmo ottenuto una spline priva di oscillazioni, riportata nel riquadro di Figura 7.12. Tutti i tipi di interpolazione sinora introdotti hanno la caratteristica di dipendere dal sistema cartesiano di riferimento utilizzato, proprietà che assume una connotazione negativa per la rappresentazione grafica di una figura (come ad esempio un'ellisse) mediante spline. Si vorrebbe infatti che tale rappresentazione fosse indipendente dal sistema di riferimento, ovvero invariante geometricamente.

Per ovviare ai problemi sopra menzionati si può ricorrere alle cosiddette spline parametriche. In tal caso, ogni componente della curva, scritta in forma parametrica, viene approssimata da una funzione spline: consideriamo una curva nel piano in forma parametrica $\mathbf{P}(t) = (x(t), y(t))$ con $t \in [0, T]$, quindi prendiamo l'insieme dei punti nel piano di coordinate $\mathbf{P}_i = (x_i, y_i)$ per $i = 0, \ldots, n$ ed introduciamo una partizione in $[0, T]$: $0 = t_0 < t_1 < \ldots < t_n = T$. Utilizzando i due insiemi di valori $\{t_i, x_i\}$ e $\{t_i, y_i\}$ come dati di interpolazione, si ottengono due spline $s_{k,x}$ e $s_{k,y}$, rispetto alla variabile indipendente t, interpolanti rispettivamente $x(t)$ e $y(t)$. La curva parametrica $\mathbf{S}_k(t) = (s_{k,x}(t), s_{k,y}(t))$ è chiamata *curva spline parametrica*. Ovviamente, diverse parametrizzazioni dell'intervallo $[0, T]$ forniscono spline diverse (si veda la Figura 7.13).

Una scelta ragionevole di tale parametrizzazione fa uso della lunghezza dei singoli segmenti $\mathbf{P}_{i-1}\mathbf{P}_i$. Indicata con

$$\ell_i = \sqrt{(x_i - x_{i-1})^2 + (y_i - y_{i-1})^2}, \quad i = 1, \ldots, n,$$

la lunghezza di tali segmenti, scegliamo $t_0 = 0$ e $t_i = \sum_{k=1}^{i} \ell_k$ per $i = 1, \ldots, n$. In tal modo ogni t_i rappresenta la lunghezza cumulativa della spezzata congiungente i punti $\mathbf{P}_i$. La curva spline parametrica che si ottiene è detta *di lunghezza cumulativa* ed è in generale soddisfacente anche per approssimare curve in cui $|f'| \gg 1$. Non solo, si dimostra (si veda [SL89]) che è anche geometricamente invariante.

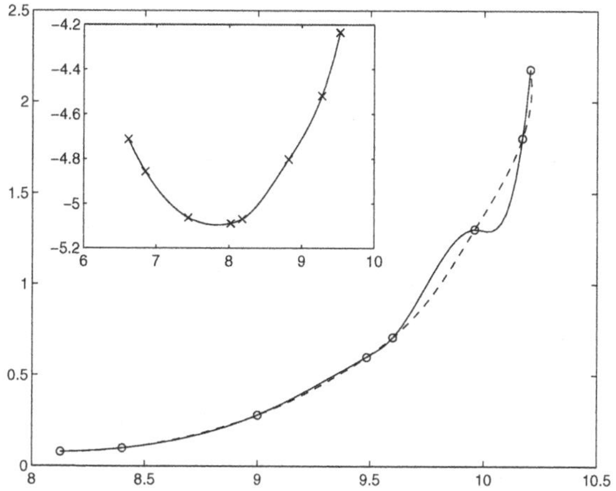

Fig. 7.12 Non invarianza geometrica per una spline cubica interpolante s_3: l'insieme di dati cui si riferisce s_3 nel riquadro, è l'insieme di dati della figura principale ruotato di 36 gradi. La rotazione, rendendo minore la pendenza della curva interpolata, ha eliminato ogni oscillazione in s_3. Si osservi come l'uso di una spline parametrica (linea tratteggiata) elimini ogni oscillazione di s_3 senza bisogno di ruotare il sistema di riferimento

Nel Programma 60 viene implementata la costruzione di spline parametriche cubiche cumulative in due dimensioni (facilmente estendibile al caso tridimensionale).

Programma 60 – parspline: Spline parametrica cubica cumulativa

```
function [xi,yi] = parspline (x,y)
% PARSPLINE interpolazione con spline cubica in forma parametrica cumulativa.
% [XI, YI] = PARSPLINE(X, Y) costruisce una spline cubica bidimensionale.
% X e Y contengono i dati dell'interpolazione, mentre XI e YI contengono
% le componenti parametriche della spline cubica rispetto agli assi x e y.
t (1) = 0;
for i = 1:length (x)-1
    t (i+1) = t (i) + sqrt ( (x(i+1)-x(i))^2 + (y(i+1)-y(i))^2 );
end
z = [t(1):(t(length(t))-t(1))/100:t(length(t))];
xi = spline (t,x,z);
yi = spline (t,y,z);
```

Ovviamente si possono costruire curve spline parametriche composite, imponendo opportune condizioni di continuità (si veda [SL89]).

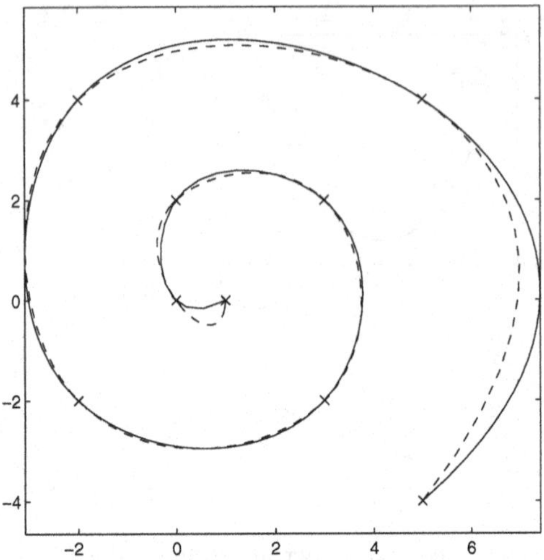

Fig. 7.13 Spline parametriche per una distribuzione di nodi a spirale. La spline di lunghezza cumulativa è indicata in linea continua

7.8 Esercizi

1. Si dimostri che i polinomi caratteristici $l_i \in \mathbb{P}_n$ definiti nella (7.3) formano una base per $\mathbb{P}_n$.

2. Una via alternativa a quella presentata nel Teorema 7.1 per costruire il polinomio di interpolazione, consiste nell'imporre direttamente le $n+1$ condizioni di interpolazione su Π_n e calcolarne i coefficienti a_i. In tal modo si giunge ad un sistema lineare X**a**= **y** con $\mathbf{a} = (a_0, \ldots, a_n)^T$, $\mathbf{y} = (y_0, \ldots, y_n)^T$ e $\mathrm{X} = [x_i^{j-1}]$. X è detta *matrice di Vandermonde*. Si dimostri che X è non singolare se i nodi x_i sono distinti.

   [*Suggerimento*: si dimostri che $\det(\mathrm{X}) = \prod_{0\le j<i\le n} (x_i - x_j)$ per ricorsione su n.]

3. Si dimostri che $\omega'_{n+1}(x_i) = \prod_{\substack{j=0\\ j\neq i}}^{n} (x_i - x_j)$ essendo ω_{n+1} il polinomio nodale (7.6).

   Si verifichi quindi la (7.5).

4. Si stimi $\|\omega_{n+1}\|_\infty$ per $n = 1$ e $n = 2$ nel caso di una distribuzione di nodi equispaziati.

5. Si dimostri che

$$(n-1)!h^{n-1}|(x - x_{n-1})(x - x_n)| \le |\omega_{n+1}(x)| \le n!h^{n-1}|(x - x_{n-1})(x - x_n)|,$$

   con n pari, $-1 = x_0 < x_1 < \ldots < x_{n-1} < x_n = 1$, $x \in (x_{n-1}, x_n)$ e $h = 2/n$.

[*Suggerimento*: si ponga $N = n/2$ e si dimostri che

$$\begin{aligned}\omega_{n+1}(x) = \quad & (x+Nh)(x+(N-1)h)\dots(x+h)x \\ & (x-h)\dots(x-(N-1)h)(x-Nh).\end{aligned} \tag{7.47}$$

Indi, si prenda $x = rh$ con $N-1 < r < N$.]

6. Sotto le ipotesi dell'Esercizio 5, si dimostri che il massimo di $|\omega_{n+1}|$ viene assunto per $x \in (x_{n-1}, x_n)$ (si noti che $|\omega_{n+1}|$ è una funzione pari).
   [*Suggerimento*: si dimostri, usando la (7.47) che $|\omega_{n+1}(x+h)/\omega_{n+1}(x)| > 1$ per ogni $x \in (0, x_{n-1})$ con x non coincidente con alcun nodo di interpolazione.]
7. Si provi la relazione ricorsiva (7.18) per le differenze divise di Newton.
8. Si determini un polinomio interpolatore $H_n f \in \mathbb{P}_n$ tale che

$$H_n{}^{(k)} f(x_0) = f^{(k)}(x_0), \qquad k = 0, \dots, n,$$

   e si verifichi che

$$H_n f(x) = \sum_{j=0}^{n} \frac{f^{(j)}(x_0)}{j!}(x - x_0)^j,$$

   ossia che il polinomio interpolatore di Hermite su un nodo coincide con il *polinomio di Taylor*.
9. Si determinino i coefficienti a_j, $j = 0, \dots, 3$, del polinomio $p(x, y) = a_3 xy + a_2 x + a_1 y + a_0$ in modo tale che p interpoli una data funzione $f = f(x, y)$ nei nodi $(-1, 0)$, $(0, -1)$, $(1, 0)$ e $(0, 1)$.
   [*Soluzione*: pur essendo i nodi distinti, il problema non ammette in generale un'unica soluzione; in effetti, imponendo le condizioni di interpolazione si giunge ad un sistema che è verificato per qualunque valore di a_3.]
10. Si dimostri la Proprietà 7.2 e se ne verifichi la validità anche nel caso in cui la spline s_3 soddisfi condizioni della forma $s_3'(a) = f'(a)$, $s_3'(b) = f'(b)$.
    [*Suggerimento*: si parta da

$$\int_a^b \left[f''(x) - s_3''(x)\right] s_3''(x)dx = \sum_{i=1}^{n} \int_{x_{i-1}}^{x_i} \left[f''(x) - s_3''(x)\right] s_3'' dx$$

    e si integri per parti due volte.]
11. Data $f(x) = \cos(x)$, si consideri una approssimazione della forma

$$r(x) = \frac{a_0 + a_2 x^2 + a_4 x^4}{1 + b_2 x^2}. \tag{7.48}$$

    Si determinino i coefficienti di r in modo tale che risulti

$$f(x) - r(x) = \gamma_8 x^8 + \gamma_{10} x^{10} + \dots$$

    Una tecnica di questo tipo è detta *approssimazione di Padé* e rientra nella teoria dell'approssimazione mediante funzioni razionali.
    [*Soluzione*: Si ponga $\cos(x) = 1 - \frac{x^2}{2!} + \frac{x^4}{4!} - \frac{x^6}{6!} + \dots$. Si ottiene $a_0 = 1$, $a_2 = -7/15$, $a_4 = 1/40$, $b_2 = 1/30$.]

12. Si supponga che la funzione f dell'esercizio precedente sia nota in un insieme di n punti equispaziati $\{x_i\} \in (-\pi/2, \pi/2)$ con $i = 0, \ldots, n$. Si ripeta l'Esercizio 11, determinando, tramite MATLAB, i coefficienti di r in modo tale che la quantità $\sum_{i=0}^{n} |f(x_i) - r(x_i)|^2$ sia minima. Si considerino i casi $n = 5$ ed $n = 10$. Come vedremo nel Capitolo 9 questo criterio fornisce la cosiddetta approssimazione nel senso dei minimi quadrati.

8
Integrazione numerica

In questo capitolo vengono illustrati i metodi più comunemente usati per il calcolo numerico degli integrali. Ci occuperemo prevalentemente di integrali monodimensionali definiti su intervalli limitati, e solo nelle Sezioni 8.7 e 8.6 vedremo come estendere le idee proposte al caso multidimensionale ed al calcolo di integrali definiti su intervalli illimitati o per funzioni illimitate.

Sia f una funzione reale integrabile sull'intervallo $[a,b]$. Il suo integrale definito $I(f) = \int_a^b f(x)dx$ può non essere sempre valutabile in forma esplicita o comunque può risultare difficile da calcolare. Una qualunque formula esplicita che consenta di approssimare $I(f)$ viene detta *formula di quadratura* o *formula di integrazione numerica.*

Un esempio può essere ottenuto sostituendo ad f una sua approssimazione f_n, dipendente dall'intero $n \geq 0$, e calcolare $I(f_n)$ in luogo di $I(f)$. Ponendo $I_n(f) = I(f_n)$, si ha dunque

$$I_n(f; a, b) = \int_a^b f_n(x)dx, \qquad n \geq 0. \tag{8.1}$$

La dipendenza dagli estremi di integrazione a, b verrà omessa e scriveremo $I_n(f)$ invece di $I_n(f; a, b)$.

Se $f \in C^0([a,b])$, l'*errore di quadratura* $E_n(f) = I(f) - I_n(f)$ soddisfa

$$|E_n(f)| \leq \int_a^b |f(x) - f_n(x)|dx \leq (b-a)\|f - f_n\|_\infty,$$

e dunque, se per qualche n, $\|f - f_n\|_\infty < \varepsilon$, si avrà $|E_n(f)| \leq \varepsilon(b-a)$.

Ovviamente, sarà opportuno scegliere f_n in modo tale che il suo integrale sia facile da calcolare. Un modo naturale di procedere consiste nello scegliere $f_n = \Pi_n f$, il polinomio interpolatore di Lagrange di f su $n+1$ nodi distinti $\{x_i\}$ con $i = 0, \ldots, n$. In tal caso, dalla (8.1) si ha

$$I_n(f) = \sum_{i=0}^{n} f(x_i) \int_a^b l_i(x)dx, \tag{8.2}$$

A. Quarteroni, R. Sacco, F. Saleri, P. Gervasio, *Matematica Numerica*, 4ª edizione,
UNITEXT – La Matematica per il 3+2 77, DOI: 10.1007/978-88-470-5644-2_8,
© Springer-Verlag Italia 2014

dove l_i è il polinomio caratteristico di Lagrange di grado n relativo al nodo x_i (si veda la Sezione 7.1). La (8.2) è un caso particolare della seguente formula di quadratura

$$I_n(f) = \sum_{i=0}^{n} \alpha_i f(x_i) \tag{8.3}$$

nel caso in cui i coefficienti α_i della combinazione lineare siano dati da $\int_a^b l_i(x)dx$. La (8.3) è una somma pesata dei valori assunti da f nei punti x_i, per $i = 0, \dots, n$. Questi ultimi sono detti *nodi* della formula di quadratura, mentre gli $\alpha_i \in \mathbb{R}$ sono detti *coefficienti o pesi*. Sia i pesi che i nodi dipenderanno in generale da n; per comodità di notazione ometteremo nel seguito tale dipendenza.
La formula di quadratura (8.2), detta di *Lagrange*, può essere generalizzata al caso in cui si utilizzino, oltre ai valori della funzione integranda, anche quelli della sua derivata. Si ottengono in tal caso formule di quadratura di *Hermite* (si veda [QSS07], Sezione 9.4)

$$I_n(f) = \sum_{k=0}^{1} \sum_{i=0}^{n} \alpha_{ik} f^{(k)}(x_i) \tag{8.4}$$

dove ora i pesi sono indicati con α_{ik}.

Le formule di quadratura della forma (8.2) e (8.4) sono dette *formule di quadratura interpolatorie*, in quanto la funzione integranda f è stata sostituita da un suo polinomio interpolatore (rispettivamente, di Lagrange e di Hermite). In generale, definiamo *grado di esattezza (o di precisione)* di una formula di quadratura il massimo intero $r \geq 0$ per il quale si abbia

$$I_n(f) = I(f), \qquad \forall f \in \mathbb{P}_r. \tag{8.5}$$

Ogni formula interpolatoria che faccia uso di $n+1$ nodi distinti ha grado di esattezza pari almeno a n. In effetti, se $f_n \in \mathbb{P}_n$, allora $\Pi_n f = f$ e quindi $I_n(\Pi_n f) = I(\Pi_n f)$. Anche il viceversa è vero, ossia una formula di quadratura che usi $n+1$ nodi e che abbia grado di esattezza almeno pari a n è necessariamente di tipo interpolatorio (per la dimostrazione si veda [IK66], pag. 316).

Nella Sezione 9.2 introdurremo le formule di quadratura di Gauss e mostreremo che una formula di quadratura di Lagrange che usi $n+1$ nodi distinti, può raggiungere grado di precisione al più pari a $2n+1$.

8.1 Formule di quadratura interpolatorie

Vediamo tre esempi significativi della formula (8.2), corrispondenti ai casi $n = 0$, 1 e 2.

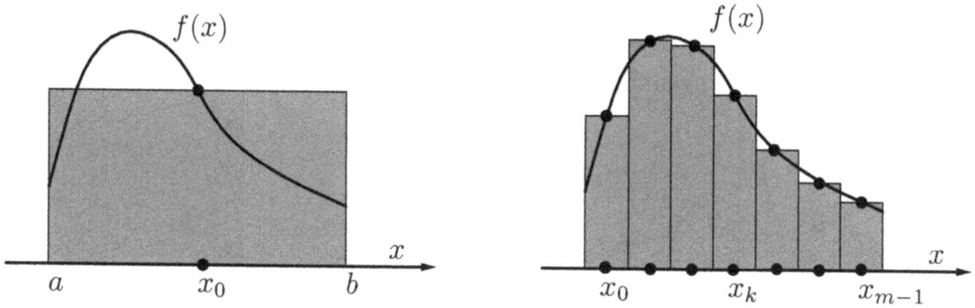

Fig. 8.1 A sinistra: la formula del punto medio; a destra: la formula del punto medio composita

8.1.1 La formula del punto medio o del rettangolo

Questa formula si ottiene sostituendo a f su $[a,b]$ la funzione costante pari al valore assunto da f nel punto medio di $[a,b]$ (si veda a sinistra nella Figura 8.1). Avremo

$$I_0(f) = (b-a)f\left(\frac{a+b}{2}\right) \tag{8.6}$$

con peso $\alpha_0 = b - a$ e nodo $x_0 = (a+b)/2$. Se $f \in C^2([a,b])$, l'errore di quadratura è dato da

$$E_0(f) = \frac{h^3}{3}f''(\xi), \quad h = \frac{b-a}{2} \tag{8.7}$$

essendo ξ un punto interno all'intervallo di integrazione (a,b).

Infatti, sviluppando la funzione f in serie di Taylor nell'intorno di $c = (a+b)/2$ ed arrestandosi al secondo termine, si ottiene

$$f(x) = f(c) + f'(c)(x-c) + f''(\eta(x))(x-c)^2/2,$$

da cui, integrando su (a,b) e usando il teorema del valor medio integrale, si ottiene la (8.7). Da quest'ultima si deduce che la (8.6) integra esattamente le funzioni costanti ed i polinomi di grado 1 (avendosi in questi due casi $f''(\xi) = 0$ per ogni $\xi \in (a,b)$) ed ha dunque *grado di esattezza* 1.

Si noti che se l'ampiezza dell'intervallo di integrazione $[a,b]$ non è abbastanza piccola l'errore di quadratura (8.7) può essere molto grande. Questo problema è comune a tutte le formule di quadratura che presenteremo in questa e nelle sezioni successive e può essere superato ricorrendo all'integrazione composita (si veda la Sezione 8.3).

Supponiamo ora di approssimare l'integrale $I(f)$ sostituendo a f su $[a,b]$ il suo polinomio interpolante composito di grado zero, costruito su m sottointervalli di ampiezza $H = (b-a)/m$, per $m \geq 1$ (si veda a destra nella

Figura 8.1). Introducendo i nodi di quadratura $x_k = a + (2k+1)H/2$, per $k = 0, \ldots, m-1$, si ottiene la formula del punto medio composita

$$I_{0,m}(f) = H \sum_{k=0}^{m-1} f(x_k), \qquad m \geq 1 \tag{8.8}$$

L'errore di quadratura $E_{0,m}(f) = I(f) - I_{0,m}(f)$ è dato da

$$E_{0,m}(f) = \frac{b-a}{24} H^2 f''(\xi), \quad H = \frac{b-a}{m} \tag{8.9}$$

purché $f \in C^2([a,b])$ ed essendo $\xi \in (a,b)$. Dalla (8.9) si deduce che la (8.8) ha grado di esattezza pari ad 1; la (8.9) può essere dimostrata ricordando la (8.7) e utilizzando l'additività degli integrali. Si ha infatti, per $k = 0, \ldots, m-1$ e $\xi_k \in (a + kH, a + (k+1)H)$

$$E_{0,m}(f) = \sum_{k=0}^{m-1} f''(\xi_k)(H/2)^3/3 = \sum_{k=0}^{m-1} f''(\xi_k) \frac{H^2}{24} \frac{b-a}{m} = \frac{b-a}{24} H^2 f''(\xi),$$

avendo utilizzato nell'ultimo passaggio il Teorema 8.1, dove si è posto $u = f''$ e $\delta_j = 1$ per $j = 0, \ldots, m-1$.

Teorema 8.1 (del valor medio integrale discreto) *Sia $u \in C^0([a,b])$ e siano dati in $[a,b]$ $s+1$ punti x_j e $s+1$ costanti δ_j, tutte dello stesso segno. Esiste allora $\eta \in [a,b]$ tale che*

$$\sum_{j=0}^{s} \delta_j u(x_j) = u(\eta) \sum_{j=0}^{s} \delta_j. \tag{8.10}$$

Dimostrazione. Siano $u_m = \min_{x \in [a,b]} u(x) = u(x_m)$ e $u_M = \max_{x \in [a,b]} u(x) = u(x_M)$ con $x_m, x_M \in (a,b)$. Se $\delta_j > 0$ per ogni $j = 0, \ldots, s$, si ha allora

$$u_m \sum_{j=0}^{s} \delta_j \leq \sum_{j=0}^{s} \delta_j u(x_j) \leq u_M \sum_{j=0}^{s} \delta_j. \tag{8.11}$$

Posto $\sigma_s = \sum_{j=0}^{s} \delta_j u(x_j)$, consideriamo la funzione continua $U(x) = u(x) \sum_{j=0}^{s} \delta_j$. Grazie alla (8.11) risulta $U(x_m) \leq \sigma_s \leq U(x_M)$. Applicando il teorema dei valori intermedi, esiste dunque un punto η compreso tra a e b tale che $U(\eta) = \sigma_s$, ovvero la (8.10). Una dimostrazione del tutto simile può farsi nel caso in cui i coefficienti δ_j siano negativi. ◇

La formula del punto medio composita è implementata nel Programma 61. Indicheremo qui e nel seguito con `a` e `b` gli estremi dell'intervallo di integrazione e con m il numero dei sottointervalli di quadratura. La variabile fun contiene l'espressione della funzione integranda f, mentre la variabile di uscita int contiene il valore dell'integrale approssimato.

Programma 61 – midpntc: Formula composita del punto medio

```
function int = midpntc(a,b,m,fun)
% MIDPNTC formula composita del punto medio.
% INT=MIDPNTC(A,B,M,FUN) calcola un'approssimazione dell'integrale della
% funzione FUN su (A,B) con il metodo del punto medio su una griglia uniforme
% di M intervalli. FUN riceve in ingresso un vettore reale x e restituisce un
% vettore della stessa dimensione.
h=(b-a)/m;
x=[a+h/2:h:b];
y=fun(x);
if size(y)==1
    dim=length(x);
    y=y.*ones(dim,1);
end
int=h*sum(y);
return
```

8.1.2 La formula del trapezio

Questa formula si ottiene sostituendo a f il suo polinomio interpolatore di Lagrange di grado 1, $\Pi_1 f$, relativo ai nodi $x_0 = a$ e $x_1 = b$ (si veda la Figura 8.2, a sinistra). L'espressione della formula di quadratura, che ha nodi $x_0 = a$, $x_1 = b$ e pesi $\alpha_0 = \alpha_1 = (b-a)/2$, risulta essere

$$I_1(f) = \frac{b-a}{2}\,[f(a) + f(b)] \tag{8.12}$$

Se $f \in C^2([a,b])$, l'errore di quadratura è dato da

$$E_1(f) = -\frac{h^3}{12} f''(\xi), \quad h = b-a \tag{8.13}$$

essendo ξ un punto interno all'intervallo di integrazione.

Dalla formula dell'errore di interpolazione (7.7) si ha infatti

$$E_1(f) = \int_a^b (f(x) - \Pi_1 f(x))dx = -\frac{1}{2}\int_a^b f''(\xi(x))(x-a)(b-x)dx.$$

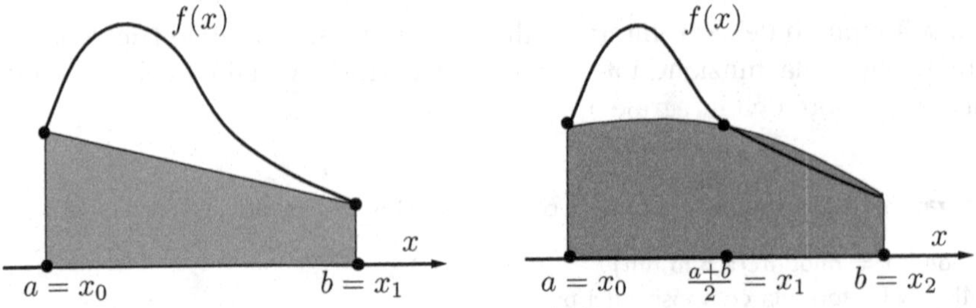

Fig. 8.2 A sinistra: la formula del trapezio; a destra: la formula di Cavalieri-Simpson

Essendo $\omega_2(x) = (x-a)(x-b) < 0$ in (a,b), il teorema del valor medio integrale fornisce

$$E_1(f) = (1/2)f''(\xi)\int_a^b \omega_2(x)dx = -f''(\xi)(b-a)^3/12,$$

per $\xi \in (a,b)$ ossia la (8.13). La formula del trapezio ha dunque grado di esattezza pari ad 1, come la formula del punto medio.

Per ottenere la formula del trapezio composita, si procede come nel caso $n=0$, sostituendo ad f sull'intervallo $[a,b]$ l'interpolante di Lagrange composito di grado 1 su m sottointervalli, con $m \geq 1$. Introducendo i nodi di quadratura $x_k = a + kH$, per $k = 0, \dots, m$ e $H = (b-a)/m$, si ha

$$I_{1,m}(f) = \frac{H}{2}\sum_{k=0}^{m-1}\left(f(x_k) + f(x_{k+1})\right), \qquad m \geq 1. \tag{8.14}$$

Nella (8.14) tutti i termini, fuorché il primo e l'ultimo, vengono contati due volte; essa si può dunque scrivere come

$$I_{1,m}(f) = H\left[\frac{1}{2}f(x_0) + f(x_1) + \ldots + f(x_{m-1}) + \frac{1}{2}f(x_m)\right] \tag{8.15}$$

In modo del tutto analogo a quanto fatto per la (8.9), si dimostra che l'errore di quadratura associato è dato da

$$E_{1,m}(f) = -\frac{b-a}{12}H^2 f''(\xi) \tag{8.16}$$

purché $f \in C^2([a,b])$ ed essendo $\xi \in (a,b)$. Il grado di esattezza è ancora pari a 1.

La formula del trapezio composita è implementata nel Programma 62.

Programma 62 – trapezc: Formula composita del trapezio

```
function int = trapezc(a,b,m,fun)
% TRAPEZC formula composita del trapezio.
% INT=TRAPEZC(A,B,M,FUN) calcola un'approssimazione dell'integrale della
% funzione FUN su (A,B) con il metodo del trapezio su una griglia uniforme
% di M intervalli. FUN riceve in ingresso un vettore reale x e restituisce un
% vettore della stessa dimensione.
h=(b-a)/m;
x=[a:h:b];
y=fun(x);
if size(y)==1
    dim=length(x);
    y=y.*ones(dim,1);
end
int=h*(0.5*y(1)+sum(y(2:m))+0.5*y(m+1));
return
```

8.1.3 La formula di Cavalieri-Simpson

La formula di Cavalieri-Simpson si ottiene integrando sull'intervallo $[a, b]$ anziché f, il suo polinomio interpolatore di grado 2 nei nodi $x_0 = a$, $x_1 = (a+b)/2$ e $x_2 = b$ (si veda a destra nella Figura 8.2). I pesi risultano dati pertanto da $\alpha_0 = \alpha_2 = (b-a)/6$ e $\alpha_1 = 4(b-a)/6$, e la formula risulta essere

$$I_2(f) = \frac{b-a}{6}\left[f(a) + 4f\left(\frac{a+b}{2}\right) + f(b)\right] \tag{8.17}$$

Si può dimostrare che l'errore di quadratura è dato da

$$E_2(f) = -\frac{h^5}{90}f^{(4)}(\xi), \quad h = \frac{b-a}{2} \tag{8.18}$$

purché $f \in C^4([a, b])$, ed essendo ξ un punto interno all'intervallo (a, b). Dalla (8.18) si deduce che la (8.17) ha grado di esattezza 3.

Sostituendo ad f il polinomio interpolatore composito di grado 2 su $[a, b]$ si perviene alla formula composita corrispondente alla (8.17). Introducendo i nodi di quadratura $x_k = a + kH/2$, per $k = 0, \dots, 2m$ e $H = (b-a)/m$, con $m \geq 1$, si ha

$$I_{2,m} = \frac{H}{6}\left[f(x_0) + 2\sum_{r=1}^{m-1} f(x_{2r}) + 4\sum_{s=0}^{m-1} f(x_{2s+1}) + f(x_{2m})\right] \tag{8.19}$$

L'errore di quadratura associato alla (8.19) è

$$E_{2,m}(f) = -\frac{b-a}{180}(H/2)^4 f^{(4)}(\xi) \qquad (8.20)$$

purché $f \in C^4([a,b])$, essendo ξ un punto interno all'intervallo (a,b); il grado di esattezza è pertanto pari a 3.
La formula di Cavalieri-Simpson composita è implementata nel Programma 63.

Programma 63 – simpsonc: Formula composita di Cavalieri-Simpson

```
function int = simpsonc(a,b,m,fun)
% SIMPSONC formula composita di Simpson.
% INT=SIMPSONC(A,B,M,FUN) calcola un'approssimazione dell'integrale della
% funzione FUN su (A,B) con il metodo di Simpson su una griglia uniforme
% di M intervalli. FUN riceve in ingresso un vettore reale x e restituisce un
% vettore della stessa dimensione.
h=(b-a)/m;
x=[a:h/2:b];
y=fun(x);
if size(y)==1
dim= length(x);
   y=ones(dim,1).*y;
end
int=(h/6)*(y(1)+2*sum(y(3:2:2*m-1))+4*sum(y(2:2:2*m))+y(2*m+1));
return
```

Esempio 8.1 Utilizziamo le formule composite del punto medio, del trapezio e di Cavalieri-Simpson per calcolare l'integrale

$$\int_0^{2\pi} xe^{-x}\cos(2x)dx = \frac{[3(e^{-2\pi}-1)-10\pi e^{-2\pi}]}{25} \simeq -0.122122. \qquad (8.21)$$

L'analisi sperimentale dell'accuratezza delle formule è riassunta in Tabella 8.1, dove si mostra in seconda, quarta e sesta colonna l'andamento in valore assoluto dell'errore dimezzando H (e quindi raddoppiando m) ed in terza, quinta e settima il rapporto $\mathcal{R}_m = |E_m|/|E_{2m}|$ tra due errori consecutivi. Questo rapporto, in accordo con le considerazioni svolte in precedenza, tende rispettivamente a 4 (punto medio e trapezio) ed a 16 (Cavalieri-Simpson). •

8.2 Formule di Newton-Cotes

Queste formule sono basate sul metodo di interpolazione di Lagrange con nodi *equispaziati* in $[a,b]$. Per $n \geq 0$ fissato, indichiamo i nodi di quadratura

Tabella 8.1 Andamento dell'errore assoluto per le formule composite del punto medio, del trapezio e di Cavalieri-Simpson nel calcolo dell'integrale (8.21)

m	$\|E_{0,m}\|$	$\mathcal{R}_m$	$\|E_{1,m}\|$	$\mathcal{R}_m$	$\|E_{2,m}\|$	$\mathcal{R}_m$
1	0.9751		1.589e-01		7.030e-01	
2	1.037	0.9406	0.5670	0.2804	0.5021	1.400
4	0.1221	8.489	0.2348	2.415	$3.139 \cdot 10^{-3}$	159.96
8	$2.980 \cdot 10^{-2}$	4.097	$5.635 \cdot 10^{-2}$	4.167	$1.085 \cdot 10^{-3}$	2.892
16	$6.748 \cdot 10^{-3}$	4.417	$1.327 \cdot 10^{-2}$	4.245	$7.381 \cdot 10^{-5}$	14.704
32	$1.639 \cdot 10^{-3}$	4.118	$3.263 \cdot 10^{-3}$	4.068	$4.682 \cdot 10^{-6}$	15.765
64	$4.066 \cdot 10^{-4}$	4.030	$8.123 \cdot 10^{-4}$	4.017	$2.936 \cdot 10^{-7}$	15.946
128	$1.014 \cdot 10^{-4}$	4.008	$2.028 \cdot 10^{-4}$	4.004	$1.836 \cdot 10^{-8}$	15.987
256	$2.535 \cdot 10^{-5}$	4.002	$5.070 \cdot 10^{-5}$	4.001	$1.148 \cdot 10^{-9}$	15.997

con $x_k = x_0 + kh$, $k = 0, \ldots, n$. Le formule del punto medio, del trapezio e la formula di Simpson sono esempi di formule di Newton-Cotes, dove, rispettivamente, $n = 0$, $n = 1$ e $n = 2$. Nel caso generale si definiscono:

– *formule chiuse*, quelle in cui $x_0 = a$, $x_n = b$, e $h = \dfrac{b-a}{n}$ $(n \geq 1)$;

– *formule aperte*, quelle in cui $x_0 = a + h$, $x_n = b - h$ e $h = \dfrac{b-a}{n+2}$ $(n \geq 0)$.

Una proprietà interessante delle formule di Newton-Cotes è di avere pesi di quadratura α_i che dipendono solo da n e da h, ma non dall'intervallo di integrazione $[a, b]$. Per verificare questa proprietà nel caso delle formule chiuse, introduciamo il cambio di variabile $x = \Psi(t) = x_0 + th$. Notando che $\Psi(0) = a$, $\Psi(n) = b$ e $x_k = a + kh$, si ha

$$\frac{x - x_k}{x_i - x_k} = \frac{a + th - (a + kh)}{a + ih - (a + kh)} = \frac{t-k}{i-k}.$$

Pertanto, se $n \geq 1$ risulta

$$l_i(x) = \prod_{k=0, k\neq i}^{n} \frac{t-k}{i-k} = \varphi_i(t), \qquad 0 \leq i \leq n.$$

Si ha allora la seguente espressione per i pesi di quadratura

$$\alpha_i = \int_a^b l_i(x)dx = \int_0^n \varphi_i(t)hdt = h\int_0^n \varphi_i(t)dt,$$

da cui si ottiene la formula di quadratura

$$I_n(f) = h\sum_{i=0}^{n} w_i f(x_i), \qquad w_i = \int_0^n \varphi_i(t)dt$$

Tabella 8.2 Pesi delle formule di quadratura di Newton-Cotes chiuse (a sinistra) e aperte (a destra)

n	1	2	3	4	5	6
w_0	$\frac{1}{2}$	$\frac{1}{3}$	$\frac{3}{8}$	$\frac{14}{45}$	$\frac{95}{288}$	$\frac{41}{140}$
w_1	0	$\frac{4}{3}$	$\frac{9}{8}$	$\frac{64}{45}$	$\frac{375}{288}$	$\frac{216}{140}$
w_2	0	0	0	$\frac{24}{45}$	$\frac{250}{288}$	$\frac{27}{140}$
w_3	0	0	0	0	0	$\frac{272}{140}$

n	0	1	2	3	4	5
w_0	2	$\frac{3}{2}$	$\frac{8}{3}$	$\frac{55}{24}$	$\frac{66}{20}$	$\frac{4277}{1440}$
w_1	0	0	$-\frac{4}{3}$	$\frac{5}{24}$	$-\frac{84}{20}$	$-\frac{3171}{1440}$
w_2	0	0	0	0	$\frac{156}{20}$	$\frac{3934}{1440}$

In modo analogo si possono reinterpretare le formule aperte. In tal caso, utilizzando ancora la trasformazione $x = \Psi(t)$, si ha $x_0 = a + h$, $x_n = b - h$ e $x_k = a + h(k+1)$ per $k = 1, \ldots, n-1$. Ponendo per coerenza di notazione $x_{-1} = a$, $x_{n+1} = b$ e procedendo come nel caso delle formule chiuse, si trova $\alpha_i = h \int_{-1}^{n+1} \varphi_i(t)dt$, dunque

$$I_n(f) = h\sum_{i=0}^{n} w_i f(x_i), \qquad w_i = \int_{-1}^{n+1} \varphi_i(t)dt$$

Nel caso particolare in cui $n = 0$, essendo $l_0(x) = \varphi_0(t) = 1$, si ha $w_0 = 2$.

I coefficienti w_i sono indipendenti da a, b, h ed f e dipendono solo da n; pertanto, si possono tabulare a priori. Nel caso delle formule chiuse i polinomi φ_i e φ_{n-i}, per $i = 0, \ldots, n-1$, hanno per simmetria lo stesso integrale, di modo che anche i corrispondenti pesi w_i e w_{n-i} risultano uguali per $i = 0, \ldots, n-1$. Nel caso delle formule aperte, i pesi w_i e w_{n-i} sono uguali tra loro per $i = 0, \ldots, n$. Questo è il motivo per cui nella Tabella 8.2 è riportata solo la prima metà dei pesi.
Osserviamo la presenza di *pesi negativi* nelle formule aperte per $n \geq 2$. Ciò può dare luogo a problemi di instabilità numerica, in particolare ad errori di cancellazione (si veda il Capitolo 2).

Vale il seguente risultato:

Teorema 8.2 *Data una formula di Newton-Cotes con n pari, aperta o chiusa, vale la seguente rappresentazione dell'errore*

$$E_n(f) = \frac{M_n}{(n+2)!} h^{n+3} f^{(n+2)}(\overline{\xi}) \tag{8.22}$$

purché $f \in C^{n+2}([a,b])$, *dove* $\overline{\xi} \in (a,b)$ *e*

$$M_n = \begin{cases} \int\limits_0^n t\ \pi_{n+1}(t)dt < 0 & \textit{per formule chiuse,} \\ \int\limits_{-1}^{n+1} t\ \pi_{n+1}(t)dt > 0 & \textit{per formule aperte,} \end{cases}$$

avendo definito $\pi_{n+1}(t) = \prod_{i=0}^{n}(t-i)$. *Dalla* (8.22) *si deduce che il grado di esattezza è pari a* $n+1$ *e che l'errore è proporzionale a* h^{n+3}.

Similmente, per n *dispari vale la seguente rappresentazione dell'errore*

$$E_n(f) = \frac{K_n}{(n+1)!}h^{n+2}f^{(n+1)}(\overline{\eta}) \tag{8.23}$$

purché $f \in C^{n+1}([a,b])$, *dove* $\overline{\eta} \in (a,b)$ *e*

$$K_n = \begin{cases} \int\limits_0^n \pi_{n+1}(t)dt < 0 & \textit{per formule chiuse,} \\ \int\limits_{-1}^{n+1} \pi_{n+1}(t)dt > 0 & \textit{per formule aperte.} \end{cases}$$

Dunque il grado di esattezza è pari a n *e l'errore è proporzionale a* h^{n+2}.

Dimostrazione. Consideriamo il caso particolare di formule chiuse con n pari, rimandando a [IK66, pagg. 308–314], per una dimostrazione completa del teorema.

Grazie alla (7.20), possiamo scrivere l'errore associato alla formula di quadratura di Newton-Cotes come

$$E_n(f) = I(f) - I_n(f) = \int\limits_a^b f[x_0, \ldots, x_n, x]\omega_{n+1}(x)dx. \tag{8.24}$$

Introduciamo ora la funzione $W(x) = \int_a^x \omega_{n+1}(t)dt$. Poiché $W(a) = 0$, essendo $\omega_{n+1}(t)$ una funzione dispari rispetto al punto medio dell'intervallo $[a,b]$, risulta $W(b) = 0$. Integrando per parti la (8.24) si ottiene

$$\begin{aligned} E_n(f) &= \int\limits_a^b f[x_0, \ldots, x_n, x]W'(x)dx = -\int\limits_a^b \frac{d}{dx} f[x_0, \ldots, x_n, x]W(x)dx \\ &= -\int\limits_a^b \frac{f^{(n+2)}(\xi(x))}{(n+2)!}W(x)dx, \end{aligned}$$

Tabella 8.3 Grado di esattezza e costanti dell'errore per le formule di quadratura di Newton-Cotes chiuse

n	r_n	$\mathcal{M}_n$	$\mathcal{K}_n$	n	r_n	$\mathcal{M}_n$	$\mathcal{K}_n$	n	r_n	$\mathcal{M}_n$	$\mathcal{K}_n$
1	1		$\frac{1}{12}$	3	3		$\frac{3}{80}$	5	5		$\frac{275}{12096}$
2	3	$\frac{1}{90}$		4	5	$\frac{8}{945}$		6	7	$\frac{9}{1400}$	

avendo osservato (si veda l'Esercizio 4) che

$$\frac{\mathrm{d}}{\mathrm{d}x} f[x_0, \ldots, x_n, x] = f[x_0, \ldots, x_n, x, x]. \tag{8.25}$$

Sfruttando il fatto che $W(x) > 0$ per $a < x < b$ (si veda [IK66], pag. 309) e applicando il teorema del valor medio integrale, si conclude che $\exists \bar{\xi} \in (a, b)$:

$$E_n(f) = -\frac{f^{(n+2)}(\bar{\xi})}{(n+2)!} \int_a^b W(x)dx = -\frac{f^{(n+2)}(\bar{\xi})}{(n+2)!} \int_a^b \int_a^x \omega_{n+1}(t)\ dt\ dx. \tag{8.26}$$

Scambiando l'ordine di integrazione, ponendo $s = x_0 + \tau h$, per $0 \leq \tau \leq n$, e ricordando che $a = x_0$, $b = x_n$, si ottiene

$$\begin{aligned}
\int_a^b W(x)dx &= \int_a^b \int_s^b (s - x_0) \ldots (s - x_n) dx ds = \\
&= \int_{x_0}^{x_n} (s - x_0) \ldots (s - x_{n-1})(s - x_n)(x_n - s) ds = \\
&= -h^{n+3} \int_0^n \tau(\tau - 1) \ldots (\tau - (n-1))(\tau - n)^2 d\tau.
\end{aligned}$$

Ponendo ora $t = n - \tau$ e combinando questo risultato con la (8.26) si ottiene la (8.22). ◇

Le (8.22) e (8.23) sono *stime a priori* dell'errore di quadratura (si veda il Capitolo 2, Sezione 2.3). Il loro uso per generare *stime a posteriori* dell'errore nell'ambito di algoritmi adattivi verrà discusso nella Sezione 8.5. Relativamente al caso delle formule di Newton-Cotes di tipo chiuso, riportiamo in Tabella 8.3, per $1 \leq n \leq 6$, il grado di esattezza (che qui, e talvolta nel seguito, indicheremo con r_n) e il valore assoluto della costante moltiplicativa $\mathcal{M}_n = M_n/(n+2)!$ (se n è pari) o $\mathcal{K}_n = K_n/(n+1)!$ (se n è dispari).

Esempio 8.2 Verifichiamo l'importanza delle ipotesi di regolarità nelle stime dell'errore (8.22) e (8.23). Consideriamo a tal fine le formule di Newton-Cotes chiuse, per $1 \leq n \leq 6$, nel calcolo dell'integrale $\int_0^1 x^{5/2} dx = 2/7 \simeq 0.2857$. La funzione

Tabella 8.4 Errore nel calcolo approssimato di $\int_0^1 x^{5/2} dx$

n	$\|E_n(f)\|$	h^p	n	$\|E_n(f)\|$	h^p
1	2.143e-01	1.000e+00	4	5.009e-05	6.104e-05
2	1.196e-03	3.125e-02	5	3.189e-05	1.280e-05
3	5.753e-04	4.115e-03	6	7.857e-06	9.923e-08

Tabella 8.5 Errore relativo $E_n(f) = [I(f) - I_n(f)]/I_n(f)$ nel calcolo di (8.27) con formule di Newton-Cotes chiuse

n	$E_n(f)$	n	$E_n(f)$	n	$E_n(f)$
1	0.8601	3	0.2422	5	0.1599
2	-1.474	4	0.1357	6	-0.4091

integranda f appartiene solo a $C^2([0,1])$, dunque non ci aspettiamo un grande miglioramento dell'accuratezza dell'integrale calcolato al crescere di n. A riprova di ciò, riportiamo nella Tabella 8.4 i risultati ottenuti eseguendo il Programma 64. Riportiamo il valore assoluto degli errori $E_n(f)$ per $n = 1, \ldots, 6$ e le quantità h^p, essendo $h = 1/n$ il passo di discretizzazione e p il grado riportato nelle formule dell'errore (8.22) e (8.23) ($p = n + 3$ quando n è pari e $p = n + 2$ quando n è dispari). Come si vede, gli errori decrescono più lentamente rispetto a quanto indicato dalle stime teoriche. •

Esempio 8.3 Da un esame sommario delle formule dell'errore (8.22) e (8.23), sembrerebbe lecito concludere che solo funzioni poco regolari possano presentare qualche problema ad essere integrate con le formule di Newton-Cotes. È quindi in un certo senso sorprendente ottenere risultati come quelli riportati in Tabella 8.5, relativamente al calcolo dell'integrale

$$I(f) = \int_{-5}^{5} \frac{1}{1+x^2} dx = 2 \arctan 5 \simeq 2.747, \qquad (8.27)$$

dove $f(x) = 1/(1+x^2) \in C^\infty(\mathbb{R})$ è la funzione di Runge (si veda la Sezione 7.1.2). Come si vede, l'errore resta sostanzialmente invariato al crescere di n. Ciò è dovuto al fatto che non solo singolarità sull'asse reale, ma anche sull'asse immaginario possono influenzare le proprietà di convergenza delle formule di quadratura. È questo il caso della funzione considerata, che presenta due singolarità nei punti $\pm i$ (si veda [DR75, pagg. 64–66]). •

Per ottenere una maggiore accuratezza da una formula di quadratura di tipo interpolatorio, può non essere conveniente usare n sempre più grande. Si ritroverebbero infatti gli stessi svantaggi dell'interpolazione di Lagrange con nodi equispaziati. Se, ad esempio, si considerasse la formula di Newton-Cotes chiusa con $n = 8$, si troverebbero i pesi riportati in Tabella 8.6 (si ricordi che $w_i = w_{n-i}$ per $i = 0, \ldots, n-1$).

Tabella 8.6 Pesi della formula di quadratura di Newton-Cotes chiusa con 9 nodi

n	w_0	w_1	w_2	w_3	w_4	r_n	M_n
8	$\frac{3956}{14175}$	$\frac{23552}{14175}$	$-\frac{3712}{14175}$	$\frac{41984}{14175}$	$-\frac{18160}{14175}$	9	$\frac{2368}{467775}$

Come si vede, i pesi non hanno tutti lo stesso segno: ciò può dar luogo ad instabilità (dovuta ad esempio ad errori di cancellazione, si veda il Capitolo 2) e rende di fatto inutilizzabile questa formula, così come tutte le formule di Newton-Cotes con un numero di nodi superiore a 8. Come alternativa, si può ricorrere alle formule composite, di cui analizziamo l'errore di quadratura nella Sezione 8.3, o alle formule Gaussiane, trattate nel Capitolo 9, che forniscono grado di esattezza massimale con una scelta non equispaziata dei nodi.

Le formule di Newton-Cotes chiuse, per $1 \leq n \leq 6$, sono implementate nel Programma 64.

Programma 64 – newtcot: Formule di Newton-Cotes chiuse

```
function int = newtcot(a,b,n,fun)
% NEWTCOT formule di Newton-Cotes.
% INT=NEWTCOT(A,B,N,FUN) calcola un'approssimazione dell'integrale della
% funzione FUN su (A,B) con una formula chiusa di Newton-Cotes a N nodi.
% FUN riceve in ingresso un vettore reale x e restituisce un vettore della
% stessa dimensione.
h=(b-a)/n;
n2=fix(n/2);
if n > 6, error('Il valore massimo di n e'' 6'); end
a03=1/3; a08=1/8; a45=1/45; a288=1/288; a140=1/140;
alpha=[0.5 0 0 0; ...
        a03 4*a03 0 0; ...
        3*a08 9*a08 0 0; ...
        14*a45 64*a45 24*a45 0; ...
        95*a288 375*a288 250*a288 0; ...
        41*a140 216*a140 27*a140 272*a140];
x=[a:h:b];
y=fun(x);
if size(y)==1
    dim=length(x);
    y=y.*ones(dim,1);
end
j1=[1:n2+1]; j2=[n2+2:n+1];
int=h*(sum(y(j1).*alpha(n,j1))+sum(y(j2).*alpha(n,n-j2+2)));
return
```

8.3 Formule di Newton-Cotes composite

Come già osservato negli esempi della Sezione 8.1, le formule di Newton-Cotes composite si possono costruire sostituendo ad f il polinomio interpolatore di Lagrange composito, che abbiamo introdotto nella Sezione 7.3.

La procedura generale consiste nel dividere l'intervallo di integrazione $[a, b]$ in m sottointervali $T_j = [y_j, y_{j+1}]$ tali che $y_j = a + jH$, essendo $H = (b - a)/m$, per $j = 0, \ldots, m$. Si utilizza quindi in ogni sottointervallo una formula interpolatoria avente per nodi i punti $\{x_k^{(j)}, 0 \leq k \leq n\}$ e per pesi i coefficienti $\{\alpha_k^{(j)}, 0 \leq k \leq n\}$. Poiché

$$I(f) = \int_a^b f(x)dx = \sum_{j=0}^{m-1} \int_{T_j} f(x)dx,$$

si può ottenere una formula di quadratura interpolatoria composita sostituendo $I(f)$ con

$$I_{n,m}(f) = \sum_{j=0}^{m-1} \sum_{k=0}^{n} \alpha_k^{(j)} f(x_k^{(j)}) \tag{8.28}$$

L'errore che si genera sarà $E_{n,m}(f) = I(f) - I_{n,m}(f)$. In particolare, su ogni sottointervallo T_j si può usare una formula di Newton-Cotes con $n + 1$ nodi equispaziati; in tal caso i pesi $\alpha_k^{(j)} = hw_k$ sono ancora indipendenti da T_j, con $h = H/n$ nel caso di formule chiuse e $h = H/(n + 2)$ per formule aperte.

Oltre che per il suo grado di esattezza, una formula di quadratura composita può qualificarsi anche per il suo *ordine di infinitesimo*. Diciamo che una formula di quadratura composita ha ordine di infinitesimo p rispetto all'ampiezza H dei sottointervalli, se esiste una costante positiva C indipendente da H tale che $|I(f) - I_{n,m}(f)| = CH^p$ quando $H \to 0$.

Teorema 8.3 *Data una formula di Newton-Cotes composita, aperta o chiusa su ogni sottointervallo e con n pari, se $f \in C^{n+2}([a, b])$ si ha*

$$E_{n,m}(f) = \frac{b-a}{(n+2)!} \frac{M_n}{\gamma_n^{n+3}} H^{n+2} f^{(n+2)}(\xi) \tag{8.29}$$

per un opportuno $\xi \in (a, b)$. Pertanto, la formula di quadratura ha ordine di infinitesimo $n + 2$ rispetto ad H e grado di esattezza pari a $n + 1$.

Nel caso in cui n sia dispari, se $f \in C^{n+1}([a, b])$ si ha

$$E_{n,m}(f) = \frac{b-a}{(n+1)!} \frac{K_n}{\gamma_n^{n+2}} H^{n+1} f^{(n+1)}(\eta) \tag{8.30}$$

per un opportuno $\eta \in (a, b)$. *Pertanto, la formula di quadratura ha ordine di infinitesimo* $n+1$ *rispetto ad* H *e grado di esattezza pari a* n.
Nelle (8.29) *e* (8.30) *si ha* $\gamma_n = (n+2)$ *se la formula è aperta e* $\gamma_n = n$ *se la formula è chiusa.*

Dimostrazione. Analizziamo il caso n pari. Grazie all'additività degli integrali e alla (8.22), poiché M_n non dipende dall'intervallo di integrazione, si ha

$$E_{n,m}(f) = \sum_{j=0}^{m-1} \left[I(f)|_{T_j} - I_n(f)|_{T_j} \right] = \frac{M_n}{(n+2)!} \sum_{j=0}^{m-1} h_j^{n+3} f^{(n+2)}(\xi_j), \qquad (8.31)$$

dove, per $j = 0, \dots, (m-1)$, si è posto $h_j = |T_j|/(n+2) = (b-a)/(m(n+2))$ e ξ_j è un punto interno a T_j. Sostituendo nella (8.31) la definizione di h_j e ricordando che $(b-a)/m = H$, si ottiene

$$E_{n,m}(f) = \frac{M_n}{(n+2)!} \frac{b-a}{m(n+2)^{n+3}} H^{n+2} \sum_{j=0}^{m-1} f^{(n+2)}(\xi_j),$$

da cui, applicando il Teorema 8.1, con $u(x) = f^{(n+2)}(x)$ e $\delta_j = 1$ per $j = 0, \dots, m-1$, segue immediatamente la (8.29), avendo posto $\gamma_n = (n+2)$.

Con passaggi del tutto analoghi si dimostra anche la (8.30). ◇

Osserviamo come, per n fissato, $E_{n,m}(f) \to 0$ per $m \to \infty$ (ovvero, per $H \to 0$). Ciò assicura la convergenza dell'integrale numerico al valore esatto $I(f)$. Si osservi inoltre che il grado di esattezza delle formule composite coincide con quello delle formule semplici, mentre l'ordine di infinitesimo risulta diminuito di 1 rispetto all'esponente di h nell'espressione dell'errore delle corrispondenti formule semplici.
Nella pratica è conveniente ricorrere ad un'interpolazione locale di grado ridotto (tipicamente $n \leq 2$ come fatto nella Sezione 8.1), ottenendo formule di quadratura composite aventi pesi tutti positivi, con una conseguente minimizzazione degli errori di arrotondamento.

Esempio 8.4 Riprendiamo l'Esempio 8.3, caratterizzato dalla mancata convergenza delle formule di quadratura di Newton-Cotes semplici al crescere del grado n dell'interpolazione. Riportiamo in Tabella 8.7 l'andamento dell'errore assoluto in funzione del numero di sottointervalli m, per le formule composite del punto medio, del trapezio e di Cavalieri-Simpson. Risulta evidente la convergenza di $I_{n,m}(f)$ ad $I(f)$. Si nota inoltre che $E_{0,m}(f) \simeq E_{1,m}(f)/2$ per $m \geq 32$ (si veda l'Esercizio 1). •

La convergenza di $I_{n,m}(f)$ ad $I(f)$ ha luogo anche sotto ipotesi di regolarità della funzione integranda meno stringenti di quanto richiesto dal Teorema 8.3. In particolare vale il seguente risultato, per la cui dimostrazione si rimanda a [IK66], pagg. 341-343:

Tabella 8.7 Errore per la formule composite nel calcolo dell'integrale (8.27)

m	$\|E_{0,m}\|$	$\|E_{1,m}\|$	$\|E_{2,m}\|$
1	7.253	2.362	4.04
2	1.367	2.445	$9.65 \cdot 10^{-2}$
8	$3.90 \cdot 10^{-2}$	$3.77 \cdot 10^{-2}$	$1.35 \cdot 10^{-2}$
32	$1.20 \cdot 10^{-4}$	$2.40 \cdot 10^{-4}$	$4.55 \cdot 10^{-8}$
128	$7.52 \cdot 10^{-6}$	$1.50 \cdot 10^{-5}$	$1.63 \cdot 10^{-10}$
512	$4.70 \cdot 10^{-7}$	$9.40 \cdot 10^{-7}$	$6.36 \cdot 10^{-13}$

Proprietà 8.1 *Sia* $f \in C^0([a,b])$ *e siano i pesi* $\alpha_k^{(j)}$ *nella* (8.28) *tutti non negativi. Allora*

$$\lim_{m\to\infty} I_{n,m}(f) = \int_a^b f(x)dx, \qquad \forall n \geq 0.$$

Inoltre

$$\left|\int_a^b f(x)dx - I_{n,m}(f)\right| \leq 2(b-a)\Omega(f;H),$$

dove

$$\Omega(f;H) = \sup\{|f(x)-f(y)|,\ x,y \in [a,b],\ x \neq y,\ |x-y| \leq H\}$$

è il modulo di continuità della funzione f.

8.4 L'estrapolazione di Richardson

Il *metodo di estrapolazione di Richardson* è una procedura che combina opportunamente varie approssimazioni di una certa quantità α_0 in modo da trovare una stima più accurata di α_0. Precisamente, supponiamo di disporre di un metodo per approssimare α_0 con una quantità $\mathcal{A}(h)$ che sia calcolabile per ogni valore del parametro $h \neq 0$. Assumiamo inoltre che per $\mathcal{A}(h)$ valga uno sviluppo del tipo

$$\mathcal{A}(h) = \alpha_0 + \alpha_1 h + \ldots + \alpha_k h^k + \mathcal{R}_{k+1}(h), \tag{8.32}$$

per un opportuno $k \geq 0$, dove $|\mathcal{R}_{k+1}(h)| \leq C_{k+1}h^{k+1}$. La costante C_{k+1} e i coefficienti α_i, per $i = 0, \ldots, k$, sono indipendenti da h. Quindi $\alpha_0 = \lim_{h\to 0}\mathcal{A}(h)$. Scrivendo la (8.32) con δh invece di h, per $0 < \delta < 1$ (tipicamente $\delta = 1/2$), si ottiene

$$\mathcal{A}(\delta h) = \alpha_0 + \alpha_1(\delta h) + \ldots + \alpha_k(\delta h)^k + \mathcal{R}_{k+1}(\delta h).$$

Sottraendo da quest'ultima espressione la (8.32) moltiplicata per δ si ricava

$$\mathcal{B}(h) = \frac{\mathcal{A}(\delta h) - \delta \mathcal{A}(h)}{1-\delta} = \alpha_0 + \widetilde{\alpha}_2 h^2 + \ldots + \widetilde{\alpha}_k h^k + \widetilde{\mathcal{R}}_{k+1}(h),$$

avendo definito, per $k \geq 2$, $\widetilde{\alpha}_i = \alpha_i(\delta^i - \delta)/(1-\delta)$, per $i = 2, \ldots, k$ e $\widetilde{\mathcal{R}}_{k+1}(h) = [\mathcal{R}_{k+1}(\delta h) - \delta \mathcal{R}_{k+1}(h)]/(1-\delta)$.

Si noti che $\widetilde{\alpha}_i \neq 0$ se e solo se $\alpha_i \neq 0$; dunque, se in particolare risulta $\alpha_1 \neq 0$, allora $\mathcal{A}(h)$ è un'approssimazione al prim'ordine per α_0, mentre $\mathcal{B}(h)$ lo è almeno al second'ordine. Più in generale, se $\mathcal{A}(h)$ è un'approssimazione di α_0 all'ordine p, allora la quantità $\mathcal{B}(h) = [\mathcal{A}(\delta h) - \delta^p \mathcal{A}(h)]/(1-\delta^p)$ è un'approssimazione di α_0 almeno all'ordine $p+1$.

Procedendo per induzione si genera il seguente algoritmo di estrapolazione di Richardson: fissati $n \geq 0$, $h > 0$ e $\delta \in (0,1)$ si costruiscono le successioni

$$\begin{aligned} &\mathcal{A}_{m,0} = \mathcal{A}(\delta^m h), && m = 0, \ldots, n, \\ &\mathcal{A}_{m,q+1} = \frac{\mathcal{A}_{m,q} - \delta^{q+1}\mathcal{A}_{m-1,q}}{1-\delta^{q+1}}, && q = 0, \ldots, n-1, \\ & && m = q+1, \ldots, n \end{aligned} \tag{8.33}$$

che si possono rappresentare attraverso il seguente diagramma

$$\begin{array}{ccccccccccc}
\mathcal{A}_{0,0} & & & & & & & & & & \\
 & \searrow & & & & & & & & & \\
\mathcal{A}_{1,0} & \rightarrow & \mathcal{A}_{1,1} & & & & & & & & \\
 & \searrow & & \searrow & & & & & & & \\
\mathcal{A}_{2,0} & \rightarrow & \mathcal{A}_{2,1} & \rightarrow & \mathcal{A}_{2,2} & & & & & & \\
 & \searrow & & \searrow & & \searrow & & & & & \\
\mathcal{A}_{3,0} & \rightarrow & \mathcal{A}_{3,1} & \rightarrow & \mathcal{A}_{3,2} & \rightarrow & \mathcal{A}_{3,3} & & & & \\
 & \searrow & & \searrow & & \searrow & & \searrow & & & \\
\vdots & \ddots & & \ddots & & \ddots & & \ddots & & & \\
 & \searrow & & \searrow & & \searrow & & & \searrow & & \\
\mathcal{A}_{n,0} & \rightarrow & \mathcal{A}_{n,1} & \rightarrow & \mathcal{A}_{n,2} & \rightarrow & \mathcal{A}_{n,3} & \ldots & \rightarrow & \mathcal{A}_{n,n} &
\end{array} \tag{8.34}$$

dove le frecce indicano il modo secondo il quale i termini già calcolati intervengono nella costruzione di quelli "nuovi".

Si può dimostrare il seguente risultato (si veda [Com95], Proposizione 4.1):

Proprietà 8.2 *Per $n \geq 0$ e $\delta \in (0,1)$ si ha*

$$\mathcal{A}_{m,n} = \alpha_0 + \mathcal{O}((\delta^m h)^{n+1}), \qquad m = 0, \ldots, n. \tag{8.35}$$

In particolare, per i termini della prima colonna ($n = 0$) della (8.34) l'ordine di convergenza è pari a $\mathcal{O}((\delta^m h))$, mentre per l'ultima esso è $\mathcal{O}((\delta^m h)^{n+1})$, ovvero n volte più elevato.

Tabella 8.8 Errori nel metodo di estrapolazione di Richardson per il calcolo di $f'(0)$ con $f(x) = xe^{-x}\cos(2x)$

$E_{m,0}$	$E_{m,1}$	$E_{m,2}$	$E_{m,3}$	$E_{m,4}$	$E_{m,5}$
0.113	–	–	–	–	–
$5.35 \cdot 10^{-2}$	$6.15 \cdot 10^{-3}$	–	–	–	–
$2.59 \cdot 10^{-2}$	$1.70 \cdot 10^{-3}$	$2.21 \cdot 10^{-4}$	–	–	–
$1.27 \cdot 10^{-2}$	$4.47 \cdot 10^{-4}$	$2.82 \cdot 10^{-5}$	$5.49 \cdot 10^{-7}$	–	–
$6.30 \cdot 10^{-3}$	$1.14 \cdot 10^{-4}$	$3.55 \cdot 10^{-6}$	$3.15 \cdot 10^{-8}$	$3.03 \cdot 10^{-9}$	–
$3.13 \cdot 10^{-3}$	$2.89 \cdot 10^{-5}$	$4.46 \cdot 10^{-7}$	$1.87 \cdot 10^{-9}$	$9.94 \cdot 10^{-11}$	$4.91 \cdot 10^{-12}$

Esempio 8.5 Utilizziamo l'algoritmo di estrapolazione di Richardson per calcolare nel punto $\overline{x} = 0$ l'approssimazione della derivata della funzione $f(x) = xe^{-x}\cos(2x)$, introdotta nell'Esempio 8.1. A tal fine, è stato applicato l'algoritmo (8.33) con $\mathcal{A}(h) = [f(\overline{x}+h) - f(\overline{x})]/h$, $\delta = 0.5$, $n = 5$, $h = 0.1$ e $\overline{x} = 0$. Riportiamo nella Tabella 8.8 la successione degli errori assoluti $E_{m,k} = |\alpha_0 - \mathcal{A}_{m,k}|$ con $\alpha_0 = f'(0)$. Si nota il corretto funzionamento del metodo di estrapolazione, con un abbattimento dell'errore in accordo con la (8.35). •

8.4.1 Il metodo di integrazione di Romberg

Il *metodo di integrazione di Romberg* si ottiene applicando l'estrapolazione di Richardson alla formula composita del trapezio. A tale scopo è utile ricordare il seguente risultato, noto come formula di Eulero-MacLaurin (si veda per la dimostrazione [Ral65], pagg. 131-133 e [DR75], pagg. 106-111):

Proprietà 8.3 *Sia $f \in C^{2k+2}([a,b])$, per $k \geq 0$, e si approssimi $\alpha_0 = \int_a^b f(x)dx$ con la formula del trapezio composita* (8.15). *Posto $h_m = (b-a)/m$ per $m \geq 1$, si ha*

$$
\begin{aligned}
I_{1,m}(f) = \alpha_0 &+ \sum_{i=1}^{k} \frac{B_{2i}}{(2i)!} h_m^{2i} \left(f^{(2i-1)}(b) - f^{(2i-1)}(a) \right) \\
&+ \frac{B_{2k+2}}{(2k+2)!} h_m^{2k+2} (b-a) f^{(2k+2)}(\eta),
\end{aligned}
\tag{8.36}
$$

dove $\eta \in (a,b)$ e $B_{2j} = (-1)^{j-1} \left[\sum_{n=1}^{+\infty} 2/(2n\pi)^{2j} \right] (2j)!$, per $j \geq 1$, sono i cosiddetti numeri di Bernoulli.

La (8.36) è un caso particolare della (8.32) ove si ponga $h = h_m^2$ e $\mathcal{A}(h) = I_{1,m}(f)$; nello sviluppo sono dunque presenti *solo potenze pari* del parametro h.

Il metodo di estrapolazione di Richardson (8.33) applicato alla (8.36) si scrive

$$\begin{array}{ll} \mathcal{A}_{m,0} = \mathcal{A}(\delta^m h), & m = 0, \ldots, n, \\ \mathcal{A}_{m,q+1} = \dfrac{\mathcal{A}_{m,q} - \delta^{2(q+1)}\mathcal{A}_{m-1,q}}{1 - \delta^{2(q+1)}}, & q = 0, \ldots, n-1, \\ & m = q+1, \ldots, n \end{array} \tag{8.37}$$

Prendendo nella (8.37) $h = b - a$, $\delta = 1/2$ ed indicando con $T(h_s) = I_{1,s}(f)$ la formula del trapezio composita (8.15) su $s = 2^m$ sottointervalli di ampiezza $h_s = (b-a)/2^m$, per $0 \leq m \leq n$, l'algoritmo di integrazione numerica di Romberg si scrive

$$\begin{array}{ll} \mathcal{A}_{m,0} = T((b-a)/2^m), & m = 0, \ldots, n, \\ \mathcal{A}_{m,q+1} = \dfrac{4^{q+1}\mathcal{A}_{m,q} - \mathcal{A}_{m-1,q}}{4^{q+1} - 1}, & q = 0, \ldots, n-1, \\ & m = q+1, \ldots, n \end{array}$$

Ricordando la (8.35), per il metodo di integrazione di Romberg si ha il seguente risultato di convergenza

$$\mathcal{A}_{m,n} = \int_a^b f(x)dx + \mathcal{O}(h_s^{2(n+1)}), \quad n \geq 0.$$

L'algoritmo di Romberg è implementato nel Programma 65.

Programma 65 – romberg: Metodo di Romberg

```
function int = romberg(a,b,n,fun)
% ROMBERG integrazione di Romberg.
% INT=ROMBERG(A,B,N,FUN) calcola un'approssimazione dell'integrale della
% funzione FUN su (A,B) con il metodo di Romberg.
% FUN riceve in ingresso un vettore reale x e restituisce un vettore della
% stessa dimensione di x.
for m=0:n
    A(m+1,1)=trapezc(a,b,2^m,fun);
end
for q=0:n-1
  for m=q+1:n
    A(m+1,q+2)=(4^(q+1)*A(m+1,q+1)-A(m,q+1))/(4^(q+1)-1);
  end
end
int=A(n+1,n+1);
return
```

Tabella 8.9 Metodo di Romberg per il calcolo di $\int_0^\pi e^x \cos(x)dx$ (errore $\mathcal{E}_k^{(1)}$) e $\int_0^1 \sqrt{x}dx$ (errore $\mathcal{E}_k^{(2)}$)

k	$\mathcal{E}_k^{(1)}$	$\mathcal{E}_k^{(2)}$	k	$\mathcal{E}_k^{(1)}$	$\mathcal{E}_k^{(2)}$
0	22.71	0.1670	4	$8.923 \cdot 10^{-7}$	$1.074 \cdot 10^{-3}$
1	0.4775	$2.860 \cdot 10^{-2}$	5	$6.850 \cdot 10^{-11}$	$3.790 \cdot 10^{-4}$
2	$5.926 \cdot 10^{-2}$	$8.910 \cdot 10^{-3}$	6	$5.330 \cdot 10^{-14}$	$1.340 \cdot 10^{-4}$
3	$7.410 \cdot 10^{-5}$	$3.060 \cdot 10^{-3}$	7	0	$4.734 \cdot 10^{-5}$

Esempio 8.6 Mostriamo in Tabella 8.9 i risultati ottenuti eseguendo il Programma 65, per il calcolo della quantità α_0 nei due casi $\alpha_0^{(1)} = \int_0^\pi e^x \cos(x)dx = -(e^\pi + 1)/2$ e $\alpha_0^{(2)} = \int_0^1 \sqrt{x}dx = 2/3$.

La dimensione massima n è stata presa pari a 7. Sono riportati in seconda e terza colonna i moduli degli errori assoluti $\mathcal{E}_k^{(r)} = |\alpha_0^{(r)} - \mathcal{A}_{k+1,k+1}^{(r)}|$, per $r = 1, 2$ e $k = 0, \ldots, 7$.

Osserviamo la rapida convergenza dell'algoritmo al valore esatto $\alpha_0^{(1)}$, grazie alla regolarità della funzione integranda, in contrasto con la lenta riduzione dell'errore nel caso del calcolo di $\alpha_0^{(2)}$, a causa del fatto che $\sqrt{x}$ è solo continua in $[0, 1]$. •

8.5 Integrazione automatica

Un metodo di *integrazione numerica automatica*, o *integratore automatico*, è un insieme di algoritmi numerici che restituisce un'approssimazione dell'integrale $I(f) = \int_a^b f(x)dx$, entro i limiti di una tolleranza assoluta ε_a o relativa ε_r precisata dall'utente.

A tal fine, il programma genera due insiemi di valori $\{\mathcal{I}_k\}$ e $\{\mathcal{E}_k\}$, per $k = 1, \ldots, N$, dove $\mathcal{I}_k$ è l'approssimazione di $I(f)$ al livello k del processo di calcolo, $\mathcal{E}_k$ è una stima dell'errore commesso $I(f) - \mathcal{I}_k$, mentre N è un intero opportuno fissato.

Il calcolo viene arrestato al primo valore di $k \leq N$, indicato con s, per cui l'integratore automatico soddisfa il requisito di accuratezza

$$(|I(f) - \mathcal{I}_s| \simeq)|\mathcal{E}_s| \leq \max\left\{\varepsilon_a, \varepsilon_r|\widetilde{I}(f)|\right\}, \tag{8.38}$$

essendo $\widetilde{I}(f)$ una ragionevole stima dell'integrale $I(f)$ fornito in ingresso dall'utente. In caso contrario, l'integratore restituisce in uscita l'ultima approssimazione calcolata $\mathcal{I}_N$, insieme con un opportuno messaggio d'errore per segnalare che l'algoritmo non è andato a buon fine.

Idealmente, un integratore automatico dovrebbe:

(a) fornire un affidabile criterio per la *stima dell'errore assoluto* $|\mathcal{E}_s|$, che consenta di controllare la condizione di convergenza (8.38);

(b) garantire un'*efficiente implementazione*, che riduca al minimo il numero di valutazioni funzionali da eseguire per ottenere l'approssimazione $\mathcal{I}_s$.

Nella pratica computazionale, per ogni $k \geq 1$, il passaggio dal livello k al livello $k+1$ del processo di integrazione automatica può avvenire secondo due modalità, che possiamo definire *non adattiva* o *adattiva*.

Nel caso non adattivo, la distribuzione dei nodi di quadratura è fissata a priori e la qualità della stima $\mathcal{I}_k$ viene raffinata aumentando il numero dei nodi corrispondenti a ciascun livello. Un esempio di integratore automatico basato su tale procedura è fornito dalle formule di Newton-Cotes composite che facciano uso di m e $2m$ suddivisioni, rispettivamente, ai livelli k e $k+1$, come descritto nella Sezione 8.5.1.

Nella modalità adattiva, la posizione dei nodi non è fissata a priori, ma ad ogni livello k del processo di calcolo essa dipende dalle informazioni accumulate nei precedenti $k-1$ livelli. Un algoritmo di integrazione automatica basato su tale approccio è detto *adattivo* e si realizza mediante suddivisioni successive dell'intervallo $[a, b]$, caratterizzate da una densità non uniforme di nodi, ad esempio più elevata in corrispondenza di zone in cui ci siano forti gradienti o singolarità di f. Un esempio di integratore adattivo basato sulla formula di Cavalieri-Simpson è descritto nella Sezione 8.5.2.

8.5.1 Algoritmi di integrazione non adattivi

Supponendo di considerare formule di tipo Newton-Cotes composite, si può definire un criterio per la stima dell'errore assoluto $|I(f) - \mathcal{I}_k|$ utilizzando l'algoritmo di estrapolazione di Richardson nel modo seguente. Dalle (8.29) e (8.30) si ha che, per $m \geq 1$ e $n \geq 0$, $I_{n,m}(f)$ ha ordine di infinitesimo pari a H^{n+p}, con $p = 2$ per n pari e $p = 1$ per n dispari, essendo m, n ed $H = (b-a)/m$ rispettivamente il numero di suddivisioni di $[a, b]$, il numero di nodi di quadratura su ciascun sottointervallo ed il passo (uniforme) di suddivisione. Raddoppiando il valore di m (ovvero dimezzando H) otteniamo

$$I(f) - I_{n,2m}(f) \simeq \frac{1}{2^{n+p}} \left[I(f) - I_{n,m}(f) \right], \tag{8.39}$$

dove si è scritto $\simeq$ anziché $=$ in quanto il punto ξ o η in cui valutare la derivata nelle (8.29) e (8.30) cambia al passare da m a $2m$ suddivisioni. Risolvendo la (8.39) rispetto ad $I(f)$ si ricava la seguente *stima dell'errore assoluto* per $I_{n,2m}(f)$

$$I(f) - I_{n,2m}(f) \simeq \frac{I_{n,2m}(f) - I_{n,m}(f)}{2^{n+p} - 1}. \tag{8.40}$$

Utilizzando ad esempio la formula di Simpson composita ($n = 2$), la (8.40) prevede un abbattimento dell'errore assoluto di un fattore 15 passando da

m a $2m$ suddivisioni. Si noti inoltre che sono richieste solo 2^{m-1} valutazioni funzionali per calcolare la nuova approssimazione $I_{2,2m}(f)$ a partire da quelle già eseguite per calcolare $I_{2,m}(f)$. La (8.40) costituisce un esempio di *stima a posteriori* dell'errore (si veda il Capitolo 2, Sezione 2.3). Essa è basata sull'uso combinato di una *stima a priori* (in questo caso la (8.29) o la (8.30)) e di due valutazioni della quantità da approssimare (l'integrale $I(f)$) in corrispondenza di due valori diversi del parametro di discretizzazione (ovvero $H = (b-a)/m$).

Esempio 8.7 Utilizziamo la stima a posteriori (8.40) nel caso della formula di Simpson composita ($n = p = 2$), per il calcolo approssimato dell'integrale

$$\int_0^{\pi} (e^{x/2} + \cos 4x)dx = 2(e^{\pi/2} - 1) \simeq 7.621,$$

richiedendo che l'errore assoluto sia minore di 10^{-4}. Per $k = 0, 1, \ldots$, poniamo $h_k = (b-a)/2^k$ ed indichiamo con $I_{2,m(k)}(f)$ l'integrale di f calcolato con la formula di Simpson composita su di una griglia di passo h_k con $m(k) = 2^k$ intervalli. Una stima dell'errore di quadratura è dunque data dalla seguente quantità

$$|I(f) - I_{2,2m(k)}(f)| \simeq \frac{1}{15}|I_{2,2m(k)}(f) - I_{2,m(k)}(f)| = |\mathcal{E}_k|, \qquad k \geq 0. \quad (8.41)$$

Nella Tabella 8.10 è riportata la successione degli errori stimati $|\mathcal{E}_k|$ e dei corrispondenti errori assoluti $|E_k^V| = |I(f) - I_{2,2m(k)}(f)|$ *effettivamente* commessi dalla formula di integrazione. Si noti che, mentre per $k = 0$, 1 la stima $|\mathcal{E}_k|$ non è significativa per valutare $|E_k^V|$, essa diventa molto affidabile quando $k \geq 2$. •

Un modo alternativo per soddisfare i requisiti (a) e (b) consiste nell'impiegare una *successione annidata* di formule di quadratura Gaussiane $I_k(f)$ (si veda il Capitolo 9), aventi grado di esattezza crescente per $k = 1, \ldots, N$. Tali formule sono costruite in modo tale che, indicando con $\mathcal{S}_{n_k} = \{x_1, \ldots, x_{n_k}\}$ l'insieme dei nodi di quadratura relativi alla formula $I_k(f)$, si ha $\mathcal{S}_{n_k} \subset \mathcal{S}_{n_{k+1}}$ per ogni $k = 1, \ldots, N-1$. Dunque, per $k \geq 1$ la formula relativa al livello $k+1$ utilizza *tutti* i nodi della formula al livello k e ciò rende le formule annidate adatte per una efficiente implementazione su calcolatore.

Segnaliamo quale esempio le formule di Gauss-Kronrod a 10, 21, 43 e 87 punti utilizzate in [PdKÜK83] (in questo caso $N = 4$). Le formule di Gauss-Kronrod hanno grado di esattezza r_{n_k} (massimale) pari a $2n_k - 1$, essendo

Tabella 8.10 Formula automatica di Simpson (non adattiva) per il calcolo di $\int_0^{\pi}(e^{x/2} + \cos 4x)dx$

k	$\|\mathcal{E}_k\|$	$\|E_k^V\|$	k	$\|\mathcal{E}_k\|$	$\|E_k^V\|$
0	2.80e-01	1.05e+00	4	1.54e-08	1.54e-08
1	6.98e-02	6.26e-05	5	9.60e-10	9.60e-10
2	3.91e-06	3.93e-06	6	6.00e-11	6.00e-11
3	2.46e-07	2.46e-07	7	3.75e-12	3.75e-12

n_k il numero di nodi di ciascuna formula, con $n_1 = 10$ e $n_{k+1} = 2n_k + 1$ per $k = 1, 2, 3$. Il criterio di stima dell'errore assoluto si basa sul confronto tra due formule consecutive $I_{n_k}(f)$ e $I_{n_{k+1}}(f)$ con $k = 1, 2, 3$, arrestando il processo di calcolo al livello k tale per cui risulta (si veda anche [DR75], pag. 321)

$$|\mathcal{I}_{k+1} - \mathcal{I}_k| \le \max\{\varepsilon_a, \varepsilon_r |\mathcal{I}_{k+1}|\}.$$

8.5.2 Algoritmi di integrazione adattivi

L'obiettivo di un integratore adattivo è di fornire un'approssimazione di $I(f) = \int_a^b f(x)dx$ entro i limiti di una prefissata tolleranza ε tramite una distribuzione *non uniforme* del passo di integrazione sull'intervallo $[a, b]$. Un algoritmo ottimale adatta in modo automatico la scelta dell'ampiezza del passo al comportamento della funzione integranda, addensando maggiormente i nodi di quadratura laddove quest'ultima presenta più forti variazioni.

È dunque conveniente, ai fini della descrizione e dell'analisi del metodo, fissare l'attenzione sul generico sottointervallo $[\alpha, \beta] \subseteq [a, b]$. Riferendoci quindi alle stime dell'errore per le formule di Newton-Cotes, si evince che bisognerebbe valutare le derivate di f sino ad un certo ordine per potere scegliere un passo h tale da garantire un'accuratezza prefissata, diciamo $\varepsilon(\beta - \alpha)/(b - a)$. Tale procedimento, impraticabile nelle modalità appena descritte, viene realizzato in un integratore automatico adattivo come segue. Per fissare le idee ci riferiamo alla formula di Cavalieri-Simpson (8.17), sebbene il metodo possa essere applicato anche ad altre formule di quadratura.

Poniamo $I_f(\alpha, \beta) = \int_\alpha^\beta f(x)dx$, e

$$S_f(\alpha, \beta) = \frac{\beta - \alpha}{6}\left[f(\alpha) + 4f((\alpha + \beta)/2) + f(\beta)\right].$$

Dalla (8.18) risulta

$$I_f(\alpha, \beta) - S_f(\alpha, \beta) = -\frac{h^5}{90} f^{(4)}(\xi), \tag{8.42}$$

essendo ξ un punto interno a (α, β) e $h = (\beta - \alpha)/2$. Per stimare l'errore $I_f(\alpha, \beta) - S_f(\alpha, \beta)$ *senza* studiare esplicitamente la funzione $f^{(4)}$ utilizziamo nuovamente la formula di Cavalieri-Simpson sull'unione dei due sottointervalli $[\alpha, (\alpha + \beta)/2]$ e $[(\alpha + \beta)/2, \beta]$, ottenendo (ora il passo di integrazione è $h/2 = (\beta - \alpha)/4$)

$$I_f(\alpha, \beta) - S_{f,2}(\alpha, \beta) = -\frac{(h/2)^5}{90}\left(f^{(4)}(\xi) + f^{(4)}(\eta)\right),$$

dove $\xi \in (\alpha, (\alpha + \beta)/2)$, $\eta \in ((\alpha + \beta)/2, \beta)$ ed avendo posto $S_{f,2}(\alpha, \beta) = S_f(\alpha, (\alpha + \beta)/2) + S_f((\alpha + \beta)/2, \beta)$.

Introduciamo ora l'ipotesi (non sempre verificata) che la funzione $f^{(4)}$ non sia "troppo" variabile su $[\alpha,\beta]$; ciò implica $f^{(4)}(\xi) \simeq f^{(4)}(\eta)$ e consente di concludere che

$$I_f(\alpha,\beta) - S_{f,2}(\alpha,\beta) \simeq -\frac{1}{16}\frac{h^5}{90}f^{(4)}(\xi), \tag{8.43}$$

con una riduzione di un fattore 16 rispetto all'errore (8.42), corrispondente alla scelta di un passo doppio. Confrontando la (8.42) e la (8.43) e, ponendo $\mathcal{E}_f(\alpha,\beta) = (S_f(\alpha,\beta) - S_{f,2}(\alpha,\beta))$, si ricava la stima

$$(h^5/90)f^{(4)}(\xi) \simeq (16/15)\mathcal{E}_f(\alpha,\beta),$$

Allora, dalla (8.43) si conclude

$$|I_f(\alpha,\beta) - S_{f,2}(\alpha,\beta)| \simeq \frac{|\mathcal{E}_f(\alpha,\beta)|}{15}. \tag{8.44}$$

Abbiamo dunque ottenuto una formula che consente di *calcolare* facilmente l'errore commesso utilizzando l'integrazione numerica di Cavalieri-Simpson composita sul generico intervallo $[\alpha,\beta]$. La (8.44), al pari della (8.40), fornisce un altro esempio di *stima a posteriori* dell'errore (si veda il Capitolo 2, Sezione 2.3). Essa combina l'uso di una *stima a priori* (in questo caso la (8.18)) e di due valutazioni della quantità da approssimare (l'integrale $I(f)$) in corrispondenza di due valori diversi del parametro di discretizzazione h.

In pratica è più conveniente assumere una stima dell'errore più conservativa, precisamente

$$|I_f(\alpha,\beta) - S_{f,2}(\alpha,\beta)| \simeq |\mathcal{E}_f(\alpha,\beta)|/10.$$

Inoltre, per garantire un'accuratezza complessiva su $[a,b]$ pari alla tolleranza ε prefissata, basterà imporre che su ogni singolo sottointervallo $[\alpha,\beta] \subseteq [a,b]$ l'errore $\mathcal{E}_f(\alpha,\beta)$ verifichi

$$\frac{|\mathcal{E}_f(\alpha,\beta)|}{10} \leq \varepsilon\frac{\beta-\alpha}{b-a}. \tag{8.45}$$

Descriviamo brevemente l'algoritmo automatico di integrazione adattiva. Indichiamo con:

1. A l'intervallo di integrazione *attivo*, ovvero dove si sta calcolando l'integrale;
2. S l'intervallo di integrazione già esaminato, per il quale il test sull'errore (8.45) è stato superato con successo;
3. N l'intervallo di integrazione che deve essere ancora esaminato.

All'inizio del processo di integrazione abbiamo $A = [a,b]$, $N = \emptyset$ e $S = \emptyset$, mentre la situazione al generico passo dell'algoritmo è visualizzata in Figura 8.3. Poniamo $J_S(f) \simeq \int_a^\alpha f(x)dx$, con $J_S(f) = 0$ all'inizio del processo;

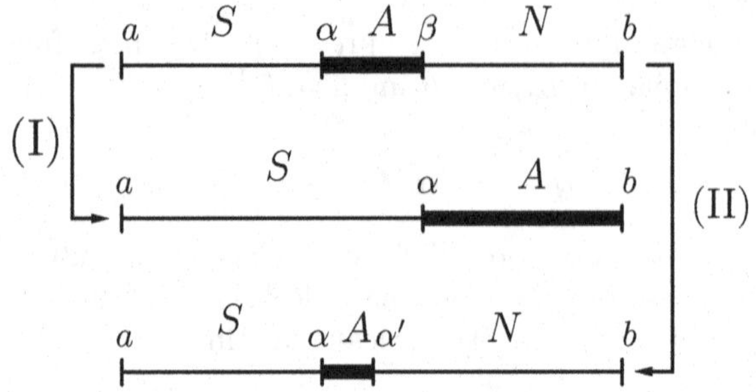

Fig. 8.3 Distribuzione degli intervalli di integrazione al generico passo dell'algoritmo adattivo e aggiornamento della griglia di integrazione

se l'algoritmo di calcolo giunge a buon fine, $J_S(f)$ fornisce l'approssimazione cercata di $I(f)$. Indichiamo inoltre con $J_{(\alpha,\beta)}(f)$ l'integrale approssimato di f sull'intervallo "attivo" $[\alpha, \beta]$. Quest'ultimo è evidenziato in grassetto nella Figura 8.3. Ad ogni passo del metodo di integrazione adattiva si procede come segue:

1. se il test sull'errore locale (8.45) è superato:
   (i) si incrementa $J_S(f)$ della quantità $J_{(\alpha,\beta)}(f)$, ovvero $J_S(f) \leftarrow J_S(f) + J_{(\alpha,\beta)}(f)$;
   (ii) si pone $S \leftarrow S \cup A$, $A = N$, $N = \emptyset$ (corrispondente al percorso (I) nella Figura 8.3), e $\alpha \leftarrow \beta$, $\beta \leftarrow b$.
2. Se il test sull'errore locale (8.45) non è superato:
   (j) si dimezza A, ponendo il nuovo intervallo attivo pari a $A = [\alpha, \alpha']$ con $\alpha' = (\alpha + \beta)/2$ (corrispondente al percorso (II) nella Figura 8.3);
   (jj) si pone $N \leftarrow N \cup [\alpha', \beta]$, e $\beta \leftarrow \alpha'$;
   (jjj) si procede ad una nuova stima dell'errore.

Onde evitare che il passo di integrazione diventi troppo piccolo, conviene introdurre un controllo sull'ampiezza di A e segnalare, in caso di eccessiva riduzione, la presenza di un eventuale punto di singolarità della funzione integranda (si veda la Sezione 8.6).

Esempio 8.8 Applichiamo l'algoritmo adattivo di Cavalieri-Simpson al calcolo del seguente integrale

$$\begin{aligned} I(f) &= \int_{-3}^{4} \arctan(10x)dx = 4\arctan(40) - 3\arctan(30) + (1/20)\log(901/1601) \\ &\simeq 1.542036217184539. \end{aligned}$$

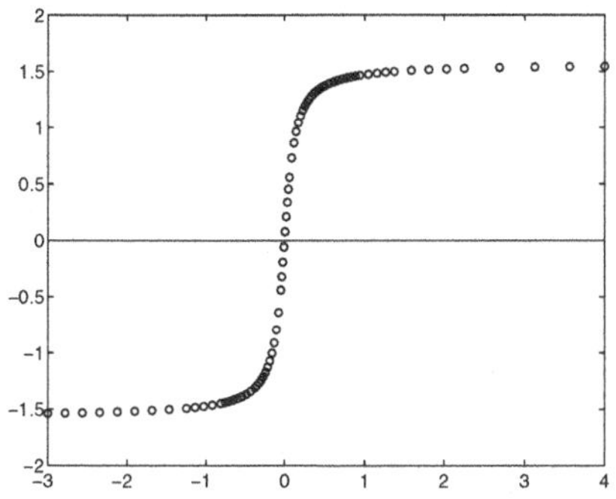

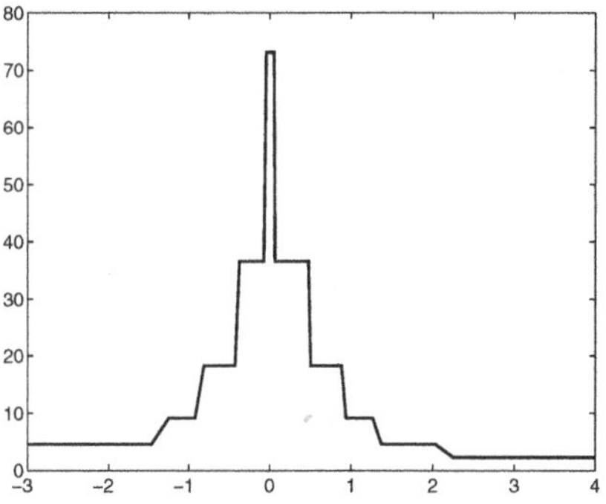

Fig. 8.4 A sinistra, distribuzione dei nodi di quadratura; a destra, densità del passo di integrazione nel calcolo dell'integrale dell'Esempio 8.8

L'esecuzione del Programma 66, prendendo `tol` $= 10^{-4}$ e `hmin` $= 10^{-3}$, fornisce un'approssimazione dell'integrale con un errore assoluto di $7.504 \cdot 10^{-7}$. L'algoritmo esegue 77 valutazioni funzionali corrispondenti ad una suddivisione dell'intervallo $[a, b]$ in 38 sottointervalli di ampiezza non uniforme. La corrispondente formula composita a passo uniforme avrebbe richiesto 128 suddivisioni per approssimare l'integrale dato a meno di un errore di $1.459 \cdot 10^{-7}$. Mostriamo a sinistra in Figura 8.4, insieme con il grafico della funzione integranda, la distribuzione dei nodi di quadratura in funzione dell'ascissa x, mentre a destra è riportata la densità (costante a tratti) $\Delta_h(x)$ del passo di integrazione, espressa come il reciproco del passo h su ciascun intervallo attivo A. Si noti l'elevato valore di Δ_h in corrispondenza di $x = 0$, dove la derivata della funzione integranda risulta massima. •

L'algoritmo adattivo sopra descritto è implementato nel Programma 66. Tra i parametri di ingresso, `hmin` è il valore minimo ammissibile per il passo di integrazione. In uscita vengono restituiti il valore calcolato dell'integrale `JSf` e l'insieme dei punti di integrazione `nodes`.

Programma 66 – simpadpt: Adaptive Cavalieri-Simpson formula

```
function [JSf,nodes]=simpadpt(fun,a,b,tol,hmin)
% SIMPADPT quadratura adattiva di Simpson.
% [JSF,NODES] = SIMPADPT(FUN,A,B,TOL,HMIN) fornisce un'approssimazione
% dell'integrale della funzione FUN au (A,B) a meno di un errore pari a TOL
% utilizzando in modo ricorsivo la quadratura adattiva di Simpson.
% La function FUN riceve in ingresso un vettore x e restituisce un vettore y
% della stessa dimensione di x.
% [JSF,NODES] = SIMPADPT(...) restituisce la distribuzione di nodi usati nel
% processo di quadratura.
A=[a,b]; N=[]; S=[]; JSf = 0; ba = 2*(b - a); nodes=[];
while ~isempty(A),
  [deltaI,ISc]=caldeltai(A,fun);
  if abs(deltaI) < 15*tol*(A(2)-A(1))/ba;
```

```
        JSf = JSf + ISc; S = union(S,A);
        nodes = [nodes, A(1) (A(1)+A(2))*0.5 A(2)];
        S = [S(1), S(end)]; A = N; N = [];
    elseif A(2)-A(1) < hmin
        JSf=JSf+ISc; S = union(S,A);
        S = [S(1), S(end)]; A=N; N=[];
        warning('Passo di integrazione troppo piccolo');
    else
        Am = (A(1)+A(2))*0.5;
        A = [A(1) Am];
        N = [Am, b];
    end
end
nodes=unique(nodes);
return

function [deltaI,ISc]=caldeltai(A,fun)
L=A(2)-A(1);
t=[0; 0.25; 0.5; 0.75; 1];
x=L*t+A(1);
L=L/6;
w=[1; 4; 1]; wp=[1;4;2;4;1];
fx=fun(x).*ones(5,1);
IS=L*sum(fx([1 3 5]).*w);
ISc=0.5*L*sum(fx.*wp);
deltaI=IS-ISc;
return
```

8.6 Estensioni

Nella trattazione sinora svolta si è considerato il caso di una funzione integranda f sufficientemente regolare sull'intervallo chiuso e limitato $[a,b]$. Estendiamo ora l'analisi al caso in cui f è discontinua, con discontinuità di tipo salto, e al caso degli *integrali generalizzati* (*o impropri*), per i quali f è illimitata nell'intorno di uno degli estremi, o di entrambi. Illustriamo brevemente alcuni casi significativi e le tecniche di integrazione numerica appropriate.

8.6.1 Integrali di funzioni con discontinuità di tipo salto

Sia c un punto *noto* all'interno di $[a,b]$ e sia f una funzione continua e limitata in $[a,c)$ e $(c,b]$, con salto $f(c^+)-f(c^-)$ finito; si ha allora

$$I(f)=\int_a^b f(x)dx=\int_a^c f(x)dx+\int_c^b f(x)dx. \tag{8.46}$$

Utilizzando separatamente su $[a, c^-]$ e $[c^+, b]$ una qualsiasi delle formule di integrazione numerica considerate nelle precedenti sezioni, si può approssimare correttamente $I(f)$. Analoghe considerazioni valgono se f ammette un numero *finito* di discontinuità di tipo salto all'interno di $[a, b]$.

Qualora la posizione dei punti di discontinuità di f *non* sia nota a priori, si deve ricorrere ad uno studio grafico preliminare della funzione o ad un integratore adattivo in grado di "riconoscere" la presenza di discontinuità mediante un'appropriata riduzione del passo di integrazione (si veda la Sezione 8.5.2).

8.6.2 Integrali di funzioni illimitate su intervalli limitati

Consideriamo il caso in cui $\lim_{x\to a^+} f(x) = \infty$; l'analisi è del tutto simile qualora f diventi infinita per $x \to b^-$, mentre il caso di un punto di singolarità c interno ad $[a, b]$ si può ricondurre ad uno dei due precedenti grazie alla (8.46). Assumiamo che la funzione integranda sia della forma

$$f(x) = \frac{\phi(x)}{(x-a)^\mu}, \qquad 0 \le \mu < 1,$$

dove ϕ è una funzione limitata in modulo da M. Si ha

$$|I(f)| \le M \lim_{t\to a^+} \int_t^b \frac{1}{(x-a)^\mu} dx = M \frac{(b-a)^{1-\mu}}{1-\mu}.$$

Si assuma di voler approssimare $I(f)$ a meno di una tolleranza δ prefissata. A tale scopo consideriamo i seguenti due metodi (per ulteriori approfondimenti si vedano anche [IK66], Sezione 7.6, e [DR75], Sezione 2.12 e Appendice 1).

Metodo 1. Per ogni ε tale che $0 < \varepsilon < (b-a)$ scriviamo l'integrale generalizzato come $I(f) = I_1 + I_2$, dove

$$I_1 = \int_a^{a+\varepsilon} \frac{\phi(x)}{(x-a)^\mu} dx, \qquad I_2 = \int_{a+\varepsilon}^b \frac{\phi(x)}{(x-a)^\mu} dx.$$

Il calcolo di I_2 non dà problemi, essendo ϕ limitata in $[a, b]$ e x sufficientemente lontana da a. Per I_1 (nell'ipotesi che $\phi \in C^{p+1}(I(a))$) sostituiamo a ϕ il suo sviluppo in serie di Taylor attorno ad a arrestato all'ordine p

$$\phi(x) = \Phi_p(x) + \frac{(x-a)^{p+1}}{(p+1)!} \phi^{(p+1)}(\xi(x)), \qquad p \ge 0, \qquad (8.47)$$

dove $\Phi_p(x) = \sum_{k=0}^p \phi^{(k)}(a)(x-a)^k/k!$. Si ha allora

$$I_1 = \varepsilon^{1-\mu} \sum_{k=0}^p \frac{\varepsilon^k \phi^{(k)}(a)}{k!(k+1-\mu)} + \frac{1}{(p+1)!} \int_a^{a+\varepsilon} (x-a)^{p+1-\mu} \phi^{(p+1)}(\xi(x)) dx.$$

Sostituendo I_1 con la sommatoria, l'errore corrispondente E_1 può essere maggiorato come segue:

$$|E_1| \leq \frac{\varepsilon^{p+2-\mu}}{(p+1)!(p+2-\mu)} \max_{a \leq x \leq a+\varepsilon} |\phi^{(p+1)}(x)|, \qquad p \geq 0. \tag{8.48}$$

Per p fissato, il termine a secondo membro della (8.48) è una funzione crescente di ε; d'altro canto, prendendo $\varepsilon < 1$ e ammettendo che le derivate successive di ϕ non aumentino troppo al crescere di p, la stessa funzione è decrescente per p crescente. Si approssimi ora l'integrale I_2 utilizzando una formula di Newton-Cotes composita a m sottointervalli e $n+1$ nodi di quadratura per sottointervallo, con n pari. Si ha, ricordando la (8.29) e volendo equidistribuire l'errore δ tra I_1 e I_2

$$|E_2| \leq \mathcal{M}^{(n+2)}(\varepsilon) \frac{b-a-\varepsilon}{(n+2)!} \frac{|M_n|}{n^{n+3}} \left(\frac{b-a-\varepsilon}{m} \right)^{n+2} = \delta/2, \tag{8.49}$$

dove

$$\mathcal{M}^{(n+2)}(\varepsilon) = \max_{a+\varepsilon \leq x \leq b} \left| \frac{d^{n+2}}{dx^{n+2}} \left(\frac{\phi(x)}{(x-a)^\mu} \right) \right|.$$

Il valore della costante $\mathcal{M}^{(n+2)}(\varepsilon)$ cresce rapidamente al tendere a zero di ε; come conseguenza, la (8.49) può comportare un numero di suddivisioni $m_\varepsilon = m(\varepsilon)$ talmente elevato da rendere il metodo in esame di scarsa utilità pratica.

Esempio 8.9 Si debba calcolare l'integrale generalizzato (noto come *integrale di Fresnel*)

$$I(f) = \int_0^{\pi/2} \frac{\cos(x)}{\sqrt{x}} dx. \tag{8.50}$$

Sviluppando in serie di Taylor la funzione integranda nell'intorno dell'origine e applicando il teorema di integrazione per serie, si ottiene

$$I(f) = \sum_{k=0}^{\infty} \frac{(-1)^k}{(2k)!} \frac{1}{(2k+1/2)} (\pi/2)^{2k+1/2}.$$

Troncando la serie ai primi 10 termini, si ha un valore dell'integrale pari a 1.9549. Utilizzando la formula di Cavalieri-Simpson composita, la stima a priori (8.49) fornisce, ponendo $n=2$, $|M_2| = 4/15$ e facendo tendere ε a zero

$$m_\varepsilon \simeq \left[\frac{0.018}{\delta} \left(\frac{\pi}{2} - \varepsilon \right)^5 \varepsilon^{-9/2} \right]^{1/4}.$$

Per $\delta = 10^{-4}$, prendendo $\varepsilon = 10^{-2}$, si ricava che sono necessarie 1140 suddivisioni (uniformi) mentre per $\varepsilon = 10^{-4}$ e $\varepsilon = 10^{-6}$ ne servono rispettivamente $2 \cdot 10^5$ e $3.6 \cdot 10^7$. Per confronto, eseguendo il Programma 66 (integrazione adattiva con la formula di Cavalieri-Simpson) con `a` $= \varepsilon = 10^{-10}$, `hmin` $= 10^{-12}$ e `tol` $= 10^{-4}$, si ottiene la stima 1.955 dell'integrale con 1057 valutazioni funzionali, corrispondenti a 528 suddivisioni non uniformi dell'intervallo $[0, \pi/2]$. •

Metodo 2. Usando lo sviluppo di Taylor (8.47) si ottiene

$$I(f) = \int_a^b \frac{\phi(x) - \Phi_p(x)}{(x-a)^\mu} dx + \int_a^b \frac{\Phi_p(x)}{(x-a)^\mu} dx = I_1 + I_2.$$

Il calcolo esatto dell'integrale I_2 fornisce

$$I_2 = (b-a)^{1-\mu} \sum_{k=0}^{p} \frac{(b-a)^k \phi^{(k)}(a)}{k!(k+1-\mu)}. \tag{8.51}$$

L'integrale I_1 si scrive, per $p \geq 0$

$$I_1 = \int_a^b (x-a)^{p+1-\mu} \frac{\phi^{(p+1)}(\xi(x))}{(p+1)!} dx = \int_a^b g(x) dx. \tag{8.52}$$

A differenza di quanto accade nel caso del metodo 1, la funzione integranda g *non* è più illimitata in un intorno destro di a, avendo le prime p derivate finite in $x = a$. Di conseguenza, supponendo di approssimare I_1 con una formula di Newton-Cotes composita, è possibile dare una stima dell'errore di quadratura purché si abbia $p \geq n+2$, nel caso $n \geq 0$ pari, o $p \geq n+1$, se n è dispari.

Esempio 8.10 Si consideri di nuovo il calcolo dell'integrale generalizzato (8.50), ed utilizziamo la formula di Cavalieri-Simpson composita per l'approssimazione di I_1. Prenderemo $p = 4$ nelle (8.51) e nella (8.52). Il calcolo di I_2 fornisce il valore $(\pi/2)^{1/2}(2-(1/5)(\pi/2)^2+(1/108)(\pi/2)^4) \simeq 1.9588$. Utilizzando la formula dell'errore (8.29) con $n = 2$, si conclude che sono sufficienti 2 suddivisioni di $[0, \pi/2]$ per calcolare I_1 a meno di un errore $\delta = 10^{-4}$, ottenendo il valore $I_1 \simeq -0.0173$. Complessivamente, il metodo 2 fornisce dunque per l'integrale (8.50) il valore approssimato 1.9415. •

8.6.3 Integrali su intervalli illimitati

Sia $f \in C^0([a, +\infty))$; come noto, se esiste finito il limite

$$\lim_{t \to +\infty} \int_a^t f(x) dx$$

allora lo si assume come valore dell'integrale generalizzato

$$I(f) = \int_a^\infty f(x) dx = \lim_{t \to +\infty} \int_a^t f(x) dx. \tag{8.53}$$

Un'analoga definizione viene data se f è continua in $(-\infty, b]$, mentre per una funzione $f : \mathbb{R} \to \mathbb{R}$, integrabile su ogni intervallo limitato, si pone

$$\int_{-\infty}^{\infty} f(x)dx = \int_{-\infty}^{c} f(x)dx + \int_{c}^{+\infty} f(x)dx, \qquad (8.54)$$

se c è un qualsiasi numero reale e i due integrali impropri a secondo membro nella (8.54) sono convergenti. Questa definizione è ben posta in quanto il valore di $I(f)$ *non* dipende dalla scelta di c.
Condizione sufficiente affinché f sia integrabile su $[a, +\infty)$ è che

$$\exists \rho > 0 \text{ tale che } \lim_{x \to +\infty} x^{1+\rho} f(x) = 0,$$

ovvero che f sia infinitesima di ordine > 1 rispetto a $1/x$ per $x \to \infty$. Per l'approssimazione numerica di (8.53), a meno di una tolleranza δ prefissata, consideriamo i seguenti tre metodi, rimandando per gli approfondimenti a [DR75], Capitolo 3.

Metodo 1. Come suggerito dalla definizione (8.53), si tratta di scomporre l'integrale singolare come $I(f) = I_1 + I_2$, essendo $I_1 = \int_a^c f(x)dx$, $I_2 = \int_c^{\infty} f(x)dx$.

L'estremo c va scelto in modo tale da rendere trascurabile il contributo di I_2, sfruttando opportunamente il comportamento asintotico di f. Una strategia possibile consiste nel determinare c in modo tale che I_2 sia pari ad una frazione della tolleranza prefissata, diciamo $I_2 = \delta/2$, e poi calcolare I_1 a meno di un errore assoluto pari a $\delta/2$. Ciò assicura che l'errore globale commesso nel calcolo di $I_1 + I_2$ non superi la tolleranza δ prestabilita.

Esempio 8.11 Si debba valutare a meno di un errore $\delta = 10^{-3}$ l'integrale

$$I(f) = \int_0^{\infty} \cos^2(x) e^{-x} dx = \frac{3}{5}.$$

Per un dato $c > 0$, si ha $I_2 = \int_c^{\infty} \cos^2(x) e^{-x} dx \le \int_c^{\infty} e^{-x} dx = e^{-c}$; se richiediamo $e^{-c} = \delta/2$, troviamo $c \simeq 7.6$. Supponendo poi di utilizzare la formula del trapezio composita per approssimare I_1, in base alla (8.16) con $M = \max_{0 \le x \le c} |f''(x)| \simeq 1.15$, si ottiene $m \ge \left(Mc^3/(6\delta)\right)^{1/2} = 291$.

L'esecuzione del Programma 62 restituisce il valore $\mathcal{I}_1 \simeq 0.599899$, invece del valore esatto $I_1 = 3/5 - e^{-c}(\cos^2(c) - (\sin(2c) + 2\cos(2c))/5) \simeq 0.599842$, con un errore assoluto pari circa a $5.68 \cdot 10^{-5}$. Il risultato numerico complessivo è dunque $\mathcal{I}_1 + I_2 \simeq 0.600342$, con un errore assoluto rispetto a $I(f)$ pari a $3.42 \cdot 10^{-4}$. •

Metodo 2. Preso un numero reale c qualsiasi, si pone $I(f) = I_1 + I_2$, come nel caso del metodo 1, e si introduce il cambio di variabile $x = 1/t$ per trasformare I_2 in un integrale definito sull'intervallo *limitato* $[0, 1/c]$

$$I_2 = \int_0^{1/c} f(t)t^{-2}dt = \int_0^{1/c} g(t)dt. \tag{8.55}$$

Se $g(t)$ non presenta singolarità in $t = 0$, si approssima la (8.55) con una delle formule introdotte nel corso di questo capitolo. In caso contrario, si possono applicare i metodi di integrazione descritti nella Sezione 8.6.2.

Metodo 3. Si usano formule interpolatorie di tipo Gaussiano che assumono come nodi di quadratura rispettivamente gli zeri dei polinomi ortogonali di Laguerre e di Hermite (si veda la Sezione 9.5).

8.7 Integrazione numerica in più dimensioni

Sia Ω un dominio limitato di $\mathbb{R}^2$. Indichiamo con $\mathbf{x} = (x, y)^T$ il vettore delle coordinate e consideriamo il calcolo approssimato dell'integrale $I(f) = \int_\Omega f(x, y)dxdy$, essendo f una funzione continua in $\overline{\Omega}$.

Descriviamo nelle Sezioni 8.7.1 e 8.7.2 due metodi: il primo, applicabile quando Ω è un dominio *normale* rispetto ad uno degli assi coordinati, è basato sulla formula di riduzione degli integrali doppi e consiste nell'uso di formule di quadratura monodimensionali lungo entrambe le direzioni coordinate. Il secondo, applicabile nel caso generale in cui Ω sia un poligono, consiste nell'uso di formule di quadratura composite di grado ridotto basate sulla decomposizione del dominio Ω in triangoli.

8.7.1 Il metodo della formula di riduzione

Sia Ω un dominio normale rispetto all'asse x, come mostrato nella Figura 8.5, e supponiamo per semplicità che $\phi_2(x) > \phi_1(x)$, $\forall x \in [a, b]$.
Grazie alla formula di riduzione degli integrali doppi si ha

$$I(f) = \int_a^b \int_{\phi_1(x)}^{\phi_2(x)} f(x, y)dydx = \int_a^b F_f(x)dx. \tag{8.56}$$

L'integrale su $[a, b]$ può essere allora approssimato con una formula di quadratura composita che usi M_x sottointervalli $\{J_k, k = 1, \dots, M_x\}$, di ampiezza $H = (b - a)/M_x$, e in ogni sottointervallo $n_x^{(k)} + 1$ nodi $\{x_i^k, i = 0, \dots, n_x^{(k)}\}$:

$$I(f) \simeq I_{n_x}^c(f) = \sum_{k=1}^{M_x} \sum_{i=0}^{n_x^{(k)}} \alpha_i^k F_f(x_i^k),$$

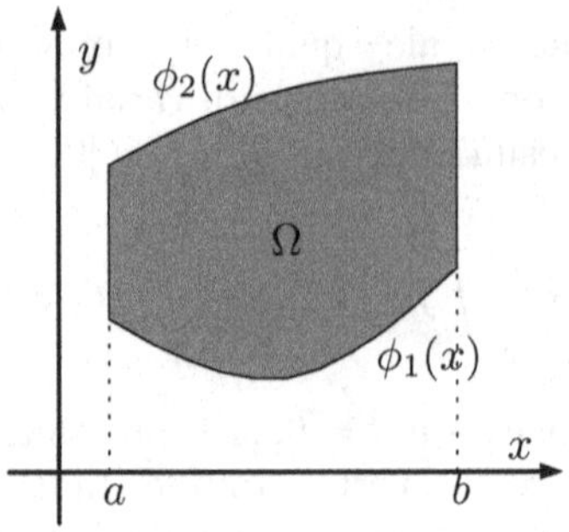

Fig. 8.5 Dominio normale rispetto all'asse x

dove i coefficienti α_i^k sono i pesi di quadratura su ciascun sottointervallo J_k. Per ogni nodo x_i^k la valutazione approssimata dell'integrale $F_f(x_i^k)= \int_{\phi_1(x_i^k)}^{\phi_2(x_i^k)} f(x_i^k, y)dy$ viene a questo punto effettuata tramite una formula di quadratura composita che usi M_y sottointervalli $\{J_m,\ m = 1, \dots, M_y\}$, di ampiezza $h_i^k = (\phi_2(x_i^k) - \phi_1(x_i^k))/M_y$, ed in ogni sottointervallo $n_y^{(m)} + 1$ nodi $\{y_{j,m}^{i,k},\ j = 0, \dots, n_y^m\}$.
Nel caso particolare $M_x = M_y = M$, $n_x^{(k)} = n_y^{(m)} = 0$ per ogni m e k, la formula di quadratura risultante è la *formula di riduzione del punto medio*

$$I_{0,0}^c(f) = H \sum_{k=1}^{M} h_0^k \sum_{m=1}^{M} f(x_0^k, y_{0,m}^{0,k}),$$

dove $H = (b-a)/M$, $x_0^k = a+(k-1/2)H$ per $k = 1, \dots, M$ e $y_{0,m}^{0,k} = \phi_1(x_0^k)+ (m - 1/2)h_0^k$ per $m = 1, \dots, M$. Con un analogo procedimento si costruisce la *formula di riduzione del trapezio* in entrambe le direzioni coordinate (in tal caso, $n_x^{(k)} = n_y^{(m)} = 1$, per $k, m = 1, \dots, M$).
Si può naturalmente aumentare l'efficienza della procedura sopra descritta utilizzando i metodi adattivi introdotti nella Sezione 8.5.2 per collocare opportunamente la posizione dei nodi di quadratura x_i^k e $y_{j,m}^{i,k}$ in funzione della variazione di f sul dominio Ω. L'utilizzo delle due formule di riduzione precedentemente introdotte diventa sempre meno conveniente al crescere del numero di dimensioni del dominio a causa dell'incremento del costo computazionale. Infatti, se $\Omega \subset \mathbb{R}^d$, supponendo che ogni integrale semplice richieda N valutazioni funzionali, la valutazione dell'integrale su Ω richiederà N^d valutazioni.

Le formule di riduzione del punto medio e del trapezio per il calcolo numerico dell'integrale (8.56) sono implementate nei Programmi 67 e 68. Per semplicità si è posto $M_x = M_y = M$. Le variabili `phi1` e `phi2` contengono le espressioni delle funzioni ϕ_1 e ϕ_2 che delimitano la regione di integrazione.

Programma 67 – redmidpt: Formula di riduzione del punto medio

```
function int=redmidpt(a,b,phi1,phi2,m,fun)
% REDMIDPT formula di quadratura di riduzione del punto medio.
% INT=REDMIDPT(A,B,PHI1,PHI2,M,FUN) calcola l'integrale della funzione FUN
% sul dominio 2D avente X in (A,B) e Y delimitato dalle funzioni PHI1 e PHI2.
% FUN e' una funzione delle variabili X e Y
H=(b-a)/m;
xx=(a+H/2:H:b);
psi=zeros(m,1);
for i=1:m
    d=phi2(xx(i)); c=phi1(xx(i));
    h=(d-c)/m; y=(c+h/2:h:d); dim=length(y);
    w=fun(xx(i),y).*ones(1,dim);
    psi(i)=h*sum(w(1:m));
end
int=H*sum(psi(1:m));
return
```

Programma 68 – redtrap: Formula di riduzione del trapezio

```
function int=redtrap(a,b,phi1,phi2,m,fun)
% REDTRAP formula di quadratura di riduzione del trapezio.
% INT=REDTRAP(A,B,PHI1,PHI2,M,FUN) calcola l'integrale della funzione FUN sul
% dominio 2D avente X in (A,B) e Y delimitato dalle funzioni PHI1 e PHI2.
% FUN e' una funzione delle variabili X e Y
H=(b-a)/m;
xx=(a:H:b);
dimx=m+1; psi=zeros(dimx,1);
for i=1:dimx
    d=phi2(xx(i)); c=phi1(xx(i));
    h=(d-c)/m; y=(c:h:d); dimy=length(y);
    w=fun(xx(i),y).*ones(1,dimy);
    psi(i)=h*(0.5*w(1)+sum(w(2:m))+0.5*w(m+1));
end
int=H*(0.5*psi(1)+sum(psi(2:m))+0.5*psi(m+1));
return
```

8.7.2 Quadrature composite bidimensionali

In questa sezione estendiamo al caso bidimensionale la trattazione svolta nella Sezione 8.3 relativamente alle formule di quadratura interpolatorie di tipo composito. Supponiamo che Ω sia un poligono su cui introduciamo una *triangolazione* $\mathcal{T}_h$ di N_T triangoli (o *elementi*) tale che $\overline{\Omega} = \bigcup_{T \in \mathcal{T}_h} T$, dove il parametro $h > 0$ rappresenta la massima lunghezza dei lati di $\mathcal{T}_h$ (si veda la Sezione 7.5.2).

Esattamente come nel caso monodimensionale, per costruire formule di quadratura interpolatorie di tipo composito su triangoli, basta sostituire $\int_\Omega f(x,y)dxdy$ con $\int_\Omega \Pi_h^k f(x,y)dxdy$, essendo, per $k \geq 0$, $\Pi_h^k f$ il polinomio interpolatore composito di f relativamente alla triangolazione $\mathcal{T}_h$ e grado k su ogni triangolo introdotto nella Sezione 7.5.2. Grazie alla proprietà di additività e alla (7.28), si perviene alla seguente formula di quadratura composita interpolatoria

$$
\begin{aligned}
I_k^c(f) &= \int_\Omega \Pi_h^k f(x,y)dxdy = \sum_{T\in\mathcal{T}_h} \int_T \Pi_T^k f(x,y)dxdy = \sum_{T\in\mathcal{T}_h} I_k^T(f) \\
&= \sum_{T\in\mathcal{T}_h} \sum_{j=0}^{d_k-1} f(\tilde{\mathbf{z}}_T^{(j)}) \int_T l_{j,T}(x,y)dxdy = \sum_{T\in\mathcal{T}_h} \sum_{j=0}^{d_k-1} \alpha_j^T f(\tilde{\mathbf{z}}_T^{(j)})
\end{aligned}
\tag{8.57}
$$

I coefficienti α_j^T e i punti $\tilde{\mathbf{z}}_T^{(j)}$ sono rispettivamente i pesi ed i nodi *locali* della formula di quadratura (8.57).

Il vantaggio della rappresentazione “locale” (8.57) consiste nel fatto che il calcolo dei pesi α_j^T può essere condotto in modo sistematico ed una volta per tutte trasformando l'integrale per il calcolo di α_j^T nel corrispondente integrale sul triangolo di riferimento come segue

$$
\alpha_j^T = \int_T l_{j,T}(x,y)dxdy = 2|T| \int_{\hat{T}} \hat{l}_j(\hat{x},\hat{y})d\hat{x}d\hat{y}, \quad j=0,\ldots,d_k-1, \quad \forall T\in\mathcal{T}_h.
$$

Nel caso $k=0$, si trova $\alpha_0^T = |T|$ per ogni $T\in\mathcal{T}_h$, mentre nel caso $k=1$ si ha $\alpha_j^T = |T|/3$, per $j=0,1,2$. Indicando rispettivamente con $\mathbf{a}_j^T$ e $\mathbf{a}^T = \sum_{j=1}^3 (\mathbf{a}_j^T)/3$, per $j=1,2,3$, i vertici ed il baricentro di ogni elemento $T\in\mathcal{T}_h$, si ottengono pertanto le seguenti formule:

Formula del punto medio composita ($k=0$ nella (8.57))

$$
I_0^c(f) = \sum_{T\in\mathcal{T}_h} |T| f(\mathbf{a}^T)
\tag{8.58}
$$

Formula del trapezio composita ($k=1$ nella (8.57))

$$
I_1^c(f) = \frac{1}{3}\sum_{T\in\mathcal{T}_h} |T| \sum_{j=1}^3 f(\mathbf{a}_j^T)
\tag{8.59}
$$

In vista dell'analisi dell'errore di quadratura $E_k^c(f) = I(f) - I_k^c(f)$, introduciamo la seguente definizione.

Definizione 8.1 La formula di quadratura (8.57) ha grado di esattezza pari a n, con $n \geq 0$, se risulta $I_k^{\widehat{T}}(p) = \int_{\widehat{T}} p dx dy$ per ogni $p \in \mathbb{P}_n(\widehat{T})$, essendo $\mathbb{P}_n(\widehat{T})$ definito nella (7.25). ∎

Sotto opportune ipotesi di regolarità per la funzione integranda si può dimostrare il seguente risultato (si veda [IK66], pagg. 361–362):

Proprietà 8.4 *Supponiamo che la formula di quadratura (8.57) su Ω abbia grado di esattezza pari a n, con $n \geq 0$ ed abbia pesi non negativi. Esiste allora una costante positiva K_n, indipendente da h, tale che*

$$|E_k^c(f)| \leq K_n h^{n+1} |\Omega| M_{n+1}, \tag{8.60}$$

per ogni funzione $f \in C^{n+1}(\Omega)$, essendo M_{n+1} il massimo valore assunto dai valori assoluti delle derivate di ordine $n+1$ di f e $|\Omega|$ l'area di Ω.

È immediato verificare che le formule composite (8.58) e (8.59) hanno entrambe grado di esattezza pari a 1; pertanto, in virtù della Proprietà 8.4, esse hanno ordine di infinitesimo rispetto ad h pari a 2.

Una categoria alternativa di formule di quadratura su elementi triangolari è rappresentata dalle cosiddette *formule simmetriche*. Esse sono formule Gaussiane a n nodi di elevato grado di esattezza, caratterizzate dal fatto che i nodi di quadratura occupano posizioni simmetriche rispetto ai vertici del triangolo di riferimento $\widehat{T}$ o, come nel caso delle formule di Gauss-Radau, rispetto alla retta $\widehat{y} = \widehat{x}$.
Considerando il generico triangolo $T \in \mathcal{T}_h$ e indicando con $\mathbf{a}_{(j)}^T$, $j = 1, 2, 3$, i punti medi dei tre lati T, due esempi di formule simmetriche, aventi grado di esattezza rispettivamente pari a 2 e a 3, sono le seguenti

$$I_3(f) = \frac{|T|}{3} \sum_{j=1}^{3} f(\mathbf{a}_{(j)}^T), \qquad n = 3,$$

$$I_7(f) = \frac{|T|}{60} \left(3 \sum_{i=1}^{3} f(\mathbf{a}_i^T) + 8 \sum_{j=1}^{3} f(\mathbf{a}_{(j)}^T) + 27 f(\mathbf{a}^T) \right), \qquad n = 7.$$

Per una descrizione e analisi delle formule simmetriche nel caso bidimensionale si veda [Dun85], mentre si rimanda a [Kea86] e a [Dun86] per l'estensione al caso tridimensionale su tetraedri e sul cubo unitario.

Le formule di quadratura composite (8.58) e (8.59) sono implementate nei Programmi 69, 70 per il calcolo approssimato dell'integrale $\int_T f(x, y) dx dy$, essendo T un generico elemento della triangolazione $\mathcal{T}_h$. Per ottenere la valutazione dell'integrale su Ω basta sommare il risultato fornito da ciascun programma su tutti gli elementi di $\mathcal{T}_h$. Le coordinate dei vertici dell'elemento T sono memorizzate nei vettori xv e yv.

Programma 69 – midptr2d: Formula del punto medio su un triangolo

```
function int=midptr2d(xv,yv,fun)
% MIDPTR2D formula del punto medio su un triangolo.
% INT=MIDPTR2D(XV,YV,FUN) calcola l'integrale di FUN sul triangolo di
% vertici XV(K),YV(K), K=1,2,3. FUN e' una funzione di x e y.
y12=yv(1)-yv(2);
y23=yv(2)-yv(3);
y31=yv(3)-yv(1);
areat=0.5*abs(xv(1)*y23+xv(2)*y31+xv(3)*y12);
x=sum(xv)/3; y=sum(yv)/3;
int=areat*fun(x,y);
return
```

Programma 70 – traptr2d: Formula del trapezio su un triangolo

```
function int=midptr2d(xv,yv,fun)
% MIDPTR2D formula del punto medio su un triangolo.
% INT=MIDPTR2D(XV,YV,FUN) calcola l'integrale di FUN sul triangolo di
% vertici XV(K),YV(K), K=1,2,3. FUN e' una funzione di x e y.
y12=yv(1)-yv(2);
y23=yv(2)-yv(3);
y31=yv(3)-yv(1);
areat=0.5*abs(xv(1)*y23+xv(2)*y31+xv(3)*y12);
x=sum(xv)/3; y=sum(yv)/3;
int=areat*fun(x,y);
return
```

8.8 Esercizi

1. Siano $E_0(f)$ ed $E_1(f)$ gli errori di quadratura definiti nelle (8.7) e (8.13). Si verifichi che $|E_1(f)| \simeq 2|E_0(f)|$.
2. Si verifichi che le formule dell'errore di quadratura del punto medio, del trapezio e di Cavalieri-Simpson sono casi particolari delle formule del Teorema 8.2. Si dimostri che $M_0 = 2/3$, $K_1 = -1/6$ e $M_2 = -4/15$ e si determini, sulla base della definizione, il grado di esattezza r di ciascuna formula.
   [*Suggerimento*: si determini r tale che $I_n(x^k) = \int_a^b x^k dx$, per $k = 0, \ldots, r$, e $I_n(x^j) \neq \int_a^b x^j dx$, per $j > r$.]

3. Si determini il grado di esattezza r delle seguenti formule di quadratura del tipo (8.3) per l'approssimazione di $I(f) = \int_{-1}^{1} f(x)dx$:

   (a) $I_2(f) = (2/3)[2f(-1/2) - f(0) + 2f(1/2)]$,

   (b) $I_4(f) = (1/4)[f(-1) + 3f(-1/3) + 3f(1/3) + f(1)]$.

   [*Soluzione*: caso (a): $r = 3$, $p = 5$; caso (b): $r = 3$, $p = 5$.]

4. Si verifichi la formula (8.25).

   [*Suggerimento*: si proceda per induzione su n ricordando la (7.19).]

5. Dato l'integrale $I_w(f) = \int_0^1 w(x)f(x)dx$ con $w(x) = \sqrt{x}$, e la formula di quadratura $Q(f) = af(x_1)$, si calcolino a e x_1 in modo tale che Q abbia massimo grado di esattezza r.

   [*Soluzione*: $a = 2/3$, $x_1 = 3/5$ e $r = 1$.]

6. Data la formula di quadratura $Q(f) = \alpha_1 f(0) + \alpha_2 f(1) + \alpha_3 f'(0)$ per il calcolo approssimato di $I(f) = \int_0^1 f(x)dx$, essendo $f \in C^1([0,1])$, si calcolino i coefficienti α_j, per $j = 1, \ldots, 3$, in modo tale che Q abbia grado di esattezza $r = 2$.

   [*Soluzione*: $\alpha_1 = 2/3$, $\alpha_2 = 1/3$ e $\alpha_3 = 1/6$.]

7. Si verifichi sperimentalmente l'ordine di convergenza delle formule composite del punto medio, del trapezio e di Cavalieri-Simpson nel calcolo di $\int_{-1}^{1} |x|e^x dx$.

8. Si consideri l'integrale $I(f) = \int_0^1 e^x dx$ e si valuti il numero minimo m di intervalli necessario per calcolare $I(f)$ con un errore assoluto $\leq 5 \cdot 10^{-4}$ utilizzando le formule composite del trapezio e di Cavalieri-Simpson. Si valuti quindi l'errore assoluto Err effettivamente commesso nei due casi.

   [*Soluzione*: Per la formula del trapezio si ha $m = 17$ ed $Err = 4.95 \cdot 10^{-4}$, mentre per la formula di Cavalieri-Simpson si ha $m = 2$ ed $Err = 3.70 \cdot 10^{-5}$.]

9. Si calcolino, con un errore inferiore a 10^{-4}, i seguenti integrali:

   (a) $\int_0^\infty \sin(x)/(1 + x^4)dx$;

   (b) $\int_0^\infty e^{-x}(1 + x)^{-5}dx$;

   (c) $\int_{-\infty}^{\infty} \cos(x)e^{-x^2}dx$.

10. Integrando il polinomio osculatore di Hermite H_{N-1} (definito nell'Esempio 7.6) sull'intervallo $[a, b]$, si ottiene la seguente formula di quadratura di Hermite

$$I_{N-1}^H = \sum_{i=0}^{n} \left(y_i \int_a^b A_i(x)\, dx + y_i^{(1)} \int_a^b B_i(x)\, dx \right).$$

   Prendendo $n = 1$ si ottiene la cosiddetta *formula del trapezio corretta*

$$I_1^{corr}(f) = \frac{b-a}{2}(y_0 + y_1) + \frac{(b-a)^2}{12}(y_0^{(1)} - y_1^{(1)}). \tag{8.61}$$

   Supponendo $f \in C^4([a, b])$, si dimostri che l'errore di quadratura associato alla

(8.61) è dato da

$$E_1^{corr}(f) = \frac{h^5}{720} f^{(4)}(\xi), \qquad h = b - a,$$

con $\xi \in (a, b)$.

11. Si calcoli con le formule di riduzione del punto medio e del trapezio l'integrale doppio $I(f) = \int_\Omega \frac{y}{(1+xy)} dxdy$ sul dominio $\Omega = (0,1)^2$. Si utilizzino i Programmi 67 e 68 prendendo $M = 2^i$, per $i = 0, \ldots, 10$ e si rappresenti in un grafico in scala logaritmica l'errore assoluto commesso nei due casi al variare di M. Quale dei due metodi è più accurato? Quante valutazioni funzionali sono necessarie per ottenere una precisione (assoluta) dell'ordine di 10^{-6}?

   [*Soluzione*: risulta $I(f) = \log(4) - 1$. Il metodo implementato nel Programma 67 richiede circa 110 intervalli e 12000 valutazioni funzionali, mentre il metodo implementato nel Programma 68 richiede circa 160 intervallini e 26000 valutazioni funzionali.]

9
I polinomi ortogonali nella teoria dell'approssimazione

I polinomi trigonometrici, così come altri polinomi ortogonali quali quelli di Legendre e di Chebyshev, hanno numerose applicazioni nell'ambito dell'approssimazione di funzioni e dell'integrazione numerica. In questo capitolo ne illustriamo le proprietà più significative ed introduciamo le trasformate ad essi associate, in particolare la trasformata discreta di Fourier e la sua versione "rapida", la FFT.

9.1 Approssimazione di funzioni con serie generalizzate di Fourier

Sia $w = w(x)$ una funzione peso sull'intervallo $(-1, 1)$, ovvero una funzione non negativa integrabile e assolutamente continua in $(-1, 1)$. Indichiamo con $\{p_k,\ k = 0, 1, \ldots\}$ un sistema di polinomi algebrici, con p_k di grado uguale a k, mutuamente ortogonali sull'intervallo $(-1, 1)$ rispetto a w. Ciò significa che

$$\int_{-1}^{1} p_k(x)p_m(x)w(x)dx = 0 \qquad \text{se } k \neq m.$$

Poniamo $(f, g)_w = \int_{-1}^{1} f(x)g(x)w(x)dx$ e $\|f\|_w = (f, f)_w^{1/2}$; $(\cdot, \cdot)_w$ e $\|\cdot\|_w$ sono rispettivamente il prodotto scalare e la norma per lo spazio di funzioni

$$\mathrm{L}^2_w = \mathrm{L}^2_w(-1, 1) = \{f : (-1, 1) \to \mathbb{R}, \int_{-1}^{1} f^2(x)w(x)dx < \infty\}. \tag{9.1}$$

Ricordiamo che le norme e le seminorme di funzioni possono essere definite in modo simile a quanto fatto nella Definizione 1.17 nel caso dei vettori. Osserviamo inoltre che gli integrali che compaiono nella (9.1) ed in formule simili

A. Quarteroni, R. Sacco, F. Saleri, P. Gervasio, *Matematica Numerica*, 4ª edizione,
UNITEXT – La Matematica per il 3+2 77, DOI: 10.1007/978-88-470-5644-2_9,
© Springer-Verlag Italia 2014

durante il corso di questo capitolo, vanno intesi nel senso di Lebesgue (si veda, ad esempio, [Rud83]). In particolare, non si richiede che f sia definita con continuità ovunque.
Per ogni funzione $f \in \mathrm{L}^2_w$ la serie

$$Sf = \sum_{k=0}^{+\infty} \widehat{f}_k p_k, \qquad \text{con } \widehat{f}_k = \frac{(f, p_k)_w}{\|p_k\|^2_w},$$

è detta *serie di Fourier (generalizzata) di* f, e $\widehat{f}_k$ è il *coefficiente* k-esimo di Fourier. Come noto, Sf converge *in media* (o *nel senso di* L^2_w) a f. Ciò significa che, posto per ogni intero n

$$f_n(x) = \sum_{k=0}^{n} \widehat{f}_k p_k(x) \tag{9.2}$$

($f_n \in \mathbb{P}_n$ è detta *troncata di ordine* n *della serie di Fourier* generalizzata di f), si ha

$$\lim_{n\to+\infty} \|f - f_n\|_w = 0.$$

Inoltre, vale la relazione seguente (detta identità di Parseval)

$$\|f\|^2_w = \sum_{k=0}^{+\infty} \widehat{f}^2_k \|p_k\|^2_w$$

e, per ogni n, $\|f - f_n\|^2_w = \sum_{k=n+1}^{+\infty} \widehat{f}^2_k \|p_k\|^2_w$ è il quadrato del resto n-simo della serie generalizzata di Fourier.

Il polinomio $f_n \in \mathbb{P}_n$ soddisfa la seguente proprietà di minimo

$$\|f - f_n\|_w = \min_{q\in\mathbb{P}_n} \|f - q\|_w. \tag{9.3}$$

Infatti, essendo $f - f_n = \sum_{k=n+1}^{+\infty} \widehat{f}_k p_k$, per l'ortogonalità dei polinomi $\{p_k\}$ si ha $(f - f_n, q)_w = 0 \ \forall q \in \mathbb{P}_n$. Abbiamo

$$\|f - f_n\|^2_w = (f - f_n, f - f_n)_w = (f - f_n, f - q)_w + (f - f_n, q - f_n)_w$$

ed applicando la *disuguaglianza di Cauchy-Schwarz*

$$(f, g)_w \le \|f\|_w \, \|g\|_w, \tag{9.4}$$

valida per ogni coppia di funzioni $f, g \in \mathrm{L}^2_w$, otteniamo

$$\|f - f_n\|^2_w \le \|f - f_n\|_w \|f - q\|_w, \quad \forall q \in \mathbb{P}_n.$$

Poiché $q \in \mathbb{P}_n$ è arbitrario si ottiene la (9.3). Si dice allora che f_n è la proiezione ortogonale di f su $\mathbb{P}_n$ nel senso di L^2_w. Osserviamo che la proiezione

f_n dipende dalla scelta di w e quindi dal sistema ortogonale $\{p_k\}$. È dunque interessante calcolare i coefficienti $\widehat{f_k}$ di f_n. Come vedremo nel seguito, ciò viene in generale fatto per via numerica, approssimando in modo conveniente gli integrali che compaiono nella definizione di $\widehat{f_k}$, ed ottenendo quelli che sono chiamati *coefficienti discreti* $\tilde{f}_k$ di f. Avremo dunque un nuovo polinomio

$$f_n^*(x) = \sum_{k=0}^{n} \tilde{f}_k p_k(x) \tag{9.5}$$

che chiameremo *troncata discreta di ordine* n della serie di Fourier di f. Tipicamente, si ha

$$\tilde{f}_k = \frac{(f, p_k)_n}{\|p_k\|_n^2}, \tag{9.6}$$

dove, per ogni coppia di funzioni continue f, g, $(f, g)_n$ è l'approssimazione del prodotto scalare $(f, g)_w$, e $\|g\|_n = \sqrt{(g, g)_n}$ è la seminorma associata a $(\cdot, \cdot)_n$. In maniera analoga a quanto fatto per f_n, si verifica che

$$\|f - f_n^*\|_n = \min_{q \in \mathbb{P}_n} \|f - q\|_n \tag{9.7}$$

e si dirà che f_n^* è l'approssimazione di f in $\mathbb{P}_n$ *nel senso dei minimi quadrati* (la ragione di tale notazione sarà chiara nel seguito).

Vogliamo infine ricordare che per ogni famiglia $\{p_k\}$ di polinomi ortogonali monici (cioè con coefficiente direttivo pari a uno) vale la seguente formula ricorsiva a tre termini (per la dimostrazione si veda [Gau96])

$$\begin{cases} p_{k+1}(x) = (x - \alpha_k)p_k(x) - \beta_k p_{k-1}(x), & k \geq 0, \\ p_{-1}(x) = 0, \quad p_0(x) = 1, \end{cases} \tag{9.8}$$

dove

$$\alpha_k = \frac{(xp_k, p_k)_w}{(p_k, p_k)_w}, \qquad \beta_{k+1} = \frac{(p_{k+1}, p_{k+1})_w}{(p_k, p_k)_w}, \qquad k \geq 0. \tag{9.9}$$

Essendo $p_{-1} = 0$, il coefficiente β_0 è arbitrario e viene scelto opportunamente a seconda della famiglia considerata. La relazione ricorsiva a tre termini è in generale numericamente assai stabile ed è perciò conveniente per il calcolo dei polinomi ortogonali, come vedremo nella Sezione 9.6.
Nelle sezioni seguenti introduciamo due fra le principali famiglie di polinomi ortogonali.

9.1.1 I polinomi di Chebyshev

Consideriamo nell'intervallo $(-1, 1)$ la funzione peso, detta di Chebyshev, $w(x) = (1 - x^2)^{-1/2}$, e, in accordo con la (9.1), consideriamo il corrispondente spazio delle funzioni a quadrato sommabile

$$\mathrm{L}_w^2(-1, 1) = \left\{ f : (-1, 1) \to \mathbb{R} : \int_{-1}^{1} f^2(x)(1 - x^2)^{-1/2} dx < \infty \right\}.$$

Prodotto scalare e norma per questo spazio sono definiti come segue

$$
\begin{aligned}
(f,g)_w &= \int_{-1}^{1} f(x)g(x)(1-x^2)^{-1/2}dx, \\
\|f\|_w &= \left\{ \int_{-1}^{1} f^2(x)(1-x^2)^{-1/2}dx \right\}^{1/2}.
\end{aligned}
\tag{9.10}
$$

I polinomi di Chebyshev sono definiti come segue

$$
T_k(x) = \cos k\theta, \quad \theta = \arccos x, \quad k = 0,1,2,\ldots \tag{9.11}
$$

oppure in modo ricorsivo dalla seguente relazione

$$
\begin{cases}
T_{k+1}(x) = 2xT_k(x) - T_{k-1}(x), & k \geq 1, \\
T_0(x) = 1, \qquad T_1(x) = x.
\end{cases}
\tag{9.12}
$$

Notiamo che, per ogni $k \geq 0$, $T_k(x)$ è un polinomio algebrico di grado k rispetto a x. Usando ben note relazioni trigonometriche, otteniamo

$$
(T_k, T_n)_w = 0 \text{ se } k \neq n, \quad (T_n, T_n)_w = \begin{cases} c_0 = \pi & \text{se } n = 0, \\ c_n = \pi/2 & \text{se } n \neq 0, \end{cases}
$$

cioè l'ortogonalità dei polinomi di Chebyshev rispetto al prodotto scalare $(\cdot,\cdot)_w$. Pertanto, la serie di Chebyshev di una funzione $f \in \mathrm{L}^2_w$ assume la forma

$$
Cf = \sum_{k=0}^{\infty} \widehat{f}_k T_k, \quad \text{con} \quad \widehat{f}_k = \frac{1}{c_k} \int_{-1}^{1} f(x)T_k(x)(1-x^2)^{-1/2}dx.
$$

Ricordiamo inoltre che $\|T_n\|_\infty = 1$ per ogni n e vale la seguente proprietà di *minimax*

$$
\|2^{1-n}T_n\|_\infty \leq \min_{p \in \mathbb{P}^1_n} \|p\|_\infty \qquad \text{se } n \geq 1, \tag{9.13}
$$

dove $\mathbb{P}^1_n = \{p(x) = \sum_{k=0}^{n} a_k x^k,\ a_n = 1\}$ denota il sottoinsieme dei polinomi monici di grado n.

9.1.2 I polinomi di Legendre

Sono polinomi ortogonali sull'intervallo $(-1,1)$ rispetto alla funzione peso $w(x) = 1$. In questo caso lo spazio introdotto nella (9.1) diventa

$$
\mathrm{L}^2(-1,1) = \left\{ f : (-1,1) \to \mathbb{R},\ \int_{-1}^{1} |f(x)|^2 dx < +\infty \right\}, \tag{9.14}
$$

mentre $(\cdot,\cdot)_w$ e $\|\cdot\|_w$ sono dati da

$$(f,g)=\int_{-1}^{1} f(x)g(x)\,dx, \quad \|f\|_{L^2(-1,1)}=\left(\int_{-1}^{1} f^2(x)\,dx\right)^{\frac{1}{2}}. \tag{9.15}$$

I polinomi di Legendre sono definiti come

$$L_k(x)=\frac{1}{2^k}\sum_{l=0}^{[k/2]}(-1)^l\binom{k}{l}\binom{2k-2l}{k}x^{k-2l}, \qquad k=0,1,2,\ldots \tag{9.16}$$

dove $[k/2]$ è la parte intera di $k/2$, oppure in modo ricorsivo dalla relazione a tre termini

$$\begin{cases} L_{k+1}(x)=\dfrac{2k+1}{k+1}xL_k(x)-\dfrac{k}{k+1}L_{k-1}(x), & k=1,2\ldots\\ L_0(x)=1, \quad L_1(x)=x. \end{cases}$$

Per ogni $k=0,1,\ldots$, si constata facilmente che $L_k\in\mathbb{P}_k$, ed inoltre $(L_k,L_m)=\delta_{km}(k+1/2)^{-1}$ per $k,m=0,1,2,\ldots$. Pertanto, per ogni funzione $f\in L^2(-1,1)$ la sua serie di Legendre assume la seguente forma

$$Lf=\sum_{k=0}^{\infty}\widehat{f}_kL_k, \quad \text{con} \quad \widehat{f}_k=\left(k+\frac{1}{2}\right)\int_{-1}^{1}f(x)L_k(x)dx. \tag{9.17}$$

Osservazione 9.1 (I polinomi di Jacobi) I polinomi precedentemente introdotti appartengono ad una famiglia più ampia costituita dai polinomi di Jacobi $\{J_k^{\alpha\beta}, k=0,\ldots,n\}$, ortogonali rispetto al peso $w(x)=(1-x)^\alpha(1+x)^\beta$, per $\alpha,\beta>-1$. In effetti scegliendo $\alpha=\beta=0$ si riottengono i polinomi di Legendre, mentre la scelta $\alpha=\beta=-1/2$ riconduce ai polinomi di Chebyshev. ∎

9.2 Integrazione ed interpolazione Gaussiana

I polinomi ortogonali rivestono un ruolo importante nella definizione di formule di quadratura con grado di esattezza (o precisione) massimale.

Siano $x_0,\ldots,x_n$ $n+1$ punti distinti dell'intervallo $[-1,1]$. Per l'approssimazione dell'integrale $I_w(f)=\int_{-1}^{1}f(x)w(x)dx$, essendo $f\in C^0([-1,1])$, si considerano formule di quadratura della forma

$$\boxed{I_{n,w}(f)=\sum_{i=0}^{n}\alpha_if(x_i)} \tag{9.18}$$

dove α_i sono coefficienti (i pesi della formula di quadratura) da determinarsi opportunamente. Ovviamente sia i nodi che i pesi dipenderanno da n, e tuttavia questa dipendenza verrà sottintesa. Denotiamo con

$$E_{n,w}(f) = I_w(f) - I_{n,w}(f)$$

l'errore fra l'integrale esatto e la sua approssimazione (9.18). Qualora si abbia $E_{n,w}(p) = 0$ per ogni $p \in \mathbb{P}_r$ (per un opportuno $r \geq 0$) si dirà che la formula (9.18) ha *grado di esattezza r rispetto al peso w*. Si noti che questa definizione generalizza quella data per l'integrazione ordinaria con peso $w = 1$ (si veda la (8.5)).

Si può naturalmente avere grado di esattezza almeno pari a n prendendo

$$I_{n,w}(f) = \int_{-1}^{1} \Pi_n f(x) w(x) dx$$

dove $\Pi_n f \in \mathbb{P}_n$ è il polinomio interpolatore di Lagrange della funzione f nei nodi $\{x_i, i = 0, \ldots, n\}$, dato dalla (7.4). In tal caso

$$\alpha_i = \int_{-1}^{1} l_i(x) w(x) dx, \qquad i = 0, \ldots, n, \tag{9.19}$$

essendo, come di consueto, $l_i \in \mathbb{P}_n$ l'i-esimo polinomio caratteristico di Lagrange tale che $l_i(x_j) = \delta_{ij}$, per $i, j = 0, \ldots, n$.

La questione che ci si pone è se esistano scelte opportune di nodi per le quali il grado di esattezza sia maggiore di n, diciamo pari a $r = n + m$ per un certo intero $m > 0$. La risposta completa al precedente quesito è fornita dal seguente teorema, dovuto a Jacobi [Jac26]:

Teorema 9.1 *Dato un intero $m > 0$, la formula di quadratura* (9.18) *ha grado di esattezza $n + m$ se e solo se la formula è interpolatoria ed inoltre il polinomio nodale ω_{n+1}* (7.6) *associato ai nodi $\{x_i\}$ soddisfa la relazione*

$$\int_{-1}^{1} \omega_{n+1}(x) p(x) w(x) dx = 0, \qquad \forall p \in \mathbb{P}_{m-1}. \tag{9.20}$$

Dimostrazione. Verifichiamo la sufficienza. Se $f \in \mathbb{P}_{n+m}$ allora esistono un quoziente $\pi_{m-1} \in \mathbb{P}_{m-1}$ ed un resto $q_n \in \mathbb{P}_n$, tali che $f = \omega_{n+1}\pi_{m-1} + q_n$. Essendo il grado di esattezza di una formula interpolatoria ad $n + 1$ nodi almeno pari a n, si ottiene

$$\sum_{i=0}^{n} \alpha_i q_n(x_i) = \int_{-1}^{1} q_n(x) w(x) dx = \int_{-1}^{1} f(x) w(x) dx - \int_{-1}^{1} \omega_{n+1}(x) \pi_{m-1}(x) w(x) dx.$$

Come conseguenza della (9.20), l'ultimo integrale è nullo, dunque

$$\int_{-1}^{1} f(x)w(x)dx = \sum_{i=0}^{n} \alpha_i q_n(x_i) = \sum_{i=0}^{n} \alpha_i f(x_i).$$

Data l'arbitrarietà di f si conclude che $E_{n,w}(f) = 0$ per ogni $f \in \mathbb{P}_{n+m}$. La verifica della necessarietà è analoga ed è lasciata al lettore. $\diamond$

Corollario 9.1 *Il grado massimo di esattezza della formula* (9.18) *a* $n+1$ *nodi è* $2n+1$.

Dimostrazione. Se ciò non fosse, si potrebbe infatti prendere $m \geq n+2$ nel teorema precedente. Ciò autorizzerebbe a scegliere $p = \omega_{n+1}$ nella (9.20) ed arrivare alla conclusione assurda che ω_{n+1} sia identicamente nullo. $\diamond$

Prendendo $m = n+1$ (il valore massimo ammissibile), dalla (9.20) si deduce che il polinomio nodale ω_{n+1} soddisfa la relazione

$$\int_{-1}^{1} \omega_{n+1}(x)p(x)w(x)dx = 0, \qquad \forall p \in \mathbb{P}_n,$$

ovvero ω_{n+1} è un polinomio monico di grado $n+1$ ortogonale a tutti i polinomi di grado inferiore. Di conseguenza ω_{n+1} è l'unico polinomio monico multiplo di p_{n+1} (ricordiamo che $\{p_k\}$ è il sistema di polinomi ortogonali introdotto nella Sezione 9.1). In particolare, le sue radici $\{x_j\}$ coincidono con quelle di p_{n+1}, ovvero

$$\boxed{p_{n+1}(x_j) = 0, \qquad j = 0, \ldots, n} \tag{9.21}$$

Le ascisse $\{x_j\}$ si dicono *nodi di Gauss* relativamente alla funzione peso w. Possiamo concludere che la formula di quadratura (9.18) con coefficienti e nodi di Gauss dati dalle (9.19) e (9.21), ha grado di esattezza $2n+1$, il massimo possibile fra tutte le formule di quadratura che utilizzano $n+1$ nodi, ed è nota come *formula di quadratura di Gauss*.

Quest'ultima gode dell'importante proprietà di avere pesi tutti positivi e nodi *interni* all'intervallo $(-1, 1)$ (si veda, ad esempio, [CHQZ06], Sez. 2.2.3). Spesso è però utile includere fra i nodi di integrazione anche gli estremi dell'intervallo. In tal caso, la formula di Gauss con il più elevato grado di esattezza utilizza come nodi le $n+1$ radici del polinomio

$$\overline{\omega}_{n+1}(x) = p_{n+1}(x) + ap_n(x) + bp_{n-1}(x), \tag{9.22}$$

dove le costanti a e b sono scelte in modo che $\overline{\omega}_{n+1}(-1) = \overline{\omega}_{n+1}(1) = 0$.

Indicate tali radici con $\overline{x}_0 = -1, \overline{x}_1, \dots, \overline{x}_n = 1$, i coefficienti $\{\overline{\alpha}_i, i = 0, \dots, n\}$ sono poi ottenuti con le solite formule (9.19), ovvero

$$\overline{\alpha}_i = \int_{-1}^{1} \overline{l}_i(x) w(x) dx, \qquad i = 0, \dots, n, \tag{9.23}$$

dove $\overline{l}_i \in \mathbb{P}_n$ denota ora il polinomio caratteristico di Lagrange tale che $\overline{l}_i(\overline{x}_j) = \delta_{ij}$, per $i, j = 0, \dots, n$. La formula di quadratura

$$I_{n,w}^{GL}(f) = \sum_{i=0}^{n} \overline{\alpha}_i f(\overline{x}_i) \tag{9.24}$$

è detta *formula di Gauss-Lobatto* a $n+1$ nodi, ed ha grado di esattezza $2n-1$. Infatti, per ogni $f \in \mathbb{P}_{2n-1}$ esistono un polinomio $\pi_{n-2} \in \mathbb{P}_{n-2}$ e un quoziente $q_n \in \mathbb{P}_n$ tali che $f = \overline{\omega}_{n+1}\pi_{n-2} + q_n$.

La formula di quadratura (9.24) è esatta almeno all'ordine n (essendo interpolatoria con $n+1$ nodi distinti), pertanto si ottiene

$$\sum_{j=0}^{n} \overline{\alpha}_j q_n(\overline{x}_j) = \int_{-1}^{1} q_n(x) w(x) dx = \int_{-1}^{1} f(x) w(x) dx - \int_{-1}^{1} \overline{\omega}_{n+1}(x) \pi_{n-2}(x) w(x) dx.$$

Dalla (9.22) deduciamo che $\bar{\omega}_{n+1}$ è ortogonale a tutti i polinomi di grado $\leq n-2$ e pertanto l'ultimo integrale è nullo. Essendo inoltre $f(\overline{x}_j) = q_n(\overline{x}_j)$ per $j = 0, \dots, n$ concludiamo che

$$\int_{-1}^{1} f(x) w(x) dx = \sum_{i=0}^{n} \overline{\alpha}_i f(\overline{x}_i), \qquad \forall f \in \mathbb{P}_{2n-1}.$$

Definendo con $\Pi_{n,w}^{GL} f$ il polinomio di grado n che interpola f nei nodi $\{\overline{x}_j, j = 0, \dots, n\}$, si ha

$$\Pi_{n,w}^{GL} f(x) = \sum_{i=0}^{n} f(\overline{x}_i) \overline{l}_i(x) \tag{9.25}$$

e pertanto $I_{n,w}^{GL}(f) = \int_{-1}^{1} \Pi_{n,w}^{GL} f(x) w(x) dx$.

Osservazione 9.2 Nel caso particolare in cui si consideri la formula di quadratura di Gauss-Lobatto relativamente al peso di Jacobi $w(x) = (1-x)^\alpha (1+x)^\beta$, con $\alpha, \beta > -1$, si possono caratterizzare i nodi interni $\overline{x}_1, \dots, \overline{x}_{n-1}$ come radici del polinomio $(J_n^{(\alpha,\beta)})'$, ovvero i punti di estremo dell'n-esimo polinomio di Jacobi $J_n^{(\alpha,\beta)}$ (si veda [CHQZ06], Sez. 2.5). ■

Vogliamo infine ricordare il seguente risultato di convergenza per l'integrazione Gaussiana (si veda [Atk89], Capitolo 5)

$$\lim_{n\to+\infty}\left|\int_{-1}^{1} f(x)w(x)dx - \sum_{j=0}^{n}\alpha_j f(x_j)\right| = 0, \qquad \forall f \in C^0([-1,1]).$$

Un risultato del tutto analogo vale per l'integrazione di Gauss-Lobatto.

Per funzioni integrande non solo continue, ma anche differenziabili fino all'ordine $p \geq 1$, vedremo che l'integrazione Gaussiana converge con un ordine di infinitesimo rispetto a $1/n$ che è tanto più grande quanto maggiore è p. Nei paragrafi che seguono preciseremo i risultati sopra ottenuti nel caso dei polinomi di Chebyshev e di Legendre.

Osservazione 9.3 (Integrazione su un intervallo qualsiasi) Una formula di quadratura con nodi ξ_j e coefficienti β_j, $j = 0, \dots, n$ sull'intervallo $[-1,1]$ ne induce una su di un intervallo $[a,b]$ qualsiasi. Infatti, detta $\varphi : [-1,1] \to [a,b]$ la trasformazione $x = \varphi(\xi) = \frac{b-a}{2}\xi + \frac{a+b}{2}$, si ha

$$\int_a^b f(x)dx = \frac{b-a}{2}\int_{-1}^{1}(f\circ\varphi)(\xi)d\xi.$$

Si può pertanto usare sull'intervallo $[a,b]$ la formula di quadratura con nodi $x_j = \varphi(\xi_j)$ e coefficienti $\alpha_j = \frac{b-a}{2}\beta_j$. Sull'intervallo $[a,b]$ essa conserva lo stesso grado di precisione della formula generatrice su $[-1,1]$. Infatti, supponiamo che

$$\int_{-1}^{1} p(\xi)d\xi = \sum_{j=0}^{n} p(\xi_j)\beta_j$$

per tutti i polinomi p di grado minore o uguale a r su $[-1,1]$ (per un opportuno intero r). Per ogni polinomio q su $[a,b]$ dello stesso grado di p, essendo $(q\circ\varphi)(\xi)$ un polinomio di grado minore o uguale a r su $[-1,1]$, si ottiene

$$\sum_{j=0}^{n} q(x_j)\alpha_j = \frac{b-a}{2}\sum_{j=0}^{n}(q\circ\varphi)(\xi_j)\beta_j = \frac{b-a}{2}\int_{-1}^{1}(q\circ\varphi)(\xi)d\xi = \int_a^b q(x)dx.$$

■

9.3 Integrazione ed interpolazione con nodi di Chebyshev

Nel caso in cui si considerino le formule Gaussiane rispetto al peso di Chebyshev $w(x) = (1-x^2)^{-1/2}$, i nodi di Gauss (detti anche di Chebyshev-Gauss) ed i relativi pesi sono dati da

$$x_j = -\cos\frac{(2j+1)\pi}{2(n+1)}, \quad \alpha_j = \frac{\pi}{n+1}, \quad 0 \le j \le n \tag{9.26}$$

mentre quelli di Chebyshev-Gauss-Lobatto sono

$$\overline{x}_j = -\cos\frac{\pi j}{n}, \quad \overline{\alpha}_j = \frac{\pi}{d_j n}, \quad 0 \le j \le n, \ n \ge 1 \tag{9.27}$$

dove $d_0 = d_n = 2$ e $d_j = 1$ per $j = 1, \ldots, n-1$. Osserviamo che i nodi di Chebyshev-Gauss (9.26) sono, per $n \ge 0$ fissato, gli zeri del polinomio di Chebyshev T_{n+1}, mentre, per $n \ge 1$, i nodi interni $\{\bar{x}_j,\ j = 1, \ldots, n-1\}$ sono gli zeri di T'_n, come anticipato nella Osservazione 9.2.

Indicato con $\Pi^{GL}_{n,w} f$ il polinomio di grado n che interpola f nei nodi (9.27), l'errore di interpolazione si maggiora come segue

$$\|f - \Pi^{GL}_{n,w} f\|_w \le C n^{-s} \|f\|_{s,w}, \qquad \text{per } s \ge 1, \tag{9.28}$$

dove $\|\cdot\|_w$ è definita nella (9.10), purché per qualche $s \ge 1$ la funzione f abbia tutte le derivate $f^{(k)}$ di ordine $k = 0, \ldots, s$ in L^2_w. In tal caso

$$\|f\|_{s,w} = \left(\sum_{k=0}^{s} \|f^{(k)}\|^2_w \right)^{1/2}. \tag{9.29}$$

Qui e nel seguito, C denota una costante indipendente da n che può assumere valori diversi nelle diverse circostanze. In particolare, si può ottenere la seguente stima dell'errore uniforme (si veda l'Esercizio 3)

$$\|f - \Pi^{GL}_{n,w} f\|_\infty \le C n^{1/2-s} \|f\|_{s,w}. \tag{9.30}$$

Pertanto $\Pi^{GL}_{n,w} f$ converge uniformemente a f quando $n \to \infty$, per ogni $f \in C^1([-1,1])$. Risultati analoghi alle (9.28) e (9.30) valgono sostituendo $\Pi^{GL}_{n,w} f$ con il polinomio $\Pi^G_n f$ di grado n che interpola f negli $n+1$ nodi di Gauss x_j dati nella (9.26). Per le dimostrazioni, si veda [CHQZ06], Sez. 5.5.3, o [QV94], pag. 112.

Vale inoltre il seguente risultato (si veda [Riv74], pag. 13)

$$\|f - \Pi^{GL}_{n,w} f\|_\infty \le (1 + \Lambda_n(X)) E^*_n(f), \tag{9.31}$$

dove $\forall n\ E^*_n(f) = \inf\limits_{p \in \mathbb{P}_n} \|f - p\|_\infty$ è l'errore di miglior approssimazione per f in $\mathbb{P}_n$ (si veda la Sez. 9.8) e $\Lambda_n(X)$ è la costante di Lebesgue (introdotta in

(7.11)). Qualora si considerino i nodi di Chebyshev-Gauss (9.26), la costante di Lebesgue si può maggiorare come segue ([Hes98])

$$\Lambda_n(X) < \frac{2}{\pi}\left(\log(n+1) + \gamma + \log\frac{8}{\pi}\right) + \frac{\pi}{72(n+1)^2}, \tag{9.32}$$

mentre qualora si considerino i nodi di Chebyshev-Gauss-Lobatto (9.27), si ha

$$\Lambda_n(X) < \frac{2}{\pi}\left(\log n + \gamma + \log\frac{8}{\pi}\right) + \frac{\pi}{72\, n^2}, \tag{9.33}$$

dove $\gamma \simeq 0.57721$ denota la costante di Eulero.

Confrontando le maggiorazioni (9.32) e (9.33) con la stima (7.13) valida per nodi equispaziati, possiamo dedurre che l'interpolazione su nodi di Chebyshev è molto meno sensibile alla propagazione degli errori di arrotondamento di quanto non lo sia l'interpolazione su nodi equispaziati.

Esempio 9.1 Riprendiamo i dati dell'esempio 7.2 operando stavolta l'interpolazione sui nodi di Chebyshev (9.26) e (9.27). Partendo dalle stesse perturbazioni sui dati utilizzate per l'esempio 7.2 (inferiori a $9.5 \cdot 10^{-4}$), con $n = 21$ otteniamo $\max_{x\in I} |\Pi^G_{n,w} f(x) - \Pi^G_{n,w}\tilde{f}(x)| \simeq 1.1052 \cdot 10^{-3}$ per i nodi (9.26) e $\max_{x\in I} |\Pi^{GL}_{n,w} f(x) - \Pi^{GL}_{n,w}\tilde{f}(x)| \simeq 1.0977 \cdot 10^{-3}$ per i nodi (9.27). Questo è in accordo con le stime (9.32) e (9.33) le quali, per $n = 21$, fornirebbero rispettivamente $\Lambda_n(X) \lesssim 2.9304$ e $\Lambda_n(X) \lesssim 2.9008$. •

Per quanto concerne l'errore di integrazione numerica, consideriamo a titolo di esempio la formula di quadratura di Gauss-Lobatto (9.24) con nodi e pesi di Chebyshev-Gauss-Lobatto (9.27). (La formula di quadratura così ottenuta è detta di Chebyshev-Gauss-Lobatto (CGL).) Innanzitutto, si deve osservare che

$$\int_{-1}^{1} f(x)(1-x^2)^{-1/2}dx = \lim_{n\to\infty} I^{GL}_{n,w}(f)$$

per ogni funzione f il cui integrale a primo membro sia finito (si veda [Sze67], pag. 342). Se inoltre esiste $s \geq 1$ tale che $\|f\|_{s,w}$ risulta finita per qualche $s \geq 1$ si ha

$$\left| \int_{-1}^{1} f(x)(1-x^2)^{-1/2}dx - I^{GL}_{n,w}(f) \right| \leq Cn^{-s}\|f\|_{s,w} \tag{9.34}$$

Questo risultato segue da quello più generale

$$|(f, v_n)_w - (f, v_n)_n| \leq Cn^{-s}\|f\|_{s,w}\|v_n\|_w, \qquad \forall v_n \in \mathbb{P}_n, \tag{9.35}$$

dove si è introdotto il cosiddetto *prodotto scalare discreto*

$$(f, g)_n = \sum_{j=0}^{n} \overline{\alpha}_j f(\overline{x}_j) g(\overline{x}_j) = I_{n,w}^{GL}(fg). \tag{9.36}$$

In effetti, la (9.34) segue dalla (9.35) prendendo $v_n \equiv 1$ ed osservando che $\|v_n\|_w = \left(\int_{-1}^{1}(1-x^2)^{-1/2}dx\right)^{1/2} = \sqrt{\pi}$. Dalla (9.34) possiamo dedurre che la formula di Chebyshev-Gauss-Lobatto ha ordine di accuratezza (rispetto a n^{-1}) pari a s, purché $\|f\|_{s,w} < \infty$. Pertanto l'ordine di accuratezza è limitato solo dalla soglia di regolarità s della funzione integranda.
Identiche considerazioni valgono per la formula di quadratura di Chebyshev-Gauss definita su $n+1$ nodi e pesi (9.26).

Infine, vogliamo trovare i coefficienti $\tilde{f}_k$, $k = 0, \ldots, n$, del polinomio di interpolazione $\Pi_{n,w}^{GL} f$ negli $n+1$ nodi di Chebyshev-Gauss-Lobatto, nello sviluppo rispetto ai polinomi di Chebyshev (9.11)

$$\Pi_{n,w}^{GL} f(x) = \sum_{k=0}^{n} \tilde{f}_k T_k(x). \tag{9.37}$$

Si noti che $\Pi_{n,w}^{GL} f$ coincide con f_n^*, la troncata discreta della serie di Chebyshev definita nella (9.5). Imponendo l'identità $\Pi_{n,w}^{GL} f(\overline{x}_j) = f(\overline{x}_j)$, $j = 0, \ldots, n$, si trova

$$f(\overline{x}_j) = \sum_{k=0}^{n} \cos\left(\frac{kj\pi}{n}\right) \tilde{f}_k, \qquad j = 0, \ldots, n. \tag{9.38}$$

Sfruttando l'esattezza della formula di quadratura di Chebyshev-Gauss-Lobatto si può verificare che (si veda l'Esercizio 2)

$$\tilde{f}_k = \frac{2}{n d_k} \sum_{j=0}^{n} \frac{1}{d_j} \cos\left(\frac{kj\pi}{n}\right) f(\overline{x}_j) \qquad k = 0, \ldots, n, \tag{9.39}$$

dove $d_j = 2$ se $j = 0, n$ e $d_j = 1$ se $j = 1, \ldots, n-1$. La (9.39) consente di ottenere i coefficienti discreti $\{\tilde{f}_k, k = 0, \ldots, n\}$ in funzione dei valori nodali $\{f(\overline{x}_j), j = 0, \ldots, n\}$. Essa è detta *trasformata discreta di Chebyshev* (TDC) e grazie alla sua struttura trigonometrica può essere calcolata attraverso l'algoritmo della FFT (trasformata rapida di Fourier) con un numero di operazioni dell'ordine di $n \log_2 n$ (si veda la Sezione 9.9.1). Naturalmente la (9.38) esprime l'*inversa* della TDC, e può anch'essa essere calcolata attraverso la FFT.

9.4 Integrazione ed interpolazione con nodi di Legendre

Come osservato, il peso di Legendre è $w = 1$. Per $n \geq 0$, i nodi di Legendre-Gauss ed i relativi pesi sono dati da

$$x_j \text{ zeri di } L_{n+1}(x), \quad \alpha_j = \frac{2}{(1-x_j^2)[L'_{n+1}(x_j)]^2}, \quad j = 0, \ldots, n \tag{9.40}$$

mentre quelli di Legendre-Gauss-Lobatto sono, per $n \geq 1$

$$\overline{x}_0 = -1, \ \overline{x}_n = 1, \quad \overline{x}_j \text{ zeri di } L'_n(x), \quad j = 1, \ldots, n-1 \tag{9.41}$$

$$\overline{\alpha}_j = \frac{2}{n(n+1)} \frac{1}{[L_n(x_j)]^2}, \qquad j = 0, \ldots, n \tag{9.42}$$

dove L_n è l'n-esimo polinomio di Legendre definito nella (9.16). Si può verificare che per un'opportuna costante C indipendente da n si ha

$$\frac{2}{n(n+1)} \leq \overline{\alpha}_j \leq \frac{C}{n}, \qquad \forall j = 0, \ldots, n$$

(si veda [BM92], pag. 76). Indicati allora con $\Pi_n^G f$ e $\Pi_n^{GL} f$ i polinomi di grado n che interpolano f negli $n+1$ nodi di Legendre-Gauss x_j definiti nella (9.40) e di Legendre-Gauss-Lobatto $\overline{x}_j$ dati nella (9.41), rispettivamente, essi soddisfano alle stesse stime dell'errrore riportate nelle (9.28) e (9.30) per i polinomi di Chebyshev.

La norma $\|\cdot\|_w$ va in questo caso sostituita con la norma $\|\cdot\|_{\mathrm{L}^2(-1,1)}$, mentre $\|f\|_{s,w}$ diviene

$$\|f\|_s = \left(\sum_{k=0}^{s} \|f^{(k)}\|^2_{\mathrm{L}^2(-1,1)} \right)^{\frac{1}{2}}.$$

Qualora si considerino i nodi di Legendre-Gauss-Lobatto (9.41), si ha la seguente congettura per la costante di Lebesgue ([Hes98]):

$$\Lambda_n(X) \leq \frac{2}{\pi} \log(n+1) + 0.685. \tag{9.43}$$

Numericamente si osserva che, al variare di n, la costante di Lebesgue per i nodi di Legendre-Gauss-Lobatto è sempre inferiore al corrispondente valore calcolato rispetto ai nodi di Chebyshev-Gauss-Lobatto e questo conferma la validità della congettura (9.43).

Esempio 9.2 Riprendiamo ancora i dati dell'esempio 7.2 operando stavolta l'interpolazione sui nodi di Legendre-Gauss (LG) (9.40) e di Legendre-Gauss-Lobatto (LGL) (9.41). Partendo dalle stesse perturbazioni sui dati utilizzate per l'esempio 7.2 (inferiori a $9.5 \cdot 10^{-4}$), con $n = 21$ otteniamo $\max_{x \in I} |\Pi_n^G f(x) - \Pi_n^G \tilde{f}(x)| \simeq 1.0776 \cdot 10^{-3}$ e $\max_{x \in I} |\Pi_n^{GL} f(x) - \Pi_n^{GL} \tilde{f}(x)| \simeq 1.0260 \cdot 10^{-3}$, rispettivamente. La congettura (9.43) fornisce, per $n = 21$, $\Lambda_n(X) \lesssim 2.6528$. •

Lo stesso tipo di risultati è garantito se si sostituisce $\Pi_n^{GL} f$ con il polinomio $\Pi_n^G f$ di grado n che interpola f negli $n + 1$ nodi x_j dati nella (9.40).

Considerando il prodotto scalare discreto definito nella (9.36), ma prendendo ora nodi e coefficienti dati dalle (9.41) e (9.42), si ha che $(\cdot,\cdot)_n$ è un'approssimazione del prodotto scalare consueto $(\cdot,\cdot)$ di $L^2(-1,1)$. In effetti, la relazione equivalente alla (9.35) ora diventa

$$|(f, v_n) - (f, v_n)_n| \le C n^{-s} \|f\|_s \|v_n\|_{L^2(-1,1)}, \qquad \forall v_n \in \mathbb{P}_n \tag{9.44}$$

e vale per ogni $s \ge 1$ tale per cui $\|f\|_s < \infty$. In particolare, posto $v_n \equiv 1$, si ha $\|v_n\| = \sqrt{2}$, e dalla (9.44) segue

$$\left| \int_{-1}^{1} f(x)dx - I_n^{GL}(f) \right| \le C n^{-s} \|f\|_s \tag{9.45}$$

che evidenzia una convergenza della formula di quadratura di Legendre-Gauss-Lobatto all'integrale esatto di f con ordine di accuratezza s rispetto a n^{-1} purché $\|f\|_s < \infty$. Un risultato analogo vale per la formula di quadratura di Legendre-Gauss a $n + 1$ nodi.

Esempio 9.3 Supponiamo di approssimare l'integrale di $f(x) = |x|^{\alpha + \frac{3}{5}}$ su $[-1, 1]$ con $\alpha = 0, 1, 2$. Si noti che f ha derivate in $L^2(-1,1)$ fino all'ordine $s = s(\alpha) = \alpha + 1$. La Figura 9.1 mostra l'andamento dell'errore in funzione di n per la formula di Legendre-Gauss. In accordo con la (9.45), la velocità di convergenza della formula cresce al crescere di α. •

Il polinomio di interpolazione nei nodi (LGL) (9.41) ha la forma

$$\Pi_n^{GL} f(x) = \sum_{k=0}^{n} \tilde{f}_k L_k(x). \tag{9.46}$$

Si noti che, similmente al caso di Chebyshev, $\Pi_n^{GL} f$ coincide con la troncata discreta della serie di Legendre f_n^* definita nella (9.5). Procedendo analogamente a quanto fatto nella precedente sezione, si trova

$$f(\overline{x}_j) = \sum_{k=0}^{n} \tilde{f}_k L_k(\overline{x}_j), \qquad j = 0, \ldots, n, \tag{9.47}$$

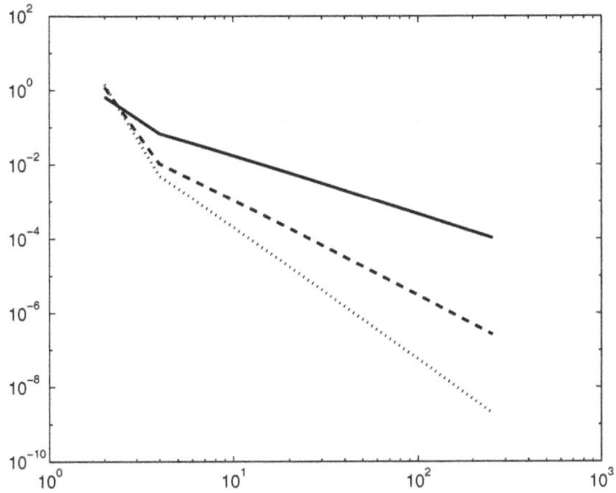

Fig. 9.1 L'errore di quadratura in scala logaritmica in funzione di n per una funzione integranda con le prime s derivate in $\mathrm{L}^2(-1,1)$: $s = 1$ (linea piena), $s = 2$ (linea tratteggiata), $s = 3$ (linea punteggiata)

ed inoltre

$$\tilde{f}_k = \begin{cases} \dfrac{2k+1}{n(n+1)} \displaystyle\sum_{j=0}^{n} L_k(\overline{x}_j) \frac{1}{L_n^2(\overline{x}_j)} f(\overline{x}_j), & k = 0, \ldots, n-1, \\ \dfrac{1}{n+1} \displaystyle\sum_{j=0}^{n} \frac{1}{L_n(\overline{x}_j)} f(\overline{x}_j), & k = n \end{cases} \tag{9.48}$$

(si veda l'Esercizio 6). Le formule (9.48) e (9.47) descrivono rispettivamente la *trasformata discreta di Legendre* (TDL) e la sua *inversa*.

9.5 Integrazione Gaussiana su intervalli illimitati

Per l'integrazione sulla semiretta o sull'intera retta, si possono utilizzare formule interpolatorie di tipo Gaussiano che impiegano come nodi di quadratura rispettivamente gli zeri dei polinomi ortogonali di Laguerre e di Hermite.

I polinomi di Laguerre. Sono polinomi algebrici, ortogonali sull'intervallo $[0, +\infty)$ rispetto alla funzione peso $w(x) = e^{-x}$. Sono definiti nel seguente modo

$$\mathcal{L}_n(x) = e^x \frac{d^n}{dx^n}(e^{-x} x^n), \qquad n \geq 0,$$

e soddisfano alla seguente relazione ricorsiva a tre termini

$$\begin{cases} \mathcal{L}_{n+1}(x) = (2n+1-x)\mathcal{L}_n(x) - n^2\mathcal{L}_{n-1}(x), & n \geq 0, \\ \mathcal{L}_{-1} = 0, \qquad \mathcal{L}_0 = 1. \end{cases}$$

Per ogni funzione f, definiamo $\varphi(x) = f(x)e^x$. Allora $I(f) = \int_0^\infty f(x)dx = \int_0^\infty e^{-x}\varphi(x)dx$, e basterà applicare a quest'ultimo integrale le formule di quadratura di Laguerre-Gauss, ottenendo, per $n \geq 1$ e $f \in C^{2n}([0,+\infty))$

$$I(f) = \sum_{k=1}^{n} \alpha_k \varphi(x_k) + \frac{(n!)^2}{(2n)!}\varphi^{(2n)}(\xi), \qquad 0 < \xi < +\infty \tag{9.49}$$

dove i nodi x_k, per $k = 1, \ldots, n$, sono gli zeri di $\mathcal{L}_n$ e i pesi sono dati da $\alpha_k = (n!)^2 x_k/[\mathcal{L}_{n+1}(x_k)]^2$. Dalla (9.49) si evince che le formule di Laguerre-Gauss integrano esattamente funzioni f del tipo φe^{-x}, dove $\varphi \in \mathbb{P}_{2n-1}$. In senso generalizzato possiamo dunque affermare che esse hanno grado di esattezza ottimale, pari a $2n - 1$.

Esempio 9.4 Usando la formula di quadratura di Laguerre-Gauss con $n = 12$ per calcolare l'integrale dell'Esempio 8.11 otteniamo il valore 0.5997 con un errore assoluto rispetto all'integrale esatto pari a $2.96 \cdot 10^{-4}$. La formula composita del trapezio richiederebbe 277 nodi per ottenere la stessa accuratezza. •

I polinomi di Hermite. Sono polinomi ortogonali sull'intera retta reale rispetto alla funzione peso $w(x) = e^{-x^2}$. Sono definiti da

$$\mathcal{H}_n(x) = (-1)^n e^{x^2} \frac{d^n}{dx^n}(e^{-x^2}), \qquad n \geq 0,$$

e si possono generare ricorsivamente nel modo seguente

$$\begin{cases} \mathcal{H}_{n+1}(x) = 2x\mathcal{H}_n(x) - 2n\mathcal{H}_{n-1}(x), & n \geq 0, \\ \mathcal{H}_{-1} = 0, \qquad \mathcal{H}_0 = 1. \end{cases}$$

Analogamente al caso precedente, posto $\varphi(x) = f(x)e^{x^2}$, si ha $I(f) = \int_{-\infty}^{\infty} f(x)dx = \int_{-\infty}^{\infty} e^{-x^2}\varphi(x)dx$. Applicando a quest'ultimo integrale le formula di quadratura di Hermite-Gauss si ottiene, per $n \geq 1$ e $f \in C^{2n}(\mathbb{R})$

$$I(f) = \int_{-\infty}^{\infty} e^{-x^2}\varphi(x)dx = \sum_{k=1}^{n} \alpha_k \varphi(x_k) + \frac{(n!)\sqrt{\pi}}{2^n(2n)!}\varphi^{(2n)}(\xi), \qquad \xi \in \mathbb{R} \tag{9.50}$$

dove i nodi x_k, per $k = 1, \ldots, n$, sono gli zeri di $\mathcal{H}_n$ e i pesi sono dati da $\alpha_k = 2^{n+1}n!\sqrt{\pi}/[\mathcal{H}_{n+1}(x_k)]^2$. Dalla (9.50) si conclude che le formule di Hermite-Gauss integrano esattamente funzioni f del tipo φe^{-x^2}, dove $\varphi \in \mathbb{P}_{2n-1}$; esse hanno pertanto grado di esattezza ottimale pari a $2n - 1$.

Per maggiori dettagli sull'argomento si rimanda a [DR75, pagg. 173–174].

9.6 Programmi per l'implementazione delle formule Gaussiane

Concludiamo l'esposizione riportando i programmi per il calcolo di nodi e pesi delle formule Gaussiane.

I Programmi 71, 72 e 73 calcolano i coefficienti $\{\alpha_k\}$ e $\{\beta_k\}$ nella (9.9) qualora i $\{p_k\}$ siano i polinomi di Legendre, di Laguerre e di Hermite. Questi programmi sono poi utilizzati dal Programma 74 per il calcolo dei nodi e pesi (9.40) nel caso delle formule di Legendre-Gauss, e dai Programmi 75, 76 per il calcolo dei nodi e pesi nelle formule di Laguerre-Gauss e Hermite-Gauss (9.49) e (9.50). Tutti i programmi di questa sezione sono tratti dalla libreria ORTHPOL [Gau94].

Programma 71 – coeflege: Calcolo dei coefficienti dei polinomi di Legendre

```
function [a,b]=coeflege(n)
% COEFLEGE coefficienti dei polinomi di Legendre.
% [A,B]=COEFLEGE(N): A e B sono i coefficienti alpha(k) e beta(k)
% del polinomio di Legendre di grado N.
if n<=1, error('n deve essere >1');end
a = zeros(n,1); b=a; b(1)=2;
k=[2:n]; b(k)=1./(4-1./(k-1).^2);
return
```

Programma 72 – coeflagu: Calcolo dei coefficienti dei polinomi di Laguerre

```
function [a,b]=coeflagu(n)
% COEFLAGU coefficienti dei polinomi di Laguerre.
% [A,B]=COEFLAGU(N): A e B sono i coefficienti alpha(k) e beta(k)
% del polinomio di Laguerre di grado N.
if n<=1, error('n deve essere >1 '); end
a=zeros(n,1); b=zeros(n,1); a(1)=1; b(1)=1;
k=[2:n]; a(k)=2*(k-1)+1; b(k)=(k-1).^2;
return
```

Programma 73 – coefherm: Calcolo dei coefficienti dei polinomi di Hermite

```
function [a,b]=coefherm(n)
% COEFHERM coefficienti dei polinomi di Hermite.
% [A,B]=COEFHERM(N): A e B sono i coefficienti alpha(k) e beta(k)
% del polinomio di Hermite di grado N.
```

```
if n<=1, error('n deve essere >1 '); end
a=zeros(n,1); b=zeros(n,1); b(1)=sqrt(4.*atan(1.));
k=[2:n]; b(k)=0.5*(k-1);
return
```

Programma 74 – zplege: Calcolo di nodi e pesi delle formule di Legendre-Gauss

```
function [x,w]=zplege(n)
% ZPLEGE formula di quadratura Legendre-Gauss
% [X,W]=ZPLEGE(N) calcola nodi e pesi della formula di Legendre-Gauss
% a N+1 nodi.
if n<1, error('n deve essere >=1'); end
np=n+1;
[a,b]=coeflege(np);
JacM=diag(a)+diag(sqrt(b(2:np)),1)+diag(sqrt(b(2:np)),-1);
[w,x]=eig(JacM); x=diag(x); scal=2; w=w(1,:)'.^2*scal;
[x,ind]=sort(x); w=w(ind);
return
```

Programma 75 – zplagu: Calcolo di nodi e pesi delle formule di Laguerre-Gauss

```
function [x,w]=zplagu(n)
% ZPLAGU formula di Laguerre-Gauss.
% [X,W]=ZPLAGU(N) calcola nodi e pesi della formula di Laguerre-Gauss
% a N+1 nodi.
if n<1, error('n deve essere >=1 '); end
np=n+1;
[a,b]=coeflagu(np);
JacM=diag(a)+diag(sqrt(b(2:np)),1)+diag(sqrt(b(2:np)),-1);
[w,x]=eig(JacM); x=diag(x); w=w(1,:)'.^2;
return
```

Programma 76 – zpherm: Calcolo di nodi e pesi delle formule di Hermite-Gauss

```
function [x,w]=zpherm(n)
% ZPHERM formula di Hermite-Gauss.
% [X,W]=ZPHERM(N) calcola nodi e pesi della formula di Hermite-Gauss
% a N+1 nodi.
if n<1, error('n deve essere >=1 '); end
np=n+1;
[a,b]=coefherm(np);
```

```
JacM=diag(a)+diag(sqrt(b(2:np)),1)+diag(sqrt(b(2:np)),-1);
[w,x]=eig(JacM); x=diag(x); scal=sqrt(pi); w=w(1,:)'.^2*scal;
[x,ind]=sort(x); w=w(ind);
return
```

9.7 Approssimazione di una funzione nel senso dei minimi quadrati

Data una funzione $f \in \mathrm{L}^2_w(a,b)$, ci chiediamo se esista un polinomio r_n di grado $\leq n$ tale che risulti

$$\|f - r_n\|_w = \min_{p_n \in \mathbb{P}_n} \|f - p_n\|_w,$$

essendo w una funzione peso fissata in (a,b). Se il polinomio r_n esiste, esso prende il nome di *polinomio dei minimi quadrati*. Il nome deriva dal fatto che, se si prende $w \equiv 1$, allora r_n è il polinomio che rende minimo l'errore quadratico medio $E = \|f - r_n\|_{\mathrm{L}^2(a,b)}$ (si veda l'Esercizio 8).

Come già visto nella Sezione 9.1, r_n coincide con la troncata f_n di ordine n della serie di Fourier (si veda la (9.2) e la (9.3)). A seconda della scelta del peso w, e di conseguenza del sistema ortogonale $\{p_k\}$, si avranno differenti polinomi dei minimi quadrati con differenti proprietà di convergenza.

In analogia a quanto fatto nella Sezione 9.1, possiamo introdurre la troncata discreta f_n^* (9.5) della serie di Chebyshev (ponendo $p_k = T_k$) o di Legendre (ponendo $p_k = L_k$). Se nel calcolo degli $\tilde{f}_k$ secondo la formula (9.6) si utilizza il prodotto scalare discreto indotto dalla formula di quadratura (9.36) di Gauss-Lobatto, allora gli $\tilde{f}_k$ coincidono con i coefficienti dello sviluppo del polinomio di interpolazione $\Pi_{n,w}^{GL} f$ (si veda la (9.37) nel caso di Chebyshev, la (9.46) in quello di Legendre).

Conseguentemente, si ottiene $f_n^* = \Pi_{n,w}^{GL} f$, ovvero la troncata discreta della serie (di Chebyshev o di Legendre) di f risulta coincidere con il polinomio di interpolazione negli $n+1$ nodi di Gauss-Lobatto. In particolare, in tal caso la (9.7) è verificata banalmente essendo $\|f - f_n^*\|_n = 0$.

9.7.1 I minimi quadrati discreti

In numerose applicazioni si pone il problema di rappresentare in modo sintetico, attraverso funzioni elementari, una grande quantità di informazioni disponibili in modo discreto, ad esempio risultanti da osservazioni o da misure sperimentali. Questo processo, spesso indicato con il nome di *data fitting*, trova una risposta soddisfacente nella tecnica dei minimi quadrati discreti, che si può formulare in astratto come segue.

Siano assegnate $m+1$ coppie di dati

$$\{(x_i, y_i),\ i = 0, \ldots, m\} \tag{9.51}$$

dove y_i può ad esempio rappresentare il valore di una quantità misurata in corrispondenza dell'ascissa x_i. Supporremo che tutte le ascisse siano distinte fra loro.

Siano $\varphi_i(x) = x^i$ per $i = 0, \ldots, n$. Cerchiamo un polinomio $p_n(x) = \sum_{i=0}^{n} a_i \varphi_i(x)$ tale che si abbia

$$\sum_{j=0}^{m} w_j |p_n(x_j) - y_j|^2 \leq \sum_{j=0}^{m} w_j |q_n(x_j) - y_j|^2 \quad \forall q_n \in \mathbb{P}_n, \tag{9.52}$$

per opportuni coefficienti $w_j > 0$. Naturalmente, se $n = m$ il polinomio p_n coincide con il polinomio di interpolazione di grado n nei nodi $\{x_i\}$. Supporremo dunque $n < m$. Il problema (9.52) è detto *dei minimi quadrati discreti* in quanto fa riferimento ad un prodotto scalare discreto, ed è la controparte del problema ai minimi quadrati nel continuo. La soluzione p_n verrà pertanto indicata con il nome di polinomio dei minimi quadrati. Si noti che

$$|||q||| = \left\{ \sum_{j=0}^{m} w_j [q(x_j)]^2 \right\}^{1/2} \tag{9.53}$$

è una seminorma *essenzialmente stretta* su $\mathbb{P}_n$ (si veda l'Esercizio 7). Per definizione, una norma (o seminorma) discreta $\|\cdot\|_*$ è essenzialmente stretta se la relazione $\|f+g\|_* = \|f\|_* + \|g\|_*$ implica che esistono due costanti non nulle α e β tali che $\alpha f(x_i) + \beta g(x_i) = 0$ per $i = 0, \ldots, m$. Poiché $|||\cdot|||$ è una seminorma essenzialmente stretta, il problema (9.52) ammette un'unica soluzione (si veda, [IK66], Sezione 3.5). Procedendo come nella Sezione 3.12, si ottiene il sistema lineare

$$\sum_{k=0}^{n} a_k \sum_{j=0}^{m} w_j \varphi_k(x_j) \varphi_i(x_j) = \sum_{j=0}^{m} w_j y_j \varphi_i(x_j), \qquad \forall i = 0, \ldots, n.$$

Esso viene detto *sistema delle equazioni normali*, e può essere convenientemente scritto nella forma

$$\boxed{\mathrm{B}^T \mathrm{B} \mathbf{a} = \mathrm{B}^T \mathbf{y}} \tag{9.54}$$

essendo B la matrice rettangolare $(m+1) \times (n+1)$ di coefficienti $b_{ij} = \varphi_j(x_i)$, $i = 0, \ldots, m$, $j = 0, \ldots, n$, $\mathbf{a} \in \mathbb{R}^{n+1}$ il vettore dei coefficienti incogniti e $\mathbf{y} \in \mathbb{R}^{m+1}$ il vettore dei dati.

Facciamo notare come il sistema delle equazioni normali ottenuto nella (9.54) sia della stessa natura di quello introdotto nella Sezione 3.12 nel caso di sistemi sovradeterminati. In effetti, nel caso in cui $w_j = 1$ per $j = 0, \ldots, m$, esso si può reinterpretare come la soluzione nel senso dei minimi quadrati del sistema

$$\sum_{k=0}^{n} a_k \varphi_k(x_i) = y_i, \qquad i = 0, 1, \ldots, m,$$

il quale non avrebbe soluzione in senso classico, essendo il numero di righe maggiore di quello delle colonne. Quando $n = 1$, la soluzione di (9.52) è detta retta di *regressione lineare* per l'approssimazione dei dati (9.51). Il corrispondente sistema delle equazioni normali è

$$\sum_{k=0}^{1} \sum_{j=0}^{m} w_j \varphi_i(x_j) \varphi_k(x_j) a_k = \sum_{j=0}^{m} w_j \varphi_i(x_j) y_j, \qquad i = 0, 1.$$

Ponendo $(f, g)_m = \sum_{j=0}^{m} w_j f(x_j) g(x_j)$, il precedente sistema diventa

$$\begin{cases} (\varphi_0, \varphi_0)_m a_0 + (\varphi_1, \varphi_0)_m a_1 = (y, \varphi_0)_m, \\ (\varphi_0, \varphi_1)_m a_0 + (\varphi_1, \varphi_1)_m a_1 = (y, \varphi_1)_m, \end{cases}$$

dove $y(x)$ è una funzione che assume valore y_i nel nodo x_i, $i = 0, \ldots, m$. Sviluppando i calcoli si perviene alla seguente forma esplicita per i coefficienti

$$a_0 = \frac{(y, \varphi_0)_m (\varphi_1, \varphi_1)_m - (y, \varphi_1)_m (\varphi_1, \varphi_0)_m}{(\varphi_1, \varphi_1)_m (\varphi_0, \varphi_0)_m - (\varphi_0, \varphi_1)_m^2},$$

$$a_1 = \frac{(y, \varphi_1)_m (\varphi_0, \varphi_0)_m - (y, \varphi_0)_m (\varphi_1, \varphi_0)_m}{(\varphi_1, \varphi_1)_m (\varphi_0, \varphi_0)_m - (\varphi_0, \varphi_1)_m^2}.$$

Esempio 9.5 Come abbiamo già mostrato nell'Esempio 7.2, piccoli cambiamenti nei dati possono provocare grandi variazioni del polinomio interpolatore. Questo non accade per il polinomio dei minimi quadrati quando m è molto maggiore di n. Ad esempio, consideriamo la funzione $f(x) = \sin(2\pi x)$ in $[-1, 1]$ e valutiamola nei 22 nodi equispaziati $x_i = -1 + 2i/21$, $i = 0, \ldots, 21$, ponendo $f_i = f(x_i)$. Supponiamo di perturbare casualmente i valori f_i con perturbazioni dell'ordine di 10^{-3} ed indichiamo con p_5 e con $\tilde{p}_5$ i polinomi che approssimano nel senso dei minimi quadrati f_i e $\tilde{f}_i$, rispettivamente. La norma del massimo di $p_5 - \tilde{p}_5$ su $[-1, 1]$ è dell'ordine di 10^{-3}, ovvero è dello stesso ordine della perturbazione assegnata sui dati. Per confronto, nel caso dell'interpolazione polinomiale di Lagrange si ha $\|\Pi_{21} f - \Pi_{21} \tilde{f}\|_\infty \simeq 1.6$ (si veda la Figura 9.2).

•

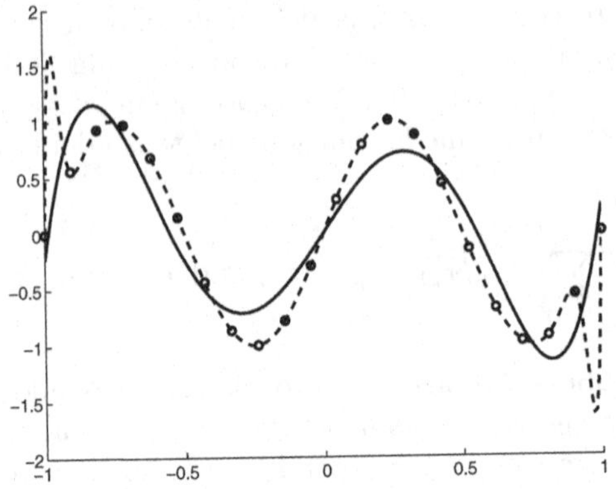

Fig. 9.2 I dati perturbati (∘), l'associato polinomio di grado 5 nel senso dei minimi quadrati (in linea continua) ed il polinomio interpolatore di Lagrange (in linea tratteggiata)

9.8 Il polinomio di migliore approssimazione

Consideriamo una funzione $f \in C^0([a,b])$. Un polinomio $p_n^* \in \mathbb{P}_n$ è detto *polinomio di miglior approssimazione per* f se

$$\|f - p_n^*\|_\infty = \min_{p_n \in \mathbb{P}_n} \|f - p_n\|_\infty, \quad \forall p_n \in \mathbb{P}_n \tag{9.55}$$

dove $\|\cdot\|_\infty$ è la norma del massimo definita in (7.8). Il problema (9.55) è detto problema della *approssimazione minimax* (in quanto si cerca il minimo errore nella norma del massimo).

Proprietà 9.1 (di equioscillazione di Chebyshev) *Sia* $f \in C^0([a,b])$ *e* $n \geq 0$. *Allora il polinomio di miglior approssimazione* p_n^* *di* f *esiste ed è unico. Inoltre esistono in* $[a,b]$ $n+2$ *punti* $x_0 < x_1 < \ldots < x_{n+1}$ *tali che*

$$f(x_j) - p_n^*(x_j) = \sigma(-1)^j E_n^*(f), \qquad j = 0, \ldots, n+1$$

con $\sigma = 1$ *o* $\sigma = -1$ *in funzione solo di* f *e di* n *e* $E_n^*(f) = \|f - p_n^*\|_\infty$.

Per la dimostrazione, si veda [Dav63], Capitolo 7. Di conseguenza esistono $n+1$ punti incogniti $\tilde{x}_0 < \tilde{x}_1 < \ldots < \tilde{x}_n$ in $[a,b]$, dove $x_k < \tilde{x}_k < x_{k+1}$ per $k = 0, \ldots, n$, tali che

$$p_n^*(\tilde{x}_j) = f(\tilde{x}_j), \quad j = 0, 1, \ldots, n,$$

e pertanto il polinomio di miglior approssimazione è un polinomio di grado n che interpola f in $n+1$ nodi incogniti della cui caratterizzazione parleremo in seguito.

Il seguente risultato fornisce invece una stima di $E_n^*(f)$ senza bisogno di calcolare esplicitamente p_n^* (per la dimostrazione rimandiamo a [Atk89], Capitolo 4).

Proprietà 9.2 (Teorema di de la Vallée-Poussin) *Sia $f \in C^0([a,b])$ e $n \geq 0$ e siano $x_0 < x_1 < \ldots < x_{n+1}$ $n+2$ punti di $[a,b]$. Se esiste un polinomio q_n di grado $\leq n$ tale che*

$$f(x_j) - q_n(x_j) = (-1)^j e_j, \quad j = 0, 1, \ldots, n+1$$

dove tutti gli e_j hanno lo stesso segno e sono non nulli, allora

$$\min_{0 \leq j \leq n+1} |e_j| \leq E_n^*(f).$$

Possiamo a questo punto mettere in relazione l'errore commesso utilizzando l'interpolazione di Lagrange con $E_n^*(f)$. Infatti $\|f - \Pi_n f\|_\infty \leq \|f - p_n^*\|_\infty + \|p_n^* - \Pi_n f\|_\infty$. D'altra parte, usando la rappresentazione di Lagrange di p_n^*, troviamo

$$\|p_n^* - \Pi_n f\|_\infty = \|\sum_{i=0}^{n} (p_n^*(x_i) - f(x_i)) l_i\|_\infty \leq \|p_n^* - f\|_\infty \left\| \sum_{i=0}^{n} |l_i| \right\|_\infty,$$

da cui segue

$$\|f - \Pi_n f\|_\infty \leq (1 + \Lambda_n(X)) E_n^*(f),$$

essendo $\Lambda_n(X)$ la costante di Lebesgue relativa ai nodi $\{x_i\}$ definita nella (7.11). Grazie alla (9.31) si può pertanto concludere che il polinomio di interpolazione di Lagrange sui nodi di Chebyshev è una buona approssimazione di p_n^*.

Concludiamo osservando come i risultati precedenti caratterizzino il polinomio di miglior approssimazione, ma non indichino un modo per costruirlo effettivamente. Tuttavia a partire dal teorema di equioscillazione di Chebyshev, è possibile dedurre un algoritmo, detto di Remes, in grado di fornire una approssimazione arbitrariamente buona del polinomio p_n^* (si veda [Atk89], Sezione 4.7).

9.9 I polinomi trigonometrici di Fourier

Applichiamo ora le considerazioni svolte in precedenza ad una famiglia particolare di polinomi ortogonali, non più algebrici, ma trigonometrici. Anziché $(-1,1)$, consideriamo l'intervallo $(0, 2\pi)$. I *polinomi di Fourier* sono definiti come

$$\varphi_k(x) = e^{ikx}, \qquad k = 0, \pm 1, \pm 2, \ldots$$

dove i indica l'unità immaginaria. Si tratta pertanto di funzioni a valori complessi, periodiche di periodo 2π. Useremo la notazione $\mathrm{L}^2(0,2\pi)$ per indicare le funzioni a valori complessi di quadrato sommabile nell'intervallo $(0,2\pi)$. Pertanto

$$\mathrm{L}^2(0,2\pi) = \left\{ f : (0,2\pi) \to \mathbb{C} \text{ tale che } \int_0^{2\pi} |f(x)|^2 dx < \infty \right\}$$

con prodotto scalare e norma definiti rispettivamente da

$$(f,g) = \int_0^{2\pi} f(x)\overline{g(x)}dx, \quad \|f\|_{\mathrm{L}^2(0,2\pi)} = \sqrt{(f,f)}.$$

Se $f \in \mathrm{L}^2(0,2\pi)$, la sua serie di Fourier è definita da

$$Ff(x) = \sum_{k=-\infty}^{\infty} \widehat{f}_k \varphi_k(x), \text{con } \widehat{f}_k = \frac{1}{2\pi}\int_0^{2\pi} f(x)e^{-ikx}dx = \frac{1}{2\pi}(f,\varphi_k). \tag{9.56}$$

Poniamo $f(x) = \alpha(x) + i\beta(x)$ per $x \in [0,2\pi]$, dove $\alpha(x)$ è la parte reale di $f(x)$ e $\beta(x)$ è quella immaginaria. Ricordando che $e^{-ikx} = \cos(kx) - i\sin(kx)$ e ponendo

$$a_k = \frac{1}{2\pi}\int_0^{2\pi} [\alpha(x)\cos(kx) + \beta(x)\sin(kx)]\, dx$$

$$b_k = \frac{1}{2\pi}\int_0^{2\pi} [-\alpha(x)\sin(kx) + \beta(x)\cos(kx)]\, dx$$

i *coefficienti di Fourier* di f possono essere scritti come

$$\widehat{f}_k = a_k + ib_k \qquad \forall k = 0, \pm 1, \pm 2, \ldots \tag{9.57}$$

Assumeremo nel seguito che f sia una funzione reale; in tal caso $\widehat{f}_{-k} = \overline{\widehat{f}_k}$ per ogni k.

Sia N un numero intero positivo pari. In analogia con quanto fatto nella Sezione 9.1, definiamo *troncata di ordine* N della serie di Fourier la funzione

$$f_N(x) = \sum_{k=-\frac{N}{2}}^{\frac{N}{2}-1} \widehat{f}_k e^{ikx}.$$

L'uso di N maiuscolo, anziché minuscolo, risponde all'esigenza di uniformare le notazioni a quelle generalmente usate nell'analisi delle serie discrete di Fourier (si vedano [Bri74], [Wal91]).

Per semplificare le notazioni, introduciamo una traslazione degli indici in modo che

$$f_N(x) = \sum_{k=0}^{N-1} \widehat{f}_k e^{i(k-\frac{N}{2})x},$$

dove ora

$$\widehat{f}_k = \frac{1}{2\pi} \int_0^{2\pi} f(x) e^{-i(k-N/2)x} dx = \frac{1}{2\pi}(f, \widetilde{\varphi}_k), \; k = 0, \ldots, N-1 \quad (9.58)$$

e $\widetilde{\varphi}_k = e^{i(k-N/2)x}$. Sia

$$S_N = \text{span}\{\widetilde{\varphi}_k, \, 0 \leq k \leq N-1\}.$$

Se $f \in \mathrm{L}^2(0, 2\pi)$ la sua troncata di ordine N soddisfa la seguente proprietà ottimale di approssimazione nel senso dei minimi quadrati:

$$\|f - f_N^*\|_{\mathrm{L}^2(0,2\pi)} = \min_{g \in S_N} \|f - g\|_{\mathrm{L}^2(0,2\pi)}.$$

Poniamo $h = 2\pi/N$ e $x_j = jh$, per $j = 0, \ldots, N-1$, ed introduciamo il seguente *prodotto scalare discreto*

$$(f, g)_N = h \sum_{j=0}^{N-1} f(x_j) \overline{g(x_j)}. \quad (9.59)$$

Sostituendo nella (9.58) $(f, \widetilde{\varphi}_k)$ con $(f, \widetilde{\varphi}_k)_N$, otteniamo i *coefficienti discreti di Fourier* della funzione f

$$\begin{aligned} \widetilde{f}_k &= \frac{1}{N} \sum_{j=0}^{N-1} f(x_j) e^{-ikjh} e^{ij\pi} \\ &= \frac{1}{N} \sum_{j=0}^{N-1} f(x_j) W_N^{(k-\frac{N}{2})j}, \; k = 0, \ldots, N-1 \end{aligned} \quad (9.60)$$

dove

$$W_N = \exp\left(-i\frac{2\pi}{N}\right) = \exp(-ih)$$

è la *radice principale di ordine* N dell'unità. In accordo con la (9.5), il polinomio trigonometrico

$$\Pi_N^F f(x) = \sum_{k=0}^{N-1} \widetilde{f}_k e^{i(k-\frac{N}{2})x} \quad (9.61)$$

è detto la *serie discreta di Fourier di ordine* N di f.

Lemma 9.1 *Vale la seguente relazione*

$$(\varphi_l, \varphi_j)_N = h \sum_{k=0}^{N-1} e^{-ik(l-j)h} = 2\pi \delta_{jl}, \qquad 0 \leq l, j \leq N-1, \tag{9.62}$$

dove δ_{jl} *è il simbolo di Kronecker.*

Dimostrazione. Per $l = j$ il risultato è immediato. Supponiamo dunque $l \neq j$; abbiamo

$$\sum_{k=0}^{N-1} e^{-ik(l-j)h} = \frac{1 - \left(e^{-i(l-j)h}\right)^N}{1 - e^{-i(l-j)h}} = 0.$$

Infatti, il numeratore è $1 - (\cos(2\pi(l-j)) - i\sin(2\pi(l-j))) = 1 - 1 = 0$, mentre il denominatore non può annullarsi. In effetti, esso si annulla se e solo se $(j-l)h = 2\pi$, ovvero $j - l = N$, il che è impossibile. ◇

Grazie al Lemma 9.1, il polinomio trigonometrico $\Pi_N^F f$ risulta essere l'*interpolato* di Fourier di f nei nodi x_j, ovvero

$$\Pi_N^F f(x_j) = f(x_j), \qquad j = 0, 1, \ldots, N-1.$$

Infatti, usando le (9.60) e (9.62) nella (9.61) , si trova

$$\begin{aligned}\Pi_N^F f(x_j) &= \sum_{k=0}^{N-1} \widetilde{f}_k e^{ikjh} e^{-ijh\frac{N}{2}} \\ &= \sum_{l=0}^{N-1} f(x_l) \left[\frac{1}{N} \sum_{k=0}^{N-1} e^{-ik(l-j)h} e^{i\pi(l-j)} \right] = f(x_j).\end{aligned}$$

Di conseguenza, dalla prima e dall'ultima uguaglianza discende

$$f(x_j) = \sum_{k=0}^{N-1} \widetilde{f}_k e^{ij(k-\frac{N}{2})h} = \sum_{k=0}^{N-1} \widetilde{f}_k W_N^{-(k-\frac{N}{2})j}, \; j = 0, \ldots, N-1. \tag{9.63}$$

Denotiamo con $\mathbf{f} \in \mathbb{C}^N$ il vettore dei valori nodali $f(x_j)$ con $j = 0, \ldots, N-1$ e con $\widetilde{\mathbf{f}} \in \mathbb{C}^N$ il vettore dei coefficienti discreti di Fourier $\widetilde{f}(x_j)$ con $j = 0, \ldots, N-1$.

La trasformazione $\mathbf{f} \to \widetilde{\mathbf{f}}$ descritta dalla (9.60) è detta *trasformata discreta di Fourier* (o *Discrete Fourier Transform* (DFT)), mentre la trasformazione (9.63) da $\widetilde{\mathbf{f}}$ a $\mathbf{f}$ è detta *trasformata inversa* (IDFT). Sia la DFT che la IDFT possono essere scritte in forma matriciale come $\widetilde{\mathbf{f}} = \mathrm{T}\mathbf{f}$ e $\mathbf{f} = \mathrm{C}\widetilde{\mathbf{f}}$ dove $\mathrm{T} \in \mathbb{C}^{N\times N}$, C è l'inversa di T e

$$\begin{aligned} T_{kj} &= \frac{1}{N} W_N^{(k-\frac{N}{2})j}, \quad k,j = 0,\ldots,N-1, \\ C_{jk} &= W_N^{-(k-\frac{N}{2})j}, \quad j,k = 0,\ldots,N-1. \end{aligned} \tag{9.64}$$

Una implementazione elementare del prodotto matrice-vettore che compare nella DFT e nella IDFT richiederebbe N^2 operazioni. Come vedremo nella Sezione 9.9.1, l'uso della *trasformata rapida di Fourier* (in breve, FFT da *Fast Fourier Transform*) richiede solo un numero di *flops* dell'ordine di $N \log_2 N$, a patto che N sia una potenza di 2.

La funzione $\Pi_N^F f \in S_N$, introdotta nella (9.61), è la soluzione del problema di minimo $\|f - \Pi_N^F f\|_N \leq \|f - g\|_N$ per ogni $g \in S_N$, dove $\|\cdot\|_N = (\cdot,\cdot)_N^{1/2}$ è una norma discreta per S_N. Nel caso in cui f sia periodica con tutte le sue derivate fino all'ordine s ($s \geq 1$), si ha una stima dell'errore analoga a quella trovata nel caso dell'interpolazione di Chebyshev e di Legendre

$$\|f - \Pi_N^F f\|_{\mathrm{L}^2(0,2\pi)} \leq C N^{-s} \|f\|_s$$

ed anche

$$\max_{0\leq x\leq 2\pi} |f(x) - \Pi_N^F f(x)| \leq C N^{1/2-s} \|f\|_s.$$

Similmente, troviamo anche

$$|(f, v_N) - (f, v_N)_N| \leq C N^{-s} \|f\|_s \|v_N\|$$

per ogni $v_N \in S_N$, ed in particolare, ponendo $v_N \equiv 1$ otteniamo la seguente espressione dell'errore per la formula di quadratura (9.59)

$$\left| \int_0^{2\pi} f(x)dx - h \sum_{j=0}^{N-1} f(x_j) \right| \leq C N^{-s} \|f\|_s.$$

Per le dimostrazioni si veda [CHQZ06], Capitolo 5.

Si osservi che $h \sum_{j=0}^{N-1} f(x_j)$ non è altro che la formula composita del trapezio per il calcolo dell'integrale $\int_0^{2\pi} f(x)dx$. Pertanto, tale formula risulta essere estremamente accurata per l'integrazione di funzioni periodiche e regolari.

I Programmi 77 e 78 forniscono una implementazione della DFT e della IDFT, rispettivamente. Il parametro d'ingresso `f` contiene l'espressione della funzione f che deve essere trasformata, mentre `fc` è un vettore di lunghezza N contenente i valori $\widetilde{f}_k$.

Programma 77 – dft: Trasformata discreta di Fourier

```
function fc=dft(N,f)
% DFT trasformata Discreta di Fourier.
% FC=DFT(N,F) calcola i coefficienti della trasformata discreta di
% Fourier di una funzione F.
h = 2*pi/N; x=0:h:2*pi*(1-1/N);
fx = f(x); wn = exp(-1i*h);
fc=zeros(N,1);
for k=0:N-1,
    s = 0;
    for j=0:N-1
        s = s + fx(j+1)*wn^((k-N/2)*j);
    end
    fc (k+1) = s/N;
end
return
```

Programma 78 – idft: Inversa della trasformata discreta di Fourier

```
function fv = idft(N,fc)
% IDFT inversa della trasformata Discreta di Fourier.
% FV=IDFT(N,F) calcola i coefficienti dell'inversa della trasformata
% discreta di Fourier di una funzione F.
h = 2*pi/N; wn = exp(-1i*h);
fv=zeros(N,1);
for j=0:N-1
   s = 0;
   for k=0:N-1
      s = s + fc(k+1)*wn^(-j*(k-N/2));
   end
   fv (j+1) = s;
end
return
```

9.9.1 La trasformata rapida di Fourier

Come anticipato nella precedente sezione, la valutazione della trasformata discreta di Fourier (DFT) o della sua inversa (IDFT) come prodotto matrice-vettore richiederebbe N^2 operazioni. Illustriamo nel seguito i punti salienti dell'algoritmo di Cooley-Tukey [CT65], noto come trasformata rapida di Fourier (FFT) per il calcolo efficiente della DFT, rimandando ad esempio a [Wal91] per ulteriori approfondimenti relativi all'implementazione del metodo.

In tale algoritmo il calcolo della DFT di ordine N viene ricondotto al calcolo di DFT di ordini $p_0, \ldots, p_m$, dove $\{p_i\}$ sono i fattori primi di N. Se N è una potenza di 2, il costo computazionale è dell'ordine di $N \log_2 N$ *flops*.

Descriviamo nel seguito un algoritmo ricorsivo per il calcolo della DFT di ordine N, quando N è una potenza di 2. Sia $\mathbf{f} = (f_0, \ldots, f_{N-1})^T$, e poniamo $p(x) = \frac{1}{N} \sum_{j=0}^{N-1} f_j x^j$. Grazie alla (9.60) il calcolo della DFT del vettore $\mathbf{f}$ corrisponde a valutare i coefficienti $\widetilde{f_k} = p(W_N^{k-\frac{N}{2}})$ per $k = 0, \ldots, N-1$. Introduciamo i polinomi

$$p_e(x) = \frac{1}{N} \left[f_0 + f_2 x + \ldots + f_{N-2} x^{\frac{N}{2}-1} \right],$$

$$p_o(x) = \frac{1}{N} \left[f_1 + f_3 x + \ldots + f_{N-1} x^{\frac{N}{2}-1} \right].$$

Notiamo che

$$p(x) = p_e(x^2) + x p_o(x^2),$$

da cui segue che il calcolo della DFT di $\mathbf{f}$ può essere eseguito valutando i polinomi p_e e p_o nei punti $W_N^{2(k-\frac{N}{2})}$, $k = 0, \ldots, N-1$. Poiché

$$W_N^{2(k-\frac{N}{2})} = W_N^{2k-N} = \exp\left(-i\frac{2\pi k}{N/2}\right) \exp(i2\pi) = W_{N/2}^k,$$

ne segue che si devono valutare i polinomi p_e e p_o in corrispondenza delle radici principali dell'unità di ordine $N/2$. In tal modo, la DFT di ordine N è riscritta in termini di due DFT di ordine $N/2$; naturalmente, possiamo applicare ricorsivamente la stessa procedura a p_o e p_e. Il processo avrà termine quando i polinomi generati sono di grado 1.

Nel Programma 79 proponiamo una semplice implementazione dell'algoritmo ricorsivo della FFT appena illustrato. Il parametro di ingresso `f` è il vettore che contiene gli `NN` valori f_j, essendo `NN` una potenza di 2. I coefficienti discreti di Fourier $\widetilde{f_k}$ (con $k = 0, \ldots, N$) si ottengono dividendo le componenti del vettore `fftv` per N.

Programma 79 – fftrec: Calcolo ricorsivo della FFT

```
function [fftv]=fftrec(f,NN)
% FFTREC algoritmo FFT in forma ricorsiva.
% F e' il vettore degli NN valori f_j. NN deve essere una potenza di 2.
N = length(f); w = exp(-2*pi*1i/N);
if N == 2
   fftv = f(1)+w.^(-NN/2:NN-1-NN/2)*f(2);
else
```

```
    a1 = f(1:2:N); b1 = f(2:2:N);
    a2 = fftrec(a1,NN); b2 = fftrec(b1,NN);
    for k=-NN/2:NN-1-NN/2
       fftv(k+1+NN/2) = a2(k+1+NN/2) + b2(k+1+NN/2)*w^k;
    end
end
return
```

Osservazione 9.4 È possibile estendere l'algoritmo illustrato anche al caso in cui N non sia una potenza di 2. L'approccio più semplice consiste nell'aggiungere elementi nulli al vettore **f** fino a raggiungere un numero di elementi che sia una potenza di 2. Questa tecnica non sempre conduce al risultato corretto. Una alternativa consiste allora nel partizionare in blocchi di piccola dimensione la matrice di Fourier C definita in (9.64) ed applicare opportunamente la FFT alla matrice partizionata.

Concludiamo ricordando che il comando MATLAB `fft` consente di calcolare la FFT con un numero arbitrario di campioni. ■

9.10 Approssimazione delle derivate di una funzione

Consideriamo il problema dell'approssimazione della derivata di una funzione f in un intervallo $[a,b]$. Un modo naturale di procedere consiste nell'introdurre in $[a,b]$ dei nodi $\{x_k,\ k=0,\ldots,n\}$, con $x_0=a$, $x_n=b$ e $x_{k+1}=x_k+h$, $k=0,\ldots,n-1$ con $h=(b-a)/n$. Fissato x_i, si approssima $f'(x_i)$ tramite i valori nodali $f(x_k)$ nel modo seguente

$$h\sum_{k=-m}^{m}\alpha_k u_{i-k}=\sum_{k=-m'}^{m'}\beta_k f(x_{i-k}), \tag{9.65}$$

dove $\{\alpha_k\}$ con $=-m,\ldots,m$ e $\{\beta_k\}$ con $=-m',\ldots,m'$ sono coefficienti reali che caratterizzano la formula. Infine, u_i denota l'approssimazione di $f'(x_i)$.

Un aspetto non secondario nella scelta di uno schema del tipo (9.65) è l'efficienza computazionale. Da questo punto di vista è importante osservare che, una volta fissati i coefficienti α_i e β_i, se $m\neq 0$, la determinazione dei valori u_i, con $i=0,\ldots,n$ richiede la risoluzione di un sistema lineare.

L'insieme dei nodi x_k che intervengono nell'approssimazione della derivata di f in un certo nodo x_i prende il nome di *stencil*. Più grande è lo *stencil*, più ampia è la banda della matrice associata al sistema (9.65).

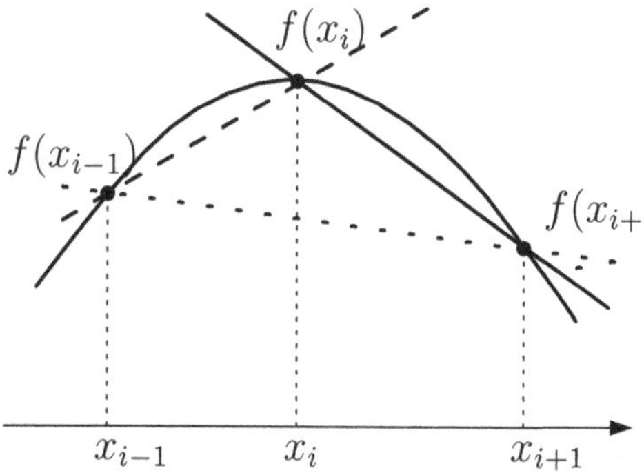

Fig. 9.3 Approssimazione alle differenze finite di $f'(x_i)$: all'indietro (in linea tratteggiata), in avanti (in linea continua) e centrata (in linea punteggiata)

9.10.1 Metodi alle differenze finite classiche

Il modo più semplice per definire i coefficienti α_i e β_i di una formula di tipo (9.65) consiste nel ricorrere alla definizione stessa di derivata. Se $f'(x_i)$ esiste, allora

$$f'(x_i) = \lim_{h \to 0^+} \frac{f(x_i + h) - f(x_i)}{h}. \tag{9.66}$$

Sostituendo all'operazione di limite il rapporto incrementale con h finito, si ottiene la seguente approssimazione (caso particolare della (9.65) con tutti i coefficienti nulli ad eccezione di $\alpha_0 = 1$, $\beta_0 = -1$ e $\beta_{-1} = 1$)

$$u_i^{FD} = \frac{f(x_{i+1}) - f(x_i)}{h}, \qquad 0 \le i \le n-1 \tag{9.67}$$

Il secondo membro della (9.67) viene detto *differenza finita in avanti* e l'approssimazione effettuata corrisponde all'aver sostituito $f'(x_i)$ con il coefficiente angolare della retta passante per i punti $(x_i, f(x_i))$ e $(x_{i+1}, f(x_{i+1}))$ come mostrato in Figura 9.3. Per valutare l'errore commesso basta sviluppare f in serie di Taylor nell'intorno del punto x_i, ottenendo

$$f(x_{i+1}) = f(x_i) + hf'(x_i) + \frac{h^2}{2} f''(\xi_i) \qquad \text{con } \xi_i \in (x_i, x_{i+1}).$$

Supporremo qui e nel seguito che f abbia la regolarità richiesta, pertanto

$$f'(x_i) - u_i^{FD} = -\frac{h}{2} f''(\xi_i). \tag{9.68}$$

Ovviamente in luogo della (9.66) avremmo potuto usare il rapporto incrementale centrato, ottenendo la seguente approssimazione (anch'essa caso particolare della (9.65) con tutti i coefficienti nulli ad eccezione di $\alpha_0 = 2$, $\beta_{-1} = 1$ e $\beta_1 = -1$)

$$u_i^{CD} = \frac{f(x_{i+1}) - f(x_{i-1})}{2h}, \qquad 1 \leq i \leq n-1 \tag{9.69}$$

Il secondo membro della (9.69) viene detto *differenza finita centrata* e corrisponde geometricamente all'aver sostituito a $f'(x_i)$ il coefficiente angolare della retta passante per i punti $(x_{i-1}, f(x_{i-1}))$ e $(x_{i+1}, f(x_{i+1}))$ come mostrato in Figura 9.3. Ancora una volta, tramite lo sviluppo in serie di Taylor centrato in x_i, si ottiene

$$f'(x_i) - u_i^{CD} = -\frac{h^2}{6} f'''(\xi_i). \tag{9.70}$$

La (9.69) fornisce dunque un'approssimazione di $f'(x_i)$ di ordine 2 rispetto a h.

Procedendo in maniera del tutto analoga si può pervenire anche allo schema alle *differenze finite all'indietro* nel quale

$$u_i^{BD} = \frac{f(x_i) - f(x_{i-1})}{h}, \qquad 1 \leq i \leq n$$

che è caratterizzato dal seguente errore

$$f'(x_i) - u_i^{BD} = \frac{h}{2} f''(\xi_i). \tag{9.71}$$

Utilizzando sviluppi di Taylor di ordine più elevato si possono generare schemi di ordine superiore, così come approssimazioni delle derivate di f di ordine superiore. Un esempio notevole è costituito dall'approssimazione di f''; se $f \in C^4([a, b])$ otteniamo

$$f''(x_i) = \frac{f(x_{i+1}) - 2f(x_i) + f(x_{i-1})}{h^2} - \frac{h^2}{24}\left(f^{(4)}(x_i + \theta_i h) + f^{(4)}(x_i - \omega_i h)\right), \qquad 0 < \theta_i, \omega_i < 1.$$

Si può allora costruire il seguente schema alle *differenze finite centrate*

$$u_i^{CD2} = \frac{f(x_{i+1}) - 2f(x_i) + f(x_{i-1})}{h^2}, \qquad 1 \leq i \leq n-1 \tag{9.72}$$

caratterizzato dall'errore seguente

$$f''(x_i) - u_i^{CD2} = -\frac{h^2}{24}\left(f^{(4)}(x_i + \theta_i h) + f^{(4)}(x_i - \omega_i h)\right). \qquad (9.73)$$

La formula (9.72) fornisce pertanto un'approssimazione di $f''(x_i)$ di ordine 2 rispetto a h.

9.10.2 Differenze finite compatte

Approssimazioni più accurate di f' possono essere ottenute a partire dalla formula "compatta" seguente (ancora caso particolare di (9.65) con uno stencil che coinvolge tre punti)

$$\boxed{\alpha u_{i-1} + u_i + \alpha u_{i+1} = \frac{\beta}{2h}(f_{i+1} - f_{i-1}) + \frac{\gamma}{4h}(f_{i+2} - f_{i-2})} \qquad (9.74)$$

per $i = 2, \ldots, n-2$ ed avendo posto per brevità $f_i = f(x_i)$.

I coefficienti α, β e γ vengono determinati in modo che le relazioni (9.74) producano dei valori u_i che approssimino $f'(x_i)$ con il più elevato ordine possibile rispetto a h. A tal fine i coefficienti vengono scelti in modo tale da minimizzare l'errore di consistenza (si veda la Sezione 2.2)

$$\sigma_i(h) = \alpha f_{i-1}^{(1)} + f_i^{(1)} + \alpha f_{i+1}^{(1)} - \left(\frac{\beta}{2h}(f_{i+1} - f_{i-1}) + \frac{\gamma}{4h}(f_{i+2} - f_{i-2})\right) \quad (9.75)$$

generato dall'aver "forzato" f a soddisfare lo schema numerico (9.74). Si è posto per brevità $f_i^{(k)} = f^{(k)}(x_i)$, $k = 1, 2, \ldots$.

Precisamente, supponendo che $f \in C^5([a,b])$ e sviluppando in serie di Taylor in un intorno di x_i, si trova

$$\begin{aligned} f_{i\pm1} &= f_i \pm h f_i^{(1)} + \tfrac{h^2}{2} f_i^{(2)} \pm \tfrac{h^3}{6} f_i^{(3)} + \tfrac{h^4}{24} f_i^{(4)} \pm \tfrac{h^5}{120} f_i^{(5)} + \mathcal{O}(h^6), \\ f_{i\pm1}^{(1)} &= f_i^{(1)} \pm h f_i^{(2)} + \tfrac{h^2}{2} f_i^{(3)} \pm \tfrac{h^3}{6} f_i^{(4)} + \tfrac{h^4}{24} f_i^{(5)} + \mathcal{O}(h^5). \end{aligned}$$

Sostituendo nella (9.75), si ottiene

$$\begin{aligned} \sigma_i(h) = (2\alpha + 1) f_i^{(1)} + \alpha \frac{h^2}{2} f_i^{(3)} + \alpha \frac{h^4}{12} f_i^{(5)} - (\beta + \gamma) f_i^{(1)} \\ - \frac{h^2}{2}\left(\frac{\beta}{6} + \frac{2\gamma}{3}\right) f_i^{(3)} - \frac{h^4}{60}\left(\frac{\beta}{2} + 8\gamma\right) f_i^{(5)} + \mathcal{O}(h^6). \end{aligned}$$

Otterremo schemi di ordine 2 imponendo che il coefficiente relativo a $f_i^{(1)}$ sia nullo e dunque se $2\alpha + 1 = \beta + \gamma$, di ordine 4 se anche il coefficiente di $f_i^{(3)}$ è

nullo, e dunque $6\alpha = \beta + 4\gamma$, e di ordine 6 nel caso in cui si annulli anche il coefficiente di $f_i^{(5)}$ ovvero $10\alpha = \beta + 16\gamma$.
Il sistema lineare costituito da queste ultime tre equazioni è non singolare. Esiste dunque un unico schema di ordine 6 corrispondente alla scelta seguente dei parametri

$$\boxed{\alpha = 1/3, \quad \beta = 14/9, \quad \gamma = 1/9} \tag{9.76}$$

mentre esistono infiniti schemi del secondo e del quart'ordine. In quest'ultimo caso, uno schema utilizzato nella pratica ha coefficienti $\alpha = 1/4$, $\beta = 3/2$ e $\gamma = 0$. Non è inoltre possibile trovare schemi di ordine più elevato, se non estendendo lo *stencil*.

Gli schemi alle differenze finite classiche introdotti nella Sezione 9.10.1 corrispondono alla scelta $\alpha = 0$ e consentono di calcolare in maniera esplicita l'approssimante della derivata prima di f in un nodo, mentre gli schemi compatti richiedono comunque la risoluzione di un sistema lineare della forma $\mathrm{A}\mathbf{u} = \mathrm{B}\mathbf{f}$ (con ovvio significato di notazioni).

Per rendere il sistema determinato è necessario dare significato alle variabili u_i con $i < 0$ e $i > n$. Una situazione particolarmente favorevole è quella in cui f è una funzione periodica di periodo $b - a$. In tal caso, $u_{i+n} = u_i$ per ogni $i \in \mathbb{Z}$. Qualora f non sia periodica è necessario invece completare il sistema (9.74) con opportune relazioni nei nodi vicini al bordo dell'intervallo di approssimazione. Ad esempio la derivata prima in x_0 può essere calcolata tramite la relazione

$$u_0 + \alpha u_1 = \frac{1}{h}(\mathcal{A} f_1 + \mathcal{B} f_2 + \mathcal{C} f_3 + \mathcal{D} f_4).$$

Affinché lo schema sia almeno di ordine 2, si dovrà richiedere che

$$\mathcal{A} = -\frac{3 + \alpha + 2\mathcal{D}}{2}, \quad \mathcal{B} = 2 + 3\mathcal{D}, \quad \mathcal{C} = -\frac{1 - \alpha + 6\mathcal{D}}{2},$$

(si veda [Lel92] per le relazioni da imporre nel caso di ordini più elevati).

Il Programma 80 fornisce un'implementazione degli schemi alle differenze finite compatte (9.74) per l'approssimazione della derivata prima di una funzione f, supposta periodica sull'intervallo $[a, b)$. I parametri di ingresso `alpha`, `beta` e `gamma` contengono i coefficienti dello schema, `a` e `b` sono gli estremi dell'intervallo, `f` è il function handle associato alla funzione f e `n` indica il numero di sottointervalli in cui è stato suddiviso l'intervallo $[a, b]$. I vettori in uscita `u` e `x` contengono i valori calcolati u_i e le coordinate dei nodi. Si noti che scegliendo `alpha`=`gamma`=0 e `beta`=1 si ritrova l'approssimazione alle differenze finite centrate (9.69).

Programma 80 – compdiff: Calcolo della derivata di una funzione con schemi alle differenze finite compatte

```
function [u,x] = compdiff(alpha,beta,gamma,a,b,n,f)
% COMPDIFF schema alle differenze finite compatte.
% [U,X]=COMPDIFF(ALPHA,BETA,GAMMA,A,B,N,F) calcola la derivata prima
% di una funzione F su (A,B) usando uno schema alle differenze finite
% compatte di coefficienti ALPHA, BETA e GAMMA.
h=(b-a)/(n+1); x=(a:h:b)'; fx = f(x);
e=ones(n+2,1);
A=spdiags([alpha*e,e,alpha*e],[-1,0,1],n+2,n+2);
rhs=0.5*beta/h*(fx(4:n+1)-fx(2:n-1))+0.25*gamma/h*(fx(5:n+2)-fx(1:n-2));
if gamma == 0
    rhs=[0.5*beta/h*(fx(3)-fx(1)); rhs; 0.5*beta/h*(fx(n+2)-fx(n))];
    A(1,:)=0;
    A(1,1)= 1; A(1,2)=alpha; A(1,n+1)=alpha;
    rhs=[0.5*beta/h*(fx(2)-fx(n+1)); rhs];
    A(n+2,:)=0;
    A(n+2,n+2)=1; A(n+2,n+1)=alpha; A(n+2,2)=alpha;
    rhs=[rhs; 0.5*beta/h*(fx(2)-fx(n+1))];
else
    rhs=[0.5*beta/h*(fx(3)-fx(1))+0.25*gamma/h*(fx(4)-fx(n+1)); rhs];
    A(1,:)=0;
    A(1,1)=1; A(1,2)=alpha; A(1,n+1)=alpha;
    rhs=[0.5*beta/h*(fx(2)-fx(n+1))+0.25*gamma/h*(fx(3)-fx(n)); rhs];
    rhs=[rhs;0.5*beta/h*(fx(n+2)-fx(n))+0.25*gamma/h*(fx(2)-fx(n-1))];
    A(n+2,:)=0;
    A(n+2,n+2)=1; A(n+2,n+1)=alpha; A(n+2,2)=alpha;
    rhs=[rhs;0.5*beta/h*(fx(2)-fx(n+1))+0.25*gamma/h*(fx(3)-fx(n))];
end
u = A \ rhs;
return
```

Esempio 9.6 Supponiamo di voler approssimare la derivata di $f(x) = \sin(x)$ sull'intervallo $[0, 2\pi]$. Nella Figura 9.4 riportiamo il logaritmo del massimo errore nodale per lo schema del second'ordine (9.69) e per gli schemi precedentemente introdotti del quarto e del sest'ordine alle differenze finite compatte, in funzione di $p = \log(n)$. •

Osservazione 9.5 Facciamo notare come, a parità d'ordine, gli schemi compatti presentino uno *stencil* più piccolo dei corrispondenti schemi alle differenze finite tradizionali. Gli schemi alle differenze finite compatte presentano altre caratteristiche, quali la minimizzazione dell'*errore di fase* che li rendono superiori agli schemi alle differenze finite tradizionali. Si veda [QSS07], Sezione 10.11.2. ■

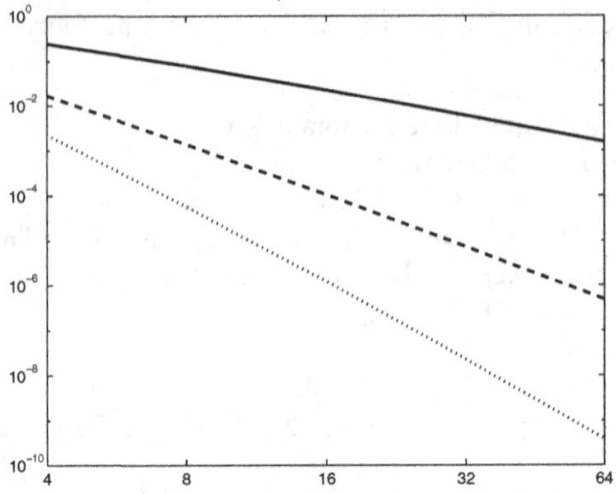

Fig. 9.4 Massimo errore nodale per lo schema centrato del second'ordine alle differenze finite (linea continua) e per gli schemi alle differenze finite compatte del quart'ordine (linea tratteggiata) e del sest'ordine (linea punteggiata) in funzione di $p = \log(n)$

9.10.3 La derivata pseudo-spettrale

Un'alternativa allo schema (9.65) consiste nell'approssimare la derivata prima di f con la derivata prima del polinomio $\Pi_n f$ che interpola f nei nodi $\{x_0, \ldots, x_n\}$. Esattamente come per l'interpolazione di Lagrange, anche in questo caso l'uso dei nodi equispaziati non conduce ad approssimazioni stabili della derivata prima di f per n grande. Per questo motivo consideriamo il solo caso in cui i nodi siano distribuiti in modo non uniforme, in particolare i nodi di Chebyshev-Gauss-Lobatto.

Per semplicità sia $I = [a, b] = [-1, 1]$ e per $n \geq 1$, si prendano in I i nodi di Chebyshev-Gauss-Lobatto definiti nella (9.27). Si consideri il polinomio interpolatore di Lagrange $\Pi_{n,w}^{GL} f$, introdotto nella Sezione 9.3. Si definisce *derivata pseudo-spettrale* di f la derivata del polinomio $\Pi_{n,w}^{GL} f$, ovvero

$$\mathcal{D}_n f = (\Pi_{n,w}^{GL} f)' \in \mathbb{P}_{n-1}(I).$$

L'errore che si commette nel sostituire f' con $\mathcal{D}_n f$ ha un decadimento di tipo *esponenziale* e dipende unicamente dalla regolarità della funzione f. Più precisamente si ha il seguente risultato: esiste una costante $C > 0$ indipendente da n tale che

$$\|f' - \mathcal{D}_n f\|_w \leq C n^{1-m} \|f\|_{m,w}, \tag{9.77}$$

per ogni $m \geq 2$ per cui la norma $\|f\|_{m,w}$, introdotta nella (9.29), sia finita. Riprendendo la (9.25) ed utilizzando la (9.35), si ottiene

$$(\mathcal{D}_n f)(\bar{x}_i) = \sum_{j=0}^{n} f(\bar{x}_j) \bar{l}'_j(\bar{x}_i), \quad i = 0, ..., n, \tag{9.78}$$

dunque la derivata pseudo-spettrale nei nodi di interpolazione può essere calcolata conoscendo solamente i valori nodali di f e di $\bar{l}'_j$. Questi ultimi possono essere calcolati e memorizzati in una matrice $D \in \mathbb{R}^{(n+1)\times(n+1)}$: $D_{ij} = \bar{l}'_j(\bar{x}_i)$ per $i, j = 0, ..., n$, detta *matrice di derivazione pseudo-spettrale*. La (9.78) può essere riscritta in forma matriciale $\mathbf{f}' = D\mathbf{f}$, avendo posto $\mathbf{f} = (f(\bar{x}_i))$ e $\mathbf{f}' = ((\mathcal{D}_n f)(\bar{x}_i))$ per $i = 0, ..., n$. Gli elementi della matrice D hanno la seguente forma esplicita (si veda [CHQZ06, Sez. 2.4.2])

$$D_{lj} = \begin{cases} \dfrac{d_l}{d_j} \dfrac{(-1)^{l+j}}{\bar{x}_l - \bar{x}_j} & l \neq j, \\ \dfrac{-\bar{x}_j}{2(1-\bar{x}_j^2)} & 1 \leq l = j \leq n-1, \\ \dfrac{2n^2+1}{6} & l = j = 0, \\ -\dfrac{2n^2+1}{6} & l = j = n, \end{cases} \tag{9.79}$$

dove i coefficienti d_l sono stati definiti nella Sezione 9.3.

Per il calcolo della derivata pseudo-spettrale di una funzione f su un intervallo generico $[a, b] \neq [-1, 1]$ basta eseguire il cambiamento di variabili indicato nell'Osservazione 9.3.

La derivata seconda pseudo-spettrale può essere calcolata mediante un ulteriore prodotto tra la matrice D ed il vettore $\mathbf{f}'$, cioè $\mathbf{f}'' = D\mathbf{f}'$, oppure applicando direttamente la matrice D^2 al vettore $\mathbf{f}$.

9.11 Esercizi

1. Si dimostri la relazione a tre termini (9.12).
   [*Suggerimento*: si ponga $x = \cos(\theta)$, per $0 \leq \theta \leq \pi$.]
2. Si dimostri la relazione (9.39).
   [*Suggerimento*: si mostri che $\|v_n\|_n = (v_n, v_n)^{1/2}$, $\|T_k\|_n = \|T_k\|_w$ per $k < n$ e $\|T_n\|_n^2 = 2\|T_n\|_w^2$ (si veda [QV94], formula (4.3.16)). Poi dalla (9.37) moltiplicando per T_l $(l \neq k)$ e prendendo $(\cdot,\cdot)_n$ si conclude.]
3. Si provi la (9.30) dopo aver dimostrato che $\|(f - \Pi_n^{GL} f)'\|_\omega \leq C n^{1-s} \|f\|_{s,\omega}$.
   [*Suggerimento*: si usi la disuguaglianza di Gagliardo-Nirenberg
   $$\max_{-1\leq x\leq 1} |f(x)| \leq \|f\|^{1/2} \|f'\|^{1/2}$$
   valida per ogni $f \in \mathrm{L}^2$ con $f' \in \mathrm{L}^2$. Si usi poi la relazione precedentemente dimostrata, per provare la (9.30).]
4. Si dimostri che la seminorma discreta $\|f\|_n = (f, f)_n^{1/2}$ è una norma sullo spazio $\mathbb{P}_n$.

5. Si determinino i nodi x_i ed i coefficienti α_i della seguente formula di quadratura

$$\int_a^b w(x)f(x)dx = \sum_{i=0}^{n} \alpha_i f(x_i),$$

in modo che l'ordine sia massimo, nei casi in cui

$$\begin{array}{llll} \text{(A)} \quad w(x) = \sqrt{x}, & a = 0, & b = 1, & n = 1; \\ \text{(B)} \quad w(x) = 2x^2 + 1, & a = 0, & b = 1, & n = 0; \\ \text{(C)} \quad w(x) = \begin{cases} 2 & \text{per } 0 < x \leq 1, \\ 1 & \text{per } -1 \leq x \leq 0 \end{cases} & a = -1, & b = 1, & n = 1. \end{array}$$

[*Soluzione*: nel caso (A) si trovano i nodi $x_0 = \frac{5}{9} + \frac{2}{9}\sqrt{10/7}$, $x_1 = \frac{5}{9} - \frac{2}{9}\sqrt{10/7}$ ed i coefficienti α_i di conseguenza (ordine 3); nel caso (B) si ha $x_0 = 3/5$ e $\alpha_0 = 5/3$ (ordine 1); nel caso (C) si trova $x_0 = \frac{1}{22} + \frac{1}{22}\sqrt{155}$, $x_1 = \frac{1}{22} - \frac{1}{22}\sqrt{155}$ (ordine 3).]

6. Si dimostri la (9.48).
[*Suggerimento*: si osservi che $(\Pi_n^{GL} f, L_j)_n = \sum_k f_k^*(L_k, L_j)_n = \ldots$ distinguendo il caso $j < n$ dal caso $j = n$.]

7. Si mostri che $|||\cdot|||$, definita nella (9.53), è una seminorma essenzialmente stretta.
[*Soluzione*: si usi la disuguaglianza di Cauchy-Schwarz (1.13) per verificare la disuguaglianza triangolare. Da ciò segue facilmente che $|||\cdot|||$ è una seminorma. La dimostrazione che $|||\cdot|||$ è essenzialmente stretta è di immediata verifica.]

8. Su un intervallo $[a, b]$ si considerino i nodi

$$x_j = a + \left(j - \frac{1}{2}\right)\left(\frac{b-a}{m}\right), \quad j = 1, 2, \ldots, m,$$

punti medi di m intervalli equispaziati. Sia f una funzione assegnata; si dimostri che il polinomio r_n dei minimi quadrati rispetto al peso $w(x) = 1$ rende minima la media dell'errore definita come

$$E = \lim_{m \to \infty} \left\{ \frac{1}{m} \sum_{j=1}^{m} [f(x_j) - r_n(x_j)]^2 \right\}^{1/2}.$$

9. Si consideri la funzione

$$F(a_0, a_1, \ldots, a_n) = \int_0^1 \left[f(x) - \sum_{j=0}^{n} a_j x^j \right]^2 dx$$

e si determinino i coefficienti $a_0, a_1, \ldots, a_n$ in modo che F sia minima. A che tipo di sistema lineare si perviene ?
[*Suggerimento*: si impongano le condizioni $\partial F/\partial a_i = 0$ con $i = 0, 1, \ldots, n$. La matrice del sistema lineare cui si giunge è la matrice di Hilbert (si veda l'Esempio 3.1, Capitolo 3) che è fortemente mal condizionata.]

10
Risoluzione numerica di equazioni differenziali ordinarie

In questo capitolo affrontiamo la risoluzione numerica del problema di Cauchy per equazioni differenziali. Dopo un breve richiamo delle nozioni fondamentali relative alle equazioni differenziali ordinarie, introdurremo i metodi numerici più frequentemente utilizzati per la loro discretizzazione, sia quelli ad un passo che a più passi. Analizzeremo i concetti di consistenza, convergenza, zero-stabilità ed assoluta stabilità. Infine, accenneremo a come estendere questa analisi ai sistemi di equazioni differenziali ordinarie, anche nel caso di problemi di tipo *stiff*.

10.1 Il problema di Cauchy

Il problema di Cauchy (detto anche problema ai valori iniziali) consiste nel determinare la soluzione di un'equazione differenziale ordinaria (in breve nel seguito ODE, dall'inglese *ordinary differential equation*), scalare o vettoriale, completata da opportune condizioni iniziali. In particolare, nel caso scalare, indicato con I un intervallo di $\mathbb{R}$ contenente un punto t_0, il problema di Cauchy associato ad una ODE del prim'ordine si formula come:

trovare una funzione $y \in C^1(I)$ a valori reali tale che

$$\begin{cases} y'(t) = f(t, y(t)) \qquad t \in I, \\ y(t_0) = y_0, \end{cases} \tag{10.1}$$

dove $f(t, y)$ è una funzione assegnata nella striscia $S = I \times (-\infty, +\infty)$, a valori reali e continua rispetto ad entrambe le variabili. Nel caso particolare in cui f dipenda da t solo attraverso y, l'equazione differenziale si dice *autonoma*. La trattazione che segue si limita allo studio di una singola equazione differenziale (caso scalare). L'estensione al caso di sistemi di equazioni differenziali del prim'ordine verrà considerata nella Sezione 10.9.

A. Quarteroni, R. Sacco, F. Saleri, P. Gervasio, *Matematica Numerica*, 4ª edizione,
UNITEXT – La Matematica per il 3+2 77, DOI: 10.1007/978-88-470-5644-2_10,
© Springer-Verlag Italia 2014

Osserviamo che se f è una funzione continua rispetto a t e si integra la (10.1) fra t_0 e t si ottiene

$$y(t) - y_0 = \int_{t_0}^{t} y'(\tau)d\tau = \int_{t_0}^{t} f(\tau, y(\tau))d\tau. \tag{10.2}$$

Pertanto $y \in C^1(I)$ soddisfa all'equazione integrale (10.2). Viceversa, se y è una soluzione della (10.2), continua in I, allora si ha $y(t_0) = y_0$ e y è una primitiva della funzione continua $f(\cdot, y(\cdot))$. Di conseguenza $y \in C^1(I)$ e verifica l'equazione differenziale $y'(t) = f(t, y(t))$. Sussiste dunque una equivalenza fra il problema di Cauchy (10.1) e l'equazione integrale (10.2), che sfrutteremo a livello numerico.

Richiamiamo due risultati che assicurano esistenza e unicità della soluzione.

1. **Esistenza ed unicità in piccolo**. Supponiamo che $f(t, y)$ sia localmente lipschitziana in (t_0, y_0) rispetto a y, ovvero che esistano due intorni, $J \subseteq I$ di centro t_0 e ampiezza r_J, e Σ di centro y_0 e ampiezza r_Σ, ed una costante $L > 0$ t.c.

$$|f(t, y_1) - f(t, y_2)| \leq L|y_1 - y_2| \quad \forall t \in J, \ \forall y_1, y_2 \in \Sigma. \tag{10.3}$$

   Il problema di Cauchy (10.1) ammette allora una ed una sola soluzione in un intorno di t_0 di raggio r_0 con $0 < r_0 < \min(r_J, r_\Sigma/M, 1/L)$, essendo M il massimo su $J \times \Sigma$ di $|f(t, y)|$. Tale soluzione è detta soluzione *in piccolo*. Si noti come la condizione (10.3) sia automaticamente soddisfatta se f ha derivata continua rispetto a y: basterà scegliere in tal caso L pari al massimo di $|\partial f(t, y)/\partial y|$ in $\overline{J \times \Sigma}$.

2. **Esistenza ed unicità in grande**. Il problema ammette una ed una sola soluzione *in grande* se si può prendere nella (10.3) $J = I$ e $\Sigma = \mathbb{R}$, ovvero se f è *uniformemente lipschitziana* rispetto a y.

Al fine di studiare la *stabilità* del problema di Cauchy, consideriamo il seguente problema

$$\begin{cases} z'(t) = f(t, z(t)) + \delta(t), & t \in I, \\ z(t_0) = y_0 + \delta_0, \end{cases} \tag{10.4}$$

dove $\delta_0 \in \mathbb{R}$ e δ è una funzione continua in I, ottenuto perturbando nel problema di Cauchy (10.1), sia il dato iniziale y_0, sia la funzione f. Caratterizziamo la sensibilità della soluzione z a tali perturbazioni.

Definizione 10.1 ([Hah67], [Ste71] o [PS91]). Sia I un intervallo limitato. Il problema di Cauchy (10.1) si dice *stabile*, o *stabile secondo Liapunov*, o *totalmente stabile* se, per ogni perturbazione $(\delta_0, \delta(t))$ che soddisfa

$$|\delta_0| < \varepsilon \qquad \text{e} \qquad |\delta(t)| < \varepsilon \quad \forall t \in I,$$

con $\varepsilon > 0$ sufficientemente piccolo da garantire che la soluzione del problema (10.4) esista unica, allora

$$\exists C > 0 \,\text{indipendente da}\ \varepsilon\ \text{tale che} \quad |y(t) - z(t)| < C\varepsilon, \qquad \forall t \in I. \quad (10.5)$$

La costante C dipende in generale dai dati del problema t_0, y_0 e f, ma non da ε.

Nel caso in cui I sia superiormente illimitato, si dice che il problema di Cauchy (10.1) è *asintoticamente stabile* se, oltre alla (10.5), si ha

$$|y(t) - z(t)| \to 0, \qquad \text{per } t \to +\infty, \qquad (10.6)$$

purché $\lim_{t\to\infty} |\delta(t)| = 0$. ■

Chiedere che il problema di Cauchy sia stabile equivale a richiedere che esso sia ben posto (si veda il Capitolo 2). Osserviamo che la sola ipotesi di uniforme lipschitzianità di f rispetto a y è sufficiente a garantire la stabilità del problema di Cauchy. In effetti, posto $w(t) = z(t) - y(t)$, si ha

$$w'(t) = f(t, z(t)) - f(t, y(t)) + \delta(t).$$

Pertanto

$$w(t) = \delta_0 + \int_{t_0}^{t} [f(s, z(s)) - f(s, y(s))]\, ds + \int_{t_0}^{t} \delta(s) ds, \qquad \forall t \in I.$$

Grazie alle ipotesi fatte segue che

$$|w(t)| \leq (1 + |t - t_0|)\, \varepsilon + L \int_{t_0}^{t} |w(s)| ds.$$

Applicando il lemma di Gronwall (che riportiamo di seguito per comodità del lettore) si ottiene

$$|w(t)| \leq (1 + |t - t_0|)\, \varepsilon e^{L|t-t_0|}, \qquad \forall t \in I$$

e dunque la (10.5) con $C = (1 + K_I)e^{LK_I}$ essendo $K_I = \max_{t\in I} |t - t_0|$.

Lemma 10.1 (di Gronwall) *Sia p una funzione integrabile e non negativa sull'intervallo $(t_0, t_0 + T)$, g e φ due funzioni continue su $[t_0, t_0 + T]$, con g non decrescente. Se φ verifica la condizione*

$$\varphi(t) \leq g(t) + \int_{t_0}^{t} p(\tau)\varphi(\tau)d\tau, \qquad \forall t \in [t_0, t_0 + T],$$

allora si ha

$$\varphi(t) \leq g(t)\exp\left(\int_{t_0}^{t} p(\tau)d\tau\right), \qquad \forall t \in [t_0, t_0 + T].$$

Per la dimostrazione si veda, ad esempio, [QV94], Lemma 1.4.1.

Non facendo alcuna richiesta specifica sulla costante C che compare nella (10.5), questa potrebbe essere grande e, in particolare, dipendere dall'estremo superiore dell'intervallo I come risulta dalla precedente dimostrazione. La semplice proprietà di stabilità è dunque inadeguata a descrivere il comportamento del *sistema dinamico* (10.1) per $t \to +\infty$, mentre lo è invece la proprietà di asintotica stabilità (10.6) (si veda [Arn73]).

Come noto, solo un numero limitato di ODE non lineari può essere risolto per via analitica (si veda, ad esempio, [Arn73]). Inoltre, anche quando ciò fosse possibile, non è spesso agevole ottenere un'espressione esplicita della soluzione stessa. Un esempio, molto semplice, è fornito dall'equazione $y' = (y - t)/(y + t)$, la cui soluzione è definita solo implicitamente dalla relazione $(1/2)\log(t^2 + y^2) + \arctan(y/t) = C$, essendo C una costante che dipende dalla condizione iniziale. Per questo motivo interessano i metodi numerici, potendosi applicare ad ogni ODE per la quale esista un'unica soluzione.

10.2 Metodi numerici ad un passo

Consideriamo l'approssimazione numerica del problema di Cauchy (10.1). Fissato $0 < T < +\infty$, sia $I = (t_0, t_0 + T)$ l'intervallo di integrazione e, in corrispondenza di $h > 0$, sia $t_n = t_0 + nh$, con $n = 0, 1, 2, \ldots, N_h$, la successione dei nodi di discretizzazione di I in sottointervalli $I_n = [t_n, t_{n+1}]$ con $n = 0, 1, 2, \ldots, N_h - 1$. L'ampiezza h di tali intervalli verrà detta *passo di discretizzazione*. Si noti che N_h è il massimo intero per il quale risulti $t_{N_h} \leq t_0 + T$. Indichiamo con u_j l'approssimazione nel nodo t_j della soluzione esatta $y(t_j)$; quest'ultima verrà denotata per comodità come y_j. Analogamente, f_j indicherà il valore di $f(t_j, u_j)$. Ovviamente in generale si porrà $u_0 = y_0$.

Definizione 10.2 Un metodo numerico per l'approssimazione del problema (10.1) si dice *ad un passo* se $\forall n \geq 0$, u_{n+1} dipende solo da u_n. In caso contrario si dirà *a più passi* o *multistep*. ■

Ci occuperemo per ora solo dei metodi ad un passo. Anticipiamone qualcuno.

1. Il **metodo di Eulero in avanti** (o di **Eulero esplicito**)

$$\boxed{u_{n+1} = u_n + hf_n} \tag{10.7}$$

2. Il **metodo di Eulero all'indietro** (o di **Eulero implicito**)

$$\boxed{u_{n+1} = u_n + hf_{n+1}} \tag{10.8}$$

In entrambi i casi la derivata prima di y è stata approssimata con un rapporto incrementale: in avanti nel metodo (10.7), all'indietro nel metodo (10.8). Entrambe le approssimazioni alle differenze finite di y' sono accurate al prim'ordine, come visto nella Sezione 9.10.1.

3. Il **metodo del trapezio** (o **di Crank-Nicolson**)

$$\boxed{u_{n+1} = u_n + \frac{h}{2}\left[f_n + f_{n+1}\right]} \tag{10.9}$$

Si ottiene approssimando l'integrale a secondo membro della (10.2) con la formula del trapezio (8.12).

4. Il **metodo di Heun**

$$\boxed{u_{n+1} = u_n + \frac{h}{2}[f_n + f(t_{n+1}, u_n + hf_n)]} \tag{10.10}$$

Questo metodo si ottiene a partire dal metodo del trapezio sostituendo nella (10.9) f_{n+1} con $f(t_{n+1}, u_n + hf_n)$ (ovvero utilizzando il metodo di Eulero in avanti per il calcolo di u_{n+1}).

Notiamo come in quest'ultimo caso l'obiettivo sia rendere *esplicito* un metodo originariamente *implicito*. A tale proposito, ricordiamo la seguente:

Definizione 10.3 Un metodo si dice *esplicito* se u_{n+1} si ricava direttamente in funzione dei valori nei soli punti precedenti. Un metodo è *implicito* se u_{n+1} dipende implicitamente da se stessa attraverso f. ■

I metodi (10.7) e (10.10) sono espliciti, mentre (10.8) e (10.9) sono impliciti. Questi ultimi richiedono ad ogni passo la risoluzione di un problema non lineare se f dipende in modo non lineare dal secondo argomento.

Una famiglia importante di metodi ad un passo è quella dei metodi Runge-Kutta che verrà analizzata nella Sezione 10.8.

10.3 Analisi dei metodi ad un passo

Ogni metodo esplicito ad un passo per l'approssimazione di (10.1) si può scrivere nella forma compatta

$$u_{n+1} = u_n + h\Phi(t_n, u_n, f_n; h), \quad 0 \leq n \leq N_h - 1, \quad u_0 = y_0 \qquad (10.11)$$

dove $\Phi(\cdot,\cdot,\cdot;\cdot)$ è detta *funzione di incremento*. Ponendo come al solito $y_n = y(t_n)$, in analogia alla (10.11) possiamo scrivere

$$y_{n+1} = y_n + h\Phi(t_n, y_n, f(t_n, y_n); h) + \varepsilon_{n+1}, \quad 0 \leq n \leq N_h - 1, \qquad (10.12)$$

dove ε_{n+1} è il residuo che si genera nel punto t_{n+1} avendo preteso che la soluzione esatta soddisfi lo schema numerico. Riscriviamo il residuo nella forma seguente

$$\varepsilon_{n+1} = h\tau_{n+1}(h).$$

La quantità $\tau_{n+1}(h)$ è detta *errore di troncamento locale* (o, in breve, LTE, dall'inglese *local truncation error*) nel nodo t_{n+1}. Definiamo allora *errore di troncamento globale* la quantità

$$\tau(h) = \max_{0 \leq n \leq N_h - 1} |\tau_{n+1}(h)|.$$

Si noti che $\tau(h)$ dipende dalla funzione y, soluzione del problema di Cauchy (10.1).

Il metodo di Eulero in avanti è un caso particolare della (10.11), ove si ponga

$$\Phi(t_n, u_n, f_n; h) = f_n,$$

mentre per ritrovare il metodo di Heun si deve porre

$$\Phi(t_n, u_n, f_n; h) = \frac{1}{2}\left[f_n + f(t_n + h, u_n + hf_n)\right].$$

Uno schema esplicito ad un passo è completamente caratterizzato dalla sua funzione di incremento Φ. Quest'ultima, in tutti i casi sin qui considerati, è tale che

$$\lim_{h\to 0} \Phi(t_n, y_n, f(t_n, y_n); h) = f(t_n, y_n), \quad \forall t_n \geq t_0. \qquad (10.13)$$

La proprietà (10.13), unita all'ovvia proprietà che $y_{n+1} - y_n = hy'(t_n) + \mathcal{O}(h^2)$, $\forall n \geq 0$, assicura che dalla (10.12) segua $\lim_{h\to 0} \tau_{n+1}(h) = 0$, $0 \leq n \leq N_h - 1$. A sua volta questa condizione garantisce che

$$\lim_{h\to 0} \tau(h) = 0$$

proprietà che esprime la *consistenza* del metodo numerico (10.11) con il problema di Cauchy (10.1). In generale un metodo si dirà *consistente* quando il suo LTE è infinitesimo rispetto ad h. Inoltre, uno schema ha *ordine* p se, $\forall t \in I$, la soluzione $y(t)$ del problema di Cauchy (10.1) soddisfa la condizione

$$\tau(h) = \mathcal{O}(h^p) \quad \text{per } h \to 0. \tag{10.14}$$

Usando gli sviluppi di Taylor, come nella Sezione 10.2, si può stabilire che il metodo di Eulero in avanti ha ordine uno, mentre il metodo di Crank-Nicolson e quello di Heun hanno ordine due (si vedano gli Esercizi 1 e 2).

10.3.1 La zero-stabilità

Formuliamo una richiesta analoga alla (10.5) direttamente per lo schema numerico. Se essa sarà soddisfatta con una costante C indipendente da h, diremo che il problema numerico è *zero-stabile*. Precisamente:

Definizione 10.4 (Zero-stabilità per metodi ad un passo) Il metodo numerico (10.11) per la risoluzione del problema (10.1) è *zero-stabile* se $\exists h_0 > 0$, $\exists C > 0$ ed $\exists \varepsilon_0 > 0$ tali che $\forall h \in (0, h_0]$ e $\forall \varepsilon \in (0, \varepsilon_0]$, se $|\delta_n| \le \varepsilon$, $0 \le n \le N_h$, allora

$$|z_n^{(h)} - u_n^{(h)}| \le C\varepsilon, \qquad 0 \le n \le N_h, \tag{10.15}$$

dove $z_n^{(h)}$ e $u_n^{(h)}$ sono rispettivamente le soluzioni dei problemi

$$\begin{cases} z_{n+1}^{(h)} = z_n^{(h)} + h\left[\Phi(t_n, z_n^{(h)}, f(t_n, z_n^{(h)}); h) + \delta_{n+1}\right], & n = 0, \dots, N_h - 1 \\ z_0^{(h)} = y_0 + \delta_0, \end{cases} \tag{10.16}$$

$$\begin{cases} u_{n+1}^{(h)} = u_n^{(h)} + h\Phi(t_n, u_n^{(h)}, f(t_n, u_n^{(h)}); h), & n = 0, \dots, N_h - 1 \\ u_0^{(h)} = y_0. \end{cases} \tag{10.17}$$

■

La zero-stabilità richiede dunque che in un intervallo limitato valga la proprietà (10.15) per ogni $h \le h_0$. Essa riguarda, in particolare, il comportamento del metodo numerico nel caso limite $h \to 0$ e questo giustifica il nome di *zero*-stabilità. Essa è perciò una proprietà specifica del metodo numerico e non del problema di Cauchy (il quale è stabile, grazie alla uniforme lipschitzianità di f). La proprietà (10.15) assicura pertanto che il metodo numerico è poco sensibile alle piccole perturbazioni ed è dunque stabile nel senso della definizione generale data nel Capitolo 2.

Osservazione 10.1 Si noti che entrambe le costanti C e h_0 nella (10.15) sono indipendenti da h (e dunque da N_h), ma possono in generale dipendere dai dati del problema t_0, T, y_0 e f. In effetti, la (10.15) non esclude a priori che la costante C diventi tanto più grande quanto maggiore è l'ampiezza di I. ∎

L'esigenza di formulare una richiesta di stabilità per il metodo numerico è suggerita, prima di ogni altra, dalla necessità di tenere sotto controllo gli inevitabili errori che l'aritmetica finita di ogni calcolatore introduce. Se il metodo numerico non fosse zero-stabile, gli errori di arrotondamento introdotti su y_0 e nel calcolo di $f(t_n, u_n)$ renderebbero infatti la soluzione calcolata del tutto priva di significato.

Teorema 10.1 (Zero-stabilità) *Consideriamo il generico metodo numerico esplicito ad un passo* (10.11) *per la risoluzione del problema di Cauchy* (10.1). *Supponiamo che la funzione di incremento* Φ *sia lipschitziana di costante* Λ *rispetto al secondo argomento, uniformemente rispetto ad* h *e a* $t_j \in [t_0, t_0 + T]$, *ossia*

$$\exists h_0 > 0,\ \exists \Lambda > 0 : \forall h \in (0, h_0]$$

$$|\Phi(t_n, u_n^{(h)}, f(t_n, u_n^{(h)}); h) - \Phi(t_n, z_n^{(h)}, f(t_n, z_n^{(h)}); h)| \qquad (10.18)$$

$$\leq \Lambda |u_n^{(h)} - z_n^{(h)}|, \ 0 \leq n \leq N_h.$$

Allora il metodo (10.11) *è zero-stabile.*

Dimostrazione. Posto $w_j^{(h)} = z_j^{(h)} - u_j^{(h)}$, si ottiene, per $j = 0, \ldots, N_h - 1$,

$$w_{j+1}^{(h)} = w_j^{(h)} + h\left[\Phi(t_j, z_j^{(h)}, f(t_j, z_j^{(h)}); h) - \Phi(t_j, u_j^{(h)}, f(t_j, u_j^{(h)}); h)\right] + h\delta_{j+1}.$$

Sommando su j si trova, per $n = 1, \ldots, N_h$,

$$w_n^{(h)} = w_0^{(h)} + h\sum_{j=0}^{n-1}\delta_{j+1} + h\sum_{j=0}^{n-1}\left(\Phi(t_j, z_j^{(h)}, f(t_j, z_j^{(h)}); h) - \Phi(t_j, u_j^{(h)}, f(t_j, u_j^{(h)}); h)\right).$$

Grazie alla (10.18) si ottiene

$$|w_n^{(h)}| \leq |w_0| + h\sum_{j=0}^{n-1}|\delta_{j+1}| + h\Lambda\sum_{j=0}^{n-1}|w_j^{(h)}|, \qquad 1 \leq n \leq N_h. \qquad (10.19)$$

Applicando il lemma di Gronwall discreto, riportato nel seguito, otteniamo

$$|w_n^{(h)}| \leq (1 + hn)\,\varepsilon e^{nh\Lambda}, \qquad 1 \leq n \leq N_h.$$

La (10.15) segue allora notando che $hn \leq T$ e ponendo $C = (1 + T)\,e^{\Lambda T}$. ◇

Facciamo notare come la zero-stabilità implichi la limitatezza della soluzione per funzioni f lineari rispetto al secondo argomento.

Lemma 10.2 (di Gronwall discreto) *Sia k_n una successione non negativa e φ_n una successione tale che*

$$\begin{cases} \varphi_0 \le g_0, \\ \varphi_n \le g_0 + \sum_{s=0}^{n-1} p_s + \sum_{s=0}^{n-1} k_s \varphi_s, \qquad n \ge 1. \end{cases}$$

Se $g_0 \ge 0$ e $p_n \ge 0$ per ogni $n \ge 0$, allora

$$\varphi_n \le \left(g_0 + \sum_{s=0}^{n-1} p_s \right) \exp \left(\sum_{s=0}^{n-1} k_s \right), \qquad n \ge 1.$$

Per la dimostrazione si veda, ad esempio, [QV94], Lemma 1.4.2. Nel caso specifico del metodo di Eulero, la verifica della proprietà di zero-stabilità si può fare usando direttamente la proprietà di lipschitzianità di f (si rinvia il lettore al termine della Sezione 10.3.2). Nel caso di metodi a più passi, l'analisi verrà ricondotta alla verifica di una proprietà di tipo algebrico, la cosiddetta *condizione delle radici* (si veda la Sezione 10.6.3).

10.3.2 Analisi di convergenza

Definizione 10.5 Un metodo si dice *convergente* se

$$\forall n = 0, \dots, N_h, \qquad |u_n - y_n| \le C(h)$$

dove $C(h)$ è un infinitesimo rispetto ad h. In tal caso, diciamo che il metodo è *convergente di ordine p* se $C(h) = \mathcal{O}(h^p)$, ovvero $\exists \mathcal{C} > 0$ tale che $C(h) \le \mathcal{C} h^p$ per ogni $h > 0$ (e p è il massimo valore per cui questo avviene). ■

Possiamo dimostrare il seguente teorema:

Teorema 10.2 (Convergenza) *Nelle stesse ipotesi del Teorema 10.1 si ha*

$$|y_n - u_n| \le \left(|y_0 - u_0| + nh\tau(h) \right) e^{nh\Lambda}, \qquad 1 \le n \le N_h. \tag{10.20}$$

Pertanto, se vale l'ipotesi di consistenza (10.13) ed inoltre $|y_0 - u_0| \to 0$ per $h \to 0$, allora il metodo è convergente. Inoltre, se $|y_0 - u_0| = \mathcal{O}(h^p)$ ed il metodo ha ordine p, allora esso è anche convergente con ordine p.

Dimostrazione. Posto $w_j = y_j - u_j$, sottraendo la (10.11) dalla (10.12) e procedendo come nella dimostrazione del teorema precedente si ottiene la disuguaglianza (10.19) con l'intesa che

$$w_0 = y_0 - u_0, \qquad \delta_{j+1} = \tau_{j+1}(h).$$

La (10.20) si trova allora applicando nuovamente il lemma discreto di Gronwall. Dal fatto che $nh \leq T$ e che $\tau(h) = \mathcal{O}(h^p)$, segue che $|y_n - u_n| \leq Ch^p$ con C che dipende da T e Λ, ma non da h. ◇

Un metodo consistente e zero-stabile è dunque convergente. Questa proprietà è nota come *teorema di Lax-Richtmyer* o *teorema di equivalenza* (il viceversa: "un metodo convergente è zero-stabile" è ovviamente vero). Questo teorema (per la cui dimostrazione si rinvia a [IK66]), è già stato richiamato nella Sezione 2.2.1 e riveste un ruolo centrale nell'analisi di metodi numerici per le ODE (si veda [Dah56] o [Hen62] per metodi multistep lineari, ed inoltre [But66] e [MNS74] per un'ampia classe di metodi). Esso verrà considerato nuovamente nella Sezione 10.5 per l'analisi dei metodi multistep.

Riportiamo nel dettaglio per il metodo di Eulero esplicito l'analisi di convergenza, senza ricorrere al Lemma di Gronwall discreto. Supponiamo dapprima che tutte le operazioni vengano effettuate in aritmetica esatta e che $u_0 = y_0$.

Indichiamo con $e_{n+1} = y_{n+1} - u_{n+1}$ l'errore nel nodo t_{n+1} con $n = 0, 1, \ldots$ ed osserviamo che

$$e_{n+1} = (y_{n+1} - u^*_{n+1}) + (u^*_{n+1} - u_{n+1}), \tag{10.21}$$

essendo $u^*_{n+1} = y_n + hf(t_n, y_n)$ la soluzione ottenuta applicando un passo del metodo di Eulero in avanti a partire dal dato iniziale y_n (si veda la Figura 10.1). Il primo addendo nella (10.21) tiene conto del solo errore di consistenza, mentre il secondo può essere attribuito alla propagazione dell'errore e_h (e dunque alla proprietà di stabilità del metodo). Si ha allora

$$y_{n+1} - u^*_{n+1} = h\tau_{n+1}(h), \quad u^*_{n+1} - u_{n+1} = e_n + h\left[f(t_n, y_n) - f(t_n, u_n)\right].$$

Di conseguenza,

$$|e_{n+1}| \leq h|\tau_{n+1}(h)| + |e_n| + h|f(t_n, y_n) - f(t_n, u_n)| \leq h\tau(h) + (1 + hL)|e_n|,$$

essendo L la costante di Lipschitz di f. Procedendo per ricorsione su n si trova

$$\begin{aligned} |e_{n+1}| &\leq \left[1 + (1 + hL) + \ldots + (1 + hL)^n\right] h\tau(h) \\ &= \frac{(1 + hL)^{n+1} - 1}{L}\tau(h) \leq \frac{e^{L(t_{n+1} - t_0)} - 1}{L}\tau(h). \end{aligned} \tag{10.22}$$

L'ultima disuguaglianza segue osservando che $1 + hL \leq e^{hL}$ e che $(n + 1)h = t_{n+1} - t_0$.

D'altra parte, se $y \in C^2(I)$, l'errore di troncamento locale in t_{n+1} per il metodo di Eulero esplicito è pari a

$$\tau_{n+1}(h) = \frac{h}{2}y''(\xi), \quad \xi \in (t_n, t_{n+1}),$$

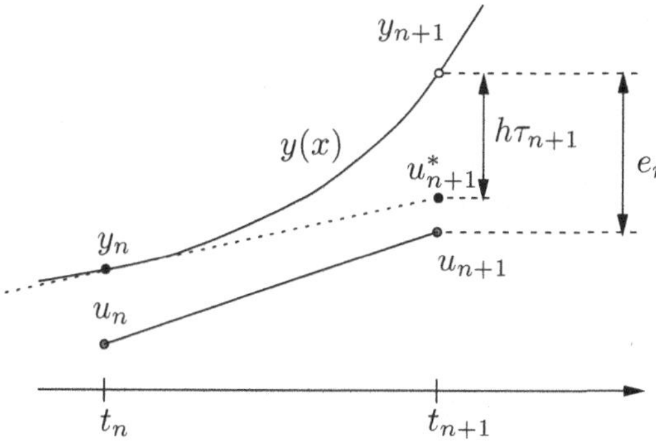

Fig. 10.1 Interpretazione geometrica degli errori di troncamento locale e globale nel nodo t_{n+1} per il metodo di Eulero esplicito

(si veda la Sezione 9.10.1) e quindi si ottiene $\tau(h) \leq (M/2)h$, essendo $M = \max_{\xi\in I} |y''(\xi)|$. Maggiorando in tal modo $\tau(h)$ nella (10.22), si trova

$$|e_{n+1}| \leq \frac{e^{L(t_{n+1}-t_0)} - 1}{L}\frac{M}{2}h, \quad \forall n \geq 0, \tag{10.23}$$

e dunque l'errore globale tende a zero con lo stesso ordine dell'errore di troncamento locale.

Se si volesse tenere conto anche degli errori di arrotondamento, si dovrebbe supporre che la soluzione $\bar{u}_{n+1}$, effettivamente calcolata dal metodo di Eulero esplicito al tempo t_{n+1}, sia tale che

$$\bar{u}_0 = y_0 + \zeta_0, \quad \bar{u}_{n+1} = \bar{u}_n + hf(t_n, \bar{u}_n) + \zeta_{n+1}, \tag{10.24}$$

avendo indicato con ζ_j l'errore dovuto all'arrotondamento, per $j \geq 0$.
Il problema (10.24) è un caso particolare di (10.16), purché si identifichino ζ_{n+1} e $\bar{u}_n$ con $h\delta_{n+1}$ e $z_n^{(h)}$ nella (10.16), rispettivamente. Combinando i Teoremi 10.1 e 10.2 troviamo, invece della (10.23), la seguente stima dell'errore

$$|y_{n+1} - \bar{u}_{n+1}| \leq e^{L(t_{n+1}-t_0)}\left[|\zeta_0| + \frac{1}{L}\left(\frac{M}{2}h + \frac{\zeta}{h}\right)\right],$$

essendo $\zeta = \max_{1\leq j\leq n+1} |\zeta_j|$. La presenza degli errori di arrotondamento non consente pertanto di concludere che al decrescere di h l'errore tenda a zero. In effetti, esisterà un valore ottimo di h (non nullo), h_{opt}, in corrispondenza del quale l'errore risulta minimo. Per $h < h_{opt}$, l'errore di arrotondamento risulterà preponderante sull'errore di troncamento, e l'errore globale tenderà a crescere.

10.3.3 L'assoluta stabilità

La proprietà di *assoluta stabilità* è in un certo senso speculare rispetto alla zero-stabilità, per quanto attiene al ruolo giocato da h e dall'insieme di integrazione I. Euristicamente, un metodo numerico è assolutamente stabile se, *per h fissato*, u_n si mantiene limitata per $t_n \to +\infty$. Tale proprietà ha dunque a che vedere con il comportamento asintotico di u_n, a differenza della zero-stabilità nella quale, fissato l'intervallo, si studia l'andamento di u_n per $h \to 0$.
Per la definizione precisa, consideriamo il problema di Cauchy lineare (indicato nel seguito come *problema modello*)

$$\begin{cases} y'(t) = \lambda y(t) & t > 0, \\ y(0) = 1, \end{cases} \tag{10.25}$$

con $\lambda \in \mathbb{C}$, la cui soluzione è $y(t) = e^{\lambda t}$. Si osservi che $\lim_{t\to+\infty} |y(t)| = 0$ se $\mathrm{Re}(\lambda) < 0$.

Definizione 10.6 Un metodo numerico per l'approssimazione di (10.25) è *assolutamente stabile* se

$$|u_n| \longrightarrow 0 \quad \text{per} \quad t_n \longrightarrow +\infty. \tag{10.26}$$

Sia h il passo di discretizzazione. La soluzione u_n dipende ovviamente da h e da λ. Si definisce *regione di assoluta stabilità* del metodo numerico il seguente sottoinsieme del piano complesso

$$\mathcal{A} = \{z = h\lambda \in \mathbb{C} : \ \text{la (10.26) sia soddisfatta}\}. \tag{10.27}$$

Dunque $\mathcal{A}$ è l'insieme dei valori del prodotto $h\lambda$ per i quali il metodo numerico produce soluzioni che tendono a zero quando t_n tende all'infinito. ■

Osservazione 10.2 Consideriamo ora il caso generale del problema di Cauchy (10.1) e assumiamo che esistano due costanti positive μ_{min} e μ_{max}, con $\mu_{min} < \mu_{max}$, tali che

$$-\mu_{max} < \frac{\partial f}{\partial y}(t, y(t)) < -\mu_{min} \qquad \forall t \in I.$$

Allora, un buon candidato per giocare il ruolo di λ nell'analisi di stabilità di cui sopra è $-\mu_{max}$ (per ulteriori dettagli, si veda [QSG10]). ■

Verifichiamo se i metodi numerici ad un passo precedentemente introdotti sono assolutamente stabili.

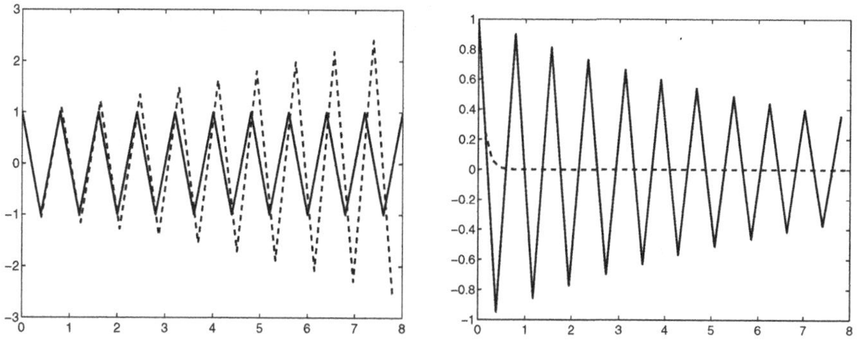

Fig. 10.2 A sinistra: soluzioni dell'Esempio 10.1 ottenute per $h = 0.41 > 2/5$ (in linea tratteggiata), per $h = 2/5$ (in linea continua). Si noti come nel caso limite $h = 2/5$ le oscillazioni presenti non si amplificano, né si smorzano. A destra, vengono riportate invece due soluzioni ottenute per $h = 0.39$ (in linea continua) e per $h = 0.15$ (in linea tratteggiata)

1. *Metodo di Eulero in avanti*: applicando la (10.7) al problema (10.25) si ottiene $u_{n+1} = u_n + h\lambda u_n$ per $n \geq 0$, con $u_0 = 1$. Procedendo ricorsivamente rispetto a n si ricava

$$u_n = (1 + h\lambda)^n, \qquad n \geq 0,$$

da cui si evince che la condizione (10.26) è verificata se e soltanto se $|1 + h\lambda| < 1$, ovvero se $h\lambda$ appartiene al cerchio di raggio unitario e centro $(-1, 0)$ (si veda la Figura 10.3). Tale richiesta equivale a

$$h\lambda \in \mathbb{C}^- \quad \text{e} \quad 0 < h < -\frac{2\text{Re}(\lambda)}{|\lambda|^2} \tag{10.28}$$

essendo

$$\mathbb{C}^- = \{z \in \mathbb{C} : \; \text{Re}(z) < 0\}. \tag{10.29}$$

Esempio 10.1 Risolviamo con il metodo di Eulero esplicito il problema di Cauchy $y'(t) = -5y(t)$ per $t > 0$ e con $y(0) = 1$. La condizione (10.28) comporta $0 < h < 2/5$. In Figura 10.2 è riportato a sinistra l'andamento della soluzione calcolata in corrispondenza a due valori di h che non soddisfano detta condizione, a destra a due valori di h che la soddisfano. Si noti che in tal caso le oscillazioni, qualora presenti, si smorzano al crescere di t. •

2. *Metodo di Eulero all'indietro*: procedendo in modo del tutto analogo al caso precedente, si ottiene

$$u_n = \frac{1}{(1 - h\lambda)^n}, \qquad n \geq 0.$$

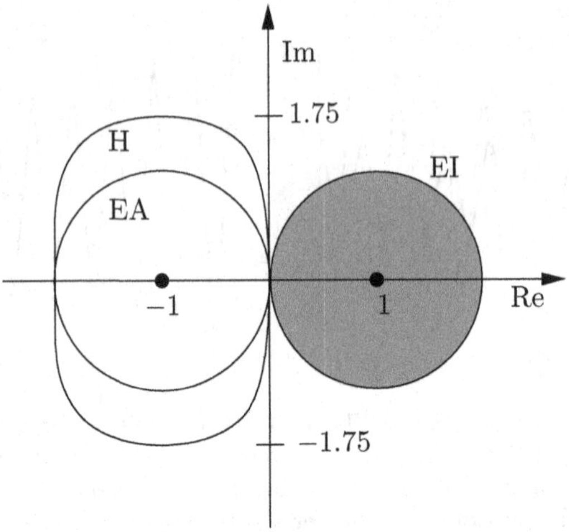

Fig. 10.3 Le regioni di assoluta stabilità per il metodo di Eulero in avanti (EA), di Eulero all'indietro (EI) e per il metodo di Heun (H). Si noti che la regione di assoluta stabilità per il metodo EI è il complementare del cerchio unitario di centro $(1,0)$ (in grigio)

In questo caso la proprietà di assoluta stabilità (10.26) è soddisfatta *per ogni valore di* $h\lambda$ che non appartiene al cerchio del piano complesso di centro $(1,0)$ e raggio unitario (si veda la Figura 10.3).

Esempio 10.2 La soluzione numerica prodotta dal metodo di Eulero implicito nel caso dell'Esempio 10.1 non presenta oscillazioni per alcun valore di h. D'altra parte, lo stesso metodo, se applicato al problema $y'(t) = 5y(t)$ per $t > 0$ con $y(0) = 1$, fornisce una soluzione che tende *comunque* a zero per $t \to \infty$ se $h > 2/5$, anche se la soluzione esatta del problema di Cauchy tende all'infinito. •

3. *Metodo del trapezio* (o di *Crank-Nicolson*): si ottiene

$$u_n = \left[\left(1 + \frac{1}{2}\lambda h\right) / \left(1 - \frac{1}{2}\lambda h\right)\right]^n, \qquad n \geq 0,$$

pertanto la (10.26) è verificata per ogni $h\lambda \in \mathbb{C}^-$.

4. *Metodo di Heun*: applicando la (10.10) al problema (10.25) e procedendo ricorsivamente su n, si ottiene

$$u_n = \left[1 + h\lambda + \frac{(h\lambda)^2}{2}\right]^n, \qquad n \geq 0.$$

Come mostrato in Figura 10.3, la regione di assoluta stabilità del metodo di Heun è più ampia di quella del metodo di Eulero in avanti. Soltanto la sua restrizione lungo l'asse reale è la stessa.

Diciamo infine che un metodo è *A-stabile* se $\mathcal{A} \cap \mathbb{C}^- = \mathbb{C}^-$, ovvero se per ogni $\lambda \in \mathbb{C}$ con $\mathrm{Re}(\lambda) < 0$ la (10.26) è soddisfatta incondizionatamente rispetto ad h.

I metodi di Eulero all'indietro e dei trapezi sono A-stabili, mentre i metodi di Eulero in avanti e di Heun sono condizionatamente assolutamente stabili.

Osservazione 10.3 Si noti che i metodi impliciti ad un passo sin qui considerati sono *incondizionatamente assolutamente stabili*, mentre quelli espliciti sono *condizionatamente assolutamente stabili*. Questa non è tuttavia una regola generale: possono infatti esistere schemi impliciti instabili o solo condizionatamente stabili. Al contrario, non esistono schemi espliciti incondizionatamente assolutamente stabili [Wid67]. ■

10.4 Le equazioni alle differenze

Per ogni intero $k \geq 1$, un'equazione della forma

$$u_{n+k} + \alpha_{k-1}u_{n+k-1} + \ldots + \alpha_0 u_n = \varphi_{n+k}, \quad n = 0, 1, \ldots \tag{10.30}$$

viene detta *equazione lineare alle differenze* di ordine k. I coefficienti $\alpha_0 \neq 0$, $\alpha_1, \ldots, \alpha_{k-1}$ possono dipendere da n. Se, per ogni n, il termine noto φ_{n+k} è pari a zero, l'equazione viene detta *omogenea*, mentre se i coefficienti α_j sono indipendenti da n la (10.30) viene detta *equazione lineare alle differenze a coefficienti costanti*.
Le equazioni alle differenze si incontrano tipicamente nella discretizzazione delle equazioni differenziali ordinarie. Si noti, a questo proposito, che tutti i metodi numerici sinora considerati hanno dato luogo ad equazioni a coefficienti costanti del tipo (10.30). Più in generale, esse trovano applicazione tutte le volte che si devono calcolare quantità definite in modo ricorsivo, ad esempio, nella discretizzazione di problemi ai limiti (si veda [QSS07], Capitolo 12). Rimandiamo per approfondimenti sull'argomento ai Capitoli 2 e 5 di [BO78] ed al Capitolo 6 di [Gau97].

Ogni successione $\{u_n, n = 0, 1, \ldots\}$ di valori che verifichi la (10.30) viene detta una *soluzione* dell'equazione (10.30). Dati k valori iniziali $u_0, \ldots, u_{k-1}$, è sempre possibile costruire una soluzione della (10.30) calcolando (sequenzialmente)

$$u_{n+k} = \varphi_{n+k} - (\alpha_{k-1}u_{n+k-1} + \ldots + \alpha_0 u_n), \quad n = 0, 1, \ldots$$

Tuttavia, l'interesse sta nel trovare una espressione della soluzione u_{n+k} che dipenda solo dai coefficienti dell'equazione e dalle condizioni iniziali.

Iniziamo dal *caso omogeneo a coefficienti costanti*,

$$u_{n+k} + \alpha_{k-1}u_{n+k-1} + \ldots + \alpha_0 u_n = 0, \quad n = 0, 1, \ldots \tag{10.31}$$

ed associamo alla (10.31) il *polinomio caratteristico* $\Pi \in \mathbb{P}_k$ così definito

$$\Pi(r) = r^k + \alpha_{k-1}r^{k-1} + \ldots + \alpha_1 r + \alpha_0. \tag{10.32}$$

Se denotiamo con r_j, $j = 0, \ldots, k-1$ le sue radici, allora ogni successione della forma

$$\left\{r_j^n,\, n = 0, 1, \ldots\right\}, \qquad \text{per } j = 0, \ldots, k-1 \tag{10.33}$$

è soluzione della (10.31), essendo

$$\begin{aligned} & r_j^{n+k} + \alpha_{k-1}r_j^{n+k-1} + \ldots + \alpha_0 r_j^n \\ & \quad = r_j^n \left(r_j^k + \alpha_{k-1}r_j^{k-1} + \ldots + \alpha_0\right) = r_j^n \Pi(r_j) = 0. \end{aligned}$$

Diciamo che le k successioni definite nella (10.33) sono le *soluzioni fondamentali* dell'equazione omogenea (10.31). Pertanto, una qualunque successione della forma

$$u_n = \gamma_0 r_0^n + \gamma_1 r_1^n + \ldots + \gamma_{k-1} r_{k-1}^n, \qquad n = 0, 1, \ldots \tag{10.34}$$

è ancora soluzione della (10.31), essendo quest'ultima un'equazione lineare.

I coefficienti $\gamma_0, \ldots, \gamma_{k-1}$ possono essere determinati imponendo le k condizioni iniziali $u_0, \ldots, u_{k-1}$. Si può inoltre dimostrare che se tutte le radici di Π sono semplici, allora *tutte* le soluzioni della (10.31) possono essere scritte nella forma (10.34).

Questa proprietà non è più vera se ci sono radici di Π con molteplicità maggiore di 1. Se, ad esempio, per un certo j la radice r_j ha molteplicità $m \geq 2$, per ottenere nuovamente un sistema di soluzioni fondamentali in grado di generare una qualunque soluzione della (10.31) bisogna sostituire alla soluzione fondamentale $\left\{r_j^n, n = 0, 1, \ldots\right\}$ le m successioni

$$\left\{r_j^n,\, n = 0, 1, \ldots\right\},\ \left\{n r_j^n,\, n = 0, 1, \ldots\right\},\ \ldots,\ \left\{n^{m-1} r_j^n,\, n = 0, 1, \ldots\right\}.$$

In generale, supponendo che $r_0, \ldots, r_{k'}$ siano radici distinte di Π, aventi rispettivamente molteplicità $m_0, \ldots, m_{k'}$, potremo scrivere la soluzione della (10.31) come

$$u_n = \sum_{j=0}^{k'} \left(\sum_{s=0}^{m_j - 1} \gamma_{sj} n^s \right) r_j^n, \qquad n = 0, 1, \ldots \tag{10.35}$$

Si osservi che in presenza di radici complesse coniugate si può comunque trovare una soluzione reale (si veda l'Esercizio 3).

Esempio 10.3 Per l'equazione alle differenze $u_{n+2} - u_n = 0$, abbiamo $\Pi(r) = r^2 - 1$, di modo che $r_0 = -1$ e $r_1 = 1$. La soluzione è quindi data da $u_n = \gamma_{00}(-1)^n + \gamma_{01}$. In particolare, imponendo le condizioni iniziali u_0 e u_1 si trova $\gamma_{00} = (u_0 - u_1)/2$, $\gamma_{01} = (u_0 + u_1)/2$. •

Esempio 10.4 Consideriamo l'equazione alle differenze $u_{n+3} - 2u_{n+2} - 7u_{n+1} - 4u_n = 0$ per la quale $\Pi(r) = r^3 - 2r^2 - 7r - 4$. Le sue radici sono $r_0 = -1$ (con molteplicità 2), $r_1 = 4$ e la sua soluzione è $u_n = (\gamma_{00} + n\gamma_{10})(-1)^n + \gamma_{01}4^n$. Imponendo le condizioni iniziali possiamo calcolare i coefficienti incogniti come la soluzione del seguente sistema lineare

$$\begin{cases} \gamma_{00} + \gamma_{01} & = u_0, \\ -\gamma_{00} - \gamma_{10} + 4\gamma_{01} & = u_1, \\ \gamma_{00} + 2\gamma_{10} + 16\gamma_{01} & = u_2 \end{cases}$$

che fornisce $\gamma_{00} = (24u_0 - 2u_1 - u_2)/25$, $\gamma_{10} = (u_2 - 3u_1 - 4u_0)/5$ e $\gamma_{01} = (2u_1 + u_0 + u_2)/25$. •

L'espressione (10.35) è di scarso interesse pratico in quanto non evidenzia la dipendenza di u_n dalle k condizioni iniziali. Si può ottenere una rappresentazione più conveniente introducendo un nuovo insieme $\left\{\psi_j^{(n)},\ n = 0, 1, \ldots\right\}$ di soluzioni fondamentali tali che

$$\psi_j^{(i)} = \delta_{ij}, \quad i, j = 0, 1, \ldots, k-1. \tag{10.36}$$

La soluzione della (10.31), soggetta alle condizioni iniziali $u_0, \ldots, u_{k-1}$, si scrive allora come

$$u_n = \sum_{j=0}^{k-1} u_j \psi_j^{(n)}, \qquad n = 0, 1, \ldots \tag{10.37}$$

Le nuove soluzioni fondamentali $\left\{\psi_j^{(n)},\ n = 0, 1, \ldots\right\}$ possono essere rappresentate in termini di quelle date nella (10.33) come segue

$$\psi_j^{(n)} = \sum_{m=0}^{k-1} \beta_{j,m} r_m^n \quad \text{per } j = 0, \ldots, k-1,\ n = 0, 1, \ldots \tag{10.38}$$

Richiedendo che le (10.36) siano soddisfatte, otteniamo k sistemi lineari della forma

$$\sum_{m=0}^{k-1} \beta_{j,m} r_m^i = \delta_{ij}, \qquad i, j = 0, \ldots, k-1,$$

la cui forma matriciale è

$$\mathrm{R}\mathbf{b}_j = \mathbf{e}_j, \qquad j = 0, \ldots, k-1. \tag{10.39}$$

Qui $\mathbf{e}_j$ è il $(j+1)$-esimo versore di $\mathbb{R}^k$, $\mathrm{R} = (r_{im}) = (r_m^i)$ e $\mathbf{b}_j = (\beta_{j,0}, \ldots, \beta_{j,k-1})^T$. Se tutte le radici r_j sono semplici, la matrice R è non singolare (si veda l'Esercizio 5).

Il caso generale in cui Π abbia $k'+1$ radici distinte $r_0, \ldots, r_{k'}$ con molteplicità $m_0, \ldots, m_{k'}$ rispettivamente, può essere affrontato sostituendo nella (10.38) $\{r_j^n,\ \ n=0,1,\ldots\}$ con $\{r_j^n n^s,\ \ n=0,1,\ldots\}$, dove $j = 0, \ldots, k'$ e $s = 0, \ldots, m_j - 1$.

Esempio 10.5 Consideriamo nuovamente l'equazione alle differenze dell'Esempio 10.4. Abbiamo $\{r_0^n, nr_0^n, r_1^n,\ n=0,1,\ldots\}$ di modo che la matrice R diventa

$$\mathrm{R} = \begin{bmatrix} r_0^0 & 0 & r_1^0 \\ r_0^1 & r_0^1 & r_1^1 \\ r_0^2 & 2r_0^2 & r_1^2 \end{bmatrix} = \begin{bmatrix} 1 & 0 & 1 \\ -1 & -1 & 4 \\ 1 & 2 & 16 \end{bmatrix}.$$

Risolvendo i tre sistemi (10.39) si trova

$$\begin{aligned} \psi_0^{(n)} &= \frac{24}{25}(-1)^n - \frac{4}{5}n(-1)^n + \frac{1}{25}4^n, \\ \psi_1^{(n)} &= -\frac{2}{25}(-1)^n - \frac{3}{5}n(-1)^n + \frac{2}{25}4^n, \\ \psi_2^{(n)} &= -\frac{1}{25}(-1)^n + \frac{1}{5}n(-1)^n + \frac{1}{25}4^n, \end{aligned}$$

da cui si ricava che la soluzione $u_n = \sum_{j=0}^{2} u_j \psi_j^{(n)}$ coincide con quella già trovata nell'Esempio 10.4. •

Affrontiamo infine il caso a *coefficienti non costanti* e consideriamo la seguente equazione alle differenze omogenea

$$u_{n+k} + \sum_{j=1}^{k} \alpha_{k-j}(n) u_{n+k-j} = 0, \qquad n = 0, 1, \ldots \tag{10.40}$$

L'obiettivo è quello di trasformare la (10.40) in una ODE tramite una funzione F, detta la *funzione generatrice* dell'equazione (10.40). F dipende dalla variabile reale t e si deriva come segue: richiediamo che il coefficiente n-esimo dello sviluppo in serie di Taylor in $t=0$ di F si possa scrivere come $\gamma_n u_n$, dove γ_n è una costante da determinarsi. Di conseguenza,

$$F(t) = \sum_{n=0}^{\infty} \gamma_n u_n t^n. \tag{10.41}$$

I coefficienti $\{\gamma_n\}$ sono incogniti e devono essere determinati in modo tale che

$$\sum_{j=0}^{k} c_j F^{(k-j)}(t) = \sum_{n=0}^{\infty} \left[u_{n+k} + \sum_{j=1}^{k} \alpha_{k-j}(n) u_{n+k-j} \right] t^n, \tag{10.42}$$

dove c_j sono costanti che non dipendono da n. Usando la (10.40) si perviene alla seguente ODE

$$\sum_{j=0}^{k} c_j F^{(k-j)}(t) = 0$$

alla quale vanno aggiunte le condizioni iniziali $F^{(j)}(0) = \gamma_j u_j$ per $j = 0, \ldots, k-1$. Non appena F è calcolata, è relativamente semplice ricostruire u_n attraverso la definizione stessa di F.

Esempio 10.6 Consideriamo l'equazione alle differenze

$$(n+2)(n+1)u_{n+2} - 2(n+1)u_{n+1} - 3u_n = 0, \quad n = 0, 1, \ldots \tag{10.43}$$

con le condizioni iniziali $u_0 = u_1 = 2$. Cerchiamo una funzione generatrice della forma (10.41). Derivando i termini dello sviluppo in serie, otteniamo

$$F'(t) = \sum_{n=0}^{\infty} \gamma_n n u_n t^{n-1}, \quad F''(t) = \sum_{n=0}^{\infty} \gamma_n n(n-1) u_n t^{n-2},$$

e, dopo qualche manipolazione algebrica,

$$F'(t) = \sum_{n=0}^{\infty} \gamma_n n u_n t^{n-1} = \sum_{n=0}^{\infty} \gamma_{n+1}(n+1)u_{n+1} t^n,$$
$$F''(t) = \sum_{n=0}^{\infty} \gamma_n n(n-1) u_n t^{n-2} = \sum_{n=0}^{\infty} \gamma_{n+2}(n+2)(n+1)u_{n+2} t^n.$$

Di conseguenza, la (10.42) diventa

$$\sum_{n=0}^{\infty}(n+1)(n+2)u_{n+2}t^n - 2\sum_{n=0}^{\infty}(n+1)u_{n+1}t^n - 3\sum_{n=0}^{\infty}u_n t^n$$
$$= c_0 \sum_{n=0}^{\infty} \gamma_{n+2}(n+2)(n+1)u_{n+2}t^n + c_1 \sum_{n=0}^{\infty} \gamma_{n+1}(n+1)u_{n+1}t^n + c_2 \sum_{n=0}^{\infty} \gamma_n u_n t^n,$$

di modo che, eguagliando ambo i membri, si trova

$$\gamma_n = 1 \ \forall n \geq 0, \quad c_0 = 1, \ c_1 = -2, \ c_2 = -3.$$

Abbiamo perciò associato all'equazione alle differenze la seguente ODE a coefficienti costanti

$$F''(t) - 2F'(t) - 3F(t) = 0,$$

con condizioni iniziali $F(0) = F'(0) = 2$. Il coefficiente n-esimo della soluzione $F(t) = e^{3t} + e^{-t}$ è

$$\frac{1}{n!}F^{(n)}(0) = \frac{1}{n!}\left[(-1)^n + 3^n\right],$$

e dunque $u_n = (1/n!)\left[(-1)^n + 3^n\right]$ è la soluzione della (10.43). •

Il caso *non omogeneo* (10.30) può essere affrontato cercando soluzioni della forma

$$u_n = u_n^{(0)} + u_n^{(\varphi)},$$

dove $u_n^{(0)}$ è la soluzione dell'equazione omogenea associata e $u_n^{(\varphi)}$ è una particolare soluzione dell'equazione non omogenea. Determinata la soluzione dell'equazione omogenea, utilizzando una tecnica generale basata sul metodo di variazione dei parametri combinata con una tecnica di riduzione, è possibile calcolare la soluzione (si veda [BO78]).

Nel caso speciale a coefficienti costanti con φ_{n+k} della forma $c^n Q(n)$, dove c è una costante e Q è un polinomio di grado p rispetto alla variabile n, un altro approccio possibile è quello dei *coefficienti indeterminati*, nel quale si cerca una soluzione particolare che dipende da alcuni coefficienti indeterminati e che è nota solo per certe classi di termini noti φ_{n+k}. Nel caso in esame, è sufficiente cercare una soluzione particolare della forma

$$u_n^{(\varphi)} = c^n (b_p n^p + b_{p-1} n^{p-1} + \ldots + b_0),$$

dove $b_p, \ldots, b_0$ sono costanti da determinarsi in modo tale che $u_n^{(\varphi)}$ sia la soluzione della (10.30).

Esempio 10.7 Consideriamo l'equazione alle differenze $u_{n+3} - u_{n+2} + u_{n+1} - u_n = 2^n n^2$. La soluzione particolare è della forma $u_n = 2^n(b_2 n^2 + b_1 n + b_0)$. Sostituendo questa soluzione nell'equazione, troviamo $5b_2 n^2 + (36b_2 + 5b_1)n + (58b_2 + 18b_1 + 5b_0) = n^2$, da cui, per il principio di identità dei polinomi, si trova $b_2 = 1/5$, $b_1 = -36/25$ e $b_0 = 358/125$. •

Analogamente al caso omogeneo, è possibile esprimere la soluzione della (10.30) come

$$u_n = \sum_{j=0}^{k-1} u_j \psi_j^{(n)} + \sum_{l=k}^{n} \varphi_l \psi_{k-1}^{(n-l+k-1)}, \qquad n = 0, 1, \ldots \tag{10.44}$$

dove $\psi_{k-1}^{(i)} \equiv 0$ per ogni $i < 0$ e $\varphi_j \equiv 0$ per ogni $j < k$.

10.5 I metodi a più passi (o multistep)

Introduciamo ora degli esempi di metodi a più passi o *multistep* (in breve MS).

Definizione 10.7 (Metodi a q passi) Un metodo si dice a q passi ($q \geq 1$) se $\forall n \geq q-1$, u_{n+1} dipende da u_{n+1-q}, ma non da valori u_k con $k < n+1-q$. ■

Un noto metodo a *due passi* esplicito può essere ad esempio ottenuto utilizzando l'approssimazione centrata della derivata prima data in (9.69): si trova in tal modo il *metodo del punto medio*

$$u_{n+1} = u_{n-1} + 2hf_n, \qquad n \geq 1 \tag{10.45}$$

con $u_0 = y_0$, u_1 da determinarsi ed avendo denotato con f_n il valore $f(t_n, u_n)$.

Un esempio di schema implicito a due passi è invece fornito dal *metodo di Simpson*, ottenuto a partire dalla forma integrale (10.2) sull'intervallo (t_{n-1}, t_{n+1}) ed avendo usato la formula di Cavalieri-Simpson per calcolare l'integrale di f

$$u_{n+1} = u_{n-1} + \frac{h}{3}[f_{n-1} + 4f_n + f_{n+1}], \qquad n \geq 1 \tag{10.46}$$

con $u_0 = y_0$ e u_1 da determinarsi.

Da questi esempi appare evidente che per innescare un metodo multistep servono q condizioni iniziali $u_0, \ldots, u_{q-1}$. Poiché il problema di Cauchy ne fornisce una sola (u_0), una via per assegnare le condizioni mancanti consiste nell'utilizzare metodi espliciti ad un passo di ordine elevato. Un esempio è fornito dal metodo di Heun (10.10), altri esempi dai metodi Runge-Kutta che verranno introdotti nella Sezione 10.8.

Consideriamo nel seguito i *metodi multistep (lineari)* a $p + 1$ passi (con $p \geq 0$) definiti dalla seguente relazione

$$u_{n+1} = \sum_{j=0}^{p} a_j u_{n-j} + h \sum_{j=0}^{p} b_j f_{n-j} + h b_{-1} f_{n+1}, \qquad n = p, p+1, \ldots \tag{10.47}$$

I coefficienti a_j e b_j, assegnati in $\mathbb{R}$, individuano lo schema e sono tali che $a_p \neq 0$ o $b_p \neq 0$. Nel caso in cui $b_{-1} \neq 0$ lo schema è implicito, mentre nel caso contrario lo schema è esplicito. Naturalmente, per $p = 0$ si ritrovano gli schemi ad un passo.

Osserviamo come sia possibile riformulare il metodo (10.47) come segue

$$\sum_{s=0}^{p+1} \alpha_s u_{n+s} = h \sum_{s=0}^{p+1} \beta_s f(t_{n+s}, u_{n+s}), \qquad n = 0, 1, \ldots, N_h - (p+1) \tag{10.48}$$

avendo posto $\alpha_{p+1} = 1$, $\alpha_s = -a_{p-s}$ per $s = 0, \ldots, p$ e $\beta_s = b_{p-s}$ per $s = 0, \ldots, p+1$. La (10.48) è un caso particolare dell'equazione lineare alle differenze (10.30), ponendo in quest'ultima $k = p+1$ e $\varphi_{n+j} = h\beta_j f(t_{n+j}, u_{n+j})$, per $j = 0, \ldots, p+1$.

Definizione 10.8 L'errore di troncamento locale (LTE) $\tau_{n+1}(h)$ introdotto dal metodo multistep (10.47) nel punto t_{n+1} (per $n \geq p$) è definito dalla relazione

$$h\tau_{n+1}(h) = y_{n+1} - \left[\sum_{j=0}^{p} a_j y_{n-j} + h \sum_{j=-1}^{p} b_j y'_{n-j}\right], \qquad n \geq p \tag{10.49}$$

dove si è posto $y_{n-j} = y(t_{n-j})$ e $y'_{n-j} = y'(t_{n-j})$ per $j = -1, \ldots, p$. ∎

In analogia a quanto osservato nel caso dei metodi ad un passo, la quantità $h\tau_{n+1}(h)$ è il residuo che si genera nel punto t_{n+1} avendo preteso di "far verificare" alla soluzione esatta lo schema numerico. Indicando con $\tau(h) = \max_n |\tau_n(h)|$ l'errore di troncamento (globale), si ha la seguente definizione:

Definizione 10.9 (Consistenza) Il metodo multistep è consistente se $\tau(h) \to 0$ per $h \to 0$. Se inoltre $\tau(h) = \mathcal{O}(h^q)$, per qualche $q \geq 1$, allora il metodo si dirà di ordine q. ∎

Si può dare una più precisa caratterizzazione del LTE introducendo il seguente operatore lineare $\mathcal{L}$ associato al metodo MS lineare (10.47)

$$\mathcal{L}[w(t); h] = w(t+h) - \sum_{j=0}^{p} a_j w(t-jh) - h \sum_{j=-1}^{p} b_j w'(t-jh), \tag{10.50}$$

con $w \in C^1(I)$. Si noti che, in base alla Definizione 10.8, il LTE è esattamente $\frac{1}{h}\mathcal{L}[y(t_n); h]$. Se supponiamo che w sia sufficientemente regolare e sviluppiamo in serie di Taylor $w(t-jh)$ e $w'(t-jh)$ in un intorno di $t-ph$, otteniamo

$$\mathcal{L}[w(t); h] = C_0 w(t-ph) + C_1 h w^{(1)}(t-ph) + \ldots + C_k h^k w^{(k)}(t-ph) + \ldots$$

Di conseguenza, se

$$C_0 = C_1 = \ldots = C_q = 0, \tag{10.51}$$

allora

$$\mathcal{L}[y(t_n); h] = h\tau_{n+1}(h) = C_{q+1} h^{q+1} y^{(q+1)}(t_{n-p}) + \mathcal{O}(h^{q+2}) \tag{10.52}$$

Per la Definizione 10.9 il metodo MS ha ordine q. Si noti che le condizioni (10.51) implicano che i coefficienti $\{a_j, b_j\}$ soddisfino ad opportune condizioni algebriche, come vedremo nel Teorema 10.3. Precisiamo che una diversa scelta del punto attorno al quale vengono sviluppati i termini $w(t-jh)$ e $w'(t-jh)$ porterebbe, a priori, ad un insieme di costanti $\{C_k\}$ differenti. Tuttavia, come viene osservato in [Lam91, pp. 48–49], il primo coefficiente non nullo C_{q+1} è

invariante rispetto alla scelta del punto attorno al quale si genera lo sviluppo di Taylor (mentre non lo sono i coefficienti C_{q+j}, con $j \geq 2$).
Il termine principale $C_{q+1}h^{q+1}y^{(q+1)}(t_{n-p})$ dell'espressione (10.52) è detto *errore di troncamento locale principale* (PLTE, dall'inglese *principal local truncation error*) mentre C_{q+1} è la costante dell'errore. Il PLTE è largamente usato nella costruzione di strategie adattive per i metodi MS (si veda [Lam91], Capitolo 3).

Nel Programma 81 viene implementato un metodo multistep nella forma (10.47) per la risoluzione di un problema di Cauchy su un intervallo (t_0, T). I parametri di ingresso sono: il vettore colonna `a` contenente i $p+1$ coefficienti a_i; il vettore colonna `b` contenente i $p+2$ coefficienti b_i; il passo di discretizzazione h; il vettore dei dati iniziali `u0` nei corrispondenti istanti temporali `t0`; i function handle `fun` e `dfun` associati alle funzioni f e $\partial f/\partial y$. Nel caso in cui il metodo MS sia implicito, è necessario fornire una tolleranza `tol`, nonché un numero massimo di iterazioni `itmax`, che controllano la convergenza del metodo di Newton, impiegato per la risoluzione dell'equazione non lineare associata al metodo MS. In uscita, sono restituiti i vettori `u` e `t`, contenenti la soluzione calcolata in corrispondenza dei vari istanti temporali.

Programma 81 – multistep: Metodi multistep

```
function [t,u]=multistep(a,b,tf,t0,u0,h,fun,dfun,tol,itmax)
% MULTISTEP metodo multistep.
% [T,U]=MULTISTEP(A,B,TF,T0,U0,H,FUN,DFUN,TOL,ITMAX) risolve il problema
% di Cauchy Y'=FUN(T,Y), per T in (T0,TF), utilizzando il metodo multistep
% avente coefficienti A e B. H specifica il time step. TOL specifica la
% tolleranza dell'iterazione di punto fisso quando il metodo multistep e'
% di tipo implicito.
f = fun(t0,u0); p = length(a) - 1; u = u0;
nt = fix((tf - t0 (1) )/h);
for k = 1:nt
    lu=length(u);
    G=a'*u(lu:-1:lu-p)+ h*b(2:p+2)'*f(lu:-1:lu-p);
    t0=[t0; t0(lu)+h];
    if b(1)==0 % caso esplicito
        unew=G;fn=fun(t0(end),unew);
    else % caso implicito, risolvo con Newton
    un=u(lu); unew=un;
    t=t0(lu+1); err=tol+1; it=0;
    while err>tol && it<=itmax
        den=1-h*b(1)*dfun(t,unew);
        fn=fun(t,unew);
        if den == 0
            it=itmax+1;
```

```
            else
                it=it+1;
                unew1=unew-(unew-G-h*b(1)* fn)/den;
                err=abs(unew1-unew);
                unew=unew1;
            end
        end
        end
        u=[u; unew]; f=[f; fn];
end
t=t0;
return
```

Introduciamo nelle prossime sezioni due famiglie di metodi multistep.

10.5.1 I metodi di Adams

Questi metodi vengono derivati dalla forma integrale (10.2). Si suppone che i nodi di discretizzazione siano equispaziati, ovvero $t_j = t_0 + jh$, con $h > 0$ e $j \geq 1$; indi, anziché f, si integra il suo polinomio interpolatore su $p + \theta$ nodi distinti, con $\theta = 1$ se i metodi sono espliciti ($p \geq 0$ in tal caso) e $\theta = 2$ se i metodi sono impliciti ($p \geq -1$). Gli schemi risultanti sono dunque *consistenti* per costruzione e hanno la seguente espressione

$$u_{n+1} = u_n + h \sum_{j=-1}^{p} b_j f_{n-j} \tag{10.53}$$

I nodi di interpolazione possono essere dati da

1. $t_n, t_{n-1}, \ldots, t_{n-p}$, in tal caso $b_{-1} = 0$ e lo schema risultante è esplicito, oppure da
2. $t_{n+1}, t_n, \ldots, t_{n-p}$, in questo caso $b_{-1} \neq 0$ e lo schema è implicito.

I metodi *impliciti* sono detti di *Adams-Moulton*, mentre quelli *espliciti* sono detti di *Adams-Bashforth.*

Metodi di Adams-Bashforth (AB) (espliciti)

Per $p = 0$ si ritrova il metodo di Eulero esplicito, essendo il polinomio interpolatore di grado zero nel nodo t_n dato da $\Pi_0 f = f_n$. Per $p = 1$, il polinomio interpolatore lineare nei nodi t_{n-1} e t_n è dato da

$$\Pi_1 f(t) = f_n + (t - t_n) \frac{f_{n-1} - f_n}{t_{n-1} - t_n}.$$

Poiché $\Pi_1 f(t_n) = f_n$, mentre $\Pi_1 f(t_{n+1}) = 2f_n - f_{n-1}$, si ottiene

$$\int_{t_n}^{t_{n+1}} \Pi_1 f(t) = \frac{h}{2}\left[\Pi_1 f(t_n) + \Pi_1 f(t_{n+1})\right] = \frac{h}{2}\left[3f_n - f_{n-1}\right].$$

Si ottiene pertanto lo schema AB a due passi

$$u_{n+1} = u_n + \frac{h}{2}\left[3f_n - f_{n-1}\right] \qquad (10.54)$$

Nel caso in cui $p = 2$, si trova in modo del tutto analogo lo schema AB a tre passi

$$u_{n+1} = u_n + \frac{h}{12}\left[23f_n - 16f_{n-1} + 5f_{n-2}\right]$$

mentre per $p = 3$ si trova il metodo AB a quattro passi

$$u_{n+1} = u_n + \frac{h}{24}\left(55f_n - 59f_{n-1} + 37f_{n-2} - 9f_{n-3}\right)$$

Si osservi che i metodi di Adams-Bashforth usano $p + 1$ nodi per l'interpolazione di f e sono a $p + 1$ passi (con $p \geq 0$). In generale, gli schemi di Adams-Bashforth a q passi sono di ordine q. Le costanti C_{q+1} dell'errore PLTE (10.52) di questi metodi sono riportate come C_{q+1}^{AB} nella Tabella 10.1.

I metodi di Adams-Moulton (AM) (impliciti)

Per $p = -1$ si ritrova il metodo di Eulero implicito, mentre nel caso $p = 0$, si usa il polinomio interpolatore lineare di f nei nodi t_n e t_{n+1} e si ritrova lo schema di Crank-Nicolson (10.9). Nel caso del metodo a due passi ($p = 1$), si costruisce il polinomio di grado 2 interpolante f nei nodi t_{n-1}, t_n, t_{n+1} e si trova un nuovo schema (del terz'ordine) dato da

$$u_{n+1} = u_n + \frac{h}{12}\left[5f_{n+1} + 8f_n - f_{n-1}\right] \qquad (10.55)$$

Gli schemi successivi con $p = 2$ e $p = 3$ sono dati rispettivamente da

$$u_{n+1} = u_n + \frac{h}{24}\left(9f_{n+1} + 19f_n - 5f_{n-1} + f_{n-2}\right)$$

Tabella 10.1 Costanti dell'errore per i metodi di Adams-Bashforth e di Adams-Moulton di ordine q

q	C_{q+1}^{AB}	C_{q+1}^{AM}	q	C_{q+1}^{AB}	C_{q+1}^{AM}
1	$\frac{1}{2}$	$-\frac{1}{2}$	3	$\frac{3}{8}$	$-\frac{1}{24}$
2	$\frac{5}{12}$	$-\frac{1}{12}$	4	$\frac{251}{720}$	$-\frac{19}{720}$

$$u_{n+1} = u_n + \frac{h}{720}(251f_{n+1} + 646f_n - 264f_{n-1} + 106f_{n-2} - 19f_{n-3})$$

Si osservi che i metodi di Adams-Moulton usano $p+2$ nodi per interpolare f e sono a $p+1$ passi se $p \geq 0$, con la sola eccezione del metodo di Eulero implicito (corrispondente a $p = -1$) che usa un nodo ed è un metodo ad un passo. I metodi di Adams-Moulton a q passi hanno ordine $q+1$. Le costanti C_{q+1} dell'errore PLTE (10.52) di questi metodi sono riportate come C_{q+1}^{AM} nella Tabella 10.1.

10.5.2 I metodi BDF

I metodi alle differenze all'indietro (*backward differentiation formulae*, brevemente indicati con BDF) sono metodi MS impliciti che si ottengono in maniera complementare ai metodi di Adams. Se infatti in questi si è ricorso all'integrazione numerica per approssimare l'integrale di f sull'intervallo (t_n, t_{n+1}), nei metodi BDF si approssima direttamente il valore della derivata prima di y nel nodo t_{n+1} tramite la derivata prima del polinomio interpolatore di y di grado $p+1$ nei $p+2$ nodi $t_{n+1}, t_n, \ldots, t_{n-p}$, con $p \geq 0$. In questo modo si trovano schemi della forma

$$u_{n+1} = \sum_{j=0}^{p} a_j u_{n-j} + hb_{-1}f_{n+1} \qquad (10.56)$$

con $b_{-1} \neq 0$, di cui il metodo di Eulero implicito (10.8) è il più elementare rappresentante, corrispondendo alla scelta $a_0 = 1$ e $b_{-1} = 1$. Riportiamo nella Tabella 10.2 i coefficienti dei metodi BDF che sono zero-stabili. Si vedrà infatti nella Sezione 10.6.3 che tali metodi sono zero-stabili solo per $p \leq 5$ (si veda [Cry73]).

10.6 Analisi dei metodi multistep

Analogamente a quanto fatto per i metodi ad un passo, analizziamo in questa sezione le condizioni che assicurano la consistenza e la stabilità dei meto-

Tabella 10.2 I coefficienti dei metodi BDF zero-stabili per $p = 0, 1, \ldots, 5$

p	a_0	a_1	a_2	a_3	a_4	a_5	b_{-1}
0	1	0	0	0	0	0	1
1	$\frac{4}{3}$	$-\frac{1}{3}$	0	0	0	0	$\frac{2}{3}$
2	$\frac{18}{11}$	$-\frac{9}{11}$	$\frac{2}{11}$	0	0	0	$\frac{6}{11}$
3	$\frac{48}{25}$	$-\frac{36}{25}$	$\frac{16}{25}$	$-\frac{3}{25}$	0	0	$\frac{12}{25}$
4	$\frac{300}{137}$	$-\frac{300}{137}$	$\frac{200}{137}$	$-\frac{75}{137}$	$\frac{12}{137}$	0	$\frac{60}{137}$
5	$\frac{360}{147}$	$-\frac{450}{147}$	$\frac{400}{147}$	$-\frac{225}{147}$	$\frac{72}{147}$	$-\frac{10}{147}$	$\frac{60}{147}$

di multistep. L'obiettivo è di ricondurre tale verifica al controllo di semplici relazioni algebriche.

10.6.1 Consistenza

Vale il seguente risultato:

Teorema 10.3 *Il metodo multistep* (10.47) *è consistente se e solo se sono soddisfatte le seguenti condizioni algebriche sui coefficienti*

$$\sum_{j=0}^{p} a_j = 1, \quad -\sum_{j=0}^{p} j a_j + \sum_{j=-1}^{p} b_j = 1 \tag{10.57}$$

Se inoltre la soluzione y del problema di Cauchy (10.1) *è di classe $C^{q+1}(I)$ per un certo $q \geq 1$, il metodo è di ordine q se e solo se oltre alla* (10.57) *sono soddisfatte le seguenti condizioni*

$$\sum_{j=0}^{p} (-j)^i a_j + i \sum_{j=-1}^{p} (-j)^{i-1} b_j = 1, \; i = 2, \ldots, q \tag{10.58}$$

Dimostrazione. Sviluppando y e f in serie di Taylor attorno al punto t_n si ottiene, per ogni $n \geq p$

$$\begin{aligned} y_{n-j} &= y_n - jhy'_n + \mathcal{O}(h^2), \\ f(t_{n-j}, y_{n-j}) &= f(t_n, y_n) + \mathcal{O}(h). \end{aligned} \tag{10.59}$$

Sostituendo questi valori nello schema multistep e trascurando i termini in h di ordine superiore al primo, si ottiene

$$\begin{aligned} & y_{n+1} - \sum_{j=0}^{p} a_j y_{n-j} - h \sum_{j=-1}^{p} b_j f(t_{n-j}, y_{n-j}) \\ & = y_{n+1} - \sum_{j=0}^{p} a_j y_n + h \sum_{j=0}^{p} j a_j y_n' - h \sum_{j=-1}^{p} b_j f(t_n, y_n) + \mathcal{O}(h^2) \left(\sum_{j=0}^{p} a_j - \sum_{j=-1}^{p} b_j \right) \\ & = y_{n+1} - \sum_{j=0}^{p} a_j y_n - h y_n' \left(- \sum_{j=0}^{p} j a_j + \sum_{j=-1}^{p} b_j \right) + \mathcal{O}(h^2) \left(\sum_{j=0}^{p} a_j - \sum_{j=-1}^{p} b_j \right) \end{aligned}$$

avendo sostituito $f(t_n, y_n)$ con y_n'. Dalla definizione (10.49) otteniamo allora

$$h\tau_{n+1}(h) = y_{n+1} - \sum_{j=0}^{p} a_j y_n - h y_n' \left(- \sum_{j=0}^{p} j a_j + \sum_{j=-1}^{p} b_j \right) + \mathcal{O}(h^2) \left(\sum_{j=0}^{p} a_j - \sum_{j=-1}^{p} b_j \right).$$

Pertanto l'errore di troncamento locale è

$$\begin{aligned} \tau_{n+1}(h) = & \frac{y_{n+1} - y_n}{h} + \frac{y_n}{h} \left(1 - \sum_{j=0}^{p} a_j \right) \\ & + y_n' \left(\sum_{j=0}^{p} j a_j - \sum_{j=-1}^{p} b_j \right) + \mathcal{O}(h) \left(\sum_{j=0}^{p} a_j - \sum_{j=-1}^{p} b_j \right). \end{aligned}$$

Per ogni n, si ha che $(y_{n+1} - y_n)/h \to y_n'$, per $h \to 0$, mentre $y_n/h \to \infty$ e quindi si conclude che $\tau_{n+1}(h)$ tende a 0 per h che tende a 0 se e solo se sono soddisfatte le relazioni algebriche (10.57). La verifica delle condizioni (10.58) può essere condotta in modo del tutto analogo, considerando termini di ordine progressivamente superiore negli sviluppi (10.59). ◇

10.6.2 Le condizioni delle radici

Applichiamo il metodo multistep (10.47) al problema modello (10.25). La soluzione numerica soddisfa l'equazione lineare alle differenze

$$u_{n+1} = \sum_{j=0}^{p} a_j u_{n-j} + h\lambda \sum_{j=-1}^{p} b_j u_{n-j}, \tag{10.60}$$

alla quale si può applicare la teoria svolta nella Sezione 10.4. Si cercano quindi soluzioni fondamentali della forma $u_k = [r_i(h\lambda)]^k$, $k = 0, 1, \ldots$, essendo $r_i(h\lambda)$, per $i = 0, \ldots, p$, le radici del polinomio $\Pi \in \mathbb{P}_{p+1}$

$$\Pi(r) = \rho(r) - h\lambda\sigma(r). \tag{10.61}$$

Si sono indicati rispettivamente con

$$\rho(r) = r^{p+1} - \sum_{j=0}^{p} a_j r^{p-j}, \quad \sigma(r) = b_{-1} r^{p+1} + \sum_{j=0}^{p} b_j r^{p-j}$$

il *primo* ed il *secondo polinomio caratteristico* del metodo multistep (10.47). Il polinomio $\Pi(r)$ si chiama *polinomio caratteristico* associato all'equazione alle differenze (10.60), e le sue radici $r_j(h\lambda)$ si dicono *radici caratteristiche.*

Evidentemente, le radici di ρ sono date dalle $r_i(0)$, con $i = 0, \ldots, p$, e verranno indicate nel seguito semplicemente con r_i. Inoltre, la prima delle condizioni di consistenza (10.57) comporta che se un metodo multistep è consistente, allora 1 è radice di ρ. Denotiamo tale radice (di consistenza) con $r_0(0) = r_0(= 1)$ e chiameremo *principale* la corrispondente radice $r_0(h\lambda)$ del polinomio caratteristico (10.61).

Definizione 10.10 (Condizione delle radici) Il metodo multistep (10.47) soddisfa la condizione delle radici se tutte le radici r_i sono contenute nel cerchio unitario centrato nell'origine del piano complesso. Nel caso in cui una radice appartenga al bordo di tale cerchio, essa deve essere una radice semplice di ρ. Equivalentemente,

$$\begin{cases} |r_j| \leq 1, \quad j = 0, \ldots, p; \\ \text{se inoltre } |r_j| = 1, \quad \text{allora} \quad \rho'(r_j) \neq 0. \end{cases} \tag{10.62}$$

■

Definizione 10.11 (Condizione forte delle radici) Il metodo multistep (10.47) soddisfa la condizione forte delle radici se soddisfa la condizione delle radici e se inoltre $r_0 = 1$ è l'unica radice che appartiene al bordo del cerchio unitario. Equivalentemente,

$$|r_j| < 1, \qquad j = 1, \ldots, p. \tag{10.63}$$

■

Definizione 10.12 (Condizione assoluta delle radici) Il metodo MS (10.47) soddisfa la condizione assoluta delle radici se esiste $h_0 > 0$ tale che

$$|r_j(h\lambda)| < 1, \qquad j = 0, \ldots, p, \quad \forall h \leq h_0. \tag{10.64}$$

■

10.6.3 Analisi di stabilità e di convergenza per i metodi multistep

Individuiamo ora le relazioni che intercorrono fra le condizioni delle radici e le proprietà di stabilità di un metodo multistep. Generalizzando la Definizione 10.4, possiamo dare la seguente:

Definizione 10.13 (Zero-stabilità per metodi multistep) Il metodo multistep (10.47) a $p+1$ passi è zero-stabile se

$$\exists h_0 > 0,\ \exists C > 0,\ \exists \varepsilon_0 > 0 : \forall h \in (0, h_0],\ \forall \varepsilon \in (0, \varepsilon_0],\ \text{se } |\delta_n| \le \varepsilon,\ 0 \le n \le N_h,$$

allora

$$|z_n^{(h)} - u_n^{(h)}| \le C\varepsilon, \qquad 0 \le n \le N_h, \tag{10.65}$$

dove $N_h = \max\{n :\ t_n \le t_0 + T\}$ e $z_n^{(h)}$, $u_n^{(h)}$ sono rispettivamente le soluzioni dei problemi

$$\begin{cases} z_{n+1}^{(h)} = \sum_{j=0}^{p} a_j z_{n-j}^{(h)} + h \sum_{j=-1}^{p} b_j f(t_{n-j}, z_{n-j}^{(h)}) + h\delta_{n+1}, \\ z_k^{(h)} = w_k^{(h)} + \delta_k, \qquad k = 0, \ldots, p \end{cases} \tag{10.66}$$

$$\begin{cases} u_{n+1}^{(h)} = \sum_{j=0}^{p} a_j u_{n-j}^{(h)} + h \sum_{j=-1}^{p} b_j f(t_{n-j}, u_{n-j}^{(h)}), \\ u_k^{(h)} = w_k^{(h)}, \qquad k = 0, \ldots, p \end{cases} \tag{10.67}$$

per $p \le n \le N_h - 1$, $w_0^{(h)} = y_0$ e $w_k^{(h)}$, $k = 1, \ldots, p$, sono p valori iniziali generati usando un altro schema numerico. ■

Vale il seguente risultato, per la cui dimostrazione si rimanda a [QSS07], Teorema 11.4.

Teorema 10.4 (Equivalenza tra zero-stabilità e condizione delle radici) *Per un metodo multistep consistente, la condizione delle radici* (10.62) *è equivalente alla zero-stabilità.*

Il teorema precedente consente di caratterizzare il comportamento, in merito alla stabilità, di diverse famiglie di metodi di discretizzazione.

Nel caso particolare dei metodi ad un passo consistenti, il polinomio ρ ammette la sola radice $r_0 = 1$. Essi dunque *soddisfano automaticamente la condizione delle radici* e sono pertanto zero-stabili.

Per i metodi di Adams (10.53), il polinomio ρ assume sempre la forma $\rho(r) = r^{p+1} - r^p$. Le sue radici sono pertanto $r_0 = 1$ e $r_1 = 0$ (con molteplicità p) e dunque tutti i metodi di Adams sono zero-stabili.

Anche i metodi del punto medio (10.45) e di Simpson (10.46) sono zero-stabili: per entrambi il primo polinomio caratteristico è $\rho(r) = r^2 - 1$, e dunque $r_0 = 1$ e $r_1 = -1$.

Infine, i metodi BDF riportati nella Sezione 10.5.2 sono zero-stabili purché $p \le 5$, essendo in tali casi soddisfatta la condizione delle radici (si veda [Cry73]).

Possiamo ora dare il seguente risultato di convergenza, per la cui dimostrazione si rimanda a [QSS07, Teorema 11.5].

Teorema 10.5 *Un metodo multistep consistente è convergente se e solo se è soddisfatta la condizione delle radici e l'errore sui dati iniziali è infinitesimo per* $h \to 0$. *Inoltre, esso converge con ordine* q *se sia* $\tau(h)$ *sia l'errore sui dati iniziali sono infinitesimi di ordine* q *rispetto ad* h *per* $h \to 0$.

Una notevole conseguenza del Teorema 10.5 è il seguente teorema di equivalenza.

Corollario 10.1 (Teorema di equivalenza) *Un metodo multistep consistente è convergente se e solo se è zero-stabile e se l'errore sui dati iniziali tende a zero per* h *che tende a zero.*

Concludiamo questa sezione ricordando il seguente risultato, che stabilisce una relazione fra la zero-stabilità e l'ordine di un metodo multistep (si veda [Dah63]):

Proprietà 10.1 (Prima barriera di Dahlquist) *Non esistono metodi multistep lineari zero-stabili a* q*-passi con ordine maggiore di* $q+1$ *se* q *è dispari,* $q+2$ *se* q *è pari.*

10.6.4 L'assoluta stabilità nei metodi multistep

Il metodo MS (10.47) applicato al problema modello (10.25) genera l'equazione alle differenze (10.60), la cui soluzione assume la forma

$$u_n = \sum_{j=0}^{k'} \left(\sum_{s=0}^{m_j-1} \gamma_{sj} n^s \right) [r_j(h\lambda)]^n, \qquad n = 0, 1, \ldots$$

dove le $r_j(h\lambda)$, $j = 0, \ldots, k'$, sono le radici distinte del polinomio caratteristico (10.61). Abbiamo indicato con m_j la molteplicità della radice $r_j(h\lambda)$. Grazie alla (10.26), è chiaro che la *condizione assoluta delle radici* introdotta nella Definizione 10.12 è necessaria e sufficiente ad assicurare che il metodo MS (10.47) sia assolutamente stabile se $h \le h_0$.

Fra i metodi che godono della proprietà di assoluta stabilità sono da preferire quelli per i quali la regione di assoluta stabilità $\mathcal{A}$, introdotta nella (10.27), è molto estesa o addirittura illimitata. Fra questi, vi sono i metodi A*-stabili* (già introdotti al termine della Sezione 10.3.3) ed i metodi ϑ*-stabili*; per questi ultimi $\mathcal{A}$ contiene la regione angolare definita dagli $z \in \mathbb{C}$ tali che $-\vartheta < \pi - \arg(z) < \vartheta$ con $\vartheta \in (0, \pi/2)$. In particolare i metodi A-stabili sono molto importanti nella risoluzione di problemi *stiff* (si veda la Sezione 10.10).

Fra l'ordine di un metodo multistep, il numero di passi e le sue proprietà di stabilità intercorre una relazione, come precisato dal seguente risultato, per la cui dimostrazione rimandiamo a [Wid67]:

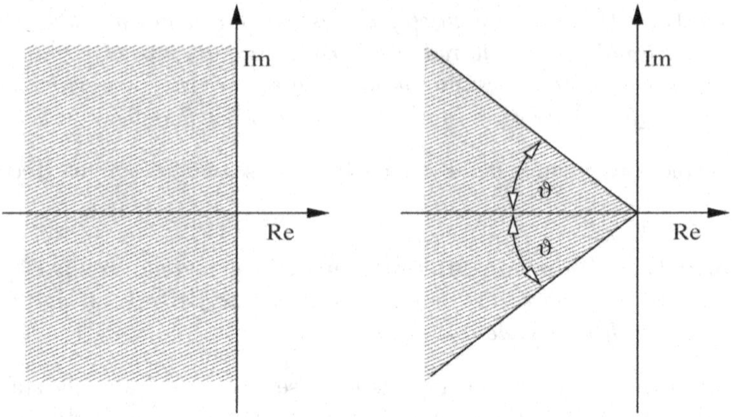

Fig. 10.4 Regioni di assoluta stabilità nel caso di un metodo numerico A-stabile (a sinistra) e ϑ-stabile (a destra)

Proprietà 10.2 (Seconda barriera di Dahlquist) *Un metodo multistep lineare esplicito non può essere né A-stabile, né ϑ-stabile. Inoltre, non esistono metodi multistep lineari A-stabili di ordine superiore a due. Per ogni $\vartheta \in (0, \pi/2)$ esiste almeno un metodo multistep lineare ϑ-stabile a q passi di ordine q solo per $q = 3$ e $q = 4$.*

Vediamo ora alcuni esempi di regioni di assoluta stabilità per i metodi MS. L'ampiezza delle regioni di assoluta stabilità dei metodi di Adams (espliciti od impliciti) si riduce progressivamente al crescere del numero di passi. In Figura 10.5 a sinistra, sono rappresentate le regioni di assoluta stabilità degli schemi presentati, eccezion fatta per il metodo di Eulero esplicito, la cui regione è già stata rappresentata in Figura 10.3.

Le regioni di assoluta stabilità degli schemi di Adams-Moulton, a parte il metodo di Crank-Nicolson che è A-stabile, sono rappresentate sempre in Figura 10.5 a destra.

In Figura 10.6 sono riportate le regioni di assoluta stabilità di alcuni metodi BDF. Esse sono illimitate e contengono sempre l'asse dei numeri complessi con parte reale negativa, una caratteristica che rende i metodi BDF particolarmente adatti per l'approssimazione di problemi *stiff* (si veda la Sezione 10.10).

Osservazione 10.4 Alcuni autori (si veda ad esempio [BD74]) adottano una definizione alternativa per l'assoluta stabilità sostituendo la (10.26) con la richiesta più debole

$$\exists C > 0 : |u_n| \leq C, \text{ per } t_n \to +\infty.$$

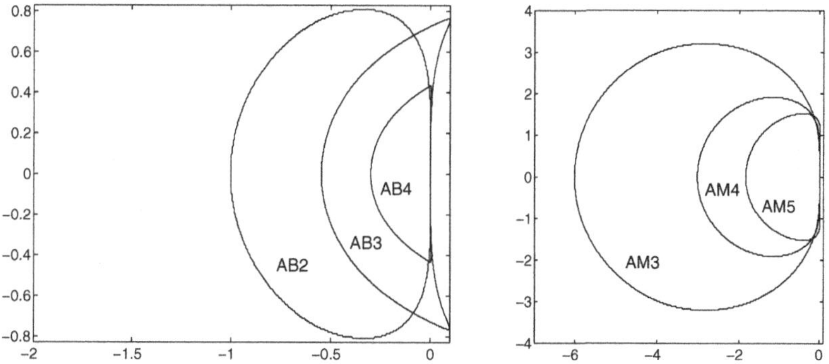

Fig. 10.5 I contorni delle regioni di assoluta stabilità per i metodi di Adams-Bashforth (a sinistra) dal secondo al quart'ordine (AB2, AB3 e AB4) e per i metodi di Adams-Moulton (a destra) dal terzo al quint'ordine (AM3, AM4 ed AM5). Si noti come la regione del metodo AB3 sconfini nel semipiano dei numeri complessi con parte reale positiva

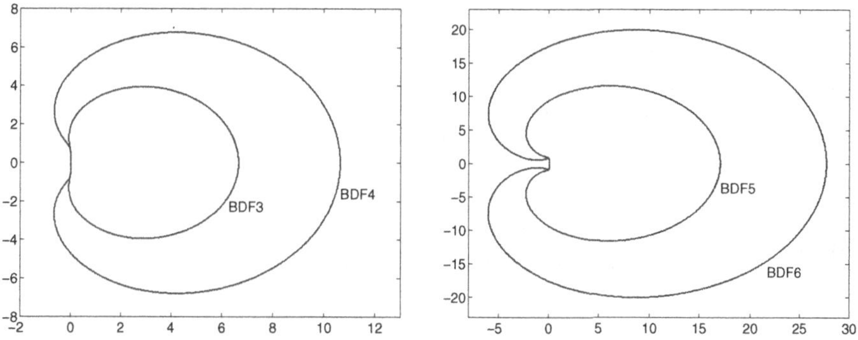

Fig. 10.6 Il contorno delle regioni di assoluta stabilità per i metodi BDF a tre e quattro passi (BDF3 e BDF4, a sinistra) e a cinque e sei passi (BDF5 e BDF6, a destra). Le regioni si estendono al di fuori delle curve chiuse disegnate e quindi sono illimitate

Se adottassimo questa definizione alternativa si avrebbero alcune interessanti conseguenze. La regione di assoluta stabilità $\mathcal{A}^*$ diventerebbe

$$\mathcal{A}^* = \{z \in \mathbb{C} : \ \exists C > 0, \ |u_n| \leq C, \ \forall n \geq 0\}$$

e non coinciderebbe necessariamente con $\mathcal{A}$. Ad esempio, il metodo del punto medio ha una regione $\mathcal{A}$ vuota (dunque è incondizionatamente assolutamente *instabile*), mentre $\mathcal{A}^* = \{z = \alpha i, \ \alpha \in [-1, 1]\}$.

In generale, se $\mathcal{A}$ è non vuota, allora $\mathcal{A}^*$ ne è la chiusura. Facciamo osservare che i metodi zero-stabili sono quelli per i quali la regione $\mathcal{A}^*$ contiene l'origine $z = 0$. ■

		Condizione delle radici	$\Longleftarrow$	Condizione forte delle radici	$\Longleftarrow$	Condizione assoluta delle radici
		$\Updownarrow$		$\Downarrow$		$\Updownarrow$
Convergenza	$\Longleftrightarrow$	Zero stabilità	$\Longleftarrow$	(10.68)	$\Longleftarrow$	Assoluta stabilità

Fig. 10.7 Relazioni fra condizioni delle radici e stabilità per un metodo consistente nel caso del problema modello (10.25)

Per concludere, notiamo che per un problema di Cauchy lineare la condizione forte delle radici (10.63) implica la proprietà seguente

$$
\begin{array}{ll}
\exists h_0 > 0, \ \exists C > 0 : & \forall h \in (0, h_0] \\
|u_n| \leq C(|u_0| + \ldots + |u_p|) & \forall n \geq p+1.
\end{array}
\tag{10.68}
$$

Diremo *relativamente stabile* un metodo che soddisfi la (10.68). Evidentemente, dalla (10.68) discende la zero-stabilità, mentre non vale il viceversa.
Nella Figura 10.7 riassumiamo le principali conclusioni cui si è pervenuti in questa sezione circa le relazioni tra stabilità, convergenza e condizioni delle radici, nel caso particolare di un metodo consistente applicato al problema modello (10.25).

10.7 Metodi predictor-corrector

La risoluzione di un problema di Cauchy non lineare (10.1) con uno schema implicito richiede ad ogni passo temporale la risoluzione di un'equazione non lineare. Ad esempio, se si usasse il metodo di Crank-Nicolson troveremmo

$$
u_{n+1} = u_n + \frac{h}{2}\left[f_n + f_{n+1}\right] = \Psi(u_{n+1}),
$$

che può essere scritto nella forma $\Phi(u_{n+1}) = 0$, avendo posto $\Phi(u_{n+1}) = u_{n+1} - \Psi(u_{n+1})$.

Se si usa il metodo di Newton per risolvere questa equazione, si trova

$$
u_{n+1}^{(k+1)} = u_{n+1}^{(k)} - \Phi(u_{n+1}^{(k)})/\Phi'(u_{n+1}^{(k)}),
$$

per $k = 0, 1, \ldots$, fino a convergenza e richiedendo che il dato iniziale $u_{n+1}^{(0)}$ sia sufficientemente vicino a u_{n+1}.

Alternativamente, si può usare una iterazione di punto fisso della forma

$$
u_{n+1}^{(k+1)} = \Psi(u_{n+1}^{(k)})
\tag{10.69}
$$

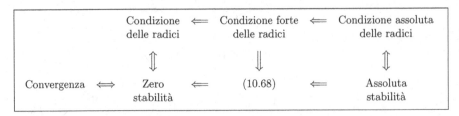

per $k = 0, 1, \ldots$, fino a convergenza. In tal caso, la condizione di convergenza per un metodo di punto fisso (si veda il Teorema 6.1) comporterà una limitazione sul passo di discretizzazione della forma

$$h < \frac{1}{|b_{-1}|L} \tag{10.70}$$

dove L è la costante di Lipschitz di f rispetto a y. In pratica, ad eccezione dei problemi *stiff* (si veda la Sezione 10.10), questa restrizione su h non è troppo penalizzante in quanto considerazioni di accuratezza impongono restrizioni ben maggiori su h. Tuttavia, ogni iterazione di (10.69) richiede una valutazione della funzione f ed il costo computazionale può essere contenuto solo fornendo un buon dato iniziale $u_{n+1}^{(0)}$ (ad esempio eseguendo un passo di un metodo MS esplicito) ed iterando poi per un numero m *fissato* (basso) di iterazioni. Così facendo, il metodo MS implicito usato nello schema di punto fisso corregge il valore di u_{n+1} "predetto" dallo schema MS esplicito. Il metodo che si ottiene è detto complessivamente *metodo predictor-corrector*, o metodo PC. Un metodo PC può essere realizzato in vari modi.

Nella sua versione elementare, il valore $u_{n+1}^{(0)}$ viene calcolato tramite un metodo esplicito a $\tilde{p}+1$-passi, detto il *predictor* (i cui coefficienti verranno indicati con $\{\tilde{a}_j, \tilde{b}_j\}$)

$$[P] \quad u_{n+1}^{(0)} = \sum_{j=0}^{\tilde{p}} \tilde{a}_j u_{n-j}^{(1)} + h \sum_{j=0}^{\tilde{p}} \tilde{b}_j f_{n-j}^{(0)},$$

dove $f_k^{(0)} = f(t_k, u_k^{(0)})$ e $u_k^{(1)}$ sono le soluzioni calcolate con il metodo PC al passo precedente oppure sono le condizioni iniziali.

A questo punto, si valuta la funzione f nel nuovo punto $(t_{n+1}, u_{n+1}^{(0)})$ (*fase di valutazione*)

$$[E] \quad f_{n+1}^{(0)} = f(t_{n+1}, u_{n+1}^{(0)}),$$

ed infine si esegue una sola iterazione del metodo di punto fisso usando uno schema MS implicito della forma (10.47), ovvero

$$[C] \quad u_{n+1}^{(1)} = \sum_{j=0}^{p} a_j u_{n-j}^{(1)} + h b_{-1} f_{n+1}^{(0)} + h \sum_{j=0}^{p} b_j f_{n-j}^{(0)}.$$

Questo secondo passo della procedura è ora esplicito ed il metodo che si usa è detto *corrector*. La procedura nel suo insieme viene denotata in breve come metodo PEC o $P(EC)^1$, in cui P e C indicano una applicazione del metodo predictor e del metodo corrector al tempo t_{n+1}, mentre E indica che è stata effettuata una valutazione di f.

Possiamo generalizzare questa strategia supponendo di eseguire $m > 1$ iterazioni al passo t_{n+1}. Il metodo corrispondente è detto *predictor-multicorrector* e calcola $u_{n+1}^{(0)}$ al tempo t_{n+1} usando il predictor nella forma

$$[P] \quad u_{n+1}^{(0)} = \sum_{j=0}^{\tilde{p}} \tilde{a}_j u_{n-j}^{(m)} + h \sum_{j=0}^{\tilde{p}} \tilde{b}_j f_{n-j}^{(m-1)}. \tag{10.71}$$

Qui $m \geq 1$ indica il numero (fissato) di iterazioni che vengono eseguite nei passi $[E]$, $[C]$: per $k = 0, 1, \ldots, m-1$

$$[E] \quad f_{n+1}^{(k)} = f(t_{n+1}, u_{n+1}^{(k)}),$$

$$[C] \quad u_{n+1}^{(k+1)} = \sum_{j=0}^{p} a_j u_{n-j}^{(m)} + h b_{-1} f_{n+1}^{(k)} + h \sum_{j=0}^{p} b_j f_{n-j}^{(m-1)}.$$

Questa implementazione del metodo PC è comunemente indicata come $P(EC)^m$. Una differente implementazione, nota come $P(EC)^m E$, prevede che al termine del processo venga nuovamente valutata la funzione f. Abbiamo quindi

$$[P] \quad u_{n+1}^{(0)} = \sum_{j=0}^{\tilde{p}} \tilde{a}_j u_{n-j}^{(m)} + h \sum_{j=0}^{\tilde{p}} \tilde{b}_j f_{n-j}^{(m)},$$

e per $k = 0, 1, \ldots, m-1$,

$$[E] \quad f_{n+1}^{(k)} = f(t_{n+1}, u_{n+1}^{(k)}),$$

$$[C] \quad u_{n+1}^{(k+1)} = \sum_{j=0}^{p} a_j u_{n-j}^{(m)} + h b_{-1} f_{n+1}^{(k)} + h \sum_{j=0}^{p} b_j f_{n-j}^{(m)},$$

seguito da

$$[E] \quad f_{n+1}^{(m)} = f(t_{n+1}, u_{n+1}^{(m)}).$$

Esempio 10.8 Il metodo di Heun (10.10) è un metodo predictor-corrector nel quale il predictor è il metodo di Eulero in avanti, mentre il corrector è il metodo di Crank-Nicolson.

Un altro esempio è dato dal metodo di Adams-Bashforth di ordine 2 (10.54) e dal metodo di Adams-Moulton di ordine 3 (10.55). Il metodo PEC corrispondente si formula come: dati $u_0^{(0)} = u_0^{(1)} = u_0$, $u_1^{(0)} = u_1^{(1)} = u_1$ e $f_0^{(0)} = f(t_0, u_0^{(0)})$, $f_1^{(0)} = f(t_1, u_1^{(0)})$, calcolare per $n = 1, 2, \ldots$,

$$[P] \quad u_{n+1}^{(0)} = u_n^{(1)} + \frac{h}{2}\left[3f_n^{(0)} - f_{n-1}^{(0)}\right],$$

$$[E] \quad f_{n+1}^{(0)} = f(t_{n+1}, u_{n+1}^{(0)}),$$

$$[C] \quad u_{n+1}^{(1)} = u_n^{(1)} + \frac{h}{12}\left[5f_{n+1}^{(0)} + 8f_n^{(0)} - f_{n-1}^{(0)}\right],$$

mentre il metodo $PECE$ diventa: dati $u_0^{(0)} = u_0^{(1)} = u_0$, $u_1^{(0)} = u_1^{(1)} = u_1$ e $f_0^{(1)} = f(t_0, u_0^{(1)})$, $f_1^{(1)} = f(t_1, u_1^{(1)})$, calcolare per $n = 1, 2, \ldots$,

$$[P] \quad u_{n+1}^{(0)} = u_n^{(1)} + \frac{h}{2}\left[3f_n^{(1)} - f_{n-1}^{(1)}\right],$$

$$[E] \quad f_{n+1}^{(0)} = f(t_{n+1}, u_{n+1}^{(0)}),$$

$$[C] \quad u_{n+1}^{(1)} = u_n^{(1)} + \frac{h}{12}\left[5f_{n+1}^{(0)} + 8f_n^{(1)} - f_{n-1}^{(1)}\right],$$

$$[E] \quad f_{n+1}^{(1)} = f(t_{n+1}, u_{n+1}^{(1)}).$$ •

Introduciamo una semplificazione nelle notazioni. Usualmente, il numero di passi del metodo predictor è maggiore di quello del metodo corrector; di conseguenza definiamo il numero di passi del metodo predictor-corrector come il numero di passi del predictor. Denoteremo questo numero con p. In virtù di questa definizione non ha più molto senso chiedere ora che $|a_p| + |b_p| \neq 0$. Ad esempio, si consideri la coppia predictor-corrector

$$[P] \quad u_{n+1}^{(0)} = u_n^{(1)} + hf(t_{n-1}, u_{n-1}^{(0)}),$$

$$[C] \quad u_{n+1}^{(1)} = u_n^{(1)} + \tfrac{h}{2}\left[f(t_n, u_n^{(0)}) + f(t_{n+1}, u_{n+1}^{(0)})\right],$$

per la quale $p = 2$ (anche se il corrector è un metodo ad un passo). Di conseguenza, i polinomi caratteristici del metodo corrector saranno $\rho(r) = r^2 - r$ e $\sigma(r) = (r^2 + r)/2$ invece di $\rho(r) = r - 1$ e $\sigma(r) = (r + 1)/2$.

In ogni metodo predictor-corrector, l'errore di troncamento del *predictor* combinato con quello del *corrector*, genera un nuovo errore di troncamento che ora esaminiamo. Siano $\tilde{q}$ e q, rispettivamente, gli ordini del predictor e del corrector, e supponiamo che $y \in C^{\widehat{q}+1}$, dove $\widehat{q} = \max(\tilde{q}, q)$. Allora

$$\begin{aligned} y(t_{n+1}) &- \sum_{j=0}^{\tilde{p}} \tilde{a}_j y(t_{n-j}) - h\sum_{j=0}^{\tilde{p}} \tilde{b}_j f(t_{n-j}, y_{n-j}) \\ &= \tilde{C}_{\tilde{q}+1} h^{\tilde{q}+1} y^{(\tilde{q}+1)}(t_{n-p}) + \mathcal{O}(h^{\tilde{q}+2}), \end{aligned}$$

$$\begin{aligned} y(t_{n+1}) &- \sum_{j=0}^{p} a_j y(t_{n-j}) - h\sum_{j=-1}^{p} b_j f(t_{n-j}, y_{n-j}) \\ &= C_{q+1} h^{q+1} y^{(q+1)}(t_{n-p}) + \mathcal{O}(h^{q+2}), \end{aligned}$$

dove $\tilde{C}_{\tilde{q}+1}, C_{q+1}$ sono le costanti dell'errore di troncamento locale principale PLTE (si veda (10.52)) dei metodi predictor e corrector rispettivamente. Vale il seguente risultato.

Proprietà 10.3 *Supponiamo che il metodo predictor abbia ordine $\tilde{q}$ e il metodo corrector abbia ordine q. Allora:*

se $\tilde{q} \geq q$ (o $\tilde{q} < q$ con $m > q - \tilde{q}$), il metodo predictor-corrector ha lo stesso ordine e lo stesso PLTE del corrector;

se $\tilde{q} < q$ e $m = q - \tilde{q}$, allora il metodo predictor-corrector ha lo stesso ordine del corrector, ma diverso PLTE (di fatto hanno una costante C_{q+1} diversa);

se $\tilde{q} < q$ e $m \leq q - \tilde{q} - 1$, allora il metodo predictor-corrector ha ordine pari a $\tilde{q} + m$ (quindi minore di q).

In particolare, si noti che se il predictor ha ordine $q-1$ ed il corrector ha ordine q, il metodo PEC fornisce un metodo di ordine q. Inoltre, i metodi $P(EC)^m E$ e $P(EC)^m$ hanno sempre lo stesso ordine e lo stesso PLTE.

Si noti infine che, combinando un metodo di Adams-Bashforth di ordine q con il corrispondente metodo di Adams-Moulton dello stesso ordine, si ottiene il cosiddetto metodo ABM di ordine q. È possibile stimare il PLTE di questo metodo come

$$\frac{C_{q+1}^{AM}}{C_{q+1}^{AB} - C_{q+1}^{AM}} \left(u_{n+1}^{(m)} - u_{n+1}^{(0)} \right),$$

dove C_{q+1}^{AM} e C_{q+1}^{AB} sono le costanti degli errori riportate nella Tabella 10.1. Di conseguenza, il passo di discretizzazione h può essere ridotto se la stima del PLTE supera una data tolleranza ed aumentato in caso contrario (per l'adattività del passo di un metodo predictor-corrector si veda [Lam91, pagg. 128–147]).

Il Programma 82 implementa i metodi $P(EC)^m E$. I parametri d'ingresso `at`, `bt`, `a`, `b` contengono i coefficienti $\tilde{a}_j, \tilde{b}_j$ $(j = 0, \ldots, \tilde{p})$ del predictor ed i coefficienti a_j $(j = 0, \ldots, p)$, b_j $(j = -1, \ldots, p)$ del corrector. Inoltre, `f` è un function handle associato alla funzione $f(t, y)$, `h` è il passo di discretizzazione, `t0` e `tf` sono gli estremi dell'intervallo di integrazione, `u0` è il vettore dei dati iniziali, `m` è il numero di iterazioni interne del metodo corrector. Infine, la variabile `pece` deve essere posta uguale a `'y'` se si intende selezionare il metodo $P(EC)^m E$, in caso contrario viene selezionato lo schema $P(EC)^m$.

Programma 82 – predcor: Metodo predictor-corrector

```
function [t,u]=predcor(a,b,at,bt,h,f,t0,u0,tf,pece,m)
% PREDCOR metodo predictor-corrector.
% [T,U]=PREDCOR(A,B,AT,BT,TF,T0,U0,H,FUN,PECE,M) risolve il problema di
% Cauchy Y'=FUN(T,Y), per T in (T0,TF), utilizzando il metodo predictor-
% corrector avente coefficienti AT e BT per il predictor, A e B per il corrector.
% H specifica il time step. Se PECE=1, allora si usa il metodo P(EC)^mE,
% altrimenti il metodo P(EC)^m.
u0=u0(:);t0=t0(:);
p = max(length(a),length(b)-1);
pt = max(length(at),length(bt));
q = max(p,pt);
if length(u0)<q, t=[]; u=[]; return, end;
t = t0:h:t0+(q-1)*h; u = u0; fe = f(t,u0);
k = q;
for t = t0+q*h:h:tf
    ut=sum(at.*u(k:-1:k-pt+1))+h*sum(bt.*fe(k:-1:k-pt+1));
    foy=f(t,ut);
    uv=sum(a.*u(k:-1:k-p+1))+h*sum(b(2:p+1).*fe(k:-1:k-p+1));
    k = k+1;
    for j=1:m
        fy=foy; up=uv+h*b(1)*fy; foy=f(t,up);
    end
    if strcmp(pece,'y') || strcmp(pece,'Y')
        fe=[fe;foy];
    else
       fe=[fe;fy];
    end
    u=[u;up];
end
t=(t0:h:tf)';
return
```

Esempio 10.9 Verifichiamo le proprietà del metodo $P(EC)^m E$ per la risoluzione del problema di Cauchy $y'(t) = e^{-y(t)}$ per $t \in [0,1]$ con $y(0) = 1$. La soluzione esatta è $y(t) = \log(1+t)$. In tutti gli esperimenti numerici, il metodo corrector è il metodo di Adams-Moulton del terz'ordine (AM3), mentre come predictor sono stati usati il metodo di Eulero in avanti (AB1) ed il metodo di Adams-Bashforth del second'ordine (AB2). In Figura 10.8 si vede che la coppia AB2-AM3 ($m = 1$) presenta una velocità di convergenza del terz'ordine, mentre AB1-AM3 ($m = 1$) è accurato solo al second'ordine. Prendendo $m = 2$ si ritrova la convergenza al terz'ordine per lo schema AB1–AM3. •

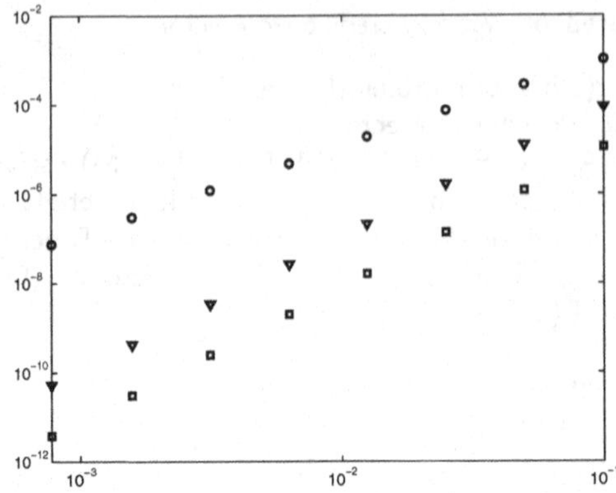

Fig. 10.8 Velocità di convergenza per metodi $P(EC)^m E$ in funzione di $\log(h)$. Il simbolo ∇ si riferisce alla coppia AB2-AM3 ($m = 1$), $\circ$ ad AB1-AM3 ($m = 1$) e $\square$ ad AB1-AM3 con $m = 2$

Per quanto riguarda l'assoluta stabilità, il polinomio caratteristico di $P(EC)^m$ è

$$\Pi_{P(EC)^m}(r) = b_{-1} r^p \left(\widehat{\rho}(r) - h\lambda\widehat{\sigma}(r)\right) + \frac{H^m(1-H)}{1-H^m}\left(\tilde{\rho}(r)\widehat{\sigma}(r) - \widehat{\rho}(r)\tilde{\sigma}(r)\right)$$

mentre per $P(EC)^m E$ diventa

$$\Pi_{P(EC)^m E}(r) = \widehat{\rho}(r) - h\lambda\widehat{\sigma}(r) + \frac{H^m(1-H)}{1-H^m}\left(\tilde{\rho}(r) - h\lambda\tilde{\sigma}(r)\right).$$

Abbiamo posto $H = h\lambda b_{-1}$ ed indicato con $\tilde{\rho}$ e $\tilde{\sigma}$ il primo ed il secondo polinomio caratteristico del metodo predictor, rispettivamente. I polinomi $\widehat{\rho}$ e $\widehat{\sigma}$ sono legati al primo ed al secondo polinomio caratteristico del corrector, come già precedentemente notato subito dopo l'Esempio 10.8. In entrambi i casi il polinomio caratteristico tende al corrispondente polinomio caratteristico del corrector in quanto la funzione $H^m(1-H)/(1-H^m)$ tende a zero per m che tende all'infinito.

Esempio 10.10 Consideriamo i metodi ABM a p passi. I polinomi caratteristici sono $\widehat{\rho}(r) = \tilde{\rho}(r) = r(r^{p-1} - r^{p-2})$, mentre $\widehat{\sigma}(r) = r\sigma(r)$, dove $\sigma(r)$ è il secondo polinomio caratteristico del corrector. In Figura 10.9, a destra, sono riportate le regioni di assoluta stabilità dei metodi ABM di ordine 2. Nei metodi ABM di ordine 2, 3 e 4 tali regioni possono essere ordinate per grandezza dalla più grande alla più piccola a partire da quella di $PECE$, $P(EC)^2E$, del predictor e di PEC. Il metodo ABM ad un passo è una eccezione in quanto la regione più grande è quella corrispondente al metodo predictor (si veda la Figura 10.9, a sinistra). •

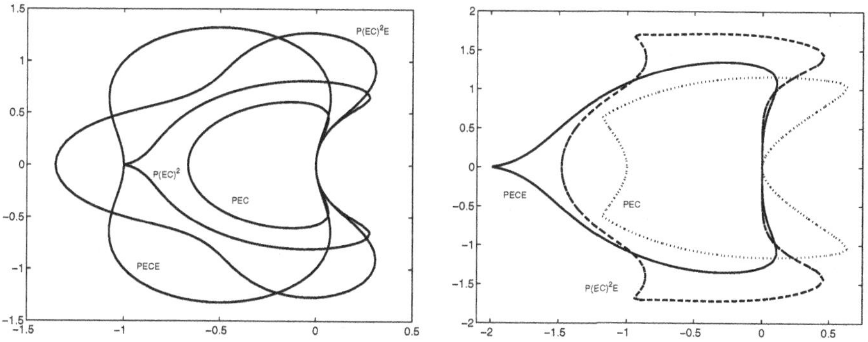

Fig. 10.9 Regioni di assoluta stabilità per i metodi ABM di ordine 1 (a sinistra) e di ordine 2 (a destra)

10.8 Metodi Runge-Kutta

Nel processo che conduce dal metodo di Eulero in avanti (10.7) verso metodi di ordine più elevato del primo, i metodi multistep lineari (MS) ed i metodi Runge-Kutta (RK) si ispirano a criteri opposti.

Come il metodo di Eulero, i metodi MS sono lineari rispetto ad u_n e $f_n = f(t_n, u_n)$, richiedono una sola valutazione funzionale per ogni passo temporale e guadagnano accuratezza incrementando il numero dei passi. I metodi RK, al contrario, guadagnano accuratezza conservando la struttura ad un passo, ma sacrificando la linearità a prezzo di un aumento del numero di valutazioni funzionali per ogni passo. In questo modo è facile modificare il passo di integrazione per i metodi RK, ma si perde la possibilità di valutare in modo semplice l'errore locale con le tecniche proprie dei metodi MS.
Nella forma più generale un metodo RK può essere scritto come

$$u_{n+1} = u_n + hF(t_n, u_n, h; f), \qquad n \geq 0 \tag{10.72}$$

dove F è la funzione incremento definita nel modo seguente

$$\begin{aligned} &F(t_n, u_n, h; f) = \sum_{i=1}^{s} b_i K_i, \\ &K_i = f(t_n + c_i h, u_n + h\sum_{j=1}^{s} a_{ij} K_j), \quad i = 1, 2, \dots, s \end{aligned} \tag{10.73}$$

e dove s indica il numero di *stadi* del metodo. I coefficienti $\{a_{ij}\}$, $\{c_i\}$ e $\{b_i\}$ caratterizzano completamente un metodo RK e vengono generalmente raccolti nella cosiddetta *matrice di Butcher*

$$\begin{array}{c|cccc} c_1 & a_{11} & a_{12} & \dots & a_{1s} \\ c_2 & a_{21} & a_{22} & & a_{2s} \\ \vdots & \vdots & & \ddots & \vdots \\ c_s & a_{s1} & a_{s2} & \dots & a_{ss} \\ \hline & b_1 & b_2 & \dots & b_s \end{array} \qquad \text{o} \qquad \begin{array}{c|c} \mathbf{c} & \mathrm{A} \\ \hline & \mathbf{b}^T \end{array}$$

essendo $\mathrm{A} = (a_{ij}) \in \mathbb{R}^{s \times s}$, $\mathbf{b} = (b_1, \dots, b_s)^T \in \mathbb{R}^s$ e $\mathbf{c} = (c_1, \dots, c_s)^T \in \mathbb{R}^s$. Supporremo inoltre che valga la seguente condizione

$$c_i = \sum_{j=1}^{s} a_{ij} \quad i = 1, \dots, s \tag{10.74}$$

Se i coefficienti a_{ij} in A sono nulli per $j \geq i$, con $i = 1, 2, \dots, s$, allora ogni K_i può essere calcolato esplicitamente in funzione dei soli $i - 1$ coefficienti $K_1, \dots, K_{i-1}$ già precedentemente calcolati. Per questo motivo, in tal caso, lo schema viene detto *esplicito*. In caso contrario, lo schema RK è *implicito* ed il calcolo dei K_i richiede la risoluzione di un sistema non lineare di dimensione s.

L'aggravio computazionale da esso comportato rende eccessivamente onerosi questi schemi. Tuttavia, qualora si voglia utilizzare uno schema non totalmente esplicito, è possibile ricorrere ai metodi RK *semi-impliciti*: in essi $a_{ij} = 0$ per $j > i$ e quindi ogni K_i è dato dalla soluzione dell'equazione non lineare

$$K_i = f\left(t_n + c_i h, u_n + h a_{ii} \boxed{K_i} + h \sum_{j=1}^{i-1} a_{ij} K_j \right).$$

Uno schema semi-implicito richiede dunque la risoluzione di s equazioni non lineari indipendenti.

Per l'analisi di *consistenza*, definiamo l'errore di troncamento locale $\tau_{n+1}(h)$ nel nodo t_{n+1} utilizzando l'equazione del residuo

$$h\tau_{n+1}(h) = y_{n+1} - y_n - hF(t_n, y_n, h; f),$$

$y(t)$ essendo la soluzione del problema di Cauchy (10.1). Il metodo (10.72) è detto *consistente* se $\tau(h) = \max_n |\tau_n(h)| \to 0$ per $h \to 0$. Si verifica facilmente che ciò accade se e solo se

$$\sum_{i=1}^{s} b_i = 1$$

Al solito, si dirà poi che (10.72) è un metodo di ordine p (≥ 1) rispetto ad h se $\tau(h) = \mathcal{O}(h^p)$ per $h \to 0$.

Per quanto riguarda la *convergenza* di un metodo RK, è sufficiente osservare che, trattandosi di metodi ad un passo, la consistenza implica la stabilità e quindi la convergenza (si vedano le considerazioni successive al Teorema 10.4). È possibile ottenere, come per i metodi MS, stime dell'errore di troncamento $\tau(h)$: tuttavia, queste stime sono troppo complicate per poter essere utilizzate con profitto nella pratica. Facciamo soltanto notare che, come per i metodi MS, se un metodo RK ha un errore di troncamento locale $\tau_n(h) = \mathcal{O}(h^p)$, per ogni n, allora anche l'ordine di convergenza sarà p.

Per quanto riguarda l'ordine degli schemi espliciti, vale la seguente proprietà:

Proprietà 10.4 *Un metodo Runge-Kutta esplicito a s stadi non può avere ordine maggiore di s. Non solo, non esistono metodi Runge-Kutta espliciti a s stadi con ordine s se $s \geq 5$.*

Rimandiamo a [But87] per la dimostrazione di questo risultato e di quelli che seguono. In particolare, per gli ordini da 1 a 8, il minimo numero di stadi s_{min} necessario per ottenere un metodo di ordine corrispondente è riportato nella seguente tabella

ordine	1	2	3	4	**5**	6	7	8
s_{min}	1	2	3	4	**6**	7	9	11

Si noti che 4 è il massimo numero di stadi in corrispondenza del quale l'ordine non è inferiore al numero di stadi stesso. Un esempio di metodo RK del 4° ordine è fornito dal seguente schema a 4 passi esplicito

$$
\begin{array}{l}
\boxed{u_{n+1} = u_n + \dfrac{h}{6}(K_1 + 2K_2 + 2K_3 + K_4)} \\
K_1 = f_n, \\
K_2 = f(t_n + \frac{h}{2}, u_n + \frac{h}{2}K_1), \\
K_3 = f(t_n + \frac{h}{2}, u_n + \frac{h}{2}K_2), \\
K_4 = f(t_{n+1}, u_n + hK_3).
\end{array}
\tag{10.75}
$$

Per quanto riguarda gli schemi impliciti, si trova che il massimo ordine raggiungibile con s passi è $2s$.

Osservazione 10.5 (Il caso dei sistemi) Un metodo RK può essere facilmente esteso ad un sistema di ODE. Tuttavia l'ordine che il metodo RK ha per problemi scalari non è necessariamente mantenuto nel caso vettoriale. In particolare, per $p \geq 4$ un metodo che sia di ordine p per un sistema autonomo $\mathbf{y}' = \mathbf{f}(\mathbf{y})$, con $\mathbf{f} : \mathbb{R}^m \to \mathbb{R}^n$ ha certamente ordine p anche quando applicato ad una equazione autonoma scalare $y' = f(y)$, ma non vale il viceversa. Si veda a questo proposito [Lam91], Sezione 5.8. ■

10.8.1 Derivazione di un metodo Runge-Kutta esplicito

La tecnica usuale per derivare un metodo RK esplicito consiste nell'imporre che il maggior numero possibile di termini nello sviluppo in serie di Taylor della soluzione esatta y_{n+1} in un intorno di t_n di ampiezza h siano coincidenti con quelli della soluzione approssimata u^*_{n+1}, ottenuta supponendo di eseguire un unico passo del metodo RK a partire dalla soluzione esatta y_n. Diamo un esempio di questa tecnica nel caso di un metodo RK esplicito a due stadi.

Supponiamo di partire al passo n dalla soluzione esatta y_n. Abbiamo

$$u^*_{n+1} = y_n + hF(t_n, y_n, h; f) = y_n + h(b_1K_1 + b_2K_2),$$

$$K_1 = f(t_n, y_n), \qquad K_2 = f(t_n + hc_2, y_n + hc_2K_1),$$

avendo supposto che valga la (10.74). Sviluppando K_2 in serie di Taylor in un intorno di t_n ed arrestandoci al second'ordine, si ottiene

$$K_2 \;=\; f_n + hc_2(f_{n,t} + K_1 f_{n,y}) + \mathcal{O}(h^2).$$

Abbiamo indicato con $f_{n,z}$ (per $z = t$ o $z = y$) la derivata parziale di f rispetto a z, valutata in (t_n, y_n). Sostituendo la relazione precedente nella espressione di u^*_{n+1} si ottiene

$$u^*_{n+1} = y_n + hf_n(b_1 + b_2) + h^2c_2b_2(f_{n,t} + f_nf_{n,y}) + \mathcal{O}(h^3).$$

Se sviluppiamo allo stesso modo la soluzione esatta, troviamo

$$y_{n+1} = y_n + hy'_n + \frac{h^2}{2}y''_n + \mathcal{O}(h^3) = y_n + hf_n + \frac{h^2}{2}(f_{n,t} + f_nf_{n,y}) + \mathcal{O}(h^3).$$

Imponiamo che i coefficienti degli sviluppi appena introdotti coincidano, a meno di termini di ordine superiore al secondo; si trova allora che i coefficienti del metodo RK devono soddisfare la relazione $b_1 + b_2 = 1$, $c_2b_2 = \frac{1}{2}$.

Esistono dunque infiniti metodi RK espliciti a due stadi del second'ordine. Due esempi di metodi di questa famiglia sono il metodo di Heun (10.10) ed il metodo di Eulero modificato (10.91).

Evidentemente, ripetendo calcoli analoghi (e noiosi) con metodi a più stadi, e considerando un numero maggiore di termini dello sviluppo in serie di Taylor, si possono trovare metodi di tipo RK di ordine superiore. Ad esempio, mantenendo tutti i termini fino al quint'ordine si ritrova lo schema (10.75).

10.8.2 Adattività del passo per i metodi Runge-Kutta

Essendo ad un passo, i metodi RK ben si prestano al cambio del passo di integrazione h, purché si disponga di uno stimatore efficiente dell'errore locale commesso al singolo passo. Questi stimatori sono in generale *a posteriori* in quanto le stime a priori dell'errore locale sono troppo complicate da utilizzare nella pratica e possono essere ottenuti in due modi:

- utilizzando ad ogni istante temporale lo stesso metodo RK con due passi diversi (tipicamente $2h$ e h);
- impiegando ad ogni livello temporale due metodi RK di ordine diverso, ma con lo stesso numero s di stadi.

Nel primo caso, si suppone di impiegare un metodo RK di ordine p e si pretende che, partendo dal dato esatto $u_n = y_n$ (ovviamente indisponibile, se $n \geq 1$), l'errore locale che si commette sia inferiore ad una tolleranza prestabilita. Osserviamo che vale la relazione

$$y_{n+1} - u_{n+1}^* = \Phi(y_n)h^{p+1} + \mathcal{O}(h^{p+2}), \tag{10.76}$$

essendo Φ una funzione incognita valutata in y_n. (Si osservi che, in questa speciale situazione, risulta $y_{n+1} - u_{n+1}^* = h\tau_{n+1}(h)$).

Eseguendo lo stesso calcolo con passo $2h$ a partire da t_{n-1} ed indicando con $\widehat{u}_{n+1}^*$ la soluzione corrispondente, si trova

$$\begin{aligned} y_{n+1} - \widehat{u}_{n+1}^* &= \Phi(y_{n-1})(2h)^{p+1} + \mathcal{O}(h^{p+2}) \\ &= \Phi(y_n)(2h)^{p+1} + \mathcal{O}(h^{p+2}) \end{aligned} \tag{10.77}$$

avendo supposto di sviluppare in serie anche y_{n-1} rispetto a t_n. Sottraendo la (10.76) dalla (10.77), si perviene alla relazione

$$(2^{p+1} - 1)h^{p+1}\Phi(y_n) = u_{n+1}^* - \widehat{u}_{n+1}^* + \mathcal{O}(h^{p+2}),$$

da cui

$$y_{n+1} - u_{n+1}^* \simeq \frac{u_{n+1}^* - \widehat{u}_{n+1}^*}{(2^{p+1} - 1)} = \mathcal{E}. \tag{10.78}$$

Nella pratica, non essendo note le quantità u_{n+1}^* e $\widehat{u}_{n+1}^*$, si procede valutando

$$\mathcal{E} = \frac{u_{n+1} - \widehat{u}_{n+1}}{(2^{p+1} - 1)},$$

essendo u_{n+1} e $\widehat{u}_{n+1}$ le soluzioni numeriche ottenute con passo h e $2h$, rispettivamente.
Se $|\mathcal{E}|$ è minore della tolleranza ε fissata, lo schema prosegue al passo successivo, mentre in caso contrario esegue nuovamente la stima con un passo dimezzato. In generale si raddoppia il passo di integrazione quando $|\mathcal{E}|$ è minore di $\varepsilon/2^{p+1}$.

Questo approccio comporta un considerevole aggravio computazionale, per via delle $s-1$ valutazioni funzionali addizionali necessarie per generare il valore $\widehat{u}_{n+1}$. Inoltre, nel caso in cui fosse necessario dimezzare il passo, dovrà essere ricalcolato anche il valore u_n.

Una alternativa che non comporti valutazioni funzionali addizionali consiste nell'utilizzare due metodi RK a s stadi, di ordine p e $p+1$ rispettivamente, che presentino lo stesso insieme di valori K_i. Questi metodi vengono rappresentati in modo sintetico tramite la matrice di Butcher modificata

$$
\begin{array}{c|l}
\mathbf{c} & \mathrm{A} \\
\hline
 & \mathbf{b}^T \\
 & \widehat{\mathbf{b}}^T \\
\hline
 & \mathbf{E}^T
\end{array}
\tag{10.79}
$$

identificando il metodo di ordine p con i coefficienti $\mathbf{c}$, A e $\mathbf{b}$ e quello di ordine $p+1$ con $\mathbf{c}$, A e $\widehat{\mathbf{b}}$, ed essendo $\mathbf{E} = \mathbf{b} - \widehat{\mathbf{b}}$. È semplice verificare che la differenza fra le soluzioni approssimate in t_{n+1} ottenute usando i due schemi, fornisce una stima dell'errore di troncamento locale per lo schema di ordine inferiore. D'altra parte, essendo i K_i uguali, questa differenza è data proprio da $h\sum_{i=1}^{s} E_i K_i$ e non richiede dunque ulteriori valutazioni funzionali.

Si noti che se viene usata la u_{n+1} generata dallo schema di ordine p per innescare lo schema al passo $n+2$, il metodo avrà complessivamente ordine p. Se al contrario venisse usata la soluzione generata dallo schema di ordine $p+1$, si troverebbe uno schema ancora di ordine $p+1$ (esattamente nella stessa logica dei metodi predictor-corrector).

Il metodo di Runge-Kutta Fehlberg del 4° ordine è uno degli schemi più noti della forma (10.79) ed è costituito da uno schema RK del 4° ordine accoppiato con uno schema del 5° ordine (per questo motivo è noto come RK45). La matrice di Butcher modificata per questo schema è data da

$$
\begin{array}{c|cccccc}
0 & 0 & 0 & 0 & 0 & 0 & 0 \\
\frac{1}{4} & \frac{1}{4} & 0 & 0 & 0 & 0 & 0 \\
\frac{3}{8} & \frac{3}{32} & \frac{9}{32} & 0 & 0 & 0 & 0 \\
\frac{12}{13} & \frac{1932}{2197} & -\frac{7200}{2197} & \frac{7296}{2197} & 0 & 0 & 0 \\
1 & \frac{439}{216} & -8 & \frac{3680}{513} & -\frac{845}{4104} & 0 & 0 \\
\frac{1}{2} & -\frac{8}{27} & 2 & -\frac{3544}{2565} & \frac{1859}{4104} & -\frac{11}{40} & 0 \\
\hline
 & \frac{25}{216} & 0 & \frac{1408}{2565} & \frac{2197}{4104} & -\frac{1}{5} & 0 \\
 & \frac{16}{135} & 0 & \frac{6656}{12825} & \frac{28561}{56430} & -\frac{9}{50} & \frac{2}{55} \\
\hline
 & \frac{1}{360} & 0 & -\frac{128}{4275} & -\frac{2197}{75240} & \frac{1}{50} & \frac{2}{55}
\end{array}
$$

Questo metodo ha tuttavia la tendenza a sottostimare l'errore e non è pertanto del tutto affidabile quando il passo h è grande.

Osservazione 10.6 In MATLAB sono disponibili i programmi ode23 e ode45 che implementano i due classici metodi Runge-Kutta Fehlberg (RK23 e

RK45), il programma `ode113` che implementa un metodo predictor-corrector basato sui metodi Adams-Bashforth-Moulton e altri programmi che implementano metodi derivati dai metodi BDF (si veda [SR97]) e appropriati per la risoluzione di problemi *stiff* (si vedano `ode15s`, `ode23s` e `ode23tb`). ■

Osservazione 10.7 (Metodi RK impliciti) I metodi RK impliciti possono essere derivati utilizzando la formulazione integrale del problema di Cauchy (10.2) e ricorrendo ad opportune formule di integrazione. Per una loro presentazione e derivazione rimandiamo ad esempio a [QSS07], Sezione 11.8.3. ■

10.8.3 Regioni di assoluta stabilità per i metodi Runge-Kutta

Applicando un metodo RK ad s stadi al problema modello (10.25), si trova la seguente equazione alle differenze del prim'ordine

$$K_i = \lambda\left(u_n + h\sum_{j=1}^{s} a_{ij}K_j\right), \quad u_{n+1} = u_n + h\sum_{i=1}^{s} b_iK_i. \tag{10.80}$$

Se definiamo con $\mathbf{K}$ e $\mathbf{1}$ i vettori di componenti $(K_1, \ldots, K_s)^T$ e $(1, \ldots, 1)^T$, rispettivamente, allora le (10.80) divengono

$$\mathbf{K} = \lambda\left(u_n\mathbf{1} + h\mathrm{A}\mathbf{K}\right), \quad u_{n+1} = u_n + h\mathbf{b}^T\mathbf{K},$$

da cui $\mathbf{K} = (\mathrm{I} - h\lambda\mathrm{A})^{-1}\mathbf{1}\lambda u_n$ e quindi

$$u_{n+1} = \left[1 + h\lambda\mathbf{b}^T(\mathrm{I} - h\lambda\mathrm{A})^{-1}\mathbf{1}\right]u_n = R(h\lambda)u_n$$

avendo denotato con $R(h\lambda)$ la cosiddetta *funzione di stabilità*.

Il metodo RK è allora assolutamente stabile, ossia la successione delle $\{u_n\}$ soddisfa la (10.26), se e solo se $|R(h\lambda)| < 1$. La sua regione di assoluta stabilità è

$$\mathcal{A} = \{z = h\lambda \in \mathbb{C} \text{ tali che } |R(h\lambda)| < 1\}.$$

Se il metodo RK è esplicito, la matrice A è strettamente triangolare inferiore e la funzione R può anche essere scritta nella forma seguente (si veda [DV84])

$$R(h\lambda) = \frac{\det(\mathrm{I} - h\lambda\mathrm{A} + h\lambda\mathbf{1}\mathbf{b}^T)}{\det(\mathrm{I} - h\lambda\mathrm{A})}.$$

Inoltre, essendo $\det(\mathrm{I} - h\lambda\mathrm{A}) = 1$, $R(h\lambda)$ è una funzione polinomiale in $h\lambda$. Di conseguenza $|R(h\lambda)|$ non può mai essere minore di 1 per tutti i valori di $h\lambda$, quindi $\mathcal{A}$ non può mai essere illimitata per un metodo RK esplicito. Nel caso particolare dei metodi RK espliciti di ordine $s = 1, \ldots, 4$, si trova (si veda [Lam91])

$$R(h\lambda) = 1 + h\lambda + \frac{1}{2}(h\lambda)^2 + \ldots + \frac{1}{s!}(h\lambda)^s.$$

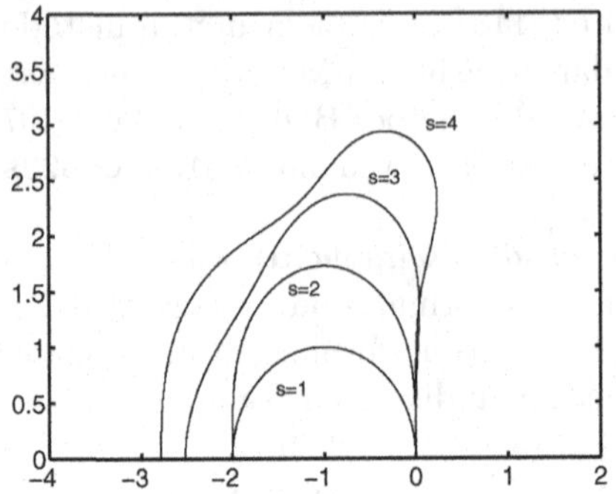

Fig. 10.10 Regioni di assoluta stabilità per i metodi RK espliciti a s stadi con $s = 1, \ldots, 4$. Il grafico mostra solo il semipiano $\mathrm{Im}(h\lambda) \geq 0$ essendo le regioni simmetriche rispetto all'asse reale

In Figura 10.10 sono rappresentate le regioni di assoluta stabilità corrispondenti. Si noti come, contrariamente a quanto accade per i metodi multistep, l'ampiezza delle regioni di assoluta stabilità cresce al crescere dell'ordine. Notiamo anche che le regioni di assoluta stabilità per i RK espliciti possono essere costituite da regioni non connesse, le cosiddette "lune" (si veda l'Esercizio 14).

10.9 Il caso dei sistemi di equazioni differenziali ordinarie

Consideriamo un sistema di ODE del prim'ordine dato da

$$\mathbf{y}' = \mathbf{F}(t, \mathbf{y}), \tag{10.81}$$

essendo $\mathbf{y} \in \mathbb{R}^n$ il vettore soluzione e $\mathbf{F} : \mathbb{R} \times \mathbb{R}^n \to \mathbb{R}^n$ una funzione assegnata. La soluzione di un sistema di ODE dipenderà da n costanti arbitrarie che dovranno essere fissate tramite le n condizioni iniziali

$$\mathbf{y}(t_0) = \mathbf{y}_0. \tag{10.82}$$

Ricordiamo la seguente proprietà (si veda [PS91], pag. 209):

Proprietà 10.5 *Sia* $\mathbf{F} : \mathbb{R} \times \mathbb{R}^n \to \mathbb{R}^n$ *una funzione continua su* $D = [t_0, T] \times \mathbb{R}^n$ *con* t_0 *e* T *finiti. Allora, se esiste una costante positiva* L *tale che la disuguaglianza*

$$\|\mathbf{F}(t, \mathbf{y}) - \mathbf{F}(t, \bar{\mathbf{y}})\| \leq L\|\mathbf{y} - \bar{\mathbf{y}}\| \tag{10.83}$$

valga per ogni $(t, \mathbf{y})$, $(t, \bar{\mathbf{y}}) \in D$, *allora per ogni* $\mathbf{y}_0 \in \mathbb{R}^n$ *esiste un'unica* $\mathbf{y}$ *continua e differenziabile per ogni* $(t, \mathbf{y}) \in D$, *soluzione del problema di Cauchy* (10.81)-(10.82).

La condizione (10.83) esprime il fatto che $\mathbf{F}$ sia *lipschitziana* rispetto al secondo argomento.

Raramente è possibile esprimere in forma chiusa la soluzione del sistema (10.81). Un caso particolare è quello in cui il sistema assuma la forma

$$\mathbf{y}'(t) = \mathrm{A}\mathbf{y}(t), \tag{10.84}$$

con A$\in \mathbb{R}^{n\times n}$. Assumiamo nel seguito che A abbia n autovalori distinti, λ_j, $j = 1, \ldots, n$; la soluzione $\mathbf{y}$ può dunque essere scritta nella forma

$$\mathbf{y}(t) = \sum_{j=1}^{n} C_j e^{\lambda_j t}\mathbf{v}_j, \tag{10.85}$$

essendo $C_1, \ldots, C_n$, delle costanti e $\{\mathbf{v}_j\}$ una base formata dagli autovettori di A, associati agli autovalori λ_j per $j = 1, \ldots, n$. La soluzione verrà determinata imponendo n condizioni iniziali.

Dal punto di vista numerico, gli schemi precedentemente proposti per il caso scalare possono essere estesi ai sistemi di ODE, lineari e non (con le dovute avvertenze nel caso in cui si usino metodi RK). Il punto più delicato riguarda come estendere opportunamente le considerazioni svolte a proposito dell'assoluta stabilità. A tal fine, consideriamo il sistema (10.84). Come abbiamo visto, lo studio dell'assoluta stabilità prevede di valutare l'andamento della soluzione numerica per t che tende all'infinito, nel caso in cui la soluzione del problema (10.81) verifichi

$$\|\mathbf{y}(t)\| \to 0 \quad \text{per } t \to \infty. \tag{10.86}$$

Evidentemente, la condizione (10.86) è soddisfatta se la parte reale degli autovalori di A è negativa. In effetti ciò assicura che

$$e^{\lambda_j t} = e^{\mathrm{Re}\lambda_j t}(\cos(\mathrm{Im}\lambda_j t) + i \sin(\mathrm{Im}\lambda_i t)) \to 0, \quad \text{per } t \to \infty, \tag{10.87}$$

da cui discende la (10.86) tenendo conto della (10.85). Notiamo inoltre che, avendo A n autovalori distinti, esiste una matrice Q non singolare tale che $\Lambda = \mathrm{Q}^{-1}\mathrm{AQ}$, dove Λ è la matrice diagonale che ha come elementi gli autovalori di A. Di conseguenza, introducendo la variabile ausiliaria $\mathbf{z} = \mathrm{Q}^{-1}\mathbf{y}$, il sistema di partenza può essere trasformato nel sistema diagonale equivalente

$$\mathbf{z}' = \Lambda\mathbf{z}. \tag{10.88}$$

Pertanto, i risultati ottenuti per il caso scalare si estendono anche al caso vettoriale, a patto di ripetere l'analisi su tutte le equazioni (scalari) del sistema (10.88).

10.10 I problemi stiff

Consideriamo il sistema di ODE lineari a coefficienti costanti

$$\mathbf{y}'(t) = \mathrm{A}\mathbf{y}(t) + \boldsymbol{\varphi}(t), \qquad \text{con } \mathrm{A} \in \mathbb{R}^{n\times n}, \quad \boldsymbol{\varphi}(t) \in \mathbb{R}^n,$$

e supponiamo che A abbia n autovalori distinti. Come abbiamo visto nella Sezione 10.9, la soluzione $\mathbf{y}$ potrà essere scritta nella forma

$$\mathbf{y}(t) = \sum_{j=1}^{n} C_j e^{\lambda_j t}\mathbf{v}_j + \boldsymbol{\psi}(t) = \mathbf{y}_{om}(t) + \boldsymbol{\psi}(t)$$

essendo $C_1, \ldots, C_n$, n costanti, $\{\mathbf{v}_j\}$ una base formata dagli autovettori di A associati agli autovalori λ_j per $j = 1, \ldots, n$ e $\boldsymbol{\psi}(t)$ una soluzione particolare della ODE considerata. Supponiamo in questa sezione che $\mathrm{Re}\lambda_j < 0$, $\forall j = 1, \ldots, n$. Allora, per $t \to \infty$, la soluzione $\mathbf{y}$ tende alla soluzione particolare $\boldsymbol{\psi}$, in quanto ciascuna delle soluzioni particolari (10.87) tende a zero per t tendente all'infinito. Si può allora interpretare $\boldsymbol{\psi}$ come la componente *persistente* della soluzione (cioè per tempi infiniti) e $\mathbf{y}_{om}$ come la soluzione nello stato *transitorio* (per t finito). Supponiamo di essere interessati al solo stato persistente e di utilizzare uno schema numerico la cui regione di assoluta stabilità sia limitata.

Per un tale schema, in base alle considerazioni svolte nelle sezioni dedicate all'assoluta stabilità, il passo h risulta avere delle limitazioni che dipendono dal massimo modulo degli autovalori di A. D'altra parte, tanto più questo modulo è grande, tanto minore sarà l'intervallo di tempo durante il quale la corrispondente componente della soluzione darà un contributo significativo. Siamo dunque in una situazione paradossale: lo schema è costretto ad utilizzare un passo di integrazione piccolo per poter descrivere una componente della soluzione che per t grandi svanisce.

Più precisamente, se supponiamo che

$$\sigma \leq \mathrm{Re}\lambda_j \leq \tau < 0, \qquad \forall j = 1, \ldots, n \tag{10.89}$$

ed introduciamo il *quoziente di stiffness* $r_s = \sigma/\tau$, diciamo che un sistema di ODE lineare a coefficienti costanti è *stiff* se gli autovalori della matrice A hanno tutti parte reale negativa e $r_s \gg 1$.
Il riferimento al solo spettro di A per caratterizzare la *stiffness* di un problema può avere però delle controindicazioni: una, evidente, è che quando $\tau \simeq 0$ il quoziente di *stiffness* può essere molto grande e tuttavia il problema appare genuinamente *stiff* solo se $|\sigma|$ è molto grande. Non solo, la scelta di opportune condizioni iniziali può influenzare la *stiffness* (ad esempio facendo in modo che le costanti che moltiplicano le componenti "*stiff*" della soluzione siano nulle). Per questo motivo, diversi autori trovano insoddisfacente la definizione di problema *stiff* appena data, e d'altra parte appaiono concordi nell'affermare

che non è possibile definire esattamente che cosa si intenda per problema *stiff*. Riportiamo solo una definizione alternativa, interessante perché mette l'accento su ciò che si osserva in pratica quando un problema è *stiff*:

Definizione 10.14 (da [Lam91], pag. 220) Un sistema di ODE è detto *stiff* se, approssimato con un metodo numerico caratterizzato da una regione di assoluta stabilità di estensione finita, obbliga quest'ultimo, per ogni condizione iniziale per la quale il problema ammetta soluzione, ad utilizzare un passo di discretizzazione eccessivamente piccolo rispetto a quello necessario per descrivere ragionevolmente l'andamento della soluzione esatta. ■

Da questa definizione risulta chiaro che nessun metodo condizionatamente assolutamente stabile risulta adatto per approssimare un problema *stiff*. Ciò rivaluta quei metodi impliciti, come MS o RK, i quali, pur essendo più costosi degli schemi espliciti, hanno regioni di assoluta stabilità illimitate. Bisogna tuttavia notare che per problemi non lineari, i metodi impliciti conducono, come già osservato, alla risoluzione numerica di una equazione non lineare. È importante scegliere a questo fine metodi iterativi che non introducano limitazioni su h legate alla convergenza dello schema stesso.

Ad esempio, nel caso dei metodi MS si è visto come l'uso di iterazioni di punto fisso imponga una limitazione su h in funzione della costante di Lipschitz L di f (si veda la (10.70)). Nel caso di un sistema lineare di ODE si avrebbe

$$L \geq \max_{i=1,\ldots,n} |\lambda_i|$$

e quindi la (10.70) comporterebbe una forte limitazione su h (che potrebbe risultare addirittura più stringente di quella richiesta da uno schema esplicito per essere stabile). Un modo per evitare questa situazione di stallo consiste nell'usare il metodo di Newton o sue varianti. La presenza delle barriere di Dahlquist limita fortemente l'uso dei metodi MS, con la sola eccezione dei metodi BDF, che, come abbiamo visto, sono θ-stabili per $p \leq 5$ (per un numero di passi maggiore non sono nemmeno zero-stabili). La situazione è decisamente più favorevole se si considerano i metodi RK impliciti, come osservato al termine della Sezione 10.8.3.

La teoria considerata vale rigorosamente solo nel caso in cui il sistema sia lineare. Nel caso non lineare, si consideri il problema di Cauchy (10.81), dove la funzione $\mathbf{F} : \mathbb{R} \times \mathbb{R}^n \to \mathbb{R}^n$ è derivabile. Per studiarne la stabilità, una possibile strategia consiste nell'utilizzare una linearizzazione del tipo

$$\mathbf{y}'(t) = \mathbf{F}(\tau, \mathbf{y}(\tau)) + \mathrm{J}_{\mathbf{F}}(\tau, \mathbf{y}(\tau)) \left[\mathbf{y}(t) - \mathbf{y}(\tau)\right],$$

in un intorno di $(\tau, \mathbf{y}(\tau))$, dove τ è un istante temporale arbitrariamente fissato nell'intervallo di integrazione.

I problemi nascono dal fatto che gli autovalori di $\mathrm{J}_{\mathbf{F}}$ non sono in generale sufficienti a descrivere il comportamento della soluzione esatta del problema originario. Si danno infatti controesempi in cui:

1. $\mathrm{J}_{\mathbf{F}}$ ha autovalori complessi coniugati, ma la soluzione di (10.81) non ha un andamento oscillante;
2. $\mathrm{J}_{\mathbf{F}}$ ha autovalori reali non negativi, ma la soluzione di (10.81) non cresce in modo monotono per ogni t;
3. $\mathrm{J}_{\mathbf{F}}$ ha autovalori con parte reale negativa, ma la soluzione di (10.81) non decresce in modo monotono per ogni t.
   Quale esempio del caso al punto 3., consideriamo il seguente sistema differenziale

$$\mathbf{y}' = \begin{bmatrix} -\dfrac{1}{2t} & \dfrac{2}{t^3} \\ -\dfrac{t}{2} & -\dfrac{1}{2t} \end{bmatrix} \mathbf{y} \quad = \quad \mathrm{A}(t)\mathbf{y}.$$

Per $t \geq 1$, esso ammette soluzione data da

$$\mathbf{y}(t) = C_1 \begin{bmatrix} t^{-3/2} \\ -\frac{1}{2}t^{1/2} \end{bmatrix} + C_2 \begin{bmatrix} 2t^{-3/2}\log t \\ t^{1/2}(1-\log t) \end{bmatrix}$$

la cui norma euclidea diverge in modo monotono per $t > (12)^{1/4} \simeq 1.86$ quando $C_1 = 1$, $C_2 = 0$, mentre gli autovalori della matrice $\mathrm{A}(t)$, dati da $(-1 \pm 2i)/(2t)$, hanno parte reale negativa sull'intervallo considerato.

Il caso non lineare va dunque affrontato con tecniche *ad hoc*, riformulando opportunamente anche l'idea stessa di stabilità (si veda [Lam91], Capitolo 7).

10.11 Esercizi

1. Si dimostri che il metodo di Heun ha ordine 2 rispetto ad h.
   [*Suggerimento*: si noti che per tale metodo $h\tau_{n+1} = y_{n+1} - y_n - h\Phi(t_n, y_n; h) = E_1 + E_2$, dove $E_1 = \left\{ \int_{t_n}^{t_{n+1}} f(s, y(s))ds - \frac{h}{2}[f(t_n, y_n) + f(t_{n+1}, y_{n+1})] \right\}$ e $E_2 = \frac{h}{2}\left\{[f(t_{n+1}, y_{n+1}) - f(t_{n+1}, y_n + hf(t_n, y_n))]\right\}$, essendo E_1 l'errore dovuto all'integrazione numerica con il metodo dei trapezi ed E_2 un errore maggiorabile con quello generato dal metodo di Eulero esplicito.]
2. Si dimostri che il metodo di Crank-Nicolson ha ordine 2 rispetto ad h.
   [*Soluzione*: dalla (8.13) si ricava per un opportuno ξ_n compreso tra t_n e t_{n+1}

$$y_{n+1} = y_n + \frac{h}{2}[f(t_n, y_n) + f(t_{n+1}, y_{n+1})] - \frac{h^3}{12} f''(\xi_n, y(\xi_n))$$

o, in modo equivalente,

$$\frac{y_{n+1} - y_n}{h} = \frac{1}{2}[f(t_n, y_n) + f(t_{n+1}, y_{n+1})] - \frac{h^2}{12} f''(\xi_n, y(\xi_n)). \qquad (10.90)$$

La (10.9) coincide dunque con la (10.90) a meno di un infinitesimo di ordine 2 in h, purché $f \in C^2(I)$.]

3. Si risolva l'equazione alle differenze $y_{n+4} - 6y_{n+3} + 14y_{n+2} - 16y_{n+1} + 8y_n = n$ con condizioni iniziali $y_0 = 1$, $y_1 = 2$, $y_2 = 3$ e $y_3 = 4$.

   [*Soluzione*: $u_n = 2^n(n/4 - 1) + 2^{(n-2)/2}\sin(\pi/4) + n + 2$.]

4. Si provi che se il polinomio caratteristico ρ definito nella (10.32) ha tutte le radici semplici, allora tutte le soluzioni dell'equazione alle differenze associata possono essere scritte nella forma (10.34).

   [*Suggerimento*: si osservi che una generica soluzione y_{n+k} è completamente determinata dai valori iniziali $y_0, \ldots, y_{k-1}$. Inoltre se le radici r_i di ρ sono distinte, esistono unici k coefficienti α_i tali che $\alpha_1 r_1^j + \ldots + \alpha_k r_k^j = y_j$ con $j = 0, \ldots, k-1$.]

5. Si dimostri che se il polinomio caratteristico Π ha radici semplici, allora la matrice R nella (10.39) è non singolare.

6. I polinomi di Legendre L_i soddisfano all'equazione alle differenze

$$(n+1)L_{n+1}(x) - (2n+1)xL_n(x) + nL_{n-1}(x) = 0$$

   con $L_0(x) = 1$ e $L_1(x) = x$. Si mostri che $F(z,x) = (1 - 2zx + z^2)^{-1/2}$ dove $F(z,x) = \sum_{n=0}^{\infty} P_n(x)z^n$.

7. Si mostri come la *funzione gamma* definita da

$$\Gamma(z) = \int_0^{\infty} e^{-t} t^{z-1} dt, \quad z \in \mathbb{C}, \quad \text{Re} z > 0$$

   è la soluzione dell'equazione alle differenze $\Gamma(z+1) = z\Gamma(z)$.

   [*Suggerimento*: si integri per parti.]

8. Si studino, al variare di $\alpha \in \mathbb{R}$, stabilità ed ordine del metodo multistep lineare

$$u_{n+1} = \alpha u_n + (1-\alpha)u_{n-1} + 2hf_n + \frac{h\alpha}{2}\left[f_{n-1} - 3f_n\right].$$

9. Si consideri la seguente famiglia di metodi ad un passo, dipendenti da un parametro α,

$$u_{n+1} = u_n + h[(1 - \frac{\alpha}{2})f(x_n, u_n) + \frac{\alpha}{2}f(x_{n+1}, u_{n+1})].$$

   Se ne studi la consistenza al variare del parametro α. Si consideri il metodo corrispondente ad $\alpha = 1$ e lo si applichi al problema di Cauchy seguente:

$$y'(x) = -10y(x), \quad x > 0,$$
$$y(0) = 1$$

   Si trovino i valori di h per i quali tale metodo è assolutamente stabile.

   [*Soluzione*: la famiglia di metodi è consistente per ogni valore di α. Il metodo di ordine massimo (pari a due) corrisponde ad $\alpha = 1$ e coincide con il metodo di Crank-Nicolson.]

10. Si consideri la famiglia di metodi multistep lineari:

$$u_{n+1} = \alpha u_n + \frac{h}{2}\left(2(1-\alpha)f_{n+1} + 3\alpha f_n - \alpha f_{n-1}\right)$$

dove α è un parametro reale.

(a) Si studino consistenza e ordine di tali metodi in funzione di α, determinando il valore α^* per il quale si ottiene il metodo di ordine massimo.

(b) Si studi la zero-stabilità del metodo che si ottiene con $\alpha = \alpha^*$, se ne scriva il polinomio caratteristico $\Pi(r; h\lambda)$ e se ne disegni, utilizzando MATLAB, la regione di assoluta stabilità.

11. I metodi di Adams possono essere facilmente generalizzati, integrando fra t_{n-r} e t_{n+1} con $r \geq 1$. Si osservi che in tal caso si trovano metodi della forma

$$u_{n+1} = u_{n-r} + h \sum_{j=-1}^{p} b_j f_{n-j}$$

e si ricavi per $r = 1$ il metodo del punto medio introdotto nella (10.45) (i metodi di questa famiglia sono detti *metodi di Nystron*).

12. Si mostri come il metodo di Heun (10.10) sia un metodo di RK esplicito a due stadi e se ne riporti la matrice di Butcher. Si ripetano calcoli analoghi per il seguente metodo, detto di *Eulero modificato*,

$$u_{n+1} = u_n + hf(t_n + \frac{h}{2}, u_n + \frac{h}{2}f_n), \quad n \geq 0. \tag{10.91}$$

[*Soluzione*: i metodi hanno le seguenti matrici di Butcher

$$\begin{array}{c|cc} 0 & 0 & 0 \\ 1 & 1 & 0 \\ \hline & \frac{1}{2} & \frac{1}{2} \end{array} \qquad \begin{array}{c|cc} 0 & 0 & 0 \\ \frac{1}{2} & \frac{1}{2} & 0 \\ \hline & 0 & 1 \end{array}.]$$

13. Si verifichi che per il metodo (10.75) la matrice di Butcher è data da

$$\begin{array}{c|cccc} 0 & 0 & 0 & 0 & 0 \\ \frac{1}{2} & \frac{1}{2} & 0 & 0 & 0 \\ \frac{1}{2} & 0 & \frac{1}{2} & 0 & 0 \\ 1 & 0 & 0 & 1 & 0 \\ \hline & \frac{1}{6} & \frac{1}{3} & \frac{1}{3} & \frac{1}{6} \end{array}$$

14. Si scriva un programma MATLAB per disegnare le regioni di assoluta stabilità di un metodo RK per il quale sia nota la funzione $R(h\lambda)$. Si disegni in particolare la regione associata alla seguente funzione

$$R(h\lambda) = 1 + h\lambda + (h\lambda)^2/2 + (h\lambda)^3/6 + (h\lambda)^4/24 + (h\lambda)^5/120 + (h\lambda)^6/600$$

e si osservi come tale regione sia non connessa.

15. Si calcoli la funzione $R(h\lambda)$ associata al *metodo di Merson*, la cui matrice di Butcher è data da

$$\begin{array}{c|ccccc}
0 & 0 & 0 & 0 & 0 & 0 \\
\frac{1}{3} & \frac{1}{3} & 0 & 0 & 0 & 0 \\
\frac{1}{3} & \frac{1}{6} & \frac{1}{6} & 0 & 0 & 0 \\
\frac{1}{2} & \frac{1}{8} & 0 & \frac{3}{8} & 0 & 0 \\
1 & \frac{1}{2} & 0 & -\frac{3}{2} & 2 & 0 \\
\hline
 & \frac{1}{6} & 0 & 0 & \frac{2}{3} & \frac{1}{6}
\end{array}$$

[*Soluzione*: si trova $R(h\lambda) = 1 + \sum_{i=1}^{4} (h\lambda)^i/i! + (h\lambda)^5/144$.]

11
Approssimazione di problemi ai limiti

In questo capitolo introduciamo ed analizziamo i metodi delle differenze finite e degli elementi finiti per la risoluzione approssimata di problemi ai limiti per equazioni differenziali del second'ordine, rimandando per una trattazione più ampia a [QSS07, Capitolo 12] e a [Qua13a].

11.1 Un problema modello

Consideriamo il seguente problema: trovare u tale che

$$-u''(x) = f(x), \qquad 0 < x < 1, \tag{11.1}$$

$$u(0) = u(1) = 0. \tag{11.2}$$

Per il teorema fondamentale del calcolo integrale, se $u \in C^2([0,1])$ e soddisfa l'equazione (11.1), allora

$$u(x) = c_1 + c_2 x - \int_0^x F(s)\, ds,$$

essendo c_1 e c_2 due costanti arbitrarie e $F(s) = \int_0^s f(t)\, dt$. Integrando per parti, si ha

$$\int_0^x F(s)\, ds = [sF(s)]_0^x - \int_0^x sF'(s)\, ds = \int_0^x (x-s)f(s)\, ds.$$

Le costanti c_1 e c_2 vengono determinate imponendo le condizioni ai limiti. La condizione $u(0) = 0$ implica che $c_1 = 0$, mentre richiedendo che $u(1) = 0$ si trova $c_2 = \int_0^1 (1-s)f(s)\, ds$. Infatti, la soluzione del problema (11.1)–(11.2)

A. Quarteroni, R. Sacco, F. Saleri, P. Gervasio, *Matematica Numerica*, 4ª edizione, UNITEXT – La Matematica per il 3+2 77, DOI: 10.1007/978-88-470-5644-2_11,
© Springer-Verlag Italia 2014

può essere scritta nella forma seguente

$$u(x) = x\int_0^1 (1-s)f(s)\,ds - \int_0^x (x-s)f(s)\,ds$$

o, in modo più compatto,

$$u(x) = \int_0^1 G(x,s)f(s)\,ds, \tag{11.3}$$

dove, per ogni x fissato, abbiamo definito

$$G(x,s) = \begin{cases} s(1-x) & \text{se } 0 \le s \le x, \\ x(1-s) & \text{se } x \le s \le 1. \end{cases} \tag{11.4}$$

La funzione G è detta *funzione di Green* per il problema ai limiti (11.1)–(11.2). Per s fissato, G è una funzione lineare a tratti rispetto ad x e viceversa. È continua, simmetrica (ovvero $G(x,s) = G(s,x)$ per ogni $x,s \in [0,1]$), non negativa, nulla se x o s sono uguali a 0 o 1 e tale che $\int_0^1 G(x,s)\,ds = \frac{1}{2}x(1-x)$. Questa funzione è riportata in Figura 11.1.

Possiamo quindi concludere che per ogni $f \in C^0([0,1])$ esiste un'unica soluzione $u \in C^2([0,1])$ del problema ai limiti (11.1)-(11.2) che ammette la rappresentazione (11.3). Si può inoltre dimostrare che se $f \in C^m([0,1])$, $m \ge 0$, allora $u \in C^{m+2}([0,1])$.

Un'importante proprietà della soluzione u è che se $f \in C^0([0,1])$ è una funzione non negativa, allora anche u sarà non negativa, soddisfacendo così

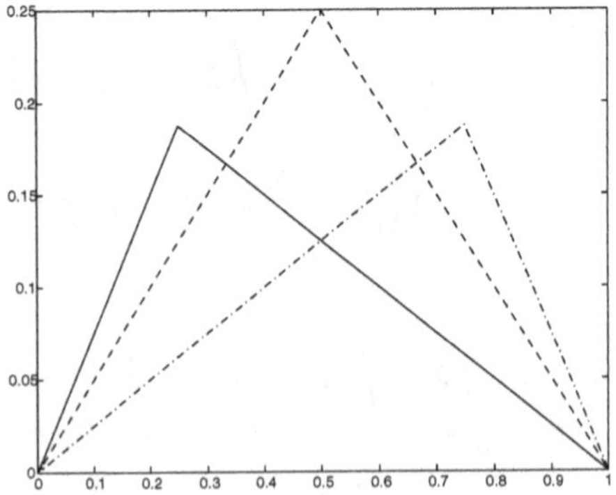

Fig. 11.1 La funzione di Green in corrispondenza di tre diversi valori di x: $x = 1/4$ (linea continua), $x = 1/2$ (linea tratteggiata), $x = 3/4$ (linea tratto-punto)

ad una proprietà di monotonia. Quest'ultima deriva dalla (11.3), in quanto $G(x,s) \geq 0$ per ogni $x, s \in [0,1]$. Un'altra importante proprietà, nota come *principio del massimo*, garantisce che se $f \in C^0([0,1])$,

$$\|u\|_\infty \leq \frac{1}{8}\|f\|_\infty \tag{11.5}$$

dove $\|u\|_\infty = \max_{0\leq x\leq 1}|u(x)|$ è la norma del massimo. In effetti, essendo G non negativa, si ha

$$|u(x)| \leq \int_0^1 G(x,s)|f(s)|\,ds \leq \|f\|_\infty \int_0^1 G(x,s)\,ds = \frac{1}{2}x(1-x)\|f\|_\infty$$

da cui segue la (11.5).

11.2 Il metodo delle differenze finite

Sull'intervallo $[0,1]$ introduciamo i nodi di griglia $\{x_j\}_{j=0}^n$ dati da $x_j = jh$ dove $n \geq 2$ è un intero e $h = 1/n$ è il passo di discretizzazione. La soluzione u viene approssimata tramite la successione (finita) $\{u_j\}_{j=0}^n$, definita solo nei nodi $\{x_j\}$ (avendo sottinteso che u_j approssimi $u(x_j)$), costruita in modo tale che

$$-\frac{u_{j+1} - 2u_j + u_{j-1}}{h^2} = f(x_j), \qquad \text{per } j = 1, \ldots, n-1 \tag{11.6}$$

e $u_0 = u_n = 0$. Ciò corrisponde ad aver sostituito a $u''(x_j)$ la sua approssimazione u_j^{CD2} alle differenze finite centrate (9.72).

Ponendo $\mathbf{u} = (u_1, \ldots, u_{n-1})^T$ e $\mathbf{f} = (f_1, \ldots, f_{n-1})^T$, con $f_i = f(x_i)$, possiamo riscrivere la (11.6) come

$$\mathrm{A}_{\mathrm{fd}}\mathbf{u} = \mathbf{f}, \tag{11.7}$$

dove A_{fd} è una matrice simmetrica $(n-1) \times (n-1)$ definita da

$$\mathrm{A}_{\mathrm{fd}} = h^{-2}\mathrm{tridiag}_{n-1}(-1, 2, -1) \tag{11.8}$$

A_{fd} è anche definita positiva in quanto, per ogni vettore $\mathbf{x} \in \mathbb{R}^{n-1}$, si ha

$$\mathbf{x}^T \mathrm{A}_{\mathrm{fd}} \mathbf{x} = h^{-2}\left[x_1^2 + x_{n-1}^2 + \sum_{i=2}^{n-1}(x_i - x_{i-1})^2\right].$$

Di conseguenza, il sistema lineare (11.7) ha un'unica soluzione. Notiamo inoltre che A_{fd} è anche una M-matrice (si veda la Definizione 1.25 e l'Esercizio 2);

ciò garantisce che la soluzione alle differenze finite soddisfi alla stessa proprietà di monotonia cui soddisfa la soluzione esatta u, ossia se $\mathbf{f}$ è un vettore non negativo, anche $\mathbf{u}$ lo deve essere. Tale proprietà è nota come *principio del massimo discreto.*

Per riscrivere (11.6) in forma operatoriale, indichiamo con V_h l'insieme delle funzioni discrete definite sui nodi di griglia x_j per $j = 0, \ldots, n$. Se $v_h \in V_h$, allora $v_h(x_j)$ è definita per tutti gli indici j e, di conseguenza, verrà indicata in forma abbreviata come v_j invece di $v_h(x_j)$. Sia ora V_h^0 il sottoinsieme di V_h che contiene le funzioni discrete che si annullano nei nodi estremi x_0 e x_n. Per una generica funzione w_h definiamo l'operatore L_h

$$(L_h w_h)(x_j) = -\frac{w_{j+1} - 2w_j + w_{j-1}}{h^2}, \qquad j = 1, \ldots, n-1$$

e riformuliamo il problema (11.6) alle differenze finite in modo equivalente come:

$$\text{trovare } u_h \in V_h^0 : \quad (L_h u_h)(x_j) = f(x_j), \quad \text{per } j = 1, \ldots, n-1. \tag{11.9}$$

Si noti che in questa formulazione le condizioni ai limiti sono automaticamente imposte avendo richiesto che $u_h \in V_h^0$.

11.2.1 Analisi di stabilità con il metodo dell'energia

Per due generiche funzioni discrete $w_h, v_h \in V_h$, definiamo *il prodotto scalare discreto* come

$$(w_h, v_h)_h = h \sum_{k=0}^{n} c_k w_k v_k,$$

con $c_0 = c_n = 1/2$ e $c_k = 1$ per $k = 1, \ldots, n-1$. Esso non è altro che la formula composita del trapezio (8.14) applicata per valutare il prodotto scalare $(w, v) = \int_0^1 w(x)v(x)dx$. Ovviamente,

$$\|v_h\|_h = (v_h, v_h)_h^{1/2}$$

è una norma per V_h.

Lemma 11.1 *L'operatore L_h è simmetrico su V_h^0 rispetto al prodotto scalare discreto, ovvero*

$$(L_h w_h, v_h)_h = (w_h, L_h v_h)_h \qquad \forall\, w_h, v_h \in V_h^0,$$

ed è definito positivo, ovvero

$$(L_h v_h, v_h)_h \geq 0 \qquad \forall v_h \in V_h^0,$$

valendo l'uguaglianza solo se $v_h \equiv 0$.

Dimostrazione. Dall'identità

$$w_{j+1}v_{j+1} - w_j v_j = (w_{j+1} - w_j)v_j + (v_{j+1} - v_j)w_{j+1},$$

sommando su j da 0 a $n-1$, si ottiene la seguente relazione, valida per ogni $w_h, v_h \in V_h$,

$$\sum_{j=0}^{n-1}(w_{j+1} - w_j)v_j = w_n v_n - w_0 v_0 - \sum_{j=0}^{n-1}(v_{j+1} - v_j)w_{j+1}$$

nota come *somma per parti.* Sommando due volte per parti e ponendo $w_{-1} = v_{-1} = 0$, per ogni $w_h, v_h \in V_h^0$ otteniamo

$$\begin{aligned}(L_h w_h, v_h)_h &= -h^{-1}\sum_{j=0}^{n-1}\left[(w_{j+1} - w_j) - (w_j - w_{j-1})\right] v_j \\ &= h^{-1}\sum_{j=0}^{n-1}(w_{j+1} - w_j)(v_{j+1} - v_j),\end{aligned}$$

da cui si deduce che $(L_h w_h, v_h)_h = (w_h, L_h v_h)_h$. Inoltre, prendendo $w_h = v_h$ troviamo

$$(L_h v_h, v_h)_h = h^{-1}\sum_{j=0}^{n-1}(v_{j+1} - v_j)^2. \tag{11.10}$$

Questa quantità è sempre positiva a meno che $v_{j+1} = v_j$ per $j = 0, \ldots, n-1$, ma in tal caso $v_j = 0$ per $j = 0, \ldots, n$, essendo $v_0 = 0$. ◇

Per una qualunque funzione di griglia $v_h \in V_h^0$, possiamo definire la seguente norma

$$|||v_h|||_h = \left\{ h\sum_{j=0}^{n-1}\left(\frac{v_{j+1} - v_j}{h}\right)^2 \right\}^{1/2}. \tag{11.11}$$

La (11.10) è allora equivalente a

$$(L_h v_h, v_h)_h = |||v_h|||_h^2 \qquad \text{per ogni } v_h \in V_h^0. \tag{11.12}$$

Lemma 11.2 *Per una generica funzione $v_h \in V_h^0$ vale la seguente disuguaglianza*

$$\|v_h\|_h \leq \frac{1}{\sqrt{2}}|||v_h|||_h. \tag{11.13}$$

Dimostrazione. Essendo $v_0 = 0$, si trova

$$v_j = h\sum_{k=0}^{j-1}\frac{v_{k+1} - v_k}{h} \qquad \text{per } j = 1, \ldots, n-1,$$

da cui si ottiene

$$v_j^2 = h^2 \left[\sum_{k=0}^{j-1} \left(\frac{v_{k+1} - v_k}{h} \right) \right]^2 .$$

Usando la seguente disuguaglianza (detta di Minkowski)

$$\left(\sum_{k=1}^{m} p_k \right)^2 \leq m \left(\sum_{k=1}^{m} p_k^2 \right) \tag{11.14}$$

valida per ogni intero $m \geq 1$ e per ogni successione $\{p_1, \ldots, p_m\}$ di numeri reali (si veda l'Esercizio 4), otteniamo

$$\sum_{j=1}^{n-1} v_j^2 \leq h^2 \sum_{j=1}^{n-1} j \sum_{k=0}^{j-1} \left(\frac{v_{k+1} - v_k}{h} \right)^2 .$$

Di conseguenza, per ogni $v_h \in V_h^0$, si ha

$$\|v_h\|_h^2 = h \sum_{j=1}^{n-1} v_j^2 \leq h^2 \sum_{j=1}^{n-1} jh \sum_{k=0}^{n-1} \left(\frac{v_{k+1} - v_k}{h} \right)^2 = h^2 \frac{(n-1)n}{2} |||v_h|||_h^2 .$$

La disuguaglianza (11.13) segue ricordando che $h = 1/n$. ◇

Osservazione 11.1 Per ogni $v_h \in V_h^0$, la funzione di griglia $v_h^{(1)}$ che assume i valori $(v_{j+1} - v_j)/h$, $j = 0, \ldots, n-1$, può essere interpretata come la derivata discreta di v_h (si veda la Sezione 9.10.1). La disuguaglianza (11.13) può essere allora riscritta come

$$\|v_h\|_h \leq \frac{1}{\sqrt{2}} \|v_h^{(1)}\|_h \qquad \forall v_h \in V_h^0 .$$

Essa può essere considerata la controparte discreta in $[0,1]$ della seguente *disuguaglianza di Poincaré* (valida sul generico intervallo $[a,b]$): esiste una costante $C_P > 0$ tale che

$$\|v\|_{\mathrm{L}^2(a,b)} \leq C_P \|v'\|_{\mathrm{L}^2(a,b)} \tag{11.15}$$

per ogni $v \in C^1([a,b])$ tale che $v(a) = v(b) = 0$ e dove $\| \cdot \|_{\mathrm{L}^2(a,b)}$ è la norma in $\mathrm{L}^2(a,b)$ (definita nella (9.15) sull'intervallo $(-1,1)$). ■

La disuguaglianza (11.13) ha una interessante conseguenza. Se moltiplichiamo ciascuna equazione della (11.9) per u_j e sommiamo su j da 0 a $n-1$, troviamo

$$(L_h u_h, u_h)_h = (f, u_h)_h .$$

Applicando alla (11.12) la disuguaglianza di Cauchy-Schwarz (1.13) otteniamo

$$|||u_h|||_h^2 \leq \|f_h\|_h \|u_h\|_h$$

dove $f_h \in V_h$ è la funzione di griglia tale che $f_h(x_j) = f(x_j)$ per ogni $j = 1, \ldots, n$.

Grazie alla (11.13) possiamo dunque concludere che

$$\boxed{\|u_h\|_h \leq \frac{1}{2}\|f_h\|_h} \tag{11.16}$$

da cui si deduce che il problema alle differenze finite (11.6) ammette un'unica soluzione (o, equivalentemente, che la sola soluzione corrispondente a $f_h \equiv 0$ è $u_h \equiv 0$). Inoltre, la (11.16) è un risultato di *stabilità*, in quanto afferma che la soluzione alle differenze finite si mantiene limitata dal dato f_h.

Prima di dimostrare che il metodo è convergente, introduciamo la nozione di consistenza. In accordo con la definizione generale data nella (2.13), se $f \in C^0([0,1])$ e $u \in C^2([0,1])$ è la soluzione corrispondente di (11.1)–(11.2), definiamo l'errore di troncamento locale τ_h come la funzione di griglia tale che

$$\boxed{\tau_h(x_j) = (L_h u)(x_j) - f(x_j), \qquad j = 1, \ldots, n-1} \tag{11.17}$$

Sviluppando in serie di Taylor e ricordando le (9.72) e (9.73) si ottiene

$$\begin{aligned} \tau_h(x_j) &= -h^{-2}\left[u(x_{j-1}) - 2u(x_j) + u(x_{j+1})\right] - f(x_j) \\ &= -u''(x_j) - f(x_j) + \frac{h^2}{24}(u^{(iv)}(\xi_j) + u^{(iv)}(\eta_j)) \\ &= \frac{h^2}{24}(u^{(iv)}(\xi_j) + u^{(iv)}(\eta_j)) \end{aligned} \tag{11.18}$$

per opportuni $\xi_j \in (x_{j-1}, x_j)$ e $\eta_j \in (x_j, x_{j+1})$. Se definiamo la *norma del massimo discreta* come

$$\|v_h\|_{h,\infty} = \max_{0 \leq j \leq n} |v_h(x_j)|,$$

otteniamo dalla (11.18)

$$\|\tau_h\|_{h,\infty} \leq \frac{\|f''\|_\infty}{12} h^2 \tag{11.19}$$

purché $f \in C^2([0,1])$. In particolare, $\lim_{h \to 0} \|\tau_h\|_{h,\infty} = 0$ e quindi il metodo alle differenze finite è consistente con il problema differenziale (11.1)-(11.2).

Osservazione 11.2 Sia $e = u - u_h$ l'*errore di discretizzazione*. Allora,

$$L_h e = L_h u - L_h u_h = L_h u - f_h = \tau_h. \tag{11.20}$$

Si può dimostrare (si veda l'Esercizio 5) che

$$\|\tau_h\|_h^2 \leq 3\left(\|f\|_h^2 + \|f\|_{L^2(0,1)}^2\right) \tag{11.21}$$

da cui segue che la norma della derivata seconda discreta dell'errore di discretizzazione è limitata nell'ipotesi in cui lo siano anche le norme di f che compaiono nella (11.21). ■

11.2.2 Analisi di convergenza

La soluzione alle differenze finite u_h può essere caratterizzata mediante l'uso di una funzione di Green discreta. Dato un nodo di griglia x_k, definiamo la funzione di griglia $G^k \in V_h^0$ come la soluzione del seguente problema

$$L_h G^k = e^k, \tag{11.22}$$

dove $e^k \in V_h^0$ è tale che $e^k(x_j) = \delta_{kj}$, $1 \leq j \leq n-1$. Si può verificare che $G^k(x_j) = hG(x_j, x_k)$, essendo G la funzione di Green introdotta nella (11.4) (si veda l'Esercizio 6). Per una generica funzione di griglia $g \in V_h^0$, possiamo definire la seguente funzione di griglia

$$w_h = T_h g = \sum_{k=1}^{n-1} g(x_k) G^k. \tag{11.23}$$

Allora

$$L_h w_h = \sum_{k=1}^{n-1} g(x_k) L_h G^k = \sum_{k=1}^{n-1} g(x_k) e^k = g.$$

In particolare, la soluzione u_h della (11.9) è tale per cui $u_h = T_h f$, di modo che

$$u_h = \sum_{k=1}^{n-1} f(x_k) G^k \quad \text{e} \quad u_h(x_j) = h \sum_{k=1}^{n-1} G(x_j, x_k) f(x_k). \tag{11.24}$$

Teorema 11.1 *Supponiamo che $f \in C^2([0,1])$. Allora, l'errore nodale $e(x_j) = u(x_j) - u_h(x_j)$ è tale che*

$$\|u - u_h\|_{h,\infty} \leq \frac{h^2}{96} \|f''\|_\infty \tag{11.25}$$

ovvero u_h converge ad u (nella norma del massimo discreta) con ordine due rispetto a h.

Dimostrazione. Notiamo che, grazie alla rappresentazione (11.24), vale la seguente disuguaglianza, controparte discreta della (11.5)

$$\|u_h\|_{h,\infty} \leq \frac{1}{8} \|f\|_{h,\infty} \tag{11.26}$$

Si ha infatti

$$|u_h(x_j)| \leq h\sum_{k=1}^{n-1} G(x_j,x_k)|f(x_k)| \leq \|f\|_{h,\infty}\left(h\sum_{k=1}^{n-1} G(x_j,x_k)\right) = \|f\|_{h,\infty}\frac{1}{2}x_j(1-x_j),$$

avendo osservato che se $g = 1$, $T_h g$ è tale che $T_h g(x_j) = \frac{1}{2}x_j(1-x_j)$ (si veda l'Esercizio 7). La disuguaglianza (11.26) fornisce un risultato di stabilità nella norma del massimo discreta per u_h. Usando la (11.20) e procedendo come fatto per ottenere la (11.26), troviamo

$$\|e\|_{h,\infty} \leq \frac{1}{8}\|\tau_h\|_{h,\infty}.$$

La tesi (11.25) segue infine grazie alla (11.19). ◇

Osserviamo che per ricavare il risultato di convergenza (11.25) è stato necessario invocare sia la consistenza che la stabilità. In particolare, si verifica che l'errore di discretizzazione è dello stesso ordine (rispetto a h) dell'errore di consistenza τ_h.

11.2.3 Le differenze finite per problemi ai limiti a coefficienti variabili

Un problema più generale di quello dato dalle (11.1)-(11.2) è il seguente

$$\begin{cases} Lu(x) = -(J(u)(x))' + \gamma(x)u(x) = f(x), & 0 < x < 1, \\ u(0) = d_0, \quad u(1) = d_1 \end{cases} \tag{11.27}$$

dove

$$J(u)(x) = \alpha(x)u'(x), \tag{11.28}$$

d_0 e d_1 sono costanti assegnate, mentre α, γ e f sono funzioni date, continue in $[0,1]$. Infine, $\gamma(x) \geq 0$ in $[0,1]$ e $\alpha(x) \geq \alpha_0 > 0$ per un opportuno α_0. La variabile ausiliaria $J(u)$ è il cosiddetto *flusso* di u ed ha spesso un significato fisico.

Per approssimare il problema (11.27) conviene introdurre su $[0,1]$ una nuova griglia, oltre a quella finora considerata, definita dai punti medi $x_{j+1/2} = (x_j + x_{j+1})/2$ degli intervalli $[x_j, x_{j+1}]$ per $j = 0, \ldots, n-1$. L'approssimazione a differenze finite di (11.27) è allora data da:

trovare $u_h \in V_h$ tale che

$$\begin{cases} L_h u_h(x_j) = f(x_j), & j = 1, \ldots, n-1, \\ u_h(x_0) = d_0, & u_h(x_n) = d_1, \end{cases} \tag{11.29}$$

dove L_h è definito per $j = 1, \ldots, n-1$ come

$$L_h w_h(x_j) = -\frac{J_{j+1/2}(w_h) - J_{j-1/2}(w_h)}{h} + \gamma_j w_j. \tag{11.30}$$

Abbiamo posto $\gamma_j = \gamma(x_j)$ e, per $j = 0, \ldots, n-1$, i *flussi approssimati* sono dati da

$$J_{j+1/2}(w_h) = \alpha_{j+1/2} \frac{w_{j+1} - w_j}{h} \qquad (11.31)$$

con $\alpha_{j+1/2} = \alpha(x_{j+1/2})$.
Lo schema alle differenze finite (11.29)-(11.30) con i flussi approssimati (11.31), può essere ancora scritto nella forma (11.7) ponendo

$$\mathrm{A_{fd}} = h^{-2}\mathrm{tridiag}_{n-1}(\mathbf{a}, \mathbf{d}, \mathbf{a}) + \mathrm{diag}_{n-1}(\mathbf{c}), \qquad (11.32)$$

dove

$$\mathbf{a} = \left(\alpha_{3/2}, \alpha_{5/2}, \ldots, \alpha_{n-3/2}\right)^T \in \mathbb{R}^{n-2},$$
$$\mathbf{d} = \left(\alpha_{1/2} + \alpha_{3/2}, \ldots, \alpha_{n-3/2} + \alpha_{n-1/2}\right)^T \in \mathbb{R}^{n-1},$$
$$\mathbf{c} = (\gamma_1, \ldots, \gamma_{n-1})^T \in \mathbb{R}^{n-1}.$$

La matrice (11.32) è simmetrica definita positiva e a dominanza diagonale stretta se $\gamma > 0$.

L'analisi di convergenza dello schema (11.29)-(11.30) può essere condotta estendendo i procedimenti impiegati nelle Sezioni 11.2.1 e 11.2.2.

Osservazione 11.3 (condizioni ai limiti più generali) L'operatore differenziale L che compare nella (11.27) può essere associato a condizioni ai limiti più generali di quelle considerate (ad esempio, si possono assegnare condizioni della forma $\lambda u + \mu u' = g$ in entrambi gli estremi di $[0, 1]$). In questi casi lo schema alle differenze finite deve essere modificato per incorporare correttamente tali condizioni. Rimandiamo per queste problematiche a [QSS07], Capitolo 12, e, per maggiori dettagli sul metodo delle differenze finite, a [Str89] e [RST96]. ■

11.3 Il metodo di Galerkin

In questa sezione deriviamo l'approssimazione di Galerkin per il problema (11.1)-(11.2). Essa è alla base di metodi come gli elementi finiti o gli elementi spettrali, largamente usati nella matematica computazionale. Per un approfondimento si veda, ad esempio, [Qua13a].

11.3.1 Formulazione debole di problemi ai limiti

Consideriamo la seguente generalizzazione del problema (11.1)

$$-(\alpha u')'(x) + (\beta u')(x) + (\gamma u)(x) = f(x), \quad 0 < x < 1, \qquad (11.33)$$

con $u(0) = u(1) = 0$, dove α, β e γ sono funzioni continue in $[0, 1]$ con $\alpha(x) \geq \alpha_0 > 0$ per ogni $x \in [0, 1]$. Moltiplichiamo la (11.33) per una funzione $v \in C^1([0, 1])$, d'ora innanzi chiamata *funzione test*, ed integriamo sull'intervallo $[0, 1]$

$$\int_0^1 \alpha u'v' \, dx + \int_0^1 \beta u'v \, dx + \int_0^1 \gamma uv \, dx = \int_0^1 fv \, dx + [\alpha u'v]_0^1,$$

avendo fatto ricorso all'integrazione per parti per il primo integrale. Se richiediamo che la funzione v si annulli in $x = 0$ e $x = 1$, troviamo

$$\int_0^1 \alpha u'v' \, dx + \int_0^1 \beta u'v \, dx + \int_0^1 \gamma uv \, dx = \int_0^1 fv \, dx.$$

Denotiamo con V lo spazio delle funzioni test. Esso è costituito da tutte le funzioni v continue, nulle per $x = 0$ e per $x = 1$ e con derivata prima *continua a tratti*, ovvero continua ovunque a meno di un insieme finito di punti in $[0, 1]$ nei quali le derivate sinistra e destra v'_- e v'_+ esistono, ma non sono necessariamente coincidenti.

Nel caso in esame, V è lo spazio vettoriale $\mathrm{H}_0^1(0, 1)$, definito come

$$\mathrm{H}_0^1(0,1) = \left\{ v \in \mathrm{L}^2(0,1) : \ v' \in \mathrm{L}^2(0,1), \ v(0) = v(1) = 0 \right\}, \qquad (11.34)$$

dove v' è la derivata di v nel *senso delle distribuzioni*, la cui definizione verrà data nella Sezione 11.3.2.

Abbiamo quindi mostrato che se una funzione $u \in C^2([0, 1])$ soddisfa la (11.33), allora u è anche soluzione del seguente problema

$$\boxed{\text{trovare } u \in V : \ a(u, v) = (f, v) \ \ \forall v \in V} \qquad (11.35)$$

dove $(f, v) = \int_0^1 fv \, dx$ denota il prodotto scalare in $\mathrm{L}^2(0, 1)$ e

$$a(u, v) = \int_0^1 \alpha u'v' \, dx + \int_0^1 \beta u'v \, dx + \int_0^1 \gamma uv \, dx \qquad (11.36)$$

è una forma bilineare, ossia lineare rispetto ad entrambi gli argomenti u e v. Il problema (11.35) è detto la *formulazione debole* del problema (11.33). Poiché nella (11.35) appare solo la derivata prima di u, la formulazione debole ben si presta a trattare anche quei casi in cui la soluzione u di (11.33) non è sufficientemente regolare (ovvero $u \neq C^2([0, 1])$).

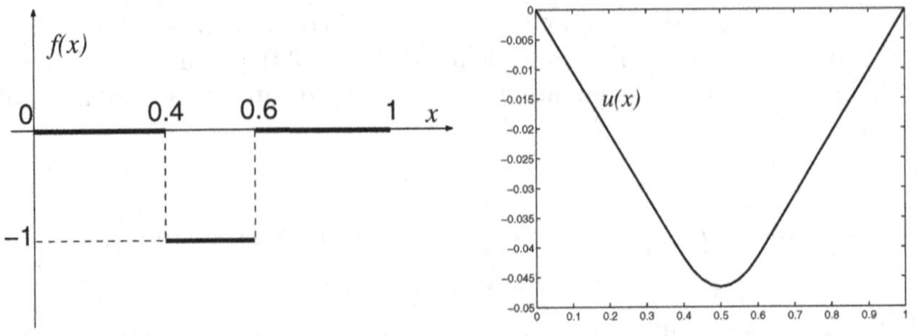

Fig. 11.2 Spostamento verticale (a destra) di una corda elastica fissa agli estremi e soggetta ad un carico f discontinuo (a sinistra)

Ad esempio, se $\alpha = 1$, $\beta = \gamma = 0$, la soluzione u indica lo spostamento di una corda elastica, fissa agli estremi, con densità lineare pari a f, la cui posizione a riposo è $u(x) = 0$ per ogni $x \in [0,1]$. In Figura 11.2 (a destra) si ha un esempio di soluzione u corrispondente ad una funzione f discontinua (rappresentata in Figura 11.2, a sinistra). Ovviamente u'' non esiste nei punti $x = 0.4$ e $x = 0.6$ dove f è discontinua.

Se la (11.33) è accompagnata da condizioni ai limiti non omogenee, come $u(0) = u_0$, $u(1) = u_1$ (dette *condizioni di Dirichlet*), possiamo comunque ottenere una forma debole, simile alla (11.35), procedendo nel modo seguente. Sia $\bar{u}(x) = xu_1 + (1-x)u_0$ la retta interpolante i valori di u agli estremi, e poniamo $\overset{0}{u}(x) = u(x) - \bar{u}(x)$. Allora $\overset{0}{u} \in V$ soddisfa al problema seguente:

$$\text{trovare } \overset{0}{u} \in V : \ a(\overset{0}{u}, v) = (f, v) - a(\bar{u}, v) \ \forall v \in V.$$

Un problema simile si ottiene nel caso di condizioni ai limiti *di Neumann omogenee*, ossia della forma $u'(0) = u'(1) = 0$. Procedendo in modo analogo a quanto fatto per ottenere la (11.35), si dimostra che la soluzione u del problema di Neumann omogeneo soddisfa alla medesima formulazione debole (11.35), dove ora però lo spazio V è $\mathrm{H}^1(0,1) = \big\{v \in \mathrm{L}^2(0,1),\ v' \in \mathrm{L}^2(0,1)\big\}$. Per condizioni ai limiti più generali si veda l'Esercizio 9.

11.3.2 Una breve introduzione alle distribuzioni

Sia X uno spazio di Banach ovvero uno spazio vettoriale normato e completo. Diciamo che un funzionale $T : X \to \mathbb{R}$ è *continuo* se $\lim_{x\to x_0} T(x) = T(x_0)$ per ogni $x_0 \in X$ e *lineare* se $T(x+y) = T(x) + T(y)$ per ogni $x, y \in X$ e $T(\lambda x) = \lambda T(x)$ per ogni $x \in X$ e $\lambda \in \mathbb{R}$.

Generalmente, la valutazione di un funzionale lineare e continuo T in corrispondenza della funzione x viene denotato con $T(x) = \langle T, x\rangle$ ed il simbolo $\langle\cdot,\cdot\rangle$ è detto *dualità*. Ad esempio, sia $X = C^0([0,1])$ munito della norma del massimo $\|\cdot\|_\infty$ e consideriamo su X i due funzionali seguenti

$$\langle T, x\rangle = x(0), \qquad \langle S, x\rangle = \int_0^1 x(t)\sin(t)dt.$$

Si può facilmente verificare che sia T che S sono lineari e continui su X. L'insieme di tutti i funzionali lineari e continui su X individua uno spazio, detto *spazio duale* di X, ed indicato con X'.

Introduciamo lo spazio $\mathcal{D}(0,1)$ (o $C_0^\infty(0,1)$) delle funzioni infinitamente derivabili con continuità su $[0,1]$ ed ivi a supporto compatto tali cioè da annullarsi al di fuori di un aperto $(a,b) \subset (0,1)$. Diciamo che una successione di funzioni $v_n \in \mathcal{D}(0,1)$ converge a $v \in \mathcal{D}(0,1)$ se esiste un chiuso limitato $K \subset (0,1)$ tale che v_n si annulli al di fuori di K per ogni n e, per ogni $k \geq 0$, la derivata $v_n^{(k)}$ converge a $v^{(k)}$ uniformemente in $(0,1)$.

Lo spazio dei funzionali lineari su $\mathcal{D}(0,1)$, continui rispetto alla nozione di convergenza appena introdotta, viene indicato con $\mathcal{D}'(0,1)$ (lo *spazio duale* di $\mathcal{D}(0,1)$) ed i suoi elementi sono detti *distribuzioni*.

Possiamo a questo punto introdurre la *derivata di una distribuzione*. Sia T una distribuzione ovvero un elemento di $\mathcal{D}'(0,1)$. Allora, per ogni $k \geq 0$, $T^{(k)}$ è ancora una distribuzione definita come

$$\langle T^{(k)}, \varphi\rangle = (-1)^k \langle T, \varphi^{(k)}\rangle \qquad \forall \varphi \in \mathcal{D}(0,1). \tag{11.37}$$

Da questa definizione segue che ogni distribuzione è infinitamente derivabile; inoltre, se T è una funzione regolare (ad esempio, se $T \in C^1([0,1])$) la sua derivata nel senso delle distribuzioni coincide con quella usuale.

Consideriamo la funzione di Heaviside

$$H(x) = \begin{cases} 1 & \text{se } x \geq 0, \\ 0 & \text{se } x < 0. \end{cases}$$

La derivata nel senso delle distribuzioni di H è la distribuzione *delta di Dirac*, δ, nell'origine, definita come

$$v \rightarrow \delta(v) = v(0), \qquad v \in \mathcal{D}(\mathbb{R}).$$

Concludiamo la sezione introducendo per ogni intero $s \geq 0$ lo *spazio di Sobolev* di ordine s

$$\mathrm{H}^s(a,b) = \left\{ v : (a,b) \rightarrow \mathbb{R} : v^{(j)} \in \mathrm{L}^2(a,b),\, j = 0, \ldots, s \right\}, \tag{11.38}$$

dove le derivate $v^{(j)}$ sono intese nel senso delle distribuzioni. La seguente espressione

$$\|v\|_{\mathrm{H}^s(a,b)} = \left(\sum_{j=0}^{s} \|v^{(j)}\|^2_{\mathrm{L}^2(a,b)} \right)^{1/2}, \tag{11.39}$$

definisce una norma per $\mathrm{H}^s(a,b)$.

11.3.3 Proprietà del metodo di Galerkin

Il metodo delle differenze finite discende direttamente dalla forma differenziale (o *forte*) del problema (11.33). Il metodo di Galerkin, invece, è basato sulla formulazione debole (11.35). Se V_h è un sottospazio di V avente dimensione finita N, il metodo di Galerkin consiste nell'approssimare (11.35) con il problema a dimensione finita

$$\boxed{\text{trovare } u_h \in V_h : \ a(u_h, v_h) = (f, v_h) \quad \forall v_h \in V_h} \tag{11.40}$$

Indichiamo con $\{\varphi_1, \ldots, \varphi_N\}$ una base per V_h (cioè un insieme di N funzioni linearmente indipendenti di V_h). Allora possiamo scrivere

$$\boxed{u_h(x) = \sum_{j=1}^{N} u_j \varphi_j(x)}$$

Ponendo nella (11.40) $v_h = \varphi_i$, si deduce che il problema di Galerkin (11.40) è equivalente a cercare N coefficienti incogniti $\{u_1, \ldots, u_N\}$ tali che

$$\sum_{j=1}^{N} u_j a(\varphi_j, \varphi_i) = (f, \varphi_i), \qquad i = 1, \ldots, N. \tag{11.41}$$

Abbiamo usato la linearità di $a(\cdot, \cdot)$ rispetto al primo argomento ossia

$$a(\sum_{j=1}^{N} u_j \varphi_j, \varphi_i) = \sum_{j=1}^{N} u_j a(\varphi_j, \varphi_i).$$

Se introduciamo la matrice $\mathrm{A_G} = (a_{ij})$, $a_{ij} = a(\varphi_j, \varphi_i)$ (detta *matrice di rigidezza*), il vettore incognito $\mathbf{u} = (u_i)$ ed il termine noto $\mathbf{f}_\mathrm{G} = (f_i)$, con $f_i = (f, \varphi_i)$, la (11.41) è equivalente al sistema lineare

$$\mathrm{A_G}\mathbf{u} = \mathbf{f}_\mathrm{G}. \tag{11.42}$$

La struttura di $\mathrm{A_G}$, così come l'ordine di accuratezza di u_h, dipendono dalla forma delle funzioni di base $\{\varphi_i\}$, e quindi, dalla scelta di V_h.
Un esempio importante è dato dal *metodo degli elementi finiti*, nel quale V_h è uno spazio di funzioni polinomiali su sottointervalli di $[0, 1]$ di lunghezza $\leq h$, che sono globalmente continue e si annullano agli estremi $x = 0$ e $x = 1$. Per altri esempi nel caso monodimensionale si veda [Qua13a, QSS07] e, più in generale, [QV94].

Prima di illustrare ed analizzare il metodo degli elementi finiti, diamo alcuni risultati di validità generale per il problema di Galerkin (11.40).

11.3.4 Analisi del metodo di Galerkin

Dotiamo lo spazio $\mathrm{H}_0^1(0,1)$ della seguente norma

$$|v|_{\mathrm{H}^1(0,1)} = \left\{ \int_0^1 |v'(x)|^2 \, dx \right\}^{1/2}. \tag{11.43}$$

Consideriamo nel seguito $\beta = 0$ e $\gamma(x) \geq 0$ nella (11.33); tuttavia i risultati che ci apprestiamo a dimostrare continuano a valere anche nel caso più generale, a condizione che

$$-\frac{1}{2}\beta'(x) + \gamma(x) \geq 0, \qquad \forall x \in [0,1]. \tag{11.44}$$

Queste condizioni garantiscono che il problema di Galerkin (11.40) ammetta un'unica soluzione e che essa dipenda con continuità dai dati. Prendendo $v_h = u_h$ nella (11.40), otteniamo

$$\alpha_0 |u_h|^2_{\mathrm{H}^1(0,1)} \leq \int_0^1 \alpha u_h' u_h' \, dx + \int_0^1 \gamma u_h u_h \, dx = (f, u_h) \leq \|f\|_{\mathrm{L}^2(0,1)} \|u_h\|_{\mathrm{L}^2(0,1)},$$

avendo usato la disuguaglianza di Cauchy-Schwarz (9.4). Grazie alla disuguaglianza di Poincaré (11.15), concludiamo che

$$|u_h|_{\mathrm{H}^1(0,1)} \leq \frac{C_P}{\alpha_0} \|f\|_{\mathrm{L}^2(0,1)}. \tag{11.45}$$

Di conseguenza, la soluzione di Galerkin si mantiene limitata in norma (uniformemente rispetto alla dimensione del sottospazio V_h) purché $f \in \mathrm{L}^2(0,1)$. La disuguaglianza (11.45) è dunque un risultato di stabilità per il metodo di Galerkin.

Possiamo dimostrare la seguente proprietà:

Lemma 11.3 *Posto* $C = \alpha_0^{-1}(\|\alpha\|_\infty + C_P^2 \|\gamma\|_\infty)$, *abbiamo*

$$|u - u_h|_{\mathrm{H}^1(0,1)} \leq C \min_{w_h \in V_h} |u - w_h|_{\mathrm{H}^1(0,1)}. \tag{11.46}$$

Dimostrazione. Sottraendo la (11.40) dalla (11.35) dopo aver scelto $v = v_h \in V_h \subset V$, in virtù della bilinearità di $a(\cdot,\cdot)$ otteniamo

$$a(u - u_h, v_h) = 0 \qquad \forall v_h \in V_h. \tag{11.47}$$

Di conseguenza, ponendo $e(x) = u(x) - u_h(x)$, si deduce

$$\alpha_0 |e|^2_{\mathrm{H}^1(0,1)} \leq a(e,e) = a(e, u - w_h) + a(e, w_h - u_h) \qquad \forall w_h \in V_h.$$

L'ultimo termine è però nullo grazie alla (11.47). D'altra parte, applicando la disuguaglianza di Cauchy-Schwarz si trova

$$\begin{aligned} a(e, u - w_h) &= \int_0^1 \alpha e'(u - w_h)' \, dx + \int_0^1 \gamma e(u - w_h) \, dx \\ &\leq \|\alpha\|_\infty |e|_{\mathrm{H}^1(0,1)} |u - w_h|_{\mathrm{H}^1(0,1)} + \|\gamma\|_\infty \|e\|_{\mathrm{L}^2(0,1)} \|u - w_h\|_{\mathrm{L}^2(0,1)}, \end{aligned}$$

da cui si ottiene la (11.46) applicando la disuguaglianza di Poincaré sia a $\|e\|_{\mathrm{L}^2(0,1)}$ che a $\|u - w_h\|_{\mathrm{L}^2(0,1)}$. ◇

Il risultato precedente può essere ottenuto sotto ipotesi più generali sui problemi (11.35) e (11.40). Precisamente, assumiamo che V sia uno spazio di Hilbert, munito della norma $\|\cdot\|_V$, e che la forma bilineare $a : V \times V \to \mathbb{R}$ soddisfi le seguenti proprietà:

$$\exists \alpha_0 > 0 : \; a(v, v) \geq \alpha_0 \|v\|_V^2 \quad \forall v \in V \; (\textit{coercività}), \tag{11.48}$$

$$\exists M > 0 : \; |a(u, v)| \leq M \|u\|_V \|v\|_V \quad \forall u, v \in V \; (\textit{continuità}). \tag{11.49}$$

Inoltre, la funzione f sia tale che

$$|(f, v)| \leq K \|v\|_V \qquad \forall v \in V.$$

Allora i problemi (11.35) e (11.40) ammettono un'unica soluzione tale che

$$\|u\|_V \leq \frac{K}{\alpha_0}, \quad \|u_h\|_V \leq \frac{K}{\alpha_0}.$$

Questo risultato è noto come lemma di Lax-Milgram (per la sua dimostrazione si veda, ad esempio, [QV94]). Vale inoltre la seguente maggiorazione per l'errore

$$\|u - u_h\|_V \leq \frac{M}{\alpha_0} \min_{w_h \in V_h} \|u - w_h\|_V \tag{11.50}$$

La dimostrazione di quest'ultimo risultato, noto come lemma di Céa, è simile a quella della (11.46) e viene lasciata al lettore.

Vogliamo ora osservare che, sotto l'ipotesi (11.48), la matrice introdotta nella (11.42) è definita positiva. A questo fine, dobbiamo dimostrare che $\mathbf{v}^T \mathrm{A_G} \mathbf{v} \geq 0 \; \forall \mathbf{v} \in \mathbb{R}^N$ e che $\mathbf{v}^T \mathrm{A_G} \mathbf{v} = 0 \Leftrightarrow \mathbf{v} = \mathbf{0}$ (si veda la Sezione 1.12).

Associamo ad un generico vettore $\mathbf{v} = (v_j)$ di $\mathbb{R}^N$ la funzione $v_h = \sum_{j=1}^N v_j\varphi_j \in V_h$. Essendo la forma $a(\cdot,\cdot)$ bilineare e coerciva, si ha

$$\begin{aligned}\mathbf{v}^T \mathrm{A_G} \mathbf{v} &= \sum_{j=1}^N\sum_{i=1}^N v_i a_{ij} v_j = \sum_{j=1}^N\sum_{i=1}^N v_i a(\varphi_j,\varphi_i) v_j \\ &= \sum_{j=1}^N\sum_{i=1}^N a(v_j\varphi_j, v_i\varphi_i) = a\left(\sum_{j=1}^N v_j\varphi_j, \sum_{i=1}^N v_i\varphi_i\right) \\ &= a(v_h,v_h) \geq \alpha_0 \|v_h\|_V^2 \geq 0.\end{aligned}$$

Inoltre, se $\mathbf{v}^T\mathrm{A_G}\mathbf{v} = 0$ allora anche $\|v_h\|_V^2 = 0$ che implica $v_h = 0$ e quindi $\mathbf{v} = \mathbf{0}$.

Si può inoltre facilmente dimostrare che la matrice $\mathrm{A_G}$ è simmetrica se e solo se la forma $a(\cdot,\cdot)$ è simmetrica.

Ad esempio, per il problema (11.33) con $\beta = \gamma = 0$, la matrice $\mathrm{A_G}$ è simmetrica definita positiva, mentre se β and γ non sono nulli, $\mathrm{A_G}$ è definita positiva sotto l'ipotesi (11.44). Se $\mathrm{A_G}$ è simmetrica definita positiva, la risoluzione numerica del problema (11.42) può essere efficacemente condotta sia ricorrendo a metodi diretti, come ad esempio la fattorizzazione di Cholesky (introdotta nella Sezione 3.4.2), sia con metodi iterativi come il metodo del gradiente coniugato (si veda la Sezione 4.3.4). Ciò è particolarmente interessante nel caso di problemi ai limiti multidimensionali.

11.3.5 Il metodo degli elementi finiti

Il metodo degli elementi finiti (in breve, EF) è una tecnica che consente di costruire un sottospazio V_h nella (11.40), basandosi sull'interpolazione polinomiale composita introdotta nella Sezione 7.3. A tal fine, consideriamo una partizione $\mathcal{T}_h$ di [0,1] in n (≥ 2) sottointervalli $I_j = [x_j, x_{j+1}]$ di ampiezza $h_j = x_{j+1} - x_j$, $j = 0, \ldots, n-1$, con

$$0 = x_0 < x_1 < \ldots < x_{n-1} < x_n = 1$$

e poniamo $h = \max_{\mathcal{T}_h}(h_j)$. Poichè le funzioni di $\mathrm{H}_0^1(0,1)$ sono continue, ha senso considerare come elementi di $\mathrm{H}_0^1(0,1)$ i polinomi a tratti X_h^k introdotti nella (7.22) (dove $[a,b]$ deve essere ora sostituito da $[0,1]$). Ogni funzione $v_h \in X_h^k$ è continua globalmente su $[0,1]$ e, se ristretta ad un generico intervallo $I_j \in \mathcal{T}_h$, è un polinomio di grado $\leq k$.

Si pone quindi

$$V_h = X_h^{k,0} = \left\{v_h \in X_h^k \, : \, v_h(0) = v_h(1) = 0\right\}. \qquad (11.51)$$

La dimensione N dello spazio ad elementi finiti V_h è pari a $nk - 1$. Analizzeremo nel seguito i casi $k = 1$ e $k = 2$.

Per quanto riguarda l'accuratezza dell'approssimazione Galerkin-EF, notiamo innanzitutto che, grazie al lemma di Céa (11.50), possiamo ottenere la disuguaglianza

$$\min_{w_h \in V_h} \|u - w_h\|_{\mathrm{H}_0^1(0,1)} \leq \|u - \Pi_h^k u\|_{\mathrm{H}_0^1(0,1)} \tag{11.52}$$

dove $\Pi_h^k u$ è linterpolatore composito di grado locale k della soluzione esatta u di (11.35) (si veda la Sezione 7.3). Dalla (11.52) concludiamo che per stimare l'*errore di approssimazione* $\|u - u_h\|_{\mathrm{H}_0^1(0,1)}$ per il metodo Galerkin-EF è necessario disporre di una stima dell'*errore di interpolazione* $\|u - \Pi_h^k u\|_{\mathrm{H}_0^1(0,1)}$. A tale proposito, nel caso $k = 1$, vale il seguente risultato (per la dimostrazione si veda [QSS07], Capitolo 8)

$$h^{-1}\|u - \Pi_h^1 u\|_{\mathrm{L}^2(0,1)} + \|(u - \Pi_h^1 u)'\|_{\mathrm{L}^2(0,1)} \leq Ch\|u''\|_{\mathrm{L}^2(0,1)}, \tag{11.53}$$

dove C è un'opportuna costante positiva, indipendente da h e da u. Usando la (11.50) e la (11.53) si ottiene (purché $u \in \mathrm{H}^2(0,1)$)

$$\|u - u_h\|_{\mathrm{H}_0^1(0,1)} \leq \frac{M}{\alpha_0} Ch\|u\|_{\mathrm{H}^2(0,1)}.$$

Questa stima può essere estesa al caso $k > 1$ come mostrato nel seguente teorema di convergenza (per la cui dimostrazione rimandiamo a [QV94], Teorema 6.2.1).

Proprietà 11.1 *Sia* $u \in \mathrm{H}_0^1(0,1)$ *la soluzione esatta di* (11.35) *e* $u_h \in V_h$ *la corrispondente approssimazione ad elementi finiti con polinomi compositi di grado* $k \geq 1$. *Supponiamo che* $u \in \mathrm{H}^s(0,1)$ *per qualche* $s \geq 2$. *Vale allora la seguente stima dell'errore*

$$\|u - u_h\|_{\mathrm{H}_0^1(0,1)} \leq \frac{M}{\alpha_0} Ch^l\|u\|_{\mathrm{H}^{l+1}(0,1)} \tag{11.54}$$

dove $l = \min(k, s-1)$. *Nelle stesse ipotesi, si ha inoltre*

$$\|u - u_h\|_{\mathrm{L}^2(0,1)} \leq Ch^{l+1}\|u\|_{\mathrm{H}^{l+1}(0,1)}. \tag{11.55}$$

La stima (11.54) mostra che il metodo Galerkin-EF è *convergente*, ovvero che l'errore di approssimazione tende a zero quando $h \to 0$, e che l'ordine di convergenza nello spazio $\mathrm{H}_0^1(0,1)$ è pari a l. Da essa possiamo inoltre dedurre che non conviene nel metodo EF incrementare k se la soluzione esatta u non è sufficientemente regolare. L'ovvia alternativa per guadagnare in accuratezza consiste in questo caso nel ridurre il passo di discretizzazione h.

Una situazione interessante è quella in cui u ha la minima regolarità richiesta ($s = 1$). In tal caso, il lemma di Céa assicura comunque la convergenza

Tabella 11.1 Ordine di convergenza per il metodo degli elementi finiti in funzione di k (il grado di interpolazione) e di s (la regolarità della soluzione u)

k	$s=1$	$s=2$	$s=3$	$s=4$	$s=5$
1	solo convergenza	$\boxed{h^1}$	h^1	h^1	h^1
2	solo convergenza	h^1	$\boxed{h^2}$	h^2	h^2
3	solo convergenza	h^1	h^2	$\boxed{h^3}$	h^3
4	solo convergenza	h^1	h^2	h^3	$\boxed{h^4}$

dell'approssimazione Galerkin-EF per $h \to 0$ in quanto il sottospazio V_h è denso in V. D'altra parte, dalla stima (11.54) non è possibile stabilirne l'ordine di convergenza. Nella Tabella 11.1 riassumiamo gli ordini di convergenza del metodo Galerkin-EF nei casi $k = 1, \ldots, 4$ e $s = 1, \ldots, 5$.

Illustriamo ora come generare una base $\{\varphi_j\}$ per lo spazio degli elementi finiti X_h^k nei casi in cui $k = 1$ e $k = 2$. Il punto di partenza consiste in una scelta opportuna dei *gradi di libertà* di ogni elemento I_j della partizione $\mathcal{T}_h$ (ossia dei parametri che consentono di identificare univocamente le funzioni di X_h^k). La generica funzione v_h in X_h^k potrà quindi essere scritta come

$$v_h(x) = \sum_{i=0}^{nk} v_i \varphi_i(x),$$

dove $\{v_i\}$ è l'insieme dei gradi di libertà di v_h e le funzioni di base φ_i (spesso chiamate *funzioni di forma*) sono tali che $\varphi_i(x_j) = \delta_{ij}$, $i, j = 0, \ldots, nk$, essendo δ_{ij} il simbolo di Kronecker.

Lo spazio X_h^1

Questo spazio è costituito da tutte le funzioni lineari a tratti e continue su $\mathcal{T}_h$. Siccome per due punti distinti passa un'unica retta, il numero di gradi di libertà per la generica v_h è uguale al numero $n + 1$ di nodi nella partizione. Di conseguenza, sono necessarie $n + 1$ funzioni di base φ_i, $i = 0, \ldots, n$, per descrivere completamente X_h^1. La scelta più naturale per le φ_i, $i = 1, \ldots, n-1$,

$$\varphi_i(x) = \begin{cases} \dfrac{x - x_{i-1}}{x_i - x_{i-1}} & \text{per } x_{i-1} \le x \le x_i, \\[2ex] \dfrac{x_{i+1} - x}{x_{i+1} - x_i} & \text{per } x_i \le x \le x_{i+1}, \\[2ex] 0 & \text{altrimenti.} \end{cases} \tag{11.56}$$

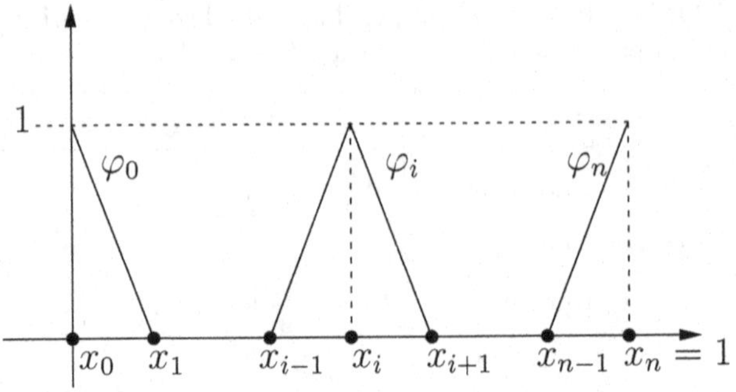

Fig. 11.3 Le funzioni di base di X_h^1 associate ai nodi di bordo e ad un nodo interno

La funzione di base φ_i è perciò lineare a tratti in $\mathcal{T}_h$, vale 1 nel nodo x_i e 0 in tutti i restanti nodi della partizione. Il suo supporto (vale a dire il sottoinsieme di $[0, 1]$ dove φ_i è non nulla) è costituito dall'unione degli intervalli I_{i-1} e I_i se $1 \leq i \leq n-1$, mentre coincide con l'intervallo I_0 (rispettivamente, I_{n-1}) se $i = 0$ (rispettivamente, $i = n$). Il grafico di φ_i, φ_0 e φ_n viene riportato in Figura 11.3.

Su un generico intervallo $I_i = [x_i, x_{i+1}]$, $i = 0, \ldots, n-1$, le due funzioni di base φ_i e φ_{i+1} possono essere considerate come le immagini di due corrispondenti funzioni di base, $\widehat{\varphi}_0$ e $\widehat{\varphi}_1$, definite su un intervallo di riferimento $[0, 1]$, tramite la trasformazione $\phi : [0, 1] \to I_i$

$$x = \phi(\xi) = x_i + \xi(x_{i+1} - x_i), \qquad i = 0, \ldots, n-1. \tag{11.57}$$

Ponendo $\widehat{\varphi}_0(\xi) = 1 - \xi$, $\widehat{\varphi}_1(\xi) = \xi$, le funzioni di base φ_i e φ_{i+1} possono essere costruite su I_i come

$$\varphi_i(x) = \widehat{\varphi}_0(\xi(x)), \qquad \varphi_{i+1}(x) = \widehat{\varphi}_1(\xi(x)),$$

dove $\xi(x) = (x - x_i)/(x_{i+1} - x_i)$ (si veda la Figura 11.4).

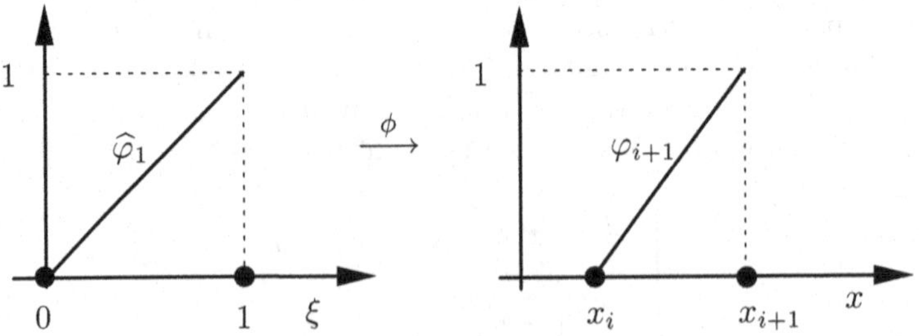

Fig. 11.4 La trasformazione affine ϕ dall'intervallo di riferimento al generico intervallo della partizione

Lo spazio X_h^2

La generica funzione $v_h \in X_h^2$ è una funzione polinomiale a tratti di grado 2 su I_i, globalmente continua. Di conseguenza, essa è completamente determinata una volta che venga assegnata in tre punti distinti di I_i. Per garantire la continuità di v_h su $[0,1]$ i gradi di libertà sono scelti come i valori assunti nei nodi x_i di $\mathcal{T}_h$, $i = 0, \ldots, n$, e nei punti medi di ciascun intervallo I_i, $i = 0, \ldots, n-1$, per un totale di $2n+1$ gradi di libertà. Conviene numerare i gradi di libertà da $x_0 = 0$ fino a $x_{2n} = 1$ in modo che i punti medi corrispondano ai nodi con indice dispari, mentre gli estremi dei sottointervalli a quelli con indice pari.

L'espressione esplicita della funzione di base i-esima è data da

$$(i \,\text{pari}) \quad \varphi_i(x) = \begin{cases} \dfrac{(x - x_{i-1})(x - x_{i-2})}{(x_i - x_{i-1})(x_i - x_{i-2})} & \text{per } x_{i-2} \le x \le x_i, \\[2ex] \dfrac{(x_{i+1} - x)(x_{i+2} - x)}{(x_{i+1} - x_i)(x_{i+2} - x_i)} & \text{per } x_i \le x \le x_{i+2}, \\[2ex] 0 & \text{altrimenti,} \end{cases} \tag{11.58}$$

$$(i \,\text{dispari}) \quad \varphi_i(x) = \begin{cases} \dfrac{(x_{i+1} - x)(x - x_{i-1})}{(x_{i+1} - x_i)(x_i - x_{i-1})} & \text{per } x_{i-1} \le x \le x_{i+1}, \\[2ex] 0 & \text{altrimenti.} \end{cases} \tag{11.59}$$

Ciascuna funzione di base è tale che $\varphi_i(x_j) = \delta_{ij}$, $i, j = 0, \ldots, 2n$. Le funzioni di di base di X_h^2 sull'intervallo di riferimento $[0,1]$ sono

$$\widehat{\varphi}_0(\xi) = (1-\xi)(1-2\xi), \quad \widehat{\varphi}_1(\xi) = 4(1-\xi)\xi, \quad \widehat{\varphi}_2(\xi) = \xi(2\xi - 1) \tag{11.60}$$

e sono disegnate in Figura 11.5. Come nel caso di X_h^1 le funzioni di base (11.58) e (11.59) sono le immagini delle (11.60) tramite la trasformazione affine (11.57). Si noti che il supporto della funzione φ_{2i+1}, associata al punto medio x_{2i+1}, coincide con l'intervallo del quale x_{2i+1} è punto medio. A causa della sua forma, φ_{2i+1} è nota generalmente come *funzione a bolla*.

In maniera analoga si possono costruire basi per X_h^k con k arbitrario. Va comunque osservato che, al crescere del grado k aumenta anche il numero di gradi di libertà e, di conseguenza, il costo computazionale richiesto per la risoluzione del sistema lineare (11.42).

Esaminiamo ora la struttura e le proprietà di base della matrice di rigidezza (11.42) nel caso del metodo degli elementi finiti ($\mathrm{A_G} = \mathrm{A_{fe}}$).

La matrice $\mathrm{A_{fe}}$ è certamente *sparsa* in quanto le funzioni di base di X_h^k hanno un supporto locale. In particolare, quando $k = 1$ il supporto della funzione di base φ_i è dato dall'unione degli intervalli I_{i-1} e I_i se $1 \le i \le$

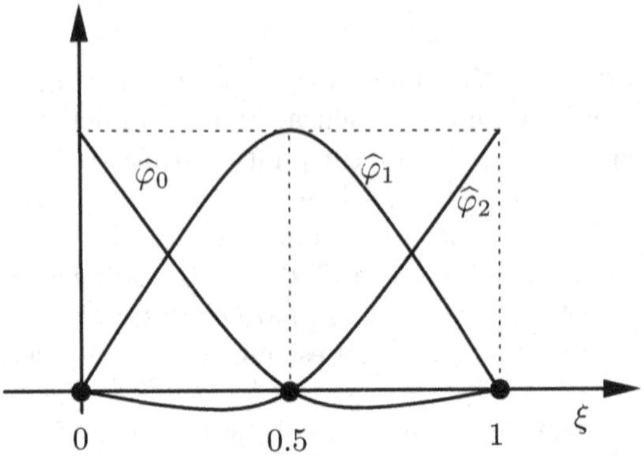

Fig. 11.5 Le funzioni di base per X_h^2 sull'intervallo di riferimento

$n-1$, mentre coincide con l'intervallo I_0 (rispettivamente, I_{n-1}) se $i = 0$ (rispettivamente, $i = n$). Di conseguenza, per i fissato da $1, \ldots, n-1$, solo le funzioni di base φ_{i-1} e φ_{i+1} hanno supporti con intersezione non vuota con il supporto di φ_i, il che implica che A_{fe} è *tridiagonale* in quanto $a_{ij} = 0$ se $j \notin \{i-1, i, i+1\}$. Nel caso in cui $k = 2$, in modo del tutto analogo, si deduce che A_{fe} è una matrice *pentadiagonale.*

Il *numero di condizionamento* di A_{fe} dipende da h nel modo seguente

$$K_2(\mathrm{A}_{\mathrm{fe}}) = \|\mathrm{A}_{\mathrm{fe}}\|_2 \|\mathrm{A}_{\mathrm{fe}}^{-1}\|_2 = \mathcal{O}(h^{-2})$$

(per la dimostrazione si veda [QV94], Sezione 6.3.2), dal che si deduce che il numero di condizionamento del sistema (11.42) cresce rapidamente per $h \to 0$. Questo fatto è chiaramente conflittuale con l'esigenza di utilizzare h piccolo per guadagnare in accuratezza e, specialmente nel caso multidimensionale, rende indispensabile l'uso di opportune tecniche di precondizionamento qualora si adottino metodi iterativi per la risoluzione del sistema.

11.3.6 Aspetti implementativi

In questa sezione riportiamo alcuni programmi relativi agli elementi finiti lineari ($k = 1$) per la risoluzione del problema (11.33) su di un intervallo $[a, b]$ con assegnate condizioni ai limiti di Dirichlet non omogenee.
I parametri di ingresso del Programma 83 sono: `Nx` il numero di nodi della griglia interni all'intervallo (a, b); `I =[a,b]` il vettore degli estremi dell'intervallo $[a, b]$, `alpha`, `beta`, `gamma` e `f` i function handle associati ai coefficienti variabili del problema; `bc=[ua,ub]`, un vettore che contiene i valori assunti da u in $x = a$ e $x = b$. La variabile `stabfun` di norma non viene passata tra i parametri di input, nella Sezione 11.4 si indicheranno (e motiveranno) scelte differenti.

Programma 83 – ellfem: Elementi finiti lineari

```
function [x,uh] = ellfem(Nx,I,alpha,beta,gamma,f,bc,stabfun)
% ELLFEM risolutore ad elementi finiti lineari.
% [X,UH]=ELLFEM(NX,I,ALPHA,BETA,GAMMA,F,BC,STABFUN) risolve il
% problema ai limiti:
% -ALPHA*U''+BETA*U'+GAMMA=F in (I(1),I(2))
% U(I(1))=BC(1), U(I(2))=BC(2)
% con elementi finiti lineari. Se STABFUN e' passata in input,
%si utilizza un metodo ad elementi finiti stabilizzato.
a=I(1); b=I(2); h=(b-a)/Nx; x=(a+h/2:h:b-h/2)';
alpha1=alpha(x); beta1=beta(x); gamma1=gamma(x);
f1=f(x);
rhs=0.5*h*(f1(1:Nx-1)+f1(2:Nx));
if nargin == 8
    [Afe,rhsbc]=femmatr(Nx,h,alpha1,beta1,gamma1,stabfun);
else
    [Afe,rhsbc]=femmatr(Nx,h,alpha1,beta1,gamma1);
end
[L,U,P]=lu(Afe);
rhs(1)=rhs(1)-bc(1)*(-alpha1(1)/h-beta1(1)/2+h*gamma1(1)/3+rhsbc(1));
rhs(Nx-1)=rhs(Nx-1)-bc(2)*(-alpha1(Nx)/h+...
            beta1(Nx)/2+h*gamma1(Nx)/3+rhsbc(2));
rhs=P*rhs;
z=L \ rhs;
w=U \ z;
uh=[bc(1); w; bc(2)]; x=(a:h:b)';
return
```

Il Programma 84 calcola la matrice di rigidezza A_{fe}; per semplificare i calcoli, i coefficienti α, β, γ ed il termine forzante f vengono sostituiti dai loro corrispondenti polinomi interpolatori compositi di grado 0 relativi ai punti medi della griglia di calcolo.

Programma 84 – femmatr: Costruzione della matrice di rigidezza

```
function [Afe,rhsbc] = femmatr(Nx,h,alpha,beta,gamma,stabfun)
% FEMMATR matrice di rigidezza e termine noto.
for i=2:Nx
    dd(i-1)=(alpha(i-1)+alpha(i))/h; dc(i-1)=-(beta(i)-beta(i-1))/2;
    dr(i-1)=h*(gamma(i-1)+gamma(i))/3;
    if i>2
        ld(i-2)=-alpha(i-1)/h; lc(i-2)=-beta(i-1)/2;
        lr(i-2)=h*gamma(i-1)/6;
    end
    if i<Nx
```

```
            ud(i-1)=-alpha(i)/h;
            uc(i-1)=beta(i)/2;
            ur(i-1)=h*gamma(i)/6;
    end
end
Kd=spdiags([[ld 0]',dd',[0 ud]'],-1:1,Nx-1,Nx-1);
Kc=spdiags([[lc 0]',dc',[0 uc]'],-1:1,Nx-1,Nx-1);
Kr=spdiags([[lr 0]',dr',[0 ur]'],-1:1,Nx-1,Nx-1);
Afe=Kd+Kc+Kr;
if nargin == 6
    s=['[Ks,rhsbc]=',stabfun,'(Nx,h,alpha,beta);']; eval(s)
    Afe = Afe + Ks;
else
    rhsbc = [0, 0];
end
return
```

La norma H^1 dell'errore può infine essere calcolata tramite il Programma 85. Esso ha bisogno, oltre che della soluzione numerica (vettore `uh`), del passo di discretizzazione `h` e delle coordinate dei nodi di griglia (vettore `coord`), anche dei function handle `u` e `ux` associati alla soluzione esatta u ed alla derivata u', rispettivamente. Gli integrali che compaiono nella norma H^1 (si veda la (11.39) con $s = 1$) vengono calcolati numericamente con la formula di Simpson composita (8.19).

Programma 85 – H1error: Calcolo della norma H^1 dell'errore

```
function [L2err,H1err]=H1error(coord,h,uh,u,udx)
% H1ERROR calcola l'errore nelle norme L2 e H1.
% rispetto alla funzione esatta U ed alla sua derivata UDX.
nvert=max(size(coord));x=[]; k=0;
coord=coord(:);
for i = 1:nvert-1
    xm=(coord(i+1)+coord(i))*0.5;
    x=[x; coord(i);xm];
    k=k+2;
end
ndof=k+1; x(ndof)=coord(nvert);
uq=u(x); uxq=udx(x);
L2err=0; H1err=0;
for i=1:nvert-1
    L2err = L2err + (h/6)*((uh(i)-uq(2*i-1))^2+...
        4*(0.5*uh(i)+0.5*uh(i+1)-uq(2*i))^2+(uh(i+1)-uq(2*i+1))^2);
    H1err = H1err + (1/(6*h))*((uh(i+1)-uh(i)-h*uxq(2*i-1))^2+...
        4*(uh(i+1)-uh(i)-h*uxq(2*i))^2+(uh(i+1)-uh(i)-h*uxq(2*i+1))^2);
end
```

```
H1err = sqrt(H1err + L2err); L2err = sqrt(L2err);
return
```

Esempio 11.1 Analizziamo sperimentalmente le proprietà di accuratezza del metodo degli elementi finiti nel seguente caso. Consideriamo una barra sottile, di lunghezza L, la cui temperatura in $x = 0$ è pari a T_0 e che risulta termicamente isolata in $x = L$. Supponiamo che la barra abbia una sezione costante di area A e che il perimetro della sezione sia pari a p.

La temperatura u della barra in un punto generico $x \in (0, L)$ soddisfa al seguente problema ai limiti di tipo Dirichlet-Neumann

$$\begin{cases} -\mu A u'' + \sigma p u = 0 & x \in (0, L), \\ u(0) = T_0, & u'(L) = 0, \end{cases} \tag{11.61}$$

dove μ è la conduttività termica e σ è un dato coefficiente di trasferimento convettivo. La soluzione esatta di (11.61) è data dalla funzione (regolare)

$$u(x) = T_0 \frac{\cosh[m(L-x)]}{\cosh(mL)},$$

con $m = \sqrt{\sigma p / \mu A}$. Risolviamo il problema (11.61) con elementi finiti lineari e quadratici ($k = 1$ e $k = 2$) su una griglia di passo uniforme, supponendo che la lunghezza della barra sia $L = 100cm$ e che la sezione sia circolare con raggio $2cm$ (di conseguenza, $A = 4\pi cm^2$, $p = 4\pi cm$). Poniamo inoltre $T_0 = 10°C$, $\sigma = 2$ e $\mu = 200$.

In Figura 11.6 viene riportato l'andamento dell'errore nelle norme $\mathrm{L}^2(0, L)$ e $\mathrm{H}^1(0, L)$ per gli elementi lineari e quadratici al variare di h. Si noti l'accordo tra l'andamento sperimentale e quello previsto dalle stime (11.54) e (11.55), ossia l'ordine di convergenza nelle norme $\mathrm{L}^2(0, L)$ e $\mathrm{H}^1(0, L)$ tende rispettivamente a $k+1$ e k, essendo k il grado degli elementi finiti utilizzato. •

11.4 Problemi di diffusione-trasporto a trasporto dominante

I problemi ai limiti della forma (11.33) sono usati generalmente per descrivere la diffusione, il trasporto e l'assorbimento (o la reazione) della quantità $u(x)$. Precisamente, il termine $-(\alpha u')'$ è responsabile della diffusione, $\beta u'$ del trasporto, γu dell'assorbimento (se $\gamma > 0$).

In diverse circostanze il coefficiente di viscosità α è "piccolo" rispetto a quello di trasporto β. In questo caso il metodo di Galerkin può risultare fortemente inaccurato e richiede di essere opportunamente modificato (un comportamento analogo si riscontra nel caso in cui α sia piccolo rispetto a γ; per questa situazione rimandiamo a [QSS07], Capitolo 12). Una spiegazione elementare di questo comportamento risiede nel fatto che la costante M/α_0

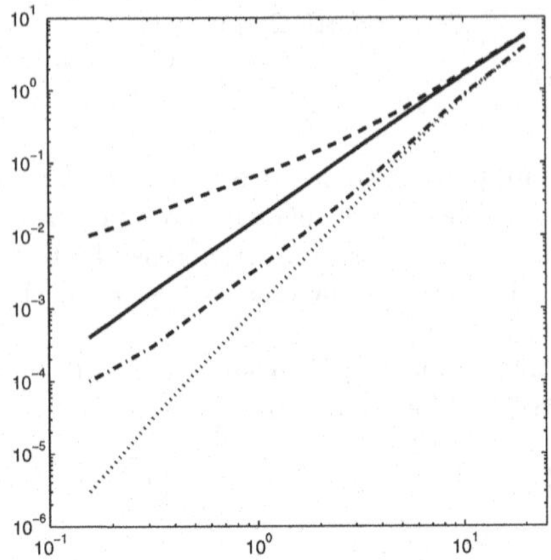

Fig. 11.6 Andamento dell'errore per elementi finiti lineari e quadratici. La linea tratteggiata e quella continua denotano rispettivamente l'andamento degli errori in norma $\mathrm{H}^1(0, L)$ e $\mathrm{L}^2(0, L)$, nel caso $k = 1$, mentre la linea tratto-punto e quella punteggiata sono relative al caso $k = 2$

che appare nella stima dell'errore (11.50) può essere molto grande e, di conseguenza, la stima dell'errore perde di significato a meno che h non sia molto minore di $(M/\alpha_0)^{-1}$. Ad esempio, consideriamo il seguente problema modello

$$\begin{cases} -\varepsilon u'' + \beta u' = 0, & 0 < x < 1, \\ u(0) = 0, \quad u(1) = 1 \end{cases} \tag{11.62}$$

dove $\varepsilon > 0$ e β sono due costanti assegnate, la cui soluzione esatta $u(x) = (e^{\beta x/\varepsilon} - 1)/(e^{\beta/\varepsilon} - 1)$ è monotona crescente (Esercizio 10).

In questo caso si ha $\alpha_0 = \varepsilon$ e $M = \varepsilon + C_P\beta$, dove C_P è la costante della disuguaglianza di Poincaré (11.15) (si veda l'Esercizio 11). Pertanto, M/α_0 è dell'ordine di β/ε. Più precisamente, definiamo il *numero di Péclet globale* come $\mathbb{P}\mathrm{e}_{gl} = |\beta|/(2\varepsilon)$. Esso misura il rapporto fra i coefficienti di trasporto e di diffusione. Diremo a trasporto dominante un problema di diffusione-trasporto in cui $\mathbb{P}\mathrm{e}_{gl} \gg 1$. La Figura 11.7 mostra come in tal caso il metodo di Galerkin sia poco soddisfacente (in particolare, genera soluzioni affette da oscillazioni).

Per analizzare la ragione di tale comportamento, consideriamo l'approssimazione del problema (11.62) con il metodo degli elementi finiti lineari ($k = 1$). Introduciamo una partizione uniforme dell'intervallo $[0, 1]$ di passo h, i cui nodi sono $x_i = ih$, $i = 0, \ldots, n$. Il problema Galerkin-EF lineari è: trovare $u_h \in X_h^1$ tale che

$$\begin{cases} a(u_h, v_h) = 0 \qquad \forall v_h \in X_h^{1,0}, \\ u_h(0) = 0, \quad u_h(1) = 1, \end{cases} \tag{11.63}$$

dove gli spazi X_h^1 e $X_h^{1,0}$ sono introdotti nella (7.22) e nella (11.51) e la forma bilineare $a(\cdot,\cdot)$ è data da

$$a(u_h, v_h) = \int_0^1 (\varepsilon u_h' v_h' + \beta u_h' v_h)\, dx. \tag{11.64}$$

Definiamo inoltre il *numero di Péclet locale* $\mathbb{P}\mathrm{e}$ come

$$\mathbb{P}\mathrm{e} = \frac{|\beta| h}{2\varepsilon}$$

Esso correla i coefficienti del problema differenziale con il passo di discretizzazione usato. Si può verificare che solo quando $\mathbb{P}\mathrm{e} > 1$, il metodo Galerkin-EF risulta inaccurato. D'altra parte, utilizzare passi di discretizzazione tali che $\mathbb{P}\mathrm{e}$ sia minore di uno è in generale proibitivo (nel problema modello considerato in Figura 11.7 si dovrebbe prendere $h < 10^{-4}$ che equivale a dividere $[0,1]$ in 10000 sottointervalli).

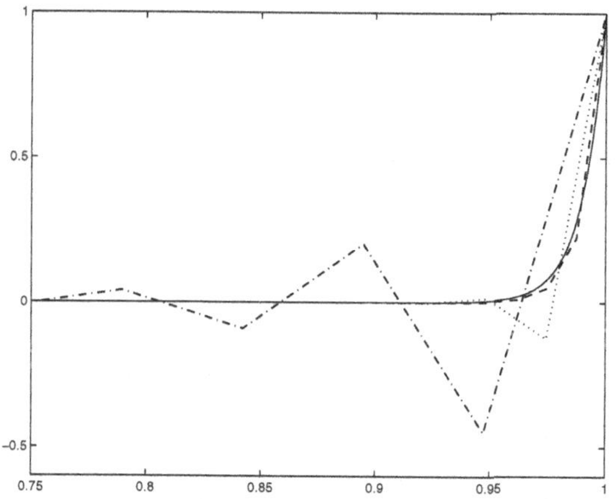

Fig. 11.7 Soluzione con il metodo degli elementi finiti lineari del problema di diffusione-trasporto (11.62) (con $\mathbb{P}\mathrm{e}_{gl} = 50$) in corrispondenza di diversi valori del numero di Péclet locale. Linea continua: soluzione esatta, linea tratto-punto: $\mathbb{P}\mathrm{e} = 2.63$, linea punteggiata: $\mathbb{P}\mathrm{e} = 1.28$, linea tratteggiata: $\mathbb{P}\mathrm{e} = 0.63$

Un rimedio alternativo viene suggerito dall'analisi del sistema algebrico corrispondente al problema discreto (11.63), che è dato da

$$\begin{cases} -\varepsilon \dfrac{u_{i+1} - 2u_i + u_{i-1}}{h} + \beta \dfrac{u_{i+1} - u_{i-1}}{2} = 0, \qquad i = 1, \ldots, n-1 \\ u_0 = 0, \qquad u_n = 1. \end{cases} \tag{11.65}$$

Si noti che, per $\varepsilon = 0$ si ottiene $u_{i+1} = u_{i-1}$ per $i = 1, \ldots, n-1$. Tale soluzione, valendo alternativamente 0 o 1, non ha nulla a che vedere con la soluzione esatta del problema ridotto $u' = 0$. Si osservi che, dividendo per h le prime $n - 1$ equazioni del sistema (11.65), si ritroverebbe esattamente l'approssimazione di (11.62) basata sul metodo delle differenze finite centrate (si veda la Sezione 9.10.1).

Si otterrebbe invece la soluzione esatta del problema ridotto qualora si *decentrasse* il termine nelle (11.65) legato all'approssimazione della derivata prima. Se infatti sostituissimo $(u_{i+1} - u_{i-1})/2$ con $u_i - u_{i-1}$ nelle (11.65), troveremmo per $\varepsilon = 0$ il sistema ridotto $u_{i+1} = u_i$ per $i = 1, \ldots, n-1$, compatibile con la soluzione esatta del problema ridotto. In differenze finite questo modo di procedere è noto come *upwind* e comporta la sostituzione del rapporto incrementale centrato per l'approssimazione della derivata prima con un rapporto incrementale decentrato (in avanti o all'indietro, a seconda del segno di β). Il metodo basato sulle differenze finite centrate ha un ordine uguale a 2 (si vedano le formule (9.73) e (9.70)), mentre quello *upwind* ha ordine uguale a 1 (per via della (9.71)).

Questa procedura può essere riprodotta anche in elementi finiti. Infatti, osservando che

$$u_i - u_{i-1} = \frac{u_{i+1} - u_{i-1}}{2} - \frac{h}{2} \frac{u_{i+1} - 2u_i + u_{i-1}}{h},$$

si conclude, dividendo per h, che decentrare il rapporto incrementale equivale a perturbare il rapporto incrementale centrato con un termine corrispondente alla discretizzazione di una derivata seconda. È naturale intrepretare questo termine addizionale come *viscosità artificiale* che si somma al termine viscoso nel problema originario. In altre parole, eseguire l'*upwind* in elementi finiti equivale ad approssimare con il metodo di Galerkin (centrato) il seguente problema perturbato

$$-\varepsilon_h u'' + \beta u' = 0, \tag{11.66}$$

dove $\varepsilon_h = \varepsilon(1 + \mathbb{P}\mathrm{e})$. Più in generale, si può pensare che nella (11.66) la viscosità artificiale abbia la forma

$$\boxed{\varepsilon_h = \varepsilon(1 + \phi(\mathbb{P}\mathrm{e}))} \tag{11.67}$$

dove ϕ è una opportuna funzione del numero di Péclet locale tale che

$$\lim_{t \to 0^+} \phi(t) = 0.$$

Evidentemente dalla scelta di ϕ dipenderanno le proprietà di accuratezza dello schema. Ad esempio, se ϕ è la funzione identicamente nulla, si ritrova il metodo di Galerkin-EF (11.65), mentre se

$$\phi(t) = t \tag{11.68}$$

si ottiene la viscosità artificiale propria del metodo *upwind*. Un altro caso significativo corrisponde alla scelta

$$\phi(t) = t - 1 + B(2t) \tag{11.69}$$

dove $B(t) = t/(e^t - 1)$ per $t \neq 0$ e $B(0) = 1$ è nota nella letteratura specializzata come *funzione di Bernoulli* (si veda [RST10] per i metodi stabilizzati di tipo *exponential fitting* e [Sel84] per applicazioni alla modellistica numerica dei semiconduttori). La (11.69) è detta *viscosità ottimale* in quanto garantisce una soluzione numerica accurata al second'ordine ed, inoltre, coincidente con la soluzione esatta in tutti i nodi x_i, $i = 0, \ldots, n$.

È infine il caso di osservare come il metodo di Galerkin centrato, con l'aggiunta di viscosità artificiale secondo le formule (11.68) o (11.69), generi un sistema lineare la cui matrice dei coefficienti è una M-matrice (si veda la Sezione 1.12). Ciò assicura che la soluzione numerica corrispondente soddisfi un principio di massimo discreto e precluda l'insorgere di oscillazioni spurie, come evidenziato in Figura 11.8.

I Programmi 86 e 87 implementano il calcolo delle viscosità artificiali (11.68) e (11.69). Queste ultime possono essere selezionate dall'utilizzatore ponendo il parametro d'ingresso `stabfun` nel Programma 83 rispettivamente uguale a

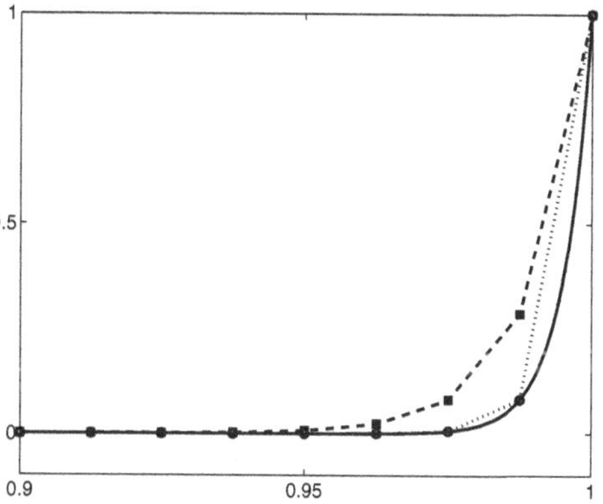

Fig. 11.8 Confronto tra le soluzioni numeriche del problema (11.62) (con $\varepsilon = 1/200$) ottenute utilizzando il metodo di Galerkin con viscosità artificiale (11.68) (linea tratteggiata dove il simbolo ■ indica i valori nodali) e con viscosità ottimale (11.69) (linea punteggiata dove il simbolo • indica i valori nodali) nel caso in cui $\mathbb{P}e = 1.25$. La linea continua indica la soluzione esatta

upwvisc o a sgvisc. Il Programma 88 fornisce una valutazione accurata della funzione di Bernoulli nella (11.69).

Programma 86 – upwvisc: Viscosità artificiale upwind

```
function [Kupw,rhsbc] = upwvisc(Nx,h,nu,beta)
% UPWVISC viscosita' artificiale upwind: matrice di rigidezza e termine noto.
Peclet=0.5*h*abs(beta);
for i=2:Nx
    dd(i-1)=(Peclet(i-1)+Peclet(i))/h;
    if i>2
        ld(i-2)=-Peclet(i-1)/h;
    end
    if i<Nx
        ud(i-1)=-Peclet(i)/h;
    end
end
Kupw=spdiags([[ld 0]',dd',[0 ud]'],-1:1,Nx-1,Nx-1);
rhsbc = - [Peclet(1)/h, Peclet(Nx)/h];
return
```

Programma 87 – optvisc: Viscosità artificiale ottimale

```
function [Ksg,rhsbc] = optvisc(Nx, h, nu, beta)
% OPTVISC viscosita' artificiale di tipo ottimale: matrice di rigidezza
% e termine noto.
Peclet=0.5*h*abs(beta)./nu;
[bp, bn]=bern(2*Peclet);
Peclet=Peclet-1+bp;
for i=2:Nx
    dd(i-1)=(nu(i-1)*Peclet(i-1)+nu(i)*Peclet(i))/h;
    if i>2
        ld(i-2)=-nu(i-1)*Peclet(i-1)/h;
    end
    if i<Nx
        ud(i-1)=-nu(i)*Peclet(i)/h;
    end
end
Ksg=spdiags([[ld 0]',dd',[0 ud]'],-1:1,Nx-1,Nx-1);
rhsbc = - [nu(1)*Peclet(1)/h, nu(Nx)*Peclet(Nx)/h];
return
```

Programma 88 – bern: Calcolo funzione di Bernoulli

```
function [bp,bn]=bern(x)
% BERN valutazione della funzione di Bernoulli.
xlim=1e-2; ax=abs(x);
if ax==0,
    bp=1; bn=1; return
end
if ax>80
    if x>0
        bp=0.; bn=x;
        return
    else
        bp=-x; bn=0;
        return
    end
end
if ax>xlim
    bp=x./(exp(x)-1); bn=x+bp; return
else
    ii=1; fp=1.;fn=1.; df=1.; s=1.;
    while abs(df)>eps
        ii=ii+1; s=-s; df=df*x/ii;
        fp=fp+df; fn=fn+s*df;
        bp=1./fp; bn=1./fn;
    end
    return
end
return
```

11.5 Esercizi

1. Si consideri il problema ai limiti (11.1)-(11.2) con $f(x) = 1/x$. Usando la (11.3) si dimostri che $u(x) = -x\log(x)$. In tal caso $u \in C^2(0,1)$, ma $u(0)$ non è definita e u', u'' non esistono in $x = 0$ ($\Rightarrow$: se $f \in C^0(0,1)$, ma $f \notin C^0([0,1])$, allora u non può stare in $C^0([0,1])$).
2. Si dimostri che la matrice A_{fd} introdotta nella (11.8) è una M-matrice.

   [*Suggerimento*: si verifichi che $\mathrm{A}_{\mathrm{fd}}\mathbf{x} \geq 0 \Rightarrow \mathbf{x} \geq 0$. Per fare questo, per ogni $\alpha > 0$ si ponga $\mathrm{A}_{\mathrm{fd},\alpha} = \mathrm{A}_{\mathrm{fd}} + \alpha \mathrm{I}_{n-1}$. Si calcoli quindi $\mathbf{w} = \mathrm{A}_{\mathrm{fd},\alpha}\mathbf{x}$ e si provi che $\min_{1\leq i\leq(n-1)} w_i \geq 0$. Infine, essendo $\mathrm{A}_{\mathrm{fd},\alpha}$ invertibile, simmetrica e definita positiva, ed avendo $\mathrm{A}_{\mathrm{fd},\alpha}^{-1}$ coefficienti che sono funzioni continue di $\alpha \geq 0$, si conclude che $\mathrm{A}_{\mathrm{fd},\alpha}^{-1}$ è una matrice non negativa per $\alpha \to 0$.]
3. Si dimostri che la (11.11) o equivalentemente la (11.12) definisce una norma per V_h^0.
4. Si dimostri la (11.14) per induzione su m.

5. Si provi la stima (11.21).
[*Suggerimento*: per ogni nodo interno x_j, $j = 1, \ldots, n-1$, si trova

$$\tau_h(x_j) = -u''(x_j) - \frac{1}{h^2}\int_{x_j-h}^{x_j} u''(t)(x_j - h - t)^2 dt + \frac{1}{h^2}\int_{x_j}^{x_j+h} u''(t)(x_j + h - t)^2 dt.$$

Si elevi al quadrato e si sommino i $\tau_h(x_j)^2$ per $j = 1, \ldots, n-1$. Notando che $(a+b+c)^2 \leq 3(a^2+b^2+c^2)$, per ogni terna di numeri reali a, b, c, ed applicando la disuguaglianza di Cauchy-Schwarz si giunge al risultato desiderato.]
6. Si provi che $G^k(x_j) = hG(x_j, x_k)$, dove G è la funzione di Green definita nella (11.4) e G^k è la sua controparte discreta, soluzione di (11.22).
[*Soluzione*: proviamo il risultato mostrando che $L_h G = he^k$. Infatti, fissato x_k, la funzione $G(x_k, s)$ è una retta sugli intervalli $[0, x_k]$ e $[x_k, 1]$ di modo che $L_h G = 0$ nei nodi x_l con $l = 0, \ldots, k-1$ e $l = k+1, \ldots, n+1$. Un calcolo diretto mostra che $(L_h G)(x_k) = 1/h$ il che conclude la dimostrazione.]
7. Sia $g = 1$. Si provi che $T_h g(x_j) = \frac{1}{2} x_j(1 - x_j)$.
[*Soluzione*: si usi la definizione (11.23) con $g(x_k) = 1$, $k = 1, \ldots, n-1$ e si ricordi che $G^k(x_j) = hG(x_j, x_k)$ per l'esercizio precedente. Allora

$$T_h g(x_j) = h\left[\sum_{k=1}^{j} x_k(1 - x_j) + \sum_{k=j+1}^{n-1} x_j(1 - x_k)\right]$$

da cui segue immediatamente il risultato cercato.]
8. Si dimostri che $\|v_h\|_h \leq \|v_h\|_{h,\infty}$ $\forall v_h \in V_h$.
9. Si consideri il problema (11.33) con condizioni ai limiti non omogenee di tipo Neumann: $\alpha u'(0) = w_0$, $\alpha u'(1) = w_1$. Si mostri che la soluzione soddisfa al problema (11.35) in cui $V = \mathrm{H}^1(0,1)$ ed il termine noto è stato sostituito da $(f, v) + w_1 v(1) - w_0 v(0)$. Si derivi la formulazione debole nel caso in cui $\alpha u'(0) = w_0$, $u(1) = u_1$.
10. Si verifichi che la soluzione esatta del problema (11.62) è

$$u(x) = \frac{e^{\beta x/\varepsilon} - 1}{e^{\beta/\varepsilon} - 1}.$$

11. Si ricavino i valori delle costanti α_0 e M per il problema (11.62).
[*Suggerimento*: il valore di M si ricava applicando la disuguaglianza di Cauchy-Schwarz a $|a(u,v)|$ e quindi la disuguaglianza di Poincaré. La costante α_0 si trova invece osservando che $a(u,u) = \varepsilon|u|^2_{\mathrm{H}^1(0,1)} + (\beta/2)\int_0^1 (u^2)'\, dx = \varepsilon|u|^2_{\mathrm{H}^1(0,1)}$.]
12. Si dimostri che la soluzione del problema discreto (11.65) nei nodi interni $x_1, \ldots, x_{n-1}$ è data da

$$u_i = \left(1 - \left(\frac{1+\mathbb{P}\mathrm{e}}{1-\mathbb{P}\mathrm{e}}\right)^i\right) \Big/ \left(1 - \left(\frac{1+\mathbb{P}\mathrm{e}}{1-\mathbb{P}\mathrm{e}}\right)^n\right), \qquad i = 1, \ldots, n-1.$$

Si concluda che essa oscilla se $\mathbb{P}\mathrm{e} > 1$.
[*Soluzione*: si risolva l'equazione alle differenze (11.65) con le tecniche indicate nella Sezione 10.4.]

12
Problemi ai valori iniziali e ai limiti di tipo parabolico e iperbolico

Questo capitolo conclusivo è dedicato all'approssimazione numerica di equazioni alle derivate parziali dipendenti dal tempo. Verranno considerati problemi ai valori iniziali ed ai limiti di tipo parabolico e iperbolico e la loro relativa discretizzazione con differenze finite ed elementi finiti.

12.1 L'equazione del calore

Il problema di interesse in questa sezione è trovare una funzione $u = u(x,t)$ per $x \in [0,1]$ e $t > 0$ che soddisfi l'equazione alle derivate parziali

$$\frac{\partial u}{\partial t} + Lu = f, \quad 0 < x < 1, \ t > 0, \tag{12.1}$$

soggetta alle condizioni ai limiti

$$u(0,t) = u(1,t) = 0, \qquad t > 0, \tag{12.2}$$

ed alla condizione iniziale

$$u(x,0) = u^0(x), \qquad 0 \leq x \leq 1. \tag{12.3}$$

L'operatore differenziale L è definito come

$$Lu = -\nu \frac{\partial^2 u}{\partial x^2}. \tag{12.4}$$

L'equazione (12.1) è nota come *equazione del calore*, in quanto $u(x,t)$ descrive la temperatura nel punto x e all'istante temporale t di una sbarra metallica, assunta per semplicità monodimensionale ed occupante l'intervallo $[0,1]$. La sua conducibilità termica è costante e pari a $\nu > 0$, i suoi estremi sono mantenuti alla temperatura costante di zero gradi, mentre all'istante iniziale $t = 0$

A. Quarteroni, R. Sacco, F. Saleri, P. Gervasio, *Matematica Numerica*, 4ª edizione, UNITEXT – La Matematica per il 3+2 77, DOI: 10.1007/978-88-470-5644-2_12,
© Springer-Verlag Italia 2014

la sua temperatura nel punto x è descritta da $u^0(x)$, e $f(x,t)$ rappresenta la produzione di calore per unità di lunghezza erogata nel punto x all'istante t. Si assume inoltre che la densità volumetrica ρ ed il calore specifico per unità di massa c_p siano entrambi costanti e pari ad uno. In caso contrario, la derivata rispetto al tempo $\partial u/\partial t$ va moltiplicata dal prodotto ρc_p nella (12.1).

Una soluzione del problema (12.1)–(12.3) è calcolata mediante la *serie di Fourier*. Ad esempio, se $\nu = 1$ e f=0, essa è data da

$$u(x,t) = \sum_{n=1}^{\infty} c_n e^{-(n\pi)^2 t} \sin(n\pi x), \tag{12.5}$$

dove i c_n sono i coefficienti di Fourier dello sviluppo in soli seni del dato iniziale $u^0(x)$, ovvero

$$c_n = 2 \int_0^1 u^0(x) \sin(n\pi x)\, dx, \quad n = 1, 2 \dots .$$

Se al posto delle (12.2) consideriamo le *condizioni di Neumann*

$$\frac{\partial u}{\partial x}(0,t) = \frac{\partial u}{\partial x}(1,t) = 0, \qquad t > 0, \tag{12.6}$$

la corrispondente soluzione (sempre nel caso in cui $\nu = 1$ e $f = 0$) diventa

$$u(x,t) = \frac{d_0}{2} + \sum_{n=1}^{\infty} d_n e^{-(n\pi)^2 t} \cos(n\pi x),$$

dove stavolta i d_n sono i coefficienti di Fourier dello sviluppo in soli coseni di $u^0(x)$, ovvero

$$d_n = 2 \int_0^1 u^0(x) \cos(n\pi x)\, dx, \quad n = 1, 2 \dots .$$

Queste espressioni mostrano come la soluzione tenda a zero nel tempo con velocità esponenziale. Più in generale, si può enunciare un risultato per il comportamento nel tempo dell'*energia*

$$E(t) = \int_0^1 u^2(x,t)\, dx.$$

Infatti, se moltiplichiamo la (12.1) per u e integriamo rispetto ad x sull'intervallo $[0, 1]$, otteniamo

$$\begin{aligned}\int_0^1 \frac{\partial u}{\partial t}(x,t)u(x,t)\,dx - \nu\int_0^1 \frac{\partial^2 u}{\partial x^2}(x,t)u(x,t)\,dx &= \frac{1}{2}\int_0^1 \frac{\partial u^2}{\partial t}(x,t)\,dx \\ &+ \nu\int_0^1 \left(\frac{\partial u}{\partial x}(x,t)\right)^2 dx - \nu\left[\frac{\partial u}{\partial x}(x,t)u(x,t)\right]_{x=0}^{x=1} \\ &= \frac{1}{2}E'(t) + \nu\int_0^1 \left(\frac{\partial u}{\partial x}(x,t)\right)^2 dx,\end{aligned}$$

avendo utilizzato l'integrazione per parti, le condizioni al contorno (12.2) o (12.6), e avendo scambiato fra loro le operazioni di derivazione e integrazione. Utilizzando la disuguaglianza di Cauchy-Schwarz (9.4) si ottiene

$$\int_0^1 f(x,t)u(x,t)\,dx \le \sqrt{F(t)}\sqrt{E(t)},$$

dove $F(t) = \int_0^1 f^2(x,t)\,dx$. Dunque

$$E'(t) + 2\nu\int_0^1 \left(\frac{\partial u}{\partial x}(x,t)\right)^2 dx \le 2\sqrt{F(t)}\sqrt{E(t)}.$$

Applicando la disuguaglianza di Poincaré (11.15) con $(a,b) = (0,1)$, otteniamo

$$E'(t) + 2\frac{\nu}{(C_P)^2}E(t) \le 2\sqrt{F(t)}\sqrt{E(t)}.$$

Usando la disuguaglianza di Young

$$ab \le \frac{\gamma a^2}{2} + \frac{1}{2\gamma}b^2, \qquad \forall a,b \in \mathbb{R}, \quad \forall \gamma > 0,$$

otteniamo

$$2\sqrt{F(t)}\sqrt{E(t)} \le \gamma E(t) + \frac{1}{\gamma}F(t).$$

Pertanto, posto $\gamma = \nu/C_P^2$, risulta $E'(t)+\gamma E(t) \le \frac{1}{\gamma}F(t)$, o, equivalentemente, $(e^{\gamma t}E(t))' \le \frac{1}{\gamma}e^{\gamma t}F(t)$. Dunque, integrando tra 0 e t otteniamo

$$E(t) \le e^{-\gamma t}E(0) + \frac{1}{\gamma}\int_0^t e^{\gamma(s-t)}F(s)ds. \tag{12.7}$$

In particolare, nel caso in cui f=0, la (12.7) mostra che l'energia $E(t)$ tende a zero con velocità esponenziale per $t \to +\infty$.

12.2 Approssimazione a differenze finite dell'equazione del calore

Per risolvere numericamente l'equazione del calore è necessario discretizzare entrambe le variabili x e t. Iniziamo trattando la variabile x, e allo scopo seguiamo l'approccio sviluppato nella Sezione 11.2. Indichiamo con $u_i(t)$ un'approssimazione di $u(x_i, t)$, $i = 0, \ldots, n$, e approssimiamo il problema di Dirichlet (12.1)-(12.3) mediante lo schema

$$\begin{aligned}
&\dot{u}_i(t) - \frac{\nu}{h^2}(u_{i-1}(t) - 2u_i(t) + u_{i+1}(t)) = f_i(t), && i = 1, \ldots, n-1, \forall t > 0,\\
&u_0(t) = u_n(t) = 0, && \forall t > 0,\\
&u_i(0) = u^0(x_i), && i = 0, \ldots, n,
\end{aligned}$$

dove il puntino in alto indica l'operazione di derivazione rispetto al tempo, e $f_i(t) = f(x_i, t)$. La formula precedente è una *semi-discretizzazione* del problema (12.1)-(12.3), e costituisce un sistema di equazioni differenziali ordinarie della forma

$$\begin{cases} \dot{\mathbf{u}}(t) = -\nu \mathrm{A}_{\mathrm{fd}} \mathbf{u}(t) + \mathbf{f}(t), \quad \forall t > 0,\\ \mathbf{u}(0) = \mathbf{u}^0, \end{cases} \tag{12.8}$$

dove $\mathbf{u}(t) = [u_1(t), \ldots, u_{n-1}(t)]^T$ è il vettore delle incognite, mentre $\mathbf{f}(t) = [f_1(t), \ldots, f_{n-1}(t)]^T$, $\mathbf{u}^0 = [u^0(x_1), \ldots, u^0(x_{n-1})]^T$ e A_{fd} è la matrice tridiagonale introdotta nella (11.8). Si noti che per la derivazione della (12.8) abbiamo assunto che $u^0(x_0) = u^0(x_n) = 0$, consistentemente con le condizioni ai limiti (12.2).

Uno schema di largo impiego per l'integrazione in tempo del sistema (12.8) è il cosiddetto $\theta-$*metodo*. Indicando con v^k il valore della variabile v all'istante $t^k = k\Delta t$, con $\Delta t > 0$, il θ-metodo si scrive

$$\begin{cases} \dfrac{\mathbf{u}^{k+1} - \mathbf{u}^k}{\Delta t} = -\nu \mathrm{A}_{\mathrm{fd}}(\theta \mathbf{u}^{k+1} + (1-\theta)\mathbf{u}^k) + \theta \mathbf{f}^{k+1} + (1-\theta)\mathbf{f}^k,\\ \hfill k = 0, 1, \ldots\\ \mathbf{u}^0 \quad \text{assegnato} \end{cases} \tag{12.9}$$

o, equivalentemente,

$$(\mathrm{I} + \nu\theta\Delta t \mathrm{A}_{\mathrm{fd}})\,\mathbf{u}^{k+1} = (\mathrm{I} - \nu(1-\theta)\Delta t \mathrm{A}_{\mathrm{fd}})\,\mathbf{u}^k + \mathbf{g}^{k+1}, \tag{12.10}$$

dove $\mathbf{g}^{k+1} = \Delta t(\theta \mathbf{f}^{k+1} + (1-\theta)\mathbf{f}^k)$, mentre I è la matrice identità di ordine $n-1$.

Per valori opportuni del parametro θ, è possibile riottenere dalla (12.10) alcuni metodi classici introdotti nel Capitolo 10. Ad esempio, se $\theta = 0$ il metodo (12.10) coincide con lo schema di Eulero in avanti e ciò permette di calcolare esplicitamente $\mathbf{u}^{k+1}$; altrimenti, è necessario risolvere un sistema lineare (con matrice costante $\mathrm{I} + \nu\theta\Delta t \mathrm{A}_{\mathrm{fd}}$) ad ogni passo temporale.

Riguardo alla stabilità, assumiamo che sia f=0 (e dunque, $\mathbf{g}^k = \mathbf{0}\,\forall k > 0$), in modo tale che, in base alla (12.5), la soluzione esatta $u(x,t)$ tenda a zero per ogni x se $t \to \infty$. Ci attendiamo pertanto che anche la soluzione discreta si comporti allo stesso modo, nel qual caso diremo lo schema (12.10) *asintoticamente stabile*, in conformità a quanto fatto per le equazioni differenziali ordinarie nella Sezione 10.1. Se $\theta = 0$, dalla (12.10) segue che

$$\mathbf{u}^k = (\mathrm{I} - \nu\Delta t \mathrm{A}_{\mathrm{fd}})^k \mathbf{u}^0, \quad k = 1, 2, \ldots.$$

Dall'analisi sulle matrici convergenti (si veda la Sezione 1.11.2) deduciamo che $\mathbf{u}^k \to \mathbf{0}$ per $k \to \infty$ se e solo se

$$\rho(\mathrm{I} - \nu\Delta t \mathrm{A}_{\mathrm{fd}}) < 1. \tag{12.11}$$

D'altra parte, gli autovalori di A_{fd} sono dati da

$$\mu_i = \frac{4}{h^2}\sin^2(i\pi h/2), \qquad i = 1, \ldots, n-1,$$

essendo $h = 1/n$. Si veda a tale proposito l'Esercizio 3 del Capitolo 4, osservando che $h^2\mathrm{A}_{\mathrm{fd}}$ coincide con la matrice A (dell'Esercizio in questione) con $\alpha = 2$.

Pertanto, la (12.11) è soddisfatta se e solo se

$$\boxed{\Delta t < \frac{1}{2\nu}h^2}$$

Come lecito attendersi, il metodo di Eulero in avanti è condizionatamente stabile, e al ridursi del passo di discretizzazione spaziale h, l'ampiezza del passo temporale Δt deve diminuire come il quadrato di h. Nel caso del metodo di Eulero all'indietro ($\theta = 1$), risulta dalla (12.10)

$$\mathbf{u}^k = \left[(\mathrm{I} + \nu\Delta t \mathrm{A}_{\mathrm{fd}})^{-1}\right]^k \mathbf{u}^0, \qquad k = 1, 2, \ldots.$$

Poiché tutti gli autovalori della matrice $(\mathrm{I} + \nu\Delta t \mathrm{A}_{\mathrm{fd}})^{-1}$ sono reali, positivi e strettamente minori di 1 per ogni valore di Δt, questo schema è incondizionatamente stabile. Più in generale, il θ-metodo è incondizionatamente stabile per tutti i valori $1/2 \leq \theta \leq 1$, e condizionatamente stabile se $0 \leq \theta < 1/2$ (si veda la Sezione 12.3.1).

Riguardo all'accuratezza del θ-metodo, il suo errore di troncamento locale è dell'ordine di $\Delta t + h^2$ se $\theta \neq \frac{1}{2}$, di $\Delta t^2 + h^2$ se $\theta = \frac{1}{2}$. Il metodo corrispondente a $\theta = 1/2$ è di solito indicato come *schema di Crank-Nicolson* ed è pertanto incondizionatamente stabile e accurato al second'ordine rispetto a entrambi i parametri di discretizzazione Δt e h.

12.3 Approssimazione ad elementi finiti dell'equazione del calore

Per la discretizzazione spaziale del problema (12.1)-(12.3), si può ricorrere anche al metodo di Galerkin agli elementi finiti procedendo come indicato nel Capitolo 11 nel caso ellittico. Anzitutto, per ogni $t > 0$ moltiplichiamo la (12.1) per una funzione test $v = v(x)$ e integriamo su $(0, 1)$. Quindi, poniamo $V = \mathrm{H}_0^1(0,1)$ e $\forall t > 0$ cerchiamo una funzione $t \to u(x,t) \in V$ (in breve, $u(t) \in V$) tale che

$$\int_0^1 \frac{\partial u(t)}{\partial t} v dx + a(u(t), v) = F(v) \qquad \forall v \in V, \tag{12.12}$$

con $u(0) = u^0$. Qui, $a(u(t), v) = \int_0^1 \nu(\partial u(t)/\partial x)\,(\partial v/\partial x)\ dx$ e $F(v) = \int_0^1 f(t) v dx$ indicano rispettivamente la forma bilineare e il funzionale lineare associati all'operatore ellittico L e al termine forzante f. Si noti che $a(\cdot, \cdot)$ è un caso particolare della (11.36) e che la dipendenza di u e f dalla variabile spaziale x verrà sottintesa da qui in avanti.

Sia V_h un opportuno sottospazio di dimensione finita di V. Consideriamo allora il seguente problema di Galerkin: $\forall t > 0$, trovare $u_h(t) \in V_h$ tale che

$$\int_0^1 \frac{\partial u_h(t)}{\partial t} v_h dx + a(u_h(t), v_h) = F(v_h) \quad \forall v_h \in V_h, \tag{12.13}$$

dove $u_h(0) = u_h^0$ e $u_h^0 \in V_h$ è una conveniente approssimazione di u^0. Il problema (12.13) viene di solito indicato come la *semi-discretizzazione* della (12.12), in quanto esso costituisce solo la discretizzazione spaziale dell'equazione del calore.

Procedendo in maniera analoga a quanto fatto per ricavare la stima dell'energia (12.7), è possibile ottenere la seguente stima a priori per la soluzione discreta $u_h(t)$ di (12.13)

$$E_h(t) \leq e^{-\gamma t} E_h(0) + \frac{1}{\gamma} \int_0^t e^{\gamma(s-t)} F(s) ds$$

dove $E_h(t) = \int_0^1 u_h^2(x,t)\ dx$.

Per quanto concerne la discretizzazione ad elementi finiti di (12.13), introduciamo lo spazio di elementi finiti V_h definito nella (11.51) e, di conseguenza, una base $\{\varphi_j\}$ per V_h come già fatto nella Sezione 11.3.5. Quindi, la soluzione

u_h di (12.13) si può scrivere nella forma

$$u_h(t) = \sum_{j=1}^{N_h} u_j(t)\varphi_j,$$

dove le quantità $\{u_j(t)\}$ sono i coefficienti incogniti e N_h rappresenta la dimensione di V_h. Allora, dalla (12.13) si ottiene

$$\int_0^1 \sum_{j=1}^{N_h} \dot{u}_j(t)\varphi_j\varphi_i dx + a\left(\sum_{j=1}^{N_h} u_j(t)\varphi_j, \varphi_i\right) = F(\varphi_i), \qquad i = 1, \ldots, N_h$$

ossia,

$$\sum_{j=1}^{N_h} \dot{u}_j(t) \int_0^1 \varphi_j\varphi_i dx + \sum_{j=1}^{N_h} u_j(t)a(\varphi_j, \varphi_i) = F(\varphi_i), \qquad i = 1, \ldots, N_h.$$

Utilizzando la medesima notazione impiegata nella (12.8), otteniamo

$$\mathrm{M}\dot{\mathbf{u}}(t) + \mathrm{A}_{\mathrm{fe}}\mathbf{u}(t) = \mathbf{f}_{\mathrm{fe}}(t), \tag{12.14}$$

dove $\mathrm{A}_{\mathrm{fe}} = (a(\varphi_j, \varphi_i))$, $\mathbf{f}_{\mathrm{fe}}(t) = (F(\varphi_i))$ e $\mathrm{M} = (m_{ij}) = (\int_0^1 \varphi_j\varphi_i dx)$ per $i, j = 1, \ldots, N_h$. M è detta *matrice di massa*. Dato che essa è non singolare, il sistema di equazioni differenziali ordinarie (12.14) può essere scritto in forma normale come

$$\dot{\mathbf{u}}(t) = -\mathrm{M}^{-1}\mathrm{A}_{\mathrm{fe}}\mathbf{u}(t) + \mathrm{M}^{-1}\mathbf{f}_{\mathrm{fe}}(t). \tag{12.15}$$

Per risolvere (12.14) in modo approssimato possiamo ancora ricorrere al θ-metodo, ottenendo

$$\mathrm{M}\frac{\mathbf{u}^{k+1} - \mathbf{u}^k}{\Delta t} + \mathrm{A}_{\mathrm{fe}}\left[\theta\mathbf{u}^{k+1} + (1-\theta)\mathbf{u}^k\right] = \theta\mathbf{f}_{\mathrm{fe}}^{k+1} + (1-\theta)\mathbf{f}_{\mathrm{fe}}^k \tag{12.16}$$

Come al solito, l'apice k sta ad indicare che la quantità in oggetto è calcolata all'istante temporale t^k. Come nel caso delle differenze finite, per $\theta = 0, 1$ e $1/2$, otteniamo rispettivamente i metodi di Eulero in avanti, di Eulero all'indietro e di Crank-Nicolson, essendo quest'ultimo l'unico ad avere ordine di accuratezza pari a due rispetto a Δt.

Per ogni k, la (12.16) dà luogo ad un sistema lineare la cui matrice è

$$\mathrm{K} = \frac{1}{\Delta t}\mathrm{M} + \theta\mathrm{A}_{\mathrm{fe}}.$$

Poiché entrambe le matrici M e A_{fe} sono simmetriche e definite positive, anche la matrice K risulta tale. Essa, inoltre, è invariante rispetto a k e pertanto

può essere fattorizzata una volta per tutte al tempo $t = 0$. Nel caso monodimensionale in esame tale fattorizzazione è basata sull'algoritmo di Thomas (si veda la Sezione 3.7.1) e richiede quindi un numero di operazioni proporzionale a N_h. Nel caso multidimensionale converrà invece fare ricorso alla decomposizione di Cholesky $\mathrm{K} = \mathrm{H}^T\mathrm{H}$, essendo H una matrice triangolare superiore (si veda (3.41)).
In tale situazione, ad ogni istante temporale è necessario risolvere i due seguenti sistemi lineari triangolari, ciascuno di dimensione pari a N_h:

$$\begin{cases} \mathrm{H}^T\mathbf{y} = \left[\dfrac{1}{\Delta t}\mathrm{M} - (1-\theta)\mathrm{A}_{\mathrm{fe}}\right]\mathbf{u}^k + \theta\mathbf{f}_{\mathrm{fe}}^{k+1} + (1-\theta)\mathbf{f}_{\mathrm{fe}}^k, \\ \mathrm{H}\mathbf{u}^{k+1} = \mathbf{y}. \end{cases}$$

Quando $\theta = 0$, una opportuna diagonalizzazione di M permetterebbe di disaccoppiare fra loro le equazioni del sistema (12.16). Questa procedura è nota come *mass-lumping*, e consiste nell'approssimare M con una matrice diagonale non singolare $\widetilde{\mathrm{M}}$. Nel caso di elementi finiti lineari a tratti, $\widetilde{\mathrm{M}}$ può essere ricavata usando la formula composita del trapezio sui nodi $\{x_i\}$ per calcolare gli integrali $\int_0^1 \varphi_j\varphi_i\, dx$, ottenendo $\tilde{m}_{ij} = h\delta_{ij}$, $i, j = 1, \ldots, N_h$ (si veda l'Esercizio 2).

12.3.1 Analisi di stabilità per il θ-metodo

Applicando il θ-metodo al problema di Galerkin (12.13) si ottiene

$$\begin{aligned} \left(\frac{u_h^{k+1} - u_h^k}{\Delta t}, v_h\right) &+ a\left(\theta u_h^{k+1} + (1-\theta)u_h^k, v_h\right) \\ &= \theta F^{k+1}(v_h) + (1-\theta)F^k(v_h) \qquad \forall v_h \in V_h \end{aligned} \tag{12.17}$$

per $k \geq 0$ e con $u_h^0 \in V_h^0$ una conveniente approssimazione di u^0, $F^k(v_h) = \int_0^1 f(t^k)v_h(x)dx$. Dato che siamo interessati all'analisi di stabilità, possiamo considerare il caso particolare in cui f=0; inoltre, per cominciare, concentriamo l'attenzione sul caso $\theta = 1$ (schema di Eulero implicito), ovvero

$$\left(\frac{u_h^{k+1} - u_h^k}{\Delta t}, v_h\right) + a\left(u_h^{k+1}, v_h\right) = 0 \qquad \forall v_h \in V_h.$$

Ponendo $v_h = u_h^{k+1}$, otteniamo

$$\left(\frac{u_h^{k+1} - u_h^k}{\Delta t}, u_h^{k+1}\right) + a(u_h^{k+1}, u_h^{k+1}) = 0.$$

Dalla definizione di $a(\cdot,\cdot)$ segue che

$$a\left(u_h^{k+1}, u_h^{k+1}\right) = \nu \left\| \frac{\partial u_h^{k+1}}{\partial x} \right\|_{\mathrm{L}^2(0,1)}^2 . \tag{12.18}$$

Inoltre, osserviamo che (si veda l'Esercizio 3 per la dimostrazione di questo risultato)

$$\|u_h^{k+1}\|^2_{L^2(0,1)} + 2\nu\Delta t \left\| \frac{\partial u_h^{k+1}}{\partial x} \right\|^2_{L^2(0,1)} \leq \|u_h^k\|^2_{L^2(0,1)}. \tag{12.19}$$

Segue dunque che, $\forall n \geq 1$,

$$\sum_{k=0}^{n-1} \|u_h^{k+1}\|^2_{L^2(0,1)} + 2\nu\Delta t \sum_{k=0}^{n-1} \left\| \frac{\partial u_h^{k+1}}{\partial x} \right\|^2_{L^2(0,1)} \leq \sum_{k=0}^{n-1} \|u_h^k\|^2_{L^2(0,1)}.$$

Trattandosi di somme telescopiche, si ha

$$\|u_h^n\|^2_{L^2(0,1)} + 2\nu\Delta t \sum_{k=0}^{n-1} \left\| \frac{\partial u_h^{k+1}}{\partial x} \right\|^2_{L^2(0,1)} \leq \|u_h^0\|^2_{L^2(0,1)}, \tag{12.20}$$

da cui risulta che lo schema è incondizionatamente stabile. Procedendo in modo analogo se $f \neq 0$, si può dimostrare che

$$\begin{aligned} &\|u_h^n\|^2_{L^2(0,1)} + 2\nu\Delta t \sum_{k=0}^{n-1} \left\| \frac{\partial u_h^{k+1}}{\partial x} \right\|^2_{L^2(0,1)} \\ &\quad \leq C(n) \left(\|u_h^0\|^2_{L^2(0,1)} + \sum_{k=1}^{n} \Delta t \|f^k\|^2_{L^2(0,1)} \right) \end{aligned} \tag{12.21}$$

dove $C(n)$ è una costante indipendente da h e da Δt.

Osservazione 12.1 Stime di stabilità del tutto simili alle (12.20) e (12.21) si possono derivare nel caso in cui $a(\cdot,\cdot)$ sia una forma bilineare più generale, sotto le ipotesi in cui essa sia continua e coerciva (si veda l'Esercizio 4). ■

Per fare l'analisi di stabilità del θ-metodo per ogni valore $\theta \in [0,1]$ dobbiamo definire gli *autovalori* e *autovettori* (o *autofunzioni*) di una forma bilineare.

Definizione 12.1 Diciamo che $(\lambda, w) \in \mathbb{R} \times V$ è la coppia autovalore-autovettore (o autofunzione) associata alla forma bilineare $a(\cdot,\cdot) : V \times V \mapsto \mathbb{R}$ se

$$a(w,v) = \lambda(w,v) \qquad \forall v \in V,$$

dove $(\cdot,\cdot)$ indica l'usuale prodotto scalare in $L^2(0,1)$. ■

Se la forma bilineare $a(\cdot,\cdot)$ è simmetrica e coerciva, essa ammette infiniti autovalori reali e positivi che costituiscono una successione illimitata; inoltre, i suoi autovettori (o autofunzioni) costituiscono una base per lo spazio V.

A livello discreto, i corrispondenti delle coppie autovalore-autovettore sono le coppie $\lambda_h \in \mathbb{R}$, $w_h \in V_h$ soddisfacenti

$$a(w_h, v_h) = \lambda_h(w_h, v_h) \quad \forall v_h \in V_h \tag{12.22}$$

Dal punto di vista algebrico, il problema (12.22) può essere formulato come

$$\mathrm{A}_{\mathrm{fe}}\mathbf{w} = \lambda_h \mathrm{M}\mathbf{w}$$

(dove $\mathbf{w}$ è il vettore dei valori nodali di w_h) e può essere considerato come un *problema agli autovalori generalizzato* (si veda [QSS07], Sezione 5.9). Tutti gli autovalori $\lambda_h^1, \ldots, \lambda_h^{N_h}$ sono positivi. I corrispondenti autovettori $w_h^1, \ldots, w_h^{N_h}$ formano una base per il sottospazio V_h e possono essere scelti in modo tale da essere *ortonormali*, ovvero, tali che $(w_h^i, w_h^j) = \delta_{ij}$, $\forall i, j = 1, \ldots, N_h$. In particolare, ogni funzione $v_h \in V_h$ può essere rappresentata nella forma

$$v_h(x) = \sum_{j=1}^{N_h} v_j w_h^j(x).$$

Assumiamo ora che $\theta \in [0, 1]$ e affrontiamo il caso in cui la forma bilineare $a(\cdot, \cdot)$ sia simmetrica. Sebbene le conclusioni sulla stima di stabilità siano valide anche nel caso non simmetrico, la dimostrazione che segue non si può ripetere in tale caso poiché gli autovettori non costituiscono più una base per V_h. Siano $\{w_h^i\}$ gli autovettori di $a(\cdot, \cdot)$, tali da formare una base ortonormale per V_h. Poiché ad ogni passo temporale si ha che $u_h^k \in V_h$, possiamo esprimere u_h^k come

$$u_h^k(x) = \sum_{j=1}^{N_h} u_j^k w_h^j(x).$$

Ponendo F=0 nella (12.17) e prendendo $v_h = w_h^i$, troviamo

$$\begin{aligned} &\frac{1}{\Delta t} \sum_{j=1}^{N_h} \left[u_j^{k+1} - u_j^k\right] \left(w_h^j, w_h^i\right) \\ &+ \sum_{j=1}^{N_h} \left[\theta u_j^{k+1} + (1-\theta) u_j^k\right] a(w_h^j, w_h^i) = 0, \qquad i = 1, \ldots, N_h. \end{aligned}$$

Essendo w_h^j autofunzioni di $a(\cdot, \cdot)$, si ha

$$a(w_h^j, w_h^i) = \lambda_h^j (w_h^j, w_h^i) = \lambda_h^j \delta_{ij} = \lambda_h^i,$$

da cui

$$\frac{u_i^{k+1} - u_i^k}{\Delta t} + \left[\theta u_i^{k+1} + (1-\theta) u_i^k\right] \lambda_h^i = 0.$$

Risolvendo questa equazione otteniamo

$$u_i^{k+1} = u_i^k \frac{\left[1-(1-\theta)\lambda_h^i \Delta t\right]}{\left[1+\theta\lambda_h^i \Delta t\right]}.$$

Affinché il metodo risulti incondizionatamente stabile, deve essere (si veda il Capitolo 10)

$$\left|\frac{1-(1-\theta)\lambda_h^i \Delta t}{1+\theta\lambda_h^i \Delta t}\right| < 1,$$

ossia

$$2\theta - 1 > -\frac{2}{\lambda_h^i \Delta t}.$$

Se $\theta \geq 1/2$, questa disuguaglianza è verificata per ogni valore positivo di Δt, mentre se $\theta < 1/2$ dobbiamo avere

$$0 < \Delta t < \frac{2}{(1-2\theta)\lambda_h^i}.$$

Dal momento che tale relazione deve valere per tutti gli autovalori λ_h^i della forma bilineare, basta richiedere che essa sia soddisfatta per il più grande di essi, che assumiamo essere $\lambda_h^{N_h}$. Si conclude pertanto che se $\theta \geq 1/2$ il θ-metodo è incondizionatamente stabile (ovvero, è stabile $\forall \Delta t > 0$), mentre se $0 \leq \theta < 1/2$ il θ-metodo è stabile solo se

$$0 < \Delta t \leq \frac{2}{(1-2\theta)\lambda_h^{N_h}}.$$

Si può dimostrare che esistono due costanti positive c_1 and c_2, indipendenti da h, tali che

$$c_1 h^{-2} \leq \lambda_h^{N_h} \leq c_2 h^{-2}$$

(per la dimostrazione, si veda [QV94], Sezione 6.3.2). In base a questa proprietà, otteniamo che se $0 \leq \theta < 1/2$ il metodo è stabile solo se

$$\boxed{0 < \Delta t \leq C_1(\theta) h^2} \tag{12.23}$$

per una opportuna costante $C_1(\theta)$ indipendente da entrambi i parametri h e Δt.

Con tecniche analoghe, si può dimostrare che se si utilizza un'approssimazione di tipo Galerkin pseudo-spettrale per il problema (12.12), il $\theta-$metodo è incondizionatamente stabile se $\theta \geq \frac{1}{2}$, mentre $0 \leq \theta < \frac{1}{2}$ si ha stabilità solo se

$$\boxed{0 < \Delta t \leq C_2(\theta) N^{-4}} \tag{12.24}$$

per una opportuna costante $C_2(\theta)$ indipendente da N e da Δt. La differenza tra la (12.23) e la (12.24) è da attribursi al fatto che l'autovalore massimo della matrice di rigidezza spettrale cresce come $\mathcal{O}(N^4)$ rispetto al grado dell'approssimazione polinomiale impiegata.

Confrontando la soluzione del problema discretizzato globalmente (12.17) con quella del problema semi-discretizzato (12.13), un uso appropriato del risultato di stabilità (12.21) e dell'errore di troncamento in tempo permettono di dimostrare il seguente *risultato di convergenza*

$$\|u(t^k) - u_h^k\|_{\mathrm{L}^2(0,1)} \leq C(u^0, f, u)(\Delta t^{p(\theta)} + h^{r+1}), \qquad \forall k \geq 1$$

dove r indica il grado polinomiale dello spazio di elementi finiti V_h, $p(\theta) = 1$ se $\theta \neq 1/2$ mentre $p(1/2) = 2$ e C è una costante che dipende dai propri argomenti (nell'ipotesi che essi siano sufficientemente regolari) ma non da h e da Δt. In particolare, se f=0 la stima precedente si può migliorare come segue

$$\|u(t^k) - u_h^k\|_{\mathrm{L}^2(0,1)} \leq C \left[\left(\frac{h}{\sqrt{t^k}} \right)^{r+1} + \left(\frac{\Delta t}{t^k} \right)^{p(\theta)} \right] \|u^0\|_{\mathrm{L}^2(0,1)},$$

per $k \geq 1$, $\theta = 1$ o $\theta = 1/2$. (Per la dimostrazione di tutti questi risultati, si veda [QV94], pagg. 394-395).

Il Programma 89 fornisce una implementazione del θ-metodo per la soluzione dell'equazione del calore nel dominio spazio-temporale $(a, b) \times (t_0, T)$. La discretizzazione in spazio è basata sull'uso di elementi finiti lineari a tratti. I parametri di input sono: il vettore colonna `I` contenente gli estremi dell'intervallo spaziale (a = `I(1)`, b = `I(2)`) e dell'intervallo di integrazione temporale (t_0 = `I(3)`, T = `I(4)`); il vettore colonna `n` contenente il numero dei passi in spazio e tempo; i function handles `u0` e `f` associati alle funzioni u_h^0 e f, la viscosità costante `nu`, le condizioni ai limiti di Dirichlet `bc(1)` e `bc(2)` (costanti nel tempo), ed il valore del parametro `theta`.

Programma 89 – thetameth: θ-metodo per l'equazione del calore

```
function [x,u] = thetameth(I,n,u0,f,bc,nu,theta)
% THETAMETH Theta-metodo.
% [U,X]=THETAMETH(I,N,U0,F,BC,NU,THETA) risolve l'equazione del calore
% utilizzando il THETA-metodo in tempo ed elementi finiti lineari in spazio
nx=n(1); h=(I(2)-I(1))/nx; x=(I(1):h:I(2))';
bc=bc(:);
nt=n(2); Deltat=(I(4)-I(3))/nt;
e=ones(nx+1,1);
```

```
K=spdiags([(h/(6*Deltat)-nu*theta/h)*e, (2*h/(3*Deltat)+2*nu*theta/h)*e, ...
    (h/(6*Deltat)-nu*theta/h)*e],-1:1,nx+1,nx+1);
B=spdiags([(h/(6*Deltat)+nu*(1-theta)/h)*e, ...
    (2*h/(3*Deltat)-nu*2*(1-theta)/h)*e, ...
    (h/(6*Deltat)+nu*(1-theta)/h)*e],-1:1,nx+1,nx+1);
M=h*spdiags([e/6, e*2/3,e/6],-1:1,nx+1,nx+1);
K(1,1)=1; K(1,2)=0; B(1,1:2)= 0;
K(nx+1,nx+1)=1; K(nx+1,nx)=0; B(nx+1,nx:nx+1)=0;
[L,U]=lu(K);
t=I(3);
uold=u0(x); fold=M*f(x,t);
for time=I(3)+Deltat:Deltat:I(4)
    fnew=M*f(x,time);
    b=theta*fnew+(1-theta)*fold+B*uold;
    b(1)=bc(1); b(end)=bc(2);
    y=L \ b;
    u=U \ y;
    uold=u; fold=fnew;
end
return
```

Esempio 12.1 Verifichiamo l'accuratezza in tempo del θ-metodo risolvendo l'equazione del calore (12.1) sul dominio spazio-temporale $(0,1) \times (0,1)$, avendo scelto f in modo tale che la soluzione esatta sia $u(x,t) = \sin(2\pi x)\cos(2\pi t)$. Abbiamo utilizzato un passo di griglia spaziale fisso $h = 1/500$, mentre il passo di avanzamento temporale Δt è uguale a $(10k)^{-1}$, $k = 1, \ldots, 4$. Infine, impieghiamo elementi finiti lineari a tratti per la discretizzazione spaziale. La Figura 12.1 mostra il comportamento

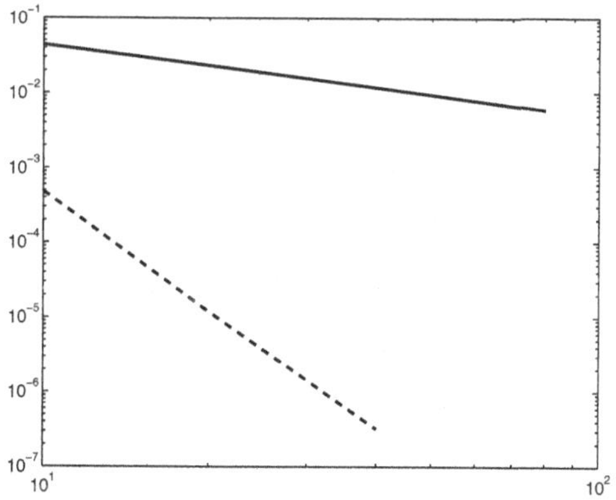

Fig. 12.1 Analisi di convergenza per il θ-metodo in funzione del numero $1/\Delta t$ di passi temporali (rappresentati sull'asse x): $\theta = 1$ (*linea continua*) e $\theta = 1/2$ (*linea tratteggiata*)

della convergenza del metodo nella norma $L^2(0,1)$ (calcolata al tempo $t = 1$), in funzione di Δt, per il metodo di Eulero all'indietro (Backward Euler, BE, $\theta = 1$, linea continua) e per lo schema di Crank-Nicolson (CN, $\theta = 1/2$, linea tratteggiata). Come atteso, il metodo CN produce una soluzione molto più accurata rispetto al metodo BE. •

12.4 Metodi a elementi finiti spazio-temporali per l'equazione del calore

Un approccio alternativo per la discretizzazione dell'equazione del calore è basato sull'uso di un metodo di tipo Galerkin per trattare entrambe le variabili spazio e tempo.

Supponiamo di risolvere l'equazione del calore per $x \in [0,1]$ e $t \in [0,T]$. Indichiamo con $I_k = [t^{k-1}, t^k]$ il k-esimo intervallo temporale per $k = 1, \ldots, n$ e con $\Delta t^k = t^k - t^{k-1}$ il k-esimo passo temporale; inoltre, poniamo $\Delta t = \max_k \Delta t^k$; il rettangolo $S_k = [0,1] \times I_k$ è il cosiddetto *slab (o striscia) spazio-temporale*. Ad ogni livello temporale t^k consideriamo una partizione $\mathcal{T}_{h_k}$ di $(0,1)$ in m^k sottointervalli $K_j^k = [x_j^k, x_{j+1}^k]$, $j = 0, \ldots, m^k - 1$. Poniamo infine $h_j^k = x_{j+1}^k - x_j^k$, $h_k = \max_j h_j^k$ e $h = \max_k h_k$.

Associamo ora a S_k una partizione spazio-temporale $\mathcal{S}_k = \cup_{j=1}^{m_k} R_j^k$ dove $R_j^k = K_j^k \times I_k$ e $K_j^k \in \mathcal{T}_{h_k}$. La striscia spazio-temporale S_k viene così decomposta in rettangoli R_j^k (si veda la Figura 12.2).
Per ogni striscia temporale S_k, introduciamo lo spazio di elementi finiti spazio-temporali

$$\mathbb{Q}_q(S_k) = \left\{ v \in C^0(S_k) : v_{|R_j^k} \in \mathbb{P}_1(K_j^k) \times \mathbb{P}_q(I_k),\ j = 0, \ldots, m^k - 1 \right\}$$

dove, tipicamente, si prenderà $q = 0$ o $q = 1$. Pertanto, lo spazio ad elementi

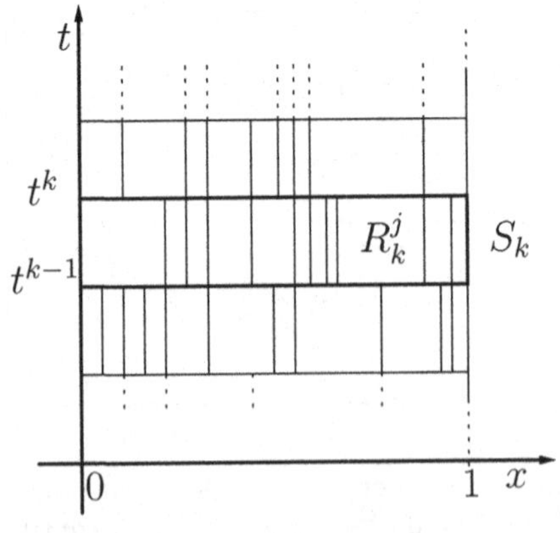

Fig. 12.2 Discretizzazione a elementi finiti spazio-temporali

finiti spazio-temporali su $[0,1] \times [0,T]$ è definito come segue

$$V_{h,\Delta t} = \left\{ v : [0,1] \times [0,T] \to \mathbb{R} : \; v_{|S_k} \in Y_{h,k}, \; k = 1, \ldots, n \right\},$$

dove abbiamo posto

$$Y_{h,k} = \{ v \in \mathbb{Q}_q(S_k) : \; v(0,t) = v(1,t) = 0 \; \forall t \in I_k \}.$$

Il numero di gradi di libertà di $V_{h,\Delta t}$ è pari a $(q+1)(m^k - 1)$. Le funzioni in $V_{h,\Delta t}$ sono lineari e continue in spazio mentre sono polinomi a tratti di grado q in tempo. Queste funzioni sono in generale discontinue attraverso i livelli temporali t^k e le partizioni $\mathcal{T}_h^k$ non risultano necessariamente coincidenti all'interfaccia tra livelli temporali contigui (si veda la Figura 12.2). Per tale ragione, adottiamo da qui in avanti la seguente notazione

$$v_{\pm}^k = \lim_{\tau \to 0} v(t^k \pm \tau), \quad [v^k] = v_+^k - v_-^k.$$

La discretizzazione del problema (12.12) mediante elementi finiti di grado 1 continui in spazio ed elementi finiti discontinui di grado q in tempo (con notazione abbreviata, questo metodo è generalmente indicato con l'acronimo cG(1)dG(q)) si scrive: trovare $U \in V_{h,\Delta t}$ tale che

$$\sum_{k=1}^{n} \int_{I_k} \left[\left(\frac{\partial U}{\partial t}, V \right) + a(U,V) \right] dt + \sum_{k=1}^{n-1} ([U^k], V_+^k) + (U_+^0, V_+^0) = \int_0^T (f,V)\, dt, \qquad \forall V \in \overset{0}{V}_{h,\Delta t}$$

dove

$$\overset{0}{V}_{h,\Delta t} = \{ v \in V_{h,\Delta t} : \; v(0,t) = v(1,t) = 0 \; \forall t \in [0,T] \}.$$

Abbiamo posto $U_-^0 = u_h^0$, $U^k = U(x,t^k)$, mentre $(u,v) = \int_0^1 uv\, dx$ indica il prodotto scalare in $\mathrm{L}^2(0,1)$. La continuità di U in ogni punto t^k è dunque imposta solo in senso debole.

Per costruire le equazioni algebriche per l'incognita U dobbiamo sviluppare tale quantità rispetto ad una base spazio-temporale. La singola funzione di base spazio-temporale $\varphi_{jl}^k(x,t)$ può essere scritta come $\varphi_{jl}^k(x,t) = \varphi_j^k(x)\psi_l(t)$, $j = 1, \ldots, m^k - 1$, $l = 0, \ldots, q$, dove φ_j^k è l'usuale funzione di base lineare a tratti mentre ψ_l è la l-esima funzione di base per $\mathbb{P}_q(I_k)$.

Quando $q = 0$ la soluzione U è costante a tratti rispetto alla variabile temporale. In tal caso

$$U^k(x,t) = \sum_{j=1}^{N_h^k} U_j^k \varphi_j^k(x), \; x \in [0,1], \; t \in I_k,$$

dove $U_j^k = U^k(x_j, t)\ \forall t \in I_k$. Indichiamo con

$$\mathrm{A}_k = (a_{ij}) = (a(\varphi_j^k, \varphi_i^k)), \qquad \mathrm{M}_k = (m_{ij}) = ((\varphi_j^k, \varphi_i^k)),$$

$$\mathbf{f}_k = (f_i) = \left(\int_{S_k} f(x,t)\varphi_i^k(x) dx\, dt \right), \quad \mathrm{B}_{k,k-1} = (b_{ij}) = ((\varphi_j^k, \varphi_i^{k-1})),$$

rispettivamente la matrice di rigidezza, la matrice di massa, il termine noto e la matrice di proiezione tra V_h^{k-1} e V_h^k, al livello temporale t^k.
Quindi, ponendo $\mathbf{U}^k = (U_j^k)$, ad ogni k-esimo livello temporale il metodo cG(1)dG(0) richiede la risoluzione del seguente sistema lineare

$$\left(\mathrm{M}_k + \Delta t^k \mathrm{A}_k\right) \mathbf{U}^k = \mathrm{B}_{k,k-1}\mathbf{U}^{k-1} + \mathbf{f}_k,$$

il quale non è altro se non lo schema di discretizzazione di Eulero all'indietro con un termine noto modificato.

Quando $q = 1$, la soluzione è lineari a tratti in tempo. Poniamo per semplicità di notazione $U^k(x) = U_-(x, t^k)$ e $U^{k-1}(x) = U_+(x, t^{k-1})$. Inoltre, assumiamo che la partizione spaziale $\mathcal{T}_{h_k}$ non cambi al variare del livello temporale e poniamo $m^k = m$ per ogni $k = 0, \dots, n$. Allora, possiamo scrivere

$$U_{|S_k} = U^{k-1}(x)\frac{t^k - t}{\Delta t^k} + U^k(x)\frac{t - t^{k-1}}{\Delta t^k}.$$

Il metodo cG(1)dG(1) conduce pertanto a risolvere il seguente sistema a blocchi 2×2 nelle incognite $\mathbf{U}^k = (U_i^k)$ e $\mathbf{U}^{k-1} = (U_i^{k-1})$, $i = 1, \dots, m-1$,

$$\begin{cases} \left(-\frac{1}{2}\mathrm{M}_k + \frac{\Delta t^k}{3}\mathrm{A}_k\right)\mathbf{U}^{k-1} + \left(\frac{1}{2}\mathrm{M}_k + \frac{\Delta t^k}{6}\mathrm{A}_k\right)\mathbf{U}^k = \mathbf{f}_{k-1} + \mathrm{B}_{k,k-1}\mathbf{U}_-^{k-1}, \\ \left(\frac{1}{2}\mathrm{M}_k + \frac{\Delta t^k}{6}\mathrm{A}_k\right)\mathbf{U}^{k-1} + \left(\frac{1}{2}\mathrm{M}_k + \frac{\Delta t^k}{3}\mathrm{A}_k\right)\mathbf{U}^k = \mathbf{f}_k, \end{cases}$$

dove

$$\mathbf{f}_{k-1} = \int_{S_k} f(x,t)\varphi_i^k(x)\psi_1^k(t) dx\, dt, \quad \mathbf{f}_k = \int_{S_k} f(x,t)\varphi_i^k(x)\psi_2^k(t) dx\, dt$$

e $\psi_1^k(t) = (t^k - t)/\Delta t^k$, $\psi_2^k(t)(t - t^{k-1})/\Delta t^k$ sono le due funzioni di base di $\mathbb{P}_1(I_k)$.

Assumendo che $V_{h,k-1} \not\subset V_{h,k}$, è possibile verificare che (per la dimostrazione, si veda [EEHJ96])

$$\boxed{\|u(t^n) - U^n\|_{\mathrm{L}^2(0,1)} \le C(u_h^0, f, u, n)(\Delta t^2 + h^2)} \qquad (12.25)$$

dove C è una costante che dipende dagli argomenti indicati (nell'ipotesi che essi siano sufficientemente regolari) ma non da h e Δt.

Un vantaggio fornito dall'impiego di elementi finiti spazio-temporali è la possibilità di realizzare un'adattività di griglia in spazio e tempo su ogni striscia temporale, basandosi su stime a posteriori dell'errore (il lettore interessato può consultare [EEHJ96] per i dettagli dell'analisi di questo metodo).

Il Programma 90 fornisce un'implementazione del metodo cG(1)dG(1) per la soluzione dell'equazione del calore sul dominio spazio-temporale $(a,b)\times(t_0,T)$. I parametri di ingresso sono i medesimi utilizzati nel Programma 89.

Programma 90 – parcg1dg1: Metodo cG(1)dG(1) per l'equazione del calore

```
function [x,u]=parcg1dg1(I,n,u0,f,bc,nu)
% PARCG1DG1 schema cG(1)dG(1) per l'equazione del calore.
nx=n(1); h=(I(2)-I(1))/nx; x=(I(1):h:I(2))';
t=I(3); um=u0(x);
nt=n(2); k=(I(4)-I(3))/nt;
e=ones(nx+1,1);
Add=spdiags([(h/12-k*nu/(3*h))*e, (h/3+2*k*nu/(3*h))*e, ...
      (h/12-k*nu/(3*h))*e],-1:1,nx+1,nx+1);
Aud=spdiags([(h/12-k*nu/(6*h))*e, (h/3+k*nu/(3*h))*e, ...
      (h/12-k*nu/(6*h))*e],-1:1,nx+1,nx+1);
Ald=spdiags([(-h/12-k*nu/(6*h))*e, (-h/3+k*nu/(3*h))*e, ...
      (-h/12-k*nu/(6*h))*e],-1:1,nx+1,nx+1);
B=spdiags([h*e/6, 2*h*e/3, h*e/6],-1:1,nx+1,nx+1);
Add(1,1)=1; Add(1,2)=0; B(1,1)=0; B(1,2)=0;
Aud(1,1)=0; Aud(1,2)=0; Ald(1,1)=0; Ald(1,2)=0;
Add(nx+1,nx+1)=1; Add(nx+1,nx)=0;
B(nx+1,nx+1)=0; B(nx+1,nx)=0;
Ald(nx+1,nx+1)=0; Ald(nx+1,nx)=0;
Aud(nx+1,nx+1)=0; Aud(nx+1,nx)=0;
[L,U]=lu([Add Aud; Ald Add]);
x=(I(1)+h:h:I(2)-h)';
for time=I(3)+k:k:I(4)
  fq1=0.5*k*h*f(x,time);
  fq0=0.5*k*h*f(x,time-k);
  rhs0=[bc(1); fq0; bc(2)];
  rhs1=[bc(1); fq1; bc(2)];
  b=[rhs0; rhs1] + [B*um; zeros(nx+1,1)];
  y=L \ b;
  u=U \ y;
  um=u(nx+2:2*nx+2,1);
end
x=(I(1):h:I(2))'; u=um;
return
```

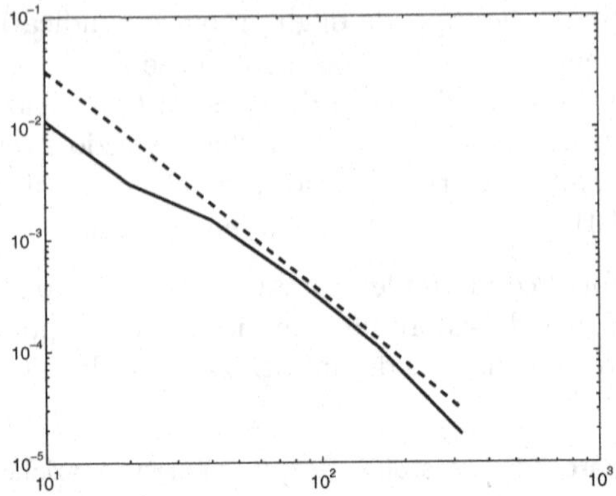

Fig. 12.3 Analisi di convergenza per il metodo cG(1)dG(1). La linea continua rappresenta l'errore di discretizzazione temporale mentre la linea tratteggiata rappresenta l'errore di discretizzazione spaziale. Nel primo caso l'asse x indica il numero di passi di avanzamento temporale, mentre nel secondo caso esso indica il numero di sottointervalli spaziali

Esempio 12.2 Verifichiamo l'accuratezza del metodo cG(1)dG(1) sullo stesso caso test considerato nell'Esempio 12.1. Per evidenziare in modo chiaro entrambi i contributi spaziali e temporali presenti nella stima dell'errore (12.25) abbiamo realizzato gli esperimenti numerici utilizzando il Programma 90 e facendo variare solo il passo temporale o il passo di discretizzazione spaziale, avendo fissato in ciascun caso il passo di discretizzazione dell'altra variabile pari ad un valore sufficientemente piccolo in modo da potere trascurare il corrispondente errore. Il comportamento riportato in Figura 12.3 mostra un perfetto accordo con le stime teoriche attese (accuratezza del second'ordine sia in spazio che in tempo). •

12.5 Equazioni iperboliche: un problema di trasporto scalare

Consideriamo il seguente problema

$$\begin{cases} \dfrac{\partial u}{\partial t} + a\dfrac{\partial u}{\partial x} = 0, & x \in \mathbb{R},\, t > 0, \\ u(x,0) = u^0(x), & x \in \mathbb{R}, \end{cases} \tag{12.26}$$

dove a è un numero reale positivo. Esso rappresenta un esempio di problema scalare di tipo iperbolico (per una classificazione, si veda l'Osservazione 12.3) e la sua soluzione è data da

$$u(x,t) = u^0(x - at), \quad t \geq 0,$$

e rappresenta un'onda che si propaga con velocità pari ad a. Le curve $(x(t), t)$ nel piano (x, t), che soddisfano la seguente equazione differenziale ordinaria scalare

$$\begin{cases} \dfrac{dx(t)}{dt} = a, \quad t > 0, \\ x(0) = x_0, \end{cases} \tag{12.27}$$

sono chiamate *curve caratteristiche* (o, per brevità, *caratteristiche*). Esse sono le rette $x(t) = x_0 + at$, $t > 0$. La soluzione di (12.26) si mantiene costante lungo di esse in quanto

$$\frac{du}{dt} = \frac{\partial u}{\partial t} + \frac{\partial u}{\partial x}\frac{dx}{dt} = 0 \qquad \text{su } (x(t), t).$$

Se si considera il problema più generale

$$\begin{cases} \dfrac{\partial u}{\partial t} + a\dfrac{\partial u}{\partial x} + a_0 u = f, & x \in \mathbb{R}, t > 0, \\ u(x, 0) = u^0(x), & x \in \mathbb{R}, \end{cases} \tag{12.28}$$

dove a, a_0 e f sono assegnate funzioni delle variabili (x, t), le curve caratteristiche sono ancora definite come nella (12.27). In questo caso, le soluzioni di (12.28) soddisfano lungo le caratteristiche la seguente equazione differenziale ordinaria

$$\frac{du}{dt} = f - a_0 u \quad \text{su } (x(t), t).$$

Consideriamo ora il problema (12.26) su di un intervallo limitato

$$\begin{cases} \dfrac{\partial u}{\partial t} + a\dfrac{\partial u}{\partial x} = 0, & x \in (\alpha, \beta), t > 0, \\ u(x, 0) = u^0(x), & x \in (\alpha, \beta). \end{cases} \tag{12.29}$$

Consideriamo dapprima $a > 0$. Poiché u è costante lungo le caratteristiche, dalla Figura 12.4 (*a sinistra*) si deduce che il valore della soluzione in P è uguale al valore di u^0 in P_0, il piede della caratteristica spiccata da P. D'altro canto, la caratteristica spiccata da Q interseca la retta $x(t) = \alpha$ ad un certo istante $t = \bar{t} > 0$. Conseguentemente, il punto $x = \alpha$ è detto di *inflow* (mentre $x = \beta$ è detto di *outflow*) ed è necessario assegnare un valore al contorno per u in $x = \alpha$ per ogni $t > 0$. Si noti che se $a < 0$ allora il punto di inflow è $x = \beta$.

Con riferimento al problema (12.26) è bene osservare che se il dato u^0 è discontinuo in un punto x_0, allora tale discontinuità si propaga lungo la caratteristica spiccata da x_0. Questo processo può essere rigorosamente formalizzato introducendo il concetto di *soluzione debole* di un problema iperbolico (si

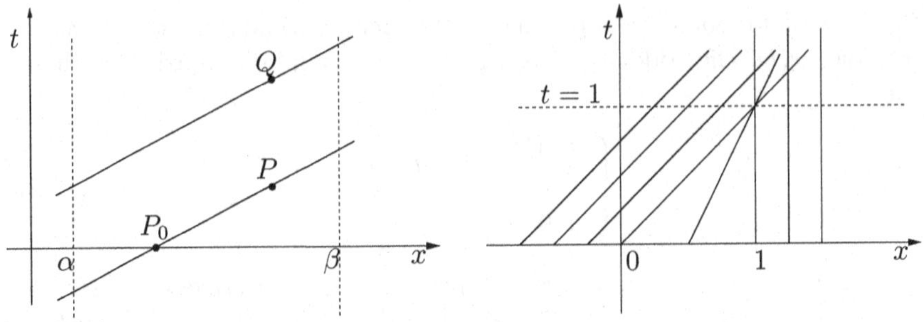

Fig. 12.4 A sinistra: esempi di caratteristiche che sono rette spiccate dai punti P e Q. A destra: rette caratteristiche per l'equazione di Burgers

veda, ad esempio, [GR96]). Un'altra ragione per introdurre le soluzioni deboli è che nel caso di problemi iperbolici non lineari le carattteristiche possono intersecarsi. In tale circostanza la soluzione non può essere continua e pertanto il problema non ammette soluzione in senso classico.

Esempio 12.3 (Equazione di Burgers) Consideriamo l'equazione di Burgers

$$\frac{\partial u}{\partial t} + u\frac{\partial u}{\partial x} = 0, \qquad x \in \mathbb{R}, \tag{12.30}$$

che rappresenta il più semplice esempio di equazione iperbolica non lineare. Prendendo come condizione iniziale

$$u(x,0) = u^0(x) = \begin{cases} 1, & x \leq 0, \\ 1-x, & 0<x \leq 1, \\ 0, & x>1, \end{cases}$$

la linea caratteristica spiccata dal punto $(x_0, 0)$ è data da

$$x(t) = x_0 + tu^0(x_0) = \begin{cases} x_0 + t, & x_0 \leq 0, \\ x_0 + t(1-x_0), & 0<x_0 \leq 1, \\ x_0, & x_0>1. \end{cases}$$

Si noti che le linee caratteristiche non si intersecano solo se $t < 1$ (si veda la Figura 12.4, a destra). •

12.6 Sistemi di equazioni iperboliche lineari

Consideriamo un sistema lineare iperbolico della forma

$$\frac{\partial \mathbf{u}}{\partial t} + \mathrm{A}\frac{\partial \mathbf{u}}{\partial x} = \mathbf{0}, \quad x \in \mathbb{R}, \, t > 0, \tag{12.31}$$

dove $\mathbf{u} : \mathbb{R} \times [0, \infty) \rightarrow \mathbb{R}^p$ e $\mathrm{A} \in \mathbb{R}^{p \times p}$ è una matrice di coefficienti costanti; $p \geq 2$ è un numero intero. Il sistema si dice *iperbolico* se A è diagonalizzabile e ha autovalori reali, ovvero, se esiste una matrice non singolare $\mathrm{T} \in \mathbb{R}^{p\times p}$ tale che

$$\mathrm{A} = \mathrm{T}\Lambda\mathrm{T}^{-1},$$

dove $\Lambda = \mathrm{diag}(\lambda_1, ..., \lambda_p)$ è la matrice diagonale degli autovalori reali di A, mentre $\mathrm{T} = [\boldsymbol{\omega}^1, \boldsymbol{\omega}^2, \dots, \boldsymbol{\omega}^p]$ è la matrice i cui vettori colonna sono gli autovettori destri di A (si veda la Sezione 1.7). Il sistema si dice *strettamente iperbolico* se è iperbolico con autovalori distinti, ovvero

$$\mathrm{A}\boldsymbol{\omega}^k = \lambda_k \boldsymbol{\omega}^k, \quad k = 1, \dots, p.$$

Introducendo le *variabili caratteristiche* $\mathbf{w} = \mathrm{T}^{-1}\mathbf{u}$, il sistema (12.31) diventa

$$\frac{\partial \mathbf{w}}{\partial t} + \Lambda \frac{\partial \mathbf{w}}{\partial x} = \mathbf{0}.$$

Questo è un sistema di p equazioni scalari indipendenti della forma

$$\frac{\partial w_k}{\partial t} + \lambda_k \frac{\partial w_k}{\partial x} = 0, \quad k = 1, \dots, p.$$

Procedendo come nella Sezione 12.5 si ottiene $w_k(x, t) = w_k(x - \lambda_k t, 0)$, da cui si evince che la soluzione $\mathbf{u} = \mathrm{T}\mathbf{w}$ del problema (12.31) può essere scritta come

$$\mathbf{u}(x, t) = \sum_{k=1}^{p} w_k(x - \lambda_k t, 0)\boldsymbol{\omega}^k.$$

La curva $(x_k(t), t)$ nel piano (x, t) che soddisfa l'equazione $x_k'(t) = \lambda_k$ è la k-esima curva caratteristica e w_k è costante lungo di essa. Un sistema strettamente iperbolico gode della proprietà che p curve caratteristiche distinte attraversano ogni punto (x, t), per ogni $\overline{x}$ e $\overline{t}$ fissati. Dunque $u(\overline{x}, \overline{t})$ dipende solo dai valori assunti dal dato iniziale nei punti $\overline{x} - \lambda_k \overline{t}$. Per tale motivo, l'insieme dei p punti che costituiscono il piede della caratteristica spiccata dal punto $(\overline{x}, \overline{t})$

$$D(\overline{t}, \overline{x}) = \left\{x \in \mathbb{R} \ : \ x = \overline{x} - \lambda_k \overline{t} \ , \ k = 1, ..., p\right\}, \tag{12.32}$$

prende il nome di *dominio di dipendenza* della soluzione $\mathbf{u}(\overline{x}, \overline{t})$. (Si veda la Sezione 12.8.3.)

Se il problema (12.31) è definito sull'intervallo limitato (α, β) anziché sull'intera retta reale, il punto di inflow per ogni variabile caratteristica w_k è determinato dal segno di λ_k. In modo corrispondente, il numero di autovalori positivi determina il numero di condizioni al contorno che si possono assegnare in $x = \alpha$, mentre in $x = \beta$ è lecito assegnare un numero di condizioni pari al numero di autovalori negativi. Un esempio a tale proposito viene discusso nella Sezione 12.6.1.

Osservazione 12.2 (Il caso non lineare) Consideriamo il seguente sistema non lineare di equazioni del prim'ordine

$$\frac{\partial \mathbf{u}}{\partial t} + \frac{\partial}{\partial x}\mathbf{g}(\mathbf{u}) = \mathbf{0}, \tag{12.33}$$

dove $\mathbf{g} = [g_1, \ldots, g_p]^T$ è detta *funzione di flusso*. Il sistema è iperbolico se la matrice Jacobiana $\mathrm{A}(\mathbf{u})$ di elementi $a_{ij} = \partial g_i(\mathbf{u})/\partial u_j$, $i,j = 1,\ldots,p$, è diagonalizzabile e ammette p autovalori reali. ■

12.6.1 L'equazione delle onde

Consideriamo l'equazione iperbolica del second'ordine

$$\frac{\partial^2 u}{\partial t^2} - \gamma^2 \frac{\partial^2 u}{\partial x^2} = f, \quad x \in (\alpha, \beta), \quad t > 0, \tag{12.34}$$

con dati iniziali

$$u(x,0) = u^0(x) \quad \text{e} \quad \frac{\partial u}{\partial t}(x,0) = v^0(x), \quad x \in (\alpha, \beta),$$

e condizioni al contorno

$$u(\alpha, t) = 0 \quad \text{e} \quad u(\beta, t) = 0, \quad t > 0. \tag{12.35}$$

In questo caso, u può rappresentare lo spostamento trasversale di una corda elastica vibrante, fissata agli estremi, di lunghezza $\beta - \alpha$ e γ è un coefficiente che dipende dalla massa specifica della corda e dalla sua tensione. La corda è soggetta all'azione di una forza verticale di densità pari a f, mentre le funzioni $u^0(x)$ e $v^0(x)$ rappresentano rispettivamente lo spostamento e la velocità iniziale della corda.

Il cambio di variabili

$$\omega_1 = \frac{\partial u}{\partial x}, \quad \omega_2 = \frac{\partial u}{\partial t},$$

trasforma la (12.34) nel seguente sistema del prim'ordine

$$\frac{\partial \boldsymbol{\omega}}{\partial t} + \mathrm{A}\frac{\partial \boldsymbol{\omega}}{\partial x} = \mathbf{f}, \quad x \in (\alpha, \beta), \quad t > 0, \tag{12.36}$$

dove

$$\boldsymbol{\omega} = \begin{bmatrix} \omega_1 \\ \omega_2 \end{bmatrix}, \quad \mathrm{A} = \begin{bmatrix} 0 & -1 \\ -\gamma^2 & 0 \end{bmatrix}, \quad \mathbf{f} = \begin{bmatrix} 0 \\ f \end{bmatrix},$$

e le condizioni iniziali diventano $\omega_1(x,0) = (u^0)'(x)$ e $\omega_2(x,0) = v^0(x)$.

Poiché gli autovalori di A sono i due numeri reali distinti $\pm\gamma$ (rappresentanti le velocità di propagazione dell'onda), possiamo concludere che il sistema

(12.36) è iperbolico. Inoltre, è necessario prescrivere una condizione al contorno per ciascun estremo, come nella (12.35). Si noti che, anche in questo caso, si ottengono soluzioni regolari in corrispondenza di dati iniziali regolari mentre ogni eventuale discontinuità presente nei dati iniziali si propagherà lungo le caratteristiche.

Osservazione 12.3 Si noti che sostituendo $\frac{\partial^2 u}{\partial t^2}$ con t^2, $\frac{\partial^2 u}{\partial x^2}$ con x^2 e f con 1, l'equazione delle onde diventa

$$t^2 - \gamma^2 x^2 = 1,$$

che rappresenta un'iperbole nel piano (x, t). Procedendo in modo analogo al caso dell'equazione del calore (12.1), si perviene a

$$t - \nu x^2 = 1,$$

che rappresenta una parabola nel piano (x, t). Infine, nel caso dell'equazione stazionaria

$$\left(a\frac{\partial^2 u}{\partial x^2} + b\frac{\partial^2 u}{\partial y^2} \right) = f, \qquad a, b > 0,$$

sostituendo $\frac{\partial^2 u}{\partial x^2}$ con x^2, $\frac{\partial^2 u}{\partial y^2}$ con y^2 e f con 1, otteniamo

$$ax^2 + by^2 = 1,$$

che rappresenta un'ellisse nel piano (x, y). In virtù di questa interpretazione geometrica, i corrispondenti operatori differenziali sono classificati come di tipo iperbolico, parabolico ed ellittico. Si veda [Qua13a], Cap. 1. ■

12.7 Il metodo delle differenze finite per equazioni iperboliche

Consideriamo l'approssimazione numerica del problema iperbolico (12.26) con differenze finite in spazio e tempo. Il semipiano $\{(x, t) : -\infty < x < \infty, \ t > 0\}$ viene a tal fine discretizzato scegliendo un passo di griglia spaziale $\Delta x > 0$, un passo di griglia temporale $\Delta t > 0$ e i punti di griglia (x_j, t^n) come segue

$$x_j = j\Delta x, \quad j \in \mathbb{Z}, \quad t^n = n\Delta t, \quad n \in \mathbb{N}.$$

Poniamo

$$\boxed{\lambda = \Delta t / \Delta x}$$

e definiamo $x_{j+1/2} = x_j + \Delta x/2$. Cerchiamo soluzioni discrete u_j^n che forniscano una approssimazione ai valori $u(x_j, t^n)$ della soluzione esatta per ogni j e n. Una scelta tipica per avanzare in tempo nei problemi ai valori iniziali

di tipo iperbolico cade sui metodi di tipo esplicito, anche se essi impongono restrizioni sul valore di λ a differenza di quanto accade di solito con i metodi impliciti.
Concentriamo la nostra attenzione sul problema (12.26). Ogni metodo alle differenze finite di tipo esplicito può essere scritto nella forma

$$u_j^{n+1} = u_j^n - \lambda(h_{j+1/2}^n - h_{j-1/2}^n) \tag{12.37}$$

dove $h_{j+1/2}^n = h(u_j^n, u_{j+1}^n)$ per ogni j; $h(\cdot,\cdot)$ è una funzione, da scegliersi in modo opportuno, detta *flusso numerico*.

12.7.1 Discretizzazione dell'equazione scalare

Illustriamo nel seguito diversi esempi di metodi espliciti, indicando per ciascuno di essi l'espressione del corrispondente flusso numerico.

1. *Eulero in avanti/centrato*

$$u_j^{n+1} = u_j^n - \frac{\lambda}{2}a(u_{j+1}^n - u_{j-1}^n) \tag{12.38}$$

che può essere scritto nella forma (12.37) ponendo

$$h_{j+1/2}^n = \frac{1}{2}a(u_{j+1}^n + u_j^n); \tag{12.39}$$

2. *Lax-Friedrichs*

$$u_j^{n+1} = \frac{1}{2}(u_{j+1}^n + u_{j-1}^n) - \frac{\lambda}{2}a(u_{j+1}^n - u_{j-1}^n) \tag{12.40}$$

che risulta della forma (12.37) ponendo

$$h_{j+1/2}^n = \frac{1}{2}[a(u_{j+1}^n + u_j^n) - \lambda^{-1}(u_{j+1}^n - u_j^n)];$$

3. *Lax-Wendroff*

$$u_j^{n+1} = u_j^n - \frac{\lambda}{2}a(u_{j+1}^n - u_{j-1}^n) + \frac{\lambda^2}{2}a^2(u_{j+1}^n - 2u_j^n + u_{j-1}^n) \tag{12.41}$$

che può essere scritto nella forma (12.37) con la scelta

$$h_{j+1/2}^n = \frac{1}{2}[a(u_{j+1}^n + u_j^n) - \lambda a^2(u_{j+1}^n - u_j^n)];$$

4. *Upwind (o Eulero in avanti/decentrato)*

$$u_j^{n+1} = u_j^n - \frac{\lambda}{2}a(u_{j+1}^n - u_{j-1}^n) + \frac{\lambda}{2}|a|(u_{j+1}^n - 2u_j^n + u_{j-1}^n) \tag{12.42}$$

che risulta della forma (12.37) se il flusso numerico è definito come

$$h_{j+1/2}^n = \frac{1}{2}[a(u_{j+1}^n + u_j^n) - |a|(u_{j+1}^n - u_j^n)].$$

Gli ultimi tre metodi si possono ricavare a partire dal metodo di Eulero in avanti/centrato aggiungendo un termine proporzionale alla differenza finita centrata (9.72), in modo tale da poterli scrivere nella forma equivalente

$$u_j^{n+1} = u_j^n - \frac{\lambda}{2}a(u_{j+1}^n - u_{j-1}^n) + \frac{1}{2}k\frac{u_{j+1}^n - 2u_j^n + u_{j-1}^n}{(\Delta x)^2} \tag{12.43}$$

L'ultimo termine esprime la discretizzazione della derivata seconda

$$\frac{k}{2}\frac{\partial^2 u}{\partial x^2}(x_j, t^n).$$

Il coefficiente $k > 0$ gioca il ruolo di coefficiente di viscosità artificiale. La sua espressione per i tre casi precedenti è riportata nella Tabella 12.1.
Come conseguenza, il flusso numerico di ciascuno schema si può scrivere in modo equivalente come

$$h_{j+1/2} = h_{j+1/2}^{EA} + h_{j+1/2}^{diff}$$

dove $h_{j+1/2}^{EA}$ è il flusso numerico relativo al metodo di Eulero in avanti/centrato (che è dato dalla (12.39)) mentre il *flusso di diffusione artificiale* $h_{j+1/2}^{diff}$ è riportato per i tre casi in Tabella 12.1.

Tabella 12.1 Coefficienti di viscosità artificiale, flusso di diffusione artificiale ed errore di troncamento per i metodi di Lax-Friedrichs, Lax-Wendroff e Upwind

metodo	k	$h_{j+1/2}^{diff}$	$\tau(\Delta t, \Delta x)$
Lax-Friedrichs	Δx^2	$-\frac{1}{2\lambda}(u_{j+1} - u_j)$	$\mathcal{O}\left(\Delta x^2/\Delta t + \Delta t + \Delta x^2\right)$
Lax-Wendroff	$a^2\Delta t^2$	$-\frac{\lambda a^2}{2}(u_{j+1} - u_j)$	$\mathcal{O}\left(\Delta t^2 + \Delta x^2 + \Delta t\Delta x^2\right)$
Upwind	$\|a\|\Delta x\Delta t$	$-\frac{\|a\|}{2}(u_{j+1} - u_j)$	$\mathcal{O}(\Delta t + \Delta x)$

Un esempio di metodo implicito è fornito dal metodo di *Eulero all'indietro/-centrato*

$$u_j^{n+1} + \frac{\lambda}{2} a(u_{j+1}^{n+1} - u_{j-1}^{n+1}) = u_j^n. \tag{12.44}$$

Anch'esso può essere scritto nella forma (12.37) a patto di sostituire h^n con h^{n+1}. Nel caso in esame, il flusso numerico è il medesimo del metodo di Eulero in avanti/centrato.

Riportiamo infine i seguenti schemi per l'approssimazione dell'equazione delle onde del second'ordine (12.34):

1. *Leap-Frog*

$$u_j^{n+1} - 2u_j^n + u_j^{n-1} = (\gamma\lambda)^2 (u_{j+1}^n - 2u_j^n + u_{j-1}^n); \tag{12.45}$$

2. *Newmark*

$$\begin{aligned} u_j^{n+1} &= u_j^n + \Delta t v_j^n \\ &+ \Delta t^2 \left[\beta(\gamma^2 w_j^{n+1} + f(x_j, t^{n+1})) + (1/2 - \beta)(\gamma^2 w_j^n + f(x_j, t^n))\right], \\ v_j^{n+1} &= v_j^n + \Delta t \left[(1-\theta)(\gamma^2 w_j^n + f(x_j, t^n)) + \theta(\gamma^2 w_j^{n+1} + f(x_j, t^{n+1}))\right], \end{aligned} \tag{12.46}$$

avendo posto $w_j = u_{j+1} - 2u_j + u_{j-1}$ e dove i parametri β e θ sono tali che $0 \leq \beta \leq \frac{1}{2}$, $0 \leq \theta \leq 1$.

12.8 Analisi dei metodi alle differenze finite

Analizziamo ora le proprietà di consistenza, stabilità e convergenza, così come quelle dette di dissipazione e dispersione, per ciascuno dei metodi alle differenze finite introdotti precedentemente.

12.8.1 Consistenza

Come illustrato nella Sezione 10.3, l'errore di troncamento locale di uno schema numerico è il residuo generato pretendendo che la soluzione esatta soddisfi il metodo numerico stesso.

Indicando con u la soluzione del problema (12.26), nel caso del metodo (12.38) l'*errore di troncamento locale* nel punto (x_j, t^n) si definisce come segue

$$\tau_j^n = \frac{u(x_j, t^{n+1}) - u(x_j, t^n)}{\Delta t} + a \frac{u(x_{j+1}, t^n) - u(x_{j-1}, t^n)}{2\Delta x}$$

L'*errore di troncamento (globale)* è

$$\tau(\Delta t, \Delta x) = \max_{j,n} |\tau_j^n|.$$

Quando accade che $\tau(\Delta t, \Delta x)$ tenda a zero al tendere a zero di Δt e di Δx in modo indipendente, si dice che lo schema numerico è *consistente*. Inoltre, diciamo che esso è di *ordine* p in tempo e di *ordine* q in spazio (per valori opportuni positivi di p e q) se, per una soluzione esatta sufficientemente regolare, si ha

$$\tau(\Delta t, \Delta x) = \mathcal{O}(\Delta t^p + \Delta x^q).$$

Un impiego opportuno dello sviluppo in serie di Taylor permette di caratterizzare l'errore di troncamento dei metodi precedentemente introdotti come illustrato nella Tabella 12.1. I metodi Leap-frog e di Newmark sono entrambi accurati al second'ordine se $\Delta t = \Delta x$, mentre il metodo di Eulero in avanti (o all'indietro) centrato è di ordine $\mathcal{O}(\Delta t + \Delta x^2)$.

Infine, diciamo che uno schema numerico è *convergente* se

$$\lim_{\Delta t, \Delta x \to 0} \max_{j,n} |u(x_j, t^n) - u_j^n| = 0.$$

12.8.2 Stabilità

Un metodo numerico per un problema iperbolico (lineare o non lineare) si dice *stabile* se, per ogni tempo T, si possono determinare due costanti $C_T > 0$ (eventualmente dipendente da T) e $\delta_0 > 0$ tali che

$$\|\mathbf{u}^n\|_\Delta \leq C_T \|\mathbf{u}^0\|_\Delta \tag{12.47}$$

per ogni n tale che $n\Delta t \leq T$ e per ogni Δt, Δx tali che $0 < \Delta t \leq \delta_0$, $0 < \Delta x \leq \delta_0$. Con il simbolo $\|\cdot\|_\Delta$ abbiamo indicato un'opportuna norma discreta, ad esempio una di quelle riportate qui di seguito:

$$\|\mathbf{v}\|_{\Delta,p} = \left(\Delta x \sum_{j=-\infty}^{\infty} |v_j|^p \right)^{\frac{1}{p}} \text{ per } p = 1, 2, \quad \|\mathbf{v}\|_{\Delta,\infty} = \sup_j |v_j|. \tag{12.48}$$

Si noti che $\|\cdot\|_{\Delta,p}$ è una approssimazione della norma dello spazio di funzioni $\mathrm{L}^p(\mathbb{R})$. Ad esempio, il metodo di Eulero all'indietro/centrato (12.44) è incondizionatamente stabile rispetto alla norma $\|\cdot\|_{\Delta,2}$ (si veda l'Esercizio 7).

12.8.3 La condizione CFL

Courant, Friedrichs e Lewy [CFL28] hanno dimostrato che una condizione necessaria e sufficiente affinché uno schema esplicito della forma (12.37) sia stabile è che i passi di discretizzazione temporale e spaziale obbediscano alla seguente condizione

$$\boxed{|a\lambda| = \left|a\frac{\Delta t}{\Delta x}\right| \leq 1} \tag{12.49}$$

che è nota sotto il nome di *condizione CFL.* Il numero adimensionale $a\lambda$ (a rappresenta una velocità) è comunemente chiamato *numero CFL.* Se a non è costante la condizione CFL diventa

$$\boxed{\Delta t \leq \frac{\Delta x}{\sup\limits_{x\in\mathbb{R},\ t>0} |a(x,t)|}}$$

mentre nel caso del sistema iperbolico (12.31) la condizione di stabilità diventa

$$\boxed{\left|\lambda_k\frac{\Delta t}{\Delta x}\right| \leq 1, \quad k = 1,\ldots,p}$$

dove $\{\lambda_k,\ k = 1\ldots,p\}$ sono gli autovalori di A.

La condizione CFL può essere interpretata geometricamente come segue. In uno schema alle differenze finite il valore u_j^{n+1} dipende, in generale, dai valori di u^n nei tre punti x_{j+i}, $i = -1, 0, 1$. Dunque, la soluzione u_j^{n+1} dipenderà soltanto dai dati iniziali nei punti x_{j+i}, per $i = -(n+1), \ldots, (n+1)$ (si veda la Figura 12.5).

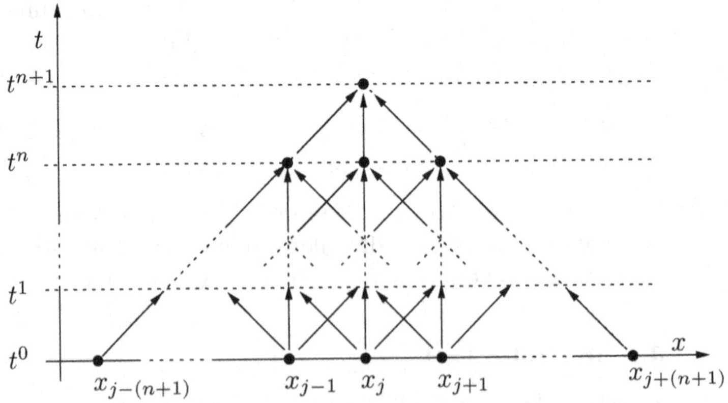

Fig. 12.5 Il dominio di dipendenza numerica $D_{\Delta t}(x_j, t^{n+1})$

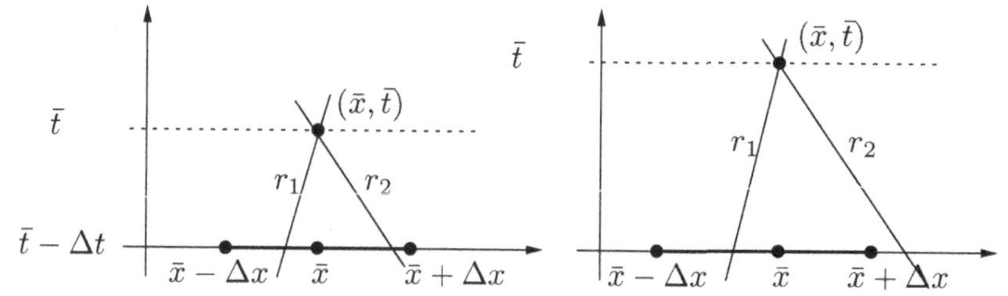

Fig. 12.6 Interpretazione geometrica della condizione CFL per un sistema con $p = 2$, dove $r_i = \bar{x} - \lambda_i(t - \bar{t})$ $i = 1, 2$. La condizione CFL è soddisfatta nel caso di sinistra mentre è violata nel caso a destra

Definiamo il *dominio di dipendenza numerica* $D_{\Delta t}(x_j, t^n)$ come l'insieme dei valori all'istante $t = 0$ da cui dipende la soluzione numerica u_j^n, ovvero

$$D_{\Delta t}(x_j, t^n) \subset \left\{ x \in \mathbb{R} : \ |x - x_j| \leq n\Delta x = \frac{t^n}{\lambda} \right\}.$$

Per ogni punto fissato $(\overline{x}, \overline{t})$, avremo dunque

$$D_{\Delta t}(\overline{x}, \overline{t}) \subset \left\{ x \in \mathbb{R} : \ |x - \overline{x}| \leq \frac{\overline{t}}{\lambda} \right\}.$$

In particolare, per ogni fissato valore di λ, passando al limite per $\Delta t \to 0$, il dominio di dipendenza numerica diventa

$$D_0(\overline{x}, \overline{t}) = \left\{ x \in \mathbb{R} : \ |x - \overline{x}| \leq \frac{\overline{t}}{\lambda} \right\}.$$

La condizione (12.49) è pertanto equivalente alla relazione di inclusione

$$D(\overline{x}, \overline{t}) \subset D_0(\overline{x}, \overline{t}), \tag{12.50}$$

dove $D(\overline{x}, \overline{t})$ è il dominio di dipendenza introdotto nella (12.32).

Nel caso di un sistema iperbolico, la (12.50) permette di concludere che la condizione CFL richiede che ogni retta $x = \overline{x} - \lambda_k(\overline{t} - t)$, $k = 1, \ldots, p$, debba intersecare la retta temporale $t = \overline{t} - \Delta t$ in un certo punto x appartenente al dominio di dipendenza (si veda la Figura 12.6).

Analizziamo ora le proprietà di stabilità di alcuni dei metodi introdotti nella sezione precedente.
Assumendo che $a > 0$, lo schema upwind (12.42) si può riformulare come

$$u_j^{n+1} = u_j^n - \lambda a(u_j^n - u_{j-1}^n). \tag{12.51}$$

Dunque si ha

$$\|\mathbf{u}^{n+1}\|_{\Delta,1} \leq \Delta x \sum_j |(1 - \lambda a)u_j^n| + \Delta x \sum_j |\lambda a u_{j-1}^n|.$$

Se vale la (12.49), sia λa che $1 - \lambda a$ sono quantità non negative, pertanto

$$\|\mathbf{u}^{n+1}\|_{\Delta,1} \leq \Delta x(1-\lambda a)\sum_j |u_j^n| + \Delta x \lambda a \sum_j |u_{j-1}^n| = \|\mathbf{u}^n\|_{\Delta,1}.$$

La disuguaglianza (12.47) è dunque verificata con $C_T = 1$, pur di prendere $\|\cdot\|_\Delta = \|\cdot\|_{\Delta,1}$.

Anche lo schema di Lax-Friedrichs è stabile assumendo valida la (12.49). Infatti, dalla (12.40) otteniamo

$$u_j^{n+1} = \frac{1}{2}(1-\lambda a)u_{j+1}^n + \frac{1}{2}(1+\lambda a)u_{j-1}^n.$$

Pertanto, si ha

$$\begin{aligned}\|\mathbf{u}^{n+1}\|_{\Delta,1} &\leq \frac{1}{2}\Delta x\left[\sum_j |(1-\lambda a)u_{j+1}^n| + \sum_j |(1+\lambda a)u_{j-1}^n|\right] \\ &\leq \frac{1}{2}(1-\lambda a)\|\mathbf{u}^n\|_{\Delta,1} + \frac{1}{2}(1+\lambda a)\|\mathbf{u}^n\|_{\Delta,1} = \|\mathbf{u}^n\|_{\Delta,1}.\end{aligned}$$

Infine, anche per lo schema di Lax-Wendroff si può dimostrare un analogo risultato di stabilità sotto la solita condizione (12.49) su Δt (si veda ad esempio [QV94], Cap. 14).

12.8.4 Analisi di stabilità alla von Neumann

Mostriamo ora che la condizione (12.49) non è sufficiente per assicurare che il metodo di Eulero in avanti/centrato (12.38) risulti stabile. A tale scopo, facciamo l'ipotesi che la funzione $u^0(x)$ sia 2π-periodica in modo tale da potersi sviluppare in serie di Fourier come

$$u^0(x) = \sum_{k=-\infty}^{\infty} \alpha_k e^{ikx}, \tag{12.52}$$

dove

$$\alpha_k = \frac{1}{2\pi}\int_0^{2\pi} u^0(x)\; e^{-ikx}\; dx$$

è il k-esimo coefficiente di Fourier di u^0 (si veda la Sezione 9.9). Dunque, si ha

$$u_j^0 = u^0(x_j) = \sum_{k=-\infty}^{\infty} \alpha_k e^{ikjh} \quad j = 0, \pm 1, \pm 2, \ldots,$$

dove abbiamo posto per brevità $h = \Delta x$. Applicando lo schema di Eulero in avanti/centrato (12.38) con $n = 0$ si ottiene

$$
\begin{aligned}
u_j^1 &= \sum_{k=-\infty}^{\infty} \alpha_k e^{ikjh} \left(1 - \frac{a\Delta t}{2h}(e^{ikh} - e^{-ikh})\right) \\
&= \sum_{k=-\infty}^{\infty} \alpha_k e^{ikjh} \left(1 - \frac{a\Delta t}{h} i \sin(kh)\right).
\end{aligned}
$$

Ponendo

$$
\gamma_k = 1 - \frac{a\Delta t}{h} i \sin(kh),
$$

e procedendo in modo ricorsivo su n si ottiene

$$
u_j^n = \sum_{k=-\infty}^{\infty} \alpha_k e^{ikjh} (\gamma_k)^n \quad j = 0, \pm 1, \pm 2, \ldots, \quad n \geq 1. \tag{12.53}
$$

Il numero $\gamma_k \in \mathbb{C}$ prende il nome di *coefficiente di amplificazione* della k-esima frequenza (o armonica) a ciascun passo temporale. Poiché

$$
|\gamma_k| = \left\{1 + \left(\frac{a\Delta t}{h} \sin(kh)\right)^2\right\}^{\frac{1}{2}},
$$

si deduce che

$$
|\gamma_k| > 1 \;\text{ se }\; a \neq 0 \;\text{ e }\; k \neq \frac{m\pi}{h}, \qquad m = 0, \pm 1, \pm 2, \ldots .
$$

Corrispondentemente, i valori nodali $|u_j^n|$ crescono indefinitamente per $n \to \infty$ e la soluzione numerica "esplode" mentre la soluzione esatta soddisfa

$$
|u(x,t)| = |u^0(x - at)| \leq \max_{s \in \mathbb{R}} |u^0(s)| \quad \forall x \in \mathbb{R}, \;\; \forall t > 0.
$$

Lo schema di discretizzazione di Eulero in avanti/centrato (12.38) è dunque *incondizionatamente instabile*, ovvero, è instabile per ogni scelta dei parametri Δt e Δx.

L'analisi precedente è basata sullo sviluppo in serie di Fourier ed è nota come *analisi alla von Neumann*. Essa può applicarsi allo studio della stabilità di ogni schema numerico rispetto alla norma $\|\cdot\|_{\Delta,2}$ e alla valutazione della dissipazione e dispersione del metodo.

Qualsiasi schema numerico alle differenze finite di tipo esplicito per il problema (12.26) soddisfa una relazione ricorsiva analoga alla (12.53), dove la quantità γ_k dipende a priori da Δt e h ed è chiamata *coefficiente di amplificazione (o di dissipazione)* della k-esima frequenza associato allo schema numerico in oggetto.

Teorema 12.1 *Assumiamo che per una scelta opportuna di* Δt *e* h *risulti* $|\gamma_k| \leq 1$ $\forall k$*; allora, lo schema numerico è stabile rispetto alla norma* $\|\cdot\|_{\Delta,2}$.

Dimostrazione. Prendiamo un dato iniziale con sviluppo di Fourier troncato

$$u^0(x) = \sum_{k=-\frac{N}{2}}^{\frac{N}{2}-1} \alpha_k e^{ikx},$$

dove N è un intero positivo. Senza perdere di generalità, possiamo assumere che il problema (12.26) sia ben posto su $[0, 2\pi]$ in quanto u^0 è una funzione di periodo 2π. Prendiamo in tale intervallo N nodi equispaziati

$$x_j = jh, \quad j = 0, \ldots, N-1, \quad \text{avendo posto} \quad h = \frac{2\pi}{N},$$

nei quali si applica lo schema numerico (12.37). Otteniamo

$$u_j^0 = u^0(x_j) = \sum_{k=-\frac{N}{2}}^{\frac{N}{2}-1} \alpha_k e^{ikjh}, \quad u_j^n = \sum_{k=-\frac{N}{2}}^{\frac{N}{2}-1} \alpha_k (\gamma_k)^n e^{ikjh}.$$

Si noti che

$$\|\mathbf{u}^n\|_{\Delta,2}^2 = h \sum_{j=0}^{N-1} \sum_{k,m=-\frac{N}{2}}^{\frac{N}{2}-1} \alpha_k \overline{\alpha}_m (\gamma_k \overline{\gamma}_m)^n e^{i(k-m)jh}.$$

In virtù del Lemma 9.1 si ha

$$h \sum_{j=0}^{N-1} e^{i(k-m)jh} = 2\pi \delta_{km}, \quad -\frac{N}{2} \leq k, m \leq \frac{N}{2} - 1,$$

da cui

$$\|\mathbf{u}^n\|_{\Delta,2}^2 = 2\pi \sum_{k=-\frac{N}{2}}^{\frac{N}{2}-1} |\alpha_k|^2 |\gamma_k|^{2n}.$$

Di conseguenza, poiché $|\gamma_k| \leq 1$ $\forall k$, risulta che

$$\|\mathbf{u}^n\|_{\Delta,2}^2 \leq 2\pi \sum_{k=-\frac{N}{2}}^{\frac{N}{2}-1} |\alpha_k|^2 = \|\mathbf{u}^0\|_{\Delta,2}^2, \quad \forall n \geq 0,$$

che dimostra la stabilità dello schema rispetto alla norma $\|\cdot\|_{\Delta,2}$. ◇

Nel caso dello schema upwind (12.42), procedendo come fatto sopra per lo schema di Eulero in avanti/centrato, si trova la seguente espressione dei coefficienti di amplificazione (si veda l'Esercizio 6)

$$\gamma_k = \begin{cases} 1 - a\dfrac{\Delta t}{h}(1 - e^{-ikh}) & \text{se } a > 0, \\[2ex] 1 - a\dfrac{\Delta t}{h}(e^{-ikh} - 1) & \text{se } a < 0. \end{cases}$$

Dunque

$$\forall k, \quad |\gamma_k| \le 1 \quad \text{se} \quad \Delta t \le \frac{h}{|a|},$$

che altro non è se non la condizione CFL. Pertanto, grazie al Teorema 12.1, se la condizione CFL è verificata lo schema upwind risulta stabile rispetto alla norma $\|\cdot\|_{\Delta,2}$.

Concludiamo osservando che lo schema upwind (12.51) può essere riscritto come

$$u_j^{n+1} = (1 - \lambda a)u_j^n + \lambda a u_{j-1}^n.$$

Grazie alla (12.49) si ha che una tra le due quantità λa e $1-\lambda a$ è non negativa, pertanto

$$\min(u_j^n, u_{j-1}^n) \le u_j^{n+1} \le \max(u_j^n, u_{j-1}^n).$$

Segue quindi che

$$\inf_{l\in\mathbb{Z}} \{u_l^0\} \le u_j^n \le \sup_{l\in\mathbb{Z}} \{u_l^0\} \quad \forall j \in \mathbb{Z}, \ \forall n \ge 0,$$

ovvero

$$\|\mathbf{u}^n\|_{\Delta,\infty} \le \|\mathbf{u}^0\|_{\Delta,\infty} \quad \forall n \ge 0, \tag{12.54}$$

che dimostra che se la (12.49) è verificata allora lo schema upwind è stabile rispetto alla norma $\|\cdot\|_{\Delta,\infty}$. La relazione (12.54) è nota come *principio del massimo discreto* (si veda anche la Sezione 11.2.2).

Osservazione 12.4 Per l'approssimazione dell'equazione delle onde (12.34) il metodo Leap-Frog (12.45) è stabile sotto la condizione CFL $\Delta t \le \Delta x/|\gamma|$, mentre il metodo di Newmark (12.46) è incondizionatamente stabile se $2\beta \ge \theta \ge \frac{1}{2}$ (si veda [Joh90]). ■

12.9 Dissipazione e dispersione

L'analisi alla von Neumann dei coefficienti di amplificazione mette in luce le proprietà di stabilità e *dissipazione* di uno schema numerico. Per approfondire questo aspetto, consideriamo la soluzione esatta del problema (12.26); per essa vale la seguente relazione

$$u(x, t^n) = u^0(x - an\Delta t), \quad \forall n \ge 0, \quad \forall x \in \mathbb{R}.$$

In particolare, applicando la (12.52) segue che

$$u(x_j, t^n) = \sum_{k=-\infty}^{\infty} \alpha_k e^{ikj\Delta x}(g_k)^n, \quad \text{dove} \quad g_k = e^{-iak\Delta t}. \tag{12.55}$$

Posto

$$\boxed{\varphi_k = k\Delta x}$$

abbiamo che $k\Delta t = \lambda\varphi_k$ e quindi

$$g_k = e^{-ia\lambda\varphi_k}. \tag{12.56}$$

Il numero reale φ_k, qui espresso in radianti, prende il nome di *angolo di fase* associato alla k-esima armonica. Confrontando la (12.55) e la (12.53) vediamo che γ_k rappresenta la controparte di g_k relativamente al metodo numerico in esame. Inoltre, mentre $|g_k| = 1$ per ogni k, deve essere $|\gamma_k| \leq 1$ per garantire la stabilità. Dunque, minore risulta il valore di $|\gamma_k|$, maggiore sarà la riduzione dell'ampiezza α_k, e, di conseguenza, maggiore risulterà la dissipazione numerica dello schema.
Il rapporto $\epsilon_a(k) = \frac{|\gamma_k|}{|g_k|}$ prende il nome di *coefficiente di amplificazione (o di dissipazione)* della k-esima armonica associato allo schema numerico. D'altro canto, scrivendo

$$\gamma_k = |\gamma_k| e^{-i\omega\Delta t} = |\gamma_k| e^{-i\frac{\omega}{k}\lambda\varphi_k}$$

e confrontando questa relazione con la (12.56), siamo in grado di identificare la *velocità di propagazione* della soluzione numerica, relativamente alla k-esima armonica, come la quantità $\frac{\omega}{k}$. Il rapporto tra questa velocità e la velocità a della soluzione esatta è noto come *coefficiente di dispersione* ϵ_d relativo alla k-esima armonica

$$\epsilon_d(k) = \frac{\omega}{ka} = \frac{\omega\Delta x}{\varphi_k a} = \frac{\omega\Delta t}{\varphi_k a\lambda}$$

I coefficienti di amplificazione e dispersione per gli schemi numerici esaminati sinora sono funzioni dell'angolo di fase φ_k e del numero CFL $a\lambda$. Ciò è mostrato nella Figura 12.7 dove abbiamo considerato solo l'intervallo $0 \leq \varphi_k \leq \pi$ e impiegato i gradi anziché i radianti per indicare i valori di φ_k.

La Figura 12.8 mostra le soluzioni numeriche dell'equazione (12.29) con $a = 1$ e dove il dato iniziale u^0 è costituito da un pacchetto di due sinusoidi di lunghezza d'onda pari a l e centrate nell'origine $x = 0$. I primi tre grafici, a partire dall'alto della figura, si riferiscono al caso $l = 20\Delta x$ mentre nei tre successivi si ha $l = 8\Delta x$. Poiché $k = (2\pi)/l$, risulta $\varphi_k = ((2\pi)/l)\Delta x$, in modo tale che si ha $\varphi_k = \pi/10$ nei primi tre grafici e $\varphi_k = \pi/4$ nei tre successivi. Tutti i calcoli sono stati eseguiti in corrispondenza di un numero CFL pari a 0.75 usando gli schemi introdotti in precedenza. Si nota che l'effetto di dissipazione è assai significativo ad alte frequenze ($\varphi_k = \pi/4$), specialmente per i metodi del prim'ordine, come avviene per il metodo upwind ed il metodo di Lax-Friedrichs.

Per evidenziare gli effetti della dispersione, i medesimi calcoli sono stati ripetuti per $\varphi_k = \pi/3$ e per diversi valori del numero CFL. Le soluzioni numeriche dopo 5 passi temporali sono riportate in Figura 12.9. Il metodo

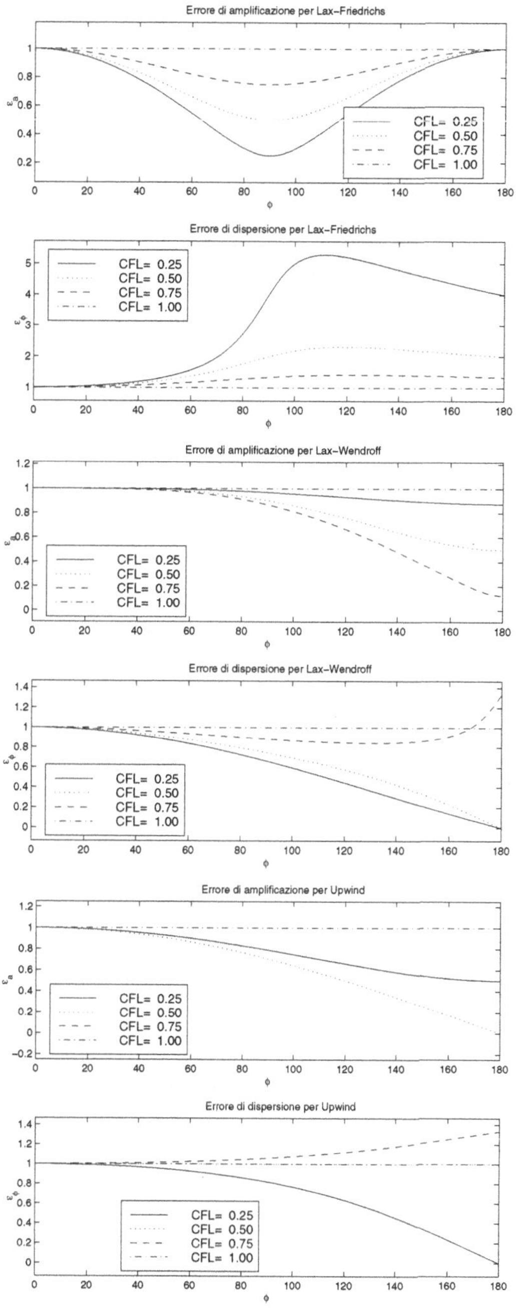

Fig. 12.7 Coefficienti di amplificazione e dispersione per vari schemi numerici

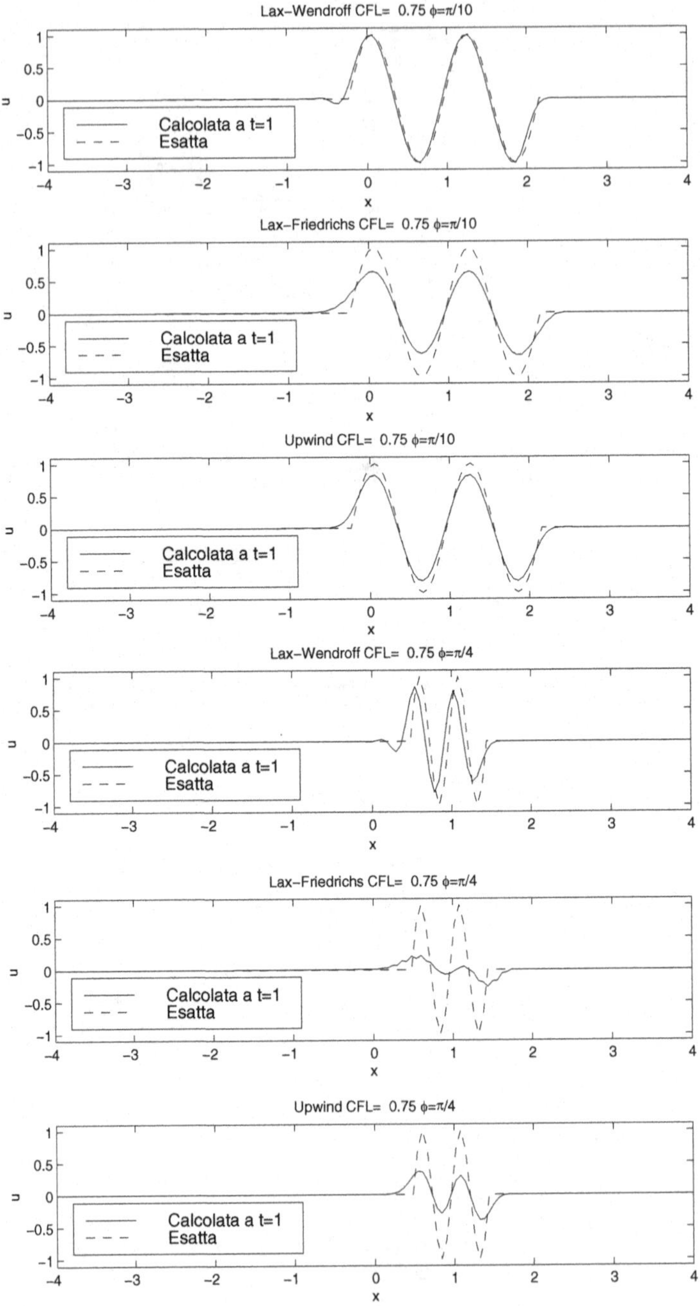

Fig. 12.8 Soluzioni numeriche corrispondenti al trasporto di un pacchetto di sinusoidi di differenti lunghezze d'onda

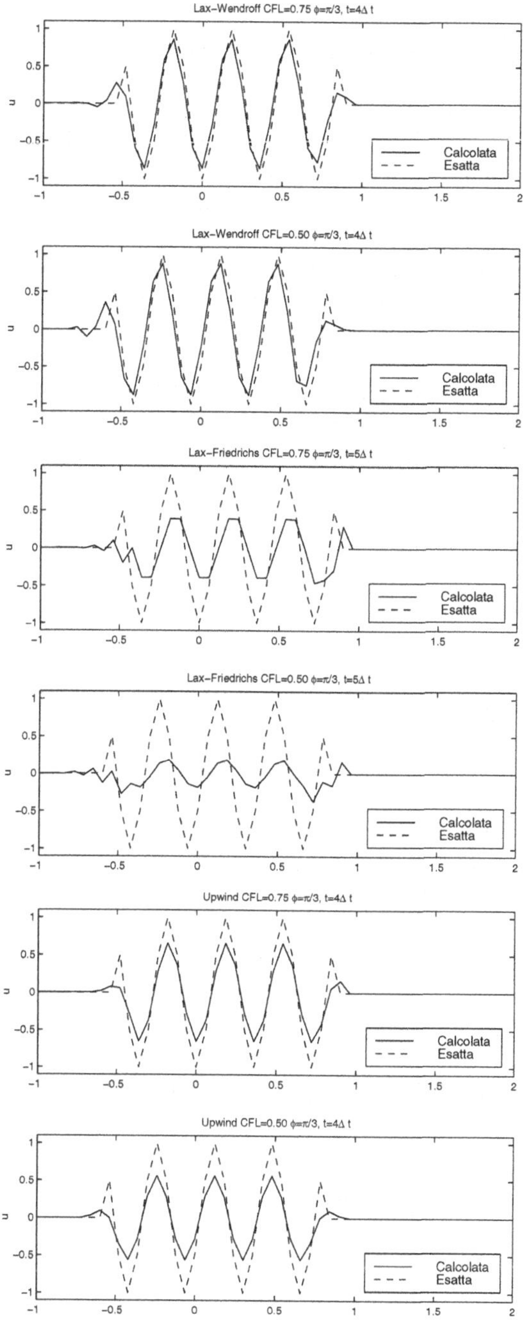

Fig. 12.9 Soluzioni numeriche corrispondenti al trasporto di un pacchetto di sinusoidi per diversi valori del numero CFL

di Lax-Wendroff è il meno dissipativo nell'ambito della gamma di numeri CFL considerata. Inoltre, un confronto delle posizioni dei picchi delle soluzioni numeriche rispetto ai corrispondenti picchi della soluzione esatta rivela che lo schema di Lax-Friedrichs è affetto da un errore di dispersione positivo in quanto l'onda "numerica" avanza più velocemente di quella esatta. Lo schema upwind manifesta la presenza di un leggero errore di dispersione per un numero CFL di 0.75 che è invece assente per un numero CFL di 0.5. I picchi sono ben allineati a quelli della soluzione esatta sebbene assai ridotti in ampiezza a causa della dissipazione numerica. Infine, il metodo di Lax-Wendroff manifesta un piccolo errore di dispersione negativo; in effetti, la soluzione numerica risulta leggermente in ritardo rispetto a quella esatta.

12.10 Approssimazione ad elementi finiti di equazioni iperboliche

Consideriamo il seguente problema iperbolico scalare e lineare del prim'ordine sull'intervallo $(\alpha, \beta) \subset \mathbb{R}$

$$\begin{cases} \dfrac{\partial u}{\partial t} + a\dfrac{\partial u}{\partial x} + a_0 u = f & \text{in } Q_T = (\alpha,\beta) \times (0,T), \\ u(\alpha,t) = \varphi(t), & t \in (0,T), \\ u(x,0) = u^0(x), & x \in (\alpha,\beta), \end{cases} \tag{12.57}$$

dove $a = a(x)$, $a_0 = a_0(x,t)$, $f = f(x,t)$, $\varphi = \varphi(t)$ e $u^0 = u^0(x)$ sono funzioni assegnate. Esso generalizza il problema di trasporto (12.26): contiene anche un termine di reazione/assorbimento, $a_0 u$, un termine sorgente, f, ed è inoltre posto su un intervallo limitato, pertanto richiede la prescrizione di una condizione al contorno. Assumiamo che $a(x) > 0$ $\forall x \in [\alpha, \beta]$. Questo in particolare implica che il punto $x = \alpha$ sia il *bordo di inflow*, e che il valore al contorno vada imposto in tale punto.

12.10.1 Discretizzazione spaziale con elementi finiti continui e discontinui

Per costruire un'approssimazione semi–discreta del problema (12.57) si può ricorrere al metodo di Galerkin (si veda la Sezione 11.3). A questo proposito, definiamo gli spazi

$$V_h = X_h^r = \left\{ v_h \in C^0([\alpha,\beta]) : \; v_{h|I_j} \in \mathbb{P}_r(I_j), \; \forall\, I_j \in \mathcal{T}_h \right\}$$

e

$$V_h^{in} = \left\{ v_h \in V_h : \; v_h(\alpha) = 0 \right\},$$

dove $\mathcal{T}_h$ è una partizione di Ω (si veda la Sezione 11.3.5) in $n \geq 2$ sottointervalli $I_j = [x_j, x_{j+1}]$, per $j = 0, \ldots, n-1$.

Sia u_h^0 una opportuna approssimazione ad elementi finiti di u^0, e si consideri il problema: per ogni $t \in (0,T)$ trovare $u_h(t) \in V_h$ tale che

$$\begin{cases} \int_\alpha^\beta \frac{\partial u_h(t)}{\partial t} v_h \, dx + \int_\alpha^\beta \left(a \frac{\partial u_h(t)}{\partial x} + a_0(t) u_h(t) \right) v_h \, dx \\ \qquad = \int_\alpha^\beta f(t) v_h \, dx \qquad \forall \, v_h \in V_h^{in}, \\ u_h(t) = \varphi_h(t) \quad \text{in } x = \alpha, \end{cases} \tag{12.58}$$

con $u_h(0) = u_h^0 \in V_h$.

Supponiamo che $\exists \mu_0 > 0$ t.c., per ogni $t \in [0,T]$ si abbia

$$0 < \mu_0 \leq a_0(x,t) - \frac{1}{2} a'(x). \tag{12.59}$$

Se φ è uguale a zero, $u_h(t) \in V_h^{in}$, e siamo autorizzati a prendere, per ogni $t > 0$, $v_h = u_h(t)$ in (12.58). Utilizziamo allora la disuguaglianza di Cauchy-Schwarz e poi quella di Young per maggiorare il termine di destra. Inoltre, osservando che

$$\int_\alpha^\beta \frac{\partial u_h}{\partial t} u_h(t) \, dx = \frac{1}{2} \frac{d}{dt} \int_\alpha^\beta (u_h(t))^2 \, dx,$$

integrando per parti (rispetto a x) il termine contenente la derivata rispetto a x, infine integrando rispetto alla variabile temporale, otteniamo la seguente disuguaglianza

$$\begin{aligned} \|u_h(t)\|^2_{\mathrm{L}^2(\alpha,\beta)} &+ \int_0^t \mu_0 \|u_h(\tau)\|^2_{\mathrm{L}^2(\alpha,\beta)} \, d\tau + a(\beta) \int_0^t u_h^2(\tau, \beta) \, d\tau \\ &\leq \|u_h^0\|^2_{\mathrm{L}^2(\alpha,\beta)} + \int_0^t \frac{1}{\mu_0} \|f(\tau)\|^2_{\mathrm{L}^2(\alpha,\beta)} d\tau. \end{aligned}$$

Si noti che nel caso particolare in cui le funzioni f e a_0 siano entrambe identicamente nulle, otteniamo il seguente risultato di stabilità

$$\|u_h(t)\|_{\mathrm{L}^2(\alpha,\beta)} \leq \|u_h^0\|_{\mathrm{L}^2(\alpha,\beta)}. \tag{12.60}$$

Se la (12.59) non è verificata (come accade, ad esempio, se a è un termine convettivo costante e $a_0 = 0$), allora una applicazione del lemma di Gronwall 10.1

fornirebbe il seguente risultato di stabilità

$$\|u_h(t)\|^2_{L^2(\alpha,\beta)} + a(\beta)\int_0^t u_h^2(\tau,\beta)\,d\tau \leq \left(\|u_h^0\|^2_{L^2(\alpha,\beta)} + \int_0^t \|f(\tau)\|^2_{L^2(\alpha,\beta)}\,d\tau\right)\exp\int_0^t [1+2\mu^*(\tau)]\,d\tau \qquad (12.61)$$

dove $\mu^*(t) = \max_{x\in[\alpha,\beta]} |a_0(x,t)|$.

Un approccio alternativo all'approssimazione semi-discreta del problema (12.57) è basato sull'uso di elementi finiti *discontinui*. Questa scelta è motivata dal fatto che, come osservato precedentemente, le soluzioni dei problemi iperbolici (anche nel caso lineare) possono manifestare discontinuità.

Lo spazio di elementi finiti si può definire in questo caso come

$$W_h = Y_h^r = \left\{v_h \in L^2(\alpha,\beta) : v_{h|I_j} \in \mathbb{P}_r(I_j),\ \forall\, I_j \in \mathcal{T}_h\right\}, \quad r \geq 0,$$

ovvero, come lo spazio dei polinomi a tratti di grado minore o uguale a r, che non soddisfano a requisiti di continuità nei nodi della griglia di calcolo.

Quindi, la discretizzazione di Galerkin con elementi finiti discontinui in spazio diventa: per ogni $t \in (0,T)$ trovare $u_h(t) \in W_h$ tale che

$$\int_\alpha^\beta \frac{\partial u_h(t)}{\partial t} v_h\,dx + \sum_{i=0}^{n-1}\left\{\int_{x_i}^{x_{i+1}} \left(a\frac{\partial u_h(t)}{\partial x} + a_0(x)u_h(t)\right) v_h\,dx + a(u_h^+ - U_h^-)(x_i,t)v_h^+(x_i)\right\} = \int_\alpha^\beta f(t)v_h\,dx \quad \forall v_h \in W_h, \qquad (12.62)$$

dove $\{x_i\}$ sono i nodi di $\mathcal{T}_h$ con $x_0 = \alpha$ e $x_n = \beta$. Per ogni nodo x_i, $v_h^+(x_i)$ e $v_h^-(x_i)$ indicano, rispettivamente, il valore da destra e da sinistra di v_h in x_i. Abbiamo posto $U_h^-(x_i,t) = u_h^-(x_i,t)$ se $i = 1,\dots,n-1$, mentre $U_h^-(x_0,t) = \varphi(t)$ $\forall t > 0$. Se a è positivo, x_j è il *bordo di inflow* di I_j per ogni j. Poniamo infine

$$[u]_j = u^+(x_j) - u^-(x_j), \qquad j = 1,\dots,n-1.$$

Quindi (si veda l'Esercizio 9), per ogni $t \in [0,T]$ la stima di stabilità per il problema (12.62) diventa

$$\begin{aligned}\|u_h(t)\|^2_{L^2(\alpha,\beta)} &+ \int_0^t \left(\|u_h(\tau)\|^2_{L^2(\alpha,\beta)} + \sum_{j=0}^{n-1} a(x_j)[u_h(\tau)]_j^2 \right) d\tau \\ &\leq C\left[\|u_h^0\|^2_{L^2(\alpha,\beta)} + \int_0^t \left(\|f(\tau)\|^2_{L^2(\alpha,\beta)} + a\varphi^2(\tau) \right) d\tau \right]\end{aligned} \qquad (12.63)$$

Per quanto riguarda l'analisi di convergenza, si può dimostrare la seguente stima dell'errore nel caso di elementi finiti continui di grado r, $r \geq 1$ (si veda [QV94], Sezione 14.3.1)

$$\begin{aligned}\max_{t\in[0,T]} \|u(t) - u_h(t)\|_{L^2(\alpha,\beta)} &+ \left(\int_0^T a|u(\alpha,\tau) - u_h(\alpha,\tau)|^2 \, d\tau \right)^{1/2} \\ &= \mathcal{O}(\|u^0 - u_h^0\|_{L^2(\alpha,\beta)} + h^r).\end{aligned}$$

Se, invece, si impiegano elementi finiti discontinui di grado r, $r \geq 0$, la stima di convergenza diventa (si veda [QV94], Sezione 14.3.3 e i riferimenti ivi citati)

$$\begin{aligned}\max_{t\in[0,T]} \|u(t) - u_h(t)\|_{L^2(\alpha,\beta)} &+ \left(\int_0^T \|u(t) - u_h(t)\|^2_{L^2(\alpha,\beta)} \, dt \right. \\ &\left. + \int_0^T \sum_{j=0}^{n-1} a(x_j) \, [u(t) - u_h(t)]_j^2 \, dt \right)^{1/2} = \mathcal{O}(\|u^0 - u_h^0\|_{L^2(\alpha,\beta)} + h^{r+1/2}).\end{aligned}$$

12.10.2 Discretizzazione temporale

Per la discretizzazione temporale degli schemi ad elementi finiti introdotti nella precedente sezione si possono utilizzare differenze finite o elementi finiti. Nel caso in cui si adotti uno schema a differenze finite di tipo implicito, entrambi i metodi (12.58) e (12.62) sono incondizionatamente stabili.

Come esempio, impieghiamo il metodo di Eulero all'indietro per la discretizzazione in tempo del problema (12.58). Per ogni $n \geq 0$, si ottiene: trovare $u_h^{n+1} \in V_h$ tale che

$$\begin{aligned}\frac{1}{\Delta t} \int_\alpha^\beta (u_h^{n+1} - u_h^n) v_h \, dx &+ \int_\alpha^\beta \left(a \frac{\partial u_h^{n+1}}{\partial x} + a_0^{n+1} u_h^{n+1} \right) v_h \, dx \\ &= \int_\alpha^\beta f^{n+1} v_h \, dx \qquad \forall v_h \in V_h^{in},\end{aligned} \qquad (12.64)$$

con $u_h^{n+1}(\alpha) = \varphi^{n+1}$. Se f=0 e φ=0, prendendo per ogni $n \geq 0$ $v_h = u_h^{n+1}$ nella (12.64) e procedendo come al solito, si ottiene

$$\frac{1}{2\Delta t}\left(\|u_h^{n+1}\|^2_{\mathrm{L}^2(\alpha,\beta)} - \|u_h^n\|^2_{\mathrm{L}^2(\alpha,\beta)}\right) + a(\beta)(u_h^{n+1}(\beta))^2 + \mu_0\|u_h^{n+1}\|^2_{\mathrm{L}^2(\alpha,\beta)} \leq 0.$$

Sommando su n da 0 a $m-1$, si ottiene, per $m \geq 1$,

$$\|u_h^m\|^2_{\mathrm{L}^2(\alpha,\beta)} + 2\Delta t\left(\sum_{j=1}^{m}\|u_h^j\|^2_{\mathrm{L}^2(\alpha,\beta)} + \sum_{j=1}^{m} a(\beta)(u_h^{j+1}(\beta))^2\right) \leq \|u_h^0\|^2_{\mathrm{L}^2(\alpha,\beta)}.$$

In particolare, possiamo concludere che

$$\|u_h^m\|_{\mathrm{L}^2(\alpha,\beta)} \leq \|u_h^0\|_{\mathrm{L}^2(\alpha,\beta)} \quad \forall m \geq 0$$

ovvero una proprietà di stabilità che è la controparte nel caso completamente discretizzato di quella (12.60) ottenuta nel caso semi-discretizzato.

D'altra parte, l'uso di schemi di tipo esplicito per equazioni iperboliche è soggetto a una condizione di stabilità. Per esempio, nel caso del metodo di Eulero in avanti tale condizione è $\Delta t = \mathcal{O}(h)$, h essendo, come al solito, il passo di discretizzazione spaziale. Per la dimostrazione si veda, ad esempio, [Qua13a], Sez. 8.1. Nella pratica computazionale questa restrizione non risulta così severa come nel caso delle equazioni paraboliche ed è per questa ragione che gli schemi espliciti sono di uso comune nell'approssimazione di equazioni iperboliche.

I Programmi 91 e 92 forniscono un'implementazione del metodo Galerkin ad elementi finiti discontinui in spazio di grado 0 (dG(0)) e 1 (dG(1)), accoppiato con il metodo di Eulero all'indietro in tempo per la soluzione del problema (12.26) sul dominio spazio–temporale $(\alpha, \beta) \times (t_0, T)$.

Programma 91 – ipeidg0: Metodo di Eulero all'indietro per dG(0)

```
function [x,u]=ipeidg0(I,n,a,u0,bc)
% IPEIDG0 metodo di Eulero all'indietro per dG(0) per un'equazione
% di trasporto scalare
% [U,X]=IPEIDG0(I,N,A,U0,BC) risolve l'equazione
% DU/DT+A*DU/DX=0 X in (I(1),I(2)), T in (I(3),I(4))
% con un'approssimazione ad elementi finiti spazio-tempo
nx=n(1); h=(I(2)-I(1))/nx; x=(I(1)+h/2:h:I(2))';
t=I(3); u=u0(x);
nt=n(2); k=(I(4)-I(3))/nt;
lambda=k/h;
e=ones(nx,1);
```

```
A=spdiags([-a*lambda*e, (1+a*lambda)*e],-1:0,nx,nx);
[L,U]=lu(A);
for t = I(3)+k:k:I(4)
   f = u;
   if a > 0
      f(1) = a*bc(1)+f(1);
   elseif a <= 0
      f(nx) = a*bc(2)+f(nx);
   end
   y = L \ f; u = U \ y;
end
return
```

Programma 92 – ipeidg1: Metodo di Eulero all'indietro per dG(1)

```
function [x,u]=ipeidg1(I,n,a,u0,bc)
% IPEIDG1 metodo di Eulero all'indietro per dG(1) per un'equazione
% di trasporto scalare
% [U,X]=IPEIDG1(I,N,A,U0,BC) risolve l'equazione
% DU/DT+A*DU/DX=0 X in (I(1),I(2)), T in (I(3),I(4))
% con un'approssimazione ad elementi finiti spazio-tempo
nx=n(1); h=(I(2)-I(1))/nx; x=(I(1):h:I(2))';
t=I(3); um=u0(x);
u=[]; xx=[];
for i=1:nx+1
    u=[u; um(i); um(i)];
    xx=[xx; x(i); x(i)];
end
nt=n(2); k=(I(4)-I(3))/nt;
lambda=k/h;
e=ones(2*nx+2,1);
B=spdiags([e/6,e/3,e/6],-1:1,2*nx+2,2*nx+2);
dd=1/3+0.5*a*lambda;
du=1/6+0.5*a*lambda;
dl=1/6-0.5*a*lambda;
A=sparse([]);
A(1,1)=dd; A(1,2)=du; A(2,1)=dl; A(2,2)=dd;
for i=3:2:2*nx+2
    A(i,i-1)=-a*lambda;
    A(i,i)=dd;
    A(i,i+1)=du;
    A(i+1,i)= dl;
    A(i+1,i+1)=A(i,i);
end
[L,U]=lu(A);
for t = I(3)+k:k:I(4)
```

```
    f = B*u;
    if a>0
      f(1)=a*bc(1)+f(1);
    elseif a<=0
      f(nx)=a*bc(2)+f(nx);
    end
    y=L \ f;
    u=U \ y;
end
x=xx;
return
```

12.11 Esercizi

1. Si applichi il θ-metodo (12.9) per approssimare il problema scalare di Cauchy (10.1) e, usando l'analisi della Sezione 10.3, si dimostri che l'errore di troncamento locale è dell'ordine di $\Delta t + h^2$ se $\theta \neq \frac{1}{2}$ mentre è dell'ordine di $\Delta t^2 + h^2$ se $\theta = \frac{1}{2}$.
2. Si dimostri che nel caso di elementi finiti lineari la procedura di mass-lumping descritta nella Sezione 12.3 è equivalente a calcolare gli integrali $m_{ij} = \int_0^1 \varphi_j \varphi_i \, dx$ con la formula composita del trapezio (8.12). Ciò, in particolare, mostra che la matrice diagonale $\widetilde{\mathrm{M}}$ è non singolare.

   [*Suggerimento*: dapprima, si verifichi che l'integrazione esatta fornisce
   $$m_{ij} = \frac{h}{6} \begin{cases} \frac{1}{2} & i \neq j, \\ 1 & i = j. \end{cases}$$
   Quindi, si applichi la regola del trapezio per calcolare m_{ij} ricordando che $\varphi_i(x_j) = \delta_{ij}$.]
3. Si dimostri la disuguaglianza (12.19).

   [*Suggerimento*: si usino le disuguaglianze di Cauchy-Schwarz e di Young per provare dapprima che
   $$\int_0^1 (u-v)u \, dx \geq \frac{1}{2}\left(\|u\|^2_{\mathrm{L}^2(0,1)} - \|v\|^2_{\mathrm{L}^2(0,1)} \right), \qquad \forall\, u, v \in \mathrm{L}^2(0,1).$$
   Quindi, si usi la (12.18).]
4. Si assuma che la forma bilineare $a(\cdot,\cdot)$ nel problema (12.12) sia continua e coerciva sullo spazio funzionale V (si vedano le (11.48)-(11.49)), rispettivamente con costanti di continuità e coercività M e α. Quindi, si dimostri che le stime di stabilità (12.20) e (12.21) sono ancora valide, a patto di sostituire ν con α.
5. Si dimostri che i metodi (12.40), (12.41) e (12.42) possono essere scritti nella forma (12.43). Poi, si mostri che le corrispondenti espressioni della viscosità artificiale k e del flusso di diffusione artificiale $h^{diff}_{j+1/2}$ sono quelle indicate in Tabella 12.1.

6. Si determini la condizione CFL per lo schema upwind.
7. Si dimostri che per lo schema (12.44) si ha $\|\mathbf{u}^{n+1}\|_{\Delta,2} \leq \|\mathbf{u}^n\|_{\Delta,2}$ per ogni $n \geq 0$.
   [*Suggerimento*: si moltiplichi l'equazione (12.44) per u_j^{n+1} e si osservi che si ha

$$(u_j^{n+1} - u_j^n)u_j^{n+1} \geq \frac{1}{2}\left(|u_j^{n+1}|^2 - |u_j^n|^2\right).$$

   Quindi, si sommino su j le disuguaglianze risultanti e si osservi che

$$\frac{\lambda a}{2} \sum_{j=-\infty}^{\infty} \left(u_{j+1}^{n+1} - u_{j-1}^{n+1}\right) u_j^{n+1} = 0$$

   poiché questa somma è telescopica.]
8. Si dimostri la (12.61).
9. Si dimostri la (12.63) nel caso in cui $f = 0$.
   [*Suggerimento*: si prenda $\forall t > 0$, $v_h = u_h(t)$ nella (12.62).]

Riferimenti bibliografici

[Aas71] Aasen J. (1971) On the Reduction of a Symmetric Matrix to Tridiagonal Form. *BIT* 11: 233–242.

[ABB+92] Anderson E., Bai Z., Bischof C., Demmel J., Dongarra J., Croz J. D., Greenbaum A., Hammarling S., McKenney A., Oustrouchov S., and Sorensen D. (1992) *LAPACK User's Guide, Release 1.0.* SIAM, Philadelphia.

[Arn73] Arnold V. I. (1973) *Ordinary Differential Equations.* The MIT Press, Cambridge, Massachusetts.

[Atk89] Atkinson K. E. (1989) *An Introduction to Numerical Analysis.* John Wiley, New York.

[Axe94] Axelsson O. (1994) *Iterative Solution Methods.* Cambridge University Press, New York.

[Bar89] Barnett S. (1989) Leverrier's Algorithm: a New Proof and Extensions. *Numer. Math.* 7: 338–352.

[BD74] Björck A. and Dahlquist G. (1974) *Numerical Methods.* Prentice-Hall, Englewood Cliffs, N.J.

[BDMS79] Bunch J., Dongarra J., Moler C., and Stewart G. (1979) *LINPACK User's Guide.* SIAM, Philadelphia.

[Bjö88] Björck A. (1988) *Least Squares Methods: Handbook of Numerical Analysis Vol. 1 Solution of Equations in* $\mathbb{R}^N$. Elsevier North Holland.

[BM92] Bernardi C. and Maday Y. (1992) *Approximations Spectrales des Problémes aux Limites Elliptiques.* Springer-Verlag, Paris.

[BMW67] Barth W., Martin R. S., and Wilkinson J. H. (1967) Calculation of the Eigenvalues of a Symmetric Tridiagonal Matrix by the Method of Bisection. *Numer. Math.* 9: 386–393.

[BNT07] Babuška I., Nobile F., and Tempone R. (2007) Reliability of computational science. *Numer. Methods Partial Differential Equations* 23(4): 753–784.

[BO78] Bender C. M. and Orszag S. A. (1978) *Advanced Mathematical Methods for Scientists and Engineers.* McGraw-Hill, New York.

A. Quarteroni, R. Sacco, F. Saleri, P. Gervasio, *Matematica Numerica*, 4ª edizione,
UNITEXT – La Matematica per il 3+2 77, DOI: 10.1007/978-88-470-5644-2,

© Springer-Verlag Italia 2014

[BO04] Babuška I. and Oden J. T. (2004) Verification and validation in computational engineering and science: basic concepts. *Comput. Methods Appl. Mech. Engrg.* 193(36–38): 4057–4066.

[Bra75] Bradley G. (1975) *A Primer of Linear Algebra.* Prentice-Hall, Englewood Cliffs, New York.

[Bri74] Brigham E. O. (1974) *The Fast Fourier Transform.* Prentice-Hall, Englewood Cliffs, New York.

[BS90] Brown P. and Saad Y. (1990) Hybrid Krylov Methods for Nonlinear Systems of Equations. *SIAM J. Sci. and Stat. Comput.* 11(3): 450–481.

[But66] Butcher J. C. (1966) On the Convergence of Numerical Solutions to Ordinary Differential Equations. *Math. Comp.* 20: 1–10.

[But87] Butcher J. (1987) *The Numerical Analysis of Ordinary Differential Equations: Runge-Kutta and General Linear Methods.* Wiley, Chichester.

[CFL28] Courant R., Friedrichs K., and Lewy H. (1928) Über die partiellen differenzengleichungen der mathematischen physik. *Math. Ann.* 100: 32–74.

[CHQZ06] Canuto C., Hussaini M. Y., Quarteroni A., and Zang T. A. (2006) *Spectral Methods: Fundamentals in Single Domains.* Springer-Verlag, Berlin Heidelberg.

[CHQZ07] Canuto C., Hussaini M. Y., Quarteroni A., and Zang T. A. (2007) *Spectral Methods: Evolution to Complex Geometries and Applications to Fluid Dynamics.* Springer-Verlag, Berlin Heidelberg.

[CL91] Ciarlet P. G. and Lions J. L. (1991) *Handbook of Numerical Analysis: Finite Element Methods (Part 1).* North-Holland, Amsterdam.

[CMSW79] Cline A., Moler C., Stewart G., and Wilkinson J. (1979) An Estimate for the Condition Number of a Matrix. *SIAM J. Sci. and Stat. Comput.* 16: 368–375.

[Com95] Comincioli V. (1995) *Analisi Numerica Metodi Modelli Applicazioni.* McGraw-Hill Libri Italia, Milano.

[Cox72] Cox M. (1972) The Numerical Evaluation of B-splines. *Journal of the Inst. of Mathematics and its Applications* 10: 134–149.

[Cry73] Cryer C. W. (1973) On the Instability of High Order Backward-Difference Multistep Methods. *BIT* 13: 153–159.

[CT65] Cooley J. and Tukey J. (1965) An Algorithm for the Machine Calculation of Complex Fourier Series. *Math. Comp.* 19: 297–301.

[Dah56] Dahlquist G. (1956) Convergence and Stability in the Numerical Integration of Ordinary Differential Equations. *Math. Scand.* 4: 33–53.

[Dah63] Dahlquist G. (1963) A Special Stability Problem for Linear Multistep Methods. *BIT* 3: 27–43.

[Dat95] Datta B. (1995) *Numerical Linear Algebra and Applications.* Brooks/Cole Publishing, Pacific Grove, CA.

[Dav63] Davis P. (1963) *Interpolation and Approximation.* Blaisdell Pub., New York.

[dB72] de Boor C. (1972) On calculating with B-splines. *Journal of Approximation Theory* 6: 50–62.

[dB83] de Boor C. (1983) A Practical Guide to Splines. In *Applied Mathematical Sciences.* (27), Springer-Verlag, New York.

[dB90] de Boor C. (1990) *SPLINE TOOLBOX for use with MATLAB.* The Math Works, Inc., South Natick.

[Dek71] Dekker T. (1971) A Floating-Point Technique for Extending the Available Precision. *Numer. Math.* 18: 224–242.

[Dem97] Demmel J. (1997) *Applied Numerical Linear Algebra.* SIAM, Philadelphia.

[DGK84] Dongarra J., Gustavson F., and Karp A. (1984) Implementing Linear Algebra Algorithms for Dense Matrices on a Vector Pipeline Machine. *SIAM Review* 26(1): 91–112.

[Die87a] Dierckx P. (1987) *FITPACK user guide part 1: curve fitting routines.* TW Report, Dept. of Computer Science, Katholieke Universiteit, Leuven, Belgium.

[Die87b] Dierckx P. (1987) *FITPACK user guide part 2: surface fitting routines.* TW Report, Dept. of Computer Science, Katholieke Universiteit, Leuven, Belgium.

[Die93] Dierckx P. (1993) *Curve and Surface Fitting with Splines.* Claredon Press, New York.

[DR75] Davis P. and Rabinowitz P. (1975) *Methods of Numerical Integration.* Academic Press, New York.

[DS83] Dennis J. and Schnabel R. (1983) *Numerical Methods for Unconstrained Optimization and Nonlinear Equations.* Prentice-Hall, Englewood Cliffs, New York.

[Dun85] Dunavant D. (1985) High degree efficient symmetrical Gaussian quadrature rules for the triangle. *Internat. J. Numer. Meth. Engrg.* 21: 1129–1148.

[Dun86] Dunavant D. (1986) Efficient symmetrical cubature rules for complete polynomials of high degree over the unit cube. *Internat. J. Numer. Meth. Engrg.* 23: 397–407.

[DV84] Dekker K. and Verwer J. (1984) *Stability of Runge-Kutta Methods for Stiff Nonlinear Differential Equations.* North-Holland, Amsterdam.

[dV89] der Vorst H. V. (1989) High Performance Preconditioning. *SIAM J. Sci. Stat. Comput.* 10: 1174–1185.

[EEHJ96] Eriksson K., Estep D., Hansbo P., and Johnson C. (1996) *Computational Differential Equations.* Cambridge Univ. Press, Cambridge.

[Elm86] Elman H. (1986) A Stability Analisys of Incomplete LU Factorization. *Math. Comp.* 47: 191–218.

[Erd61] Erdös P. (1961) Problems and Results on the Theory of Interpolation. II. *Acta Math. Acad. Sci. Hungar.* 12: 235–244.

[Erh97] Erhel J. (1997) About Newton-Krylov Methods. In Periaux J. and al. (eds) *Computational Science for* 21st *Century*, pages 53–61. Wiley, New York.

[Fab14] Faber G. (1914) Über die interpolatorische Darstellung stetiger Funktionem. *Jber. Deutsch. Math. Verein.* 23: 192–210.

[FF63] Faddeev D. K. and Faddeeva V. N. (1963) *Computational Methods of Linear Algebra.* Freeman, San Francisco and London.

[FM67] Forsythe G. E. and Moler C. B. (1967) *Computer Solution of Linear Algebraic Systems.* Prentice-Hall, Englewood Cliffs, New York.

[Fra61] Francis J. G. F. (1961) The QR Transformation: A Unitary Analogue to the LR Transformation. *Comput. J.* pages 265–271,332–334.

[Gas83] Gastinel N. (1983) *Linear Numerical Analysis.* Kershaw Publishing, London.

[Gau94] Gautschi W. (1994) Algorithm 726: ORTHPOL - A Package of Routines for Generating Orthogonal Polynomials and Gauss-type Quadrature Rules. *ACM Trans. Math. Software* 20: 21–62.

[Gau96] Gautschi W. (1996) Orthogonal Polynomials: Applications and Computation. *Acta Numerica* pages 45–119.

[Gau97] Gautschi W. (1997) *Numerical Analysis. An Introduction.* Birkhäuser, Berlin.

[Giv54] Givens W. (1954) Numerical Computation of the Characteristic Values of a Real Symmetric Matrix. *Oak Ridge National Laboratory* ORNL-1574.

[GL81] George A. and Liu J. (1981) *Computer Solution of Large Sparse Positive Definite Systems.* Prentice-Hall, Englewood Cliffs, New York.

[GL89] Golub G. and Loan C. V. (1989) *Matrix Computations.* The John Hopkins Univ. Press, Baltimore London.

[God66] Godeman R. (1966) *Algebra.* Kershaw, London.

[Gol91] Goldberg D. (1991) What Every Computer Scientist Should Know about Floating-point Arithmetic. *ACM Computing Surveys* 23(1): 5–48.

[GR96] Godlewski E. and Raviart P. (1996) *Numerical Approximation of Hyperbolic System of Conservation Laws*, volume 118 of *Applied Mathematical Sciences.* Springer-Verlag, New York.

[Hac94] Hackbush W. (1994) *Iterative Solution of Large Sparse Systems of Equations.* Springer-Verlag, New York.

[Hah67] Hahn W. (1967) *Stability of Motion.* Springer-Verlag, Berlin.

[Hal58] Halmos P. (1958) *Finite-Dimensional Vector Spaces.* Van Nostrand, Princeton, New York.

[Hen62] Henrici P. (1962) *Discrete Variable Methods in Ordinary Differential Equations.* Wiley, New York.

[Hen74] Henrici P. (1974) *Applied and Computational Complex Analysis*, volume 1. Wiley, New York.

[Hes98] Hesthaven J. (1998) From electrostatics to almost optimal nodal sets for polynomial interpolation in a simplex. *SIAM J. Numer. Anal.* 35(2): 655–676.

[Hig89] Higham N. (1989) The Accuracy of Solutions to Triangular Systems. *SIAM J. Numer. Anal.* 26(5): 1252–1265.

[Hig96] Higham N. (1996) *Accuracy and Stability of Numerical Algorithms.* SIAM Publications, Philadelphia, PA.

[Hil87] Hildebrand F. (1987) *Introduction to Numerical Analysis.* McGraw-Hill, New York.

[Hou75] Householder A. (1975) *The Theory of Matrices in Numerical Analysis.* Dover Publications, New York.

[HP94] Hennessy J. and Patterson D. (1994) *Computer Organization and Design - The Hardware/Software Interface.* Morgan Kaufmann, San Mateo.

[IK66] Isaacson E. and Keller H. (1966) *Analysis of Numerical Methods.* Wiley, New York.

[Jac26] Jacobi C. (1826) Uber Gau*β* neue Methode, die Werthe der Integrale näherungsweise zu finden. *J. Reine Angew. Math.* 30: 127–156.

[JM77] Jankowski M. and M W. (1977) Iterative Refinement Implies Numerical Stability. *BIT* 17: 303–311.

[JM92] Jennings A. and McKeown J. (1992) *Matrix Computation.* Wiley, Chichester.

[Joh90] Johnson C. (1990) *Numerical Solution of Partial Differential Equations by the Finite Element Method.* Cambridge Univ. Press.

[Kah66] Kahan W. (1966) Numerical Linear Algebra. *Canadian Math. Bull.* 9: 757–801.

[Kea86] Keast P. (1986) Moderate-Degree Tetrahedral Quadrature Formulas. *Comp. Meth. Appl. Mech. Engrg.* 55: 339–348.

[Kel95] Kelley C. (1995) *Iterative Methods for Linear and Nonlinear Equations.* Number 16 in Frontiers in Applied Mathematics. SIAM.

[Lam91] Lambert J. (1991) *Numerical Methods for Ordinary Differential Systems.* John Wiley and Sons, Chichester.

[Lax65] Lax P. (1965) Numerical Solution of Partial Differential Equations. *Amer. Math. Monthly* 72(2): 74–84.

[Lel92] Lele S. (1992) Compact Finite Difference Schemes with Spectral-like Resolution. *Journ. of Comp. Physics* 103(1): 16–42.

[LH74] Lawson C. and Hanson R. (1974) *Solving Least Squares Problems.* Prentice-Hall, Englewood Cliffs, New York.

[Man80] Manteuffel T. (1980) An Incomplete Factorization Technique for Positive Definite Linear Systems. *Math. Comp.* 150(34): 473–497.

[MdV77] Meijerink J. and der Vorst H. V. (1977) An Iterative Solution Method for Linear Systems of which Coeffcient Matrix is a Symmetric M-matrix. *Math. Comp.* 137(31): 148–162.

[MM71] Maxfield J. and Maxfield M. (1971) *Abstract Algebra and Solution by Radicals.* Saunders, Philadelphia.

[MNS74] Mäkela M., Nevanlinna O., and Sipilä A. (1974) On the Concept of Convergence, Consistency and Stability in Connection with Some Numerical Methods. *Numer. Math.* 22: 261–274.

[Mor84] Morozov V. (1984) *Methods for Solving Incorrectly Posed Problems.* Springer-Verlag, New York.

[Mul56] Muller D. (1956) A Method for Solving Algebraic Equations using an Automatic Computer. *Math. Tables Aids Comput.* 10: 208–215.

[Nat65] Natanson I. (1965) *Constructive Function Theory*, volume III. Ungar, New York.

[Nob69] Noble B. (1969) *Applied Linear Algebra.* Prentice-Hall, Englewood Cliffs, New York.

[OR70] Ortega J. and Rheinboldt W. (1970) *Iterative Solution of Nonlinear Equations in Several Variables.* Academic Press, New York London.

[PdKÜK83] Piessens R., deDoncker Kapenga E., Überhuber C. W., and Kahaner D. K. (1983) *QUADPACK: A Subroutine Package for Automatic Integration.* Springer-Verlag, Berlin Heidelberg.

[PR70] Parlett B. and Reid J. (1970) On the Solution of a System of Linear Equations Whose Matrix is Symmetric but not Definite. *BIT* 10: 386–397.

[PS91] Pagani C. and Salsa S. (1991) *Analisi Matematica*, volume II. Masson, Milano.

[QSG10] Quarteroni A., Saleri F., and Gervasio P. (2010) *Scientific Computing with Matlab and Octave, 3rd ed.* Springer-Verlag, Berlin Heidelberg.

[QSS07] Quarteroni A., Sacco R., and Saleri F. (2007) *Numerical Mathematics, 2nd Ed.* Springer, Berlin Heidelberg.

[Qua13a] Quarteroni A. (2013) *Modellistica Numerica per Problemi Differenziali, 5ª Ed.* Springer–Verlag Italia, Milano.

[Qua13b] Quarteroni A. (2013) *Matematica Numerica. Esercizi, Laboratori e Progetti, 2ª Ed.*. Springer-Verlag Italia, Milano.

[QV94] Quarteroni A. and Valli A. (1994) *Numerical Approximation of Partial Differential Equations.* Springer, Berlin Heidelberg.

[Ral65] Ralston A. (1965) *A First Course in Numerical Analysis.* McGraw-Hill, New York.

[Ric81] Rice J. (1981) *Matrix Computations and Mathematical Software.* McGraw-Hill, New York.

[Riv74] Rivlin T. (1974) *The Chebyshev Polynomials.* John Wiley and Sons, New York.

[RM67] Richtmyer R. and Morton K. (1967) *Difference Methods for Initial Value Problems.* Wiley, New York.

[RR78] Ralston A. and Rabinowitz P. (1978) *A First Course in Numerical Analysis.* McGraw-Hill, New York.

[RST96] Roos H.-G., Stynes M., and Tobiska L. (1996) *Numerical Methods for Singularly Perturbed Differential Equations.* Springer-Verlag, Berlin Heidelberg.

[RST10] Roos H., Stynes M., and Tobiska L. (2010) *Robust Numerical Methods for Singularly Perturbed Differential Equations: Convection-Diffusion-Reaction and Flow Problems.* Springer Series in Computational Mathematics. Springer.

[Rud83] Rudin W. (1983) *Real and Complex Analysis.* Tata McGraw-Hill, New Delhi.

[Rut58] Rutishauser H. (1958) Solution of Eigenvalue Problems with the LR Transformation. *Nat. Bur. Stand. Appl. Math. Ser.* 49: 47–81.

[Saa90] Saad Y. (1990) Sparskit: A basic tool kit for sparse matrix computations. Technical Report 90-20, Research Institute for Advanced Computer Science, NASA Ames Research Center, Moffet Field, CA.

[Saa96] Saad Y. (1996) *Iterative Methods for Sparse Linear Systems.* PWS Publishing Company, Boston.

[Sch67] Schoenberg I. (1967) On Spline functions. In Shisha O. (ed) *Inequalities*, pages 255–291. Academic Press, New York.

[Sch81] Schumaker L. (1981) *Splines Functions: Basic Theory.* Wiley, New York.

[Sel84] Selberherr S. (1984) *Analysis and Simulation of Semiconductor Devices.* Springer-Verlag, Wien New York.

[Ske79] Skeel R. (1979) Scaling for Numerical Stability in Gaussian Elimination. *J. Assoc. Comput. Mach.* 26: 494–526.

[Ske80] Skeel R. (1980) Iterative Refinement Implies Numerical Stability for Gaussian Elimination. *Math. Comp.* 35: 817–832.

[SL89] Su B. and Liu D. (1989) *Computational Geometry: Curve and Surface Modeling.* Academic Press, New York.

[SR97] Shampine L. F. and Reichelt M. W. (1997) The MATLAB ODE Suite. *SIAM J. Sci. Comput.* 18: 1–22.

[SS90] Stewart G. and Sun J. (1990) *Matrix Perturbation Theory.* Academic Press, New York.

[Ste71] Stetter H. (1971) Stability of Discretization on Infinite Intervals. In Morris J. (ed) *Conf. on Applications of Numerical Analysis*, pages 207–222. Springer-Verlag, Berlin.

[Ste73] Stewart G. (1973) *Introduction to Matrix Computations.* Academic Press, New York.

[Str80] Strang G. (1980) *Linear Algebra and Its Applications.* Academic Press, New York.

[Str89] Strikwerda J. (1989) *Finite Difference Schemes and Partial Differential Equations.* Wadsworth and Brooks/Cole, Pacific Grove.

[Sze67] Szegö G. (1967) *Orthogonal Polynomials.* AMS, Providence, R.I.

[Var62] Varga R. (1962) *Matrix Iterative Analysis.* Prentice-Hall, Englewood Cliffs, New York.

[Wac66] Wachspress E. (1966) *Iterative Solutions of Elliptic Systems.* Prentice-Hall, Englewood Cliffs, New York.

[Wal91] Walker J. (1991) *Fast Fourier Transforms.* CRC Press, Boca Raton.

[Wen66] Wendroff B. (1966) *Theoretical Numerical Analysis.* Academic Press, New York.

[Wid67] Widlund O. (1967) A Note on Unconditionally Stable Linear Multistep Methods. *BIT* 7: 65–70.

[Wil62] Wilkinson J. (1962) Note on the Quadratic Convergence of the Cyclic Jacobi Process. *Numer. Math.* 6: 296–300.

[Wil63] Wilkinson J. (1963) *Rounding Errors in Algebraic Processes.* Prentice-Hall, Englewood Cliffs, New York.

[Wil65] Wilkinson J. (1965) *The Algebraic Eigenvalue Problem.* Clarendon Press, Oxford.

[Wil68] Wilkinson J. (1968) A priori Error Analysis of Algebraic Processes. In *Intern. Congress Math.*, volume 19, pages 629–639. Izdat. Mir, Moscow.

[You71] Young D. (1971) *Iterative Solution of Large Linear Systems.* Academic Press, New York.

Indice dei programmi MATLAB

A. Quarteroni, R. Sacco, F. Saleri, P. Gervasio, *Matematica Numerica*, 4ª edizione, UNITEXT – La Matematica per il 3+2 77, DOI: 10.1007/978-88-470-5644-2,
© Springer-Verlag Italia 2014

Indice analitico

A. Quarteroni, R. Sacco, F. Saleri, P. Gervasio, *Matematica Numerica*, 4ª edizione,
UNITEXT – La Matematica per il 3+2 77, DOI: 10.1007/978-88-470-5644-2,
© Springer-Verlag Italia 2014

Collana Unitext – La Matematica per il 3+2

A cura di:
A. Quarteroni (Editor-in-Chief)
L. Ambrosio
P. Biscari
C. Ciliberto
M. Ledoux
W.J. Runggaldier

Editor in Springer:
F. Bonadei
francesca.bonadei@springer.com

Volumi pubblicati. A partire dal 2004, i volumi della serie sono contrassegnati da un numero di identificazione. I volumi indicati in grigio si riferiscono a edizioni precedenti.

A. Bernasconi, B. Codenotti
Introduzione alla complessità computazionale
1998, X+260 pp, ISBN 88-470-0020-3

A. Bernasconi, B. Codenotti, G. Resta
Metodi matematici in complessità computazionale
1999, X+364 pp, ISBN 88-470-0060-2

E. Salinelli, F. Tomarelli
Modelli dinamici discreti
2002, XII+354 pp, ISBN 88-470-0187-0

S. Bosch
Algebra
2003, VIII+380 pp, ISBN 88-470-0221-4

S. Graffi, M. Degli Esposti
Fisica matematica discreta
2003, X+248 pp, ISBN 88-470-0212-5

S. Margarita, E. Salinelli
MultiMath – Matematica Multimediale per l'Università
2004, XX+270 pp, ISBN 88-470-0228-1

A. Quarteroni, R. Sacco, F.Saleri
Matematica numerica (2a Ed.)
2000, XIV+448 pp, ISBN 88-470-0077-7
2002, 2004 ristampa riveduta e corretta
(1a edizione 1998, ISBN 88-470-0010-6)

13. A. Quarteroni, F. Saleri
Introduzione al Calcolo Scientifico (2a Ed.)
2004, X+262 pp, ISBN 88-470-0256-7
(1a edizione 2002, ISBN 88-470-0149-8)

14. S. Salsa
Equazioni a derivate parziali - Metodi, modelli e applicazioni
2004, XII+426 pp, ISBN 88-470-0259-1

15. G. Riccardi
Calcolo differenziale ed integrale
2004, XII+314 pp, ISBN 88-470-0285-0

16. M. Impedovo
Matematica generale con il calcolatore
2005, X+526 pp, ISBN 88-470-0258-3

17. L. Formaggia, F. Saleri, A. Veneziani
Applicazioni ed esercizi di modellistica numerica
per problemi differenziali
2005, VIII+396 pp, ISBN 88-470-0257-5

18. S. Salsa, G. Verzini
Equazioni a derivate parziali – Complementi ed esercizi
2005, VIII+406 pp, ISBN 88-470-0260-5
2007, ristampa con modifiche

19. C. Canuto, A. Tabacco
Analisi Matematica I (2a Ed.)
2005, XII+448 pp, ISBN 88-470-0337-7
(1a edizione, 2003, XII+376 pp, ISBN 88-470-0220-6)

20. F. Biagini, M. Campanino
Elementi di Probabilità e Statistica
2006, XII+236 pp, ISBN 88-470-0330-X

21. S. Leonesi, C. Toffalori
Numeri e Crittografia
2006, VIII+178 pp, ISBN 88-470-0331-8

22. A. Quarteroni, F. Saleri
Introduzione al Calcolo Scientifico (3a Ed.)
2006, X+306 pp, ISBN 88-470-0480-2

23. S. Leonesi, C. Toffalori
Un invito all'Algebra
2006, XVII+432 pp, ISBN 88-470-0313-X

24. W.M. Baldoni, C. Ciliberto, G.M. Piacentini Cattaneo
Aritmetica, Crittografia e Codici
2006, XVI+518 pp, ISBN 88-470-0455-1

25. A. Quarteroni
Modellistica numerica per problemi differenziali (3a Ed.)
2006, XIV+452 pp, ISBN 88-470-0493-4
(1a edizione 2000, ISBN 88-470-0108-0)
(2a edizione 2003, ISBN 88-470-0203-6)

26. M. Abate, F. Tovena
Curve e superfici
2006, XIV+394 pp, ISBN 88-470-0535-3

27. L. Giuzzi
Codici correttori
2006, XVI+402 pp, ISBN 88-470-0539-6

28. L. Robbiano
Algebra lineare
2007, XVI+210 pp, ISBN 88-470-0446-2

29. E. Rosazza Gianin, C. Sgarra
Esercizi di finanza matematica
2007, X+184 pp,ISBN 978-88-470-0610-2

30. A. Machì
Gruppi – Una introduzione a idee e metodi della Teoria dei Gruppi
2007, XII+350 pp, ISBN 978-88-470-0622-5
2010, ristampa con modifiche

31. Y. Biollay, A. Chaabouni, J. Stubbe
Matematica si parte!
A cura di A. Quarteroni
2007, XII+196 pp, ISBN 978-88-470-0675-1

32. M. Manetti
Topologia
2008, XII+298 pp, ISBN 978-88-470-0756-7

33. A. Pascucci
Calcolo stocastico per la finanza
2008, XVI+518 pp, ISBN 978-88-470-0600-3

34. A. Quarteroni, R. Sacco, F. Saleri
Matematica numerica (3a Ed.)
2008, XVI+510 pp, ISBN 978-88-470-0782-6

35. P. Cannarsa, T. D'Aprile
Introduzione alla teoria della misura e all'analisi funzionale
2008, XII+268 pp, ISBN 978-88-470-0701-7

36. A. Quarteroni, F. Saleri
Calcolo scientifico (4a Ed.)
2008, XIV+358 pp, ISBN 978-88-470-0837-3

37. C. Canuto, A. Tabacco
Analisi Matematica I (3a Ed.)
2008, XIV+452 pp, ISBN 978-88-470-0871-3

38. S. Gabelli
Teoria delle Equazioni e Teoria di Galois
2008, XVI+410 pp, ISBN 978-88-470-0618-8

39. A. Quarteroni
Modellistica numerica per problemi differenziali (4a Ed.)
2008, XVI+560 pp, ISBN 978-88-470-0841-0

40. C. Canuto, A. Tabacco
Analisi Matematica II
2008, XVI+536 pp, ISBN 978-88-470-0873-1
2010, ristampa con modifiche

41. E. Salinelli, F. Tomarelli
Modelli Dinamici Discreti (2a Ed.)
2009, XIV+382 pp, ISBN 978-88-470-1075-8

42. S. Salsa, F.M.G. Vegni, A. Zaretti, P. Zunino
Invito alle equazioni a derivate parziali
2009, XIV+440 pp, ISBN 978-88-470-1179-3

43. S. Dulli, S. Furini, E. Peron
Data mining
2009, XIV+178 pp, ISBN 978-88-470-1162-5

44. A. Pascucci, W.J. Runggaldier
Finanza Matematica
2009, X+264 pp, ISBN 978-88-470-1441-1

45. S. Salsa
Equazioni a derivate parziali - Metodi, modelli e applicazioni (2a Ed.)
2010, XVI+614 pp, ISBN 978-88-470-1645-3

46. C. D'Angelo, A. Quarteroni
Matematica Numerica - Esercizi, Laboratori e Progetti
2010, VIII+374 pp, ISBN 978-88-470-1639-2

47. V. Moretti
Teoria Spettrale e Meccanica Quantistica - Operatori in spazi di Hilbert
2010, XVI+704 pp, ISBN 978-88-470-1610-1

48. C. Parenti, A. Parmeggiani
Algebra lineare ed equazioni differenziali ordinarie
2010, VIII+208 pp, ISBN 978-88-470-1787-0

49. B. Korte, J. Vygen
Ottimizzazione Combinatoria. Teoria e Algoritmi
2010, XVI+662 pp, ISBN 978-88-470-1522-7

50. D. Mundici
Logica: Metodo Breve
2011, XII+126 pp, ISBN 978-88-470-1883-9

51. E. Fortuna, R. Frigerio, R. Pardini
Geometria proiettiva. Problemi risolti e richiami di teoria
2011, VIII+274 pp, ISBN 978-88-470-1746-7

52. C. Presilla
Elementi di Analisi Complessa. Funzioni di una variabile
2011, XII+324 pp, ISBN 978-88-470-1829-7

53. L. Grippo, M. Sciandrone
Metodi di ottimizzazione non vincolata
2011, XIV+614 pp, ISBN 978-88-470-1793-1

54. M. Abate, F. Tovena
Geometria Differenziale
2011, XIV+466 pp, ISBN 978-88-470-1919-5

55. M. Abate, F. Tovena
Curves and Surfaces
2011, XIV+390 pp, ISBN 978-88-470-1940-9

56. A. Ambrosetti
Appunti sulle equazioni differenziali ordinarie
2011, X+114 pp, ISBN 978-88-470-2393-2

57. L. Formaggia, F. Saleri, A. Veneziani
Solving Numerical PDEs: Problems, Applications, Exercises
2011, X+434 pp, ISBN 978-88-470-2411-3

58. A. Machì
Groups. An Introduction to Ideas and Methods of the Theory of Groups
2011, XIV+372 pp, ISBN 978-88-470-2420-5

59. A. Pascucci, W.J. Runggaldier
Financial Mathematics. Theory and Problems for Multi-period Models
2011, X+288 pp, ISBN 978-88-470-2537-0

60. D. Mundici
Logic: a Brief Course
2012, XII+124 pp, ISBN 978-88-470-2360-4

61. A. Machì
Algebra for Symbolic Computation
2012, VIII+174 pp, ISBN 978-88-470-2396-3

62. A. Quarteroni, F. Saleri, P. Gervasio
Calcolo Scientifico (5a ed.)
2012, XVIII+450 pp, ISBN 978-88-470-2744-2

63. A. Quarteroni
Modellistica Numerica per Problemi Differenziali (5a ed.)
2012, XVIII+628 pp, ISBN 978-88-470-2747-3

64. V. Moretti
Spectral Theory and Quantum Mechanics
With an Introduction to the Algebraic Formulation
2013, XVI+728 pp, ISBN 978-88-470-2834-0

65. S. Salsa, F.M.G. Vegni, A. Zaretti, P. Zunino
A Primer on PDEs. Models, Methods, Simulations
2013, XIV+482 pp, ISBN 978-88-470-2861-6

66. V.I. Arnold
Real Algebraic Geometry
2013, X+110 pp, ISBN 978-3-642–36242-2

67. F. Caravenna, P. Dai Pra
Probabilità. Un'introduzione attraverso modelli e applicazioni
2013, X+396 pp, ISBN 978-88-470-2594-3

68. A. de Luca, F. D'Alessandro
Teoria degli Automi Finiti
2013, XII+316 pp, ISBN 978-88-470-5473-8

69. P. Biscari, T. Ruggeri, G. Saccomandi, M. Vianello
Meccanica Razionale
2013, XII+352 pp, ISBN 978-88-470-5696-3

70. E. Rosazza Gianin, C. Sgarra
Mathematical Finance: Theory Review and Exercises. From Binomial Model to Risk Measures
2013, X+278pp, ISBN 978-3-319-01356-5

71. E. Salinelli, F. Tomarelli
Modelli Dinamici Discreti (3a Ed.)
2014, XVI+394pp, ISBN 978-88-470-5503-2

72. C. Presilla
Elementi di Analisi Complessa. Funzioni di una variabile (2a Ed.)
2014, XII+360pp, ISBN 978-88-470-5500-1

73. S. Ahmad, A. Ambrosetti
A Textbook on Ordinary Differential Equations
2014, XIV+324pp, ISBN 978-3-319-02128-7

74. A. Bermúdez, D. Gómez, P. Salgado
Mathematical Models and Numerical Simulation in Electromagnetism
2014, XVIII+430pp, ISBN 978-3-319-02948-1

75. A. Quarteroni
Matematica Numerica. Esercizi, Laboratori e Progetti (2a Ed.)
2013, XVIII+406pp, ISBN 978-88-470-5540-7

76. E. Salinelli, F. Tomarelli
Discrete Dynamical Models
2014, XVI+386pp, ISBN 978-3-319-02290-1

77. A. Quarteroni, R. Sacco, F. Saleri, P. Gervasio
Matematica Numerica (4a Ed.)
2014, XVIII+532pp, ISBN 978-88-470-5643-5

La versione online dei libri pubblicati nella serie è disponibile su SpringerLink.
Per ulteriori informazioni, visitare il sito:
http://www.springer.com/series/5418

Finito di stampare nel mese di febbraio 2014